obligeamment communiqué les richesses ornithologiques qu'ils avaient à leur disposition. Je citerai notamment MM. Isidore Geoffroy Saint-Hilaire et Pucheran, au Muséum de Paris; Hartlaub, à Brême; J. Natterer, à Vienne; Lichtenstein, à Berlin; Temminck, à Leyde; Sundevall, à Stockholm; J.-Ed. et G.-R. Gray, au Muséum Britannique; Horsfield, au Muséum de la Compagnie des Indes-Orientales; Thomas Wilson, à Philadelphie; Blyth au Muséum de la Société asiatique de Calcutta; Jules et Édouard Verreaux, à Paris; Rüppell, au Muséum de Francfort-sur-Mein; Kaup, au Muséum de Darmstadt; Reichenbach, au Muséum de Dresde; Krauss, au Muséum de Stuttgard; Strickland, Sclater, Gould et Leadbeater, à Londres; Cailliaud, au Muséum de Nantes; Lesson, à Rochefort; Abeillé, à Bordeaux; Mérian, au Muséum de Bâle; Ledoux, capitaine du génie, en Algérie, etc.

Pourquoi faut-il que l'expression de ma reconnaissance ne puisse plus parvenir jusqu'à plusieurs d'entre eux, dont les noms et les travaux survivront toujours avec gloire!

La Monographie que je publie comprend deux parties distinctes. *La première, numérotée en chiffres romains*, renferme l'histoire générale des Picidés divisée en chapitres intitulés: *Origine* mythologique des Picidés; leur rôle chez les anciens et chez les modernes; leurs *Mœurs*, habitat, nourriture, vol, chant et cris, sociabilité, apprivoisement, instinct, migrations, propagation, nids, œufs, incubation; *Physiologie; Anatomie*, et travaux y relatifs. Des observations intéressantes et nouvelles sur leur plumage; le nombre des espèces indiquées par les divers auteurs, ainsi que les divers systèmes de classification adoptés par ceux-ci; enfin la répartition géographique des Picidés sur le globe. Cette première partie contient dans le texte un certain nombre de gravures sur bois, relatives à l'anatomie et à l'ovologie.

*La seconde partie, numérotée en chiffres arabes*, est très-étendue, et renferme la description exacte de toutes les espèces classées suivant ma méthode. Chaque article contient une description en latin précédée de la synonymie des noms latins; puis la synonymie française et celle des autres langues; la discussion des textes, des erreurs que j'indique chez les auteurs; les mœurs et le lieu d'origine de l'oiseau; ses caractères anatomiques; la description en français des sexes, âges et variétés; les dimensions de toutes les parties du corps; enfin, l'indication des diverses collections dans lesquelles se trouve l'espèce et souvent le type de l'auteur qui l'a fait connaître.

Ce travail est suivi d'un catalogue des ouvrages et des auteurs cités par abréviation dans le cours de ma Monographie, et d'un catalogue alphabétique et synonymique de tous les noms latins, au nombre de près de huit cents, qui ont successivement été imposés aux Picidés, avec l'indication des genres auxquels ils se rapportent, du volume et de la page où il en est question dans mon ouvrage.

Je n'ai pas hésité, malgré les dépenses considérables qui devaient en résulter, à faire peindre *de grandeur naturelle*, toutes les espèces nouvelles et celles qui sont assez rares ou mal déterminées par les auteurs, c'est-à-dire les deux sexes de plus de 150 espèces. Les autres espèces, mieux connues, sont seulement reproduites avec réduction. Ces dernières sont toutes, d'ailleurs, déjà figurées de grandeur naturelle, dans les planches enluminées de Buffon, les planches coloriées de Temminck, dans les *Oiseaux d'Afrique* de Levaillant, les *Oiseaux de l'Amérique septentrionale* de Vieillot, et les *Oiseaux de l'Himalaya* de M. Gould.

Mes 125 planches représenteront plus de 700 figures coloriées en y comprenant les deux sexes, et le jeune lorsqu'il diffère beaucoup, c'est-à-dire, plus du triple de sujets que comportent les planches in-folio de la plupart des auteurs. L'exécution a été confiée à MM. Delahaye et Oudart, peintres au Muséum de Paris, dont le pinceau a déjà enrichi plusieurs publications importantes.

ALFRED MALHERBE,

Conseiller à la Cour Impériale de Metz, Administrateur du Muséum de la ville, Président de la Société d'Histoire naturelle de la Moselle, ancien Président de l'Académie Impériale, Membre de l'Institut des provinces de France, des Académies et Sociétés d'Histoire naturelle d'Amsterdam, d'Angers, de Berlin, de Bordeaux, de Catane, de Dijon, de Dresde, de Francfort-sur-Mein, de Leipzig, de Liége, de Lille, de Lyon, de l'Ile Maurice, de Mayence, de Messine, de Nancy, de Philadelphie, de Strasbourg, de Valence, de Verdun, etc., etc.

---

La *Monographie des Picidés* (Pics, Picumnes, Torcols, ainsi que tous les genres modernes réunis aux anciennes dénominations), ou l'histoire naturelle générale et particulière de ces oiseaux grimpeurs zygodactyles, sera publiée en *vingt-cinq livraisons*, in-folio, papier Jésus (55 centimètres de haut, sur 36 de large), comprenant chacune 20 à 28 pages de texte, ornée parfois de gravures sur bois et cinq belles planches lithographiées et coloriées à la main avec soin. Plus de 700 figures représenteront, avec détail, tous les Picidés originaires de l'Europe, de l'Afrique et surtout si nombreux en Asie et en Amérique.

Le texte formera deux volumes (I et II) ; les 125 planches coloriées auront des couvertures spéciales et pourront être reliées au gré des amateurs, soit en deux volumes (III et IV), avec titres, soit en un atlas, les deux volumes de planches étant réunis en un seul.

Le prix de chacune des 25 livraisons sera de 18 francs de France pour les souscripteurs, dont la liste sera publiée à la fin des couvertures et en tête de l'ouvrage. Une livraison paraîtra tous les deux mois. Les personnes qui voudront bien honorer de leur souscription cette Monographie et en faciliter ainsi la publication, sont priées de le faire savoir le plus tôt possible, soit en s'adressant à M. FRIEDRICH KLINCKSIECK, LIBRAIRE DÉPOSITAIRE, RUE DE LILLE, 11, A PARIS, *soit à tous les libraires de France et de l'étranger*.

Le tirage des exemplaires destinés aux souscriptions ou à la vente ultérieure n'aura lieu qu'au nombre de 80 au lieu de 150 ex. annoncés. Les pierres lithographiques seront effacées aussitôt après et les exemplaires seront numérotés. Par là les souscripteurs seront assurés que le prix de l'ouvrage, loin de subir une dépréciation, comme cela arrive trop souvent, tendra plutôt à s'élever par la suite et ne sera jamais en tout cas, inférieur au prix de la souscription.

La 3e livraison a été publiée au mois de février 1860, la 4e livraison est presque terminée, et les autres suivront régulièrement.

Mars 1860. ALFRED MALHERBE.

---

Metz. — Imprimerie et Lithographie de JULES VERRONNAIS, rue des Jardins, 14.

EXEMPLAIRE NUMÉRO

L'AUTEUR

# MONOGRAPHIE

DES

# PICIDÉES

OU HISTOIRE NATURELLE

DES

## PICIDÉS, PICUMNINÉS, YUNCINÉS OU TORCOLS

COMPRENANT

DANS LA PREMIÈRE PARTIE,

L'origine mythologique, les mœurs, les migrations, l'anatomie, la physiologie, la répartition géographique, les divers systèmes de classification de ces oiseaux grimpeurs zygodactyles, ainsi qu'un dictionnaire alphabétique des auteurs et des ouvrages cités par abréviation;

DANS LA DEUXIÈME PARTIE,

La synonymie, la description en latin et en français, l'histoire de chaque espèce, ainsi qu'un dictionnaire alphabétique et synonymique latin de toutes les espèces;

PAR

ALF. MALHERBE

CONSEILLER A LA COUR IMPÉRIALE DE METZ; ADMINISTRATEUR DU MUSÉUM DE LA VILLE; PRÉSIDENT DE LA SOCIÉTÉ D'HISTOIRE NATURELLE DE LA MOSELLE; ANCIEN PRÉSIDENT DE L'ACADÉMIE IMPÉRIALE;
MEMBRE DE L'INSTITUT DES PROVINCES DE FRANCE, DES ACADÉMIES ET SOCIÉTÉS D'HISTOIRE NATURELLE D'AMSTERDAM, D'ANGERS, DE BERLIN, DE BORDEAUX, DE CATANE, DE DIJON, DE DRESDE, DE FRANCFORT-SUR-MEIN, DE LEIPZIG, DE LIÈGE, DE LILLE, DE LYON, DE L'ILE MAURICE, DE MAYENCE, DE MESSINE, DE NANCY, DE PHILADELPHIE, DE STRASBOURG, DE VALENCE, DE VERDUN, &c., &c.;
AUTEUR DES FAUNES DE LA SICILE, DE L'ALGÉRIE ET DE LA MOSELLE

**TEXTE — VOL. I**

METZ — 1861

Typographie de JULES VERRONNAIS, Imprimeur de la Société d'Histoire naturelle de la Moselle

1862

# PRÉFACE.

« On ne doit pas être surpris que l'homme qui étudie la nature en devienne meilleur; il se trouve sans cesse en rapport avec les œuvres de la Toute-Puissance créatrice : aucune ne lui est indifférente, toutes sont pour lui autant de merveilles d'une Providence dont on ne sait lequel admirer le plus, de sa fécondité, de sa sagesse ou de sa bienveillance. »
(SAINT-DENYS, *l'aréopagite.*)

« Les monographies sont l'un des meilleurs moyens de faire progresser les sciences naturelles. »
(G. CUVIER.)

« Qui saura donc déterminer combien, parmi tous les pics décrits et rapportés des différentes régions, il en est qui devraient être réunis? »
(LEVAILL., *Ois. d'Afrique*, VI, p. 21.)

Les œuvres du divin Créateur sont tellement variées, tellement admirables dans leur ensemble comme dans leurs détails, qu'on ne saurait les étudier sans se laisser entraîner à un examen de plus en plus approfondi, et que, dans notre infime insuffisance, nous devons nous estimer heureux, lorsque nos recherches persévérantes nous amènent à découvrir quelques objets nouveaux, ou quelques-unes des règles qui paraissent avoir été suivies pour la création ou la distribution des animaux sur le globe.

On ne s'étonnera donc pas que j'aie consacré une partie de mes veilles, et des loisirs qu'ont pu me laisser mes travaux judiciaires, en faveur des sciences naturelles, et que j'aie été amené à rédiger cette monographie, résultat d'études consciencieuses sur une famille d'oiseaux grimpeurs zygodactyles[1], dont mes recherches ont considérablement augmenté le nombre et déterminé les sexes ainsi que les plumages différents de beaucoup d'espèces jusqu'alors incertaines.

L'ouvrage que j'offre aujourd'hui au monde savant a été commencé il y a plus de quinze ans, et c'est assez dire que j'ai dû successivement refondre mes premiers travaux pour les coordonner avec les découvertes postérieures et pour mettre à profit les observations publiées jusqu'en 1859. Aussi ma ***Monographie des Picidés*** a-t-elle, à diverses époques depuis 1844, été annoncée par des savants aussi distingués que bienveillants, qui ont eu connaissance de mes travaux, notamment par MM. Strickland[2], Gerbe[3], Cabanis[4], O. des Murs[5],

[1] ΖΥΓΟΣ (paire); ΔΑΚΤΥΛΟΣ (doigt).

[2] En 1844, H. Strickland disait, dans son travail intitulé: *Report on the recent progress and present state of ornithology*, et publié dans le *Rapport de l'Association britannique pour le progrès des Sciences* (1844, p. 197): « M. Malherbe *of Metz is at present engaged on » a general history of the Picidæ, a work much wanted on account of the many genera and species introduced into this family since » Wagler's monograph of Picus was published.* »

[3] En 1847, M. Gerbe, dans le *Dictionnaire universel des sciences naturelles* (vol. X, p. 144), ajoute: « Il n'est peut-être pas de famille » ornithologique qui demande plus que celle des pics une révision, non-seulement des espèces qui la composent, mais encore des genres » qu'on a cherché à y introduire. Espérons que la monographie à laquelle travaille depuis longtemps M. Alfred Malherbe, répondra sous » ces deux rapports, aux espérances que l'on fonde, avec raison, sur ses persévérantes recherches. »

[4] En 1847, le savant rédacteur du *Journal für ornithologie* (p. 347), attend aussi une monographie des Picidés. « *Ueber diese familie » werden spezielle monographische Arbeiten vorbereitet, deren Erscheinen wir abwarten zu müssen glauben.* »

[5] En 1850, M. O. des Murs appréciait avec bienveillance la portion de mon travail que je lui avais communiquée sur sa demande, avec mon système de classification: « Un habile et consciencieux ornithologiste, dit-il, M. Alfred Malherbe, qui s'occupe en ce moment de » publier une monographie complète, avec planches, des Picidés, a eu la lumineuse idée de profiter de son travail, pour mettre à exé» cution un système de terminaison générique qui nous semble des plus heureux et des plus féconds en améliorations pour cette partie » de la science. Nous reproduisons textuellement cette portion de l'ouvrage de M. Malherbe comme un exemple de ce que l'on aurait pu » faire depuis longtemps, et de ce qu'on doit attendre de cette application du langage étymologique ou typique, si l'on peut s'exprimer » ainsi, à la classification, car c'est un des éléments les plus propres à la diffusion de la science, etc. » (Voy. *Encyclopédie d'histoire naturelle*, par M. Chenu; *oiseaux*, I, p. 215, par M. O. des Murs).

Is. Geoffroy Saint-Hilaire[1], S. A. le prince Charles Bonaparte[2], Reichenbach[3], Gould[4], Pucheran[5], Guerin-Menneville[6], etc.

Ce n'est qu'après avoir examiné à plusieurs reprises la majeure partie des collections ornithologiques de l'Europe que j'ai pu dresser le catalogue des Picidés qui s'y trouvent. Mais, pour pouvoir étudier à loisir la classification à adopter, décrire et comparer avec soin les nombreuses espèces et les groupes qui composent cette famille, j'ai formé, dans mon cabinet privé de zoologie, une très-riche collection de Picidés, comprenant toutes les espèces autant que possible, et, en outre, les deux sexes, les divers âges, les variétés et les races. Je suis ainsi parvenu à réunir déjà plus de 700 exemplaires.

On ne se fera guère une idée exacte de tout ce qu'ont exigé de soins, de recherches et de démarches les voyages réitérés que j'ai dû effectuer, la correspondance que j'ai établie, non-seulement sur une foule de points de l'Europe, mais encore au Bengale, en Afrique et en Amérique, les envois d'espèces qui m'ont été adressées en communication, souvent de fort loin, lorsque je ne pouvais les comparer autrement, la traduction que j'ai faite d'un très-grand nombre d'ouvrages publiés en anglais, en allemand, en espagnol, etc.

Il m'a fallu une persévérance d'autant plus grande que la majeure partie de mon temps était, naturellement, absorbée par mes fonctions de magistrature, par les devoirs qui en sont la conséquence et par les études spéciales qu'elles nécessitent, car il faut étudier toute la vie pour apprendre peu de choses comparativement à ce que l'on ignore.

Je dois dire néanmoins que ma tâche a été allégée par le concours que je suis heureux et fier d'avoir trouvé à diverses époques de la part des savants distingués qui m'ont aidé de leurs lumières ou qui m'ont obligeamment communiqué les richesses ornithologiques qu'ils avaient à leur disposition. Je citerai notamment MM. Isidoré Geoffroy Saint-Hilaire et Pucheran, au Muséum de Paris; Hartlaub, à Brême; J. Natterer, à Vienne; Lichtenstein, à Berlin; Temminck, à Leyde; Sundevall, à Stockholm; J.-Ed. et G.-R. Gray, au Muséum britannique; Horsfield, au Muséum de la compagnie des Indes orientales, à Londres; Thomas Wilson, à Philadelphie; Blyth, au Muséum de la Société asiatique de Calcutta; Jules et Edouard Verreaux, à Paris; Krauss, au Muséum de Stuttgard; Kaup, au Muséum de Darmstadt; Rüppel, au Muséum de Francfort-sur-Mein; Reichenbach, au Muséum de Dresde; Strickland, Sclater, Gould et Leadbeater, à Londres; Cailliaud, au Muséum de Nantes; Lesson, à Rochefort; Abeillé, à Bordeaux; Mérian, au Muséum de Bâle; Ledoux, capitaine du Génie, en Algérie, etc.

Pourquoi faut-il que l'expression de ma reconnaissance ne puisse plus parvenir jusqu'à plusieurs d'entre eux, dont les noms et les travaux survivront toujours avec gloire!!

La Monographie que je publie comprend deux parties distinctes. La première ou l'introduction, renferme l'histoire générale des Picidés divisée en chapitres intitulés: 1° *Origine* mythologique des Picidés; leur rôle chez les anciens et chez les modernes; 2° *Mœurs,* habitat, nourriture, vol, chant et cris, sociabilité, apprivoisement, instinct, migrations, propagation, nids, œufs, incubation; 3° *Physiologie,* tact, goût, odorat, vue, ouïe; 4° *Anatomie,* travaux y relatifs, auteurs; tête et cou des Picidés, bec, os omoïde, narines, vertèbres, hyoïde, langue, glandes salivaires, estomac, intestins, cœcum, cœur, foie, sternum, ailes, os sacrum, bassin, queue, os, air, pieds, tarses, doigts, ongles; 5° des observations intéressantes et nouvelles sur leur plumage; 6° le nombre des espèces indiquées par les divers auteurs; 7° la répartition géographique des Picidés sur le globe; 8° les divers systèmes de classification proposés successivement; 9° un tableau

[1] En 1851, M. Isidore Geoffroy Saint-Hilaire, désirant publier un catalogue raisonné des richesses zoologiques confiées à sa direction éclairée, voulut bien m'entretenir de ce projet auquel j'adhérai avec empressement, ainsi qu'il le mentionne dans son *Introduction du Catalogue méthodique* de la collection des mammifères et des oiseaux du *Muséum de Paris* (Ire partie, 1851, p. VII). « Je n'ai pas hésité » à accepter, pour les groupes à l'étude desquels ils se livrent spécialement ou dont ils ont récemment refait la monographie, le bienveil» lant concours de quelques naturalistes, désireux de contribuer à ce tableau de la collection nationale. J'espère avec ces secours, pou» voir mener à bonne fin, en quelques années, une entreprise dont toute la difficulté ne sera peut-être aperçue que de ceux qui y auront » pris part..... M. Malherbe, qui s'occupe d'une manière spéciale des Picidés, et qui a porté si loin la connaissance de ces zygodactyles, » a déjà préparé, pour cette famille, un catalogue de nos espèces et de nos principaux individus. »

[2] En 1854, S. A. le prince Ch. Bonaparte, dans son *Conspectus volucrum zygodactylorum* (*Ateneo Italiano*, n° 8, mai 1854); avait la bienveillance d'encourager mes efforts, en disant: « *I Picidi tra breve non lasceranno desiderare di meglio stampata che sia la Monografia » del benemerito signor Alfredo Malherbe. Giudice veramente giusto, infaticabile ed illuminato, troverà egli certamente presso gli scien» ziati quella simpatia che merita, quella virtù ch'escrcita.* » Et rappelant la critique que je lui avais adressée, sur sa demande, des Picidés compris dans son *Conspectus zygodactylorum*, le savant ornithologiste ajoutait à la suite de son *Conspectus volucrum anisodactylorum* (n° 11, août 1854): « *Questo Picologo dottrinatissimo ha fatto molti e giusti rilievi circa i miei Chrisoptilei, mesopici, dendropici, etc., etc.* »

[3] Dans plusieurs passages de son grand ouvrage intitulé: *Handbüch der speciellen Ornithologie.*

[4] Dans le magnifique recueil des oiseaux d'Asie *(The birds of Asia),* part. IX, article *Picus Cabanisi.*

[5] *Revue et Magasin de zoologie.*

[6] *Revue et Magasin de zoologie,* notamment 1858, p. 225.

de mon système de classification, avec les caractères qui distinguent chaque genre.

Cette première partie de mon ouvrage contient dans le texte un certain nombre de gravures sur bois, relatives à l'anatomie et à l'ovologie.

La seconde partie, qui est très-étendue, renferme la description exacte de toutes les espèces classées suivant ma méthode. Chaque genre contient l'indication complète des caractères sur lesquels il est basé, et la synonymie avec les autres méthodes. L'article concernant chaque espèce contient une description en latin précédée de la synonymie des noms latins; puis la synonymie française et celle des autres langues; la discussion des textes, des erreurs que j'indique chez les auteurs; les mœurs et le lieu d'origine de l'oiseau; ses caractères anatomiques; la description en français des sexes, âges et variétés; les dimensions de toutes les parties du corps; enfin, l'indication des diverses collections dans lesquelles se trouve l'espèce et souvent le type de l'auteur qui l'a fait connaître.

Ce travail est précédé d'un catalogue alphabétique des ouvrages et des auteurs cités par abréviations dans le cours de ma *Monographie*, et suivi d'un catalogue alphabétique et synonymique de tous les noms latins au nombre de sept à huit cents qui ont successivement été imposés aux Picidés, avec l'indication des genres auxquels ils se rapportent, du volume et de la page où il en est question dans mon travail.

Je n'ai pas hésité, malgré les dépenses considérables qui devaient en résulter, à faire peindre, de grandeur naturelle, toutes les espèces nouvelles, et celles qui sont assez rares ou mal déterminées par les auteurs, c'est-à-dire les deux sexes de plus de 140 espèces. Les autres espèces, mieux connues, et en nombre presque aussi considérable, sont seulement reproduites avec réductions. Ces dernières sont toutes, d'ailleurs, déjà figurées, de grandeur naturelle, dans les planches enluminées de Buffon, les planches coloriées de Temminck et Laugier de Chartrouse, dans les *Oiseaux d'Afrique* de Levaillant, les *Oiseaux de l'Amérique septentrionale* de Vieillot, et les *Oiseaux de l'Himalaya* de M. Gould.

Mes 125 planches in-folio, sans parler des gravures intercalées dans le texte, représenteront 6 à 7 cents figures coloriées, en y comprenant les deux sexes, et le jeune lorsqu'il diffère beaucoup, c'est-à-dire plus du triple de sujets que comportent les planches de la plupart des auteurs.

Puissé-je être assez heureux, si, en suivant le conseil de l'immortel Cuvier et en cherchant à remplir le vœu émis par Levaillant, je parviens à voir mes travaux accueillis avec la bienveillance que je sollicite de tous ceux qui portent un haut intérêt à l'étude des sciences naturelles et des œuvres de Dieu.

ALFRED MALHERBE.

# ABRÉVIATIONS

EMPLOYÉES POUR LES

## NOMS DES AUTEURS ET OUVRAGES CITÉS.

### A

Albert-le-Grand. — De generatione; lib. v.
Albin, *Oiseaux.* — *Eleazar Albin,* Natural history of british birds; 4°, London, 1731-1740.
Aldrov., *Ornith.* — *Ulyss. Aldrovandi,* Ornithologia; Bologne, f°, 1637-1646, lib. vi.
*Amstel. Mus.* — In museo Amstelodami; Museum de la société zoologique d'Amsterdam.
*Ann. Mag. nat. hist.* — The annals and magazine of natural history.
*Ann. Lyc., N.-York.* — Annals of the Lyceum of natural history of New-York.
Arist., *Hist.* — *Aristote;* Histoire naturelle des animaux; liv. viii, chap. 3; liv. ix, chap. 9.
Aud., *Amer. orn.* — *Audubon's,* American ornithological biography; 5 v. in-8°, 1831-1839.
Aud., *Birds Amer.* — *John James Audubon,* The birds of America; atlas très-grand, f°, 4 vol. 1837-1838.
Azara. — *Don Felix de Azara,* Apuntamientos para la historia natural de los paxaros del Paraguay y Rio-de-la-Plata; Madrid 1805.

### B

Baird, *Proc. Philad.* — *Baird,* Proceedings of the academy of natural sciences of Philadelphia, 1854; descriptions of new birds collected betwen Albuquerque and San-Francisco.
Baird, *Report of explor.* — Report of explorations and surveys to ascertain the most praticable and economical route for a railroad from the Mississipi river to the Pacific ocean, made in 1853-1856; vol. ix, part. ii, general report upon the zoology, by Spencer *F. Baird;* Washington, 1858.
Bamb., *Avi. nerv.* — *Carolus Tim. Bamberg;* De avium nervis rostri atque linguæ.
Bancr., *Nat. hist. Guian.* — *Edward Bancroft,* An essay on the natural history Guiana in South America; London, 1769.
Barr., *Fr. équinox.* — *Pierre Barrère,* Essai sur l'histoire naturelle de la France équinoxiale; in-12, Paris, 1741-1749.
Barry, *Faun. Wisc.* — *Constantin Barry,* Ornithological fauna of Wisconsin; proceedings of the Boston society of natural history, 1854.
Bechst., *Nat. deut.* — *John. Matth. Bechstein,* Naturgeschichte Deutschlands; in-8°, Leipzig, 1789-1795.
Bechst., *Orn. tasch.* — *J. M. Bechstein,* Ornith. taschenbuch; in-8°, Leipzig, 1802-1812.
Becklem., *Mém. Moscou.* — *Becklemichew,* Nouveaux mémoires de la société impériale des naturalistes de Moscou; vol. i, 1829, ou vol. vii, de la collection générale.
Belon, *Ois.* — *Pierre Belon du Mans,* Histoire de la nature des oiseaux; f°, Paris, 1855.
*Berol., Mus.* — In museo Berolinensis; Muséum de l'université royale de Berlin.
Blainv. — *Ducrotay de Blainville,* Anatomie comparée.

Blum., *Hist. nat.* ou *Handb. naturg.* — *Joh'Friedr. Blumenbach,* Handbuch der naturgeschicte; 1779-1780, ou traduction d'Artaud, 1803.
*Id., Anat.* — *Id.,* Handbuch der vergleichenden anatomie.
Blyth, *Cat. mus. Cal.* — *Blyth,* Catalogue of the birds in the museum of the asiatic society, Calcutta.
*Id., J. asiat., soc. Beng.* — *Id.,* Journal of the asiatic society of Bengal.
Bodd., *Pl. enl.* — Catalogue des planches enluminées de Buffon, par *Bodderah,* 1783.
Boie, *Isis.* — *Boje,* dans le journal l'*Isis,* d'Oken.
*Id., Geschr. aus Ostind.* — *Id.,* Briefe geschrieben aus Ostindien.
Boisson., *Revue zool.* — *Boissonneau,* Revue zoologique.
Br. ou *Pr.* Bonap. — Le prince *Charles-Lucien Bonaparte.*
*Id., Consp. gener. av.* — Conspectus generum avium, 1850.
*Id., Atti sc. ital.* — Atti della sesta riunione degli scienzati italiani; Milano, 1845.
*Id., Notes ornith.* — Notes ornithologiques sur les collections rapportées par M. *Delattre;* Paris 1854.
*Id., Consp. vol. zyg.* — Conspectus volucrum zygodactylorum; extrait d'all ateneo italiano; mai et août 1854.
*Id., Geogr. comp. list.* — A Geographical and comparative list of the birds of Europe and north America; London, 1838.
Borelli. — *Alphonse Borelli,* De motu animalium, II, p. 2 et 4.
Bouteil., *Dauph.* — *H. Bouteille* et *de Labatie,* Ornithologie du Dauphiné.
Brandt, *Mus. Petrop.* — *Brandt,* Musée de Saint-Pétersbourg.
*Id., bullet., Pétersb.* — *Id.,* Bulletin de l'académie impériale de Saint-Pétersbourg.
Brehm, *Vog. Deut.* — *Christian Ludwig Brehm,* Handbuch der naturgeschichte aller vogel Deutschlands; 1831.
*Id., Der vollst. vogelf.* — *Id.,* Der vollstaendige vogelfang; Weimar, 1855.
*Id.*, Alf.-Edm. — *Alfred-Edmond Brehm,* Journal für ornithologie.
Bridges, *Proc. z. soc.* — *Bridges,* Proceedings of the zoological society of London.
Briss., *Orn.* — *Brisson,* ornithologie; 6 vol. in-4°, 1760.
*Brit. mus.* — British museum, Muséum britannique d'histoire naturelle, à Londres.
Brown, *Nat. hist. Jam.* — *Patrick Browne,* The civil and natural history of Jamaïca; f°, London, 1756.
Brunn., *Orn. bor.* — *M. Th. Brünnich,* Ornithologia borealis; in-8°, 1764.
*Brux. Mus.* — In museo Bruxellæ; muséum d'histoire naturelle de Bruxelles.
Buff., *Ois.* — *Buffon,* Histoire naturelle des oiseaux; in-4°, de l'imprimerie royale.
*Id., Pl. enl.* — *Id.* et *Daubenton,* 1008 planches enluminées; in-f°.
*Bullet., Moscou.* — Bulletin de la société impériale des naturalistes de Moscou.
*Id., Soc. Moselle.* — Bulletins de la société d'histoire naturelle de la Moselle.
*Id., univ.* — Bulletin universel des sciences naturelles, de Férussac.
Burch., *Trav.* — Burchells travels in South Africa.
*Burdeg. Mus.* — In museo Burdegalæ; muséum d'histoire naturelle de Bordeaux.

## C

Cab. ou Caban., *J. für orn.* — *Cabanis,* Journal für ornithologie; Cassel, in-8°.
Cabot, *Bost., journ.* — Boston, Journal of natural history.
*Id., Steph., trav.* — *Cabot,* Appendix of Stephan's travels in Yucatan.
Carus. — Anatomie comparée; vol. 2.
Cass., *V. S. exped. south. hemisph.* — *John Cassin*, The united states astronomical expedition to the Southern hemisphere, birds; Washington, 1855.
*Id., Illust. californ.* — *J. Cassin*, Illustrations of the birds of California, Texas, Oregon, british and Russian America; Philadelphie, 1853-1855.
*Id., Proceed. Philad.* — Proceedings of the academy of natural sciences of Philadelphia.
*Catal. birds Chath.* — A Catalogue of the collection of mammalia and birds in the museum of the army medical department of Fort Pitt; Chatham, 1838.
*Cat. mus. East. Ind.* — A Catalogue of the birds in the museum of the hon; East-india company by Thomas Horsfield and Fred. Moore, 1856-1858, London.

D

DAUD., *Ann. mus.* — *Daudin*, Annales du muséum d'histoire naturelle de Paris; 1803.
DEG., *Orn. eur.* — *C. D. Degland*, Ornithologie européenne; 2 vol. in-8°, Lille, 1849.
DENNY, *Proc. z. s.* — *W. Denny*, Proceedings of the zoological society of London; 1847.
DES M., *Icon. orn.* — Nouveau recueil général de planches peintes d'oiseaux, par *O. Des Murs;* Paris 1849, f°.
DES MURS, *Encycl.* — *Des Murs* et *Chenu*, Encyclopédie d'histoire naturelle.
DRAP. — Dict. d'hist. nat. ou dict. class. d'histoire naturelle; 17 vol. in-8°.
DUGÈS, *Physiol.* — *Dugès*, Physiologie comparée.

E

*East ind. mus.* — East india museum; Muséum d'histoire naturelle de la compagnie des Indes orientales, à Londres.
EDW., *Glean. nat. hist.* — *Georges Edwards*, Gleanings of natural history; Londres, 1758 à 1764; 3 vol. in-4°.
*Id., Nat. hist.* — *Georges Edwards*, A natural history of un common birds; 1743-1751.
EHRENB., *Simb. phys.* — *F. G. Hemprich* et *C. G. Ehrenberg*, Symbolæ physicæ seu icones et descriptiones avium quæ ex itinere per Africam borealem et Asiam occidentalem redierunt; Berlin, 1828.
*Explor. sc. Algér.*— Exploration scientifique de l'Algérie; 1848.
EYT., *Ann. nat. hist.* — *Eyton*, The annals and magazine of natural history.

F

FERM., *Surin.* — *Philip. Fermin*, Histoire naturelle de la Hollande équinoxiale ou description des animaux, etc., qui se trouvent dans la colonie de Surinam; Amsterdam, 1765.
FERN., *Hist. Hispan.* — *Fernandez*, Historia novæ Hispaniæ.
FERUS., *Bullet. un.* — *Ferussac*, Bulletin universel des sciences naturelles.
FORST., *Descr. anim.* — Descriptiones animalium, par *John Reinhold Forster*, édition publiée par M. *Lichtenstein;* Berlin, 1844; in-8°.
FRAS., *Proc. z. s.* — *Fraser*, Proceedings of the zoological society of London.
FRISCH, *Vorst Vog. Teutsch.* — *Joh Leon. Frisch;* Vorstellung der Vogel Teutschlands; Berlin, 1743-1763.

G

GAMB., *J. acad. Philad.* — *Gambel*, Journal of the Academy of natural sciences of Philadelphia; Notice sur les oiseaux de Californie.
GAY. — *Claudio Gay*, Historia fisica y politica de Chile; Paris, 1847.
GERBE, *Dict. univ.* — *Gerbe*, Dictionnaire universel d'histoire universelle, 1841-1849.
GÉRIN, *Ornith.* — *Gérin*, Ornithologie.
GIRAUD, *birds, Long-Island.* — *Giraud*, Birds of Long-Island.
GM. ou GMEL. — Linnæi systema naturs; edit. XIII aucta, reformata, cura Jo. Foïd. Gmelin, 10 part, in-8°; Lipsiæ, 1788, 1793.
GOSSE, *birds Jam.* — The birds of Jamaïca, by *P. H. Gosse;* Londres, 1847.
GOULD, *Cent. birds Himalay.* — *John Gould*, Century of birds from the Himalayan mountains, f°; Londres, 1832.
*Id., id. Eur.* — The birds of Europe; 5 vol., f°, 1837.
*Id., id. Asia.* — Birds of Asia.
*Id., id. zool. of Beagle.* — The zoology of the voyage of Beagle, birds by *John Gould* and *Ch. Darwin;* London, 1840-1844.
J. E. GRAY, *Griff. and. Kingd.* — *John Edward Gray*, Griffith's annals Kingdom.
*Id. and* HARDW., *Illustr.* — *J. E. Gray* and *Harwick*, Illustrations of Indian zoology.
G. R. GRAY, *List. gen.* — *Georges Robert Gray*, A list of the genera of birds; 2e édit., Londres, 1841, in-8°.

G.-R. Gray, *Gen. of birds.* — *George-Robert Gray*, Catalogue of the Genera of birds; 3 vol. in-f°; Londres, 1849.

*Id.*, *Cat. gen. and subg.* — *Id.*, Catalogue of the genera and subgenera of birds contained in the british museum; Londres, 1855, in-12.

Gundlach., *Orn. Cuba.* — *J. Gundlach's*, Beitræge zur ornithologie Cuba's; Journal fur ornithologie.

## H

Hahn, Kust., *Voy.* — *Hahn et Kuster*, Vogel aus Asien, Afric., Americ., etc., 1850.

Hardw. et Gray, *Illustr.* — *J. E. Gray and Hardwick*, Illustrations of Indian zoology.

Hartl., *Sys. ind. Azar.* — *G. Hartlaub*, Systematischer index zu don Felix de Azara's apuntamientos para la historia natural de los paxaros del Paraguay y Rio-de-la-Plata; Bremen, 1847, in-4°.

*Id.*, *Naum.*, *Vog. Amer.* — *G. Hartlaub*, Naumannia ueber einige neue oder weniger bekante vogel Amerika's.

*Id.*, *Vogel Vald Chile.* — *G. Hartlaub*, Bericht über eine Sendung von Vogeln, gesammelt um Valdivia im südlichsten Chile durch doct. Philippi.

*Id.*, *Orn. Vestafr.* — *Hartlaub*, Versuch einer synoptischen ornithologie Westafrica's (*Journal für ornithologie*, 1844).

*Id.*, *Cat. Brém.* — *Hartlaub*, Systematisches verzeichniss der naturistorischen samenlung der gesellschaft Museum; Bremen, 1844, 4°.

*Id.*, *Syst. ornith. Africa.* — *G. Hartlaub*, System der ornithologie Westafrica's; Bremen, 1857.

Hay, *Madr. journ.* — *Hay*, Madras journal litterature and science.

Heerm., *birds Californ.* — *A. L. Heermann*, Notes on the birds of California; Journal of the academy of natural sciences of Philadelphia, II, 1853.

Hempr., *Symb. phys.* — Symbolæ physicæ seu icones et descriptiones avium quæ ex itinere per Africam borealem et Asiam occidentalem, *F.-G. Hemprich* et *C.-G. Ehrenberg*, studio redierunt; Berlin, 1828.

Heusing., *Metam. rostr. pici.* — *Heusinger*, Progr. de metamorphosi rostri pici; in-4°. Iena, 1821.

Hire, *Mém. acad.* — *La Hire*, explication mécanique de la langue du pivert; Mémoires de l'académie royale des sciences de Paris; tome IX.

Hodgs., *Catalogue nipal. birds.* — *B. H. Hodgson*, esq., Catalogue of the nipalese birds, collected between, 1824 and 1844, zoological miscellany, 1844, p. 81.

*Id.*, *Cat. geogr. distrib. Himal.* — *Id.*, On the Geographical distribution of the mammalia and birds of the Himalaya; proceedings zool. soc.; London, 1855.

Holand., *Hist. nat.* — Abrégé d'histoire naturelle, par *Holandre*, directeur du cabinet de S. A. le prince palatin duc de Deux-Ponts, 1790.

Horsf., *Zool. res. Java.* — *Thomas Horsfield*, zoological researches in Java, and the neighbouring Islands; Londres, 1824.

*Id.*, *Syst. arrang.* — *Id.*, Systematic arrangement and description of birds from the Island of Java.

*Id.* et Moore, *Cat. birds in the mus. East. Ind. comp.* — *Id.* and *Frederic Moore*, A Catalogue of the birds in the museum of the hon. East. India company; 2 vol., 1856-1858, London.

Huber, *de Linguâ pic.* — *V. A. Huber*, de Linguâ et osse hyoideo pici viridis; Stuttgard, 1821.

## I

*Ibis.* — The Ibis; 1860, by Sclater, etc.

Illig., *Mus. Berol.* — *C. Illiger*, in Museo Berolinensi.

*Id.*, *Prodr. syst.* — *Caroli Illigeri*, Prodromus systematis mammalium et avium; Berlin; 1811.

*Isis.* — Encyclopædische zeitschrift, vorzüglich für naturges chichte, vergleichende Anatomie und Physiologie, von Oken journal l'*Isis*; Leipzig.

## J

Jard., *Illustr. ornith.* — *Jardine* and *Selby*, Illustrations of ornithology; 4 vol. 4°; Edimbourg, 1825-1843.

*Id.*, *Contrib. to ornith.* — *W. Jardine*, Contributions to ornithology; 1848-1853.

*Id.*, *Birds Tobag.* — *Id.*, Birds of Tobago; annals of natural history.

Jerd., *Illustr. ind. orn.* — *Jerdon*, Illustrations of Indian ornithology, 4°; Madras, 1845-1847.

*Id.*, *Madras jour.* — *Id.*, Madras Journal.

*Id.*, *Catal.* — *Jerdon's*, Catalogue of the birds of the peninsula of India.

Jones, *Ann. Lyc. New-York.* — *W. L. Jones*, Annals of the Lyceum of natural history of New-York.

*Journ. für orn.* — Journal für ornithologie, rédigé par M. le docteur *Jean Cabanis* (du muséum de l'université royale de Berlin).

## K

Kaup, *All. zool.* — *J.-J. Kaup*, Allgem. zoologie.

*Id.*, *Skizz. entw. gesch.* — *Kaup*, Skizzirte entwickelungs geschichte und natürl. system der Europ. thierwelt; 1829.

J. de Kay, *Nat. hist. New-York.* — *James E. de Kay*, Natural history of New-York; birds, 1844.

Kelly, *Exc. Californ.* — *Kelly's*, Excursion to California.

Kessl., *Beitr. nat. specht.* — Beitræge zur naturgeschichte der spechte, von *K. Kessler* (Bullet. der natur forsch gesellsch; Moscou, 1844).

Keys. et Blas., *Die Wirb.* — *Keyserling und Blasius*, Die Wirberthiere Europa's; 1840.

King, *Anim. Magell.* — Lettre du capitaine King sur les animaux du détroit de Magellan dans le Zoological journal; 1827-1828.

Kirtl., *Zool. Ohio.* — *J. P. Kirtland*, Report on the zoologie of Ohio.

Klein, *Avi.* — *J. Theod. Klein*, Historiæ avium prodromus; 1750.

Koch, *Baier zool.* — *Koch*, System der Baier zoologie; 1816.

Kuhl, *Buff.*, *pl. enl.* — *Henricus Kuhl* et *Theodorus van Swinderen*, Buffoni et Daubentoni figurarum avium coloratarum nomina systematica; Groningue, 1820.

## L

Lacép., *Mém. Instit.* — *Lacépède*, Mémoires de l'Institut de France; 1799.

Lafresn., *Rev. zool.* — *Baron de Lafresnaye*, Revue zoologique.

Lath., *Ind.* — *Latham's*, Index ornithologicus; 2 vol. 4°, 1790.

*Id.*, *Natur. Hist.* — *Id.*, Natural history ov general synopsis of birds; 4°.

Latr., *Fam. nat.* — *Latreille*, Familles naturelles du règne animal; 1825.

Layard ou Lay., *Ornith. Ceyl.* — *Edgar-Léopold Layard*, Notes on the ornithology of Ceylan, the annals and magazine of natural history; XIII, 1854.

Lefeb., *Voy. Abyss.* — *Théophile Lefebvre*, Voyage en Abyssinie de 1839 à 1843.

Les., *Compl. Buff.* — *Lesson*, Complément à Buffon; 1837.

*Id.*, *Rev. zool.* — *Id.* Revue zoologique.

*Id.*, *Voy. Bél.* — *Id.*, Zoologie du voyage de Bélanger aux Indes orientales; Paris, 1831-1844.

*Id.*, *Traité orn.* — *Id.*, Traité d'ornithologie; 1831.

*Id.*, *Écho.* — *Id.*, Écho du monde savant.

*Id.*, *Voy. Coquille.* — Zoologie du voyage de Duperrey sur la corvette la *Coquille*, par *Lesson* et *Garnot*; 1813.

*Id.*, *Cent. zool.* — *Lesson*, Description de mammifères et d'oiseaux récemment découverts; 1847, in-18.

Levaill., *Ois. d'Afr.* — *Levaillant*, Histoire naturelle des oiseaux d'Afrique; 6 vol., 1799-1801.

Licht., *Mus. Berol.* — *De Lichtenstein*, dans la Collection du muséum de Berlin.

*Id.*, *Doubl. cat.* — *Id.*, Verzeichniss der doubeltten des zoologischen museums der Kœnigl. universitæt zu Berlin; 1823.

Licht., *Nomencl.* — *Lichtenstein,* Nomenclator avium musei zoologici Berolinensis; 1854.
Linn., *Act. Stockh.* — *Linnæus,* Acta academiæ Stockolmi; 1740.
*Id., Mus. Ad. Frid.* — *Id.,* Museum Adolpho Fridericianum; f°, 1754.
*Id., Syst. nat.* — *Id.,* Systema naturæ; edit. xiii, ad editionem duodecimam reformatam Holmiensem; Windobonæ, 1767.
*Id., Faun. succ.* — *Id.,* Fauna suecica; 1746.
*Mus. Lips.* — In museo Lipsiæ.
Ljungh, *Mém. Stockh.* — *Ljungh,* Mémoires de l'académie royale de Stockholm; 1797.
*Mus. Lugd.* — In museo Lugduni (Lyon).
*Mus. Lugd. batav.* — In museo Lugduni batavorum (Leyde).

## M

Mac Clell., *Proc. zool. soc.* — *Mac Clelland,* Proceedings zoological society of London.
Mac Gill. — *W. Mac Gillivray,* History of british birds; 1839-1841.
*Magunt. mus.* — In museo Maguntiaci (muséum de la ville de Mayence).
Malh., *Rev. zool.* — *A. Malherbe,* Revue et magasin de zoologie.
*Id., Acad. Metz.* — *Id.,* Mémoires de l'Académie impériale de Metz.
*Id., Soc. hist. nat.* — *Id.,* Mémoires de la société d'histoire naturelle du départ. de la Moselle.
*Id., Class. pic.* — *Id.,* Nouvelle classification des *Picidæ,* devant servir de base à une monographie de ces oiseaux grimpeurs; 2e édition, 1850.
*Id., Cat. ois. Alg.* — *Id.,* Catalogue raisonné d'oiseaux de l'Algérie, comprenant la description de plusieurs espèces nouvelles; Metz, 1847.
*Id., Faun. orn. Alg.* — *Id.,* Faune ornithologique de l'Algérie; 7e bulletin de la Soc. d'hist. natur.; Metz, 1855.
*Id., Mém. soc. Liége.* — *Id.,* Mémoires de la société royale de Liége; 1845.
*Id., J. für orn.* — *Id.,* Journal für ornithologie.
*Id., Faune Sicil.* — *Id.,* Faune ornithologique de la Sicile; 1843.
*Massil., mus.* — In museo Massiliæ (muséum de la ville de Marseille).
*Pr.* Max., *Beitr. nat. Bras.* — Beitrage zur naturgeschichte von Brasilien, von *Maximilian prinzen zu Wied;* Weimar, 1832.
*Id., Reis. Bras.* — *Maximilian prinz von Wied-Neuwied;* Reise nach Brasilien in den Jahren, 1815-1817; 4°, Francfort, 1820.
*Mém. Wern. soc.* — Memoirs of the Wernerian society of Edinburgh.
Ménétr., *Cat. zool. Cauc.* — *E. Ménétries,* Catalogue raisonné des objets de zoologie recueillis dans un voyage au Caucase et jusqu'aux frontières actuelles de la Perse; Pétersbourg.
Méry, *Mouv. piver.* — *Méry,* Observations sur les mouvements de la langue du Piver; Histoire de l'académie royale des sciences, 1709; Paris, 1711.
Mey., *Zool. ann.* — *Fried. Albr. Ant. Meyer,* Zoolog. annalen; 8°, 1793-1794.
Mey., *Tasch. deuts.* — *Bernh. Meyer und Joh. Wolf,* Naturgesch der deutschen Vœgelkunde; 8°, 1809-1810.
*Id., Vœg. Deut.* — *B. Meyer und J. Wolf,* Naturgesch. der Vœgel Deutschlands; f°, 1805.
Mill., *Cim. phys.* — *Miller,* Cimelia physica Shaw; 1795, Londres.
*Mœno-Francfort mus.* — In museo Mœno-Francoforti (Muséum de la ville de Francfort-sur-Mein).
Mol., *Hist. nat. Chili.* — Essai sur l'histoire naturelle du Chili, par l'abbé Molina, traduit par Gruvel; 8°, 1789.
Moore, *J. asiat. soc. Beng.* — On the physical geography of the Himalaya.
Von der Muhle, *Orn. Griechl.* — Beitræge zur ornithologie Griechenlands von Heinrich Graf von der Mühle; Leipzig, 8°, 1844.
Mull., *Zool. dan.* — *O.-F. Müll.,* Zoologia danica; 4 vol. in-f°, 1788, 1806.

N

*Nann.* — Nannetes museum (Muséum d'histoire naturelle de la ville de Nantes).
J. Natt. — *Jean Natterer,* dans la collection du muséum impérial de Vienne (Autriche).
Naum. — *Naumann,* Naturgeschichte der Vœgel Deutschlands.
*Mus. Nemaus.* — In museo Nemausi; Collection de M. Crespon, dans le jardin de la ville de Nîmes.
Newberry. — Zool. Californ. et Oregon route.
Nils., *Faun. suec.* — *Nilson,* Fauna suecica; 1807-1821.
*Id., Scand. faun.* — *Id.,* Scandinavischen fauna; 2 vol., 1824.
Nitzsch, *Syst. Pteryl.* — *Nitzsch und Burmeister,* System der Pterylographie; Halle, 1840.
Nozem., *Nederl. Vœgel.* — *Cornelius Nozeman,* Nederlandsche vogelen; Amsterdam, 1770, 4 vol. in-f°.
Nutt., *Man. ornith.* — *Nuttal,* Manual of the ornithology of the united states and of Canada; Cambridge, 1832-1834.

O

Olaus Jacobeus. — Actes de Copenhague; Collection académique, partie étrangère; tome iv.
D'Orb., *Voy. Amér. mér.* — *Alcide d'Orbigny,* Voyage dans l'Amérique méridionale; 1834-1844.
Otto, *in Buff. uebers.* — *B.-Ch. Otto,* Buffon, Naturgesch. der Vœgel; Berlin, 1781-1809.
Ord, *Guth. Geogr.* — Ord, In Guthrie's geogr.; 2e American edition, 1815.

P

Pall., *Zoogr. ros. asiat.* — *Pallas,* Zoographia rosso asiatica, 1831.
*Paris, Mus.* — In museo Parisiensi (Muséum d'hist. naturelle de Paris).
Peab., *Nat. hist. Massach.* — *W. B. O. Peabody,* Reports on the natural history of Massachusets; Aves, Boston, 1839, in-8°.
Peale, *Unit. st. exped.* — *Titian R. Peale,* United states exploring expedition, during the years, 1838-1842; Philadelphie, 1848.
Penn., *Gen. birds.* — *Th. Pennant,* Indian zoology; 2e édit., 1 vol. in-4°; Londres, 1781.
*Id., Ind. zool.* — *Id.,* Arctic zoology; 3 vol. in-4°, Londres, 1792.
Perr., *Essays.* — *Perrault,* Essays de physique, iii, p. 148.
Poepp., *Pug. descr.* — *Poeppig,* Pugillus descriptionum ad zoologiam Americæ australis spectantium; Leipzig.
*Proceed. zool. soc.* — Proceedings of the zoological society of London.
*Proceedings Acad. Philad.* — Proceedings of the academy of natural sciences of Philadelphia.
Pucher., *Rev. mag. zool.* — *Pucheran,* Revue et magasin de zoologie; Paris.

Q

Quoy et Gaim., *Voy. Astrol.* — *Quoy et Gaimard,* Voyage de l'Astrolabe, 1826-1829.

R.

Raffles, *Descr. cat. Sumatra.* — *Stamford Raffle's,* Descriptive catalogue of a zoological collection made in Sumatra (Transactions of the Linnean society of London; 1821).
Ray, *Syn.* — *J. Ray,* Synopsis methodica avium; 8°, Londres, 1783.
Razoum., *Hist. nat. Jor.* — *Le comte G. de Razoumowsky,* Histoire naturelle du Jorat; Lausanne, 1789.
Reich., *Handb. der spec. orn.* — *Reichenbach,* Handbuch der speciellen ornithologie; in-4°; Scansoriæ, 1854-1855; Dresde.
Reinw. — *Casp. Geo. Carol. Reinwardt,* Handbuch der speciellen ornithologie; in-4°.

Riss., *Nat. Eur. mér.* — *A. Risso,* Histoire naturelle des principales productions de l'Europe méridionale et particulièrement de celles des environs de Nice et des Alpes-Maritimes; 5 vol. 8°, Paris, 1826.

*Rep. of Explor. and Surv.* — Reports of explorations and Survey's to ascertain the most praticable and economical route for a rail road from the Mississipi river to the Pacific Ocean; Washington, 1858, vol. IX, part. II; General report upon the zoology; birds by Spencer F. Baird, John Cassin, and G. Lawrence.

Roux, *Orn. prov.* — *Polydore Roux,* Ornithologie provençale; Marseille, 1825-1829.

Rupp., *Vœgel, n.-o. Afr.* — *Eduard Rüppell*; Systematische uebersicht der Vogel nord-ost Afrika's; Francfort-sur-Mein; 8°, 1845.

*Id., Faun. Abyss.* — *Id.*, Neue wirbalthiere zu der fauna von Abyssinien gehœrig; Francfort-sur-Mein; f°, 1835.

*Id., Mus. Senk.* — *Id.,* Museum Senkenberg (muséum de Francfort-sur-le-Mein).

*Id., Beschr. Abyss. vœg.* — *Id.*, Beschreibung, mehrerer grœsstentheils neuer Abyssinischer vœgel aus der ordnung der Klettervœgel (Mémoires de la société du muséum Senkenberg, 1842).

## S

Sagra, *Hist. Cuba.* — *Ramon de la Sagra*, Histoire physique, politique et naturelle de l'île de Cuba; Ornithologie, par M. *Alcide d'Orbigny;* Paris, 1839.

H. de Saussure, *Arch. sc. physi. et natur. Genève.* — Observations sur les mœurs de divers oiseaux du Mexique; Archives des sciences physiques et naturelles de Genève.

H. de Saussure, *Calif. birds.* — Remarks on Californian birds by T. Bridges, proceedings of the zoological society of London.

Savi, *Orn. Tosc.* — *Paolo Savi*, Ornithologia Toscana, 8°.

Schinz, *Europ. faun.* — *Heinr. Rud. Schinz,* Europaische fauna; Stuttgard, 1840, 8°.

Schleg., *Ois. d'Eur.* — *H. Schlegel,* Kritische übersicht der Europaïschen vogel; Leyde, 1844.

Schwenck., *Avi. Sil.* — *Schwenckfeld,* les Oiseaux de la Silésie.

Sclat., *Birds Santa-Fé.* — *P. Lutley Sclater,* On the birds received in collections from Santa-Fé-di-Bogota (Proceedings of the zoological society of London, 1825.

*Id., Contr. orn.* — *Id.,* Contributions to ornithology.

*Id., Cat. birds, S. Mexico.* — *Id.,* Catalogue of the birds collected by M. Auguste Sallé in Southern Mexico proceedings of the zoological society of London, 1856.

Sclat., *ibis.* — The ibis, a magazine of general ornithology, 1859-1860.

Scop., *Delic. flor.* — *Joannes-Antonius Scopoli;* Deliciæ floræ et faunæ insubricæ, 1786; Pars secunda, specimen zoologicum exibens characteres genericos et specificos, nec non nomina triviala novorum animalium quæ Sonnerat in China et in Indiis orientalibus nuper detexit.

*Id., Hist. nat.* — *J. Ant. Scopoli,* Annus I, Historico naturalis; Leipsick, 1769; Descriptiones avium.

Seba, *Thes. rar. nat.* — *Albert de Seba,* Locupletissimi rerum naturalium thesauri accurata descriptio et iconibus artificiosissimis expressio, per universam physices historiam; 4 vol. in-f°; Amsterdam, 1734-1765.

Selby, *Birds.* — *P.-J. Selby,* Illustrations of british ornithology; Edimbourg, 1821-1834.

De Sélys, *Faun. belg.* — *M. le baron Edm. de Sélys-Longchamps,* Faune belge; 8°, Liége, 1842.

Sepp, *Nederl. Vœg.* — *J. C. Sepp et Cornelius Nozeman,* Nederlandsche Vœgelen; f°; Amsterdam, 1770.

Shaw, *Gen. zool.* — *Shaw,* General zoology, 1800-1819.

Sloane, *Voy. Jamaïc.* — *Hans Sloane,* A voyage to Islands Modera, Barbades Nieves, St-Christophers and Jamaïca, etc.; 2 vol. f°, Londres, 1707.

Smith, *Illustr. S. Afric.* — *Smith,* Illustrations of zoology of South Africa.

*Id., Quat. journ.* — *Id.,* The South African and quaterly journal.

*Id., Rep. exped. centr. Afr.* — *Id.,* Report on the expedition for exploring central Africa; 1836, appendix.

Sonner., *Voy. N.-Guin.* — *Pierre Sonnerat,* Voyage à la Nouvelle-Guinée; 4°, Paris, 1776.

Sonner., *Voy. Ind. or. Chine.* — *Sonnerat,* Voyage aux Indes orientales et à la Chine; 2 vol. in-4°; Paris, 1792.
Sonnin., *Azar.* — *Sonnini de Manoncourt,* Notes sur l'histoire naturelle des oiseaux du Paraguay, par don Félix de Azara; traduct. de Walkenaer, 1809.
Spix, *Av. Bras.* — *J. B. de Spix,* Avium species novæ quas in itinere per Brasiliam annis 1817-1820, collegit. Munich, 1848, 2 vol. f°.
Stanl., *Salt's Journ.* — Henry Salt's Journey; Voyage de Salt en Abyssinie en 1819 et 1810; Espèces décrites par lord *Stanley,* dans l'appendice. Traduit de l'anglais, par *Henry,* 1816.
Steph., *Gen. zool.* — *Shaw,* General zoology continued by *Stephens;* Londres, 1800-1819.
*Mus. Stockhol.* — In museo Stockholmiæ; Muséum d'histoire naturelle de Stockholm.
*Stor. degl. ucc.* — Storia degli uccelli.
Strickl., *Proc. zool. soc.* — *H. Strickland,* Proceedings of the zoological society of London.
Sund., *Vet. acad. Stockh.* — *C. Sundevall,* Mémoires de l'académie royale de Stockholm.
*Id., Physic. Sallsk. Tidsk.* — *Id.,* Physiographisk Sallskap. Tidskrift; Lund., 1837.
Swains., *Syn. birds.* — *William Swainson,* Mex. a synopsis of the birds discovered in Mexico; the philosophical magazine, 1827.
*Id., West Africa.* — *Id.,* Birds of Western Africa; 2 vol. in-12, 1837.
*Id., Zool. illustr.* — *Id.,* Zoological illustrations; 6 vol. 8°, 1820-1833.
*Id., Class. birds.* — *Id.,* Natural history and classification of birds; 2 vol. in-12.
*Id., Two cent.* — *Id.,* Animals in menageries, comprenant two centenaries and a quarter of new or little Known birds; 1 vol. in-12, 1838.
*Id., Faun. bor. Amer.* — *Id.* and *John Richardson,* Fauna boreali Americana; Londres, 1831, 4°.
*Such. zool jour.* — Zuch the zoological journal, 1825.

## T

Temm., *Man.* — *C.-J. Temminck,* Manuel d'ornithologie; 4 vol. 8°, 1820-1840.
*Id., Cat. Syst.* — *Id.,* Catalogue systématique du cabinet d'ornithologie de C.-J. Temminck, 1807.
*Id.,* Pl. col. — *Id.* et *Laugier de Chartrouse,* Nouveau recueil de planches coloriées d'oiseaux; 600 pl. in-4°, 1820-1838.
*Id.,* Schl., *Faun. Japon.* — *Id.* et *Schlegel,* Fauna Japonica.
Tick., *J. as. soc. Beng.* — *Tickell,* Journal of the asiatic society of Bengal.
Thienem., *J. ornith.* — *Docteur F.-A. Ludw. Thienemann,* Ueber die von docteur Gundlach eingesendeten eier und nester cubanischer Vœgel; in journal für ornithologie, 1857.
Tschud., *Faun. Per.* — *J.-J. de Tschudi,* Fauna Peruana aves, 1844.

## U

*Mus. Upsal.* — In museo Upsalæ; Muséum d'histoire naturelle de la ville d'Upsal (Suède).

## V

Valenc., *Dict. sc. nat.* — *Valenciennes,* Dictionnaire des sciences naturelles, 60, vol. in-8°, 1826.
Valent., *Eph. nat. cur.* — *Bernhardus Valentini,* Quædem observationes in Ephemeridibus naturæ curiosorum; cent. 7, p. 335.
J. et Ed. Verr., *Rev. zool.* — *Jules* et *Edward Verreaux,* Revue et Magasin de zoologie.
Vieill., *Encycl.* — *L.-P. Vieillot,* Tableau encyclopédique et méthodique des trois règnes de la nature; Ornithologie, 1823.
*Id., Galer. ois.* — *Id.,* Galerie des oiseaux du cabinet d'histoire naturelle du jardin du Roi; in-4°, 1821-1826.
*Id., Ois. Amér. sept.* — *Id.,* Histoire naturelle des oiseaux de l'Amérique septentrionale; 2 vol. in-f°; Paris, 1807.

Vieill., *Nouv. dict.* — *Vieillot*, Nouveau dictionnaire d'histoire naturelle; 2e édition, 26 vol. in-8°, 1818.
*Id.*, *Faune franç.* — *Id.*, Faune française, in-8°.
Vigne, *Proc. z. soc.* — *Vigne*, Proceedings of the zoological society of London, 1841.
Vig., *Zool. app. Raffl. mém.* — *Vigors*, Zoological appendix to lady Raffle's memoir of sir Stamford Raffles.
*Id.*, *Zool. journ.* — *Id.*, Zoological journal, 1827.
*Id.*, *Birds Cuba.* — *Id.*, One some species of birds from Cuba; In the zoological journal, 1827.
*Id.*, *Beech. voy.* — *Id.*, Zoology of captain Beechey's voyage.
*Mus. Vindob.* — Muséum d'histoire naturelle de Vienne (Autriche).

## W

Wagl., *Syst. av.* — *Joannes Wagler*, Systema avium; Stuttgard, 1827.
*Id.*, *Isis.* — *Id.*, Encyclopædische zeitschrift, etc., 1817-1848.
Waller. — *Richard Waller*, Description of the woodpeckers tongue, in philosophical transactions, 1716, p. 509.
Waterh., *Proc. zool. soc.* — *Waterhouse*, Proceedings of the zoological society of London.
Werner, *Atl. man.* — *Werner*, Atlas du manuel des oiseaux d'Europe, par M. Temminck.
Wiegm., *Arch.* — *Wiegman'ns*, Archiv. für naturgeschichte, par Erichson; Berlin, 1835.
Willug. — *Franc. Willughby*, Ornithologia; Londres, édit. de 1676, p. 95.
Wils., *Amer. orn.* — *Alexander Wilson's*, American ornithology; 3 vol. et un atlas, 4°; New-York, 1828-1829.
*Id.*, Bonap., *Amer. orn.* — *Id.*, American ornithology, continué par S. A. le prince *Charles Bonaparte*, avec notes de sir Jardine; 3 vol. in-8°, 1832.
Wolf. — Uber die Bewegungen der zunge des spechtes, in Voigt's neues Magazin, IX, p. 468.



FIN DE LA LISTE DES AUTEURS ET OUVRAGES CITÉS.

# PREMIÈRE PARTIE.

## HISTOIRE GÉNÉRALE DES PICIDÉS.

ORIGINE mythologique des Picidés. — Du rôle des Picidés chez les anciens et chez les modernes.
MŒURS. — Nourriture. — Vol. — Chant ou Cri. — Habitat. — Sociabilité. — Apprivoisement. — Instinct.
Migrations. — Propagation; Nid, Œufs, Incubation.
PHYSIOLOGIE. — Tact. — Goût. — Odorat. — Vue. — Ouïe.
ANATOMIE. — Travaux y relatifs; Auteurs. — Tête et Cou des Picidés. — Bec. — Os omoïde. — Narines. — Vertèbres. — Hyoïde.
Langue. — Glandes salivaires. — Estomac. — Intestin. — Cœcum — Cœur; Foie. — Sternum — Ailes. — Os sacrum;
Bassin. — Queue. — Os; Air. — Pieds; Tarses, Doigts, Ongles.
PLUMAGE pouvant indiquer la patrie. — NOMBRE D'ESPÈCES de Picidés, indiqué par les auteurs.
CLASSIFICATION d'après les divers auteurs. — RÉPARTITION GÉOGRAPHIQUE des Picidés, avec tableaux.
OUVRAGES et AUTEURS cités par abréviation.

### CHAPITRE PREMIER.

#### ORIGINE MYTHOLOGIQUE DES PICIDÉS.

Les Picidés, en général, ont l'honneur de retrouver l'origine de leur nom dans une haute antiquité, et tout le monde connaît les fables que les anciens nous ont léguées sur le compte de *Picus*, de *Picumnus* et du *Jynx* ou *Yunx*.

Ainsi, Ovide *(Métam. 14)*, nous apprend que *Picus*, fils de Saturne, et roi des Aborigènes était un prince accompli, aimé de toutes les nymphes du pays, et qui donna la préférence à la belle *Canente*, fille de Janus. Ayant été tué à la chasse, dans un âge peu avancé, on publia qu'il avait été changé en pic vert *(Chloropicus viridis)* et pour ajouter quelque croyance à cette version, on ajouta que c'était Circé qui avait opéré ce changement en le frappant de sa baguette, pour le punir de son insensibilité.

Servius prétend que cette fiction est fondée sur ce que ce prince, qui se piquait d'exceller dans l'art de connaître l'avenir, se servait d'un pic vert qu'il avait su apprivoiser. quoiqu'il en soit, *Picus* fut honoré après sa mort et mis au nombre des dieux Indigètes.

Quant à *Picumnus* et à *Pilumnus* son frère, tous deux fils de Jupiter, présidaient aux auspices des mariages. *Picumnus* surtout, était révéré chez les Etrusques comme chargé des augures et de la tutelle des enfants.

Voilà donc déjà, comme on le voit, l'origine mythologique de deux des trois sous-familles composant les Picidés; des noms d'hommes *Picus*, *Picumnus* et *Pilumnus* dont on a fait des noms génériques, et du nom spécifique *Canente*, appliqué par quelques auteurs modernes.

Quant au nom de Yunx ou Jynx, on se rappelle que les anciens avaient adopté le torcol dans les enchantements et en prescrivaient l'usage comme étant le plus puissant des philtres. Le nom de Jynx ou Yunx signifiait toutes sortes de charmes et d'enchantements. C'est dans ce sens qu'Héliodore, Lycophron, Pindare, Eschyle, Sophocle, s'en sont servis. C'est ainsi que dans Théocrite, l'enchanteresse Pharmaceutria fait usage du torcol pour rappeler un infidèle, etc., et l'on sait que c'était Vénus qui avait apporté le Jynx ou Yunx à Jason pour forcer Médée à aimer ce dernier. Cet oiseau fut aussi jadis une nymphe, fille de l'Écho; par ses enchantements, Jupiter devint passionné pour l'Aurore, et Junon en courroux opéra sa métamorphose.

---

## ROLE DES PICIDÉS CHEZ LES ANCIENS ET LES MODERNES; UTILITÉ, DOMMAGE.

A part le rôle du torcol *dans les enchantements* et son usage pour les philtres, Pline *(C. Plinii secundi historiarum mundi liber* X, *cap.* XX; *de pico Martio)* nous annonce que dans le Latium, les Picinés tenaient le premier rang pour les augures, depuis que le roi *Picus* leur avait donné son nom; et, à cette occasion, il nous raconte un présage qui, s'il était exact, quant à l'espèce d'oiseau, prouverait qu'il s'agissait d'un pic apprivoisé, lâché a dessein, sans doute, par quelque malin augure. « Ainsi, dit l'auteur latin, le prêteur Ælius Tubéron étant assis dans le Forum sur son tribunal, un pic vint se poser sur sa tête et se laissa prendre à la main. Aussitôt grande fût la rumeur! Les devins, consultés sur ce prodige, répondirent que l'empire était menacé de destruction si on relâchait l'oiseau, et le prêteur de mort si on le retenait. Tubéron à l'instant le déchira de ses mains, et peu après, ce prêteur périt, accomplissant l'oracle. »

Le même naturaliste nous fait complaisamment connaître quelques superstitions de son temps. « Ainsi, dit-il (en parlant du nid des picinés placé dans le creux des arbres), on croit vulgairement que lorsqu'un berger en a bouché l'entrée avec un coin, le pic fait tomber ce coin en y appliquant une certaine herbe. »

Il ajoute, enfin: « Trebius croit qu'un coin ou un clou enfoncé avec quelque force que ce soit, dans un arbre qui renferme un nid de pics, s'échappe en faisant éclater l'arbre, dès que l'oiseau s'est posé sur ces objets. »

Ce n'était pas seulement dans les temps mythologiques ou chez les Romains que les Picidés prenaient un rôle mystique.

De nos jours, la superstition chez diverses peuplades a conservé toute sa force. Ne savons-nous pas d'après Gmelin *(Voyage en Sibérie)*, que les Tunguses de la Nijaia-Tunguska attribuent à la chair du chloropic cendré *(chloropicus canus)* des vertus merveilleuses; qu'ils la font rôtir, la pilent, y mêlent de la graisse, quelle qu'elle soit, excepté celle d'ours, et enduisent avec ce mélange les flèches dont ils font usage à la chasse. Il est certain, pour ces peuples, que l'animal frappé d'une de ces flèches, doit tomber toujours sous le coup.

M. le docteur Carl Bolle *(Beitrag zur Vogelkunde der canarischen Inseln;* dans le *Journal für Ornithologie*, 1857, p. 320), ne nous apprend-il pas récemment que l'histoire superstitieuse de la racine de diclame, qui ouvre toutes les serrures, a encore cours aux îles Canaries, même parmi des personnes que leur éducation devrait placer à l'abri de ces fables? qu'ainsi on y affirme sérieusement que, si l'on s'avise de boucher et de sceller aussi solidement que possible l'entrée du nid d'un pic, cet oiseau va chercher la fameuse racine dont le contact seul suffit pour faire tomber à l'instant tous les obstacles que la main de l'homme y avait placés. L'auteur cite même les noms des personnes recommandables que le vulgaire indique comme témoins de ces faits!!!

Ne savons-nous pas enfin que la tête et le bec du *megapicus principalis* et du *dryopicus pileatus* sont très-recherchés par les indiens de l'Amérique septentrionale, qui les regardent comme des amulettes précieuses, et aussi comme un ornement pour leur costume de guerre ou pour les gibecières des chasseurs. J'en ai vu qui étaient artistement disposés de la sorte sur les costumes et les armures des Osages conduits en Europe, il y a quelques années; et Pennant a vu également les calumets de plusieurs tribus indiennes décorés de la huppe rouge du *pileatus* mâle.

Les Picinés eurent un rôle plus utile en servant à l'alimentation. Les peuples sauvages de l'Amérique et beaucoup d'habitants de la campagne aux États-Unis, mangent la chair de ces oiseaux, en prétendant même qu'elle est délicate; mais c'est une nourriture que nous ne pouvons leur envier, car il est certain que la chair de tous les Picidés a un mauvais goût. Ainsi, quoique le torcol soit, en Europe, excessivement gras à la fin d'août, à l'époque de ses migrations, sa chair n'est rien moins que délicate et il doit en être de même des picumninés.

Après avoir eu la curiosité de goûter en France du *picus major* et du *chloropicus viridis*, nous partageons l'opinion d'Audubon, qui a essayé de manger de plusieurs espèces de Picinés aux États-Unis, notamment du *dryopicus pileatus*, du *zebrapicus carolinus* ainsi que du *geopicus auratus*, et qui affirme que la chair des derniers est détestable, qu'elle a un goût de fourmi qui la rend excessivement désagréable; qu'en outre, celle du premier est coriace, d'une teinte livide et qu'il est impossible d'en manger. J'ai vu aussi, en Suisse, un *dryopicus martius*, récemment tué et dépouillé, qui exhalait une odeur nauséabonde, provenant de l'acide formique produit par les insectes dont il s'était nourri.

Plusieurs naturalistes ont regardé les Picidés comme des oiseaux très-nuisibles aux forêts, et les fermiers des États-Unis les redoutent pour le dommage que leur causent certaines espèces en dévorant les épis de maïs. Kalm nous apprend même que jadis la tête du *melampicus erythrocephalus* a été mise à prix par la législature de quelques provinces américaines et qu'on offrait 20 centimes par tête de ce grimpeur, afin d'en détruire l'espèce comme préjudiciable aux récoltes. Wilson, à ce propos, fait sagement observer que puisque Dieu a créé l'espèce, on doit penser qu'elle est nécessaire.

Toutefois, lorsqu'on calcule les ravages terribles que d'innombrables myriades d'insectes, pullulant d'une manière effrayante, occasionnent dans les vergers, dans les forêts et dans certaines plantations, il est permis de se demander si, balance faite, les Picidés, loin d'être nuisibles, ne sont pas plutôt très-utiles aux propriétaires des bois et des champs, par la quantité immense de larves, de chenilles et d'insectes de tout genre qu'ils dévorent chaque jour, surtout lorsqu'ils ont des petits à nourrir. En effet, si les Picinés attaquent parfois un arbre sain pour y creuser leur nid, ils en dépouillent avec soin un grand nombre de milliers d'insectes qui les rongent et les feraient périr.

Il faut remarquer que les larves ne se nourrissent pas seulement des bourgeons, des feuilles et des fleurs, mais aussi de l'aubier et du liber, et qu'arrêtant par suite l'ascension de la sève, elles font périr les arbres. C'est ainsi qu'on a vu dans le nord-est de la Caroline du Sud, sur une étendue d'environ mille hectares boisés en pins, au bord de la rivière Sampit, près Georgetown, quatre-vingt-dix arbres au moins sur cent détruits par une espèce de petite punaise noire ailée, un peu plus grosse que le charançon. Qu'on calcule en outre la quantité d'arbres fruitiers, notamment de pêchers, qui périssent par la même cause, et l'on deviendra indulgent envers les oiseaux, qui sont les principaux destructeurs de ces insectes.

Aussi, divers savants observateurs, tels qu'Audubon et Wilson, se sont-ils constitués les avocats des Picinés et prétendent-ils que les trous peu profonds que creusent ces zygodactyles, sont utiles à la santé et à la fertilité des arbres. « Ainsi, dit Wilson, sur plus de cinquante vergers que j'ai examinés, tous les arbres, en grand nombre perforés par les Picinés, étaient les plus beaux et les plus productifs. Plusieurs de ces arbres, âgés de soixante ans, dont les troncs étaient entièrement couverts de trous, avaient de larges branches chargées d'une végétation luxuriante et de fruits superbes. Il y avait en outre cela de remarquable, que plus des trois quarts des arbres dépérissants n'avaient point été attaqués par les Picinés. »

Divers auteurs et agronomes modernes prennent aussi la défense des Picidés et les regardent comme des auxiliaires utiles de l'homme, qui devrait les favoriser au lieu de les mettre à mort. Dans une *Note sur la destruction par l'homme de quelques espèces animales qui lui sont utiles*, M. H. de Jonquières-Antonelle (*Bulletin de la Société impériale zoologique d'acclimatation*, 1857, p. 85), voudrait voir protéger « le Pic, qui, cramponné à » l'arbre, l'ausculte, pour ainsi dire, afin de savoir s'il est malade d'une morsure intérieure, » fait sortir le ver qui la produit et sauve la forêt... En Bohème, dit cet auteur, on respecte » le Pic, l'inspecteur, l'épurateur des forêts..... »

Qu'on vienne ensuite calomnier ces zygodactyles si intéressants à tant d'égards, et douter de la sagesse de la divine Providence!

# CHAPITRE DEUXIÈME.

## MŒURS. — NOURRITURE.

La nourriture des Picidés[1] varie suivant les espèces, les saisons et les localités. Ainsi, tandis que les torcols et les picumninés se nourrissent d'insectes et de fourmis surtout, quelques picinés, tels que le *megapicus principalis*, etc., se nourrissent principalement de scarabées, de larves et de gros vers. Ils mangent avec avidité les fruits sauvages dès qu'ils sont mûrs. Ils dévorent quelquefois les raisins avec empressement, en se tenant suspendus par les ongles après les ceps de vigne. Néanmoins, ce groupe de Picinés ne s'attaque point au maïs, ni aux fruits des vergers.

Le *dryopicus martius* mange habituellement, en Europe, les larves perforeuses, les guêpes, les fourmis, les chenilles, et dans les temps de disette, les baies sauvages, les semences, les noisettes et les noix. Il attaque aussi les abeilles et ravage les ruches des Baschkirs, ressemblant en cela au *chloropicus canus*, qui est friant de miel et d'abeilles, tandis que dans l'estomac du *picus leuconotus*, qui se nourrit aussi de chenilles, de petits papillons, de larves, d'œufs de fourmis et d'insectes, on n'a jamais trouvé d'abeilles, quoique l'on ait pris soin d'examiner des sujets qui vivaient à proximité de nombreuses ruches.

Parfois, certains picinés parcourent de préférence les campagnes découvertes, par bandes, frappant tantôt avec force, comme le *campestris*, un ou deux coups de leur bec sur le gazon, là où ils soupçonnent que se réfugient les vers de terre, des larves et divers insectes, tantôt fouillant dans les excréments des animaux, ou grattant et labourant le sol, comme l'*arator*, tant avec le bec qu'avec les pieds pour y chercher les larves qui y sont enfouies.

Selon Audubon, le *picus querulus*, qui mange des insectes, des grains et des fruits sauvages, suce aussi les fleurs des pins, et le *villosus* perfore les cannes à sucre ainsi que les gros roseaux pour en sucer le jus. M. Gosse (*Birds of Jamaïca*) confirme ces faits en parlant du *zebrapicus radiolatus*.

Le *picus pubescens* a même l'habitude de percer l'écorce des arbres de nombreux petits trous circulaires, quelquefois si petits et si rapprochés, que l'on peut en couvrir huit ou dix avec un dollar ou une pièce de 5 francs. Or, aux États-Unis, la croyance populaire, partagée par M. Kirtland, dans sa *Zoologie de l'Ohio*, est que cet oiseau ne creuse ces trous que pour sucer la sève des arbres. Néanmoins, il paraît certain que ces trous n'ont d'autre but que de rechercher et d'attirer les insectes, ainsi que l'ont fait observer tous les autres auteurs américains, et la forme de la langue de ce pic ne permet point d'ailleurs d'admettre d'autre hypothèse. La partie extensible de cette langue est, comme chez beaucoup d'autres Picinés, cylindrique et vermiforme, tandis que l'extrémité ou la langue proprement dite est aiguë, aplatie au-dessus, convexe au-dessous, avec des bords saillants garnis de barbules raides en forme de dents de scie et dirigées en arrière. Si cet oiseau recherchait la sève des arbres, n'est-il pas probable qu'il choisirait de préférence celle du bouleau, de l'érable et de plusieurs autres essences dont la sève est sucrée, plus douce et plus nourrissante que celle du pommier ou du poirier, et jamais cependant on n'a remarqué que les premiers de ces arbres fussent perforés. En outre, c'est au commencement du printemps que la sève coule avec le plus d'abondance et on ne voit le *pubescens* perforer surtout les écorces qu'à l'automne. Une autre circonstance, digne d'observation, c'est que

[1] Aristote (Liv. VIII, ch. 3) dit: « D'autres oiseaux se nourrissent de moucherons qu'ils attrapent; tels sont les pics, le grand et le petit; qui, tous deux, sont appelés *Dryocolaptas*. Ils se ressemblent et se nourrissent en volant vers les arbres pour y trouver leur nourriture. »

Cet auteur grec (Liv. IX, chap. 9) ajoute: « Le pic frappe les chênes pour en faire sortir les vers et les moucherons, qu'il attrape ensuite avec sa langue large et longue. Il se nourrit de fourmis et de vers qui viennent sur les arbres. On dit qu'il creuse même ceux-ci pour en extraire les vers. »

ces trous nombreux sont toujours pratiqués du côté du midi et du sud-est, parce qu'en effet, c'est de ce côté, que se tiennent de préférence les nombreux essaims d'insectes qui infestent les arbres et qu'ils déposent leurs œufs et leurs larves.

D'autres Picinés, notamment le *melampicus erythrocephalus,* dévorent les fruits de toutes sortes, le raisin, les poires, les pommes, les figues, les mûres, les baies sauvages, et surtout les cerises et les fraises. Ils affectionnent également les pois et les épis de maïs avant qu'ils soient mûrs, et, ce qui est plus étonnant, ils se nourrissent aussi d'œufs de petits oiseaux, qu'ils vont sucer dans les nids, soit des espèces sauvages, soit des pigeons domestiques. Ils donnent en outre la chasse aux divers insectes qui viennent à voltiger auprès d'eux et les poursuivent avec agilité.

Le *zebrapicus radiolatus* ne se borne pas non plus aux larves, car on trouve dans son estomac un grand nombre de ces fourmis rouges, si communes dans les forêts de la Jamaïque, et parfois des graines de fruits sauvages. Comme l'*erythrocephalus,* le *dominicanus* et le *superciliaris,* il est friand de fruits, notamment de ceux du *cordia collococca,* dont les magnifiques grappes sont mûres au mois de mars, des mangues, qui ne mûrissent qu'à l'automne, et des oranges, dont il dévore la pulpe après avoir creusé un trou dans l'écorce.

La nourriture de plusieurs espèces, notamment du *geopicus auratus,* varie suivant la saison. Tantôt elles dévorent les cerises et divers autres fruits arrivés à maturité, tantôt de petites baies sauvages, tantôt les graines de maïs après les épis, et, l'hiver, en s'introduisant même dans les granges. Mais, la principale nourriture de ces espèces, celle dont on trouve ordinairement les restes dans leur estomac, ce sont les larves et les jeunes de plusieurs espèces d'insectes et de fourmis dont elles sont si friandes que Wilson a trouvé leur estomac quelquefois distendu par la quantité des insectes ingérés.

Quant à notre épeiche d'Europe *(picus major),* nous savons que l'hiver il vit sur les écorces des arbres fruitiers, où les chrysalides et les œufs d'insectes sont plus abondants que sur les arbres des forêts. Lorsque le froid se fait sentir, on le voit quelquefois fouiller profondément les monceaux de terre servant de repaires aux fourmis. Suivant l'époque, il se nourrit aussi de hannetons, d'abeilles, de sauterelles, de larves perforeuses et autres, ainsi que de différentes semences. Il est friand des graines du pin laryx, de cerises, de châtaignes et de noisettes.

Enfin, le chloropic vert *(chloropicus viridis),* se tient fréquemment à terre près des fourmilières où il attend les fourmis au passage, couchant sa langue si longue dans le petit sentier qu'elles ont coutume de tracer et de suivre à la file, et, lorsqu'il sent sa langue couverte de ces insectes, il la retire pour les avaler; puis, lorsque les fourmis ne sont pas assez en mouvement, il va sur la fourmilière, l'ouvre avec les pieds et le bec, et, s'établissant au milieu de la brèche qu'il vient de faire, il les saisit à son aise et avale aussi leurs chrysalides.

Je ne dois pas omettre l'habitude qu'ont certaines petites espèces de s'élancer pour poursuivre au vol des insectes qu'elles aperçoivent non loin des arbres qu'elles habitent.

Ma publication était déjà sous presse lorsque j'ai reçu, avec une vive gratitude, la notice que M. H. de Saussure a publiée dans les *Archives des Sciences physiques et naturelles de Genève* (nouv. période, tome I, pl. IV, 1858), sous le titre d'*Observations sur les mœurs de divers Oiseaux du Mexique.*

Ce travail, fort intéressant, vient confirmer un fait dont on m'avait entretenu, il y a deux ans, et le langage d'un voyageur arrivant de la Californie, qui affirmait que, lorsqu'on abattait des arbres conifères, on en trouvait souvent dont le tronc était perforé de nombreux petits trous, contenant des glands qu'on avait peine à extraire.

En effet, M. H. de Saussure, visitant l'ancien volcan qu'on nomme le Pizarro, montagne en pain de sucre dans la Cordillière du Mexique, en trouva les parois tapissées de petites agaves dont l'étoile verte n'atteint que soixante-six centimètres à un mètre et les hampes cinquante à quatre-vingts millimètres de diamètre.

« Entre ces espèces d'artichaux, dont les sables blanchâtres sont émaillés, » dit le savant voyageur que nous citons textuellement, « une grande yucca projette son ombre insuffisante sur les trachytes azurés de la montagne, et tient lieu d'arbres dans un pays où cette production de la nature a passé à l'état de phénomène. Cette solitude sèche et aride, qu'aucun être vivant ne semblait animer, commençait à m'impressionner par son aspect morne et silencieux, lorsque, pénétrant plus avant dans ce désert hérissé d'épines, mon attention fut subitement attirée sur une grande quantité de pics, seuls habitants de ces lieux désolés... je m'aperçus bientôt que le *colaptes rubricatus (geopicus,* MALH.;

*rubicatus,* Wagl.), si remarquable par l'éclat rougeâtre de ses ailes, était le roi des lieux, et, quoique *d'autres espèces* s'y fussent donné rendez-vous, il conservait incontestablement la palme, et par sa taille, de beaucoup la plus grande, et par le nombre de ses représentants... Les pics allaient et venaient, se posant un instant contre chaque plante, puis s'envolant presque aussitôt. Ils venaient surtout se fixer contre les hampes des aloès; ils y travaillaient un instant, frappant le bois à coups redoublés de leurs becs aigus, puis ils s'envolaient contre des yuccas où ils renouvelaient leur travail, et revenaient aussitôt à l'aloès pour recommencer encore. Je m'approchai alors des agaves, et j'examinai leurs tiges, que je trouvai toutes criblées de trous placés irrégulièrement les uns au-dessus des autres. Ces trous correspondaient évidemment avec un vide intérieur; je m'empressai donc de couper une hampe et de l'ouvrir, afin d'en examiner le centre. Quelle ne fut pas ma surprise en y découvrant un véritable magasin de nourriture. La sagacité que déploie l'industrieux oiseau dans le choix de ce magasin, et l'art qu'il met à le remplir, méritent l'un et l'autre d'être décrits.

» Après avoir fleuri, la plante de l'agave périt et se dessèche, mais elle reste encore longtemps fixée en terre, et sa hampe forme une perche verticale, dont la couche extérieure se durcit en séchant, tandis que la moelle intérieure se détruit graduellement et laisse ainsi dans le centre de cette tige un canal qui en occupe toute la longueur. C'est ce canal que les pics choisissent pour y loger leurs provisions. Mais ces provisions sont elles-mêmes étonnantes par la bizarrerie de leur choix; ce ne sont ni des insectes, ni des larves ou autres aliments animaux semblables à ceux que les oiseaux grimpeurs affectionnent et cherchent dans les écorces; non, elles appartiennent exclusivement au domaine végétal; ce sont des glands que nos oiseaux amassent pour l'hiver dans ces greniers naturels. Le canal central de la hampe des agaves offre un diamètre juste suffisant pour laisser passer un de ces fruits selon son plus petit diamètre, en sorte que ces derniers s'y logent les uns à la suite des autres à la manière des graines d'un chapelet, et, lorsqu'on fend ce tube dans le sens de la longueur, on trouve tout le canal central occupé par une série de glands. Cependant l'ordre n'est pas toujours aussi parfait; dans les agaves de grande dimension, le canal central est plus large, et les glands s'y entassent plus irrégulièrement.

» Mais comment l'oiseau s'y prend-il pour remplir son magasin, qui se trouve naturellement clos de toute part? C'est dans la solution de ce problème que son instinct paraît surtout étonnant, » ajoute le savant voyageur.

» Il perce à coups de bec, dans la partie la plus inférieure de la hampe, et dans son bois périphérique, un petit trou rond qui s'ouvre dans la cavité centrale. Il profite ensuite de cette ouverture pour y introduire des glands jusqu'à remplir la partie du canal située au-dessous du trou. Le pic pratique alors un second trou sur un point plus élevé de la hampe, par lequel il remplit l'espace du canal central situé entre les deux orifices. Il percera ensuite un troisième trou, plus élevé encore, et il continuera ainsi à remplir son magasin de proche en proche jusqu'à ce qu'en s'élevant il atteigne le point de la hampe où le canal, en se rétrécissant, finit par devenir trop étroit pour laisser passer les glands. Il faut noter toutefois que ce canal de la hampe n'est ni assez large, ni assez net pour permettre aux glands de le parcourir en tombant sous la seule influence de leur poids; l'oiseau est obligé de les y pousser, et, malgré sa grande dextérité, il ne parvient guère à remplir qu'une portion d'un ou deux pouces du vide central, ce qui l'oblige de rapprocher ses trous considérablement, s'il veut opérer le remplissage complet de la hampe depuis le bas jusqu'au sommet.

» Mais cet ouvrage ne se fait pas toujours avec une égale régularité. Il est bien des hampes dont la moelle presque intacte offre à peine un vide central, et d'ailleurs la portion supérieure de ces tiges est presque toujours dans ce cas. Il faut alors aux pics d'autant plus d'industrie pour réussir à loger leurs provisions de glands, car, ne trouvant pas de cavités suffisantes où ils puissent les entasser, ils en sont réduits à les créer eux-mêmes. Dans ce but, ils percent un trou pour chaque gland qu'ils ont à cacher, et, après l'avoir percé, ils logent le gland au centre même de la moelle, dans laquelle ils ont pratiqué une cavité suffisante pour le recevoir. C'est ainsi qu'on trouve nombre de tiges où les glands ne sont pas entassés dans un vide central, mais logés chacun au fond d'un de ces trous, dont la surface de la hampe est criblée.

» Ce travail est rude et occasionne à l'oiseau beaucoup de sueurs; il lui faut une grande industrie pour faire de telles provisions, mais il est vrai de dire que l'exploitation des magasins est ensuite d'autant plus facile. Le pic n'a plus à rechercher sa nourriture sous des couches de bois qu'il faut laborieusement briser; il lui suffit de plonger son bec effilé dans un des orifices tout pratiqués pour en extraire son dîner. Il semble, dans ce cas, que la nature a pourvu notre oiseau de son bec solide, non plus pour aller chercher sa nourriture à travers le bois, mais pour l'y cacher.

» Les mœurs du *colaptes rubricatus (geopicus rubicatus)*, quoique bien différentes de celles des autres pics, exigent cependant un bec identique au leur, parce que le bois périphérique des hampes d'aloès est d'une grande dureté, et ne se laisse entamer qu'avec un instrument solide. Mais la patience que nos oiseaux déploient à remplir leurs magasins n'est pas seule à remarquer. La persévérance qu'il leur faut pour se procurer les glands est peut-être plus étonnante encore. En effet, le Pizarro s'élève au milieu d'un désert de sable et de coulées de laves qui ne nourrissent aucun chêne. Je ne puis comprendre de quel endroit nos oiseaux avaient apporté leurs provisions ; il faut qu'ils aient été les chercher à plusieurs lieues de distance, peut-être sur le versant de la Cordillière ! Tel est l'ingénieux procédé qu'emploie la nature pour mettre les pics à l'abri des horreurs de la famine dans un pays aride pendant les six mois d'hiver, et qu'un ciel toujours serein dessèche à outrance. La sécheresse amène alors la mort de la vie végétale, comme chez nous le froid, et les plantes coriaces des savanes, qui sont la sécheresse même, ne nourrissent plus les insectes nécessaires à la subsistance des pics. Sans cette ressource, nos oiseaux n'auraient plus qu'à émigrer ou à mourir de faim.

» Nous étions alors en avril, » dit M. de Saussure, « c'est-à-dire dans le cinquième ou le sixième mois de la saison morte, et les pics s'occupaient à retirer les glands de leurs greniers. Tout me porte à croire que ce sont bien les glands mêmes qui leur servent de nourriture, non les larves chétives que ceux-ci peuvent renfermer, et la manière dont ils s'y prennent est aussi digne de remarque que ce qui précède. Le gland, lisse et arrondi, ne peut être saisi facilement par les pieds trop grands du pic. Alors, afin de le fixer suffisamment pour que le bec puisse l'entamer, l'oiseau a recours à un procédé des plus ingénieux. Il pratique dans l'espèce d'écorce qui entoure les troncs desséchés des yuccas un trou juste assez grand pour y engager le gland par son petit bout, mais pas assez pour lui permettre de le traverser. Il l'engage dans ce trou, et l'y enfonce avec son bec comme un coin dans une mortaise. Le fruit ainsi fixé, notre oiseau l'attaque à coups de bec et le met en morceaux avec la plus grande facilité, car chaque coup tend à l'enfoncer de plus en plus et à le fixer davantage. Les troncs de bien des yuccas se trouvaient, pour cette raison, criblés de trous, comme les hampes des agaves. Lorsque ces arbres périssent, l'écorce qui les recouvre se détache du tronc, et son écartement laisse entre elle et le bois de l'arbre un interstice très-étendu qui, lui-même peut servir de magasin, comme le vide central des hampes d'agaves. Nos oiseaux, habiles à profiter de cette circonstance, criblent de trous les écorces mortes, et introduisent aussi des glands entre elles et le bois. Mais cette ressource ne paraît pas leur convenir beaucoup, ce qui se comprend facilement, parce que, le magasin étant trop vaste, les glands tombent au fond de cette poche naturelle, et les pics ne savent plus ensuite comment les en retirer. Aussi, en soulevant les écorces trouées, je n'y ai, en général, rencontré que des débris de glands tombés le long du bois lorsque les pics les mettaient en pièces dans les trous pratiqués de l'extérieur. Les glands intacts y étaient très-rares.

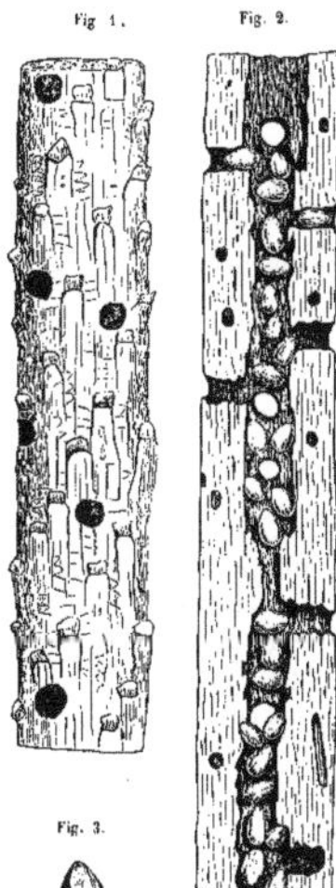
Fig. 1. Fig. 2. Fig. 3.

» . . . . . . . . . Il ne croît guère de chênes que sur le versant de la Cordillière; or, il y a près de dix lieues de ce versant au Pizarro, et j'ai peine à croire que nos oiseaux aillent faire leurs provisions à une distance aussi prodigieuse.

» . . . . . . . . . *Plusieurs pics, appartenant à des espèces plus faibles, habitent aussi* la savane de Pizarro, mais je n'ai pu vérifier s'ils usaient du même procédé. Dans une partie de la montagne les innombrables hampes d'agaves sèches étaient toutes transformées en magasin. C'est à ce dépôt général qu'était due l'affluence des pics dans cette localité. Il est probable que pendant la saison sèche ces oiseaux se rassemblent dans les lieux très-fournis d'agaves, où leur nourriture est toute préparée, et qu'à l'entrée des pluies de l'été ils se dispersent dans les campagnes pour y chercher les insectes que la nature leur offre alors en abondance. »

Cette notice m'a paru si intéressante, que j'ai pris la liberté de la citer presque entièrement, et de reproduire aussi ci-avant (page XI): Fig. 1, un tronçon d'une hampe d'aloès que les géopics avaient criblée de trous qui communiquent avec la cavité centrale et qui servent pour l'introduction des glands dans cette cavité; Fig. 2, la coupe verticale d'un tronçon, montrant le vide central avec l'arrangement des glands qui y sont emmagasinés et les trous latéraux par lesquels ils y ont été introduits; et, Fig. 3, le gland (de grandeur naturelle), dont le *geopicus rubicatus* remplit ses magasins.

Il est à regretter que le savant voyageur n'ait pu examiner si, comme cela est probable, les autres espèces de picidés qu'il a vus dans le même lieu avec le *rubicatus,* ne faisaient pas aussi des approvisionnements de glands.

## VOL.

Le vol des Yuncinés est rarement prolongé, si ce n'est au moment des migrations. En effet, le torcol est-il forcé d'abandonner une fourmilière qu'il exploitait, il se jette dans le premier arbre qu'il rencontre, demeure coi sur une branche et se laisse approcher de très-près.

Les Picumninés ont le vol encore plus court et se contentent de voltiger habituellement d'un arbre à l'autre pour y rechercher les insectes.

Relativement au vol des Picinés, il varie selon les genres, l'étendue de leurs ailes et leurs mœurs. Ainsi, le *megapicus principalis* et ses congénères ont le vol gracieux, quoique rarement prolongé d'un seul trait à plus de cinquante à cent mètres, à moins qu'ils n'aient à traverser un grand fleuve. Leur vol s'effectue alors en étendant entièrement les ailes qu'ils replient pour éprouver et se donner une nouvelle impulsion. S'agit-il seulement de se rendre d'un arbre sur un autre? si la distance n'excède pas 30 à 40 mètres environ, l'oiseau donne un simple coup d'aile et semble se balancer mollement d'un arbre à l'autre, en décrivant une courbe élégante et en étalant tout l'éclat de son plumage.

Notre *picus major* voltige d'ordinaire d'arbre en arbre, soit pour donner la chasse aux insectes, soit lorsqu'il se rend à quelque mare d'eau au milieu des bois. Son vol est ordinairement court, quoique rapide, ainsi que cela a lieu généralement chez la plupart des espèces sédentaires qui diffèrent par là des espèces qui émigrent.

Quant à notre chloropic vert *(chloropicus viridis),* lorsqu'il vole, il plonge, se relève et trace en l'air des arcs ondulés, ce qui n'empêche pas qu'il ne s'y soutienne assez longtemps; et quoiqu'il ne s'élève qu'à une petite hauteur, il franchit d'assez grands intervalles de terres découvertes pour passer d'une forêt à l'autre.

Enfin, les géopics ont généralement un vol rapide et prolongé, plus en ligne droite que celui des autres picidés. Ils exécutent de nombreux battements d'aile, après de courts intervalles pendant lesquels ils planent sans presque dévier de la ligne horizontale.

## CRI, CHANT.

Les Picinés de ce dernier genre, lorsqu'ils émigrent, ce qui a lieu pendant la nuit, font entendre un cri bruyant, tandis que les mégapics ne profèrent jamais de cris lorsqu'ils volent, à moins que ce ne soit à l'époque des amours; mais en toute autre saison, dès qu'ils sont posés, ils font entendre, à chaque saut, leur voix tellement forte, que Wilson compare la voix du *megapicus principalis* au son d'une trompette ou au son aigu d'une clarinette qui peut s'entendre à une très-grande distance.

Lorsque ce dernier grimpeur s'agite dans les parties supérieures d'un arbre, sa voix est claire et bruyante, mais un peu plaintive; et le cri *pait, pait, pait,* ordinairement répété trois fois de suite, résonne sans cesse dans la solitude des forêts, lorsqu'il grimpe sur un tronc ou perfore quelque arbre.

Notre *dryopicus martius* possède une voix très-forte; ainsi, lorsqu'il a percé son trou dans un arbre, il pousse un grand cri ou sifflement aigu et prolongé qui retentit au loin. Il fait entendre aussi par intervalles un craquement ou plutôt un frôlement qu'il fait avec son bec en le secouant et le frottant rapidement contre les parois de son trou. D'autres espèces, comme le *pileatus,* poussent également un grand cri lorsqu'elles viennent à découvrir un ennemi et prennent en même temps la fuite.

On sait que notre *picus major,* lorsqu'il se croit seul, fait entendre son cri: *Tre re re re re!* articulé d'un ton enroué, tandis que le *chloropicus viridis,* avec le chant duquel celui du *campestris* (Vieil.) a beaucoup de rapport, fait retentir les forêts de ses cris aigus et durs: *Tiacacan! tiacacan!* que l'on entend de loin, et qu'il jette surtout, en le changeant quelquefois en celui de: *Kjuck! kjuck!* lorsqu'il vole par élans et par bonds. Dans le temps de la pariade, il a, de plus que son cri ordinaire, un appel d'amour qui ressemble, en quelque manière, à un éclat de rire bruyant et continu: *Tio tio tio tio tio!* répété jusqu'à trente et quarante fois de suite.

Quelques espèces qui fréquentent, en Amérique, les demeures des fermiers, comme le *picus villosus,* le *pubescens,* etc., viennent-elles à être surprises dans quelque grange ou magasin à blé, font entendre des cris aigus qui se changent bientôt en chants joyeux dès qu'elles ont pu échapper au danger.

D'autres espèces du genre *celeopicus* ont pour cri un sifflement en six temps, dont les premiers accents sont monotones et les deux ou trois derniers plus graves. Enfin le *melampicus dominicanus,* qui est très-criard, fait entendre de fort loin sa voix rauque et désagréable, comme celle du *zebrapicus Carolinus.* On a peu observé le petit cri des Picumninés et l'on ne connaît au torcol d'Europe qu'un petit sifflement aigu et cri fort monotone qu'il fait principalement entendre lorsqu'il veille sur le nid où sa femelle couve.

## HABITAT.

Les Picinés, que Scaliger appelait oiseaux *lignipètes,* parce que, dit-il, ils becquettent les arbres, et Aristote (liv. VIII, ch. 3) *dryocolaptas* parce qu'ils frappent les arbres de leur bec, ont des mœurs qui varient quelque peu, suivant que ces oiseaux appartiennent à tel ou tel groupe. Les Grecs, qui ne connaissaient que la moitié des espèces européennes seulement, donnaient des habitudes semblables à tous ces zygodactyles. Aussi Aristote dit-il, en parlant des oiseaux qui se nourrissent de moucherons: « Tel est le pic, grand et petit; ils se ressemblent et ils ont la même voix, mais le grand pic l'a plus forte. Ils se nourrissent tous deux en volant vers les arbres pour y trouver leur nourriture. Le pic vert est de la même classe; fort adroit à creuser les arbres où il prend ordinairement sa nourriture; sa voix est perçante. » Et (livre IX, ch. 9) il ajoute: « Le pic ne se tient point à terre; il frappe les chênes pour en faire sortir les vers et les moucherons qu'il attrape ensuite avec sa langue large et longue. Il marche très-prestement le long des arbres, et dans toute sorte de positions, même la tête en bas. La nature lui a donné des ongles forts pour qu'il put se tenir ferme sur les arbres. C'est en fichant ces ongles dans l'arbre qu'il grimpe. J'ai déjà dit que le pic nichait sur les arbres, et en particulier sur l'olivier; qu'il se nourrit de fourmis et de vers qui viennent des arbres et qu'il creuse ceux-ci, etc. »

Ce qu'écrivait le savant précepteur d'Alexandre, il y a environ 2200 ans, peut encore s'appliquer avec exactitude à beaucoup des Picidés. Néanmoins les découvertes géographiques et les observations faites depuis cette époque, notamment dans le dernier demi-siècle, exigent que j'entre dans quelques détails, au moins sur les modifications que subissent les mœurs des espèces, selon qu'elles rentrent dans tel ou tel groupe, qu'elles vivent dans des climats et des lieux différents.

Les Picidés affectionnent, en général, les parties chaudes du globe où ils trouvent une nourriture plus abondante; toutefois ils habitent aussi des contrées très-froides, telles que le nord de l'Amérique, de l'Europe, et en Asie sur l'Himalaya [1], tandis que certaines contrées, même très-chaudes, en sont dépourvues. Ainsi les îles de Madagascar, de la

[1] Hodgson dit, dans « *On geographical distribution of the mammalia and birds of the Himalaya,* » que les Picidés sont communs dans la région inférieure et dans la région centrale de l'Himalaya, tandis qu'ils sont rares dans la région supérieure, où l'on ne trouve pas d'ailleurs un seul perroquet. Or, il résulte des observations de M. Frederic Moore *(On the physical geography of the Himalaya),* publiées dans le *Journal of the asiatic society of Bengal,* 1849, que la région inférieure de l'Himalaya s'élève depuis la plaine jusqu'à 4000 pieds au-dessus du niveau de la mer, la région centrale de 4000 à 10000 pieds, et la région supérieure de 10000 à 16000, le pic le plus élevé ayant 28176 pieds anglais.

Réunion, de Maurice, toute la Nouvelle-Hollande, la Nouvelle-Zélande et d'autres localités, ne possèdent pas de Picidés. J'aurai occasion d'en reparler au chapitre de la répartition géographique.

Parlons d'abord des Picinés.

Un grand nombre de Picinés, comme le *megapicus imperialis* et *imperialis*, habitent sur les arbres très-élevés, dans les forêts épaisses traversées par des cours d'eau. Ces grimpeurs se tiennent aussi près des marais sauvages dans lesquels ils peuvent vivre paisiblement et trouver une nourriture abondante. Ils descendent rarement à terre et préfèrent habiter la cime de quelque grand pin. Leur force est telle que lorsqu'ils viennent à découvrir un tronc d'arbre pourri, à demi-brisé, et creux, ils le déchirent en peu de jours et occasionnent parfois sa chute, après avoir arraché des lambeaux d'écorce de un à deux mètres de long. C'est ainsi qu'en un quart d'heure ils peuvent dépouiller de son écorce un pin déjà mort, sur une longueur de huit à dix mètres.

Pendant que beaucoup d'espèces telles que le *dryopicus martius* en Europe, le *pileatus*, etc., en Amérique, frappent les arbres même les plus durs, des forêts épaisses de si grands coups de bec, « qu'on les entend, dit Frisch, d'aussi loin qu'une hache dont on se servirait pour abattre des arbres, » l'*indopicus carlotta* recherche les jungles, à Ceylan, de préférence aux palmiers qu'affectionnent aux Antilles, le *zebrapicus striatus* et le *radiolatus*, tandis que le *picus cactorum* parcourt les cactées de l'Amérique méridionale et le *gabonensis* les grands bois de l'Afrique occidentale.

Si diverses espèces habitent les forêts constamment, et sont tellement sauvages et défiantes qu'il faut les surprendre pour pouvoir en approcher, d'autres Picidés tels que le *picus major*, le *varius*, etc., quittent les bois à l'automne et se répandent jusque dans les jardins et autour des villes, quelques-uns même, aux États-Unis, le *picus villosus* et le *pubescens* y résident en toute saison. Vifs et bruyants, ils paraissent peu s'inquiéter de l'homme et on les trouve même au milieu des arbres des jardins situés dans l'intérieur des villes, dans les vergers, aussi bien que le long des plantations, sur les haies, sur les arbres isolés, dans les champs, dans les parties les plus épaisses des forêts, ou près des fleuves et sur des saules ou des buissons de cotonnier, au milieu des vastes marais salants, vers les bouches du Mississipi. Dans ces dernières localités ils se posent aussi sur les tiges des roseaux les plus gros et les plus élevés, et les perforent avec leur bec. En hiver ces espèces sont très-familières, vont dans les basses-cours glaner les grains de maïs et de blé oubliés, on les voit alors sautillant à terre, au milieu des tourterelles, des cardinaux, des quiscales et d'autres espèces, et se permettre de fréquentes visites dans les granges et les magasins, sauf à s'échapper souvent en passant entre les jambes du propriétaire qui vient à les surprendre.

Les jeunes du *pubescens* s'associent, à l'automne et en hiver, aux mésanges, aux sittelles et aux grimpereaux avec lesquels ils parcourent les vergers.

Certains de ces grimpeurs, comme le *picus querulus*, ont, pendant l'hiver, l'habitude de se retirer souvent le soir dans des trous d'arbres où ils passent la nuit; ils en font autant, même pendant le jour, lorsque le temps est pluvieux et froid, ou bien lorsqu'ils viennent à être blessés.

On sait que les Picidés sont, de tous les oiseaux de leur ordre, ceux qui jouissent au plus haut degré de la faculté de grimper. Ils se retiennent par le moyen de leurs ongles courbes et acérés aux inégalités de l'écorce des arbres, ce sont principalement les ongles de derrière qui servent à les soutenir et à empêcher les culbutes. Ils s'appuient sur un autre arc-boutant puissant qui est leur queue, dont les pennes sont très-raides chez les Picinés. Ils peuvent parcourir en tous sens le tronc ou les branches d'un arbre avec la même facilité, ainsi que le faisait remarquer Aristote. Quelquefois, on les voit se dirigeant du haut en bas, tantôt horizontalement, et plus souvent de bas en haut; mais ils ne grimpent pas, comme le font les perroquets, en posant un pied après l'autre, et en s'aidant de leur bec; c'est en s'accrochant aux aspérités que présente l'écorce des arbres, et au moyen de petits sauts brusques et saccadés, qu'ils parcourent les grands troncs. La queue chez les Picinés, avons-nous dit, est formée de pennes résistantes et légèrement recourbées; ainsi dans l'action de grimper, ces pennes ou baguettes s'appliquent par leur extrémité contre le tronc de l'arbre que l'oiseau parcourt, s'y arc-boutant, et soutiennent en partie, comme un troisième pied, le poids du corps dans les mouvements d'ascension.

Les *Yuncinés*[1] ou *Torcols* ne grimpent pas en s'élevant, le peu de fermeté des pennes

[1] G.-R. GRAY. Le prince Ch. Bonaparte écrit *Yunginées*.

de la queue ne leur permet pas ce mouvement ascensionnel; toutefois ils s'accrochent au tronc des arbres et peuvent se maintenir longtemps dans une position verticale.

Les *Picumninés* ou *Picumnes,* qui ont aussi la queue molle, grimpent, d'après d'Azara, le long des petites tiges, dans les forts buissons. Ils sautent d'une branche à l'autre en la saisissant fortement avec les doigts et en tenant le corps en travers. Ils n'ont pas la facilité de s'aider de leur queue lorsqu'ils veulent grimper, ou, s'ils le font, ce n'est que très-accidentellement.

## SOCIABILITÉ.

Tous les Picinés ne sont pas grimpeurs au même degré et n'habitent pas les forêts, et il est à remarquer qu'ils sont alors plus sociables et aiment à être réunis. Ainsi le *melampicus dominicanus,* qui vit en famille, n'entre jamais dans les grands bois, mais se tient dans les lieux plantés de palmiers et où il y a peu d'arbres. On le voit souvent posé horizontalement sur les arbres et sur les toits des maisons. Cependant il s'accroche aussi aux troncs et aux murailles, quoique grimpant très-rarement.

Le *melampicus torquatus,* si défiant, vit par bandes de douze à vingt, voltigeant çà et là sur les arbres, folâtrant comme le feraient des corneilles, et descendant de temps en temps à terre pour prendre sa nourriture. Ces oiseaux se perchent en troupes nombreuses, comme les étourneaux, grimpent peu et guettent les insectes pour les poursuivre au vol.

Le *campestris* et l'*agricola* parcourent rapidement les campagnes découvertes, et d'Azara fait observer que ces espèces ont aussi les jambes plus longues que leurs congénères. On les voit frapper avec force un ou deux coups de bec sur le gazon là où ils savent que se réfugient les vers de terre et d'autres insectes. Ces espèces vivent par bandes ou bien se tiennent ordinairement au moins au nombre de trois ou quatre dans les champs et sur les chemins, au Brésil, recherchant aussi les insectes dans les excréments des animaux.

Néanmoins nous devons faire observer que d'Azara, et Spix après lui, ont été trop absolus lorsqu'ils affirment que le *campestris* ne grimpe jamais contre les arbres et ne se voit point dans les bois, car les auteurs du *Voyage du Beagle* ont vu cette espèce grimper parfois le long des troncs d'arbres, et S. A. le prince Maximilien de Wied a également vu cet oiseau monter perpendiculairement le long des cactus élevés ou sautiller de branche en branche à la recherche des grands nids de termès.

Le *geopicus rupicola* doit être classé parmi les espèces qui vivent ordinairement à terre et ne grimpent jamais ou que très-rarement. On le voit dans la Bolivie et sur les plateaux des Cordillières, élevés de 4000 à 4700 mètres, recherchant sa nourriture parmi les crevasses des rochers et dans les pâturages. Ajoutons qu'on ne trouve pas d'arbres dans ces localités, où ces oiseaux vivent par petites bandes de cinq ou six individus.

Je citerai enfin l'*arator* ou *olivaceus,* qui se perche sur les branches basses des arbres, mais ne grimpe pas, selon Levaillant. Cet oiseau vit aussi en famille, et même plusieurs familles se réunissent et vont toujours en compagnie, de sorte qu'elles forment des bandes de trente à quarante individus, quelquefois plus, quelquefois moins, qui vivent en société. Ces Picidés habitent, dans l'Afrique méridionale, les montagnes arides, couvertes de rochers, d'où ils s'échappent pendant le jour pour se répandre dans les plaines, et où ils reviennent le soir pour se coucher dans des cavernes dans lesquelles ils élèvent aussi leurs petits.

Si divers Picinés, qui n'habitent pas ordinairement les forêts, vivent en famille et en grand nombre parfois, on trouve aussi parmi des espèces qui abandonnent les bois pour passer l'automne et l'hiver dans les vergers près des habitations des hommes, telles que le *picus pubescens,* le *villosus* et le *varius,* un assez grand instinct de sociabilité. Ainsi, à cette époque de l'année, on voit les jeunes du *pubescens* s'associer aux mésanges, aux sittelles et aux grimpereaux, montrant une grande familiarité. Le *varius* vit aussi en société avec le *picus villosus* et le *zebrapicus Carolinus,* quoique d'un naturel défiant et demeurant sur les arbres les plus touffus; le *picus querulus* se voit fréquemment aussi en société avec la fauvette des pins et la mésange de la Caroline.

L'instinct de la sociabilité existe encore, mais à un degré beaucoup moindre, chez d'autres espèces de Picidés du groupe des géopics. L'on sait aussi que les espèces, notamment des genres *chloropicus, geopicus,* se tiennent plus souvent à terre que les autres Picidés qui ont l'habitude de grimper, et qu'alors ils ne marchent pas, mais ne font que sauter.

On sait seulement que les Picumninés vivent par paire; mais, quant aux Yuncinés ou Torcols, peu d'oiseaux vivent plus solitaires; néanmoins cette vie solitaire, loin de les rendre farouches, leur laisse leur naturel peu défiant et presque stupide. Aussi parviendrait-on plus facilement à les apprivoiser que les Picinés.

## APPRIVOISEMENT.

On sait combien il est difficile d'élever en cage, en Europe, le *picus major,* le *minor* et le *chloropicus viridis,* même pris au nid au moment où ils se nourrissent seuls. Audubon en dit autant des jeunes de plusieurs espèces, notamment du *pileatus.* Cet auteur annonce que sur une nichée de cinq petits, saisis au moment où ils allaient quitter le nid, trois sont morts au bout de peu de jours, refusant toute nourriture. Les deux autres ne purent être élevés qu'en leur introduisant de force, pendant quelque temps, des sauterelles dans le gosier. Ils mangèrent bientôt seuls, s'accommodèrent fort bien de farine d'orge sèche et de quelques insectes. Toutefois, pour les maintenir dans leur volière, il faut que les matériaux en soient très-durs et très-solides, car leur unique occupation est de chercher à détruire leur prison et à recouvrer leur liberté.

A Cuba, on n'a jamais pu réussir à élever en captivité le beau *geopicus superciliaris.*

## INSTINCT.

Aristote (livre IX, ch. 9) raconte qu'un pic privé, ayant placé une amande en coque dans la fente d'un morceau de bois, et l'y ayant bien ajustée pour pouvoir la frapper, parvint à la briser au troisième coup de bec et mangea le fruit.

D'autres circonstances prouvent que l'instinct, chez les Picinés au moins, est plus développé qu'on ne le croit généralement.

Ainsi lorsqu'un picidé est surpris sur un arbre, par un chasseur, il se garde bien de s'envoler, ce qui l'exposerait à un coup de feu, mais il se cache aussitôt du côté opposé de l'arbre sur lequel il grimpe; si le chasseur tourne autour de l'arbre, l'oiseau tourne successivement, avec précaution, de manière à demeurer toujours caché; aussi est-il très-difficile de l'ajuster. S'il vient à être blessé légèrement, il grimpe aussitôt tout d'un trait sur la branche la plus élevée et s'y tapit en silence jusqu'à ce qu'il soit certain que tout danger a cessé. Quelquefois même, lorsqu'il est frappé mortellement, il s'accroche, à l'aide de ses ongles courbes et aigus, à l'écorce de l'arbre, et il peut y rester suspendu pendant plusieurs heures.

Nous avons vu plus haut l'instinct qu'ont certains Picidés, préparant des provisions d'hiver en allant chercher au loin une nourriture qui ne semble pas appropriée à leur race, comme le fait très-bien observer M. de Saussure; qui la transporte dans d'autres régions où croît la plante qui lui sert de magasin. C'est évidemment un instinct puissant qui lui révèle l'existence d'une cavité exiguë et cachée au centre de la tige d'une plante, qui lui enseigne à rompre le bois qui l'enferme de toute part, à y accumuler ses provisions avec un ordre parfait, à les y loger ainsi à l'abri de l'humidité, dans les conditions les plus favorables pour leur conservation, à l'abri des rats et des oiseaux frugivores.

Buffon nous a retracé, en termes élégants, les précautions excessives que prend le *picus major* lorsqu'il va, en été, boire à quelque mare dans les bois.

Mentionnons enfin les soins que beaucoup de Picinés mettent à perforer, au milieu d'un tronc, un nid aussi circulaire que s'il avait été tracé au compas, et la précaution que prennent, notamment les deux sexes du *pubescens,* pendant les sept ou huit journées que dure ce travail, d'enlever avec leur bec les copeaux qu'ils font tomber au pied de l'arbre et de les transporter à une assez grande distance pour ne pas éveiller l'attention du chasseur.

## MIGRATIONS.

Si les Picumninés ne paraissent pas émigrer chaque année, d'après le peu que nous savons de leurs mœurs, il n'en est pas de même des Yuncinés et des Picinés. Le torcol d'Europe, le seul de ce groupe que nous ayons pu observer, émigre seul et ne revient que pour nicher au mois de mai. Dans le Mecklembourg, M. Zander *(Naumannia,* 1857, p. 327) a remarqué que ce grimpeur arrivait dès la fin d'avril et dans les matinées des belles journées. Cet oiseau ne supporte d'autre société que celle de sa femelle, encore cette union est-elle de très-courte durée, car ils se séparent bientôt et repartent seuls en septembre.

Quant aux Picinés, diverses espèces émigrent chaque année. Ainsi, selon M. Ramon de la Sagra, le *megapicus principalis,* que l'on trouve à Cuba, n'est que de passage dans cette île et aux Antilles. Néanmoins M. Gundlach, qui affirme que l'espèce niche à Cuba, ne parle pas de sa migration, tandis qu'Audubon, qui paraît dans l'erreur à ce sujet, dit formellement qu'elle n'émigre point. Mais le *picus varius,* d'après MM. de la Sagra et Gundlach, n'est que de passage à Cuba où il arrive en grand nombre au mois d'octobre pour en repartir au commencement d'avril, se dirigeant vers l'Amérique septentrionale. Au commencement d'octobre, ce pic arrive aussi à la Louisiane et dans toutes les parties du golfe du Mexique pour y résider tout l'hiver, et, vers la fin de mars, il émigre vers le nord des États-Unis; quelques couples seulement nichent dans les forêts comprises entre le 30e et le 40e degré de latitude.

D'autres espèces, notamment le *picus pubescens,* le *Canadensis,* selon Audubon, le *picoïdes Americanus,* changent aussi de localité aux États-Unis, comme le *varius,* et l'on voit, lors de ces migrations, ces diverses espèces fréquemment agglomérées sur des arbres chargés de fruits.

Le *melampicus torquatus* niche l'été dans l'Orégon, et, à la fin de l'été, il émigre en bandes pour aller hiverner en Californie.

Je citerai encore le *melampicus erythrocephalus,* qui, après avoir passé l'hiver dans les parties méridionales des États-Unis, jusqu'au golfe du Mexique, remonte en bandes, à la fin d'avril ou au commencement de mai, vers les États du nord. Au retour, leur migration commence vers le milieu du mois de septembre, à l'approche de la nuit, et dure ainsi un mois à six semaines. On les voit alors voler très-haut, au-dessus des arbres, éloignés les uns des autres, comme une armée en déroute. Le cri qu'ils font entendre, en cette circonstance, diffère de celui qu'ils profèrent habituellement. Il est aigu, presque continu et s'entend aisément sur terre, quoique ces oiseaux soient hors de la vue. A l'approche du jour, toute la troupe s'abat sur les extrémités des arbres morts, aux environs des lieux habités, et se met à rechercher sa nourriture ou à se reposer jusqu'au coucher du soleil pour reprendre de nouveau son vol et continuer sa pérégrination.

## PROPAGATION: NID, ŒUFS, INCUBATION.

Pline (liv. x, ch. 20) prétend que les Picinés sont les seuls oiseaux qui fassent leur nid dans les trous des arbres, et, à cet égard, nous savons qu'il était dans l'erreur. Mais tandis que quelques Picidés se contentent des trous naturels qu'ils rencontrent, les autres préfèrent se creuser leur nid, soit, ordinairement, dans le tronc ou les grosses branches des arbres, soit, rarement, parmi les rochers, dans les vieux murs de terre ou de briques non cuites, ou bien sur les bords escarpés des ruisseaux ou dans des cavernes. Les œufs sont généralement d'un blanc pur lustré et au nombre de quatre à six; mais nous verrons qu'il existe aussi, rarement toutefois, des œufs tachetés ou colorés.

Au printemps, les mâles de quelques espèces, comme le *picus querulus,* le *varius* et le *zebrapicus striatus,* se querellent, se livrent parfois des combats acharnés et s'arrachent les plumes pour se disputer les femelles. C'est surtout alors que l'on voit se hérisser les plumes de la tête, quoiqu'elles soient peu allongées, ou les huppes qui ornent la tête de diverses espèces.

On doit aussi faire observer que les œufs d'une même nichée diffèrent souvent entr'eux considérablement, comme le démontre la planche ci-après, sur laquelle figurent, l'un au-dessous de l'autre, des œufs de la même nichée.

Figures *a*, œufs du *Dryopicus martius;* Fig. *b*, œufs du *Chloropicus viridis;* Fig. *c*, œufs du *Chloropicus canus;* Fig. *d*, œufs du *Picus major;* Fig. *e*, œufs du *Picus medius;* Fig. *f*, œufs du *Picus minor.*

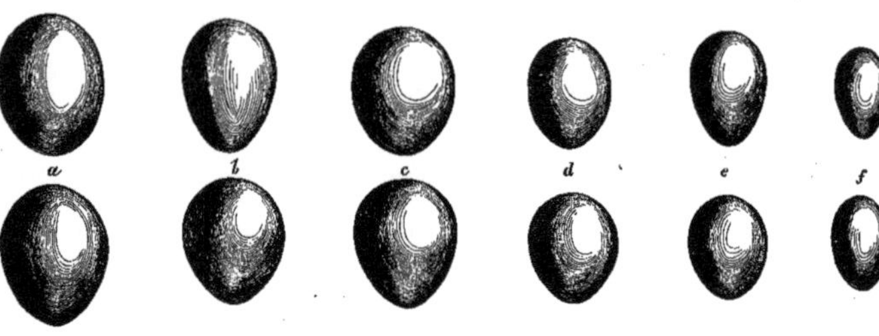


Les œufs du *picus major* ont ordinairement 25 millimètres de long sur 20 millimètres de large, d'autres 20 millimètres de long sur 14 millimètres de large; j'en possède aussi qui offrent un diamètre de 27 millimètres de long sur 23 millimètres de large.

Nous allons passer en revue ce qui concerne les principales espèces qui nichent dans les arbres ou ailleurs, et indiquer le nombre et la coloration des œufs.

Ainsi le *megapicus principalis* niche, au printemps, avant les autres espèces, ses congénères, à l'exception du *picus querulus.* C'est au commencement de mars que le mégapic à bec d'ivoire perfore, dans quelque cyprès ou dans quelqu'autre arbre très-élevé, un trou qu'il destine à devenir son nid. Il fait attention à la situation particulière de l'arbre, à l'inclinaison du tronc, parce qu'il désire la solitude et qu'il veut préserver de l'eau l'ouverture du nid pendant les grandes pluies.

Pour parer à cet inconvénient, qui compromettrait sa nichée entière, il choisit la partie du tronc qui est située immédiatement sous l'une des grosses branches latérales de l'arbre. Un fait digne de remarque, c'est que, lorsque le nid est creusé dans une branche horizontale, ou plus ou moins oblique, ce qui se voit assez souvent, l'ouverture est presque toujours pratiquée de manière à regarder le sol, ce qui en rend l'abord difficile aux petits mammifères, surtout aux rongeurs.

Le mégapic perfore d'abord son trou horizontalement, avec une profondeur de quelques pouces, puis il descend presque à angle droit et non en spirale, comme le croient quelques personnes. Cette cavité est plus ou moins profonde, selon les circonstances, souvent n'ayant pas plus de 25 ou 30 centimètres, tandis que, quelquefois, elle en a 90. Cette différence provient du plus ou moins d'urgence qu'éprouve la femelle à déposer ses œufs, et l'on a remarqué que, plus ces mégapics sont avancés en âge, plus ils donnent de profondeur à leur trou.

Le diamètre moyen de ces nids, à l'intérieur, est de 15 à 16 centimètres, quoique l'entrée, qui est parfaitement ronde, soit juste assez grande pour donner accès à l'oiseau. Les deux sexes travaillent très-assidûment à cette excavation, l'un des conjoints restant au dehors, comme pour encourager l'autre, et le remplaçant dès qu'il est fatigué. Si vous appuyez l'oreille contre l'arbre, vous distinguez facilement chaque coup de bec porté au cœur du tronc. Ces grimpeurs viennent-ils à découvrir un chasseur au pied de l'arbre qu'ils perforent, ils interrompent leur travail aussitôt et font choix d'un autre arbre.

La première ponte est ordinairement de six œufs d'un blanc pur, que la femelle dépose, sur quelques menus copeaux, au fond du trou qu'elle a creusé en partie. Ces œufs, de la taille de ceux des jeunes poules, sont également gros aux deux bouts, selon Wilson. La seconde ponte a lieu vers le 15 août; mais, dans quelques parties des États-Unis, le mégapic a rarement plus d'une ponte. Les jeunes au nid grimpent jusque hors de leur trou une quinzaine de jours avant de s'aventurer à voler sur un autre arbre.

Le *Magellanicus,* qui pond trois ou quatre œufs blanchâtres, et les autres mégapics, agissent de même.

Le trou que creuse, en Europe, le *dryopicus martius* a 33 centimètres environ de profondeur sur 22 de diamètre, avec les côtés polis, et de façon à s'y loger à l'aise. On voit souvent au pied de l'arbre, sous ce trou, élevé de terre de 10 à 35 mètres, un boisseau de poussière et de petits copeaux. C'est vers la fin d'avril ou au commencement de mai que la femelle pond, au fond de son trou garni de copeaux, deux ou trois œufs, selon Buffon, trois ou quatre, selon M. Reichenbach, rarement cinq ou six œufs, un peu allongés, d'un blanc lustré, sans taches, dont le grand diamètre est de 3 centimètres et le petit diamètre de 21 à 22 millimètres. La forme de ces œufs varie, comme l'indiquent les figures *a* ci-contre, qui représentent deux de ces œufs.

La femelle les couve pendant la nuit et durant la matinée; le mâle la remplace vers midi, et il passe la nuit dans un trou non loin de la femelle.

En Amérique, le *dryopicus pileatus* niche toujours dans l'intérieur des forêts, et fréquemment sur des arbres situés dans des marais sauvages, donnant la préférence au côté méridional de l'arbre dans lequel il creuse un trou. Il se retire dans ce trou pendant l'hiver ou pendant les temps de pluies, en outre de l'époque de l'incubation. Ce trou, foré tantôt perpendiculairement, tantôt dans une autre direction, est ordinairement profond de 30 à 45 centimètres. Sa largeur, de 50 à 75 millimètres, est quelquefois, au fond, de 130 à 155 millimètres. Audubon pense que ce grimpeur n'élève qu'une couvée par an, tandis que Wilson pense qu'il y a deux couvées annuelles. Toutefois Audubon ajoute qu'un de ses amis ayant enlevé six œufs d'un trou, la femelle, quelques jours après, recommença à pondre et déposa encore cinq œufs dans le même arbre. Ces œufs, assez gros et d'un blanc de neige, sont déposés simplement au fond du trou, sans autre matelas que les menus débris ou la poussière du bois vermoulu. Le père et la mère couvent alternativement, et les jeunes dryopics, qui éclosent au commencement de juin, selon Pennant, accompagnent leurs parents longtemps après leur sortie du nid, recevant d'eux la nourriture, et ils ne les quittent qu'au printemps suivant.

C'est vers le milieu d'avril que le *picus pubescens* commence, aux États-Unis, à construire son nid, et, lorsqu'il ne se retire pas au milieu des bois, il fait choix d'un pommier, d'un poirier ou d'un cerisier situé dans quelque verger, et ordinairement d'un arbre sain, ce qui peut paraître assez bizarre eu égard à la petitesse de son bec et à la résistance que lui offre un arbre de cette sorte. Le mâle commence le travail le premier et perce un trou aussi circulaire que s'il avait été tracé au compas. Bientôt il est relevé par sa femelle, et l'on voit les deux sexes travailler avec une ardeur infatigable. Lorsque ce trou est creusé dans le tronc même de l'arbre, il offre une pente longue de 30 à 40 centimètres, puis forme un coude et descend tout à coup à une profondeur de 25 à 30 centimètres. L'intérieur en est assez grand et aussi poli que s'il eût été fait par la main d'un tourneur; mais l'entrée est, par une sage précaution, juste assez large pour permettre à l'oiseau d'y pénétrer.

Pendant la durée de ce travail, qui se prolonge plusieurs jours, quelquefois toute une semaine, les deux sexes ont soin, comme je l'ai déjà dit en parlant de l'instinct, d'enlever les copeaux et de les transporter à une assez grande distance pour ne pas éveiller l'attention. Il arrive quelquefois que le nid est à peine fini que le *troglodytes œdon* s'en empare et force le pic minule à recommencer son œuvre sur un autre arbre. Lorsqu'enfin la femelle trouve sa nouvelle demeure convenablement achevée, elle y dépose, sur le bois même, ses œufs, ordinairement au nombre de six, d'un blanc pur. Dans le sud de l'Amérique septentrionale et dans le centre des États-Unis, cette espèce fait chaque année deux nichées, tandis qu'elle n'en produit qu'une plus au nord. Le mâle apporte à la femelle sa nourriture tandis qu'elle couve, et, vers la fin de juin, les jeunes commencent à grimper avec une grande habileté le long de l'arbre qui leur a servi de berceau.

Le *picus varius* et le *ruber* ne diffèrent qu'en ce qu'ils pratiquent ordinairement le trou destiné à leurs nids à une hauteur considérable, choisissant le plus souvent un arbre dépérissant, le *ruber* préférant les grands sapins pourris. Les œufs du *varius*, au nombre de quatre à six, sont d'un blanc pur, avec une légère teinte rosée, selon Audubon, et avec une teinte d'un bleu clair, selon M. Peabody, tandis que ceux du *ruber*, au nombre de quatre, d'un blanc lustré, et arrondis également aux deux bouts, quoique un peu allongés, ont environ 32 millimètres de long, avec 20 millimètres de diamètre.

Dès le mois de février, chaque couple du *picus querulus* est occupé à préparer son nid qu'il perfore souvent dans le cœur d'un tronc pourri, à environ dix mètres du sol.

D'autres espèces du genre *picus* pondent, savoir: le *major*, quatre ou cinq, rarement six œufs (voyez fig. *d* ci-contre); le *leuconotus*, quatre ou cinq, quelquefois six à sept œufs; le *medius*, quatre à six, rarement sept à neuf œufs (voyez fig. *e*, p. XVIII), et le *villosus*, quatre à six, quelquefois sept œufs, tous d'un blanc lustré.

Nous savons que c'est au cœur d'un arbre vermoulu que notre chloropic vert (*chloropicus viridis*) place son nid, à cinq ou six mètres au-dessus de terre, et plus souvent dans des essences de bois tendre, comme le tremble, le hêtre, que dans des chênes. M. Passler, néanmoins (*Journ. für ornith.*, 1856, p. 43), a trouvé fréquemment ce nid dans des chênes du duché d'Anhalt, quoique, ajoute-t-il, il se trouve aussi dans les hêtres, les aulnes, les pins, les ormes et les frênes. Le mâle et la femelle travaillent alternativement à percer la partie vive jusqu'à ce qu'ils rencontrent le centre carié; ils le vident et le creusent, rejetant au dehors avec les pieds les copeaux. Ils rendent parfois leur trou si oblique et si profond que la lumière du jour ne peut y arriver. On voit souvent alors deux trous circulaires l'un au-dessus de l'autre, parce que l'oiseau, ayant trouvé le trou le plus élevé trop éloigné du fond du creux de l'arbre, a été obligé de forer un second trou plus bas. Ils y entrent et en sortent en grimpant. Suivant Vieillot, le nid de cette espèce est tapissé de mousse et de laine; on doit néanmoins faire observer que les Picinés se contentent généralement de pondre sur la poussière et les menus débris de bois qui se trouvent au fond de leur nid.

Selon Buffon et Vieillot, la ponte serait de cinq œufs verdâtres, avec de petites taches, tandis que MM. Temminck et Degland annoncent que la ponte est de cinq à huit œufs, un peu allongés, d'un blanc lustré, sans taches, dont le grand diamètre est de 28 à 30 millimètres, et le petit diamètre de 18 à 20 millimètres environ. M. Reichenbach ajoute que les œufs sont ordinairement au nombre de six ou sept, rarement de huit ou neuf, et qu'ils sont d'un blanc pur et lustré, ainsi que le prouvent ceux que j'ai recueillis moi-même et qui figurent dans ma collection (voyez fig. *b*, p. XVIII). Le *chloropicus canus* pond quatre à six œufs d'un blanc lustré, d'après les auteurs (voyez fig. *c*, p. XVIII).

Le *melampicus erythrocephalus* se contente généralement des trous creusés les années précédentes, en ayant soin de les rendre un peu plus profonds. Ces trous, que l'on voit dans les arbres dépérissants, existent souvent au nombre de dix à douze sur un même tronc, quelques-uns venant d'être commencés, d'autres étant plus avancés, d'autres, enfin, prêts à recevoir les œufs. Le grand nombre de ces trous provient du plus ou moins de difficultés que l'oiseau a éprouvées à les creuser, et, lorsqu'il rencontre un endroit où le bois lui offre trop de résistance, il commence à le perforer dans une autre place. Audubon n'a pas trouvé un seul nid de cette espèce creusé dans un arbre sain et vert, ce qui vient confirmer mon opinion relativement à l'absence des Picidés dans la Nouvelle-Hollande.

La femelle pond de deux à six œufs d'un blanc pur et translucide, selon Wilson et Audubon, et qui porteraient sur le gros bout des taches rougeâtres, selon M. J. de Kay (*Natural history of New-York*) et M. Peabody (*Reports on the natural history of Massachusetts*).

La plupart des grimpeurs composant mon genre *zebrapicus* nichent dans les palmiers de préférence; ainsi, le *striatus*, qui pond quatre ou cinq œufs blancs, niche souvent dans le palmiste, et le *radiolatus* dans les cocotiers. Néanmoins le *Carolinus* niche indifféremment sur les autres essences d'arbres. Ses œufs, au nombre de quatre et rarement de cinq, sont d'un blanc pur et diaphane, polis et de forme elliptique, mesurant 25 millimètres de long. Selon Audubon il n'y a qu'une couvée par an, tandis que Wilson pense qu'il y en a toujours deux. C'est vers la fin de mai ou au commencement de juin que les jeunes commencent à sortir du nid et s'essayent à grimper jusqu'aux branches les plus élevées, quoiqu'ils ne puissent encore voler. Dans cet état ils sont nourris par leurs parents, mais il leur arrive aussi de devenir victimes de la voracité de quelque faucon, tant qu'ils ne sont pas en état de prendre leur vol.

La ponte du *superciliaris* s'élève jusqu'à six œufs, d'un blanc lustré.

Quoique dans certains genres de Picinés, tels que les géopics, le bec cesse d'être aussi droit et aussi fort que dans d'autres genres, tels que les mégapics, dryopics, pics, chloropics, etc., néanmoins c'est à tort que Vieillot annonce que le *geopicus auratus* est privé de la faculté de creuser lui-même son nid et qu'il est alors obligé de s'emparer des trous percés dans les troncs d'arbres par d'autres espèces, car Wilson, Audubon et M. Gundlach nous apprennent qu'au commencement d'avril l'*auratus* prépare son nid qu'il creuse et construit dans le tronc ou dans la branche d'un arbre, souvent dans un vieux pommier, à deux mètres seulement du sol. Un de ces nids, selon Wilson, était d'abord creusé en ligne droite sur une profondeur d'environ treize centimètres, puis il descendait dans le tronc de plus du double, quoique ce fût dans un chêne très-dur.

Ils ne garnissent ce trou ni de laine, ni de foin, ni de plumes, comme le font la plupart des oiseaux, mais, à l'instar des autres Picidés, ils se contentent des copeaux les plus doux et de la poussière du bois.

Tandis que la femelle du *Mexicanus* pond quatre ou cinq œufs d'un blanc pur, celle de l'*auratus* dépose, au fond du trou qu'elle a préparé, et dont l'entrée est arrondie, quatre à six œufs blancs, presque transparents, très-arrondis au gros bout et se terminant tout à coup en pointe à l'autre extrémité. Les rats et le *coluber constrictor* sont des ennemis dangereux pour ces géopics; les premiers introduisent leurs pattes de devant dans le trou où l'oiseau repose avec sa nichée, et, si ce trou n'est pas trop profond, ils enlèvent les œufs qu'ils sucent, et dévorent quelquefois le père ou la mère, tandis que les couleuvres se contentent des œufs ou des petits. Quelques espèces de faucons les pourchassent aussi au vol, et le géopic, ainsi attaqué, n'a de chance de salut qu'en disparaissant dans le premier trou qu'il aperçoit ou bien en tournant sans cesse autour d'un tronc d'arbre avec une célérité qui déconcerte l'oiseau de proie.

Notre épeichette d'Europe *(picus minor)* pond de quatre à six œufs, plus polis et plus brillants que ceux du torcol ordinaire *(yunx torquilla)*. Selon M. Degland et plusieurs autres naturalistes, ces œufs sont d'un blanc pur et sans taches; tels sont ceux que je possède dans ma collection. M. Temminck *(Manuel d'ornith.*, p. 401, 1820, vol. I) dit qu'ils sont d'un blanc verdâtre, et (vol. III, p. 280, 1835) le même auteur annonce que « les œufs de tous les pics sont blancs. » Mais, en parlant des oiseaux du duché d'Anhalt, M. Pässler *(Journal für ornithologie*, 1856, p. 44), après avoir fait remarquer que les œufs du *minor* sont souvent plus petits que ceux du rouge-queue *(phœnicura tithys)* auxquels ils ressemblent, que les premiers ont la coque plus épaisse et plus lustrée, ajoute: que *plusieurs d'entr'eux* portent *quelques points rouges très-petits*, circonstance dont les autres auteurs ne parlent pas et que je n'ai jamais pu observer. Le grand diamètre de ces œufs est de 19 millimètres et le petit diamètre de 14 à 15 (voyez fig. *f*, p. XVIII). Quoique l'épeichette chasse souvent la mésange pour s'emparer de son trou pour nicher, je suppose que M. Pässler n'aura pas pris des œufs de quelque mésange pour ceux de l'épeichette.

Tandis que le *picoïdes Europæus* pond quatre ou cinq œufs d'un blanc lustré, le *picoïdes Americanus*, d'après M. le docteur Brewer, pondrait quatre à six œufs presque sphériques, ayant, sur un fond blanc, de jolies *taches d'un rouge brun*, disposées régulièrement. Toutefois Audubon prétend que les œufs sont d'un blanc pur. Je laisse aux naturalistes américains, seuls compétents en cette matière, le soin de trancher la question, en distinguant avec soin les œufs du *picoïdes arcticus* et ceux de l'*Americanus*, ce qu'Audubon et autres n'ont pas fait.

Au très-petit nombre d'espèces ci-dessus, dont les œufs seraient tachetés, d'après quelques auteurs, je dois ajouter le pic tigré de Levaillant, ou *notatus* de l'Afrique méridionale. Ce grimpeur pond quatre œufs, que l'auteur ci-dessus annonce être *tachetés de brun* sur un fond *blanc bleuâtre*, tandis que le *dendropicus biarmicus*, ainsi que le *mesopicus capensis*, pondent chacun quatre œufs d'un blanc mat, et le *fulviscapus* cinq ou six, quelquefois même sept œufs d'un blanc pur.

Je terminerai cette revue, relative à la reproduction des Picidés, en citant les espèces qui ne nichent pas dans les trous des arbres.

Quoique nous n'ayons pas de renseignements précis sur les œufs du *geopicus rupicola*, il est à peu près certain que cet oiseau doit nicher dans des trous de rochers ou dans quelque caverne. Il en est de même de l'*arator* (Cuv.), qui pond cinq à huit œufs roussâtres, que le mâle couve tour à tour avec la femelle. Cette espèce, d'après Levaillant, habite pendant le jour dans les plaines et la nuit sur les montagnes arides et couvertes de rochers, cherchant un refuge dans des cavernes dans lesquelles elle niche et élève ses petits.

Le *campestris*, enfin, d'après d'Azara, pond de deux à quatre œufs, d'un blanc très-luisant, un peu plus gros à l'un des bouts et ayant 30 millimètres de diamètre en longueur, sur environ 23 en largeur. Ils nichent au fond des trous qu'ils creusent dans les vieux murs de terre ou de briques non cuites, ou bien encore sur les bords escarpés des ruisseaux. C'est dans ces trous, assez profonds, et qui ne sont revêtus d'aucune matière molle, que la femelle dépose ses œufs.

Cette espèce agirait, dans cette dernière circonstance, comme le *geopicus Chilensis* (si le *pitico*, de Molina, était bien le *Chilensis*, comme le prétendent divers auteurs), qui nicherait sur les bords élevés des rivières, et pondrait quatre œufs dans un trou en terre.

Néanmoins, hâtons-nous d'ajouter que M. Bridges *(Proceed. Lond.,* XI, p. 114) et M. Gay *(Hist. Chile)* nous annoncent qu'ils ont fréquemment trouvé le nid du *Chilensis* dans des trous d'arbres, contenant trois ou quatre œufs blancs, et que jamais ils n'ont entendu dire qu'il nichât sur les bords des rivières, ainsi que l'annonce Molina de son *pitico.*

Quant aux Torcols *(Yunx,* LINN.), ils nichent ordinairement dans les trous naturels des arbres ou dans ceux qui ont été pratiqués par les Picinés. La ponte est, pour le *yunx torquilla,* au moins de six à huit œufs d'un blanc d'ivoire et de la grosseur que représente la figure *g.* Le mâle, pendant l'incubation, pourvoit à la nourriture de la femelle.

Nous savons peu de chose sur les mœurs des Picumninés (TEM.), et d'Azara nous apprend seulement qu'ils creusent, avec le bec, des trous dans la partie cariée des vieux arbres et qu'ils y déposent leurs petits œufs, qui sont, dit-on, au nombre de deux seulement. Néanmoins, il est probable qu'ils se servent habituellement, comme les torcols, des trous naturels ou de ceux creusés par des Picinés.

# CHAPITRE TROISIÈME.

## PHYSIOLOGIE. — TACT.

On sait que, chez les oiseaux, les appendices antérieurs sont devenus des organes de pure locomotion et qu'il ne reste que les extrémités des appendices postérieurs. Le système nerveux qui s'y rend est considérable et il faudrait en conclure que les pieds des oiseaux devraient être des organes de tact assez perfectionnés, s'ils n'étaient obligés de s'en servir très-fréquemment comme des organes de locomotion, et si l'épiderme des pieds, chez les Picidés, frottant sans cesse contre l'écorce rugueuse des arbres, ne tendait à s'épaissir. Le tact, chez les Picidés, est donc beaucoup moins développé que dans d'autres familles, notamment dans les perroquets. Toutefois, M. Gerbe *(Dict. univ. d'hist. nat.,* X, p. 138) pense que la langue, chez les Picidés, est moins un organe de goût et de préhension que de toucher; aussi fait-il remarquer que la sécrétion visqueuse qui humecte la langue, tout en servant à retenir les insectes, sert aussi à la conserver dans un état de souplesse propre à favoriser en elle l'action du toucher.

## GOÛT.

Les oiseaux, même les plus aériens, sont, comme l'annonce Dugès, loin d'être avantageusement partagés en ce qui concerne cette fonction. En effet, à part les oiseaux de proie, surtout les nocturnes, plusieurs palmipèdes, quelques gallinacés et les perroquets, presque partout on trouve une *langue cartilagineuse* et portant à peine quelques papilles à sa base; encore sont-elles, le plus souvent, dures et comparables à des dents rudimentaires. Chez les oiseaux qui ont même la langue la plus charnue, les perroquets, l'absence d'une salive suffisante ou son *extrême viscosité* la rendent peu propre à la gustation. La langue semble véritablement plutôt tactile et *préhensible* que gustative. A plus forte raison chez les Picidés, conçoit-on que le goût soit presque nul.

### ODORAT.

De Blainville a trouvé que la partie supérieure de l'appareil de l'odorat était, chez les Picidés, petite et peu distincte. Le cornet inférieur est également peu étendu, tandis que le cartilage marginal est au contraire très-considérable, quoiqu'il soit à peine visible à l'extérieur. Il se prolonge en un long cornet, ayant dans sa moitié postérieure une écaille formant fausse narine, et, en dedans, le bord inférieur du cornet est comme osseux.

### VUE.

L'œil des Picidés ne diffère presque point de la plupart des passereaux. Le globe de l'œil est assez grand, bordé par une paupière circulaire blanchâtre. La pupille est ronde et un peu contractile.

### OUÏE.

Les Picidés ont l'oreille des passereaux véritables, du moins dans la disposition des canaux semi-circulaires; mais la forme de la caisse, et surtout celle de la saillie de l'os mastoïde qui la compose, est toute différente. Le sinus supérieur est grand, avec un orifice arrondi, les autres sont très-petits. Le canal de la trompe est complet, il s'ouvre à côté de celui du côté opposé sous une petite avance osseuse médiane.

Le méat auditif osseux est comme partagé en deux par une avance de l'os mastoïde. Le tube est assez long, étroit; son orifice est petit.

# CHAPITRE QUATRIÈME.

## ANATOMIE. — AUTEURS.

Je n'ai pas la prétention de traiter d'une manière étendue et complète l'anatomie des Picidés, qui a déjà fait, au moins sur quelques points, l'objet de divers travaux. Un opuscule de cette nature ne se lie pas toujours, nécessairement, à une monographie; néanmoins je crois utile de réunir les notions relatives à la structure et aux principaux organes, en m'aidant du secours des auteurs qui ont écrit sur la matière, et dont je citerai ci-après les noms et les ouvrages. Quant à ceux qui désireraient faire une étude plus approfondie de l'anatomie des Picinés, je les engage à lire les recherches faites anciennement par:

Olaus Jacobœus, *Actes de Copenhague; collect. acad., partie étrang.*, IV, p. 358.
Richard Waller, *Descriptions of the Woodpeckers tongue; in philosophical transactions*, 1716, p. 509.
Willughby, *Ornithol.*, p. 95, édit. 1676.
La Hire, *Explication mécanique du mouvement de la langue du pivert; Mém. de l'Acad. des sc.*, IX, p. 23.
Borelli, *De motu animalium*, II, p. 2.
Perrault, *Essais de physique*, III, p. 148.

Mery, *Observat. sur les mouvem. de la langue du piver; Hist. de l'Acad. roy. des sc.*, 1709, p. 85, pl. 3, Paris, 1711.
Aldrovandus, *Ornithol.*, L.—VI.
Volker Coiterus, *Anatome animalium*, ch. 24, p. 64.
Bernhard Valentin, *Quædam observationes in ephemeridibus naturæ*.

Et, dans des temps plus rapprochés de notre époque ou même contemporains, par:

Wolf, *Uber die Bewegungen der Zunge des Spechtes; in:* Voigt's neues Magazin, IX, p. 468.
Dugès, *Physiologie comparée*.
Blumenbach, *Handbuch der vergleichenden Anatomie*, § 234 *in nota*.
G. Cuvier, *Anatomie comparée*, 1805.
De Blainville, *Anatomie comparée*.
Tiedemann, *Anatomie comparée*.
Carus, *Anatomie comparée*.
Heusinger, *De metamorphosi rostri pici; Jena*, 1821.
Huber, *De lingua et osse hyoideo pici viridis;* Stuttgard, 1821.
Wilson et Bonaparte, *American ornithology*.
Audubon, *Ornithol. biogr.*
Berthold, *Beitræge zur Anatomie*, etc.; Göttingen, 1831.
Platner, *Bemerkungen über das quadratbein und die Paukenhöhle*, Dresde, 1839.
Nitzch, *System der pterylographie;* Halle, 1840. — *Id.*, *Ueber die Knochenstücke im Kiefergerüste der Vogel; in Meckels Archiv. für Physiologie*, I, p. 121 à 133.
Bamberg, *De avium nervis rostri atque linguæ;* Halle, 1842.
Surtout le travail intéressant de M. Kessler, *Beitræge zur naturgeschichte der spechte*, dans le *Bullet. de la Soc. impér. des natur. de Moscou*, 1844. Et sur l'ostéologie des pieds d'oiseaux: *Bullet. de la Soc. impér. des natur. de Moscou*, 1841, p. 637.
Enfin, pour ne rien omettre, les recherches publiées en 1850 par M. Eyton, dans les *Contributions to ornithology*, de M. Jardine, et portant pour titre: *Notes on the osteology of scansores*.

Quelques-uns de ces travaux, notamment ceux de Borelli et de Perrault, sont très-incomplets et même défectueux; beaucoup d'autres, comme ceux que je viens d'indiquer, ne se sont occupés que de la langue ou du squelette d'une seule espèce européenne. Deux auteurs seulement, Audubon et Kessler, ont examiné quelques autres espèces de Picinés d'Europe ou d'Amérique. Mais ce qui reste à faire, et ce qui serait très-précieux pour la classification, c'est un examen anatomique et comparé des espèces que j'appellerai typiques, et qui composent les différents genres entre lesquels les auteurs modernes ont réparti les Picidés. Je ne me dissimule pas les difficultés de ce travail, car il exige le concours des naturalistes qui visitent les diverses parties du globe, moins l'Océanie, et qui pourraient conserver dans l'alcool des sujets appartenant aux genres établis depuis 1837.

## TÊTE, COU.

Quoiqu'il en soit à cet égard, et en attendant que ces recherches puissent se compléter, nous savons que les caractères qui différencient le squelette des Picidés sont en parfaite harmonie avec les mœurs de ces oiseaux. Ainsi les Picinés frappent généralement le tronc ou les branches des arbres et en arrachent l'écorce pour y donner la chasse aux insectes; ils perforent ces mêmes arbres pour y créer leur nid; il est donc nécessaire qu'ils soient munis d'une grande force dans tout l'appareil de la tête et dans les os sur lesquels agissent les muscles du cou. Aussi le crâne est-il très-dur et se distingue-t-il par sa forme sphérique, qui diffère un peu de celle des passereaux. Les parties couvertes de plumes sont parsemées de fossettes provenant de la manière dont les plumes y sont implantées. A partir de l'occiput commence une large rainure plus ou moins prononcée, qui s'avance jusqu'au delà du milieu du crâne; puis, arrivée entre les deux orbites, elle tourne à droite et s'étend quelquefois jusqu'au bord antérieur de l'os frontal. La protubérance, au-dessus du trou de l'occiput, est un peu forte et distinctement entourée d'une ligne demi-circulaire. Ce trou est un peu en biais et ressemble au cœur par sa forme. Il fait partie presqu'entièrement de la face inférieure du crâne, de sorte que le condyle de l'atlas prend une position horizontale et qu'il entre en entier dans cette cavité. De cette manière, la tête est adaptée au cou comme un marteau à son manche, ce qui a fait dire avec raison à Levaillant que ces grimpeurs-zygodactyles avaient une *tête martelière*.

## BEC.

On sait que la tête des oiseaux, comme celle des mammifères et surtout de l'homme, se transforme successivement depuis la naissance jusqu'à l'âge adulte et parfait. Le bec, chez les oiseaux, revêt une forme propre à chaque famille, assez longtemps après l'éclosion des petits et lorsqu'ils commencent à chercher eux-mêmes leur nourriture. J'ai été à même de comparer le bec de plusieurs très-jeunes sujets avec les adultes, notamment chez le *megapicus Grayii*, le *Magellanicus*, le *picus Baskhiriensis (major junior)*, le *melampicus formicivorus* et d'autres espèces de ma collection, et toujours j'ai trouvé le bec des jeunes beaucoup plus renflé et plus court. Mais une autre différence intéressante a été observée par M. Heusinger. On lui avait apporté un nid contenant deux jeunes du *picus medius* prêts à prendre leur vol. Il tua l'un de ces pics et en prépara un squelette. Quant à l'autre, il quitta son nid et alla chercher sa nourriture en frappant de côté et d'autre sur un arbre mort. Après huit jours d'un travail de ce genre, on ne peut plus actif, ce jeune pic mourut, et la dissection qu'en fit également Heusinger, lui offrit une différence notable entre les deux crânes. Chez le plus jeune des deux pics (fig. 1), c'est-à-dire chez celui qui, ayant toujours vécu en captivité, n'avait jamais pourvu lui-même à sa nourriture et n'avait jamais frappé un arbre avec le bec, les sutures qui unissent les os du nez aux os du front et de la mâchoire supérieure, étaient presque sur un plan incliné ; toutefois les os du front étaient un peu proéminents et la suture n'était nullement recouverte par ceux-ci. Tandis que, chez le pic (fig. 2) qui avait, pendant huit jours, pourvu seul à sa nourriture et qui avait, par suite, fatigué son bec en frappant à coups redoublés contre les arbres, cette suture n'était plus apparente au premier aspect et se trouvait cachée dans un sillon. Les os du front et les saillies nasales de la mandibule supérieure (os naso-maxillaires de Nitzsch) étaient plus proéminents sur une largeur de 2 millimètres, et les os du nez paraissaient réunis aux os du front et comme pénétrant au-dessous. Toutefois, n'oublions pas que, d'après le témoignage d'Audubon, lorsque les jeunes Picinés, notamment du *pileatus*, viennent à quitter leur nid pour la première fois, leur bec est si faible qu'on peut facilement le courber avec les doigts ; six mois après, il a presqu'acquis sa dureté osseuse. Aussi, pendant cette première période, ne recherchent-ils que les larves qui résident dans des bois vermoulus ou des fruits et baies sauvages, leur bec n'étant pas encore capable d'attaquer le bois sain et les écorces de quelque dureté.

Fig. 1.

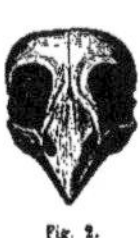
Fig. 2.

Le même auteur ajoute que le bec des jeunes Picinés a atteint sa plus grande longueur au moment où ces oiseaux peuvent voler seuls, et que, à partir de ce moment, il diminue de longueur en s'usant, tout en devenant plus dur, plus fort et plus aigu. Je répète, à ce sujet, que je possède des jeunes de plusieurs espèces américaines, et que, quoique les ailes aient déjà acquis un développement tel qu'on doit penser que l'oiseau pouvait voler avec assez de facilité, le bec est infiniment plus court, plus bombé et moins droit que celui des sujets adultes de la même espèce.

L'os frontal descend rapidement jusqu'au bec et forme de chaque côté une voûte devant les orbites, puis il se recourbe en descendant vers l'apophyse postérieure du frontal.

Tandis que les perroquets se servent de leur bec comme d'un troisième pied pour grimper, les Picinés ont un bec prismatique, le plus souvent pentaèdre, long, fort, et terminé par une compression qui leur sert à fendre et à percer les écorces des arbres. Le plus ordinairement, ce bec est droit et sillonné longitudinalement sur le côté ; mais, souvent aussi, il est plus ou moins courbe ou infléchi, presque lisse et avec des sillons peu apparents.

Le bec, plus faible chez les Yuncinés et les Picumninés, ne leur permet guère de perforer les troncs des arbres, et aussi nichent-ils habituellement dans les trous naturels ou dans ceux qui ont été creusés par des Picinés.

La mâchoire supérieure manque presque de mouvement, ce qui s'explique, d'ailleurs, par les os lamelleux qui servent de liaison[1]. Elle est souvent partagée en deux parties inégales en largeur, et semble parfois constituer deux parties très-distinctes, comme dans le *principalis*, le *martius*, le *major*, etc. Ainsi dans les genres *megapicus, picus, picoïdes, micropicus, dendropicus, mesopicus*, la partie supérieure de cette mâchoire descend jusqu'au-dessus des narines, en formant, au milieu, un sillon qui se relève des deux côtés en une arête plus ou moins saillante et très-prononcée, par exemple, chez les espèces des genres ci-dessus ainsi que chez celles du genre *dryopicus*. La partie inférieure de la mâchoire supérieure commence des bords du bec, où il existe un renflement considérable vers la base; puis elle remonte en s'infléchissant vers les narines, jusque sous l'arête qui règne au-dessus. Lorsque la partie supérieure a plus d'étendue que l'inférieure, à la hauteur des narines, l'arête qui surmonte celles-ci est nécessairement plus rapprochée des bords que du sommet de la mandibule supérieure, ainsi que cela a lieu chez les espèces des genres *megapicus, picus, picoïdes, micropicus, dendropicus*, et *mesopicus*. L'inverse existe chez les espèces dont l'arête au-dessus des narines est plus rapprochée du sommet que des bords du bec, telles que celles des genres *dryopicus, celeopicus*, etc.; chez ces derniers, l'arête est quelquefois à peine apparente et très-rapprochée du sommet, ainsi que cela a lieu chez les espèces des genres *phaiopicus, geopicus*, etc.

Ces caractères anatomiques, joints à celui de la longueur comparative du doigt antérieur externe et du doigt postérieur externe ou unique, m'ont paru, comme à Swainson, constituer, chez les Picidés, les seuls caractères fixes, faciles à saisir pour tous et réunissant des espèces similaires. Je m'en suis servi pour ma classification.

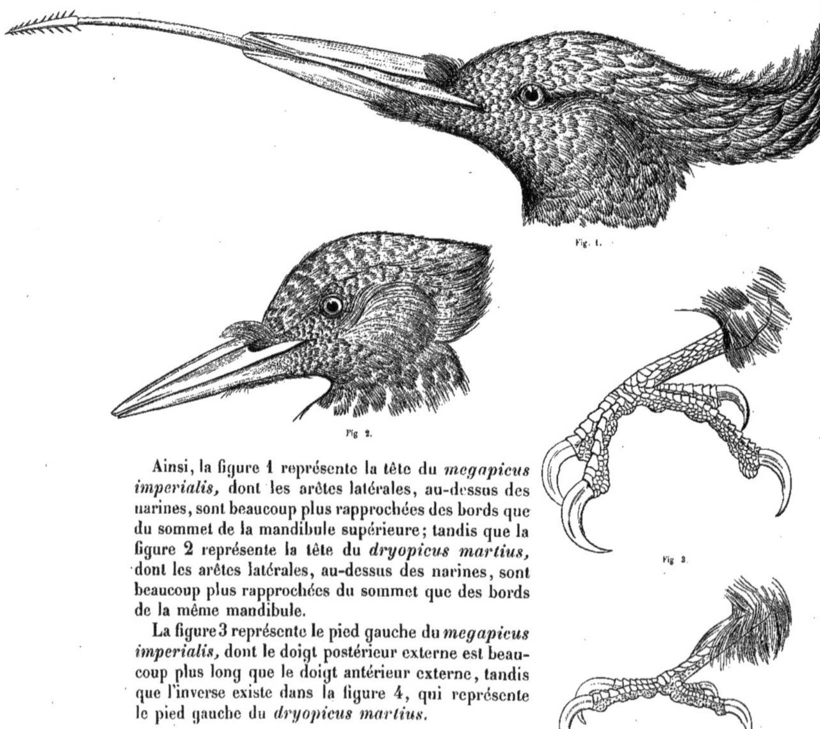

Fig. 1.

Fig 2.

Fig 3.

Fig. 4.

Ainsi, la figure 1 représente la tête du *megapicus imperialis*, dont les arêtes latérales, au-dessus des narines, sont beaucoup plus rapprochées des bords que du sommet de la mandibule supérieure; tandis que la figure 2 représente la tête du *dryopicus martius*, dont les arêtes latérales, au-dessus des narines, sont beaucoup plus rapprochées du sommet que des bords de la même mandibule.

La figure 3 représente le pied gauche du *megapicus imperialis*, dont le doigt postérieur externe est beaucoup plus long que le doigt antérieur externe, tandis que l'inverse existe dans la figure 4, qui représente le pied gauche du *dryopicus martius*.

[1] Kessler.

## NARINES.

Chez les Torcols, l'arête est le plus souvent nulle ou très-peu apparente; dans ce dernier cas, elle est nécessairement très-rapprochée du sommet du bec, les narines étant élevées.

Chez les Picumninés, les narines, ainsi que l'arête qui existe au-dessus, varient en hauteur, comme chez les Picinés; mais cette arête est ordinairement si peu apparente, dans ce petit groupe, que le caractère tiré du nombre des doigts est sans contredit le plus certain et le plus facile à reconnaître.

Les narines sont oblongues, basales, le plus souvent entièrement couvertes de plumes piliformes raides, ou poils dirigés en avant. Chez les Yuncinés ou Torcols, les narines nues, en partie fermées par une membrane, ne sont recouvertes généralement que par de petites plumes très-serrées.

## OS OMOÏDE.

L'os omoïde est courbé sur sa longueur, chez les Picinés, mais dans un seul sens, tandis qu'il l'est en deux sens chez les chouettes, par exemple; il n'est plus cylindrique, comme chez les perroquets, mais à trois faces, dont la plus large, qui est inférieure, est un peu concave. En dessus ou du côté du crâne, cet os omoïde porte une apophyse ou épine longue dirigée en avant, et qui forme près du tiers de sa longueur[1].

Les deux branches de la mâchoire inférieure se joignent, en se dirigeant en avant, sous un angle très-aigu; elles sont toujours plus ou moins recourbées.

Les parties postérieures des os palatins, en s'élargissant un peu, forment de minces lamelles horizontales. Entre ces lamelles se trouvent les fosses nasales extérieures, qui ont peu d'étendue et se rétrécissent en se soudant, même avant d'atteindre les os maxillaires supérieurs, pour former une rainure dans laquelle se place la langue lorsqu'elle est au repos.

## VERTÈBRES.

Les vertèbres du cou sont au nombre de douze et elles ont les épines plus développées et plus longues que chez les passereaux. Les vertèbres dorsales sont au nombre de huit, mais la dernière est toujours soudée avec les vertèbres lombaires.

La grande force des épines dorsales répond parfaitement au grand développement des muscles cervicaux qui s'y attachent. Les côtes se distinguent, en général, par leur largeur et leur épaisseur.

Le nombre des vertèbres du sacrum, soudées entr'elles, est généralement de dix et quelquefois de neuf seulement, tandis que celui des vertèbres caudales varie de six à huit; néanmoins leur nombre ordinaire est de sept.

## HYOÏDE.

La disposition des cornes de l'hyoïde est fort singulière dans les Picinés comme dans le Torcol, dont la langue, longue et vermiforme, rappelle celle des serpents. En effet, chez ces grimpeurs, les cornes, qui ressemblent pour la force et l'élasticité à une barbe de baleine divisée en deux branches, chacune de l'épaisseur environ d'une aiguille à tricoter, dans les grandes espèces de Picinés, sont beaucoup plus longues chez les espèces à plumage vert du genre *chloropicus*, que chez les espèces à dos noir du genre *picus* notamment.

[1] G. Cuvier.

Très-longues et filiformes, comme dans les serpents, elles passent sur chaque côté du cou, jusqu'à la nuque, où elles se réunissent, et courent le long du crâne, en s'engageant dans des gouttières particulières ou gaîne formée d'une membrane épaisse que celui-ci leur offre, arrivent ainsi jusqu'à la base du bec, descendent dans la mandibule supérieure par le côté droit de la narine droite, et vont dans le bec à quelques millimètres de l'extrémité du bec auquel elles finissent par s'attacher au moyen d'un tendon ou membrane extrêmement élastique, qui cède quand la langue sort du bec et se contracte quand elle se retire. Dans quelques espèces, ces substances cartilagineuses atteignent seulement au sommet du crâne; dans d'autres, elles atteignent les narines, et, dans une espèce, elles sont enroulées autour de l'orbite droit.

Néanmoins, d'après Nitzsch *(Naumann's Vœgel Deutschlands,* V, p. 252), ce canal se dirigerait quelquefois à gauche; mais l'auteur n'indique pas chez quelle espèce cette conformation anormale aurait été observée. Si cette exception à ce qui arrive dans les autres sujets du même genre s'est présentée accidentellement, il faut avouer qu'elle est fort rare, car M. Kessler a observé plus de quarante espèces tant européennes qu'américaines, Audubon en a examiné un plus grand nombre, moi-même j'en ai disséqué plusieurs, et nous avons trouvé, avec tous les autres naturalistes, le caractère dont il s'agit se dirigeant sur le côté droit.

Il est très-curieux d'observer le degré d'extension des cornes de l'os hyoïde dans les différentes espèces de pics, au moins des espèces américaines, examinées par Audubon, et qui ont la faculté de faire sortir leur langue à une plus grande distance que les autres.

Chez le *picus varius,* les extrémités des cornes de l'os hyoïde atteignent seulement à la pointe supérieure du cervelet ou à la moitié de la région occipitale.

*Picus pubescens;* elles ne s'avancent pas plus avant que la ligne du centre de l'œil.

*Megapicus principalis;* elles atteignent un peu avant la pointe antérieure de l'orbite, ou à la distance de 12 à 13 millimètres de la narine droite.

*Dryopicus pileatus;* elles s'étendent, à égale distance, entre la pointe antérieure de l'orbite et les narines.

*Melampicus erythrocephalus;* elles atteignent à un peu plus de 6 millimètres de la base du bec.

*Picoïdes hirsutus* ou *Americanus;* elles atteignent la base des sillons de la mandibule supérieure.

*Geopicus auratus;* elles atteignent la base de la membrane nasale droite.

*Picus Canadensis* d'Audubon; elles se recourbent autour de l'orbite droit, à l'opposé du milieu de l'œil au-dessous.

Chez le *picus villosus,* elles reçoivent un plus grand développement que parmi les autres espèces des États-Unis; comme le représentent les figures ci-contre. Les cornes se courbent autour de l'orbite droit, au point d'atteindre le niveau de l'angle postérieur de l'œil. (La figure 1 montre la tête du *villosus* vue de profil et les cornes de l'hyoïde courbées autour de l'œil. La figure 2 montre ces cornes vues de face sur le crâne.)

Fig. 1.

Fig. 2.

L'os hyoïde et un muscle grêle qui l'entoure, sont enfermés dans un fourreau extrêmement délicat, transparent, humecté intérieurement par un fluide séreux, et se terminant à l'extrémité de l'os, où il est attaché par un tissu élastique à la substance cellulaire et au périoste près de la base du bec. Ce fourreau délicat, parfaitement doux et glissant sur sa surface interne, est, sur sa surface externe, adhérent par des filaments très-fins à un tissu cellulaire dense, qui forme une sorte de fourreau externe.

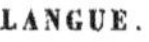

## LANGUE.

Dans les oiseaux, la langue est toujours soutenue par un os qui en traverse l'axe et qui s'articule à l'os hyoïde; elle est par conséquent très-peu flexible; il n'y a que la pointe de cet os qui, devenant un peu cartilagineuse, peut se plier plus ou moins. Cet os est conforme à la figure extérieure de la langue, étant recouvert par quelques muscles seulement et par des téguments peu épais. Dans les Picidés, il est beaucoup plus court que la peau de la langue, et, lorsque la langue s'allonge, cela provient de ce que l'os hyoïde et ses cornes se portent en avant, pénètrent dans ce surplus de peau et l'étendent en poussant la langue en avant[1].

Plusieurs muscles servent à mouvoir l'hyoïde et la langue elle-même. La langue est portée en avant par des muscles coniques (génio-glosse chez Carus, XV, fig. x, *f;* — pyramidal chez Vicq-d'Azyr, ***Mémoires de l'Académie des Sciences,*** 1772-1773), qui se contournent autour des cornes de l'hyoïde, prennent leur attache au-devant de la mâchoire inférieure, et offrent une longueur considérable, proportionnée à celle des cornes. Il y a en outre une sixième paire de muscles : ce sont les cérato-trachéens (Voir Carus, pl. XV, stylo-hyoïdien, fig. x, *e;* mylo-hyoïdien, cérato-hyoïdien, fig. x, *g,* et laryngo-hyoïdien). Ils s'attachent à la base des cornes, gagnent le haut de la trachée-artère et font autour d'elle quatre tours de spirale avant de s'y fixer, 18 ou 20 millimètres plus bas que le larynx, le droit croisant sur le gauche. Ce muscle fait rentrer la langue dans le bec lorsqu'elle en est sortie.

La langue en elle-même a peu de mobilité, comme on peut en juger d'après la manière dont l'os lingual est fixé ; aussi n'y a-t-il que peu de muscles qui lui appartiennent en propre.

Ainsi la langue des Picidés est formée de deux parties : l'une antérieure, protractile, longue, lisse, pointue antérieurement, où elle est revêtue d'une gaîne cornée et garnie sur ses bords de quatre ou cinq épines raides, dirigées en arrière, et qui font de cette langue une espèce d'hameçon ou de flèche barbelée. L'autre partie de la langue est lâche et sert de gaîne à l'os hyoïde et à ses cornes lorsque la langue s'allonge. Sa surface, suivant G. Cuvier, est hérissée de petites épines dirigées en arrière. Chacune de ces épines paraît implantée dans le centre d'un mammelon charnu. L'ouverture de la glotte est comprise dans cette partie lâche de la langue. Toutefois Audubon fait observer que la langue des Picinés est, à sa base, entièrement dépourvue de ces lobes et de ces papilles que l'on remarque dans les autres oiseaux. Le mécanisme que nous avons décrit sommairement plus haut permet que l'oiseau fasse sortir la langue de plusieurs centimètres et s'en serve pour aller chercher les insectes sous l'écorce des arbres.

Audubon, en parlant du ***megapicus principalis (Ornitholog. biogr. append.,*** V, p. 527), dit, avec raison, que ce mécanisme est admirable et il en produit une description très-détaillée. Nous devons nous borner ici à donner l'explication des deux figures de la tête et du cou du ***principalis,*** que nous croyons utile de représenter. On trouvera sur notre planche col. I, et sur la fig. 1, p. XXVI, la langue du ***megapicus imperialis.***

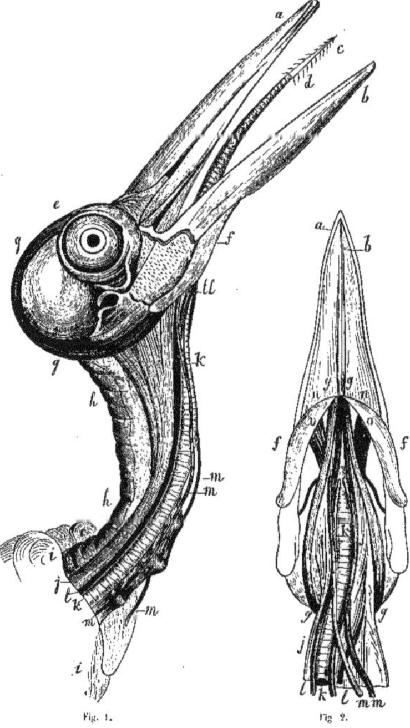


MEGAPICUS PRINCIPALIS.

FIG. 1.

*a.* — Mandibule supérieure.
*b.* — Mandibule inférieure.
*a, b.* — Bec, ayant 80 millimètres de longueur depuis la commissure de la bouche.
*c.* — La portion qui termine la langue et qui est hérissée d'épines raides sur les bords, a 19 millimètres de long.
*d.* — La portion charnue de la langue.
*c, d.* — La langue s'arrête, au repos, à 4 millimètres et demi de l'extrémité du bec; mais elle peut, à la volonté de l'oiseau, s'allonger au point de dépasser de près de 80 millimètres l'extrémité du bec. La longueur de la langue est, en apparence, de 67 millimètres; mais, si on la mesure de la base de l'os hyoïde, cette longueur n'est plus que de 48 millimètres. — La bouche a 23 millimètres de large.— La langue est susceptible d'une rétraction de 21 millimètres, depuis l'extrémité des mandibules.
*e.* — L'orbite de l'œil.
*f.* — Glande salivaire.
*g, g.* — Os hyoïde.
*h, h.* — Le cou.
*i, i.* — La fourchette.
*j, j.* — L'œsophage.
*k.* — La trachée.
*l, l.* — Ses muscles latéraux.
*m, m.* — Cleido-trachéal.

FIG. 2.

*b.* — La mandibule inférieure, vue en dessous.
*f, f.* — Glandes salivaires.
*g, g.* — L'os hyoïde.
*j, j, j.* — L'œsophage.
*k.* — La trachée.
*l, l.* — Les muscles latéraux.
*m, m.* — Le cleido-trachéal.
*n, n.* — Glosso-laryngeal.
*o, o.* — Muscles extenseurs de la langue.

G. CUVIER.

## GLANDES SALIVAIRES.

Les glandes salivaires ne se rencontrent, chez les oiseaux, que sous la langue, et ce sont ordinairement des amas de petits grains ronds, creux, dont l'humeur parvient dans la bouche par plusieurs orifices. Chez les Picidés, l'appareil de la langue est en rapport avec une paire de glandes fortement développées, qui sécrètent une mucosité visqueuse dont la langue se couvre dans toute sa longueur en se montrant. Ces glandes sont oblongues et placées intérieurement le long des branches des os maxillaires inférieurs et se terminent en de longs canaux qui vont déboucher dans la partie postérieure de la rainure passant au-dessus du milieu des os maxillaires inférieurs, à l'endroit où se rencontrent les branches de ces derniers. La dimension de ces glandes semble proportionnée à la longueur des cornes de l'hyoïde ; aussi ont-elles un développement remarquable chez le *chloropicus canus, viridis*, etc.

Le fluide qui est sécrété est un mucus glaireux, d'une couleur blanchâtre, qui, étant versé en avant, autour de l'extrémité de la langue, la couvre d'une substance glutineuse bien propre à causer une adhérence avec tout corps quelconque, notamment avec les insectes et les larves, et qui doit aussi conserver la langue dans un état de souplesse propre à favoriser l'action du toucher.

Chez les Torcols et les Picinés, les glandes salivaires offrent un plus grand développement que chez les autres espèces, et il est à remarquer, comme le fait très-bien observer M. Gerbe, que, chez les jeunes Picinés encore au nid, ces glandes sont si volumineuses, et proéminent tellement, sous forme d'ampoule ovoïde, de chaque côté des commissures du bec, que la physionomie de ces grimpeurs en est totalement changée.

## ESTOMAC.

Le jabot, le ventricule succenturié et le gésier existent dans presque tous les oiseaux; mais le ventricule est deux fois aussi grand que le gésier dans les Picidés. Dans les oiseaux Carnivores, les Rapaces, les *Picidés,* et, suivant Tiedemann, dans les Pélicans, les Cormorans, les Spatules et les Ibis, le ventricule est extrêmement large et court, ses parois sont minces, et il ressemble davantage à l'estomac sacciforme des poissons et des reptiles.

Le ventricule succentarié, qui prépare le suc gastrique, se continue encore d'une manière insensible avec le second estomac, qui ne diffère de lui qu'en ce qu'il n'a plus de glandes gastriques proprement dites, et que sa couche musculaire, portant deux minces disques tendineux arrondis, paraît être destinée à imprimer un mouvement rotatoire au contenu de l'estomac.

## INTESTIN.

L'intestin est de moyenne longueur et très-large ; le duodenum se recourbe à peu de distance. Le pylore a un bord élevé et permet aux grains non triturés et aux autres rebuts de passer dans l'intestin, qui est gonflé dans quelques parties. L'intestin conserve la même largeur dans la portion du duodenum et ensuite dans un parcours presqu'aussi long; puis il s'élargit graduellement jusqu'au commencement du rectum où il acquiert près du double de large.

Le rectum continue avec cette dernière dimension jusqu'à ce qu'il se confonde avec le cloaque, qui est arrondi.

Il est certain, comme le fait remarquer Audubon, que l'estomac des Picidés n'est pas propre à broyer les substances très-dures, et que les graines de baies et de fruits pulpeux passent sans être digérés à travers le canal intestinal.

Je crois utile de reproduire ci-contre, d'après Aububon, les intestins du *megapicus principalis,* avec une explication sommaire; les autres espèces de Picinés ressemblant extrêmement à celle-ci.

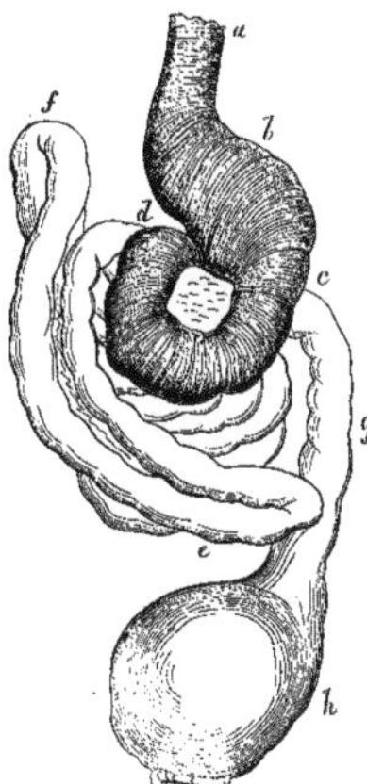


*a, b, c.* — Représentent l'œsophage, long de 162 à 163 millimètres, avec une largeur presque uniforme de 150 millimètres.

*b, c.* — Les proventricules ont une largeur de 16 millimètres.

*c, d.* — L'estomac, long d'environ 29 à 30 millimètres et de même largeur.

*d, e, f, g, h.* — L'intestin, qui a près de 610 millimètres de long; sa largeur, dans la portion du duodenum, est de 6 à 7 millimètres, et continue ainsi jusqu'à la longueur de 300 millimètres; puis il s'élargit graduellement jusqu'au commencement du rectum où il acquiert 150 millimètres de largeur.

*e, g, h.* — Le rectum continue avec cette largeur et se confond avec le cloaque *h*, qui a 12 à 13 millimètres de diamètre.

## COECUM.

On ne trouve aucune trace de cœcum dans les Picidés, pas plus que dans les Psittacidés.

## COEUR.

Le cœur est de moyenne grandeur.

## FOIE.

Le foie est très-petit; le lobe droit est beaucoup plus grand que le gauche.

## STERNUM.

Le sternum est assez grand et assez élargi en arrière; le brechet, peu saillant, triangulaire, a son bord inférieur presque droit et l'antérieur fuyant en arrière, sans trace d'excavation; l'angle qui réunit les deux bords est comme tronqué. L'apophyse mediane antérieure est la continuation de la crête; elle s'élargit et se bifurque, à peu près comme dans les véritables Passereaux.

Les apophyses latérales sont fort longues et recourbées en avant; leur bord sert à l'articulation de trois des côtes sternales, qui ne sont qu'au nombre de six. Le bord postérieur présente deux échancrures profondes, dont l'inférieure est essentiellement plus grande que la supérieure; les deux apophyses latérales sont dilatées en fer de hache à leur extrémité. Les clavicules sont également fort longues, droites et assez faibles. L'os furculaire grêle a une double courbure assez prononcée, et ne touche pas au sternum [1].

## AILES.

Les os composant l'appareil des ailes diffèrent peu de ceux des Passereaux chanteurs.

## OS SACRUM; BASSIN.

A sa partie postérieure, le bassin n'est pas aussi large que chez les Passereaux chanteurs; mais il est généralement plus fort et pourvu d'arêtes et d'angles plus prononcés. L'os sacrum n'est pas percé de trous, mais il existe des deux côtés, près la ligne médiane, une cavité destinée à recevoir les grands muscles supérieurs de la queue.

[1] De Blainville.

## QUEUE.

Le nombre des vertèbres lombaires est de neuf ou dix, comme je l'ai annoncé, tandis que celui des vertèbres caudales varie de six à huit et est ordinairement de sept. Elles sont très-courtes et pourvues de longues apophyses transversales.

La structure remarquable de la dernière vertèbre a pour but d'attacher les rectrices ou fortes plumes élastiques de la queue des Picinés, qui s'appliquent, par leur extrémité, contre le tronc de l'arbre que l'oiseau parcourt en grimpant, s'y arc-boutent et soutiennent en partie le poids du corps dans les mouvements d'ascension.

Les deux rectrices intermédiaires ou les plus grandes pennes, au milieu de la queue, sont attachées un peu plus haut que les autres. Les tubes de ces pennes vont s'appuyer si fortement contre la grande apophyse de la dernière vertèbre, que l'on y voit des renfoncements longitudinaux. Les quatre paires suivantes s'appuient par le bout antérieur des tubes sur les apophyses transversales de la dernière vertèbre et sur le bord postérieur de la face inférieure de cette même vertèbre, ce qui leur donne une position tout à fait en harmonie avec le but qu'elles doivent remplir. Les deux grandes rectrices latérales sont faibles, parce qu'il n'y a pas d'espace pour elles sur les apophyses transversales de la dernière vertèbre et qu'elles ne sauraient servir d'appui à l'oiseau.

La queue, chez les Picinés, est composée de dix grandes pennes ou rectrices et de deux fausses rectrices ou petites pennes, plus faibles ordinairement, beaucoup plus courtes et dont une est placée de chaque côté de la queue, un peu plus en arrière. Les rectrices, rarement les dix plus grandes, plus souvent les six ou les deux intermédiaires seulement, sont fréquemment recourbées légèrement, et plusieurs naturalistes attribuent cette courbure, et l'espèce d'usure qui a lieu à l'extrémité des pennes, au frottement continuel que cette queue exerce sur les troncs d'arbres ; mais, selon M. Gerbe, il n'en est rien : « Les pennes caudales, en naissant, offrent la disposition qu'elles conserveront durant toute la vie de l'individu ; leur extrémité, terminée en pointe, est garnie de barbes qui diminuent insensiblement, et la courbure dont nous avons parlé s'y manifeste déjà. Si l'oiseau, pris à un âge fort peu avancé et seulement quelques jours après l'éclosion, ne nous rendait témoin de ce fait, » dit cet auteur, « et ne venait en preuve contre cette opinion qui veut que l'état de la queue de l'oiseau adulte soit le résultat du frottement qu'elle exerce continuellement, le simple raisonnement suffirait pour faire rejeter cette opinion. En effet, s'il était vrai que le frottement fût pour quelque chose dans la disposition des rectrices, il s'ensuivrait que leur usure et surtout leur courbure devrait être plus sensible quelques jours avant qu'après la mue. Or, c'est ce qui n'est pas : la plume qui tombe diffère si peu de celle qui la remplace, qu'il serait bien difficile de distinguer l'une de l'autre, si ce n'était l'intensité de couleur que l'on observe sur celle de remplacement. »

Les dix rectrices principales ont les rainures de leur tige fort creuses ; et plus la queue sert à grimper, plus ces rainures deviennent profondes. Parmi les espèces européennes, le *dryopicus martius* et les espèces du genre *picus*, comme parmi les espèces exotiques, les mégapics et les dryopics, ont les rainures plus marquées que chez le *chloropicus viridis* et le *chloropicus canus*. La dimension et la forme de ces rectrices se modifie également. Ainsi, chez les espèces qui se servent peu de leur queue comme point d'appui pour grimper, chez le *campestris* et le *geopicus Mexicanus*, par exemple, les rectrices sont fort larges presque jusqu'à leur extrémité où elles se terminent subitement en pointe ; tandis que chez les espèces qui s'appuient considérablement sur leur queue, chez le *martius*, l'*albirostris*, etc., par exemple, les barbes se rétrécissent bien avant et deviennent dures et raides sur une plus grande longueur.

Chez les Yuncinés ou Torcols et chez les Picumninés, la queue est arrondie et se compose de douze pennes non usées, dont une très-petite de chaque côté de la queue, ainsi que cela a lieu chez les Picinés. Les pennes sont aussi arrondies à leur extrémité et elles sont trop souples, fait observer M. Temminck, pour donner à ces zygodactyles la facilité de s'en aider lorsqu'ils veulent grimper ; au moins, s'ils le font, n'est-ce que très-accidentellement.

Les pennes caudales des Torcols sont plus raides que celles des Picumninés, ce qui avait déterminé certains auteurs à regarder les Torcols comme le passage des Picinés aux Picumninés. Néanmoins, nous pensons, avec M. le baron de Lafresnaye (*Revue zoologique*, 1845, p. 9), que les Picumnes sont plus voisins des Picinés que des Torcols et peuvent être considérés comme un véritable groupe de transition des uns aux autres.

## OS; AIR.

La plupart des os du squelette des Picidés renferment de l'air, comme, par exemple, la partie inférieure du crâne, tout les os du cou, de la poitrine, des lombes, du sacrum, toutes les côtes, le sternum, les omoplates, les clavicules, l'os furculaire, l'os du bras et tous les os du bassin. Dans plusieurs espèces, notamment dans le *dryopicus martius*, le *picus leuconotus*, le *celeopicus flavescens*, etc., etc. Les fémurs renferment aussi de l'air; le trou par où entre alors cet air se trouve sur la face postérieure de ces os, comme cela arrive chez les Rapaces. On voit pour la même destination, sur la face intérieure du sternum et au-dessous des clavicules, deux trous d'une très-grande dimension, et il existe une série de petits trous plus en arrière, sur la ligne médiane.

Nous croyons utile de figurer ici le squelette du chloropic vert *(chloropicus viridis)*, pour faire comprendre plus facilement quelques-unes de nos descriptions ostéologiques (fig. 1). La tête seule du même grimpeur est l'objet de notre figure 2 ci-dessous:

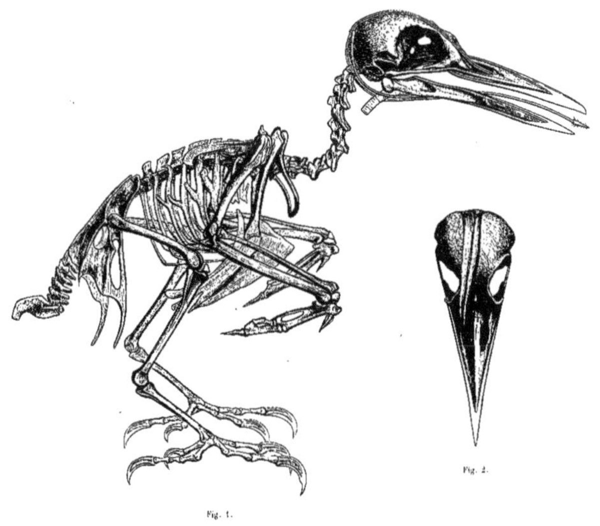

Fig. 2.

Fig. 1.

## PIEDS; TARSES, DOIGTS.

Le fémur est court, généralement; il est soutenu par une forte bosse saillante de l'os coxal.

Le tibia a une forme irrégulière. Le tarse est presque trièdre, car la facette antérieure est très-large tandis que la facette interne est étroite et arrondie. La jointure du tarse avec le tibia est extrêmement solide. Les tendons destinés à fléchir les doigts du pied traversent des canaux osseux particuliers, comme chez les Passereaux chanteurs, d'où il résulte que les doigts peuvent être fortement et facilement infléchis, soit séparément, soit tous ensemble. Cette facilité s'augmente encore pour les deux doigts de devant, par les profondes rainures qui existent sur la face inférieure des premières phalanges.

La jointure des doigts avec le tarse est très-solide, surtout celle des doigts extérieurs dirigés en arrière. Les phalanges suivantes sont plus longues, ce qui fait que ces

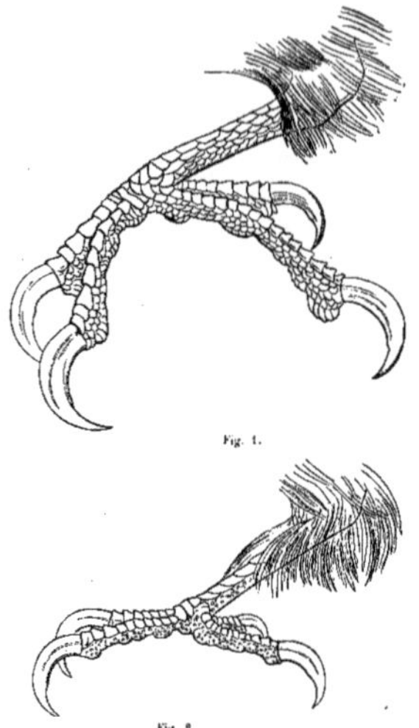
Fig. 1.

Fig. 2.

grimpeurs peuvent se cramponner facilement aux troncs des arbres. Les figures ci-contre représentent: la plus grande (fig. 1), le pied du *megapicus imperialis,* dont le doigt postérieur externe est le plus long de tous; la plus petite (fig. 2), celui du *dryopicus martius,* chez lequel le doigt antérieur externe est le plus long.

Chez le Torcol d'Europe, comme chez ceux de l'Afrique et de l'Asie, il existe toujours deux doigts devant et deux derrière, les doigts externes étant les plus longs et différant peu entr'eux.

Chez les Picidés et chez les Picumninés, il existe le plus ordinairement deux doigts devant et deux derrière, mais plusieurs genres n'ont qu'un seul doigt derrière. Tantôt c'est le doigt antérieur externe qui est le plus long, tantôt c'est le postérieur externe. Chez quelques Picidés, le doigt postérieur interne est seulement rudimentaire.

### ONGLES.

Les ongles forts, longs, acérés, comprimés et évidés sur les côtés, peuvent être retirés promptement par le muscle fléchisseur, parce qu'il passe par un canal osseux du tarse.

L'examen des pieds des Picidés démontre qu'ils sont généralement faits pour grimper, même dans certains groupes dont les espèces demeurent souvent sur le sol, ainsi que le fait observer le prince Ch. Bonaparte (*Wilson's American ornithol.,* I, p. 49), en parlant du *geopicus auratus.*

Il est à regretter que nous n'ayons pu comparer le squelette entier du *geopicus arator* (Cuv.), qui cherche habituellement sa nourriture à terre, avec celui des grandes espèces qui grimpent presque sans cesse sur les troncs des arbres.

# CHAPITRE CINQUIÈME.

## DU PLUMAGE. — PTILOSE.

Plusieurs auteurs, notamment Nitzsch (*Pterylographia avium* et *System der pterylographie*) ainsi que M. Kessler (*Beitræge zur naturgeschichte der spechte; bullet. der naturforsch. gesellsch. Moscou,* 1844, p. 60), ont donné une description exacte du *groupement* et de la *répartition* des plumes chez les Picinés, au moins chez un certain nombre d'espèces tant européennes qu'exotiques.

Il eut été sans doute fort intéressant de pouvoir formuler quelques lois générales par suite de cet examen et de pouvoir y trouver des règles pour aider à une nouvelle classification. Malheureusement, et je dois l'avouer de suite, ces indications sont loin de pouvoir servir dans ce but, car elles se heurtent souvent et viennent bouleverser des caractères certains tirés de l'anatomie, de la manière de vivre, de la ptilose et de la patrie de quelques Picinés. D'ailleurs cette étude est encore très-restreinte, car M. Kessler, qui a étudié, le dernier, ce sujet, n'a pu examiner que quinze espèces de Picinés.

Pour se convaincre de ce que j'avance, il suffit de savoir que, d'après l'examen fait par M. Kessler, le *geopicus Mexicanus* (Sw.) et le *campestris* ressemblent assez exactement au *chloropicus viridis* et au *canus!* que le *mesopicus passerinus* a la plus grande analogie avec le *picus minor* d'Europe. D'après Nitzsch, le *luridus* ou *porphyromelas* (Boie) ainsi que le *micropicus concretus* ont entr'eux une forme et une distribution de plumage presque semblables et particuliers, qui ont de l'analogie avec celles du *melanochlorus* (Gm.)!! etc.

Aussi suis-je de l'avis de M. Kessler, qui pense, avec raison, qu'il faudra encore étudier un grand nombre d'espèces, dans les divers groupes, avant de pouvoir établir les rapports qui les unissent ou les différences qui les séparent et en déduire quelques lois naturelles applicables à toute la série des Picidés.

# CHAPITRE SIXIÈME.

## PLUMAGE CONSIDÉRÉ COMME CARACTÈRE INDICATIF DE LA PATRIE.

En examinant avec soin l'ensemble des espèces qui constituent chaque groupe des Picinés et le lieu d'origine de chacune d'elles, il m'a paru que la nature avait produit, pour un grand nombre de ces espèces, un mode de coloration assujetti à certaines règles que je crois utiles de faire connaître et dont quelques-unes n'ont peut-être pas été observées jusqu'alors.

Ainsi : 1° les espèces ayant le manteau rayé transversalement de noir et de blanc et dont le fond du plumage est, sur les parties inférieures, d'un cendré plus ou moins blanchâtre, plus ou moins brunâtre, sans bandes ni raies longitudinales, si ce n'est sur les tectrices caudales, avec quelquefois des bandes transversales sur les cuisses et même sur une partie du ventre, sont de l'Amérique. Telles sont les diverses espèces du genre *zebrapicus;*

2° Toute espèce ayant les tiges des rectrices ou des rémiges jaunes, ne peut provenir que de l'Afrique ou de l'Amérique. Si le doigt postérieur externe est plus long que le doigt antérieur externe, l'espèce est originaire de l'Afrique seule. Lorsque, au contraire, le doigt antérieur externe excède le postérieur, l'oiseau peut être de l'Amérique ou de l'Afrique indifféremment;

3° Les espèces ayant le manteau rouge et les parties inférieures, *entièrement* rayées ou tachetées, *sans jaune,* sont asiatiques. Deux espèces seules à manteau rouge sont de l'Amérique. L'une, le *callonotus* (Waterh.), a toutes les parties inférieures blanches; l'autre, le *rivolii* (Boissonn.), a l'abdomen d'un jaune presque uniforme ;

4° Les espèces de grande taille, à manteau noir ou noir taché de blanc, avec l'épigastre et l'abdomen rayés de bandes transversales, sont de l'Amérique ;

5° Toute espèce à manteau noir, d'une taille excédant celle du *picus major* d'Europe, n'est pas originaire de l'Afrique ;

6° Jusqu'ici l'Océanie et les îles de l'Afrique dans la mer des Indes, n'ont pas produit de Picidés;

7° En voyant une espèce de piciné, du genre *picus,* portant une mèche ou tache rouge derrière l'œil de chaque côté de l'occiput, on peut être assuré que c'est le mâle d'une espèce originaire de l'Asie ou de l'Amérique;

8° Les espèces, à plumage vert ou rouge, ayant à l'occiput une double huppe superposée, ont la huppe supérieure rouge ou verte, et la huppe inférieure toujours d'un jaune vif. Ces espèces sont de l'Asie seule ;

9° Relativement aux Picumninés, l'Amérique a produit la plupart des espèces, l'Asie un petit nombre, et ce n'est que récemment, qu'il en a été découvert une espèce dans l'Afrique occidentale. Leur plumage est très-variable et n'offre aucune règle appréciable. Ainsi, une espèce asiatique à trois doigts, possède parfois le même plumage que certaine espèce américaine à quatre doigts;

10° Quant aux Torcols (Iynx ou Yunx), leur plumage, plus soyeux, a une coloration générale qui est à peu près uniforme dans les divers continents qu'ils habitent, savoir, en Afrique, en Asie et en Europe, aussi quelques naturalistes ne font que deux espèces de torcols, l'une, comprenant les torcols d'Afrique et de l'Asie à poitrine rousse, l'autre, ceux de l'Europe, de l'Afrique et de l'Asie, à plumage semblable à celui que nous voyons en France. Il est à remarquer que l'Amérique et l'Océanie ne contiennent pas de torcols.

Il se pourrait, s'entend, que quelques-unes de mes observations dussent un jour être modifiées par suite de la découverte de nouvelles espèces; néanmoins, cela me paraît peu probable.

## CHAPITRE SEPTIÈME.

### DU NOMBRE DES ESPÈCES DE PICIDÉS INDIQUÉ PAR LES AUTEURS.

Il ne sera pas sans intérêt, je pense, de faire l'inventaire des découvertes dans la famille des Picidés, et de ne pas oublier le progrès que nos efforts ont pu apporter depuis 1843, notamment, dans la connaissance des espèces de ce groupe de Zygodactyles.

Ainsi, je ne prendrai pas la première édition du *Systema naturæ* de Linné, mais la treizième édition, publiée en 1767 à Vienne, et l'on n'y compte qu'une espèce de *Jynx* ou *Yunx*, 21 espèces de Picinés, parmi lesquelles figurent plusieurs à retrancher, telles que: *semirostris*, *melaneucos*, *persicus*, *cardinalis;* tandis que Brisson, dans son *Ornithologie*, publiait, en 1760, 32 espèces, sauf quelques-unes erronées qu'il faut retrancher également; plus deux espèces de Torcol, le *torquilla* et le *torquilla striata*.

Nous lisons dans la réimpression faite en 1845, du *Cours d'histoire naturelle*, professé en 1772 par Michel Adanson, que ce célèbre naturaliste ne connaissait que les 32 espèces dont parlait Brisson douze années auparavant.

En 1780, Buffon connaissait 39 espèces de Picinés et un Torcol. En 1788, Gmelin, dans la treizième édition augmentée et publiée à Leipsick, du *Systema naturæ* de Linné, donnait les descriptions sommaires de 54 Picinés, dont il convient toujours de déduire les espèces erronées que j'ai signalées ci-dessus; il citait un Torcol et un Picumne.

Latham, publiant son *Index ornithologicus*, deux ans après la compilation de Gmelin, n'y ajouta que deux espèces de Picinés, en reproduisant les mêmes erreurs.

Vieillot, écrivant les articles du *Nouveau dictionnaire d'histoire naturelle*, dont la deuxième édition parut en 1818, décrivit 86 espèces de Picinés, parmi lesquelles figure un certain nombre à retrancher, telles que: *semirostris*, *cardinalis*, *indicus*, qui est un barbu, *persicus*, *melanoleucus*, etc.; plus, outre le *yunx torquilla*, deux espèces de Picumnes qu'il nomme Torcols, savoir : *yunx minutus* et *yunx minutissimus*.

En 1826, M. le professeur Valenciennes publia, dans le *Grand dictionnaire des sciences naturelles*, la description de 52 espèces de Picinés, dont plusieurs étaient nouvelles pour la science, et, l'année suivante, Wagler, faisant faire un grand pas dans la connaissance des Picinés, donnait, en latin, dans le *Systema avium*, de précieuses descriptions de 102 espèces de Picinés, dont deux ou trois seulement forment double emploi. Il convient d'y ajouter 12 autres espèces de Picinés et 6 de Picumnes que le même auteur publia, en 1829, dans le journal allemand l'*Isis*.

Georges Cuvier, en 1829, dans la deuxième édition du *Règne animal*, et Lesson, en 1831, dans son *Traité d'ornithologie*, tiennent peu de compte du travail du naturaliste allemand, car ils ne citent que 66 espèces de Picinés, et, en 1837, Lesson ne compte que 93 espèces de Picinés dans ses *Compléments à Buffon*. Je dois faire observer que, dans ces deux dernières publications, il y a diverses espèces à retrancher. Cuvier et Lesson indiquent en outre une espèce de *Yunx* et quatre espèces de *Picumnus;* mais Lesson en décrit trois de ces dernières espèces sous le nom de Torcol *(Yunx)*.

C'est en 1846 que la connaissance des Picidés a fait le plus grand pas depuis Wagler; M. G.-R. Gray publie son *Genera of birds*, et il cite, sans les décrire, 161 espèces de Picinés. Il convient toutefois, pour être impartial, d'ajouter que, selon moi, l'on doit en retrancher environ une quinzaine d'espèces erronées ou reproduites par double emploi, telles que le *Javensis*, dont la femelle est le *pulverulentus*, tandis que le mâle est le *leucogaster*, tous deux cités en outre; le *guttatus* formant double emploi avec le *Cayanensis;* l'*amictus* avec le *Rafflesii;* le *rubiginosus*, de Hartlaub, avec le *rubiginosus* de Swainson; l'*Elliottii* avec le *goensis;* le *viridanus* (Blyth) avec le *dimidiatus* (Temm.); le *squamatus* (Jerd.) avec le *striolatus* (Blyth); le *xanthotoenia* avec l'*aurulentus;* enfin le *somptuosus* (Temm.), espèce factice, le *Guineensis*, le *tricolor*, de Seba, etc. Le même auteur énumère 13 espèces de Picumninés, dont une fait double emploi, et 3 espèces de Yuncinés.

Jusqu'à cette époque, je n'avais publié qu'un petit nombre d'espèces nouvelles de Picinés que cite M. G.-R. Gray; mais j'avais étudié ces grimpeurs avec soin, notamment dans la belle collection de M. le prince d'Essling, depuis acquise par M. Wilson, de Philadelphie; en 1843, dans les Musées de Vienne, de Berlin, de Munich, de Stuttgard; en 1844 et en 1845, à Londres, à Leyde, à Paris, à Francfort-sur-Mein, etc., etc. Je formais en même temps, à côté de mes collections ornithologiques, une collection spéciale de Picidés, qui est devenue sans contredit une des plus complètes et des plus étendues que je connaisse.

A l'aide de tels documents et de l'étude comparée des divers auteurs qui ont traité de ces grimpeurs, j'ai eu l'occasion, en visitant à plusieurs reprises la plupart des Musées de l'Europe, surtout de 1845 à 1850, de rectifier une foule d'erreurs que contenaient les étiquettes, d'inscrire la synonymie et de publier un grand nombre d'espèces. C'est ainsi que j'ai pu répandre dans les autres Musées beaucoup de dénominations latines qui émanaient de MM. Natterer ou Lichtenstein et qui n'avaient jamais vu le jour que dans les verrières des collections de Vienne et de Berlin.

Dans ces circonstances, et en 1850, le prince Charles Bonaparte publia, à Leyde, son *Conspectus generum avium*, ouvrage fort important, malgré les erreurs multipliées qu'il contient, ouvrage qui n'a point été continué par son savant auteur, parce que celui-ci se préparait à publier une nouvelle édition, revue et corrigée, lorsqu'une mort prématurée l'enleva à ses amis et à la science qu'il cultivait avec tant de distinction. Espérons que M. Jules Verreaux, qui a déjà effectué tant de travaux sur le *Conspectus* et qui a été pour partie le collaborateur du prince, saura achever la nouvelle édition qu'il a entreprise avec tant de zèle et qu'il est mieux à même que personne de terminer.

Le *Conspectus generum avium* contient la description de 199 espèces de Picinés, dont plus de 20 espèces nouvelles déjà publiées par moi; mais il convient de retrancher les espèces erronées ou faisant double emploi avec d'autres; notamment le *rubiginosus* (Sw.), avec *porphyromelas* (Boie); les *mulleri*, *menstruus*, *cardinalis*, *smaragdinicollis*, etc. L'auteur aurait pu, par compensation, ajouter à son œuvre diverses espèces publiées par moi, au commencement de 1845, dans les *Mémoires de la Société royale de Liége;* mais il n'avait pas eu connaissance de ce recueil.

Le *Conspectus* contient aussi l'énumération de 5 espèces de Torcols et de 11 espèces de Picumninés.

En m'apportant à Metz et en me remettant lui-même gracieusement, le premier volume du *Conspectus generum avium;* l'illustre ornithologiste voulut bien, dans la dédicace qu'il avait inscrite de sa main, en tête de cette publication, me demander de rédiger un travail de correction et mon concours pour une seconde édition. Je déférai à cette honorable demande, quoique me proposant de publier moi-même une *Monographie*. L'envoi que me fit le savant prince de son manuscrit, du tableau des grimpeurs, compris dans le travail qu'il a publié en 1854, dans l'*Atteneo Italiano*, sous le titre de *Conspectus volucrum zygodactylorum*, et les nombreuses additions ainsi que les retranchements ou corrections que j'y fis très-rapidement sur sa demande expresse, à Paris, ne me permettent plus, on le conçoit, de m'occuper, que pour mémoire, de cette publication, dont la préface mentionne avec bienveillance mes travaux. Je dirai toutefois que, malgré ces corrections, le *Conspectus Volucrum zygodactylorum* ne cite que 237 espèces de Picinés, dont quelques-uns font encore double emploi, tels que *Delattrii* (Br.), n° 7, qui est le n° 24,

*Scapularis* (Vig.); *Kaupii*, n° 31 (Hartl.), qui est *lignarius* (Mol.), n° 30; *smaragdinicollis*, n° 89, oiseau factice et altéré, qui est un *flavescens*, n° 86; *cardinalis* (Gm.), n° 117, qui est le *fuscescens* (Vieill.), n° 115; *maculipennis*, n° 146 et *aurulentus*, n° 144; *leucolæmus*, n° 148, qui est *Isidori*, n° 153; *squamosus* (Vieill.), n° 156, qui pourrait être *adspersus* (Natt.), n° 162; *tephrodops* (Wag.), n° 166, qui est *passerinus* (L.), n° 165, *menstruus* (Scop.), n° 177 et *capensis* (Gm.).

Il convient de faire observer d'autre part, que dans ce nombre ainsi réduit à 228 espèces, se trouvent comprises trente et quelques espèces dénommées et publiées par moi, dans divers recueils scientifiques.

Les *Yuncinés* se composent, dans le *Conspectus*, de quatre espèces, dont l'une est, avec raison, indiquée comme douteuse, et les *Picumninés* comptent 15 espèces divisées en six genres.

La dernière publication sur les Picidés, je veux parler de celle de M. le professeur Reichenbach, a paru lorsque la rédaction de ma *Monographie* était entièrement terminée; néanmoins j'ai préféré retarder l'impression de mon ouvrage, pour pouvoir parler de cet important travail.

Les Picinés de M. Reichenbach se composent de 229 espèces, les *Junx* ou *Jynx* de cinq que je réduis à quatre et les *Picumninæ* de 16 espèces.

Mais si l'on en retranche une trentaine d'espèces que je regarde comme formant double emploi, le nombre réel des Picinés seuls se réduira à environ 200.

Pour justifier ce que j'avance, j'indiquerai notamment :

| | | |
|---|---|---|
| Nos 800 | *Striolatus* (Blyth), formant double emploi avec son synonyme *xanthopygius* (Hodgs.) . . . . . . . . . . . . . . . . . . . . . | nos 802 |
| 816 | *Maculatus* (Vieill.) . . . . . . avec *bicolor* (Gm.) . . . . . . . . | 860 |
| 821 | *Sanguineus* (Licht.) . . . . . . avec *Albertuli* . . . . . . . . . . | 832 |
| 828 | *Gularis* (Temm., Olim.) . . . . avec *mentalis* (Tem.) . . . . . . . | 827 |
| 829 | *Chlorophanes* (Blyth), qui l'attribue par erreur à Vieillot), avec *chlorolophus* (Vieill.) . . . . . . . . . . . . . . . . . . . . | 825 |
| 874 | *Cancellatus* (Wagl.) . . . . . avec *bicolor* (Gm.) . . . . . . . . | 860 |
| 877 | *Ischnorhynchos* (Wagl.) . . . avec *hirundinaceus* (Gm.) . . . . | 876 |
| 889 | *Maclotii* (Wagl.), qui est la femelle de *pulverulentus* (Tem.) et ne diffère pas de *Mulleri* (Bp.) . . . . . . . . . . . . . . . . . . | 890 |
| 902 | *Leucopterylus* (Bp.), qui doit se confondre avec *lineatus* . . . . . | 901 |
| 904 | *Guatemalensis* (Hartl.) . . . . avec *regius* (Licht.) . . . . . . . | 908 |
| 906 | *Leucoramphus* (Licht.) . . . . avec *scapularis* (Vig.) . . . . . . | 911 |
| 907 | *Mesoleucos* (Licht.), qui est la femelle du *pollens* (Bp.) . . . . . . Sous cette dernière dénomination ont été confondues deux espèces différentes. | 903 |
| 924 | *Chrysonotus* (Less.) . . . . . . avec l'*aurantius* (Lin.) . . . . . . | 922 |
| 927 | *Baccha* (Reich.), qui est le *strictus* (Horsf.). | |
| 928 | *Cardinalis* (Gm.) . . . . . . . . avec *fulviscapus* (Illig.) . . . . . | 995 |
| 929 | *Menstruus* (Scop.) . . . . . . . avec *Capensis* . . . . . . . . . . | 1005 |
| 934 | *Coccometopus* (Reich.) . . . . avec *sordidus* mâle (Eyton). | |
| 936 | *Cordatus* (Jerd.) . . . . . . . . avec *canente* (Less.) . . . . . . . | 935 |
| 944 | *Undatus* (Lin.) . . . . . . . . avec *rufus* (Gm.) . . . . . . . . . | 945 |
| 947 | *Loricatus* (Reich.) . . . . . . avec *multifasciatus* (Malh. *ex* Natt.). | |
| 955 | *Smaragdicollis* (Malh.), espèce falsifiée, à rayer des catalogues, comme le *Boiei* (Temm.). | |
| 956 | *Semicinnamomeus* (Reich.), qui paraît bien l'*exalbidus* (Gm.) . . . | 954 |
| 967 | *Gradatus* (Licht.) . . . . . . . avec *lignarius* (Mol.) . . . . . . | 980 |
| 985 | *Peruvianus* (Reich.) . . . . . avec *atricolli* (Malh.) . . . . . . | 1015b |
| 984 | *Buffoni* (Kuhl) . . . . . . . . avec *melanochloros* (Gm.) . . . . | 987 |
| 990 | *Æthiopicus* (Rupp.) avec probablement *nubicus* (Gm.) . . . . . . . | 992 |
| 1012c | *Nigriguttatus* (Verr.), avec *Gabonensis* (Verr.), qui est le mâle. . | 1012d |
| 902b | *Albifrenatus* (Reich.), *Grayii* (Malh.), avec *pollens* (Bp.) . . . . | 903 |
| 964 | *Sulfuriventer* (Reich.) . . . . avec *uropygialis* (Baird) . . . . . qui est le *zebrapicus Kaupii* (Malh. *ex* Bp., *Revue zool.*, 1853, p. 162). | 964b |

Quoiqu'il en soit de mes observations, l'ouvrage du savant directeur du Muséum de Dresde, sur toute la série ornithologique, est l'un des monuments les plus utiles élevés à la science, par suite des nombreuses figures coloriées qui rendent le texte encore plus clair pour tous et permettent habituellement d'éviter les erreurs qu'un nom nouveau pourrait occasionner, lorsque, par hasard, l'auteur n'a pas reconnu une espèce déjà décrite sous une autre dénomination. Espérons que mon honorable confrère terminera une œuvre si habilement commencée et qui lui acquerra de nouveaux titres à la reconnaissance des ornithologistes.

# CHAPITRE HUITIÈME.

## RÉPARTITION GÉOGRAPHIQUE DES PICIDÉS SUR LE GLOBE.

Beaucoup d'auteurs recommandables ont pensé que les Picinés étaient répartis sur toute la surface du globe et je dois commencer par réfuter cette erreur. Ainsi, Vieillot *(Nouv. dict. d'hist. nat.,* 2e édit. 1818, XXVI, p. 68), dit que: « les pics sont répandus sur tout le globe; partout, la nature a placé des pics où elle a produit des arbres, » puis, néanmoins (p. 69), il ajoute: « n'est-il pas étonnant qu'on n'ait encore découvert qu'une seule espèce de pic à la Nouvelle-Hollande, que l'on dit bien boisée? »

Suivant Lesson *(Traité d'ornith.,* p. 217), on trouve les pics dans tous les climats; et l'auteur de l'article *pic* du *Dictionnaire universel des sciences naturelles* (X, p. 140, 1847), annonce: « que les pics sont répartis sur toute la surface du globe et y sont en nombre considérable. »

M. Marcel de Serres *(Des causes des migrations des oiseaux,* p. 595, 1845), confirme cette opinion en disant: « Les différentes espèces de pics sont dispersées sur tout le globe. »

Je pourrais augmenter ces citations déjà bien suffisantes; mais je dois d'abord faire observer que l'espèce unique, que cite Vieillot comme propre à la Nouvelle-Hollande, est le *phaiopicus pectoralis* de Latham, qui a le malheur d'avoir pour synonymes sept autres dénominations latines, et qui n'a jamais été trouvé à la Nouvelle-Hollande, mais bien dans la péninsule Malaise, dans l'Indo-Chine, à Sumatra et à Borneo.

Ce fait rectifié, il est certain que jusqu'ici les nombreux voyageurs, qui ont exploré le globe au profit des sciences, n'ont encore découvert aucune espèce de Picidés, soit dans le continent de l'Australie ou Nouvelle-Hollande, soit dans la grande île de Madagascar, dans celles de Maurice, de la Réunion, etc., quoique ces localités soient chaudes, bien boisées et possèdent de grands arbres à bois aussi tendre que les contrées qui nourrissent des Picidés. On n'a pas trouvé non plus de tels zygodactyles à la Nouvelle-Zélande, en Tasmanie, dans les nombreuses îles de la mer des Indes (autres que Ceylan), telles que les Maldives, les Lakedives, les Seychelles, les îles Andaman, Nicobar, etc., dans la multitude d'îles de la Polynésie, dans l'Océan Pacifique, et à plus forte raison, dans les pays où les arbres sont rares par suite du voisinage des pôles. En revanche, les îles de la Malaisie, telles que les îles de la Sonde, de Célèbes, des Philippines et des Moluques, nous ont enrichi de fort belles espèces.

Quel peut être le motif de cette absence de Picidés, dans des localités où vivent parfaitement des grimpeurs tels que les perroquets? Les Picidés n'y trouveraient-ils pas la nourriture qui leur convient, c'est-à-dire, des fourmis, des insectes divers, des fruits et des graines sauvages? Le prétendre serait évidemment nier la clarté du jour, lorsque nous connaissons la richesse et les productions variées des climats précités. La température leur serait-elle contraire? Cette objection ne se soutiendrait pas mieux, lorsqu'on sait qu'à Madagascar, par exemple, la chaleur est aussi forte qu'au Brésil, où il existe tant de Picidés; puis, si les Picidés préfèrent, généralement, les parties chaudes du globe, néanmoins il s'en trouve dans des contrées plus froides que celles que j'ai citées; d'ailleurs l'Amérique Septentrionale nourrit près de 50 espèces de Picinés, tandis que toute l'Afrique n'en a que 32 espèces.

Une seule raison, plus spécieuse que vraie, selon moi, a été donnée dans le *Journal für ornithologie* (1854, p. 78). M. A.-E. Brehm, s'appuyant sur l'autorité de M. Gloger, prétend que l'Australie ne contient que des bois trop durs pour pouvoir convenir à la nidification des Picidés, lesquels ont, comme on le sait, l'habitude de déposer leurs œufs au fond d'un trou naturel ou creusé dans un tronc d'arbre. C'est encore la dureté de la substance des arbres qui explique, selon ces naturalistes, pourquoi il n'existe pas de grandes espèces de Picidés dans le nord-est de l'Afrique.

Dans le même journal allemand (*J. für ornithol.*, note au bas de la page 78), je lis, pour appuyer les raisons produites relativement à la cause de l'absence des Picidés en Australie: « que l'on a remarqué déjà en Europe que le *dryopicus martius* n'existe pas dans les forêts de conifères, par suite de la dureté du bois. » Mais, d'abord, il est permis de contester l'exactitude de ce premier fait avec plusieurs auteurs, notamment avec M. Reichenbach, qui annonce que le *dryopicus martius* réside *habituellement* dans les forêts de pins où il niche. « *Er ist standvogel in einsamen Nadelwaldern der Gebirgslander, von wo er sicht selten in Laubwalden verirrt.* » (Reich., *Handb. der spec. ornithol. scansoriæ-picinæ*, p. 389, 1854). Puis, est-il exact d'avancer que le bois de la plupart de nos forêts de conifères de l'Europe tempérée est tellement dur, que le *dryopicus martius* n'y pourrait creuser un nid? J'ajoute que des naturalistes suisses m'ont affirmé que le *martius*, ainsi que le *picoïdes Europæus* nichaient fréquemment dans des trous perforés dans des conifères; qu'en Suède, en Russie, dans les Pyrénées et le Jura, divers Picinés habitent les forêts de conifères et nichent dans les trous de ces arbres, comme cela est notoire; que, suivant le témoignage de MM. le baron de Selys-Longchamps et Degland (*Ornithologie européenne*, 1849; I, p. 158), des Picidés, notamment le *picus leuconotus*, nichent en Corse dans les forêts du Pin-Laricio; que dans l'Amérique Septentrionale, on sait que plusieurs espèces, notamment le *principalis*, nichent dans les forêts de pins, etc. Je pourrais multiplier facilement ces preuves pour détruire l'allégation que je combats. Je demanderais ensuite pourquoi les Picidés ne nicheraient pas sur les conifères de l'Australie, tels que l'*auraucaria excelsa*, et dans les arbres des genres de *dacrydium*, *podocarpus*, etc.? Pourquoi les Picidés, qui nichent en Amérique et en Europe sur des conifères, sur des chênes et sur des arbres fruitiers comme le poirier, le pommier, ne pourraient-ils pas nicher en Australie sur des essences dont le bois n'est pas ou n'est guère plus dur, telles que l'*acacia clealbata*, l'*acacia longifolia*, le *catanospermum Australe*, etc.? Je pourrais même citer des espèces ayant le bois un peu plus dur, comme celles du genre *Eucaliptus*, ou *String-Bark* des indigènes, grands et beaux arbres souvent résineux, à écorce subéreuse, qui présentent en moyenne 13 à 14 mètres de circonférence, et dont le tronc seul, sous branches, atteignant une hauteur de 65 à 75 mètres, offre souvent, ainsi que les branches, des crevasses ou des trous que les Picidés pourraient facilement utiliser pour commencer leur nid.

Ne pourrait-on ajouter à cette énumération les arbres du genre *Casuarina*, qui ont 60 à 120 centimètres de diamètre, qui sont le plus souvent tellement perforés par des milliers d'insectes que les Picinés n'auraient qu'un travail peu fatigant pour y établir leur nid, tandis qu'ils trouveraient sans peine une nourriture abondante et une écorce rugueuse qui leur donnerait beaucoup de facilité pour grimper contre le tronc et les branches.

Je dois faire remarquer que beaucoup de ces grands arbres, en Australie, comme en Afrique et en Amérique, sont perforés par des insectes; qu'ils tombent de vétusté et qu'ils offrent enfin par des causes diverses, un grand nombre de trous dans lesquels un oiseau établirait facilement son nid, ou qu'il pourrait, au besoin, rendre plus profonds.

Dans ces cas, le plus ou moins de dureté du bois ne peut être une objection sérieuse; mais si la dureté des arbres précités empêchait l'Australie de posséder des Picidés, comment se ferait-il, que, dans les Antilles notamment, plusieurs espèces de Picidés perforent habituellement les palmiers et y établissent leur nid; qu'au Mexique, d'autres espèces, selon M. de Saussure, creusent des milliers de trous dans des troncs d'aloès très-durs; comment se ferait-il donc qu'en Australie ces oiseaux ne pourraient en faire autant et ne nicheraient pas dans les troncs du *Levistona Australis*, du *Seafortia elegans* et des autres palmiers qui y croissent parfaitement?

A Madagascar, il existe aussi de nombreuses essences qui seraient, certes, aussi favorables à la nidification des Picidés que toutes celles des îles de la Sonde, de l'Hindoustan ou de l'Amérique; et je pourrais énumérer divers arbres remarquables que j'ai vus, notamment à l'île Maurice, mon pays natal, dont l'écorce permettrait facilement aux Picidés d'y grimper, et dont le tronc, d'un bois aussi tendre que nos arbres d'Europe, serait aisément perforé par le bec de ces zygodactyles, tandis que le sol, rempli de larves et de fourmis, leur offrirait une nourriture abondante. D'ailleurs, pourquoi donc les grandes espèces ne pourraient-elles, dans le N.-E. de l'Afrique, perforer ou agrandir les trous, tandis que les plus petites espèces peuvent le faire dans les mêmes contrées. Sachons plutôt humilier parfois notre raison qui veut tout expliquer, et constatons simplement qu'il n'y a pas de Picidés dans diverses contrées, sans en chercher d'autres motifs que la volonté de Dieu, du sublime Créateur de toutes choses.

Laissant de côté l'Australie, nous savons que l'Europe est le continent qui a le moins de Picidés, puisqu'il ne s'y trouve que huit espèces de Picinés et une espèce de Torcol (*Yunx torquilla*, Lin.); puis vient, en ordre numérique, l'Afrique qui compte 32 espèces de Picinés, deux Torcols ou Yunx qui lui sont propres, outre notre Torcol d'Europe, et une seule espèce de Picumniné récemment découverte au Gabon; je ne comprends pas dans le nombre des Picinés d'Afrique le *picus minor* d'Europe qui se retrouve en Algérie.

Nous indiquons environ 81 espèces de Picinés asiatiques, dont près de moitié appartient à l'Hindoustan, et à la presqu'île de Malacca, tandis que Ceylan, Célèbes, les îles de la Sonde et les Moluques possèdent une trentaine d'espèces. Quant au surplus de l'Asie, depuis la chaîne de l'Himalaya d'une part, jusqu'à la Mer glaciale, et, d'autre part, depuis la chaîne de l'Oural jusqu'à l'Océan pacifique, il est remarquable qu'on n'y compte encore qu'une dizaine d'espèces de Picinés.

Les Picumninés sont représentés en Asie par quatre espèces au plus, et les Yuncinés, par deux espèces de Torcols, dont une que l'on voit au Japon et au Bengale, n'est autre que notre *torquilla* d'Europe.

Enfin, si les Yuncinés n'existent pas en Amérique, aucune partie du monde, n'est, en revanche, plus riche en Picinés et en Picumninés, puisque j'y compte près de 146 espèces de Picinés, dont près de 40 pour l'Amérique septentrionale, une dizaine propres aux Antilles, et près de 20 espèces pour le Mexique et l'Amérique centrale; l'Amérique méridionale seule nourrit le surplus des espèces de Picinés et 11 espèces de Picumninés.

Le tableau qui suit, résumera, pour chaque grande contrée, environ le nombre des espèces de Picidés. Toutefois, je dois prévenir que certaines espèces se retrouvant, notamment dans l'Amérique méridionale, dans diverses parties du continent, indiquées sous des dénominations différentes, j'ai dû opter et classer ces espèces dans une seule des divisions politiques, qui n'ont quelquefois aucun rapport avec les grandes divisions naturelles.

Quelquefois aussi, il arrive que le lieu d'origine quoique probable, se trouve incertain; j'ai, alors, pris soin de l'indiquer, ainsi que les espèces douteuses, c'est-à-dire celles qui sont décrites plus ou moins sommairement, mais qui n'existent pas dans les collections de l'Europe, et n'ayant jamais été figurées, pourraient faire double emploi comme synonymes de quelque espèce déjà connue.

D'autres espèces émigrant en partie chaque année du continent américain dans les Antilles, je ne les ai fait figurer que dans le catalogue du continent sur lequel l'espèce habite toute l'année, sans quoi j'eusse commis un double emploi.

# RÉPARTITION DES PICIDÉS SUR LE GLOBE.

## PICINÉS.

| | | | NOMBRE D'ESPÈCES | |
|---|---|---|---|---|
| AFRIQUE. | | Septentrionale (il y a, en outre, le *p. minor*, espèce bien connue à l'Europe | 2 | 32 |
| | | Orientale | 6 | |
| | | Occidentale | 14 | |
| | | Méridionale | 10 | |
| EUROPE | | | 8 | 8 |
| ASIE | | Asie-Mineure, Perse | 3 | 82 |
| | | Oural, Kamtchatka (*Uralensis, Kamtchatkensis, Crissoleucus*) | 3 | |
| | | Chine, Japon, Tartarie | 5 | |
| | | Hindoustan, Pégou, Malacca (dont 5 ou 6 espèces douteuses) | 43 | |
| | | Ceylan, Iles de la Sonde, Moluques, Philippines | 26 | |
| | | Célèbes | 2 | |
| AMÉRIQUE | Septentrionale | Labrador, Nouvelle-Bretagne | 1 | 58 |
| | | Californie | 19 | |
| | | États-Unis | 19 | |
| | | Mexique, Amérique centrale | 19 | |
| | Antilles | Cuba | 3 | 10 |
| | | Jamaïque | 2 | |
| | | Trinité, Tabago | 5 | |
| | Méridionale | Colombie, Nlle-Grenade, Venezuela, Équateur | 13 | 78 |
| | | Guiane | 8 | |
| | | Brésil, Paraguay | 40 | |
| | | Pérou, Bolivie | 13 | |
| | | Chili, Patagonie | 4 | |
| | | Total des espèces de Picinés | | 268 |

Dont 12 ou 13 décrites par les auteurs comme espèces distinctes, mais offrant du doute.

## PICUMNINÉS.

| | | | | |
|---|---|---|---|---|
| AFRIQUE | Occidentale | Gabon | 1 | 1 |
| ASIE | | Hindoustan (dont une espèce douteuse) | 3 | 4 |
| | | Bornéo, Java | 1 | |
| AMÉRIQUE | Méridionale | Guiane | 2 | 14 |
| | | Nouvelle-Grenade, Colombie, Équateur (dont deux espèces douteuses) | 7 | |
| | | Brésil, Paraguay (dont une espèce douteuse) | 5 | |
| | | Total des espèces de Picumninés | | 19 |

## YUNCINÉS.

| | | | |
|---|---|---|---|
| AFRIQUE. | Orientale (plus l'espèce d'Europe) | 1 | 2 |
| | Méridionale | 1 | |
| EUROPE | | 1 | 1 |
| ASIE | Hindoustan et Thibet (plus l'espèce d'Europe qui se retrouve au Japon et au Bengale | 1 | 1 |
| | Total des espèces de Yuncinés | | 4 |

# CHAPITRE NEUVIÈME.

## CLASSIFICATION D'APRÈS LES DIVERS AUTEURS.

Les méthodes de classification ont pris un tel développement depuis vingt-cinq ans environ, en ce qui concerne les Picinés, qu'il m'a paru indispensable d'en résumer l'historique, afin de mettre les personnes qui voudraient les comparer, à même de le faire, sans être obligé de recourir aux divers ouvrages français, anglais, latins, italiens et allemands qui les contiennent.

Sans doute, quel heureux temps pour les véritables ornithologistes que celui où, la mémoire peu surchargée, ils trouvaient le loisir d'étudier la nature dans les bois et dans les champs. Alors Linnée[1] *(Systema naturæ*, 1848), Brisson *(Ornithologie*, 1760), Gmelin *(Syst.*, 1788) et Latham *(Index ornithol.*, 1790), ne faisaient des Picidés que deux genres sous le nom de *Picus* et de *Yunx*. Mais, est-il bien exact de dire, avec S. A. le prince Maximilien de Wied *(Beitræge zur naturgeschichte von Brasilien*, p. 381, 1832). « Les ornithologistes modernes veulent distribuer les Pics en plusieurs genres, ce que je ne saurais approuver, n'ayant jamais trouvé que des différences *insignifiantes*. » Je préfère infiniment, je l'avoue, cette phrase si sage de Le Vaillant *(Oiseaux d'Afrique*, VI, p. 21): « Qui saura donc déterminer combien, parmi tous les Pics décrits et rapportés des différentes régions, il en est qui devraient être réunis? » Quoiqu'il en soit, en 1752, Mœhring, qui eut l'idée de constituer une classification des oiseaux toute différente de celles qui avaient paru jusqu'à lui, créait le nom générique de *Diomedea*, dont il décorait le *picus Martius*, et Lacépède s'avisait *(Mém. de l'Instit.*, 1799), le premier, de subdiviser les Picinés, appelant *Picus* ceux ayant deux doigts devant et deux derrière, et *Picoïdes* ceux ayant deux doigts devant et un seul doigt derrière, tandis qu'en 1815, Shaw et Stephens changèrent le nom de *Picoïdes* en celui de *Trydactilia*, pendant que Rafinesque le changeait à son tour en celui de *Dinopium*. Latreille, augmentant de ce nouveau genre ses familles naturelles du règne animal (1825), eut donc les genres *Yunx*, *Picoïdes* et *Picus*.

En 1816, Koch créait le genre *Dendrocopus* pour ses Picinés et Ranzani *(Elementi di zoologia*, 1819-1826) divisa sa famille des *Beloglossi* en genres *Picus* et *Yunx*; Illiger *(Podromus syst. av.*, 1811) établit les mêmes genres pour sa famille des *Sagittilingues*, tandis que Vieillot divisait en ces deux genres sa famille des *Macroglosses* dans sa galerie des oiseaux (I, 1820), et sa famille des zygodactyles, dans l'ornithologie française (1823-1826). Il est à remarquer qu'à cette dernière époque, l'auteur annonçait que le nombre des espèces de Pics s'élevait à 80 environ.

Vers 1824, M. Temminck créa le genre *Picumnus* qui complétait avec les genres *Picus* et *Yunx*, son ordre des zygodactyles *(Man. d'ornith.*, 1820). Wagler *(Syst. avium*, 1827 et *Isis*, 1829, p. 645) conserva ces trois genres, auxquels G. Cuvier *(Règne animal*, 1829) ajouta les *Picoïdes* de Lacépède.

En 1826 et en 1828 *(Isis*, XXI, p. 312), Boie établit: 1° le genre *Dryopicus* se composant, dit-il, des espèces ci-après: *Martius*, *Principalis*, *Pileatus*, *Rubricollis*, *Javensis*, *Lineatus*, *Leucogaster*; 2° le genre *Dryobates*, se composant selon cet

[1] Je me suis peu arrêté, en général, aux essais de classification qui ont précédé l'apparition des ouvrages de Linnée. Aussi ai-je passé sous silence, ce qui concerne les Picidés dans les ouvrages de Belon *(Hist. de la nature des ois.*, 5e partie, 1555); d'Aldrovande *(Ulyssis Aldrovandi ornithologiæ*, etc., 1599); de Willughby *(Ornithologia*, 1676), qui commença à s'occuper des caractères zoologiques; de Jean Ray, son continuateur *(Synopsis methodica avium*, 1713), qui songea à classer les oiseaux, non pas seulement d'après leur genre de vie, mais aussi d'après les caractères fournis par leur bec et leurs pattes; de Frisch *(Hist. nat. des ois.*, 1730), dont les douze sections d'oiseaux ne reposent, pour la plupart, sur aucun caractère bien sérieux; de Barrière *(Ornithologiæ specimen novum*, 1745), qui classe les oiseaux *uniquement* par les caractères fournis par les doigts; de Klein *(Historiæ avium prodomus*, 1750), dont la troisième famille comprend à la fois les pics, et la plupart des échassiers et des gallinacés, etc.

auteur des espèces : *Leuconotus, Tridactylus, Erythrocephalus, Pubescens, Villosus* et *Canadensis,* très-différentes on le voit, puisque l'une, le *Tridactylus,* n'a que trois doigts, tandis que les autres en ont quatre.

Le même ornithologiste ajouta en 1831 les genres *Celeus* pour les espèces *Flavescens, Exalbidus,* etc., et *Gecinus* pour le *Viridis,* etc. En 1828, M. Brehm appelait du nom de *Colaptes* les espèces que Boie, trois ans plus tard, dénomme *Gecinus.* En 1829, M. Kaup créa les genres *Dendrodromus* pour le *Leuconotus, Carbonarius,* comprenant le *Martius* et *Dendrocopus,* comprenant le *picus Major,* etc.

Quoique venu après les naturalistes ci-dessus, Lesson, en 1831, ne divisa ses Picées qu'en deux genres : 1° *Picus,* comprenant les sous genres *Picoïdes* et *Picus;* 2° et *Yunx.* C'était bien modeste ; mais une révolution complète devait s'opérer dans le classement des Picidés et c'est Swainson, en 1837, qui la produisit le premier dans sa classification *of birds* (II, p. 305 à 311.)

Cet habile observateur divisa sa famille des *Picidæ* en deux sous-familles, dont la première, les *Picianæ,* comprend cinq groupes et vingt genres, savoir :

Famille PICIDÆ. 1re *Sous-Famille* Picianæ.

| | | |
|---|---|---|
| Picus | *picus* (Linn.); | espèces : *robustus, principalis,* etc. |
| | *hemicircus* (Sw.); | — *concretus.* |
| | *dendrobates* (Sw.); | — *fulviscapus.* |
| | *apternus* (Sw.); | — *americanus.* |
| | *dendrocopus* (Sw.); | — *major, macei, brunifrons.* |
| Chrysoptilus | *dendromus* (Sw.); | — *punctatus, brachyrynchus,* etc. |
| | *chloronerpes* (Sw.); | — *rubiginosus* (Zool. illustr.). |
| | *dryotomus* (Sw.); | — *pileatus, lineatus.* |
| | *chrysoptilus* (Sw.); | — *cayennensis, campestris.* |
| Malacolophus | *brachylophus* (Sw.); | — *viridis, miniatus,* etc. |
| | *hemilophus* (Sw.); | — *pulverulentus.* |
| | *malacolophus* (Sw.); | — *cinnamomeus.* |
| | *meiglyptes* (Sw.); | — *poicilophus.* |
| | *chrysonotus* (Sw.); | — *tridactylus* ou *tiga* (Auct.). |
| Colaptes | *geocolaptes* (Burch.); | — *terrestris.* |
| | *colaptes* (Sw.); | — *auratus.* |
| Melanerpes | *centurus* (Sw.); | — *carolinensis.* |
| | *leuconerpes* (Sw.); | — *candidus.* |
| | *melanerpes* (Sw.); | — *erythrocephalus.* |
| | *tripsurus* (Sw.); | — *flavifrons.* |

*Deuxième Sous-Famille* Buccoinæ.

| | |
|---|---|
| *Asthenurus* (Sw.); | espèce : *exilis.* |
| *Picumnus* (Tem.); | — *abnormis.* |
| *Bucco* (Linn.). | |
| *Pogonias* (Illig.). | |
| *Yunx* (Linn.). | |
| *Oxyrynchus* (Tem.). | |

Ainsi, Swainson fait table rase de tous les genres créés avant lui, tels que *Diomedea, Picoïdes, Tridactylia, Dinopium, Dryocopus, Dryobates, Celeus, Colaptes* (Boie), *Dendrodromus, Carbonarius, Dendrocopus;* quant à ce dernier nom, que Swainson s'attribue, il a l'inconvénient grave d'avoir été établi par Vieillot, en 1816, pour dénommer les *Picucules* ou *Dendrocolaptes* (Herm. Illig.).

Je ferai le même reproche au genre *Dendrobates* de Swainson, car ce nom a été donné par Wagler, en 1830, à un genre de Batraciens de l'Amérique méridionale ; et cette dénomination a été conservée par MM. Duméril et Bibron.

Relativement au nom de genre *Dryocopus*, que Boie avait créé en 1826 et que M. G.-R. Gray a adopté, je ferai observer que, malheureusement, le prince Maximilien de Wied l'a, en 1831, appliqué à un genre de *Dendrocolaptes*, ce qui peut occasionner de la confusion (*Beitræge zur naturgeschichte von Brasilien; genus* 38, p. 1111.

C'est en 1841, que M. G.-R. Gray publia la seconde édition de l'opuscule intitulé: *A list of the genera of birds*, et sa famille des *Picidæ* comprend sept sous-familles, savoir:

*Première Sous-Famille* Bucconinæ. Sept genres.

| | | | |
|---|---|---|---|
| 2e Picumninæ | *picumnus* (Tem.); | espèces: | *minutissimus.* |
| | *microcolaptes* (G.-R. Gray); | — | *abnormis.* |
| | *sasia* (Hodgs., 1836); | — | *comeris* (Hodgs., 1841), *ochracea.* |
| | *vivia* (Hodgs., 1837); | — | *piculus* (Is. Geoff., 1832. — Hodgs., 1841), *nipalensis.* |
| 3e Picinæ | *picoïdes* (Lacép.); | — | *tridactylus.* |
| | *hemicercus* (Sw.); | — | *concretus.* |
| | *campephilus* (G.-R. Gray); | — | *principalis.* |
| | *dendrobates* (Sw.); | — | *fulviscapus.* |
| | *picus* (Lin.); | — | *major.* |
| | *dendrodromus* (Kaup); | — | *leuconotus.* |
| 4e Dryocopinæ | *campethera* (G.-R. Gray); | — | *brachyrhyncha*, etc. |
| | *dryocopus* (Boie); | — | *martius.* |
| | *chloronerpes* (Sw.); | — | *rubiginosus* (Sw., Zool. ill.). |
| | *chrysoptilus* (Sw.); | — | *cayanensis.* |
| | *melanerpes* (Sw.); | — | *erythrocephalus.* |
| | *tripsurus* (Sw.); | — | *flavifrons.* |
| 5e Celeinæ | *gecinus* (Boie); | — | *viridis*, etc. |
| | *hemilophus* (Sw.); | — | *pulverulentus.* |
| | *celeus* (Boie); | — | *flavescens.* |
| | *meiglyptes* (Sw.); | — | *tristis.* |
| | *tiga* (Kaup); | — | *tridactyla.* |
| | *brachypternus* (Strickl.); | — | *aurantius.* |
| | *centurus* (Sw.); | — | *carolinus.* |
| | *leuconerpes* (Sw.); | — | *dominicanus.* |
| 6e Colaptinæ | *colaptes* (Sw.); | — | *auratus*, etc. |
| | *geocolaptes* (Burch.); | — | *olivaceus.* |
| 7e Yuncinæ | *yunx* (Lin.); | — | *torquilla*, etc. |

Dans son grand et bel ouvrage intitulé: *The genera of birds* (1845-1846), le même auteur a modifié son système de classification; ses Picumninés ne comptent plus que deux genres au lieu de quatre, et ses Pics, vingt genres au lieu de vingt-deux. Le genre *Dendrodromas* a été supprimé, avec raison, et ceux *Dryocopus* ainsi que *Chrysocolaptes* placés dans la sous-famille des Picinés proprement dits; les sous-familles *Gecininæ* et *Melanerpinæ* ont remplacé celles des *Dryocopinæ* et des *Celeinæ*. La série des Pics, commencée par les Picoïdes, au bec droit, se termine comme on le verra par les *Meiglyptes* au bec presque courbe, savoir:

PICIDÆ.

|  |  | |  |
|---|---|---|---|
| 1° Capitoninæ. . | Cinq genres. | | |
| 2° Picumninæ. . . | *picumnus* (Tem.); | espèces: | *temminckii, olivaceus, rufiventris, innominatus.* |
| | *sasia* (Hodgs.); | — | *abnormis, ochracea.* |
| 3° Picinæ . . . . | *picoïdes* (Lacép.); | — | *trydactylus*, etc. |
| | *picus* (Linn.); | — | *major, mahrattensis, hyperythrus, moluccensis, querulus, cactorum, varius*, etc. |
| | *campephilus* (G.-R. Gr.); | — | *imperialis, malherbii, rubricollis.* |
| | *dryocopus* (Boie); | — | *martius, pileatus, albirostris, hæmatogaster, erythrops, galeatus*, etc. |
| | *chrysocolaptes* (Blyth); | — | *sultaneus, hæmatribon, philippinarum*, etc. |
| | *dendrobates* (Sw.); | — | *fulviscapus, senegalensis, goertan, percussus, callonotus*, etc. |
| | *hemicercus* (Sw.); | — | *concretus, rubiginosus* (Sw., West. Afr.), etc. |
| 4° Gecininæ. . . | *gecinus* (Boie); | — | *viridis, canus, flavinucha, nipalensis*, etc. |
| | *campethera* (G.-R. Gr.); | — | *variolosa, chrysurus, nivosa, æthiopica* (Rupp., Syst., pl. 36). |
| | *hemilophus* (Sw.); | — | *lichtensteini, leucogaster, fulvus*, etc. |
| | *celeus* (Boie); | — | *flavescens, rufus, torquatus* ou *multicolor*, etc. |
| | *chrysoptilus* (Sw.); | — | *punctigula* ou *cayanensis, campestris*, etc. |
| | *brachypternus* (Str.); | — | *aurantius, erythronotus.* |
| | *tiga* (Kaup); | — | *tridactyla, rafflesii, grantia*, etc. |
| 5° Melanerpinæ. | *centurus* (Sw.); | — | *carolinus, striatus, flavifrons* (Vieil.), *hirundinaceus, rubrifrons, chlorolophos*, etc. |
| | *chloronerpes* (Sw.); | — | *aurulentus, fasciatus, polyzonus, affinis, rufoviridis, kirkii, rubiginosus* (Sw., Zool. ill.), etc. |
| | *melanerpes* (Sw.); | — | *erytrocephalus, ruber, meropirostris*, etc. |
| | *leuconerpes* (Sw.); | — | *dominicanus.* |
| 6° Colaptinæ. . . | *colaptes* (Sw.); | — | *auratus, brasiliensis, superciliosus, elegans* (Fras.) ou *rivolii, olivaceus* ou *arator.* |
| | *meiglyptes* (Sw.); | — | *tristis, brunneus, brachyurus.* |
| 7° Yunginæ. . . . | *yunx* (Linn.), etc. | | |

Avant d'aller plus loin, nous ne pouvons nous dispenser de faire observer, qu'à nos yeux, dans le système même de M. Gray, plusieurs de ses genres comprennent des espèces qui ne peuvent en faire partie, parce qu'elles n'ont pas de rapports avec d'autres sujets qui les composent. Par exemple, c'est à tort, selon nous: 1° que l'*Albirostris*, l'*Hæmatogaster* figurent dans le genre *Dryocopus*, dont les représentants doivent avoir, selon M. Gray, *le doigt postérieur externe plus court* que le doigt antérieur externe, puisque l'inverse existe chez les deux espèces que nous venons de citer; 2° que ce savant auteur indique, parmi les caractères génériques de son genre *Campephilus*, la troisième, la quatrième et la cinquième penne de l'aile comme formant toujours les plus longues rémiges. Cela n'est exact que pour l'*Imperialis* et le *Principalis*, chez lesquels les rémiges les plus longues sont dans l'ordre 4, 5, 3, 6. Dans les autres espèces, notamment dans le *Malherbii*, le

*Rubricollis*, etc., que cite l'auteur, les plus longues rémiges sont dans l'ordre 4, 5, 6, 3.

Nous voyons réunis dans le genre Dendrobates, le *Fulviscapus*, le *Goertan*, le *Passerinus*, le *Callonotus*, et le *Percussus*, qui n'ont certes pas *pour plus longues rémiges la deuxième, la troisième et la quatrième, lesquelles seraient presque égales*, caractères indiqués par l'auteur, car chez le *Fulviscapus* les plus longues rémiges sont la troisième, la quatrième et la cinquième; chez les autres espèces précitées, ce sont la quatrième, la cinquième et la troisième, en tenant compte de la première ou très-courte rémige; d'ailleurs, à part les différences de patrie, de coloration, de forme et nécessairement de mœurs, j'ajouterai que chez le *Percussus*, le doigt postérieur n'est pas plus long que l'antérieur, et que si on tient compte des ongles, c'est au contraire le doigt antérieur qui excède le postérieur.

Le genre *Centurus*, de M. G.-R. Gray, n'est certainement plus le genre auquel Swainson avait donné ce nom, et pour s'en convaincre, il suffit de citer la réunion des espèces: *Carolinus*, *Flavifrons*, *Hirundinaceus* et *Chlorolophus*, qui n'ont point les mêmes caractères.

On verra que le genre *Chloronerpes*, de M. Gray, composé d'espèces américaines seulement, renferme quelques espèces qui ne sont pas à leur place, comme le *Rufoviridis*, d'Afrique. En examinant le genre *Melanerpes*, de M. Gray, on se demande aussi pourquoi le *Meropirostris*, qui n'est, selon moi, qu'une race de l'*Hirundinaceus*, et qu'en tous cas, Wagler et Bonaparte regardaient comme une espèce excessivement voisine, ne se trouve pas dans le même genre que l'*Hirundinaceus* et le *Rubrifrons*.

En 1849, M. O. des Murs, le digne continuateur des planches enluminées de Buffon-Daubenton et des planches coloriées de Temminck, devint pour l'ornithologie le collaborateur de M. le docteur Chenu, et au moment d'écrire l'article sur les grimpeurs zygodactyles, qui figure dans l'*Encyclopédie d'Histoire naturelle*, il voulut bien me demander gracieusement quel était le système de classification que je me proposais de publier, je n'hésitai pas à lui transmettre les documents qui ont composé la première édition de ma *nouvelle classification des Picinés*, imprimée dans les *Mémoires de l'Académie impériale de Metz* (1849), dont la deuxième édition, publiée en septembre 1850, diffère par la transformation d'une section en un genre, par les terminaisons génériques *os* en *us*, ainsi que par quelques autres additions.

M. O. des Murs m'a fait l'honneur d'adopter, dans l'*Encyclopédie d'Histoire naturelle*, ma classification et mes dénominations relatives aux Picinés. Il est seulement à regretter que le même auteur n'ait pas suivi une méthode plus régulière dans son *Iconographie ornithologique*, où il appelle le Mélampic l'Herminier, *Picus Herminieri*, le Dryopic à face rouge, planche 27, *Dryocopus erythrops*, et le Picucule à gorge fauve, planche 52, également *Dryocopus Flavigaster*. Il est certain que ces deux dernières dénominations établissent une confusion générique regrettable.

Devant reproduire à peu près, la classification publiée dans ma *seconde édition*, je me borne donc à renvoyer à l'*Encyclopédie* de MM. Chenu et O. des Murs (1er vol. de l'Ornithol., pages 206 à 248.) Ne m'étant alors occupé que des Picinés, je dois ajouter que les trois sous-familles qui composent ma famille des *Picidæ* sont les *Picinæ*, *Picumninæ* et *Yunginæ*.

Voici quelle était, pour les *Picinæ*, ma classification en 19 genres et en nombreuses sections, classification modifiée par le changement des deux genres *Columbpicus* et *Linnœipicus* en deux sections simples, et par l'addition des deux genres américains *Sphyrapicus* et *Xenopicus*, créés par M. Baird.

## CLASSIFICATION DES PICINÉS PAR GENRES ET PAR SECTIONS.

| GENRES. | SECTIONS. |
|---|---|
| MEGAPICUS (Malh.). . . . . . . | *Imperialis, malherbii, albirostris,* etc., avec observations sur les caractères de : *imperialis, principalis* et *magellanicus.* |
| DRYOPICUS (Malh.). . . . . . . | 1. *Martius, galeatus, lineatus,* etc.<br>2. *Hodgsonii, leucogaster, fulvus,* etc. |
| PICUS (Linn.) . . . . . . . . . | 1. *Major, numidicus, leuconotus,* etc.<br>2. *Querulus, moluccensis, zisuki,* etc. |
| PICOIDES (Lacép.) . . . . . . . | *Europæus, arcticus,* etc. |
| MICROPICUS (Malh.) . . . . . . | *Concretus, canente,* etc. |
| CELEOPICUS (Malh.) . . . . . . | 1. *Flavescens, badioïdes,* etc.<br>2. *Tinnunculus, multicolor,* etc.<br>3. *Rubiginosus* (Sw., West. Afr., avec note), *pyrrhotis.* |
| PHAIOPICUS (Malh.) . . . . . . | 1. *Brachyurus, pectoralis,* etc.<br>2. *Tristis.* |
| DENDROPICUS (Malh.) . . . . . | *Mystaceus, lafresnayi, obsoletus,* etc. |
| MESOPICUS (Malh.). . . . . . . | *Goertan, passerinus, desmursii,* etc. |
| INDOPICUS (Malh.). . . . . . . | *Sultaneus, strictus, goensis,* etc. |
| BRAHMAPICUS (Malh.) . . . . . | *Aurantius, erythronotus,* etc. |
| CHLOROPICOIDES (Malh.). . . . | 1. *Shorii, tiga,* etc.<br>2. *Rafflesii.*<br>3. *Grantia.* |
| CHLOROPICUS (Malh.) . . . . . | 1. *Flavinucha, chlorolophus,* etc.<br>2. *Viridis, vaillantii, awokera,* etc.<br>3. *Aurulentus, percussus,* etc. |
| CHRYSOPICUS (Malh.) . . . . . | 1. *Nubicus, bennettii,* etc.<br>2. *Cayennensis, atricollis, melanochlorus,* etc. |
| COLUMBPICUS (Malh.) . . . . . | *Dominicanus.* |
| MELAMPICUS (Malh.). . . . . . | 1. *Erythrocephalus, torquatus, melanopogon,* etc.<br>2. *Hirundinaceus, flavifrons,* etc. |
| LINNOEIPICUS (Malh.). . . . . . | *Herminieri.* |
| ZEBRAPICUS (Malh.) . . . . . . | *Carolinus, hypopolius, elegans, pucherani, superciliaris,* etc. |
| GEOPICUS (Malh.) . . . . . . . | 1. *Auratus, rivolii, fernandinæ,* etc.<br>2. *Arator.* |

Je distinguais ainsi, par une terminaison uniforme, rappelant le nom linnéen *Picus*, tous les Pics à quatre doigts, et par celle *Picoïdes*, de Lacépède, toutes les espèces à trois doigts. Je créais des genres nouveaux pour des groupes d'espèces confondus à tort jusqu'alors avec d'autres. Le premier, je séparais en sections: 1° le groupe des vrais Pics, dont une section a la troisième rémige pour plus longue penne alaire, et dont les mâles ont une tache rouge de chaque côté de l'occiput, tels que le *Querulus*, le *Pygmæus*, le *Moluccensis*, etc.; 2° une section du groupe des Céléopics, ayant le bec presque droit comme le *Tinnunculus*, le *Multicolor*, et je faisais une section à part du *Rubiginosus*, de Malacca, décrit par erreur, par Swainson, parmi ses oiseaux de l'Afrique occidentale. J'avais enfin passé en revue toutes les espèces pour en examiner avec soin les caractères génériques et je m'étais convaincu que chez les Picinés, les caractères fondés sur la longueur seule des rémiges devaient sans cesse induire les naturalistes en erreur, la mue seule et l'âge rendant ce caractère très-incertain et très-variable, sans compter toutes les autres circonstances. Je me suis donc arrêté à des caractères fixes, très-faciles à reconnaître, et qui permettent à tous les naturalistes de classer aussitôt les espèces de Picinés. Je veux parler:

1° du nombre des doigts ; 2° de la longueur comparative des deux doigts externes, le doigt antérieur ou le doigt postérieur externe étant le plus long, rarement les deux doigts étant égaux; 3° de la position de l'arête plus ou moins saillante, qui existe au-dessus des narines, parallèlement au bec et qui est plus rapprochée du sommet ou des bords de la mandibule supérieure, rarement à égale distance. D'autres caractères, moins importants, m'ont aussi servi à établir mes sections; je veux parler de la longueur comparative des quatre rémiges les plus longues, de la présence ou de l'absence d'une huppe, d'une moustache différenciant les mâles, de la coloration anormale des tiges, des rémiges et des rectrices. Ces divers caractères ont mis en relief cette circonstance que les espèces de tel continent avaient certains caractères qui leur étaient propres, ce qui permettait de dire de suite, en voyant diverses espèces, elles ne peuvent pas être de tel ou tel continent; ainsi l'Afrique et l'Amérique ont seules jusqu'ici produit des Pics ayant leurs rémiges ou leurs rectrices avec le tube corné et la tige qui le continue d'un jaune ou d'un orange plus ou moins vif, tandis que dans l'Asie et dans l'Amérique seules, habitent des espèces dont les mâles ont une tache rouge de chaque côté de l'occiput.

Le but de ma publication n'était pas seulement de répartir et de grouper d'une manière plus naturelle, plus conforme à l'anatomie et aux mœurs, selon moi, les diverses espèces de Picinés déjà classés par Swainson, je voulais donner un spécimen d'une méthode de classification générale applicable à tous les genres *Linnéens,* je le répète, malgré la dénégation de quelques savants.

Voici ce que je disais en 1849 et en 1850 dans ma *nouvelle classification,* et ce que j'avais écrit à M. Des Murs qui l'a reproduit (*Encycl. d'h. nat., ois.,* I, p. 215).

« Pour éviter la confusion qu'occasionne la création des genres nouveaux, peut-être trop nombreux en ornithologie, j'ai cru utile d'adopter une terminaison qui a le grand avantage de rappeler le genre *Linnéen* dont ces genres sont un dénombrement; ainsi, tous mes genres de Picinés à quatre doigts sont indiqués par le nom ou la terminaison *Picus* (de *Picus,* nom d'homme. Ovide, *Métam.,* 14), et ceux à trois doigts par le nom ou la terminaison *Picoïdes.* Par suite, j'ai établi les Picumninés, *Picumnus,* pour les espèces à quatre doigts, et *Picumnoïdes* pour celles à trois doigts seulement.

» Je crois que c'eût été faciliter singulièrement l'étude de l'ornithologie, en général, que de ne créer, pour désigner les nouveaux genres qui sont la division d'un genre *Linnéen,* que des mots composés rappelant, autant que possible, le genre ancien ou primitif. On eût pu alors, sans inconvénient grave, transformer un genre en une famille composée de nombreux genres, ainsi que l'ont fait récemment beaucoup d'ornithologistes distingués. Faute de ce correctif, il est à craindre que, dans quelques années, la nomenclature ne devienne *un chaos, par excès d'ordre,* la plupart des genres ne se composant plus que d'une ou deux espèces, ne se distinguant plus que par des caractères souvent variables, très-difficiles à reconnaître, et qu'il n'y ait presque autant de noms de genres que de noms d'espèces. »

Ma méthode m'a valu des éloges et des critiques de la part de plusieurs savants ornithologistes; je ne parle pas, bien entendu, de ceux qui louent ou blâment des publications qu'ils n'ont pas même pris la peine de lire, ou des systèmes qu'ils n'ont pas étudiés.

Je m'occupe d'abord des critiques qui me sont, pour le moins, aussi précieuses que les éloges, lorsqu'elles émanent d'hommes compétents comme l'étaient Strickland et le prince Ch. Bonaparte, et qu'elles sont formulées avec l'urbanité et la convenance qui devraient toujours accompagner la science, et qui seront toujours le cachet de l'éducation et du bon goût.

Le premier de ces savants ornithologistes a consacré en 1851, dans les *Contributions to ornithology* (p. 17), un long article ou compte-rendu à ma nouvelle classification dont il n'avait malheureusement connu que la première édition, quoique la deuxième eut paru depuis plusieurs mois. Aussi, l'auteur me blâme-t-il d'avoir adopté tantôt la terminaison *Picos* avec les mots grecs, tantôt celle de *Picus* avec les noms latins, parce que, dit-il, « *Picos,* fut-il un nom grec, *devrait être changé en Picus,* les dénominations étant latinisées en zoologie. » Il est inutile ensuite de détruire sans nécessité l'uniformité que je recherche. Je m'empresse d'ajouter que ces reproches, comme deux ou trois autres, avaient cessé d'être motivés depuis la publication de ma seconde édition.

L'auteur anglais, reconnaissant l'utilité de mes nouveaux genres *Mesopicus* et *Linneopicus,* et l'exactitude des caractères de chacun de mes genres, blâme mon système général de dénominations uniformes qui eut été *avantageux,* il y a un certain nombre d'années, lorsque, dit-il, de nouveaux genres n'avaient pas encore remplacé les genres établis par

I.

Linnée, tandis qu'aujourd'hui, ce système aurait le grave inconvénient de détruire des noms qui ont acquis la priorité et que tous les naturalistes doivent respecter.

La question, selon moi, n'est pas de savoir si l'on viendrait changer d'anciens noms, mais s'il y aurait *avantage, utilité* pour la science. En effet, les auteurs qui m'ont précédé n'ont-ils pas changé ou modifié les dénominations linnéennes au point que le nom linnéen, s'il n'a pas disparu entièrement, ne s'applique plus qu'à très-peu d'espèces dans un genre souvent fort nombreux, puis, d'autres auteurs n'ont-ils pas changé ces premières dénominations sans utilité, *sans avantage* pour la science. Ainsi, lorsque Swainson, en 1837, établit sa classification des Picinés, n'a-t-il pas changé en *Apternus* le genre Picoïdes que Lacépède avait établi en 1799 (d'après un nom d'homme grécisé), comme déjà Shaw et Rafinesque l'avaient fait en 1815, par leurs genres *Tridactylia* et *Dinopium* qui n'ont pas été plus respectés. A-t-il tenu compte des divers genres établis par Boie, Brehm et Kaup? Pas le moins du monde. Il est vrai que quelques-uns des successeurs de Swainson ont agi de même; il en est résulté, par exemple, que le *picus Martius* de Linnée a été appelé successivement des noms génériques de *Dïomedea* en 1752, par Mœhring; de *Dryocopus* en 1826, par Boie; de *Dryotomus* en 1837, par Swainson; de *Carbonarius* en 1829, par Kaup; de *Dryocopus*, par Gray et Bonaparte; enfin de *Dryopicus* par moi. Or, mes honorables devanciers qui n'avaient pas les mêmes motifs que je produis, seraient-ils excusables, tandis que je serais coupable pour avoir opéré ce changement de dénomination générique?

Je dois ajouter que ma nouvelle classification n'était d'ailleurs, nullement disposée comme celle de mes devanciers, et que beaucoup de mes genres étaient divisés en sections au sujet desquelles je reviendrai ultérieurement.

Le prince Charles Bonaparte, en donnant lecture de ses *notes ornithologiques sur les collections* de M. Delattre, m'a adressé en 1854, à l'une des séances de l'Institut de France, le même reproche que Strickland. Voici en effet ce que nous lisons relativement aux Picidés, à la page 85 de ce travail remarquable: « Tout en regrettant de ne pouvoir profiter du travail complet qu'un savant magistrat nous fait désirer depuis si longtemps, il nous est impossible d'accepter sa nomenclature. Si nous pouvions nous décider à sacrifier en une seule occasion le principe sacré de la priorité, certes, ce serait en faveur des genres de M. Malherbe. Rien, en effet, n'est plus *ingénieux, plus simple*, et *plus utile* que la méthode de nomenclature qu'il propose pour une famille si bien circonscrite et dont le genre type porte un nom aussi bref qu'euphonique; mais le ministre d'Astrée comprendra facilement nos scrupules. C'est le code de la science que nous sommes obligés de lui appliquer, et, d'ailleurs, son mode *instructif*, de désigner les genres, *ne saurait être généralisé*. Sans parler des familles mal circonscrites, de celles à limites variables et incertaines; *comment*, pour en choisir une bien définie, analogue à celle des pics, *l'appliquer aux Dendrocolaptides?* Autant je suis charmé de voir un *Zebripicus* (Malh.), un *Linnœipicus* (Malh.) et d'établir moi-même un *Malherbipicus*, autant il me répugnerait, malgré la justice du compliment, de créer un *Lichtensteinidendrocolaptes* ou un *Delafraisnayidendrocolaptes*, surtout s'il devait être suivi de quelque *Aurantio-atrocristatus!!!* »

Ma réponse à ces objections sera bien facile, je ne reviendrai pas sur ce que j'ai déjà dit relativement à la priorité, il faudrait me répéter; je constate seulement que le savant prince reconnaît que rien n'est plus ingénieux, *plus simple, plus instructif*, et surtout *plus utile* que la méthode que je proposais; seulement il prétend qu'elle offrirait des difficultés *insurmontables* dans l'application, et il cite comme exemple de cette impossibilité les *Dendrocolaptides* ou *Dendrocolaptinæ*. Je pourrais répondre d'abord que dans ma classification je n'avais parlé que des genres *Linnéens*, tandis que le genre *Dendrocolaptes* n'a été créé qu'en 1811 par Hermann; mais je ne veux pas répondre par une telle fin de non recevoir, j'aurais l'air d'être heureux d'en sortir par un moyen si favorable aux mauvaises causes.

Gardons donc l'exemple proposé, quoique choisi comme une difficulté *insurmontable* à résoudre, et nous verrons que rien ne serait plus facile que de conserver à tous les genres utiles, notamment dans la sous-famille des *Dendrocolaptinæ*, un caractère uniforme qui permettrait d'en reconnaître l'origine. Il faudrait seulement se donner la peine de chercher sérieusement des noms composés avec soin, comme l'ont fait quelques auteurs. Ainsi, le genre *Dendrocolaptes* a été suivi de *Orthocolaptes* et de *Xiphocolaptes*, créés par Lesson en 1840; de *Picolaptes*, par le même auteur en 1831; de *Lepidocolaptes*, par Reichenbach, en 1853, etc.

Le même besoin d'un lien commun, n'en doutez pas, a créé les genres *Dendrornis* et *Dendrexetastes* (Eyton), de *Dendrocops* et de *Dendroplex* (Swainson), faisant suite à *Dendrocolaptes*, dans le travail intitulé: *Remarks on Dendrocolaptinæ*, publié en 1852, par M. Eyton, dans les *Contributions to ornithology*. Après ces exemples, on me concédera, comme le prince Bonaparte a été loyalement amené à le faire dans un de nos entretiens, que rien ne serait plus facile que de compléter le nombre de genres nécessaires à remplacer ceux dont la dénomination ne concorderait pas avec les genres que j'ai cités[1]. Quant à la plaisanterie d'un genre créé à loisir, comme *Lichtensteinidendrocolaptes* ou *Delafraisnayidendrocolaptes*, suivi ou non de quelque *Aurantioatrocristatus*, elle pouvait être bonne pour égayer un instant une partie de l'auditoire de l'Institut, fatigué par des lectures parfois arides. Mais ce n'est pas, assurément, un argument que je doive sérieusement discuter, car je ne vois point la nécessité d'aller choisir des noms peu euphoniques, des noms propres difficiles à prononcer, composés de cinq syllabes, pour les accoler à un nom spécifique déjà aussi long que celui de *Dendrocolaptes*, et surtout pour le faire suivre d'un qualificatif de huit ou neuf syllabes.

Ce dernier reproche, qui n'était, d'ailleurs, pas à mon adresse, puisque les noms euphoniques de mes genres de Picidés n'ont que quatre syllabes et que deux genres seuls en ont cinq, pourrait, peut-être, être adressé au savant prince, qui n'a pas craint, la même année, dans le *Conspectus volucrum zygodactylorum*, d'établir pour les Picinés un nouveau genre *Lichtensteinipicus*, que beaucoup de naturalistes trouvent un peu long et surtout difficile à prononcer, lorsqu'on sait que la seule espèce qu'il contient est le *Modestus* de Vigors, que Bonaparte, d'après Wagler, nomme *Lichtensteini*, dans son *Conspectus generum avium* (p. 131, n° 6), d'où il résulte qu'on devrait appeler cette espèce *Lichtensteinipicus lichtensteinii!!!* Noms générique et spécifique reproduits par M. G.-R. Gray, en 1855, dans son *Catalogue of the genera*, etc. (p. 93, n° 1577).

Terminons cette digression en faisant remarquer que dans les noms composés de quatre, cinq ou même six syllabes que l'on créerait, il y aurait toujours *deux ou trois syllabes communes à toute la famille* ou à la sous-famille, ce qui allégerait singulièrement la mémoire.

Après avoir rappelé les critiques qu'a excitées mon essai de mnémotechnie appliquée à la classification, c'est avec quelque embarras, je l'avoue, que je dois citer l'éloge qu'en a fait, en 1850, un savant ornithologiste, M. O. des Murs, dont la bienveillance égale le talent (*Encyclopédie d'hist. nat.* de M. Chenu; Oiseaux, I, p. 215):

« Un habile et consciencieux ornithologiste, M. Alfred Malherbe, qui s'occupe en ce moment de publier une *Monographie* complète, avec planches, des Picidés, a eu la lumineuse idée de profiter de son travail pour mettre à exécution un système de terminaison générique qui nous semble des plus heureux et des plus féconds en améliorations pour cette partie de la science. Nous reproduisons textuellement cette portion de l'ouvrage de M. Malherbe comme un exemple de ce que l'on aurait pu faire depuis longtemps, et de ce qu'on doit attendre de cette application du langage étymologique ou typique, si l'on peut s'exprimer ainsi, à la classification, car c'est un des éléments les plus propres à la diffusion de la science. Ce qui le prouve, c'est qu'à peine émise ainsi par M. Malherbe (1849), cette idée vient d'être appliquée avec bonheur par le prince Charles Bonaparte, à la création de nouveaux genres dans plusieurs de ses sous-familles, telles que les Bucconinés, les Piprinés (Manakins), etc., etc. »

L'auteur cite ensuite textuellement ce que j'ai déjà exposé relativement à ma méthode de classification, et il adopte entièrement tous mes genres après avoir rappelé ceux qui composent le système suivi par le prince Bonaparte dans le *Conspectus generum avium*. En effet, ce dernier ouvrage venait de paraître, et son auteur, en ajoutant notamment (p. 141 à 143) les genres *Gymnobucco*, *Xylobucco*, *Eubucco*, au genre *Bucco* de Linnée, qu'il subdivisait ainsi, sans le faire oublier, réalisait partiellement l'idée que j'avais émise l'année précédente et dont je l'avais entretenu plusieurs fois.

Le prince Bonaparte, dans le *Conspectus generum avium*, 1850, divise sa famille des *Picidæ* en quatre sous-familles et en vingt-cinq genres, savoir:

[1] Entretenant notamment le prince Bonaparte de la nécessité de subdiviser les genres qu'il m'indiquait, en utilisant des noms plus connus et plus euphoniques, je me rappelle avoir un soir improvisé les subdivisions de la famille linnéenne *Psittacus*, avec des noms génériques *Psittacus*, *Ara*, *Cacatoës*, *Lori*, et leurs composés directs, tels que *Psittaculus*, *Loriellus*, etc., etc.; et, le prince qui eût la bonté de m'aider, fut surpris de la facilité avec laquelle nous pûmes satisfaire aux besoins scientifiques, de façon à rester compris de tous.

*PREMIÈRE SOUS-FAMILLE.* YUNGINÆ.

*Yunx* (Linn.); espèces: *torquilla*, etc.

*DEUXIÈME SOUS-FAMILLE.* COLAPTINÆ.

*Meiglyptes* (Sw.) { Sect. A, espèces: *tristis*, *brunneus*.
— B, — phaiopicus (Malh.) *rufinotus*, *brachyurus*, etc.
*Geocolaptes* (Burch.); — *arator*.
*Colaptes* (Sw.); — *auratus*, *elegans* (Fras.), *brasiliensis* (Sw.).

*TROISIÈME SOUS-FAMILLE.* PICINÆ.

*Leuconerpes* (Sw.); espèces: *dominicanus*.
*Melanerpes* (Sw.); — *erythrocephalus*, *ruber*, *meropirostris*, *herminieri*, *flavifrons*, etc.
*Chloronerpes* (Sw.); — *aurulentus*, *kirkii*, *percussus*, *rubiginosus* (Sw., Zool. ill.), *desmursi*, etc.
*Centurus* (Sw.); — *superciliaris*, *carolinus*, *pucherani*, etc.
*Tiga* (Kaup); — *trydactyla*, *rafflesii*, *grantia*, etc.
*Brachypternus* (Strick.); — *aurantius*, *erythronotus*, etc.
*Chrysocolaptes* (Blyth); — *hœmatribon*, *sultaneus*, *menstruus*, *cardinalis*, etc.
*Chrysoptilus* (Sw.); — *cayennensis*, *melanochloros*, *campestroïdes*, etc.
*Dendrobates* (Sw.) { Sect. A, — *notatus*, *chrysurus*, *æthiopicus*, *namaquus*, etc.
— B, — *fulviscapus*, *hartlaubi*, *lafresnayi*, etc.
— C, — *capensis*, *goertan*, *percussus*, *nivosus*, *rubiginosus* (Sw., West. Afr.), etc.
*Gecinus* (Boie); — *viridis*, *vaillantii*, *squamatus*, etc.
*Chrysophlegma* (Gould); — *flavinucha*, *chlorolophus*, etc.
*Venilia* (Bp.). . . { Sect. A, — *puniceus*, *mentalis*, *miniatus*.
— B, — *porphyromelas*, *albertuli*, *callonotus*.
*Hemicercus* (Sw.); — *concretus*, *canens*, etc.
*Celeus* (Boie); — *flavescens*, *tinnunculus*, *rufus*, etc.
*Hemilophus* (Sw.); — *mackloti*, *fulvus*, *hodgsoni*, *lichtensteini*, etc.
*Dryocopus* (Boie); — *martius*, *pileatus*, *imperialis*, *albirostris*, *rubricollis*, *validus*, etc.
*Picus* (Linn.); — *major*, *leuconotus*, *bicolor*, *mahrattensis*, *hyperythrus*, *cactorum*, *querulus*, *mitchelli*, etc.
*Apternus* (Sw.); — *tridactylus*, *arcticus*, etc.

*QUATRIÈME SOUS-FAMILLE.* PICUMNINÆ.

*Sasia* (Hodgs.); espèces: *abnormis*, *ochracea*.
*Vivia* (Hodgs.); — *innominatus*.
*Picumnus* (Temm.); — *exilis*, *pygmœus*, *olivaceus*, *rufiventris*, etc.

Nous ferons observer que mon genre *Phaiopicus* est admis par le prince, au moins comme sous-genre, et qu'il n'a créé qu'un seul genre, *Venilia*, lequel est divisé en deux sections. Mais la première section rentre nécessairement dans le genre précédent, *Chrysophlegma*, les espèces ayant les mêmes caractères. Quant à la seconde section, elle se compose de trois espèces: l'une, *Porphyromelas*, qui a déjà figuré sous le nom de *Rubiginosus* (Sw., *West. Afr.)* dans la section C du genre *Dendrobates;* la seconde, l'*Albertuli*, qui est le *Sanguineus* (Licht.); enfin, le *Callonotus* que l'auteur lui-même a transporté ultérieurement dans un autre genre.

Le nom de *Venilia* était-il bien choisi, quoique très-euphonique? Je ne le pense point, parce que déjà Duponchel avait créé, en 1829, ce genre pour des Lépidoptères de la tribu des Phalénites, tels que le *Venilia maculata* (Dup.), etc., et qu'on ne sait trop alors en voyant des objets d'*Histoire naturelle* énumérés, si c'est d'un Picidé ou d'un Lépidoptère qu'on entend parler. Qu'en outre, Alder l'avait aussi établi en 1844 pour un genre de Mollusques.

Enfin, nous nous conformons avec empressement à la règle que M. Isidore Geoffroy Saint-Hilaire a rappelée dans la *Description des collections de Victor Jacquemont* (1842-1843, p. 22), « en rejetant les noms employés dans une autre acception. » La logique, d'ailleurs, les proscrit comme causes probables de confusion.

Nous arrivons à l'année 1854 et alors le prince Charles Bonaparte m'écrivit plusieurs lettres relatives à ma classification des Picinés; il préférait des genres aux sections que j'avais établies en 1849. Je lui répondis que rien ne serait plus facile que de créer des dénominations conformes à mon système de terminaison, et je lui dis que si l'on désirait convertir mes sections en genres, le classement ci-après, dont je regrette vivement qu'il n'ait pas parlé dans son travail, me semblait pouvoir comprendre toutes les coupes à établir. Voici le tableau que je lui ai envoyé alors, comprenant 34 genres, dont les nouveaux sont précédés du signe *.

## PICINÉS.

| GENRES. | ESPÈCES. | SYNONYMIES. |
|---|---|---|
| **MEGAPICUS**. . . . | *Imperialis, principalis* . . . . . . . . | ΜΕΓΑΣ, *megas*, grand. |
| **DRYOPICUS**. . . . | *Martius, lineatus, pileatus*, etc. . . . | ΔΡΥΟΣ, *dryos*, bois. |
| * **MACROPICUS**. . . | *Pulverulentus, leucogaster, fulvus*, etc. | ΜΑΚΡΟΣ, *macros*, long. |
| **PICUS** (Linn.). . . | *Major, minor, cactorum*, etc . . . . . | *Picus*, nom d'homme dans la mythol[ie]. |
| * **PYROUPICUS** . . . | *Querulus, pygmæus, moluccensis*, etc. | ΠΥΡ, *pur*, feu; ΟΥΣ, *ous*, oreille. |
| * **PICOIDES** (Lacép.). | 1re section { 1° *Hirsutus*, etc.; 2° *Lecontei*. | |
| **MICROPICUS** . . . | *Concretus, canente*, etc. . . . . . . . | ΜΙΚΡΟΣ, *micros*, petit. |
| **CELEOPICUS** . . . | *Tinnunculus*, etc. . . . . . . . . . . | ΧΗΛΕΙΟΣ, caustique; *celeus* (Boie). |
| * **XANTHOPICUS**. . . | *Flavescens, jumana*, etc. . . . . . . | ΞΑΝΘΟΣ, *xanthos*, jaune. |
| * **PYRRHOPICUS** . . | *Pyrrhotis*. . . . . . . . . . . . . . | ΠΥΡ, *pur*, feu. |
| * **PLINTHOPICUS** . . | *Rubiginosus* . . . . . . . . . . . . | ΠΛΙΝΘΟΣ, *plinthos*, brique. |
| **PHAIOPICUS** . . . | *Brachyurus*, etc. . . . . . . . . . . | ΦΑΙΟΣ, *phaios*, brun. |
| * **STUGNOPICUS**. . . | *Tristis*, etc. . . . . . . . . . . . . | ΣΤΥΓΝΟΣ, *stugnos*, sombre, triste. |
| **DENDROPICUS** . . | *Mystaceus*, etc. | |
| **MESOPICUS**. . . . | *Goertan*, etc. . . . . . . . . . . . | ΜΕΣΟΣ, *mesos*, intermédiaire. |
| **INDOPICUS**. . . . | *Sultaneus*. . . . . . . . . . . . . | *Indus*, fleuve d'Asie. |
| **BRAHMAPICUS** . . | *Aurantius* . . . . . . . . . . . . . | *Brahma*, Dieu des indiens. |
| **CHLOROPICOIDES** | *Shorii*. . . . . . . . . . . . . . . | ΧΛΩΡΟΣ, *chloros*, vert, picoïdes. |
| * **GAUROPICOIDES** . | *Rafflesii* . . . . . . . . . . . . . | ΓΑΥΡΟΣ, *gauros*, fier, superbe. |
| * **SPANIOPICOIDES** . | *Grantia* . . . . . . . . . . . . . . | ΣΠΑΝΙΟΣ, *spanios*, précieux, rare. |
| * **CALOPICUS**. . . . | *Flavinucha*. . . . . . . . . . . . . | ΧΑΛΟΣ, *calos*, beau. |
| **CHLOROPICUS** . . | *Viridis*. . . . . . . . . . . . . . . | ΧΛΕΡΟΣ, *chloros*, vert. |
| * **LAMPROPICUS** . . | *Aurulentus*. . . . . . . . . . . . . | ΛΑΜΠΡΟΣ, *lampros*, brillant. |
| * **PARDIPICUS** . . . | *Caroli*. . . . . . . . . . . . . . . | *Pardus*, léopard (d'après M. Temminck, qui avait nommé le *Nivosus*, *Pardinus*, au Muséum de Leyde). |
| * **STICTOPICUS**. . . | *Nubicus* . . . . . . . . . . . . . . | ΣΙΚΤΟΣ, *stictos*, moucheté. |
| **CHRYSOPICUS** . . | *Cayennensis* [*Malherbipicus* (Bonap.)] . | ΧΡΥΣΟΣ, *chrusos*, d'or. |
| * **THEIOPICUS** | *Campestris* . . . . . . . . . . . . | ΘΕΙΟΝ, *theion*, soufre. |
| **COLUMBPICUS** . . | *Dominicanus* . . . . . . . . . . . | *Colomb*, nom d'homme. |
| **MELAMPICUS**. . . | *Erythrocephalus*. . . . . . . . . . | ΜΕΛΑΣ, *melas*, noir. |
| * **MEROPICUS**. . . . | *Hirundinaceus*. . . . . . . . . . . | *Mérops*, guêpier. |
| **LINNEIPICUS** . . . | *Herminieri*. . . . . . . . . . . . . | *Linnæus*, nom d'homme. |
| **ZEBRAPICUS** . . . | *Carolinus*. . . . . . . . . . . . . | *Zebra*, zèbre. |
| **GEOPICUS** . . . . | *Auratus* . . . . . . . . . . . . . . | ΓΗ, terre. |
| * **AGRIPICUS**. . . . | *Arator*. . . . . . . . . . . . . . . | *Ager*, champ. |

Au mois de mai de la même année parut, dans la revue italienne *Ateneo italiano*, une nouvelle classification de Picidés par le prince Charles Bonaparte, sous le titre de *Conspectus volucrum zygodactylorum.* L'auteur, après avoir fait, dans son introduction, un éloge trop bienveillant, sans doute, de la *Monographie* dont je lui avais communiqué le plan et de nombreux fragments avec un catalogue de mes espèces, approuve aussi le système que j'avais proposé en 1849, puisque, non-seulement il adopte mes dénominations génériques de *Megapicus, dendropicus, dryopicus, mesopicus, chrysopicus, zebrapicus* ou *zebripicus, linneopicus* ou *linnœipicus;* mais il crée, en outre, d'après ma méthode, dix-neuf noms génériques ou sous-génériques, mais dont quelques-uns par parenthèse ne sont pas très-euphoniques; ces derniers sont: *Reinwardtipicus, mulleripicus, lichtensteinipicus, dyctiopicus, phrenopicus, trichopicus, pipripicus, hypopicus, leiopicus, yungipicus, cerchneipicus, blythipicus, pardipicus, capnopicus, callipicus, æiphidiopicus, malherbipicus, pituipicus.*

En comparant cette classification avec celle que j'avais publiée en 1849 et en 1850, on remarquera que l'auteur a traduit, non-seulement toutes mes sections en genres, mais qu'il a fait également des genres avec les caractères que j'avais indiqués comme propres à quelques espèces, telles que: *Imperialis, principalis, pucherani,* etc., savoir:

### Fam. *PICIDÆ. Subfam.* PICINÆ. — *A.* PICÆ.

1. *Dryotomus* (Sw.).
   - A. *Megapicus* (Malh.). — *Imperialis, magellanicus, principalis.*
   - B. *Dryotomus* (Bp.). — *Guatemalensis, lineatus, malherbi, hæmatogaster,* etc.
   - C. *Campephilus* (Gr.). — *Robustus, boiei, rubricollis.*
2. *Reinwardtipicus* (Bp.). — *Validus.*
3. *Hemilophus* (Sw.).
   - A. *Mulleripicus* (Bp.). — *Pulverulentus.*
   - B. *Lichtensteinipicus* (Bp.). — *Modestus* ou *lichtensteinii* (Wagl.).
   - C. *Hemilophus* (Sw.). — *Fulvus, javensis, hodgsoni.*
4. *Dryocopus* (Boie).
   - A. *Dryocopus* (Bp.). — *Martius.*
   - B. *Dryopicus* (Malh.). — *Pileatus, galeatus, regius,* etc.
5. *Pilumnus* (Bp.). — *Varius, ruber, thyroideus* ou *natalia.*
6. *Picus* (Linn.) ....
   - A. *Dyctiopicus* (Bp.). — *Bicolor, scalaris,* etc.
   - B. *Phrenopicus* (Bp.). — *Querulus, stricklandi,* etc.
   - C. *Trichopicus* (Bp.). — *Cactorum, villosus, wilsoni,* etc.
   - D. *Pipripicus* (Bp.). — *Leuconotus, medius, minor,* etc.
   - E. *Picus* (Bp.). — *Major, syriacus, luciani,* etc.
   - F. *Hypopicus* (Bp.). — *Hyperythrus, cathphorius,* etc.
   - G. *Leiopicus* (Bp.). — *Mahrattensis, brunneifrons.*
   - H. *Yungipicus* (Bp.). — *Mitchelli, moluccensis, analis,* etc.
7. *Picoïdes* (Lacép.).
   - A. *Apternus* (Sw.). — *Tridactylus, arcticus.*
   - B. *Tridactylia* (Steph.). — *Lecontei.*

### *B.* CELEÆ.

8. *Celeus* (Boie). — *Flavescens, badioïdes,* etc.
9. *Cerchneipicus* (Bp.). — *Tinnunculus, multicolor, multifasciatus, grammicus, undatus.*
10. *Blythipicus* (Bp.). — *Rubiginosus* (Sw., West. Afr.). — *Pyrrhotis.*
11. *Micropternus* (Blyth). — *Phaioceps, brachyuurus,* etc.
12. *Meiglyptes* (Sw.). — *Tristis, pectoralis.*
13. *Hemicercus* (Sw.). — *Concretus, canens.*

### *C.* CHRYSOPTILEÆ.

14. *Dendropicus* (Malh.). — *Namaquus, fuscescens, lafresnayi, gabonensis, cardinalis,* etc.
15. *Mesopicus* (Malh.). — *Goertan, pyrrhogaster, capensis.*
16. *Dendromus* (Sw.). — *Abingoni, punctuligerus, obsoletus, æthiopicus,* etc.
17. *Pardipicus* (Bp.). — *Nigriguttatus, caroli, nivosus.*
18. *Chrysoptilus* (Sw.). — *Cayennensis, melanochlorus,* etc.
19. *Chrysopicus* (Malh.). — *Atricollis, aurulentus, polyzonus,* etc.
20. *Chloronerpes* (Sw.). — *Rubiginosus, isidori,* etc.
21. *Veniliornis* (Bp.).
   - A. *Venilia* (Bp.). — *Sanguineus, kirki,* etc.
   - B. *Cleopicus* (Bp.). — *Adspersus, passerinus,* etc.
22. *Capnopicus* (Bp.). — *Fumigatus, mursii,* etc.

### D. CHRYSOCOLAPTEÆ.

23. *Chrysocolaptes* (Blyth). — *Sultaneus, philippinarum, hæmatribon,* etc.
24. *Brachypternus* (Strickl.). — *Aurantius, eyrthronotus,* etc.
25. *Tiga* (Kaup). — *Shorii, rubropygialis.*
26. *Chrysonotus* (Sw.). — *Rafflesii.*
27. *Gecinulus* (Blyth). — *Grantia.*

### E. GECINEÆ.

28. *Gecinus* (Boie). — *Viridis, vaillantii, squamatus,* etc.
29. *Chrysophlegma* (Gould). — *Flavinucha, xanthoderus, chlorolophus.*
30. *Brachylophus* (Strick.). — *Puniceus, mentalis, miniatus.*
31. *Callipicus* (Bp.). — *Callonotus.*

### F. CENTUREÆ.

32. *Leuconerpes* (Sw.). — *Dominicanus.*
33. *Melanerpes* (Sw.). — *Erythrocephalus, melanopogon,* etc.
34. *Tripsurus* (Sw.). — *Hirundinaceus, meropirostris, flavifrons,* etc.
35. *Xiphidiopicus* (Bp.). — *Percussus.*
36. *Centurus* (Sw.). — *Superciliaris, carolinus, striatus,* etc.
37. *Zebripicus* (Bp. ex Malh.). — *Pucherani.*
38. *Linnæipicus* (Malh.). — *Herminieri.*

### G. COLAPTEÆ.

39. *Malherbipicus* (Bp.). — *Campestris, campestroïdes.*
40. *Hypoxanthus* (Bp.). — *Rivolii.*
41. *Colaptes* (Sw.). — *Auratus, chrysoïdes, rupicola,* etc.
42. *Pituipicus* (Bp.). — *Chilensis.*
43. *Geocolaptes* (Burch.). — *Arator.*

## *Subfam.* YUNGINÆ. — *H.* YUNGEÆ.

44. *Yunx* (Lin.) — *Torquilla,* etc.

## *Subfam.* PICUMNINÆ. — *I.* PICUMNEÆ.

45. *Picumnus* (Tem.). — *Minutus, exilis, temmincki.*
46. *Piculus* (Is. Geoffr.). — *Pygmæus.*
47. *Microcolaptes* (Gr.). — *Orbignyanus, olivaceus, albisquamatus,* etc.
48. *Asthenurus* (Sw.). — *Rufiventris, cinnamomeus.*
49. *Vivia* (Hodgs.). — *Innominata.*
50. *Sasia* (Hodgs.). — *Ochracea, abnormis.*

Relativement à cette classification, je rappellerai ici quelques observations que j'ai cru devoir soumettre au savant auteur du *Conspectus volucrum zygodactylorum,* lorsqu'il me fit l'honneur de me communiquer l'original de son manuscrit qu'il a bien voulu m'offrir, et que je garde comme un précieux souvenir d'une bienveillance extrême à mon égard:

1° Le genre *Dryotomus,* de Swainson, ne comprenait que les espèces de mon genre *Dryopicus,* dont les caractères sont très-différents de ceux de mon genre *Megapicus,* représenté par Swainson sous le nom de *Picus.* Le prince Bonaparte a mélangé les espèces de ces deux genres distincts par le bec et les pattes, et les a confondues, soit dans son sous-genre *Dryotomus,* soit dans le genre *Campephilus* (G.-R. Gray);

2° Je ne vois point la nécessité ou l'utilité de plusieurs genres qui renferment des espèces tellement voisines de celles contenues dans d'autres genres, qu'il convient de n'en former qu'une section tout au plus, ou même de les confondre. Il en est ainsi des genres *Reinwardtipicus* pour le *Validus* seul, *Meiglyptes* pour le *Tristis* et surtout le *Pectoralis;* les espèces réparties dans les genres *Chrysoptilus, Chrysopicus* et *Chloronerpes,* de Bonaparte, peuvent être réparties dans deux genres seulement. J'en dirai autant des genres *Veniliornis* et *Capnopicus*, dont les espèces peuvent être réunies et autrement réparties.

Le genre *Brachylophus* comprend des espèces qui doivent figurer dans le genre *Chrysophlegma*. Le genre *Callipicus* me semble superflu pour le *Callonotus*. Quelques différences qu'offrent le *Percussus* et le *Pucherani*, je crois qu'il suffirait de les comprendre dans des sections, et de supprimer les deux genres créés pour ces deux grimpeurs.

Le genre *Hypoxanthus* créé pour le *Rivolii*, pourrait, tout au plus, former une section de *Colaptes*, et le genre *Pituipicus* être supprimé, le *Chilensis* qui le représente, ayant tous les caractères du genre *Colaptes*.

3° Le genre *Pilumnus* me semble mal choisi parce que cette dénomination a déjà été donnée, en 1815, par Leach, à un genre de Crustacés; en 1823, par Megerle, à un genre de Coléoptères, et en 1837, par Koch, à un genre d'Arachnides.

4° A quoi bon cette collection de sous-genres, avec autant de noms latins différents, dont sont surchargés quelques genres, notamment le genre *Hemilophus* et le genre *Picus*, qui compte à lui seul huit sous-genres, créés d'après mon système, mais portant huit noms latins. « Les espèces de votre genre *Picus*, ai-je répondu au prince Bonaparte, s'appelleront de leur nom générique *Picus*, et l'on dira *Picus bicolor*, *Picus cactorum*, *Picus major*, *Picus querulus*, *Picus minor*, etc., cela doit être; mais, dans ce cas, à quoi serviront vos noms de sous-genres: *Dyctiopicus*, *Phrenopicus*, *Trichopicus*, *Pipripicus*, etc., etc., si ce n'est à faire double emploi et à embrouiller la science. Ou bien, vos espèces s'appelleront *Dyctiopicus bicolor*, *Phrenopicus querulus*, *Trichopicus cactorum*, *Pipripicus minor*, *Leiopicus mahrattensis*, *Yungipicus moluccensis*, etc., et alors, elles ne porteront plus leur nom générique de *Picus*, que vous semblez leur conserver et qui deviendrait plutôt celui d'une sous-famille, le sous-genre l'ayant remplacé. »

Je crois qu'on peut obtenir les avantages de la division, et éviter les inconvénients graves de la confusion, en créant, comme je l'ai fait dans ma nouvelle classification, de simples sections pour des sous-genres bien caractérisés. Qu'il me soit permis, à cet égard, et sans aucune application s'entend, de citer quelques fragments d'un article de l'un des collaborateurs du *Dictionnaire universel d'histoire naturelle* (tome 5, p. 321), tout en déclarant que je ne partage pas entièrement son opinion, en ce qu'il voudrait qu'il n'y eût même pour les familles les plus nombreuses, telles que les perroquets, les chouettes, les pics, les colibris, qu'un seul genre divisé en sections. Je crois qu'il faut seulement exiger que chaque genre ait des caractères fixes, faciles à reconnaître pour tous et suffisants pour différencier une espèce d'une autre, au lieu de caractères variables ou incertains qui laissent souvent dans le doute, celui même qui les a établis.

Aussi regardai-je comme de précieux caractères, ceux tirés de la forme du bec et des pieds, parce qu'ils sont permanents et toujours faciles à saisir.

« L'avantage de la section sur le genre, dit M. Gérard, dans le *Dictionnaire universel d'histoire naturelle*, me semble incontestable en ce qu'elle conserve intacts des *Rapports naturels que le second rompt nécessairement:* et dans les groupes dont les individus qui le composent sont liés entre eux par d'étroites affinités, elle permet de multiplier les coupes de manière à faire ressortir les dissemblances, même les plus légères, sans pour cela détruire l'unité. . . . . . . .

» La cause de cette propension fâcheuse à multiplier les genres, vient de ce qu'on n'a jamais déterminé d'une manière précise, ce qu'on entend par caractère générique, ce qui a livré la science à l'arbitraire. . . . . . . .

» La tendance à la division infinie ne doit pas étonner, car elle a pénétré dans toutes les branches des sciences et de l'industrie; mais qu'est-ce que la science tirera de ces travaux stériles sans lien commun, sans idée d'ensemble? Quand toutes les espèces seront devenues des genres et qu'on aura épuisé toutes les combinaisons de mots pour les dénommer, ce qui aura multiplié la synonymie déjà si confuse, il ne restera qu'à détruire cet échafaudage élevé avec tant de peine et à reconstruire la science sur des bases larges et philosophiques.

» Les sections établies dans les genres ont pour premier résultat de ne pas apporter de confusion dans la méthode, et de plus, cette disposition suivie par les grands maîtres, et si heureusement appliquée à l'ornithologie par M. Temminck, exige un travail analytique préalable d'un grand secours pour la mémoire. »

5° Je n'ai pu me dispenser d'exprimer à l'auteur du *Conspectus generum avium* et du *Conspect. volucr. zygod.*, combien je regrettais qu'il n'eût pas pris la peine d'indiquer les caractères qui constituent ses genres et qui, je dois l'avouer, sont très-souvent bien difficiles à découvrir. Plusieurs ne semblent basés que sur la différence de coloration d'une ou de deux espèces avec les autres espèces du même genre jusqu'alors.

6° Le même auteur a cité beaucoup d'espèces inédites qu'il ne connaissait que par les noms que je lui avais communiqués et voulant les classer suivant son système, il les a fait figurer dans des genres auxquels elles sont étrangères; c'est ce qui est arrivé notamment pour les espèces ***Multifasciatus, Grammicus***, etc., à bec un peu courbe, qui sont placées dans le genre ***Cerchneipicus,*** créé pour les sujets à bec droit, comme le ***Tinnunculus,*** etc., tandis qu'évidemment, si l'auteur les avait vues, il les aurait réunies à ses espèces du genre ***Celeus,*** sans quoi, l'un des deux genres n'aurait pas sa raison d'être.

7° Plusieurs espèces dénommées sous deux noms différents se trouvent placées sous l'un des noms dans un genre, et sous l'autre, dans un autre genre ou sous-genre. Je citerai le ***Guatemalensis (Dryotomus),*** reproduit dans le genre ***Dryocopus,*** sous le nom de ***Regius;*** le ***Dendropicus gabonensis,*** reproduit dans le genre ***Pardipicus*** sous le nom de ***Nigriguttatus,*** donné à la femelle; le ***Dryopicus scapularis*** se représentant sous le nom de ***Delattrii*** dans le genre ***Dryotomus;*** le ***Chrysopicus leucolæmus*** et le ***Chloronerpes isidori,*** etc. Il arrive, enfin, que d'autres espèces sont reproduites dans le même genre sous des noms divers qui ne sont également que des synonymes.

Telles sont les principales observations que j'ai dû soumettre au prince qui me demandait mon opinion. Seulement, comme les espèces n'étaient pas toutes alors inscrites sur son manuscrit, je n'ai pu lui adresser qu'après l'impression une partie des réflexions qu'a fait naître en moi la lecture du travail imprimé.

La même année, mon vénérable et savant ami, le professeur Lichtenstein, dont nous déplorons tous la perte récente, publia le ***Nomenclator avium musei zoologici berolinensis,*** dans lequel le genre linnéen ***Picus*** est divisé en 22 genres pour les Picinés, puis, viennent deux genres pour les Picumninés qui sont suivis du genre Yunx. Cette classification est empruntée à Swainson et à M. G.-R. Gray, et elle n'offre qu'une transposition dans la place qu'occupaient plusieurs genres. Je ne puis mieux faire que de la rapporter textuellement et l'on remarquera, sans doute, qu'il est certaines espèces que l'auteur a placées dans des genres qui ne me paraissent nullement leur convenir; tels que le ***Pyrrhotis*** dans le genre ***Dryocopus;*** l'***Obsoletus*** dans le genre ***Picus;*** l'***Aurantius*** dans le genre ***Dendrobates,*** etc.

## PICUS (*Lin.*).

***Campephilus*** (Gray). — ***Principalis, magellanicus,*** etc.
***Dryocopus*** (Boie). — ***Validus, pyrrhotis, martius, regius, rubricollis, pileatus,*** etc.
***Chrysocolaptes*** (Blyth). — ***Strictus, goensis,*** etc.
***Apternus*** (Sw.). — ***Tridactylus, arcticus,*** etc.
***Picus*** (Lin.). — ***Major, leuconotus, hyperythrus, brunnifrons, moluccensis, zizuki, obsoletus,*** etc.
***Dendrobates*** (Sw.). — ***Fulviscapus, aurantius, capensis, goertan,*** etc.
***Hemicercus*** (Sw.). — ***Concretus, canente,*** etc.
***Campethera*** (Gray). — ***Punctuligera, notata, nubica,*** etc.
***Melanerpes*** (Sw.). — ***Erythrocephalus, melampogon, herminieri,*** etc.
***Centurus*** (Sw.). — ***Carolinus, hypopolius, tricolor,*** etc.
***Tripsurus*** (Sw.). — ***Coronatus, hirundinaceus,*** etc.
***Chrysoptilus*** (Sw.). — ***Cayennensis, melanochlorus,*** etc.
***Chloronerpes*** (Sw.). — ***Aurulentus, polyzonus, passerinus, percussus, sanguineus,*** etc.
***Meiglyptes*** (Sw.). — ***Brunneus, rufinotus,*** etc.
***Celeus*** (Boie). — ***Rufus, jumana, tinnunculus,*** etc.
***Chrysonotus*** (Sw.). — ***Tiga, amicta.***
***Brachypternus*** (Strick.). — ***Bengalensis.***
***Gecinus*** (Boie). — ***Viridis, flavinucha,*** etc.
***Hemilophus*** (Sw.). — ***Leucogaster, pulverulentus,*** etc.
***Leuconerpes*** (Sw.). — ***Candidus.***
***Geocolaptes*** (Burch.). — ***Olivaceus.***
***Colaptes*** (Sw.). — ***Fernandinæ, rivolii, campestris, chilensis,*** etc.

PICUMNUS (*Tem.*).

*Picumnus* (Tem.). — *Minutus, ruficollis, albosquamatus,* etc.
*Microcolaptes* (G.-R. Gray). — *Abnormis,* etc.

YUNX (*Lin.*).

*Yunx torquilla,* etc.

En suivant l'ordre chronologique, nous arrivons à l'ouvrage si précieux de M. le professeur Reichenbach, *Handbuch der speciellen ornithologie,* et dont les *Picinæ,* publiés en partie à la fin de 1854, n'ont été achevés qu'en 1856. Le texte, grand in-8°, est accompagné de nombreuses planches coloriées, contenant chacune huit et jusqu'à dix oiseaux de petite dimension nécessairement, dont l'exécution est, en général, assez satisfaisante.

Le savant directeur du Muséum de Dresde, adoptant un système mixte de classification, a divisé le genre linnéen *Picus* en 23 genres, dont trois sont eux-mêmes subdivisés en deux sous-genres portant des noms particuliers. Les Picumnes qui précèdent, sont partagés en trois genres, et les genres *Yunx* et *Oxyramphus* terminent la série des *Picinæ,* savoir:

PICINÆ. — *A.* PICUMNINÆ.

*Sasia* (Hodgs.). — *Abnormis, ochracea.*
*Vivia* (Hodgs.). — *Nepalensis* (ou *innominatus*).
*Picumnus* (Tem.). — *Pygmæus, olivaceus, rufiventer,* etc.

*B.* GECININÆ.

1. *Gecinus* (Boie). — *Viridis, squamatus,* etc.
2. *Chloronerpes* (Sw.). — *Aurulentus, rubiginosus* (Sw., Zool. illustr.). — *Ceciliæ* (Malh.). — *Rufoviridis* (Malh.). — *Passerinus* (Lin.). — *Percussus,* etc.
   Sous-Genres. . { *Erytheronerpes* (ou plutôt *Erythronerpes*), *callonotus* (Wat). — *Sanguineus, desmursii.* / *Phaionerpes, fumigatus, oleaginus.*
3. *Chrysophlegma* (Gould). — *Flavinuchâ,* etc.
4. *Venilia* (Bp.). — *Porphyromelas* (Boie) ou *rubiginosus* (Sw., West. Afric.). — *Albertuli* (Bp.) ou *sanguineus* (Licht.).

*C.* PICINÆ GENUINÆ.

5. *Apternus* (Sw.). — *Hirsutus* (L.).
6. *Picus* (Lin.). — *Major* (L.). — *Leuconotus, hyperythrus, mahrattensis, pygmæus,* etc.
7. *Phymatoblepharus* (Rchb.). — *Candidus* (Otto). — *Hirundinaceus, flavifrons.*
8. *Melanerpes* (Sw.). — *Herminieri, torquatus, erythrocephalus, ruber, meropirostris,* etc.
9. *Hemilophus* (Sw.).
   Sous-Genres * { a. Alophonerpes, *macklotii, mulleri, fulvus, Lichtensteinii.* / b. Hemilophus, *validus, javensis, hodgsonii.*
10. *Dryocopus* (Boie). — *Martius.*
11. *Campephilus* (Gray). — *Imperialis, pileatus, lineatus, albirostris, rubricollis,* etc.

*D.* PICINÆ-COLAPTINÆ.

12. *Tiga* (Kaup). — *Tridactyla, shorii, rafflesii, grantia,* etc.
13. *Brachypternus* (Strickl.). — *Aurantius, erythronotus,* etc.
14. *Chrysocolaptes* (Blyth). — *Sultaneus, hæmatribon, goensis, cardinalis* (Gm.). — *Menstruus* (Scop.), etc.
15. *Hemicercus* (Sw.). — *Concretus, canens,* etc.
16. *Meiglyptes* (Sw.).
   Sous-Genres * { a. Meiglyptes, *tristis, pectoralis,* etc. / b. Micropternus (Blyth). — *Phaioceps, badius, pyrrhotis, rufus,* etc.
17. *Celeus* (Boie). — *Tinnunculus, cinnamomeus.*
18. *Centurus* (Sw.). — *Superciliaris, striatus, carolinus, nataliæ, pucherani, gradatus* (Licht.), etc.
19. *Colaptes* (Sw.). — *Auratus, collaris, rupicola, rivolii, canipileus* (d'Orb.), *thyroideus, cactorum, nigriceps, lignarius,* etc.
20. *Chrysoptilus* (Sw.). — *Campestris, cayennensis, melanochloros,* etc.
21. *Campethera* (Gray). — *Schoensis, nubica, notata, fulviscapa,* etc.
22. *Scolecotheres* (Rchb.). *Capensis, rubiginosus* (Sw., West. Afr.). — *Nivosus* (Sw.). — *Caroli* (Malh.).
23. *Geocolaptes* (Burch.). — *Arator* (Cuv.).

*Yunx* (Lin.). — *Torquilla,* etc.
*Oxyramphus* (Strickl.). — *Flammiceps.*

* Voyez mes observations sur les sous-genres; page LVI, n° 4°.

Si Swainson et M. G.-R. Gray avaient grandement pris en considération pour leur classification la forme du bec, droit dans les premiers de leurs genres, plus ou moins courbe dans les derniers, ainsi que la longueur comparative des doigts externes, M. Reichenbach n'a pas adopté ces caractères pour règle. On remarque que, pour la première fois, le genre Geocolaptes, qui contient l'*Arator* (Cuv.), ne suit pas immédiatement le genre Colaptes.

L'auteur a créé deux nouveaux genres: 1° l'un du nom trop long et trop peu euphonique de ***Phymatoblepharus,*** comprend le genre Leuconerpes et quelques espèces du genre ***Tripsurus*** de Swainson, notamment l'***Hirundinaceus,*** tandis que le ***Meropirostris*** qui n'est qu'une race de l'***Hirundinaceus,*** est reporté dans le genre Melanerpes avec l'***Herminieri*** et l'***Erythrocephalus;*** 2° l'autre, appelé *Scolecotheres,* contient des espèces africaines de mon genre ***Mesopicus,*** adopté par Strickland, Ch. Bonaparte et Hartlaub; d'autres du genre africain ***Pardipicus,*** de Bonaparte et Hartlaub; enfin, le ***Rubiginosus*** (Sw., ***Birds of West. Afr.)*** qui n'a aucun rapport, selon moi, avec les espèces des genres précités, pas même l'origine, puisque l'espèce est de Malacca, et qu'aucun auteur jusqu'ici, n'avait songé à la réunir aux espèces des genres ***Mesopicus*** et ***Pardipicus.*** Je dois, d'ailleurs, rappeler que le ***Porphyromelas*** (Boie) indiqué comme première espèce constituant le genre ***Venilia*** (Bp.), adopté par M. Reichenbach, n'est autre que le ***Rubiginosus*** de Swainson ***(Birds of West. Afr.)*** placé dans le genre *Scolecotheres.* Je me permettrai de faire observer que d'autres genres sont composés d'espèces que leurs auteurs n'ont jamais eu l'intention d'y comprendre; ainsi, j'ai déjà dit que le genre *Melanerpes* (Swainson) était altéré; il en est de même de son genre *Colaptes* (Sw.) qui comprend, d'après M. Reichenbach, le ***Cactorum,*** le ***Lignarius,*** le ***Thyroïdeus,*** espèces du genre *Picus* de Swainson, puis le *Nigriceps* du genre ***Chloronerpes;*** du genre *Centurus* (Sw.) qui renferme le ***Gradatus,*** le ***Natalia,*** qui sont des synonymes du ***Lignarius*** et du ***Thyroïdeus;*** du genre *Campephilus* (Gray), dans lequel figurent le ***Pileatus,*** l'***Erythrops,*** espèces que M. Gray classe formellement dans le genre ***Dryocopus*** (Boie). Il résulte de là que les noms de ces genres ont bien été créés, soit par Swainson, soit par Gray; mais, qu'évidemment, ce sont des genres nouveaux, créés par M. Reichenbach seul, puisqu'ils le sont d'après d'autres principes et qu'ils comprennent chacun des espèces placées dans plusieurs autres genres par les auteurs qui les ont établis primitivement.

Si je ne craignais de paraître le censeur morose d'un ouvrage aussi estimable et aussi important que celui de mon savant confrère, j'ajouterais qu'il est à regretter qu'il ait autant multiplié les espèces en décrivant un grand nombre de Picinés sous divers noms synonymiques et comme autant d'espèces distinctes. Pour éviter la confusion qui pouvait en résulter, j'ai pris soin, non-seulement d'indiquer la synonymie en tête de chacun de mes articles, mais aussi dans le ***Dictionnaire synonymique*** que j'ai rédigé à la fin de mon travail.

Je terminerai cette revue chronologique en rappelant la classification que M. G.-R. Gray a adoptée, en 1855, dans sa brochure intitulée: ***Catalogue of the genera and subgenera of birds contained in the british museum.***

Les ***Picidæ*** sont divisés en sept sous-familles comme le montre le tableau ci-après.

L'auteur ne reconnait pour genres valables, selon l'avis qu'il donne en tête de son catalogue, que ceux précédés d'un astérique; quant aux autres, il les indique seulement, dit-il, comme sous-genres. Il en résulte que M. Gray admet, comme moi, deux genres seulement pour les ***Picumninæ;*** au lieu de vingt genres auxquels il avait fixé ses ***Picinæ*** dans ***The genera of birds,*** il n'en admet plus que quinze et un pour les ***Yuncinæ.***

L'auteur paraît n'avoir pas eu connaissance de la deuxième édition de ma nouvelle classification des ***Picinæ,*** dans laquelle j'avais, avant les observations de M. Strickland, changé notamment en ***us*** celles de mes terminaisons génériques qui étaient en *os.* Aussi, le genre ***Dryopicus*** (n° 1544) attribué par erreur au prince Bonaparte, est-il de moi? Qu'il me soit permis de relever, en passant, quelques légères inexactitudes. En citant mon genre ***Dendropicus*** (n° 1555), M. Gray indique le ***Picus affinis*** (Sw.) comme type de ce genre, c'est, je crois, par erreur. Swainson, dans son genre Dendrobates, comme le prince Bonaparte et moi dans le genre ***Dendropicus,*** n'avons jamais compris que des espèces africaines telles que: ***Biarmicus, Fulviscapus, Schœnsis, Lafresnayi, Obsoletus, Minutus,*** etc., et non point l'***Affinis*** de Swainson qui est une espèce ***américaine*** de mon genre ***Mesopicus.***

Au genre *Venilia* (n° 1570), l'auteur cite comme type, ***Picus rubiginosus*** (Eyton *nec* Swainson). Il eut fallu mettre *Sw. nec Eyton*, car c'est précisément le mâle de la même espèce de Malacca que les deux auteurs ont décrit par un heureux hasard sous le même nom: Swainson, en 1837, par erreur, comme un oiseau d'Afrique (*Birds of West. Afr.*, II, p. 150), et Eyton, en 1845 (*Ann. of nat. hist.*, XVI, p. 229), ainsi que l'a très-judicieusement fait observer M. le docteur Hartlaub (*Rev. zoolog.*, 1844, p. 402).

Enfin, mon genre *Chloropicos* ou *Chloropicus* (n° 1592), attribué par erreur au prince Bonaparte, est cité évidemment pour mon genre *Chrysopicus*; d'abord, le prince Bonaparte même, en 1854, n'a point adopté mon nom générique de *Chloropicus*, encore moins la dénomination de *Chloropicos*. Ensuite, il a classé, comme je l'avais fait, dans mon genre *Chrysopicus* (et non *Chloropicos*), ma nouvelle espèce *Atricollis*, ainsi qu'on peut s'en convaincre en se reportant au *Conspectus volucrum zygodactylorum* de 1854, genre 19, n° 142 des *Picidæ*.

Voici le tableau des genres adoptés par M. G.-R. Gray en 1855 pour les *Picidæ*, dans son catalogue des oiseaux du Muséum britannique, en rappelant qu'ils sont précédés d'un astérisque. Quant aux autres noms, l'auteur ne les considère que comme des sous-genres.

## PICIDÆ (*Leach.*).

*Subfam.* 1; Capitoninæ (*G.-R. Gray*), 5 genres.

### *Subfam.* 2; Picumninæ (*G.-R. Gray*).

* *Picumnus* (Tem.). — *Minutissimus*, etc.
*Vivia* (Hodgs.). — *Nipalensis*.
* *Sasia* (Hodgs.). — *Abnormis*, etc.

### *Subfam.* 3; Picinæ (*G.-R. Gray*).

* *Picus* (Lin.). — *Martius*.
* *Dryobates* (Boie). — *Major*.
*Dendrodromas* (Kaup). — *Leuconotus*.
*Yungipicus* (Bp.). — *Hardwichii*.
*Leiopicus* (Bp.). — *Mahrattensis*.
*Hypopicus* (Bp.). — *Hyperythrus*.
*Dyctiopicus* (Bp.). — *Bicolor* (Gm.).
*Phrenopicus* (Bp.). — *Querulus*.
*Trichopicus* (Bp.). — *Cactorum*.
— ? *Pilumnus* (Bp.). — *Thyroideus*.
* *Picoïdes* (Lacép.). — *Tridactylus*.
*Dendropicus* (Malh.). — *Affinis* (Sw.).
*Mesopicus* (Malh.). — *Goertan*.
*Xiphidiopicus* (Bp.). — *Percussus*.
*Callipicus* (Bp.). — *Callonotus*.
*Eleopicus* (Bp.). — *Olivinus*.
*Capnopicus* (Bp.). — *Fumigatus*.
*Veniliornis* et *Venilia* (Bp.). — *Sanguineus*.
* *Campephilus* (G.-R. Gray). — *Principalis*.
— ? *Dryotomus* (Bp. nec. Sw.). — *Guatemalensis*.
— ? *Campephilus* (Bp. nec Gray). — *Robustus*.
*Reinwardtipicus* (Bp.) — *Validus*.
* *Chrysocolaptes* (Blyth). — *Sultaneus*.
* *Hemicircus* (Sw.). — *Concretus*.

### *Subfam.* 4; Gecininæ (*G.-R. Gray*).

* *Gecinus* (Boie). — *Viridis*.
*Chrysophlegma* (Gould). — *Flavinucha*.
— ? *Venilia* (Bp.). — *Porphyromelas* (Boie).
— ? *Brachylophus* (Bp. nec Sw.). *Puniceus*.
*Chrysoptilus* (Sw.). — *Punctigula*.
*Malherbipicus* (Bp.). — *Campestris*.
*Campethera* (G.-R. Gray). — *Brachyrhynchus*.
*Pardipicus* (Bp.). — *Nigriguttatus*.
*Mulleripicus* (Bp.). — *Pulverulentus*.
*Lichtensteinipicus* (Bp.). — *Lichtensteini*.
— ? *Hemilophus* (Bp.). — *Fulvus*.
* *Celeus* (Boie). — *Flavescens*.
*Cerchneipicus* (Bp.). — *Tinnunculus*.
* *Brachypternus* (Strick.). — *Aurantius*.
*Tiga* (Kaup). — *Tiga*.
— ? *Chrysonotus* (Bp. nec Sw.). — *Rafflesii*.
*Gecinulus* (Blyth). — *Grantia*.

### *Subfam.* 5; Melanerpinæ (*G.-R. Gray*).

* *Centurus* (Sw.). — *Carolinus*.
— ? *Zebripicus* (Bp. nec Malh.). *Pucherani* (lisez Bp. ex Malh.).
*Tripsurus* (Sw.). — *Flavifrons*.
* *Melanerpes* (Sw.). — *Erythrocephalus*.
*Linneopicus* (Malh.). — *Herminieri*.
* *Leuconerpes* (Sw.). — *Dominicanus*.
* *Chloronerpes* (Sw.). — *Rubiginosus*.
— *Chloropicos* (Bp. nec Malh.). — *Atricollis*.

### *Subfam.* 6; Colaptinæ (*G.-R. Gray*).

* *Colaptes* (Sw.). — *Auratus*.
*Pituipicus* (Bp.). — *Pitiguus*.
*Hypoxanthus* (Bp.). — *Elegans* (Fras.).
*Geocolaptes* (Burch.). — *Olivaceus*.
*Meiglyptes* (Sw.). — *Tristis*.
*Micropternus* (Blyth). — *Brachyurus*.
*Blythipicus* (Bp.). — *Rubiginosus*.

### *Subfam.* 7; Yuncinæ (*Bp.*).

* *Yunx* (Lin.). — *Torquilla*.

# MA CLASSIFICATION.

Après cet exposé complet des systèmes divers de classification qui ont été essayés, je dois indiquer sommairement les raisons qui ont motivé en dernier la classification suivie par moi et qui, je me plais à le reconnaître, est en grande partie celle de Swainson. J'ai d'abord voulu classer les Picidés d'après leur bec plus ou moins droit, plus ou moins courbe; mais j'ai dû reconnaître bientôt que ce caractère seul était loin d'être satisfaisant. En effet, prenons pour exemple le genre ***Celeus,*** de Boie, Gray et plusieurs autres auteurs, qui est le genre ***Malacolophus,*** de Swainson; nous y voyons réunis et confondus le ***Tinnunculus*** (Wagl.), le ***Multicolor*** (Gm.), etc., au bec presque droit et effilé, avec le ***Flavescens*** (Lin.), et le ***Cinnamomeus*** (Lin.), etc., au bec semi-courbe. Où placerez-vous ce genre si vous prenez pour règle unique le plus ou moins de courbure du bec? Il n'y a rien d'absolu dans la famille des Picidés, quelque soit le caractère que l'on veuille choisir. Ainsi, j'avais songé d'abord à commencer par les Pics à trois doigts, puis à placer ceux ayant le quatrième doigt rudimentaire, tels que les espèces des genres ***Brahmapicus*** et ***Phaiopicus,*** comme faisant la transition aux espèces à quatre doigts bien développés. Ensuite, je m'étais proposé de comprendre dans un premier groupe les espèces qui ont le doigt postérieur le plus long et l'arête au-dessus des narines plus rapprochée des bords que du sommet de la mandibule, pour arriver à un troisième groupe ayant le doigt antérieur le plus long et l'arête plus rapprochée du sommet du bec, par l'intermédiaire du genre ***Indopicus*** qui, seul, a l'arête plus rapprochée du sommet du bec et le doigt postérieur le plus long. Mais ce classement avait l'inconvénient grave d'éloigner considérablement du genre ***Megapicus,*** par exemple, le genre ***Dryopicus*** qui a évidemment de grandes affinités avec ce premier genre. Ces systèmes, tout spécieux qu'ils paraissaient, avaient l'inconvénient de bouleverser la série naturelle, de rapprocher des espèces qui devaient évidemment être séparées ou d'en éloigner d'autres qui devaient être rapprochées. Je me suis donc résolu à établir pour les Picinés des genres bien distincts par leurs caractères fixes, faciles à saisir et qui permettent un classement immédiat, ainsi que l'indique le tableau ci-après.

J'ai subdivisé ces genres en sections, mais sans pour cela changer le nom générique et en indiquant les caractères de ces subdivisions avec la synonymie des différents auteurs modernes.

J'ai ainsi réalisé l'avantage : 1° de réunir les espèces semblables dans des groupes spéciaux; 2° d'avoir fait une économie considérable de noms latins, de sous-familles, de genres et de sous-genres; 3° d'avoir rendu faciles à reconnaître, pour tous, les caractères qui distinguent chaque genre; 4° d'avoir rendu beaucoup plus facile à retenir le nom de chacun de ces genres; 5° d'avoir établi des noms génériques qui permettent immédiatement à tous de savoir à quel genre Linnéen il faut les rapporter; 6° enfin, en réservant la terminaison ***oïdes*** aux genres ***Picidæ*** et ***Picumninæ,*** dont les espèces ont trois doigts seulement, de faciliter immédiatement, par le nom seul, la connaissance de ce caractère important.

Je laisse à l'avenir à apprécier ce que mon système peut offrir d'avantages; mais, déjà, je me félicite de voir que non-seulement plusieurs des noms génériques et des sections que j'avais proposés, ont été reconnus utiles et adoptés par des savants tels que MM. des Murs, Strickland, le prince Bonaparte, Hartlaub, etc.; mais que le principe de mon système général a été mis en pratique, au moins partiellement, par plusieurs naturalistes, ainsi que je l'ai indiqué plus haut, et tout récemment encore aux États-Unis par un auteur américain, qui a créé les genres ***Sphyrapicus*** et ***Xenopicus*** pour des espèces ayant des caractères différents de tous les pics.

Les tableaux ci-après, indiquant tous les caractères des genres composant mon système de classification, permettront à chacun de suivre l'ordre que j'ai adopté, les raisons qui m'ont guidé et la distribution géographique des divers groupes.

# SYSTÈME DE CLASSIFICATION B

| | | GENRES | | | |
|---|---|---|---|---|---|
| | | A 3 DOIGTS ou manquant DU DOIGT POSTÉRIEUR INTERNE. | AYANT LE 4e DOIGT ou le DOIGT POSTÉRIEUR INTERNE excessivement court et presque rudimentaire. | AYANT | |
| | | . . . . . . . | . . . . . . . | Meg | Me |
| | | . . . . . . . | . . . . . . . | Dryo | . . |
| | | . . . . . . . | . . . . . . . | Pic | I |
| | | . . . . . . . | . . . . . . . | Sphyr | . . |
| | | Picoïdes. | . . . . . . . | . . . . | Pi |
| | | . . . . . . . | Phaiopicus. | . . . . | . . |
| | | . . . . . . . | . . . . . . . | Cele | . . |
| | | . . . . . . . | . . . . . . . | Micro | Mic |
| | | . . . . . . . | . . . . . . . | Dendro | Den |
| | PICINÆ . . . . . . . . . . | . . . . . . . | . . . . . . . | Mesop | Mes |
| | | . . . . . . . | . . . . . . . | Indop | Ind |
| | | . . . . . . . | Brahmapicus. | . . . . | . . |
| | | Chloropicoïdes | . . . . . . . | . . . . | . . |
| | | . . . . . . . | . . . . . . . | Chlor | . . |
| | | . . . . . . . | . . . . . . . | Chrys | . . |
| | | . . . . . . . | . . . . . . . | Xeno | Xen |
| PICIDÆ. . . . . | | . . . . . . . | . . . . . . . | Melan | . . |
| | | . . . . . . . | . . . . . . . | Zebr | . . |
| | | . . . . . . . | . . . . . . . | Geo | . . |
| | | . . . . . . . | . . . . . . . | Picu | Picu |
| | PICUMNINÆ . . . . . . . | Picumnoïdes. | . . . . . . . | . . . . | Picum |
| | YUNCINÆ . . . . . . . . . | | . . . . . . . | Yu | . . |

# R DES CARACTÈRES ANATOMIQUES.

| GENRES AYANT LE DOIGT | | | ARÊTE AU-DESSUS DES NARINES | | | |
|---|---|---|---|---|---|---|
| STÉRIEUR EXTERNE e plus long LES COMPRIS. | ANTÉRIEUR EXTERNE le plus long ONGLES COMPRIS. | ANTÉRIEUR EXTERNE et le DOIGT POSTÉRIEUR EXTERNE quelquefois différant peu en longueur. | SAILLANTE ET PLUS RAPPROCHÉE | | PEU SAILLANTE OU PRESQUE NULLE ET PLUS RAPPROCHÉE | |
| | | | des BORDS DU BEC. | du SOMMET DU BEC. | des BORDS DU BEC | du SOMMET DU BEC. |
| egapicus. | | | Megapicus. | | | |
| | Dryopicus. | | | Dryopicus. | | |
| Picus. | | | Picus. | | | |
| | Sphyrapicus. | | | | Sphyrapicus. | |
| icoïdes. | | | Picoïdes. | | | |
| | Phaiopicus. | Phaiopicus. | | | | Phaiopicus. |
| | Celeopicus. | Celeopicus. | | Celeopicus. | | |
| icropicus. | | | Micropicus. | | | |
| ndropicus. | | Dendropicus. | Dendropicus. | | | |
| esopicus. | | Mesopicus. | Mesopicus. | | | |
| ndopicus. | | Indopicus. | | Indopicus. | | |
| | Brahmapicus. | | | | | Brahmapicus. |
| | Chloropicoïdes | | | Chloropicoïdes | | |
| | Chloropicus. | Chloropicus. | | Chloropicus. | | |
| | Chrysopicus. | Chrysopicus. | | Chrysopicus. | | |
| enopicus. | | | Xenopicus. | | | |
| | Melampicus. | Melampicus. | | | | Melampicus. |
| | Zebrapicus. | Zebrapicus. | | | | Zebrapicus. |
| | Geopicus. | | | Geopicus. | | |
| icumnus. | | Picumnus. | | | | Picumnus. |
| cumnoïdes. | | | | | Picumnoïdes. | |
| | Yunx. | | | | | Yunx. |

# SYSTÈME DE CLASSIFICATION

## DES GENRES DIVISÉS EN SECTIONS

### AVEC L'INDICATION DES CARACTÈRES PROPRES A CHACUNE D'ELLES

### ET CELLE DES ESPÈCES.

## 1° PICIDÆ.

**1. MEGAPICUS** (Malh., *Nouv. class.*, 1850).

Arête latérale au-dessus des narines plus *rapprochée des bords* que du sommet de la mandibule supérieure. Quatre doigts; le doigt *postérieur externe beaucoup plus long* que le doigt antérieur externe. Les mâles pas de moustaches.

Première Section. — Une huppe très-longue, soyeuse, flottante; plus longue et de couleur noire uniforme chez la femelle, tandis que chez le mâle, la huppe partant du front est noire, mais le surplus est rouge; les géants des Picidés. Rémiges les plus longues dans l'ordre 4, 5, 3, 6 (de l'Amérique sept.). — Deux espèces: *Meg. imperialis, principalis.*

Deuxième Section. — Rémiges les plus longues dans l'ordre 5, 6, 4, 3. La femelle possède une huppe soyeuse d'un noir uniforme, plus longue que celle du mâle, qui est rouge uniforme (une espèce de l'Amérique mérid.): *Meg. magellanicus.*

Troisième Section. — Les rémiges les plus longues sont dans l'ordre 4, 5, 6, 3. Les mâles ont la huppe rouge et dans quelques espèces, comme le *guatemalensis*, le *malherbii*, le *boiei*, la huppe de la femelle est longue et noire sur le front, le surplus étant rouge jusqu'à la nuque. — Espèces: (de l'Amérique) *Meg. boiei, grayii, malherbii, albirostris, guatemalensis, sclateri, robustus, rubricollis, trachelopyrus, hæmatogaster;* — (des îles de la Sonde) *validus.*

**2. DRYOPICUS** (Malh., *Nouv. class.*, 1850).

Arête latérale au-dessus des narines beaucoup plus *rapprochée du sommet* que des bords du bec. Quatre doigts; le doigt *antérieur externe beaucoup plus long* que le doigt postérieur externe; huppe occipitale variant en longueur et presque nulle chez l'espèce européenne.

Première Section. — Les plus longues rémiges sont dans l'ordre 5, 4, 6, 3. Le dessus n'est jamais rayé transversalement. — Espèces: (d'Europe) *Dr. martius;* — (de l'Amérique) *galeatus, lineatus, erythrops, pileatus, scapularis, fuscipennis* (Sclater).

Deuxième Section. — Les plus longues rémiges sont tantôt dans l'ordre 5, 4, 6, 3, tantôt 4, 3, 5, 6; généralement la cinquième et la quatrième rémige égales ou presque égales (de l'Inde et de ses archipels). Espèces: *Dr. leucogaster, hodgsonii, fulvus, gutturalis, funebris.*

**3. PICUS** (Lin., 1735).

Arête latérale au-dessus des narines beaucoup plus *rapprochée des bords* que du sommet du bec. Doigt *postérieur* externe toujours et généralement beaucoup *plus long* que les autres. Quatre doigts; pas de huppe, mais dans quelques espèces, les plumes de l'occiput un peu plus allongées. Les mâles n'ont pas de moustaches rouges; de taille moyenne.

Première Section. — Rémiges les plus longues dans l'ordre 4, 5, 3. Les mâles adultes se distinguent soit par le rouge qui couvre l'occiput seulement ou la majeure partie de la tête, soit par du rouge plus vif. Les rémiges les plus longues sont la quatrième, la cinquième et la troisième. — Espèces: (de l'Europe) *P. major, leuconotus, medius, minor;* — (de l'Asie) *P. cabanisi, mandarinus, gouldii, luciani, feliciæ, himalayensis, assimilis, majoroïdes, atratus? scindeanus, syriacus, macei, analis, cathphorius, mahrattensis, brunnifrons, kamtschatkensis, freniger?* — (de l'Afrique) *numidicus;* — (de l'Amérique) *harrisii, villosus, canadensis, variegatus, phillipsii, martinæ, auduboni, cuvieri, undosus? jardinii, cactorum, nuttalii, lucasanus* (Xantus), *stricklandi, lignarius, waglerii, scalaris, bicolor, pubescens, leucurus, medianus, meridionalis, gairdneri, turati, callonotus.*

Deuxième Section. — Bec long, droit, effilé, grêle, très-comprimé sur les côtés; l'arête latérale au-dessus des narines très-rapprochée des bords du bec. — Espèces: (de l'Hindoustan) *P. hyperythrus;* — (de l'Amérique sept.) *ruber.*

Troisième Section. — Les mâles se distinguent des femelles par une petite mèche rouge de chaque côté de l'occiput après l'œil. Les rémiges les plus longues sont généralement la troisième, la quatrième et la cinquième. — Espèces: (de l'Asie) *P. mitchelli, moluccensis, kisuki, temmincki, nanus, pygmæus, semicoronatus, auritus, meniscus, otarius;* — (de l'Amérique sept.) *querulus.*

| | |
|---|---|
| 4.<br>**SPHYRAPICUS**<br>(Baird, *Gen. report upon the zool. of the sev. Pacific. rail-road routes*; IX, page 101, 1858). | Arête latérale au-dessus des narines plus *rapprochée des bords* que du sommet de la mandibule supérieure; pas de huppe. Doigt *antérieur* externe *plus long que le doigt postérieur* externe. Quatre doigts. Bec droit effilé (de l'Amérique sept.). — Espèces: *Sph. varius, williamsoni, thyroideus.*<br>Nota. Le genre *sphyrapicus* a été créé par M. Baird et publié en 1858 dans les *Reports of explorations.... from the Mississipi river to the Pacific Ocean;* IX, p. 30 et 105. Mais cet auteur, ainsi qu'il a pris soin de le dire, ne comprend dans ce genre que des espèces qui ont le doigt *postérieur externe plus long que l'antérieur.* |
| 5.<br>**PICOÏDES**<br>(Lacép., 1799). | Trois doigts; le doigt postérieur le plus long de tous; pas de huppe; arête latérale au-dessus des narines très-rapprochée des bords de la mandibule supérieure; pas de huppe. Les rémiges les plus longues sont tantôt dans l'ordre 4, 3, 5, tantôt dans l'ordre 3, 4, 5.<br>Première Section. — Les mâles ayant le dessus du vertex d'un *jaune* plus ou moins doré selon l'âge. — Espèces : (de l'Europe) *Pic. europæus, crissoleucus;* — (de l'Amérique sept.) *americanus, arcticus, dorsalis.*<br>Deuxième Section. — Le mâle n'ayant pas de jaune sur la tête, et ayant la nuque ou l'occiput *rouge* (du midi de l'Amérique sept.). *Pic. lecontei.* |
| 6.<br>**MICROPICUS**<br>(Malh., *Nouv. class.*, 1850). | Arête latérale au-dessus des narines peu saillante et plus *rapprochée des bords* que du sommet de la mandibule supérieure; doigt *postérieur* externe toujours *plus long* que le doigt antérieur externe; ailes atteignant à l'extrémité de la queue. Les rémiges les plus longues sont la quatrième, la cinquième et la troisième. Quatre doigts. Une huppe plus ou moins longue (le sud de l'Inde et des îles de la Sonde). — Espèces : *Mic. concretus, canente, hartlaubii.* |
| 7.<br>**DENDROPICUS**<br>(Malh., *Nouv. class.*, 1850). | Arête latérale au-dessus des narines beaucoup plus *rapprochée des bords* que du sommet de la mandibule supérieure. Le doigt *postérieur* externe ordinairement *plus long* que le doigt antérieur externe. *Tiges* des rectrices d'un *jaune* plus ou moins vif. Tiges des rémiges généralement jaunes; mais quelquefois cette couleur ne paraît qu'*en dessous* des rectrices et des rémiges. Huppe très-courte ou nulle. Les mâles se distinguent en ayant l'occiput rouge. Les rémiges les plus longues sont dans l'ordre 4, 3, 5 et quelquefois dans l'ordre 5, 4, 3 (de l'Afrique). — Espèces: *Dendr. biarmicus, schoensis, fulviscapus, lafresnayi, mursii, africanus, hemprichii, hartlaubii, obsoletus, minutus.* |
| 8.<br>**PHAIOPICUS**<br>(Malh., *Nouv. class.*, 1850). | Sommet du bec très-recourbé et les côtés comprimés vers l'extrémité qui est aiguë. Mandibule inférieure formant en dessous un angle plus ou moins saillant. Arête latérale au-dessus des narines manquant ou à peine apparente et rapprochée du sommet du bec. Ailes longues; la quatrième, la cinquième et la troisième rémige les plus longues et presque égales. Quatre doigts, dont le postérieur externe excessivement court. Plumage brun-roux; le mâle se distingue de la femelle par une légère bande ou moustache rouge près de la mandibule inférieure. Huppe moyenne de la couleur du plumage (de l'Inde et de ses archipels).<br>Première Section. — Espèces : *Ph. brachyurus, pectoralis, rufinotus, jerdonii, badiosus, sordidus* (Reich. nec. Eyt.).<br>Deuxième Section. — Queue très-courte. Les rémiges les plus longues dans l'ordre 4, 5, 3, et presque égales (les îles de la Sonde, la péninsule Malaise). — Espèces : *Ph. tristis, grammithorax, jugularis?* |
| 9.<br>**CELEOPICUS**<br>(Malh., *Nouv. class.*, 1850). | Arête latérale au-dessus des narines *plus rapprochée du sommet* que des bords de la mandibule supérieure et à peine apparente quelquefois. Le doigt *antérieur* externe *plus long* que le doigt postérieur externe, rarement presque égal. Quatre doigts. Bec jaune *blanchâtre* de corne et quelquefois la mandibule inférieure seule de cette couleur. La cinquième rémige généralement la plus longue, très-rarement la troisième.<br>Première Section (de l'Amérique). — Le sommet de la mandibule supérieure un peu courbe; arête latérale très-rapprochée du sommet du bec; huppe quelquefois très-touffue et très-longue, composée de plumes soyeuses. Les mâles se distinguent des femelles par une bande ou une moustache rouge partant de la mandibule inférieure. Le dessus de la tête jaune ou roux. — Espèces : *Cel. flavescens, cinnamomeus, jumana, reichenbachi, lugubris, ochraceus, castaneus, verreauxi, rufus, multifasciatus, grammicus, torquatus, exalbidus, semi-cinnamomeus.*<br>Deuxième Section (de l'Amérique). — Bec droit, effilé, un peu comprimé sur les côtés; sillons latéraux très-rapprochés du sommet de la mandibule supérieure; queue longue et aiguë; huppe moyenne; le doigt antérieur externe beaucoup plus long que le postérieur externe. Le mâle se distingue de la femelle par une bande ou moustache rouge; la tête jaune ou jaunâtre. — Espèces: *Cel. multicolor, tinnunculus.*<br>Troisième Section. — Bec long; plumage brun-roux et rougeâtre. Les mâles se reconnaissent par une collerette rouge de chaque côté du cou et de la nuque (de l'Inde et de ses archipels). — Espèces : *Cel. pyrrhotis, porphyromelas* (Boie). |

**10. MESOPICUS** (Malh., *Nouv. class.*, 1850).

Arête latérale au-dessus des narines saillante et beaucoup plus rapprochée des bords que du sommet de la mandibule supérieure. Quatre doigts ; le doigt antérieur et le doigt postérieur externes, presque égaux, ce dernier plutôt plus long. Rémiges les plus longues 4, 5 et 3, lesquelles sont presque égales. Les mâles n'ont pas de bande ou moustache rouge et se distinguent ordinairement en ayant tout le dessus de la tête rouge.

A (de l'Afrique). — Espèces : *Mes. capensis, immaculatus, poicephalus, goertan, spodocephalus, pyrrhogaster.*

B (de l'Amérique). — Espèces : *Mes. passerinus, kirkii, ceciliæ, fumigatus, sanguineus, oleaginus, cassini, affinis, adspersus, nigriceps, selysii, olivinus, murinus, hæmatostygma, caboti, kirtlandi* (Malh.).

**11. INDOPICUS** (Malh., *Nouv. class.*, 1850).

Quatre doigts; le postérieur externe le plus long. Arête saillante au-dessus des narines plutôt rapprochée du sommet que des bords du bec. Huppe occipitale assez courte. Rémiges les plus longues généralement 4, 5, 6, 3, différant peu entre elles. Le mâle n'a point de bande ou de moustache rouge près du bec, et il se distingue à l'état adulte en ce qu'il a tout le dessus de la tête rouge, tandis que la femelle a la tête et le dessous du corps rayés ou tachetés de noir sur blanc, ou de blanchâtre sur brun noirâtre.

A (de l'Inde). — Espèces : *Ind. sultaneus, delesserti, strictus, goensis.*

B. Ayant tout le manteau rouge (de l'Archipel indien). — Espèces : *Ind. philippinarum, carlotta, hæmatribon.*

**12. BRAHMAPICUS** (Malh., *Nouv. class.*, 1850).

Doigt antérieur externe le plus long de tous; le *doigt postérieur interne à l'état rudimentaire.* Arête au-dessus des narines presque nulle et très-rapprochée du sommet du bec. La quatrième rémige est la plus longue, la cinquième et la troisième sont presque égales. Huppe peu longue. Le mâle a tout le dessus de la tête rouge, tandis que la femelle n'a de rouge qu'à l'occiput, le front et le vertex étant noirs pointillés de blanc (l'Inde et ses Archipels).

A. — Espèce à manteau olive doré plus ou moins teint de rouge : *Br. bengalensis, puncticolli.*

B. — Espèce à manteau rouge vif : *Br. erythronotus.*

**13. CHLOROPICOÏDES** (Malh., *Nouv. class.*, 1850).

*Trois doigts ;* le doigt antérieur externe le plus long ; le postérieur interne manquant entièrement. L'arête au-dessus des narines, plus ou moins apparente, et très-rapprochée du sommet du bec. Rémiges les plus longues la quatrième et la cinquième qui sont égales ou presques égales. Les mâles n'ont généralement pas de moustache rouge.

Première Section (de l'Inde et de ses Archipels). — Bec semi-courbe, arête au-dessus des narines à peine apparente; huppe moyenne. Les mâles ont tout le dessus de la tête rouge, tandis que les femelles l'ont noir, rayé longitudinalement d'étroites mèches blanches. — Espèces : *Chl. shorii, tiga, intermedia, rubropygialis.*

Deuxième Section. — Mandibule supérieure droite; bec presque conique à l'extrémité; arête au dessus des narines plus saillante. Doigts plus petits que dans la section précédente. Les mâles ont le dessus de la tête et la huppe rouges, tandis que la femelle a tout le dessus de la tête et la huppe d'un noir profond, sauf le front qui est lavé de brun roux. — Espèce : *Chl. rafflesii.*

Troisième Section. — Bec droit; doigts très-petits; le doigt antérieur externe beaucoup plus long que le doigt postérieur. Pas de huppe. Le mâle ayant seulement les couleurs du dessus de la tête plus vives (de l'Inde). — Espèce : *Chl. grantia.*

**14. CHLOROPICUS** (Malh., *Nouv. class.*, 1850).

Quatre doigts. Arête au-dessus des narines très-rapprochée du sommet du bec et généralement saillante. Le doigt antérieur externe plus long, mais quelquefois différant à peine du doigt postérieur externe. Plumage généralement vert ou olivâtre sur les parties supérieures.

Première Section. — Doigt antérieur externe beaucoup plus long que les autres. Les deux sexes ont la nuque couverte par une huppe occipitale jaune, qui est elle-même recouverte en partie par une autre huppe d'une autre couleur rouge, brunâtre ou verdâtre. Les rémiges les plus longues sont la quatrième et la cinquième, qui diffèrent peu entre elles (de l'Inde et des îles de la Sonde). — Espèces : *Chl. flavinucha, chlorolophus, miniatus, puniceus, mentalis, xanthoderus.*

Deuxième Section. — Pas de huppe; le mâle a tout le dessus de la tête rouge et quelquefois le vertex seul avec la moustache de cette couleur (de l'Europe, de l'Asie, de l'Afrique). — Espèces : *Chl. viridis, canus, vaillantii, awokera, dimidiatus, guerini, occipitalis, karolini, squamatus, striolatus.*

Troisième Section. — Bec aigu, assez court, plus ou moins courbe au-dessus. Généralement pas de huppe. Plumage généralement vert ou olivâtre sur les parties supérieures. Les mâles se distinguent des femelles soit en ayant tout le dessus de la tête rouge avec ou sans moustache, soit en ayant l'occiput rouge lorsque les femelles n'ont pas de rouge sur la tête (de l'Amérique). — Espèces : *Chl. aurulentus, leucolæmus, chlorocephalus, erythrops, chrysochlorus, capistratus, polyzonus.*

Quatrième Section. — Bec effilé, aigu, comprimé sur les côtés vers la moitié antérieure; ailes et queue longues; une huppe rouge touffue à l'occiput recouvre la nuque et se confond avec le rouge qui, chez le mâle, couvre aussi tout le dessus de la tête. La plus longue rémige ou la quatrième, est presque égale à la cinquième, qui n'excède la troisième que d'environ 3 millimètres. Les deux doigts externes sont égaux en longueur. Les deux sexes portent une plaque rouge au haut de la poitrine (de Cuba, des Antilles). — Espèce : *Chl. percussus.*

**15.**

**CHRYSOPICUS**

(Malh., *Nouv. class.*, 1850).

Bec long et fort, la base large, le sommet légèrement courbe, et les côtés comprimés vers l'extrémité qui est aiguë. *Arêtes* latérales, *au-dessus des narines, très-rapprochées du sommet* de la mandibule supérieure. Huppe occipitale courte et souvent nulle. Ailes longues; les rémiges les plus longues sont la quatrième et la cinquième qui sont presque égales; puis la troisième et la sixième qui ne diffèrent presque pas entre elles. Queue étagée, avec l'extrémité raide et pointue. Doigts longs; quatre doigts, dont l'antérieur externe plus long que l'antérieur interne, rarement égal. *Tiges des pennes alaires et caudales d'un jaune citron en dessous.* Les mâles se distinguent des femelles en ayant une moustache rouge auprès de la mandibule inférieure. Plumage des parties inférieures rayé en totalité (de l'Afrique et de l'Amérique).

Première Section. — Le dos d'un verdâtre uniforme sans raies ni taches; toutes les tiges des rémiges sont d'un jaune citron en dessous (de l'Afrique).

A. — Les mâles manquent de la moustache rouge. — Espèces : *Chr. nivosus, gabonensis, brachyrhynchus.*

B. — Les mâles ont la moustache rouge. — Espèces : *Chr. chrysurus, maculosus, caroli* (chez ce dernier, les tiges des rémiges sont, en dessous, d'un jaune blanchâtre ou blanc jaunâtre).

C. — Le dos est tacheté ou rayé. Les tiges des rectrices sont jaunes en dessous et en dessus; celles des rémiges sont aussi toujours de cette couleur en dessous et le plus souvent en dessus. Les mâles ont la moustache rouge. — Espèces : *Chr. nubicus, notatus, punctilugerus, variolosus, abingoni, cailliaudi, capricorni.*

Deuxième Section. — Les tiges des rémiges jaunes en dessus et en dessous, mais quelquefois en dessus à la base seulement. Les tiges des rectrices presque toujours jaunes en dessous, excepté chez le *melanolaimus,* chez lequel on ne voit parfois du jaune qu'à la base des tiges des rectrices (de l'Amérique).

A. — Le dos d'un vert plus ou moins foncé, sans bandes ni taches. — Espèces : *Chr. rubiginosus, æruginosus, canipileus.*

B. — Le dos rayé ou tacheté. — Espèces : *Chr. atricolli, cayennensis, guttifer, chlorosostus, icteromelas, melanochlorus, chrysomelas, melanolaimus.*

**16.**

**MELAMPICUS**

(Malh., *Nouv. class.*, 1850).

Bec long, fort, large à la base, plus ou moins courbe au-dessus, et comprimé vers l'extrémité. Arêtes latérales, au-dessus des narines, peu saillantes, plus rapprochées du sommet que des bords de la mandibule supérieure; ailes longues et pointues; la troisième, la quatrième et la cinquième rémige sont presque égales en longueur, variant dans leur ordre; la quatrième rémige étant ordinairement la plus longue. Queue longue et étagée. Quatre doigts, le doigt antérieur externe plus long que le doigt postérieur externe dont il diffère parfois. Pas de huppe et pas de moustache chez le mâle. Corps non rayé au-dessus (de l'Amérique, des Antilles).

Première Section. { *Columbpicus* (Malh., 1850). / *Leuconerpes* (Swains., 1837; G.-R. Gray).

Doigt antérieur externe beaucoup plus long que le doigt postérieur externe. — Espèce : *Mel. dominicanus* (Vieill.).

Deuxième Section. — *Melanerpes* (Sw.). Bec aigu, plus droit. Doigt antérieur externe un peu plus long que le doigt postérieur externe, en différant à peine. — Espèces : *Mel. erythrocephalus, portoricensis, formicivorus, flavigula, xantholarynx, torquatus.*

Troisième Section. — *Tripsurus* (Sw.). Bec un peu plus recourbé, plus aigu, côtés plus comprimés; les deux doigts externes égaux, ou l'antérieur externe un peu plus long. — Espèces: *Mel. hirundinaceus, meropirostris, melanocephalus, rubrifrons, flavifrons.*

Quatrième Section. — Arêtes latérales, au-dessus des narines, à peine apparentes. La quatrième et la cinquième rémige presque égales. Bec long (des Antilles). — Espèce : *Mel. herminieri.*

**17.**

**XENOPICUS**

(Baird, *Reports of explor... from the Missis. river to the Pacif. Ocean*; 1858, IX, p. 83).

Arête latérale au-dessus des narines plutôt rapprochée, à la base, des bords que du sommet de la mandibule supérieure. Doigt *postérieur* externe un peu *plus long* que le doigt antérieur externe; les ailes allongées; le mâle sans moustaches. Corps noir, tête blanche (de l'Amérique septentrionale). — Espèce : *Xen. albolarvatus.*

**18.**

**ZEBRAPICUS**

(Malh., *Nouv. class.*, 1850).

[ou *Centurus* (Sw.)]. Bec long, mandibule supérieure un peu recourbée; les bords du bec un peu courbes; côtés comprimés vers l'extrémité qui est aiguë; arête latérale au-dessus des narines *très-rapprochée du sommet* de la mandibule supérieure et cessant d'être apparente vers la partie antérieure du bec. Ailes longues. La quatrième et la cinquième rémige sont les plus longues. Queue moyenne; tarses courts. Quatre doigts; l'antérieur externe généralement plus long que le doigt postérieur externe. Pas de huppe, mais les plumes de la nuque quelquefois plus fournies et un peu plus longues. Plumage des parties supérieures, moins la tête, *noir, rayé transversalement de bandes blanches,* et rarement d'un olivâtre clair. Parties inférieures d'un cendré blanchâtre ou d'un brun plus ou moins roussâtre, quelquefois mélangé d'olivâtre, sans raies ni bandes inférieurement. Le ventre et l'abdomen ordinairement plus ou moins colorés de rouge ou de jaune. Le bec noir. Les mâles n'ont pas de moustache et se distinguent des femelles en ayant plus de rouge sur la tête; celles-ci n'ont que l'occiput rouge, ou quelquefois n'ont aucune partie de la tête de cette couleur (de l'Amérique, des Antilles).

*(Voir la suite du Zebrapicus à la page suivante.)*

| | |
|---|---|
| (*Suite du* ZEBRAPICUS) | PREMIÈRE SECTION. — Les deux sexes ont le pourtour des yeux noir, ainsi qu'un sourcil ou une pointe triangulaire après l'œil. — Espèces : *Zeb. superciliaris, elegans, hypopolius, pucherani* (chez ce dernier, j'ai trouvé à une aile la quatrième et la troisième rémige pour plus longues pennes).<br>DEUXIÈME SECTION. — Le pourtour des yeux de la couleur des joues. — Espèces : *Zebr. carolinus, radiolatus, striatus, sancta-cruzi, brachypternus, aurifrons* (Licht.), *erythropthalmus, tricolor* (Wagl.), *rubriventris*. |
| 19.<br>GEOPICUS<br>(MALH., *Nouv. class.*, 1850). | Quatre doigts; l'antérieur externe le plus long; pas de huppe; bec large à la base, long, effilé dans le surplus, courbe au-dessus. Les mâles se distinguent par une moustache généralement de couleur rouge. Les tiges des rémiges sont jaunes ou rouge orangé en dessous et en dessus. Celles des rectrices le sont aussi quelquefois et parfois aussi les tiges noires offrent du jaune sur les latérales ou à la base seulement. Le corps est généralement rayé transversalement en dessus ou moucheté. Ces espèces marchent très-souvent sur le sol. (De l'Amérique.)<br>PREMIÈRE SECTION. A. — Espèces : *G. auratus, chrysoïdes, mexicanus, rubicatus, rupicola, chilensis, fernandinæ, ayresii* (chez l'*auratus* seul, la moustache du mâle n'est pas rouge, mais noire).<br>B. — Genre *Malherbipicus* (BONAP., *Consp. volucr. zygod.*, mai 1854). — Espèces : *G. campestris, agricola*. Espèces qui ont été parfois placées dans la 2e section B du genre *chrysopicus*.<br>C. — Le dessus du corps sans bandes ni taches. Genre *Hypoxanthus* (Bonap., *consp. volucr. zygod.*, mai 1854). — Espèces : *G. rivolii*.<br>DEUXIÈME SECTION. — Genre *Geocolaptes* (Burchell, Bonap., *Consp. volucr. zygod.*, 1854). Les tiges des rémiges et des rectrices jaunes en dessous ; corps moucheté en dessus. Marchent par troupes et vivent en bandes. Les ailes plus courtes que chez les espèces de la 1re section (de l'Afrique méridionale). — Espèce : *G. arator*. |

## 2° PICUMNINÆ.

| | |
|---|---|
| 1° GENRE PICUMNUS<br>(TEMM.). | Bec court, plus haut que large à la base, avec le sommet presque étroit et en forme de quille; les côtés comprimés vers l'extrémité qui est pointue; les arêtes latérales allongées et s'avançant jusqu'à l'extrémité qui est plutôt aiguë; les narines basales, latérales et cachées par les plumes frontales. Les ailes arrondies ayant la troisième, la quatrième et la cinquième rémige les plus longues. Queue courte et arrondie à la pointe de chaque plume. Tarses courts et recouverts de larges squammes en avant. Quatre doigts assez longs et inégaux; les deux doigts antérieurs soudés à la base aussi loin que la première phalange, et les deux autres doigts égaux en longueur; ongles longs, comprimés et recourbés (des vastes forêts de l'Amérique). — Espèces : *P. minutissimus* (Gm.), *exilis* (Temm.), *temminckii* (Lafr.), *pygmæus* (Licht.), *buffoni* (Lafr.), *albisquamatus* (d'Orb. et Lafr.), *olivaceus* (Lafr.), *cinnamomeus* (Laf.), *rufiventris* (Bon.), *squamulatus* (Lafr.), *granadensis* (Lafr.), *lafresnayi* (Verr.), *castelnau* (Malh.), *hypoxanthus* (Reich.), *guttatus* (Reich.); — (de l'Asie) *innominatus* (Burt.) ; — (de l'Afrique) *africanus* [ou *verreauxia africana* (Hartl.)]. |
| 2° GENRE PICUMNOÏDES<br>(MALH.). | Trois doigts seulement à chaque patte et inégaux; les deux doigts externes de chaque côté, d'égale longueur, et le doigt postérieur externe plutôt plus long; le doigt postérieur interne manque. Bec long, large à la base, les bords étant presque subitement comprimés vers l'extrémité qui est aiguë; l'arête latérale de chaque côté de la mandibule supérieure allongée et s'avançant jusque vers l'extrémité du bec; les narines à la base, latérales et cachées par les plumes frontales. Ailes longues atteignant à l'extrémité de la queue, dont la quatrième et la cinquième rectrice sont égales et les plus longues. Queue très-courte et arrondie; tarses courts et recouverts, squammeux en avant (de l'Inde et de ses archipels). — Espèces : *Picumn. abnormis* (Temm.), *ochraceus* (Hodgs.), *lacrymosa* (Lafr.). |

## 3° YUNCINÆ.

| | |
|---|---|
| GENRE YUNX<br>(LINN.). | Bec court, droit, avec le sommet légèrement incliné vers l'extrémité qui est plutôt aiguë; narines basales, latérales, en partie cachées par une membrane et recouvertes par les plumes frontales. Ailes moyennes, pointues, avec la première rémige plutôt plus courte que la seconde qui est la plus longue. Queue moyenne, arrondie et composée de plumes douces et flexibles. Tarses courts, en partie cachés par les plumes, mais fortement couverts de larges écailles. Doigts moyens, les deux doigts antérieurs soudés à leur base par une membrane. — Espèces : [de l'Europe, de l'Afrique (Abyssinie) et de l'Asie (Bengale, Japon)] *yunx torquilla* (Linn.) ; — (de l'Afrique) *yunx pectoralis* (Vig.), ou *ruficollis* (Licht.), ou *æquatorialis* (Rupp.). |

Quoique l'ouvrage dont je vais parler n'ait été imprimé à Washington qu'en 1858, et que je n'en ai eu connaissance qu'à la fin de l'année suivante, en France, et quoiqu'il ne traite que des Picidés des États-Unis, je crois, à raison de la célébrité des auteurs et du mérite de l'ouvrage, devoir rendre compte du système de classification des Picidés de l'Amérique septentrionale, suivi par M. Spencer F. Baird, l'un des secrétaires de l'Institut Smithsonien, auteur de la partie ornithologique, avec le concours de MM. John Cassin et George N. Lawrence (IX, p. 79 à 125), de *Explorations and Surveys for a railroad route from the Mississipi river to the Pacific Ocean*. Je profiterai de cette occasion pour rectifier, en ce qui me concerne, quelques erreurs qui proviennent de ce que j'ai le regret de ne m'être pas suffisamment fait comprendre par l'auteur américain, et de ce que celui-ci, d'ailleurs, n'a pas eu connaissance de la *dernière édition*, tirée à très-peu d'exemplaires, du travail publié en 1849, sur la classification des Picidés, dans les *Mémoires de l'Académie impériale de Metz* (p. 313 à 367).

L'auteur, après avoir donné les caractères de la sous-famille *Picinæ* et de la première section qu'il appelle *Piceæ*, décrit les espèces du genre *Campephilus* (G.-R. Gray), *Principalis* (Linn.), *Imperialis* (Gould), et indique ceux du genre *Picus* (Linn.), qu'il subdivise en:

1° *Trichopicus* (Bonap.); 2° *Dyctiopicus* (Bonap.); 3° *Phrenopicus* (Bonap.); 4° et *Xenopicus* (Baird).

Le *Picus villosus* de Linnée est divisé en grande variété des régions septentrionales et occidentales de l'Amérique, savoir:

*Picus leucomelas* (Bodd.), *Canadensis* (Gm.), *Villosus* (Forster et Sw.), *Phillipsii* (Aud.), *Septentrionalis* (Nutt.).

En variété moyenne des États du centre, savoir:

*Picus villosus* (Linn. et Vieill.), *Leucomelanus* (Wagl.), *Martinæ* (Aud.), *Rubricapillus* (Nutt.).

Enfin, en petite variété, des États du sud des États-Unis, *Picus auduboni* (Sw. et Trud.).

Puis viennent les espèces *Harrisii* (Aud.), *Pubescens* (Linn.), *Gairdneri* (Aud.), *Nuttalli* (Gamb.), *Scalaris* (Wagl.), *Borealis* (Vieill.), *Albolarvatus* (Cass.).

Le genre *Picoïdes* (Lacép.) comprend: *Arcticus* (Sw.), *Hirsutus* (Vieill.), *Dorsalis* (Baird), *Trydactylus* (Linn.).

Quant au *Lecontei* (Jones), l'auteur ne le regarde, malgré ses trois doigts, que comme une variété du *Picus pubescens* (p. 90).

Le genre *Sphyrapicus* (Baird) comprend le *Varius* (Linn.), le *Ruber* (Gm.), le *Williamsonii* (Newberry), et le *Thyroideus* (Cassin).

Le genre *Hylotomus* (Baird) comprend le *Pileatus* (Linn.), et à cette occasion, l'auteur donne à ce genre pour synonymes *Dryotomus* (Malh., *Acad. de Metz*, 1849, p. 322, *Note of Swains.*, 1851), et *Dryocopus* (Bonap., *Consp. zyg.*, 1854, *Note of Malh.)*.

C'est une erreur et voici ce qui y a donné lieu:

J'indique page 321 les caractères de mon genre 2, *Dryopicus* ou Dryopic, puis j'indique *section première*, quelques espèces, et je cite, après 1re section, *Dryotomus* (Sw.), *Dryocopus* (G.-R. Gray), comme *exemples de la synonymie des auteurs* que j'indique précisément et non comme des noms de mes genres, car je n'ai *jamais* adopté le nom de *Dryotomus*, qui appartient bien à Swainson seul, pour un genre ou une section, comme celui de *Dryocopus* à Boie et à M. G.-R. Gray d'après lui, tandis que ces synonymes ont occasionné une confusion regrettable, puisque M. Baird a pensé que ces synonymes étaient adoptés par moi.

Vient la section des *Centuræ*, commençant par le genre *Centurus* de Swainson; *Carolinus* (Linn.), *Flaviventris* (Swains.) et *Uropygialis* (Baird).

L'auteur (p. 111) dit qu'il a vu une peau dénommée *Centurus hypopolius* (Wagl.) par M. Verreaux, qui était bien le *Flaviventris* (Sw.), et que, cependant, l'oiseau nommé dans l'Isis, *Hypopolius*, par Wagler, diffère beaucoup de celui de M. Verreaux. Je n'ai pas vu les mêmes espèces, mais ce que je puis affirmer, c'est que l'*Hypopolius* de Wagler est très-rare dans les collections d'Europe et qu'il se pourrait, dès lors, qu'il y eut erreur dans la dénomination qui en a été faite. Ainsi (*Revue zoolog.*, avril 1853, p. 162, note 1), c'est à tort que le prince Bonaparte abandonne momentanément la dénomination de *Kaupii* que j'ai reprise aussitôt; il a fait erreur en prenant pour l'*Hypopolius* de Wagler une espèce différente, et je regrette beaucoup que le savant prince ait jugé utile de faire publier la note dont je parle, pour constater, en réalité, qu'il ne connaissait pas l'*Hypopolius* que le Musée de Paris ne possédait d'ailleurs point, car c'était bien une espèce nouvelle que le prince avait, *comme le rappelle M. le docteur Pucheran, au mois d'avril* 1853, dédiée à M. Kaup, directeur du Muséum de Darmstadt, et nommée *Kaupii*, nom que j'ai été heureux de conserver. Aussi, le nom d'*Uropigialis* n'ayant été publié par M. Baird qu'en *juin* 1854, dans les *Annales de l'Académie des sciences naturelles de Philadelphie*, je puis invoquer la priorité pour le nom de *Kaupii*.

M. Baird, suivant la classification des Picidés américains, passe au genre *Melanerpes* (Swains.), *Erythrocephalus* (Linn.), *Formicivorus* (Swains.), *Torquatus* (Wils.), et enfin, termine par les *Colaptes* de Swainson, *Auratus* (Linn.), *Mexicanus* (Sw.), l'*Hybridus* (Baird), que cet auteur suppose cacher plusieurs espèces, et le *Chrysoides* (Malh.).

# DEUXIÈME PARTIE.

## Histoire Naturelle DES DIVERSES ESPÈCES DE PICIDÉS.

## PREMIÈRE SOUS-FAMILLE. — LES PICINÉS

OU LES PICS DE BEAUCOUP D'AUTEURS.

### GENUS I. — MEGAPICUS* *(Malh.)*.

MEGAPICUS; MALH., *Mém. Acad. Metz*, 1848-1849, p. 317. — O. DES MURS, *Encyclop. d'hist. nat.*, 1849. — BONAP., *Consp. vol. zygod.*, 1854.
PICUS; LINN. — GMEL., *Syst. nat.* — BRISS. — LATH. — TEMM. — VIEILL. — WAGL. — G. CUV., *Règ. an.* — DUM. — LACÉP. — ILLIG., *Prodr.* — SWAINS., *Classif. of birds*, 1837, II, p. 306.
DRYOCOPUS (2e division); BOIÉ, *Isis*, 1826.
DENDROCOPUS; KOCH, 1816. — C.-L. BONAP., 1838, *a geogr. comp. list. gen.* 175, p. 39.
CAMPEPHILUS et partie du genre DRYOCOPUS; G.-R. GRAY, *a list of the gen.* 1841, p. 54. — *The gen. of birds*, 1845.
DRYOTOMUS en partie; BP. *ex* SW. *Consp. vol. zygodact.*, 1854.

### GENRE I. — LES MÉGAPICS *(Malh.)*.

Bec fort, allongé, parfaitement conique et droit; la base étant plus large que haute. Le sommet de la mandibule supérieure forme une arête saillante. Une *arête latérale*, très-saillante, s'étend au-dessus des narines, d'abord parallèlement au sommet du bec jusqu'à plus des deux tiers environ de sa longueur, puis s'infléchit pour se relever bientôt jusqu'à l'extrémité. Au-dessous de cette arête existe un *sillon profond*, à la base duquel sont situées les narines, et qui s'étend aussi jusqu'à l'extrémité du bec.

Les bords de la mandibule supérieure sont renflés et offrent à la base une seconde arête, légèrement saillante, qui se retrouve vers l'extrémité du bec.

La mandibule inférieure est très-renflée sur ses côtés, puis subit une dépression considérable et se relève au milieu de sa partie inférieure pour former une arête saillante.

*L'arête latérale, commençant de chaque côté, au-dessus des narines, et le sillon qui est au-dessous, sont plus rapprochés des bords que du sommet de la mandibule supérieure.*

Les narines basales, latérales, sont cachées par des plumes raides, effilées et dirigées en avant. Le menton, couvert de plumes serrées, s'avance sous la mandibule inférieure, sur une étendue du quart au tiers de la longueur totale du bec depuis la commissure; des touffes de plumes raides et rebroussées recouvrent la base et les côtés de la mandibule inférieure. Une huppe, généralement longue et quelquefois très-longue, soyeuse et effilée; ailes longues

* ΜΕΓΑΣ (grand) *PICUS* (nom d'homme).

et généralement aiguës; les rémiges les plus longues sont ordinairement placées dans l'ordre 4, 5, 6, 3, quelquefois dans l'ordre 4, 5, 3, 6, la quatrième rémige étant la plus longue, et rarement dans l'ordre 5, 6, 4, 3, ces diverses rémiges différant peu entre elles dans tous les cas. Queue très-longue, étagée et à baguettes très-raides et aiguës. Tarses courts et scutellés. Quatre doigts inégaux, deux en avant et deux en arrière; *le doigt postérieur externe beaucoup plus long que le doigt antérieur externe.* Ongles longs et très-recourbés.

Plumage, 1° noir sur les parties inférieures et sur la majeure partie des parties supérieures; ces dernières ont quelquefois du blanc sur le dos, sur le cou et sur les ailes;

2° Noir au-dessus, avec un peu de blanc, le dessous rayé transversalement de noir et de roux;

3° Les ailes noires tachées de roux ou de blanc, le dos blanc, orange, ou rouge et noir; les parties inférieures rouges, rousses ou brunes, ou rouge et noir.

Les *mâles n'ont pas de moustache rouge sur les côtés de la mandibule inférieure,* et se distinguent des femelles, soit en ayant tout le dessus et quelquefois en outre les côtés de la tête d'un rouge vif, soit en ayant seulement la huppe occipitale de cette couleur, lorsque les femelles ont toute la tête et une huppe noires, ou la tête brune, soit en ayant la tête et le cou rouges lorsque les femelles portent une moustache blanche, soit enfin en ayant une bande rouge sur les côtés du cou.

Ce genre ne comprend que des *espèces d'une forte taille,* généralement de l'*Amérique* et rarement des *îles de la Sonde.*

## PREMIÈRE SECTION.

SOUS-GENRE MEGAPICUS *de* Bonap., *Consp. volucr. zygod. 1854.*

Les rémiges les plus longues sont dans l'ordre 4, 5, 3, 6. La *femelle possède une huppe occipitale* de couleur uniforme, très-longue, soyeuse, effilée, *plus longue que celle du mâle.* Celui-ci a une double huppe; celle commençant au front, de couleur noire; la seconde, qui couvre l'occiput et la nuque, de couleur rouge.

Cette section comprend les *géants des Picidés,* qui sont originaires de l'*Amérique septentrionale.*

## MEGAPICUS IMPERIALIS.

PICUS IMPERIALIS; Gould, *Proceed. zool. soc. Lond.*, 1832, p. 140 et 1856, p. 63. — Less., *Compl.* Buff., IX, p. 317. — Aud., *Orn. biogr.*, V, p. 313. — De Kay, *Nat. hist. New-York*, 1843, *aves*, p. 193.

CAMPEPHILUS IMPERIALIS; G.-R. Gray, *Gen. of birds; — Cat. gen. brit. mus.*, p. 92, 1855. — Rchb., *Handb. sp. orn.*, p. 390, n° 897; pl. dcxlvi, fig. 4314, le mâle; 1856.

DRYOCOPUS IMPERIALIS; Bp., *Consp. gen. av.*, p. 132; 1850.

MEGAPICUS IMPERIALIS; Malh., *Mém. acad. Metz*, 1848-1849, p. 318. — Bp., *Consp. vol. zyg.*, 1854.

DRYOTOMUS IMPERIALIS; Cass., *Illust. birds Calif.*, 1855, p. 285, pl. 49; le mâle.

Mas. Rostro eburneo-albo; occipitis cristâ in verticis medio incipiente, elongatâ, coccineâ, superius nigrâ; fronte, collo, dorso supremo, caudâ totâ et cœtera corporis pilosi unicoloribus nigris, nitore chalybeo-splendentibus. Maculâ triangulari interscapulari, remigibus secundariis, alarumque tectricibus inferioribus candidis. Remigibus sextuor primariis nigris, cœteris nigris, rachibus internis albis.

Fœmina differt cristâ occipitali elongatissimâ, nigrâ, nitore chalybeo splendente, e plumis longissimis, latiusculis, fluitantibus compositâ.

## LE MÉGAPIC IMPÉRIAL.

**PLANCHE I**, Fig. 1, le mâle; Fig. 2, la femelle; Fig. 3, bec de la femelle vu en dessus.

Ce magnifique grimpeur, le géant des picidés, a été décrit sommairement par M. Gould, qui l'a reçu de ce petit district exploré de la Californie qui borde le territoire du Mexique actuel.

Jusqu'à la découverte de cet oiseau, le mégapic à bec d'ivoire (*meg. principalis*) était cité par tous les auteurs comme le plus grand des picidés; mais ce dernier a été détrôné du premier rang qu'il occupait par un successeur qui méritait bien assurément le titre majestueux que lui a décerné l'auteur des oiseaux de l'Australie et de tant d'autres admirables publications.

Nous n'avons encore aucun renseignement relativement aux mœurs et à la nidification de ce grimpeur; mais tout porte à croire qu'elles sont les mêmes que chez l'espèce suivante, qui a d'ailleurs avec celle-ci une si grande analogie pour la forme et pour la coloration. M. Townsend annonce seulement qu'il a observé dans les Montagnes Rocheuses, sur des pins très-élevés, plusieurs exemplaires d'un grand pic noir dont le cri était exactement le même que celui de l'*erythrocephalus;* que cette espèce, *environ* de la taille du *principalis,* dit-il, avait le dos et les ailes traversés par une large bande blanche. M. Townsend, qui n'a pu retrouver l'exemplaire qu'il avait au moins blessé, et qui a dû le tirer de fort loin, n'a pu reconnaître, par suite, que cet oiseau avait une taille beaucoup plus grande que celle du *principalis;* toutefois, il est très-probable que c'était bien l'*imperialis* qu'il chassait ainsi, le 14 août 1834, près de la rivière Mallade, dans les Montagnes Rocheuses.

Le mégapic impérial se distingue du mégapic *principalis:* 1° par sa taille supérieure d'environ 15 centimètres à celle du *principalis;* 2° par sa huppe plus longue, dont les plumes soyeuses et flottantes ont environ 6 centimètres de long chez le mâle et plus de 9 centimètres chez la femelle; 3° par l'absence de la bande blanche qui orne les côtés du cou du mégapic *principalis;* 4° enfin par les plumes noires piliformes qui recouvrent ses narines, tandis que les mêmes plumes sont blanches chez le *principalis.*

Caractères. Taille très-grande; bec droit, très-fort, large à la base, comprimé sur les côtés vers l'extrémité, qui est en forme de coin; la mandibule supérieure, vers la base, a environ 30 millimètres de large. Les arêtes, au-dessus des narines, sont très-saillantes et s'étendent en ligne droite, parallèlement au sommet du bec, jusqu'aux deux tiers de sa longueur, puis faisant un angle, elles se dirigent vers l'extrémité du bec, le long des bords. Ces arêtes sont beaucoup plus rapprochées du bord que du sommet de la mandibule supérieure. Il existe également de chaque côté de la mandibule inférieure une arête peu apparente, parallèle à l'arête saillante inférieure de cette mandibule et qui se termine en suivant le bord du bec, comme cela arrive à la mandibule supérieure.

La langue s'étend à neuf centimètres au delà de la pointe du bec et son extrémité, sur une longueur de 22 millimètres, est cornée et blanche comme le bec. Cette partie cornée est garnie de chaque côté dans les deux tiers de sa longueur, de piquants dirigés en arrière, qui doivent merveilleusement faciliter à l'oiseau l'appréhension des insectes auxquels il donne la chasse.

Les narines sont ovales et recouvertes par une forte touffe de soies raides et dirigées en avant.

Le menton, garni de plumes serrées, est terminé par une large touffe de soies dirigées en avant, et s'avance sous la mandibule inférieure jusqu'à 35 millimètres au delà de la commissure du bec.

Le mâle a une double huppe, l'une supérieure, assez courte, formée des plumes du front; l'autre inférieure, d'une couleur différente, de forme triangulaire et assez longue, formée des plumes du vertex et de quelques plumes de l'occiput.

La femelle a la huppe d'une seule couleur, très-longue, composée de plumes déliées, soyeuses, bouclées en avant vers l'extrémité.

Les ailes sont très-longues, aiguës et composées de plumes raides. La quatrième rémige primaire (en comptant la première ou plus petite rémige, qui n'a que 9 centimètres), est la plus longue, et excède de fort peu la cinquième rémige, qui, elle-même, diffère peu de la troisième et de la sixième; la deuxième rémige a environ 45 millimètres de moins que la quatrième.

La queue est longue, étagée, composée de douze rectrices très-fortes dont les tiges ont l'aspect de fanons de baleine; ces tiges, ainsi que les barbes, sont très-raides et les rectrices intermédiaires, convexes au-dessus, présentent au-dessous la forme de cheneaux dans les six pennes intermédiaires; ces rectrices sont échancrées à l'extrémité et elles ont la forme d'un V renversé ou Λ.

Les tarses sont moyens et les doigts longs, forts, scutellés au-dessus; quatre doigts inégaux; le doigt postérieur externe, le plus long de tous, est beaucoup plus long que le doigt antérieur externe. Ongles longs, aigus, déprimés sur les côtés.

Coloration. *Le mâle adulte;* bec d'un beau blanc de corne uniforme et légèrement lavé de bleuâtre à la base de la mandibule inférieure. Les plumes piliformes qui recouvrent les narines sont noires. Le front et une huppe frontale de forme triangulaire sont d'un noir glacé de bleuâtre. Cette huppe recouvre jusqu'à près de moitié de sa longueur une plus large huppe d'un beau rouge cinabre qui excède la première d'environ quatre centimètres; le rouge commence au-dessus de l'œil et s'étend de chaque côté de l'occiput en couvrant entièrement cette dernière partie. Les côtés de la tête, le cou, toutes les parties inférieures, le dos, le croupion, les couvertures caudales et les tectrices alaires supérieures sont d'un noir glacé de bleuâtre; de chaque côté de l'épaule descend une bande d'un blanc pur d'environ onze centimètres de long, qui s'arrête au milieu du corps, sans se réunir l'une à l'autre. Les six premières rémiges sont noires; la septième rémige est noire, mais elle a un petit rebord blanc vers l'extrémité de la barbe externe, tandis que la barbe interne a un long espace de la même couleur; la huitième rémige a son extrémité blanche sur les deux barbes, le blanc étant deux fois plus étendu sur la barbe interne. Toutes les rémiges secondaires sont noires à la base et d'un blanc de neige sur plus de moitié de leur longueur. Les couvertures inférieures des ailes sont également blanches. Tectrices caudales et la queue noires; les tiges des rectrices d'un noir lustré comme celles des rémiges; les tarses et les doigts sont d'un gris bleuâtre foncé; les ongles d'un gris blanchâtre de corne.

*La Femelle* diffère du mâle par l'absence de rouge à la tête, sa huppe et tout l'occiput étant d'un noir bleuâtre uniforme, comme le reste de la tête; sa huppe soyeuse est beaucoup plus longue que chez le mâle, et elle a neuf centimètres, au moins, d'étendue. Les dimensions générales de la femelle que je possède sont un peu moindres que celles du mâle.

Habite la Californie, les Montagnes Rocheuses, le Mexique, selon MM. Gould, Townsend et Audubon. Les exemplaires de la collection de Philadelphie sont aussi originaires du Mexique. M. Cassin pense que ce géant des picidés habite les immenses forêts qui ombragent les pentes des Montagnes Rocheuses, dans les possessions américaines, et de la Sierra Madre au Mexique, régions dans lesquelles les arbres atteignent aussi des proportions gigantesques, puisque des voyageurs, dont la véracité ne saurait être mise en doute, annoncent avoir assez fréquemment observé des arbres de 250 à 350 pieds anglais de hauteur (83 à 106 mètres environ).

| DIMENSIONS. | MALE. | | | | FEMELLE. | | | |
|---|---|---|---|---|---|---|---|---|
| Longueur totale de l'extrémité du bec à celle de la queue | 66 | centim. | » | mill. | 62 | centim. | » | mill. |
| — de la commissure à l'extrémité du bec | 8 | — | 5 | — | 8 | — | 4 | — |
| — du front à l'extrémité du bec | 7 | — | 7 | — | 7 | — | 3 | — |
| — de l'aile pliée | 32 | — | 8 | — | 31 | — | » | — |
| — de la queue | 23 | — | » | — | 22 | — | » | — |
| — du tarse | 4 | — | 3 | — | 4 | — | 3 | — |
| — du doigt postérieur externe (sans l'ongle) | 4 | — | 5 | — | 4 | — | 3 | — |
| — de l'ongle (mesuré en suivant la courbure) | 3 | — | 2 | — | 3 | — | » | — |
| — du doigt antérieur externe | 3 | — | 4 | — | 3 | — | » | — |
| — de l'ongle | 3 | — | 3 | — | 3 | — | » | — |
| — du doigt antérieur interne | 2 | — | 4 | — | 2 | — | 2 | — |
| — de l'ongle | 2 | — | 9 | — | 2 | — | 8 | — |
| — du doigt postérieur interne | 2 | — | » | — | 1 | — | 8 | — |
| — de l'ongle | 2 | — | » | — | 1 | — | 8 | — |

Cette belle espèce est fort rare dans les musées d'Europe, comme le sont, au reste, les oiseaux propres à la Californie. Je n'en ai encore vu que deux paires, l'une dans la collection de la Société zoologique de Londres, l'autre dans ma propre collection. Elle existe aussi dans la riche collection de l'Académie de Philadelphie et un mâle se trouve au Museum de Dresde.

---

## MEGAPICUS PRINCIPALIS.

PICUS PRINCIPALIS; Linn., *Sys. nat.* 1767, I, p. 173, *spec.* 2. — Gmel., *Syst.*, I, p. 425, *sp.* 2. — Lath., *Ind. orn.*, I, p. 225, nº 3 et *syn.*, II, p. 553. — Wagl., *Syst. av. sp.*, I. — Wils., *Amer. orn.*, IV, p. 20, pl. 29, fig. 1, le mâle en entier; tête et cou d'un autre mâle. — Wils. et Br., *Amer. orn.*, II, p. 8. — Br., *Syn.*, p. 44. — Swains., *Class. of birds*, II, p. 306. — Valenc., *Dict. sc. nat.* 1826, XL, p. 177. — Vieil., *N. Dict.* 2e édit., XXVI, p. 76. — *Id. Encycl.*, p. 1307. — G. Cuv., *Règ. an.*, 1829, I, p. 450. — Vieil., *Ois. Amér. sept.*, II, p. 56, pl. 109, le mâle. — Drap., *Dict. class.*, XIII, p. 495. — Less., *Compl.*, IX, p. 325. — *Id.*, *Trait. d'orn.*, p. 229. — Ram. Sagra et d'Orb., *Hist. nat. Cuba*, p. 140, nº 61, 1839. — J.-E. de Kay, *Nat. hist. New-York*, 1843, *aves*, p. 193. — Aud., *Orn. biogr.*, I, p. 341; V. *append.*, p. 525; *Birds of Amer. all. fol. max.*, pl. 66, fig. 1, le mâle; fig. 2 et 3, femelles.

PICUS MAXIMUS *rostro albo;* Catesb., *Nat. hist. Carol.*, I, p. 16, pl. 16, le mâle.

PICUS IMBRIFŒTUS; Nieremb. — Willugh., p. 301.

PICUS NIGER CAROLINENSIS; Briss., IV, p. 26, *sp.*, 9.

CAMPEPHILUS PRINCIPALIS; G.-R. Gray, *List. of gen.* — *Id.*, *The gen. of birds.* — *Id.*, *Cat. gen. brit. mus.*, p. 92, 1855. — Reich., *Handb. spec. orn.*, p. 390, nº 898; pl. dcxlvi, fig. 4315, 4316, mâle et femelle; 1856.

MEGAPICUS PRINCIPALIS; Malh., *Mém. acad. Metz*, 1848-1849, p. 318. — Br., *Consp. vol. zyg.*, 1854.

DRYOCOPUS PRINCIPALIS; Boié. — Bp., *Consp. gen. av.*, 1850, p. 132.

Mas adultus. Rostro eburneo; occipitis cristâ conicâ, in verticis medio incipiente, magnâ, coccineâ, superius nigrâ; tœniâ largâ infra oculos ortâ, versus colli latera et ad dorsum infimum ductâ, remigibusque secundariis candidis; fronte, dorso supremo, caudâ totâ et cœterâ corporis ptilosi unicoloribus nigris, non nihil ad virescens vergentibus; pedibus griseis.

Fœmina adulta Mari simillima, nisi staturâ parum minore, ptilosi minus nitida, cristâ totâ elongatissimâ virescenti-nigrâ.

## LE MÉGAPIC A BEC D'IVOIRE.

**PLANCHE I**, Fig. 4, le mâle; Fig. 5, la femelle (réduits aux 3/8 environ).

PIC A BEC D'IVOIRE; VAL., *Dict. sc. nat.*, 1826, XL, p. 177. — DRAP., *Dict. class. hist. nat.*, XIII, p. 495.
IVORY-BILLED WOODPECKER; LATH., *Syn.*, II, p. 553. — WILS. et BP., *Amer. orn.*, II, p. 8. — AUD., *Loco citato.*
WHITE-BILLED WOODPECKER; PENN., *Arct. zool.*, II, p. 314.
THE LARGEST WHITE-BILL WOODPECKER; CAT., *Carol.*, I, p. 16, pl. 16, le mâle.
GRAND PIC NOIR A BEC BLANC; BUFF., *Ois.*, VII, p. 46. — VIEIL., *N. dict.*, 2e édition, XXVI, p. 76. — *Id. Encycl.*, p. 1307. — RAM. SAGRA et D'ORB., *Hist. Cuba*, p. 140, n° 61.
GRAND PIC NOIR A BEC BLANC DE LA CAROLINE; HOL., *Abr. d'hist. nat.*, III, p. 401, le mâle; 1790.
PIC NOIR A BEC BLANC; VIEIL., *Ois. Amér. sept.*, II, p. 56, pl. 109, le mâle.
PIC NOIR HUPPÉ DE LA CAROLINE; BRISS., *Orn.*, IV, p. 26. — BUFF., *pl. enl.* 690, le mâle.
CARPINTERO REAL; *Nom vulg., à Cuba.*

Ce grimpeur, qui, avant la découverte de l'espèce précédente, occupait le premier rang dans la famille des picidés, est aussi connu des naturalistes en Europe que dans l'Amérique septentrionale. On ne le trouve néanmoins que dans quelques parties des Etats-Unis, et le nord de la Caroline paraît sa limite septentrionale de ce côté, quoiqu'il ait été observé accidentellement jusque dans le Maryland et, en très-petit nombre, dans la Virginie. Latham et Pennant prétendent qu'il habite aussi le Brésil; mais il est certain que c'est une erreur. On ne le trouve pas, dit Audubon, dans les Etats du centre de l'Union, quoiqu'il soit très-répandu dans les parties basses de la Caroline du Sud, dans le Kentucky, le Missouri, le Tennessee, l'Allabama, la Géorgie, le Mississipi, la Louisiane, le Texas et le district des Osages, notamment dans le parcours du Mississipi jusqu'à l'Ohio et sur les rives de l'Arkansas et du Missouri. A l'ouest du Mississipi, il est assez commun dans toutes les forêts épaisses situées près des cours d'eau qui se jettent dans ce beau fleuve, depuis les versants abruptes, à l'est des Montagnes Rocheuses. Je suis assez porté à croire qu'il ne se rencontre plus dans la Californie et dans l'Orégon où il paraît remplacé par l'*imperialis*.

Ce mégapic affectionne les localités boisées et les marais sauvages dans lesquels il peut vivre paisiblement, nicher en toute sécurité et trouver une nourriture abondante. Il n'émigre point, selon Audubon, et on le voit toute l'année dans les parties basses des états que j'ai déjà indiqués. M. Ramon de la Sagra nous apprend que cette espèce se trouve dans l'île de Cuba où elle se tient dans les montagnes et dans les lieux les plus sauvages; mais le même auteur pense qu'elle n'est que de passage aux Antilles. M. le docteur Gundlach, dans sa *Revue des oiseaux de Cuba (Beitræge zur Ornithologie Cuba's; journ. für ornith.* **1856**, p. **102**) annonce que ce mégapic se voit rarement dans l'île de Cuba, ce qui se conçoit, puisqu'il n'habite que les lieux les plus sauvages; toutefois, le même auteur ajoute: « qu'il y niche; » ne pourrait-on pas supposer que l'espèce habite en petit nombre, et toute l'année, l'île de Cuba?

Le vol du mégapic à bec d'ivoire est gracieux, quoique rarement prolongé d'un seul trait à plus de cinquante ou cent mètres, à moins qu'il n'ait à traverser un bras de mer ou un grand fleuve; son vol s'effectue alors en étendant entièrement les ailes, qu'il replie subitement pour se donner une nouvelle impulsion. S'agit-il seulement de se rendre d'un arbre sur un autre? Si la distance n'excède pas trente à quarante mètres environ, l'oiseau donne un simple coup d'aile et semble se balancer mollement d'un arbre à l'autre, en décrivant une courbe élégante et en étalant tout l'éclat de son plumage.

Il ne profère jamais de cris lorsqu'il vole, à moins que ce ne soit à l'époque des amours; mais, en toute autre saison, dès qu'il est posé, il fait entendre à chaque saut sa voix remarquablement forte que Wilson compare au son d'une trompette, ou au son aigu d'une clarinette qui peut s'entendre à une très-grande distance. Lorsqu'il s'agite dans les parties supérieures d'un arbre, sa voix est claire et bruyante, mais un peu plaintive; et le cri ***pait, pait, pait,*** ordinairement répété trois fois de suite, résonne sans cesse dans la solitude des forêts, lorsqu'il grimpe sur un tronc ou perfore quelque arbre.

Le mégapic à bec d'ivoire niche au printemps avant les autres espèces ses congénères. C'est au commencement de mars qu'il perfore, dans quelque cyprès ou dans quelque autre arbre très-élevé, un trou qu'il destine à devenir son nid. Il fait attention à la situation particulière de l'arbre, à l'inclinaison du tronc, parce qu'il désire la solitude et qu'il veut préserver de l'eau l'ouverture du nid pendant les grandes pluies. Pour parer à cet inconvénient qui compromettrait sa nichée entière, il choisit la partie du tronc qui est située immédiatement sous l'une des grosses branches latérales de l'arbre. Il perfore d'abord son trou horizontalement avec une profondeur de quelques pouces, puis il descend presque à angle droit et non en spirale, comme le croient quelques personnes. Cette cavité est plus ou moins profonde, selon les circonstances, souvent n'ayant pas plus de 25 ou 30 centimètres, tandis que quelquefois elle en a 90. Cette différence provient du plus ou moins d'urgence qu'éprouve la femelle à déposer ses œufs et l'on a remarqué que plus ces mégapics sont avancés en âge, plus ils donnent de profondeur à leur trou. Le diamètre moyen de ces nids, à l'intérieur, est de 15 à 16 centimètres, quoique l'entrée, qui est parfaitement ronde, soit juste assez grande pour donner accès à l'oiseau. Les deux sexes travaillent très-assidûment à cette excavation, l'un des conjoints restant au dehors comme pour encourager l'autre et le remplaçant dès qu'il est fatigué. Si vous appuyez l'oreille contre l'arbre, vous distinguez facilement chaque coup de bec porté au cœur du tronc. Ces grimpeurs viennent-ils à découvrir un chasseur au pied de l'arbre qu'ils perforent, ils interrompent leur travail aussitôt et font choix d'un autre arbre.

La première ponte est ordinairement de six œufs d'un blanc pur que la femelle dépose sur quelques menus copeaux au fond du trou qu'elle a creusé en partie. Ces œufs, de la taille de ceux des jeunes poules, sont également gros aux deux bouts, selon Wilson. La seconde ponte a lieu vers le 15 août; mais, dans le Kentucky, ainsi que dans l'état d'Indiana, le mégapic à bec d'ivoire a rarement plus d'une ponte par an. Les jeunes au nid grimpent jusque hors de leur trou, une quinzaine de jours avant de s'aventurer à voler sur un autre arbre.

La nourriture de cet oiseau consiste principalement en scarabées, en larves et en gros vers. Il mange avec une grande avidité les fruits sauvages dès qu'ils sont mûrs; on le voit quelquefois suspendu par les ongles après des ceps de vigne, dans la position d'une mésange *(parus)* et dévorant les raisins avec empressement. Jamais il ne s'attaque au maïs ni aux fruits des vergers, quoique, quelquefois, on le voie arrachant l'écorce d'arbres situés dans des plantations voisines des fermes. Rarement il descend à terre et il préfère se tenir sur la cime des grands arbres. Lorsqu'il vient à découvrir un tronc pourri, à demi-brisé et creux, il le déchire de telle sorte, qu'en peu de jours il peut occasionner sa chute.

La force de ce mégapic est telle, que d'un seul coup de bec, on l'a vu arracher des lambeaux d'écorce de 18 à 20 centimètres de long, et, en commençant par la branche élevée d'un arbre mort, il en enlevait l'écorce en peu d'heures, sur une longueur de 7 à 10 mètres. Il frappe alors à coups redoublés à droite et à gauche, écoutant ensuite pour reconnaître la place précise où les insectes sont cachés, et recommençant aussitôt avec une nouvelle ardeur, tout en proférant sans cesse son cri bruyant.

Cette espèce vit par couple, même lorsque les jeunes ont quitté leurs parents. Elle n'attaque des arbres sains que pour creuser son nid, et elle les dépouille avec soin des insectes qui les rongent et les feraient périr. Il est donc permis de douter si elle est nuisible, car on sait les ravages terribles que les insectes occasionnent dans les forêts. Souvent le mâle et la femelle vont passer la nuit dans le trou qui avait servi de nid à leurs petits quelque temps avant.

Le mégapic à bec d'ivoire vient-il à être seulement blessé par un coup de feu et à tomber sur le sol, il grimpe aussi rapidement que possible et en spirale autour de l'arbre le plus voisin; puis, arrivé au sommet, il se tapit dans le feuillage au point de ne pouvoir être découvert. Il se cramponne quelquefois si fortement à l'écorce à l'aide de ses ongles, qu'il demeure suspendu plusieurs heures après sa mort. Malheur au chasseur imprudent qui viendrait, par hasard, saisir avec la main cet oiseau lorsqu'il n'est que blessé, car celui-ci le frapperait avec une grande violence et lui occasionnerait de cruelles blessures à l'aide de son puissant bec et de ses ongles extrêmement forts et aigus.

La tête et le bec de ce grimpeur sont très-recherchés par les Indiens de l'Amérique septentrionale, qui les regardent comme amulettes et comme un ornement pour leur costume de guerre ou pour les gibecières des chasseurs. J'en ai vu qui étaient disposés de la sorte sur les costumes des Osages qui sont venus en Europe, il y a quelques années.

J'ai respecté le nom latin et le nom français donnés par les auteurs à ce grimpeur, quoique le premier de ces noms, ***principalis,*** appartînt plutôt aujourd'hui à l'espèce précédente, et que le second pût également lui appartenir, le bec de l'*imperialis* étant aussi de couleur d'ivoire.

Caractères. Bec fort, long, droit, polyèdre, comprimé et tronqué à l'extrémité; arête au sommet du bec, celle au-dessus des narines et celle au-dessous de la mandibule inférieure très-saillantes; côtés de la mandibule inférieure renflés et arrondis; la mandibule supérieure renflée vers la base et dépassant l'inférieure. Narines basales, ovales, recouvertes par des plumes ou plutôt des soies raides, dirigées en avant; menton au niveau de la mandibule, couvert de plumes serrées, précédé de soies raides dirigées en avant, et s'avançant sous cette mandibule à moins du quart de la longueur totale du bec, mesurée de la commissure; langue pouvant s'avancer à huit centimètres au moins au delà de la pointe du bec et ayant son extrémité blanche et cornée sur une longueur de près de 20 millimètres; cette partie cornée est garnie de chaque côté, sur les deux tiers de sa longueur, de piquants ou dents de scie.

Tête longue; cou long et délié; corps robuste; plumage serré et lustré; plumes de la tête allongées et érectiles; le mâle a une huppe de deux couleurs; la femelle l'a d'une seule couleur.

Ailes longues et aiguës; la quatrième et la cinquième rémige sont les plus longues et diffèrent peu; la troisième rémige n'a que 5 millimètres de moins, tandis que la sixième est d'un centimètre moins longue que la cinquième rémige; la deuxième rémige a 3 centimètres de moins que la troisième, et la première n'a que 75 millimètres de long. Audubon et M. G.-R. Gray ne tenant pas compte de cette première rémige si courte, indiquent la troisième et la quatrième rémige comme étant les plus longues.

Queue longue, étagée, composée de douze pennes, à tiges raides, usées à l'extrémité par le frottement contre l'écorce des arbres; et toutes, à l'exception de la première rectrice de chaque côté, recourbées en dessous en forme de cheneau.

Pieds plutôt courts et robustes. Tarses forts, scutellés au-devant, écailleux sur les côtés. Deux doigts devant et deux derrière; le doigt postérieur interne le plus court, et le doigt postérieur externe beaucoup plus long que tous les autres doigts. Ongles forts, très-courbes et aigus. L'oiseau emplumé pèse un kilogramme 122 grammes.

Coloration. *Le Mâle adulte;* bec d'un blanc d'ivoire; iris d'un jaune brillant; la couleur générale du plumage est noire, avec un beau reflet verdâtre plus lustré au-dessus. Plumes piliformes recouvrant les narines et garnissant chaque côté du front d'un blanc soyeux. Le front, et une huppe supérieure assez longue, d'un noir à reflets verdâtres; huppe inférieure du vertex et de l'occiput, excédant la première, ainsi que quelques plumes de la nuque, d'un beau rouge écarlate; toutes les plumes rouges ont leur base noire et sont blanches au milieu. Une bande, d'un blanc neigeux, d'abord étroite et bientôt large, commence au-dessous de la région parotidée, descend de chaque côté derrière le cou, et de chaque côté du dos sans excéder les scapulaires. Les six premières rémiges primaires (y compris la plus petite), sont entièrement noires; les autres sont noires depuis la base jusqu'à plus de la moitié de la penne, le reste étant d'un blanc éclatant. Les rémiges secondaires ne sont pas entièrement blanches, comme le dit Audubon, car elles ont toutes, vers la base, un grand espace noir, plus ou moins grand; mais toute la partie qui excède les scapulaires est aussi d'un blanc éclatant, de telle sorte que lorsque les ailes sont fermées, la partie postérieure du dos semble blanche, quoiqu'elle soit noire en réalité. Tectrices inférieures des ailes d'un beau blanc; queue noire; tout le reste du plumage d'un noir à reflets verdâtres; pieds d'un bleu grisâtre.

*La Femelle adulte* ressemble au mâle; mais toute la tête et la huppe sont noires.

*Les Jeunes* sont d'abord tous de la couleur de la femelle; mais ils manquent de la huppe qui croît rapidement, et, vers l'automne, les jeunes, de la première nichée surtout, l'ont presque aussi longue que celle de leur mère.

Les mâles prennent alors une bande légère de rouge sur le derrière de la tête, et ce n'est qu'au printemps suivant qu'ils revêtent leur belle livrée. Ils n'acquièrent même toute leur taille qu'à la seconde année. On remarque facilement la différence de grandeur qui existe entre les jeunes d'un an et ceux qui sont plus vieux.

Habite une assez grande partie de l'Amérique septentrionale; de passage dans l'île de Cuba.

DIMENSIONS.

| | |
|---|---|
| Longueur totale | 530 millimètres. |
| — du bec, de la commissure à l'extrémité du bec | 75 mill. à 80 mill. |
| — du bec, des narines à l'extrémité du bec | 66 — |
| — de l'aile pliée | 255 — |
| Envergure | 765 — |
| Longueur de la queue | 170 — |
| — du tarse | 40 — |
| — du doigt postérieur externe (sans l'ongle) | 37 — |
| — de l'ongle (mesuré en suivant la courbure) | 28 — |
| — du doigt antérieur externe | 31 — |
| — de l'ongle | 30 — |
| — du doigt antérieur interne | 25 — |
| — de l'ongle | 26 — |
| — du doigt postérieur interne | 18 — |
| — de l'ongle | 20 — |

Se trouve dans la plupart des grandes collections; notamment dans celles de Paris, de Londres, de Leyde, de Berlin, de Vienne, de Francfort-sur-Mein, de Lyon, de Genève, de Bruxelles, de Stockholm, de Metz, de Lille. Dans ma collection.

---

## DEUXIÈME SECTION.

SOUS-GENRE A. — MEGAPICUS; Bp., *Consp. vol. zygod.*

Les rémiges les plus longues sont dans l'ordre 5, 6, 4, 3. La femelle possède une huppe occipitale soyeuse plus longue que celle du mâle.

L'espèce unique qui forme cette section est originaire *du Sud de l'Amérique méridionale.*

Le mâle a toute la tête et la huppe rouges.

### MEGAPICUS MAGELLANICUS.

PICUS MAGELLANICUS; King., *Anim. Magel.*, *zool. journ.*, III, p. 430, 1827-1828; la femelle. — Wagl., *Isis*, 1829, p. 509. — Jard. et Selb., *Illust. orn.*, III, pl. 105, le mâle. — Vig., *Proc. zool. soc. Lond.*, 1841, IX, p. 94. — Lafr., *Rev. zool.*, 1843, p. 3, pl. 31, la femelle. — Gay, *Hist. fis. Chile*, 1847; *zool.*, 1, p. 372, le mâle.
PICUS JUBATUS; Lafr., *Rev. zool.*, 1841, p. 242, la femelle.
CAMPEPHILUS MAGELLANICUS; G.-R. Gray, *Gen. of birds.* — Rchb., *Handb. spec. orn.*, p. 391, nº 899, pl. DCXLV, fig. 4312, 4313, mâle et femelle.
DRYOCOPUS MAGELLANICUS; Bp., *Consp. gen. av.*, I, p. 133, 1850.
MEGAPICUS MAGELLANICUS; Malh., 1849, *Mém. Acad. Metz.* — Bp., *Consp. vol. zyg.*, 1854.

Mas adultus; capite cristato toto et collo coccineis, plumis basi nigris, ptilosi reliqua nigra aut chalybeo-nigra; remigibus intùs versus basin albo limbatis; tectricibus alarum inferioribus albis, non nullis versùs flexuram nigris; rostro pedibusque nigris; irido flavâ.
Fœmina; capite, cristâ longissimâ, laxâ, sericeâ, colloque chalybeo-nigris, capistro tantùm coccineo.

### LE MÉGAPIC DE MAGELLAN.

**PLANCHE II**, Fig. 1, le mâle adulte; Fig. 2, la femelle; Fig. 3, la quatrième rémige primaire.

LE PIC PATAGONIEN; *Mus. de Francf.-s.-Mein.*
LE PIC DE MAGELLAN; Lafresn., *Rev. zool.*, 1843, p. 3.
RERE, CONCONA O CARPINTERO DE CABEZA COLORADA; Gay, *Hist. Chile*, I, p. 372.

Trois mâles et deux femelles de ce beau mégapic ont été tués au port Famine par le capitaine King, lors d'un séjour qu'il fit sur la côte du détroit de Magellan, et ce navigateur les adressa à M. Vigors qui en publia la description dans le *Journal zoologique.* En 1841, le même ornithologiste parlant du mégapic de Magellan, qui avait été trouvé dans les forêts de Roble, dans les Andes, indique, d'après le voyageur qui lui avait envoyé cet oiseau, la couleur de l'iris comme étant *brune,* tandis que le capitaine King annonce que l'iris est *jaune.* Je penchais déjà pour cette dernière opinion, parce qu'elle était plus en harmonie avec ce que nous savons exister chez les autres mégapics et dryopics américains dont la couleur de l'iris nous est connue, tels que le *principalis,* l'*albirostris,* le *lineatus,* etc., lorsque, en 1843, l'indication du capitaine King a été confirmée par M. Gay, qui a rapporté du Chili au Museum de Paris plusieurs grimpeurs de l'espèce dont nous nous occupons, et qui a indiqué la couleur de l'iris, comme étant d'un *jaune orangé.*

M. Vigors annonce que cet oiseau est facile à découvrir dans les bois par suite de son cri singulier, et qu'il est connu des naturels sous les noms de *Concona* et de *Carpintero* de la Cordillière. Je dois faire observer, toutefois, que le nom de Carpintero ou Charpentier est donné à tous les picinés dans l'Amérique méridionale.

M. Gay nous apprend que le mégapic de Magellan pond trois ou quatre œufs blanchâtres dans un trou situé dans un tronc d'arbre.

C'est à la femelle de cette espèce que nous devons, sans doute, rapporter ce que dit Buffon d'un *pic* dont Commerson lui laissa la notice et que celui-ci avait découvert dans les *forêts des terres Magellaniques.* « Sa grandeur était voisine de celle du pic à bec » d'ivoire *(megap. principalis);* il n'avait de rouge que sur les joues et le devant de la » tête, et l'occiput était huppé de plumes noires; il avait la voix très-forte. »

Selon M. Reichenbach, on a aussi donné à ce grimpeur le nom de *picus martius Molina* par suite de la ressemblance qu'on lui a trouvé avec notre grand pic noir d'Europe.

Caractères. Bec droit, fort, long, large à la base, et terminé en forme de coin; arête, au sommet du bec, saillante; arêtes latérales, au-dessus des narines, plus rapprochées des bords que du sommet de la mandibule supérieure; arête de la mandibule inférieure très-peu saillante, cette mandibule étant même presque arrondie; menton couvert de plumes rebroussées et s'avançant à un peu plus du quart de la longueur totale du bec, mesurée de la commissure. Narines recouvertes de plumes dirigées en avant; une huppe occipitale, plus longue, de plus du double, chez la femelle. Cette huppe, chez la femelle, est composée de plumes effilées, déliées, à barbes décomposées et soyeuses; chez les deux sexes, la huppe se termine en se recourbant en avant.

Ailes longues et très-aiguës. La quatrième, la cinquième et la sixième rémige étant les plus longues et presque égales; la troisième et la septième rémige diffèrent peu des trois autres précitées. Un mâle adulte m'a néanmoins offert pour les plus longues rémiges, la cinquième, la sixième, la quatrième et la troisième.

Queue très-étagée, composée de dix pennes seulement dans des sujets adultes dont la queue ne m'a pas paru mutilée; toutefois il est probable, que, généralement, cette espèce a douze pennes à la queue, comme toutes les autres, en y comprenant les deux très-petites rectrices latérales, très-souvent non apparentes; rectrices à baguettes raides, dont les quatre intermédiaires sont concaves en dessous, en forme de cheneaux, et toutes avec leur extrémité usée, les barbes dépassant le rachis ou la tige.

Tarses longs et forts, portant de larges scutelles au-devant.

Quatre doigts longs et forts; le doigt postérieur externe beaucoup plus long que le doigt antérieur externe; ongles très-longs, courbes, comprimés, évidés sur les côtés et acérés.

Taille très-grande, mais au-dessous de celle du *principalis*.

Coloration. *Le Mâle adulte;* bec d'un noir bleuâtre uniforme; toute la tête, la huppe et une partie du cou d'un rouge écarlate vif, la base des plumes étant noire.

Cette huppe est peu longue et l'extrémité se relève en avant.

Toutes les plumes de la tête et du cou ont une petite tache blanche, placée entre le noir et le rouge, et ces taches blanches sont apparentes sur une partie de la nuque et du cou.

Le reste du cou est noir avec des reflets bleuâtres et quelques taches rouges sur le devant du cou; la poitrine, l'abdomen et les tectrices caudales inférieures sont noirs, toutefois les plumes de la région anale sont légèrement bordées de blanc à leur extrémité; dos, scapulaires, tectrices supérieures des ailes et croupion noirs, avec quelques reflets bleuâtres; tectrices caudales supérieures noires, mais plusieurs plumes ayant tout leur milieu d'un blanc pur, de chaque côté de la tige. Rémiges primaires noires, avec leur page interne d'un blanc pur à partir de la base; et ce blanc, qui s'étend graduellement sur les premières rémiges, finit par couvrir plus de la moitié de leur longueur totale; rémiges secondaires noires ayant aussi leur page interne d'un blanc pur à partir de la base, mais sur près des trois quarts de la longueur totale; deux ou trois de ces rémiges ont une petite tache blanche à leur extrémité; les trois ou quatre dernières rémiges secondaires et quelquefois la dernière tectrice tertiaire ont, toutes, leur page interne et une partie de leur page externe d'un blanc pur; en sorte que ces pennes étant superposées, à la suite l'une de l'autre, forment une bande blanche de chaque côté du croupion lorsque les ailes sont étendues, et une seule bande blanche, striée de noir, lorsque les ailes sont au repos.

Tectrices alaires inférieures d'un blanc neigeux, si ce n'est celles qui forment le pourtour de l'aile, lesquelles sont d'un noir profond. Le blanc, qui teint les rémiges, est aussi très-éclatant au-dessous de l'aile; les tiges des rémiges sont d'un noir lustré au-dessus et blanches en dessous.

Queue noire; les tiges des rectrices, à l'exception des deux rectrices externes, sont d'un noir lustré en dessus, blanches en dessous vers la base et noirâtres vers leur extrémité.

Tarses et pieds noirâtres; ongles d'un brun de corne en dessus et d'un brun jaunâtre en dessous. Iris d'un jaune brillant ou d'un jaune orangé.

*La Femelle adulte,* que M. le baron de Lafresnaye avait d'abord nommée *picus jubatus,* diffère du mâle en ce qu'elle n'a que le pourtour du bec rouge, tout le reste de la tête et du cou étant d'un noir bleuâtre profond. Les plumes de la tête sont longues et soyeuses, et une huppe noire, longue quelquefois de 8 à 9 centimètres, composée de plumes étroites et tombant sur la nuque, mais se relevant à l'extrémité, orne la tête de ce mégapic.

Il est à remarquer que la femelle a la huppe longue de plus du double de celle du mâle, circonstance assez rare chez les picidés. Il n'existe aucune différence dans le reste du plumage.

*Une jeune Femelle*, un peu mutilée il est vrai, que je possède dans ma collection, ne diffère de la femelle adulte que parce que toutes ses dimensions sont moindres. Les dernières rémiges secondaires ont leur page interne blanche, tachetée de noir vers leur extrémité. Toutes les rémiges primaires sont d'un brun noirâtre vers leur extrémité.

Habite la Patagonie; le Chili.

| DIMENSIONS. | ADULTES. | JEUNE FEMELLE. |
|---|---|---|
| Longueur totale | 480 millimètres. | (queue mutilée). |
| — du bec, depuis la commissure jusqu'à l'extrémité | 63 — | 48 millimètres. |
| — du bec, depuis les narines jusqu'à l'extrémité | 50 — | 36 — |
| — de l'aile pliée | 215 à 220 mill. | 19 — |
| — de la queue | 160 à 163 — | (mutilée). |
| — du tarse | 36 millimètres. | 33 millimètres. |
| — du doigt postérieur externe (sans l'ongle) | 33 — | 30 — |
| — de l'ongle (mesuré en suivant la courbure) | 28 — | (mutilé). |
| — du doigt antérieur externe | 28 — | 26 millimètres. |
| — de l'ongle | 28 — | 25 — |
| — du doigt antérieur interne | 22 — | 20 — |
| — de l'ongle | 25 — | 23 — |
| — du doigt postérieur interne | 15 — | 12 — |
| — de l'ongle | 17 — | (mutilé). |

Collections du Muséum de Berlin, de Londres, de Stuttgard, de Leyde, de Francfort-sur-Mein, de Bruxelles; au Muséum de Paris, les adultes et le jeune mâle. Ma collection.

## TROISIÈME SECTION.

PARTIE DU SOUS-GENRE *DRYOTOMUS*, LE SOUS-GENRE *CAMPEPHILUS* ET LE GENRE *REINWARDTIPICUS* *du Prince* Bonaparte *(Consp. volucr. zygodact. 1854).*

Les espèces de cette section ont les rémiges les plus longues dans l'ordre 4, 5, 6, 3.

Toutes sont originaires de l'Amérique, à l'exception du *megapicus validus,* provenant des îles de la Sonde, et qui forme le genre *Reinwardtipicus* du prince Bonaparte.

## MEGAPICUS BOIEI.

PICUS BOIEI; Wagl., *Syst. avium spec.*, nº 3, la femelle, 1827; *Nec.* Temm., pl. col. 473. — Less., *Complém. de Buff.*, vol. ix, p. 322, la femelle.
PICUS LEUCOPOGON; Valenc., *Dict. des Sc. natur.*, vol. xxxx, p. 178, la femelle, 1826.
PICUS ATRIVENTRIS; d'Orbig., *Voy. Amér. mér.*, iv, p. 378, pl. 63, fig. I, le mâle.
PICUS CORRIENTES; la femelle; au Muséum de Paris.
PICUS MELANOGASTER; Natter., *Mus. de Vienne.*
CAMPEPHILUS BOIEI; G.-R. Gray, *Gen. of birds.*
DRYOCOPUS BOIEI; *Pr.* Bonap., *Consp. av.*, 1850, I, p. 134; la femelle seule.
DRYOCOPUS PERCOCCINEUS; *Pr.* Bonap., *Consp. av.*, 1850, vol. 1, p. 134; le mâle.
CAMPEPHILUS PERCOCCINEUS; Reich., *Handb. spec. orn.*, p. 394, nº 909.
CAMPEPHILUS BOIEI; Reich., *Handb. spec. orn.*, p. 394, nº 913; pl. dcl (et non dli), fig. 4338 inexacte du mâle.

Mas adult. Toto pileo, cristâ, capite ad latera, mento, gulâ, juguloque supremo, nitide sanguineo-rubris; maculâ regionis paroticæ nigrâ, inferiùs albo-limbatâ; jugulo et toto corpore subtus, nuchâ, tergo, uropygio, caudâ alisque nigris; remigibus primariis intùs, a basi usque ad medium, saturate rufescenti-fulvis; auchenio et interscapulio albis, rufescenti paulùm lavatis. Rostro toto albo; pedibus nigricantibus.

Fœmina fronte, vertice, cristæ occipitalis plumis superioribus, mento et fascia, a fronte ad nucham confluente, nigerrimis; vittâ utrinque, ab oris rictu versus aures ductâ, albâ; occipite ad latera, cristâ, gulâ, juguloque supremo nitide sanguineo-rubris; pectore et corpore infrà, nuchâ, tergo, uropygio, caudâ, alisque nigris; remigibus primariis intùs, à basi usque ad medium, saturate rufescenti-fulvis; auchenio et interscapulio albis.

Fœm. juv. Gulâ rubrâ, nigro maculatâ; vitta utrinque ab oris rictu, auchenio ac interscapulio fulvescentibus; cristæ occipitalis plumis inferioribus pallide coccineis.

## LE MÉGAPIC DE BOIÉ *(Malh.)*.

**PLANCHE III**, Fig. 1, le mâle adulte; Fig. 2, la femelle adulte; Fig. 3 et 4, la quatrième rémige primaire.

LE PIC A MOUSTACHES BLANCHES; Valenc., *Dict. des Sc. nat.*, vol. xxxx, p. 178, la femelle.—*Dict. class. d'hist. nat.*, xiii, p. 502, la femelle.
LE PIC BOIÉ; Less., *Compl. Buff.*, ix, p. 322, la femelle.

C'est M. Valenciennes qui, le premier, a décrit la femelle de cette espèce, sous le nom de *picus leucopogon*, pic à moustaches blanches; mais cette dénomination est devenue essentiellement vicieuse, puisque le mâle, connu depuis, n'a point de moustaches blanches.

Aussi, ai-je éprouvé le regret de ne pouvoir conserver ce nom, malgré sa priorité. Wagler a publié une description détaillée de la même femelle, sans en indiquer le sexe, en la dédiant au souvenir de son ami Henri Boié, voyageur naturaliste, qui a beaucoup enrichi l'histoire naturelle et qui a fait connaître un grand nombre d'espèces des îles de la Sonde. Toutefois on peut se demander, après avoir lu cette description, si Wagler, dont tous les ornithologistes connaissent l'exactitude, avait bien examiné le sujet formant l'objet de son n° 3 *(Syst. avium; Picus)*, ou bien, si c'est le même oiseau que le mégapic qui nous occupe. En effet, les deux sexes de ce grimpeur offrent plusieurs caractères remarquables et qui n'auraient pu échapper à Wagler: 1° la majeure partie du dos est blanche ou d'un blanc faiblement lavé de roussâtre qui frappe l'œil singulièrement, parce que ce blanc est encadré de tous côtés par un noir uniforme; 2° les rémiges primaires qui sont noires, ont leur page interne rousse sur la moitié de la longueur à partir de la base, et ce roux est visible au-dessus comme au-dessous de l'aile; 3° le poignet de l'aile est blanc. Or, Wagler ne dit rien de ces trois caractères; il dit au contraire que tout le corps et les ailes sont d'un noir uniforme *(alis et toto corpore unicoloribus nigerrimis)*. Peut-on supposer que ce zoologiste consciencieux, qui annonce avoir observé un sujet de cette espèce au Muséum de Paris, ne l'ait examiné que de face, sans le déranger dans la verrière, ainsi que le faisait fréquemment certain naturaliste moderne, dont les descriptions incomplètes et souvent fausses m'ont, plus d'une fois, mis l'esprit à la torture.

Quoiqu'il en soit, ces omissions ou erreurs de Wagler ont été reproduites par tous les ornithologistes, sans en excepter le savant auteur du *Conspectus generum avium*, qui a donné exactement une description du *megapicus Boiei*, semblable à celle de Wagler et sans distinction des sexes. Le même auteur a publié le mâle de cette espèce sous le nom de *percoccineus*, que M. Reichenbach regarde à tort comme synonyme du *robustus*.

Je crois donc rendre service à la science, en donnant aujourd'hui une description exacte du mâle, de la femelle et même du jeune de cette espèce encore rare dans les collections Européennes et en donnant une planche qui représente cet oiseau dans ses divers plumages.

Pour éviter toute confusion, je crois devoir prévenir que le *megapicus Boiei* que je décris, n'a aucun rapport avec le *picus Boiei*, représenté dans la planche coloriée 473 de M. Temminck et qui est aussi le *picus somptuosus* de M. Lesson *(Traité d'ornith.*, p. 229). Cette dernière espèce n'existant que d'après un oiseau factice, fabriqué avec des plumes de divers oiseaux très-différents les uns des autres, doit être rayée des catalogues méthodiques. D'ailleurs le nom imposé par Wagler, était publié longtemps avant que M. Temminck ne décrivit son *picus Boiei*.

Le mégapic de Boié a été découvert au Brésil, par M. Auguste de Saint-Hilaire, qui a rapporté au Muséum de Paris la femelle qui a servi aux descriptions de M. Valenciennes et de Wagler.

D'après M. d'Orbigny, le cri de ce grimpeur est perçant et il fait un bruit étonnant en frappant, avec son bec, les arbres dépérissants, pour donner la chasse aux insectes; il est farouche et dès qu'il aperçoit quelqu'un, il se cache de l'autre côté de l'arbre, ne regardant qu'avec une prudence extrême. Il est en outre très-vif et très-querelleur. Le même voyageur a rencontré cette espèce dans la province de Corrientes et dans les îles du Parana, du vingt-huitième au trente-deuxième degré de latitude sud; il l'a retrouvé dans la province de Chiquitos et Valle grande, république de Bolivia. Elle se tient dans l'intérieur des grands bois, où, du mois de février en mars, elle vit en troupes; tandis qu'elle se sépare par paires le reste de l'année.

Caractères généraux. Bec gros, long et très-fort, droit, large à la base et terminé en forme de coin; sillons latéraux partant des narines, plus rapprochés des bords que du sommet de la mandibule supérieure; rebords de cette mandibule renflés à la base. Menton couvert de plumes courtes, serrées et rebroussées, s'avançant sous la mandibule inférieure, sur une étendue d'un peu plus du tiers de la longueur totale du bec, mesurée de la commissure à la pointe. Narines recouvertes de plumes serrées. Une huppe occipitale; ailes longues et aiguës; les plus longues rémiges étant la quatrième, la cinquième, la sixième et la troisième; queue moyenne, de douze pennes étagées, à tiges très-raides. Les six rectrices intermédiaires, convexes au-dessus, ont en dessous la forme de cheneaux, et les sujets, que j'ai examinés, avaient l'extrémité de toutes les rectrices usée, les barbes dépassant le rachis; tarses longs et forts, portant six scutelles au-devant; quatre doigts longs et forts; le doigt postérieur externe bien plus long que le doigt antérieur externe; ongles forts, courbes, aigus, comprimés et évidés sur les côtés.

*Le Mâle adulte* a le bec d'un blanc jaunâtre de corne, un peu bleuâtre au pourtour de la mandibule inférieure; l'iris des yeux est blanc, selon d'Orbigny; front, vertex, sinciput, une huppe de moyenne longueur, côtés de la tête, joues, menton, gorge, d'un beau rouge sanguin. A la région parotidée, une petite plaque oblongue, noire dans sa moitié supérieure, blanche dans le reste; à partir de la nuque, qui est noire, un grand espace blanc pur, lavé de roussâtre dans quelques parties, s'étend sur le dos sur une longueur d'au moins 9 centimètres. Le croupion est noir, et parmi les couvertures supérieures de la queue qui sont aussi noires, on trouve quelques plumes, les unes entièrement d'un blanc roussâtre, d'autres, ayant une page noire, et une page d'un blanc roussâtre; scapulaires et ailes noires; les rémiges primaires ont leur page interne rousse, à partir de leur base jusqu'à moitié environ de la longueur totale; tectrices caudales inférieures d'un noir profond; tectrices alaires inférieures d'un blanc roussâtre vers le bord antérieur de l'aile, sur une longueur d'environ 35 millimètres, et d'un noir profond dans tout le reste; rebord antérieur de l'aile d'un blanc fauve sur une longueur de plus de 3 centimètres; queue noire; toutes les parties inférieures noires, à partir de la moitié du cou; tarses d'un noir bleuâtre; doigts d'un brun clair; ongles d'un brun noirâtre et d'un brun jaunâtre sur les côtés.

*La Femelle adulte* diffère du mâle par la coloration des parties supérieures; front et vertex noirs; une bande noire, partant du front, passant sur les yeux, et se dirigeant vers la nuque, surmonte, dans toute sa longueur, une bande blanche, qui part des narines et des côtés de la mandibule inférieure; le menton est bordé, autour du bec, d'une ligne noire, et ce noir se prolonge de chaque côté au-dessous d'une partie de la bande blanche. Du sinciput part une huppe noire légère, assez longue, qui surmonte une huppe rouge très-épaisse. L'occiput, les côtés de la tête jusqu'à l'œil, la gorge et une large cravate qui s'étend de chaque côté jusqu'à la bande blanche sont d'un beau rouge sanguin.

Chez un sujet, j'ai trouvé la partie supérieure du dos d'un blanc pur; les tectrices caudales supérieures d'un noir profond; toutes les rémiges primaires ayant leur extrémité terminée et bordée de roux clair.

*Une jeune Femelle* avait le menton et le devant de la gorge d'un rouge assez vif, maculé de noir profond. La huppe et l'occiput étaient d'un carmin rosé pâle. Le dos et la bande blanche du côté de la tête étaient d'un roux fauve.

Un sujet en cette livrée de transition existe au Muséum de Paris.

*Une variété,* qui paraît adulte, figure dans mon cabinet et d'abord je l'avais prise pour une espèce nouvelle, car les rémiges primaires me semblaient entièrement noires au-dessous, tandis que chez le *Boiei,* toute la barbe interne est rousse, à partir de la base, jusqu'à moitié environ des pennes; mais un examen plus attentif m'a permis de reconnaître, à la base seulement des rémiges primaires, un peu de roux, ce qui me confirme dans l'opinion qu'il ne s'agit que d'une variété. Ma planche représente une grande rémige de ce dernier oiseau, Fig. 4.

Habite la province de Corrientes et les îles Parana, du vingt-huitième au trentième degré de latitude sud; la province de Chiquitos et Valle grande, dans la république de Bolivia. Le Brésil, d'après Wagler et M. Auguste de Saint-Hilaire.

DIMENSIONS.

| | | |
|---|---|---|
| Longueur totale, du bec à l'extrémité de la queue | 350 | mill. à 380 mill. |
| — du bec, de la commissure à l'extrémité | 53 | millimètres. |
| — du bec, des narines à l'extrimité | 40 | — |
| — de l'aile pliée | 185 | — |
| — du tarse | 30 | — |
| — de la queue | 98 | — |
| — du doigt postérieur externe (sans l'ongle) | 25 | — |
| — de l'ongle (mesuré en suivant la courbure) | 21 | — |
| — du doigt antérieur externe | 21 | — |
| — de son ongle | 2 | — |
| — du doigt antérieur interne | 16 | — |
| — de son ongle | 17 | — |
| — du doigt postérieur interne | 12 | — |
| — de son ongle | 13 | — |

Collections du Muséum de Paris, de Vienne, de Genève, de Turin; à Gênes et à Marseille, la femelle. Ma collection.

## MEGAPICUS GRAYII.

PICUS GRAYII; Malh., 1844, *In mus. Lond.*
MEGAPICUS GRAYII; Malh., 1849, *Bullet. soc. hist. nat. Metz*, p. 17.
PICUS FRENATUS; Natt., *In mus. Vind.*
PICUS MESOLEUCUS; Licht., *In mus. Berol., et nomencl.*, p. 75, 185; 1854.
PICUS POLLENS; Bp., *Atti sesta riun. scienz. ital.*, 1845, VI, p. 406, le mâle adulte; *nec pollens*, Bp., *Consp.* — *Nec* Sclat., *Birds S$^{te}$-Fé*, n° 389; *proc. z. s. Lond.*, 1855, p. 161.
DRYOTOMUS POLLENS; Bp., *Consp. vol. zyg.*, 1854, *nec consp. av.*
DRYOCOPUS GRAYII; Sclat. *ex* Malh., *Birds S$^{te}$-Fé*, n° 390.
CAMPEPHILUS MESOLEUCUS; Rchb. *ex* Licht., *Handb. spec. orn.*, p. 393, n° 907, pl. dcxlix, fig. 4329, 4330, deux femelles.
CAMPEPHILUS ALBIFRENATUS; Rchb., *Handb. spec. orn.*, p. 431, n° 902, *b*. le mâle.

Mas adultus; rostro nigro; vertice occipiteque coccineis; fronte, capite ad latera, gulâ, jugulo, pectore, nuchâ, auchenio, caudâ, tectricibus alarum caudæque superioribus nigerrimis; remigibus nigris, intùs et ad apicem albo signatis; striâ ab oris rictu, versus colli latera et ad dorsum infimum ductâ, candidâ; interscapulio tergoque albo-rufescentibus; abdomine toto rufescenti-albo, transversim nigro lineato; pedibus nigricantibus.

Fœmina adulta mari similis, nisi vertice occipiteque nigris.

Mas juvenis; fronte et vertice nigris; cristâ occipitis coccineâ, sed versùs apicem et ad basin nigrâ.

## LE MÉGAPIC DE GRAY.

**PLANCHE V**, Fig. 1, le mâle adulte; Fig. 2, la quatrième rémige primaire; Fig. 3, la femelle; Fig. 4, le jeune mâle.

J'ai reçu ce beau mégapic de Vénézuela et de Santa-Fé de Bogota; il se pourrait qu'il habitât d'autres parties de l'Amérique méridionale, mais je ne l'ai jamais trouvé dans les collections provenant soit du Brésil, soit du Chili. Ce grimpeur a souvent été confondu avec le *megapicus Malherbii*, dont le mâle a été toutefois parfaitement représenté en 1845, grâce au talent de M. Mitchell, dans la planche cviii du bel ouvrage *(The genera of birds)* de M. G.-R. Gray, et dont la femelle a été, en 1847, publiée par Lesson, sous le nom de *picus Anaïs* (*Descript. d'ois. récemm. découv.*, p. 203).

Ces deux espèces proviennent des mêmes localités, mais elles diffèrent par des caractères bien marqués, que j'ai eu l'honneur de faire observer au savant auteur du *Conspectus generum avium*. Ainsi le mâle du *meg. Malherbii* a les côtés de la tête rouges, tandis que le *meg. Grayii* mâle a les côtés de la tête noirs avec une bande blanche. La femelle du *Malherbii* a le front et le vertex noirs ainsi que la huppe supérieure ou prolongement des plumes longues partant du vertex et qui dépassent généralement la huppe rouge de l'occiput. Les côtés de la tête, les joues et tout l'occiput sont d'un rouge sang; tandis que la femelle du mégapic de Gray a tout le dessus et les côtés de la tête d'un noir profond, sans aucune trace de rouge. Les femelles des deux espèces ont la bande blanche partant près de la commissure du bec.

J'espère qu'à l'aide de ces observations, jointes à mes descriptions détaillées et à mes planches, la confusion ne sera plus possible.

J'ai dédié cette espèce à Messieurs J.-E. Gray, directeur du Muséum britannique et G.-R. Gray, son collaborateur, comme un faible témoignage de ma haute gratitude pour leur généreuse et gracieuse hospitalité. Ceux qui ont, comme moi, visité le Muséum de Londres à plusieurs reprises, ont dû remarquer le développement admirable qu'ont acquis les collections zoologiques, grâce au zèle et aux soins éclairés de l'auteur des *Illustrations of Indian zoology* et de l'auteur du *Genera of birds*.

Mon honorable ami, M. Lichtenstein, m'a envoyé de Berlin un dessin colorié représentant la femelle du *meg. Grayii*, sous le nom de *picus mesoleucus;* et M. Joseph Natterer a indiqué ce même oiseau sous le nom de *picus frenatus*, dans un catalogue manuscrit de la collection de Vienne, qu'il a eu l'obligeance de m'envoyer depuis ma dénomination. Bien que ce dernier nom n'ait jamais été publié, j'ai dû en faire mention puisqu'il figure sur un catalogue et sur les étiquettes de la collection de Vienne.

Je me serais empressé d'adopter le nom de *pollens*, quoique ce soit en 1844, au Muséum britannique, que j'aie dédié l'espèce aux savants frères qui dirigent les collections zoologiques de ce bel établissement; mais, d'abord, je n'ai connu la dénomination de *pollens*, comme presque tous les zoologistes, que par la description des deux sexes et du jeune qui se trouve dans le *Conspectus generum avium*, publié en 1850. Or, cette description ne s'applique qu'au *megapicus Malherbii*, que l'auteur prend soin de citer comme synonyme du *pollens*, et certainement pas au mégapic de Gray. En 1854, j'ai obtenu communication de l'article inséré dans les *actes* du sixième congrès italien, tenu à Milan;

or, ce volume, publié en 1845 et peu connu en Europe, offre l'inconvénient très-grave de présenter une description du même *pollens*, toute autre que celle du *Conspectus generum avium* et qui peut s'appliquer au mâle du *meg. Grayii*, mais nullement au *Malherbii*. Aussi, conçoit-on facilement la double erreur de M. Sclater (*Birds Santa-Fé*, n° 389), lorsqu'il indique le *dryocopus pollens* (Bp., *Atti sc. Ital.*, vi, p. 406), comme synonyme de *campephilus Malherbii* (Gray's, *Gen.*, pl. 108) et du *pollens* (Bp., *Consp.*, p. 133). C'est encore cette confusion opérée par le savant prince lui-même, en décrivant deux fois différemment et, sous le même nom, deux espèces distinctes, qui a sans doute décidé M. Reichenbach à ne pas adopter la dénomination de *pollens* et qui a jeté dans son esprit une incertitude telle qu'il n'a pu distinguer le *megapicus Grayii* du *Malherbii*, et qu'il a figuré deux femelles du *Grayii*, sous le nom de *mesoleucus*, sans indication de sexe.

Pour éviter la confusion que ne peut manquer d'occasionner un nom qui s'applique à deux descriptions différentes du même auteur, et nullement par amour paternel, j'ai donc dû conserver à cette espèce le nom sous lequel je l'avais distinguée en 1844, et sous lequel je l'avais étiquetée dès cette époque au Muséum britannique et dans plusieurs autres collections publiques. Enfin l'auteur du *Conspectus*, auquel j'ai fait part de mes motifs, les a approuvés sans réserve.

Nous n'avons aucun renseignement relativement à la nidification et aux mœurs de cet oiseau; mais il est probable qu'il ressemble sous ce rapport à ses congénères.

Caractères. Bec long, fort, presque droit, large à sa base, comprimé à l'extrémité en forme de coin; arêtes latérales saillantes et plutôt rapprochées des rebords que du sommet de la mandibule supérieure. Narines basales, recouvertes par une touffe de plumes piliformes; mandibule inférieure presque arrondie et peu saillante au milieu.

Ailes moyennes, arrondies; les plus longues rémiges étant la cinquième, la sixième et la quatrième. Queue assez longue, composée de baguettes raides et étagées. Je n'ai trouvé que dix pennes à la queue chez des sujets adultes; mais n'étaient-ils pas mutilés? Je le suppose.

Tarses assez longs, scutellés; doigts de moyenne taille; ongles longs, acérés, déprimés sur les côtés.

Coloration. *Le Mâle adulte;* bec d'un noir uniforme; les plumes déliées recouvrant les narines sont d'un blanc jaunâtre. Le front est couvert par un bandeau d'un noir bleuâtre, lequel, passant sur la région ophthalmique, entoure le côté de la tête et va se fondre dans le noir de la nuque; tout le vertex et l'occiput, ainsi que la huppe de moyenne grandeur, sont d'un rouge cinabre. De chaque côté de la mandidule inférieure part une bande blanche qui descend le long des côtés du cou et jusqu'à l'aile; puis elle se dirige vers le dos, où les deux bandes se réunissant, couvrent tout le dos et le croupion, qui sont d'un blanc lavé de roux, avec quelques raies transversales d'un brun noirâtre sur les côtés; tectrices supérieures des ailes et de la queue, ainsi que la queue elle-même, d'un noir profond; rémiges primaires et secondaires noires, avec des bandes blanches sur le rebord interne et une tache blanche à la pointe de chaque rémige, à l'exception de la première. Les plus grandes rémiges sont la cinquième et la sixième, qui diffèrent peu, la quatrième qui a 3 ou 4 millimètres de moins que les précédentes, puis la troisième, la septième et la huitième qui sont égales, et, enfin, la deuxième; la première rémige n'a que 6 centimètres environ de longueur.

Tout le devant du cou et le haut du thorax d'un noir bleuâtre; épigastre, flancs, ventre et couvertures inférieures de la queue d'un roux jaunâtre clair, le roux étant plus vif au milieu de l'abdomen, et rayé partout de bandelettes transversales noires; couvertures inférieures des ailes d'un blanc jaunâtre.

Tarses noirâtres comme les doigts; ongles d'un brun de corne. Le doigt postérieur externe plus long que l'antérieur externe.

*La Femelle adulte* diffère du mâle en ce qu'elle a tout le dessus de la tête noir, et qu'elle n'a aucune trace de rouge, ni de huppe occipitale.

*Le jeune Mâle* a le bec plus court, légèrement courbe surtout vers l'extrémité qui est aussi plus aigüe. Le front, le vertex et les côtés de la tête sont noirs et recouverts de plumes longues et déliées; l'occiput et la huppe sont rouges, l'extrémité des plumes étant noire. Le roux des parties inférieures est moins pur.

Habite la Colombie; la Nouvelle-Grenade.

| DIMENSIONS. | MALE ET FEMELLE ADULTES. | JEUNE MALE. |
|---|---|---|
| Longueur totale | 370 millimètres. | 340 millimètres. |
| — du bec, depuis la commissure | 52 — | 40 — |
| — des narines à l'extrémité du bec | 38 — | 29 — |
| — de l'aile pliée | 177 — | 177 — |
| — de la queue | 130 — | 122 — |
| — du tarse | 27 — | 27 — |
| — du doigt postérieur externe | 28 — | 28 — |
| — de l'ongle | 15 — | 14 — |
| — du doigt antérieur externe | 20 — | 20 — |
| — de l'ongle | 16 — | 14 — |
| — du doigt antérieur interne | 13 — | 13 — |
| — de l'ongle | 14 — | 13 — |
| — du doigt postérieur interne | 11 — | 11 — |
| — de l'ongle | 9 — | 9 — |

Musées de Vienne, de Paris, de Leyde, de Berlin, de Bruxelles, de Liége; le mâle se trouve à la Sapienza, à Rome, sous le nom de *principalis*. Le type du *Grayii* (Malh.) existe dans ma collection.

## MEGAPICUS MALHERBII.

CAMPEPHILUS MALHERBII; G.-R. Gray, *The genera of birds*, 1845, pl. 108, le mâle. — Reich., *Handb. spec. orn*, p. 392, nº 903, pl. DCXLVIII, fig. 4323, 4324.

PICUS ANAIS; Lesson, *Descr. de mam. et d'ois., réc. découverts*; 1847, p. 203, nº 34, la femelle.

DRYOCOPUS POLLENS; *Pr.* Bonap., *Consp. gen. av.*, 1850, p. 133. — Sclat., *Birds Sta-Fé*, nº 389; NEC PICUS POLLENS, *Pr.* Bp, *Act. Ital. mediol.*, p. 406.

MEGAPICUS MALHERBII; Malh., *Mém. Acad. Metz*, 1848-1849, p. 310; *Bullet. soc. d'hist. nat. Metz*, 1849, p. 17.

DRYOTOMUS VERREAUXI; *Pr.* Bp., *Notes ornith. voy. de Delat.*, 1854, p. 85.

DRYOTOMUS MALHERBII; *Pr.* Bp., *Consp. vol. zygod.*, 1854.

Mas. adult. Fronte, vertice, occipitis cristâ, ejusdem lateribus, cervice genarumque maculâ largiusculâ coccineis; maculâ regionis paroticæ nigerrimâ, inferiùs albo-limbatâ; striolâ utrinque pone nares, plumis non nullis mandibulæ ad oris rictum rufescenti-albis; vittâ utrinque ad colli postici latera, dorso medio nigro maculato, ac stria larga intùs in remigibus nigris marginali a basi usque ad medium ducta, alarumque tectricibus inferioribus albis; mento, gulâ, toto collo antico et pectore, scapularibus, caudâ totâ alisque extùs unicoloribus nigerrimis; corpore inferius, a pectore usque ad crissi finem rufis, lineis transversis, numerosis, nigerrimis, æqualibus; rostro pedibusque cærulescenti-nigris.

Fœm. adult. Fronte, cristâ elongatâ superius, regione paroticâ, nigerrimis; regione ophthalmicâ coccineâ; vitta utrinque ab oris rictu, ad colli postici latera albis.

Fœm. juv. Cristâ rostroque brevioribus; collo largè, occipiteque ad latera, albis; tænia larga per oculos ad nucham ductâ, nigrâ. Corpore subtùs, a pectore usque ad crissi finem, pallide rufo, lineis transversis nigris fasciato.

## LE MÉGAPIC DE MALHERBE.

**PLANCHE VI**, Fig. 1, mâle adulte; Fig. 2, femelle adulte; Fig. 3, quatrième rémige primaire; Fig. 4, une jeune femelle.

LE PIC D'ANAIS (la femelle); Lesson, *Descript. de mamm. et d'ois.*

Cette espèce, que j'ai reçue de Santa-Fé de Bogota, n'y paraît point rare, à en juger par les nombreux envois dans lesquels elle figure. Elle a souvent été confondue avec le *meg. albirostris*, avec lequel, il est vrai, elle a quelques rapports de coloration, bien que cette confusion semble difficile lorsque l'on a les deux espèces sous les yeux.

En effet, l'espèce actuelle se distingue notamment de l'*albirostris* : 1º par le bec qui est d'un noir bleuâtre de corne chez le *meg. Malherbii*, et blanc de corne chez le *meg. albirostris* ;

2º Par la coloration des parties inférieures qui sont d'un blanc très-légèrement fauve et rayées de noir roussâtre chez l'*albirostris*, tandis que ces mêmes parties sont d'un roux fauve, rayé de noir foncé, chez le grimpeur qui nous occupe.

C'est le savant auteur du *Genera of birds* qui a eu la bienveillance de me dédier cette espèce, et je ne puis que lui témoigner ici toute ma gratitude pour ce souvenir affectueux. Le Muséum de Londres ne possédait que le mâle de ce mégapic, que le pinceau aussi habile que gracieux de l'honorable M. David Mitchell a su faire revivre.

Nous ne savons rien touchant les habitudes et la nidification de ce grimpeur; mais elles doivent être les mêmes que celles de ses congénères.

Le type du *verreauxi*, publié par S. A. le prince Charles Bonaparte, m'ayant été adressé, j'ai pu me convaincre aussitôt, que c'était bien la même espèce que celle figurée par MM. Mitchell et Gray, et j'en ai immédiatement informé le savant prince.

M. Sclater (*Proceed. zool. soc. Lond.* 1855, p. 161, *Birds from Santa-Fé di*

*Bogota)*, partageant l'erreur du prince Bonaparte, cite le *campephilus Malherbii* de M. G.-R. Gray *(Gen. of birds*, pl. 108), 1° comme synonyme de celui indiqué par Bonaparte, sous le nom de *pollens*, dans les actes du congrès italien, publié en 1845 seulement; 2° il cite aussi ce dernier *pollens* (Bp.) comme le même que celui publié en 1850 dans le *Conspectus generum avium*, p. 133, *spec.* 11, avec le nom de *Malherbii* (Gray) pour synonyme.

C'est là, je le répète, une double erreur manifeste; le prince Bonaparte a été obligé de reconnaître qu'il avait confondu ces deux espèces en une seule, et que, par suite, il avait décrit dans les actes du congrès italien, le mâle de mon *Grayii*, et dans le *Conspectus*, le *Malherbii* de G.-R. Gray.

Le dessin de M. Reichenbach, qui représente cette espèce, laisse à désirer. Ainsi, chez le mâle, la petite plaque moitié noire et d'un blanc jaunâtre, qui couvre le méat auditif, est entourée de rouge écarlate, et ce rouge se prolonge, chez l'adulte, à plus de deux centimètres au-dessous; alors seulement commence la bande blanche qui descend sur les côtés du cou, tandis que sur le dessin, cette bande blanche commence au méat auditif.

Caractères. Bec fort, presque droit, large à la base, comprimé à l'extrémité qui se termine en forme de coin; sommet de la mandibule supérieure très-saillant; narines recouvertes de plumes piliformes rebroussées; les sillons latéraux très-profonds et surmontés d'une arête très-saillante, laquelle, après avoir suivi parallèlement le sommet de la mandibule jusqu'aux deux tiers du bec, se dirige vers l'extrémité; arête, sous la mandibule inférieure, assez saillante. Le mâle a une huppe peu longue, mais assez épaisse et de forme conique; la femelle a une double huppe, l'une frontale, composée de longues plumes effilées; l'autre occipitale, moins longue, mais plus large. Cou assez long. Ailes longues et aiguës, la quatrième et la cinquième rémige étant les plus longues. Queue longue, étagée, composée de douze pennes raides, dont les quatre intermédiaires sont concaves en dessous et en forme de cheneau; tarses forts et scutellés; quatre doigts inégaux, longs; le doigt postérieur externe, le plus long de tous, est beaucoup plus long que le doigt antérieur externe; ongles forts, aigus et déprimés sur les côtés.

Coloration. *Le Mâle adulte;* bec d'un noir bleuâtre de corne. Une touffe de plumes piliformes, d'un blanc jaunâtre, couvre les narines et l'angle de la mandibule inférieure. Front, vertex, une huppe occipitale, nuque, côtés de la tête et joues d'un rouge sang. La base de ces plumes est noire et séparée du rouge par une étroite tache grise lancéolée. Sur la région parotidée, existe une tache blanche, oblongue, surmontée d'une tache noire de même forme; une bande blanche descend de chaque côté du cou et va se réunir sur le milieu du dos, où se forme un assez grand espace blanc, avec quelques taches noires irrégulières. A la hauteur des épaules descend une étroite bande blanche qui contourne le haut de l'aile jusqu'en avant, et qui se perd quelquefois immédiatement sous l'aile. Tout le reste des parties supérieures, y compris le croupion, d'un beau noir bleuâtre. La queue noire. La touffe de plumes rebroussées et piliformes qui s'avancent sous la mandibule inférieure, le menton, le cou et la poitrine d'un noir bleuâtre profond, commençant sur la poitrine à présenter quelques petites bandes transversales d'un roux fauve; tout le reste des parties inférieures est rayé alternativement de bandes transversales d'un noir profond et d'un roux fauve; ce roux est plus ou moins foncé suivant l'âge de l'oiseau. Couvertures inférieures d'un blanc jaunâtre; poignet de l'aile blanc, à hauteur de la poitrine, et sur une étendue de 2 à 3 centimètres. Les rémiges primaires portent une tache blanche ou d'un blanc roussâtre à leur extrémité. Les rémiges primaires et les rémiges secondaires sont noires, avec la moitié de la page interne blanche, à partir de la base jusqu'à environ moitié de la longueur totale des rémiges; les tiges des rémiges sont blanches en dessous et d'un noir brillant en dessus. Pieds et doigts d'un noir bleuâtre; ongles d'un brun foncé.

*La Femelle adulte* diffère du mâle en ce qu'elle a le front et une belle et très-longue huppe frontale d'un noir brillant; vertex, côtés de la tête, région ophthalmique, nuque et une huppe occipitale d'un rouge sanguin; région parotidée noire; une large bande neigeuse part de chaque côté de la mandibule inférieure, s'étend sur les joues et les côtés du cou jusqu'aux épaules, remonte sur le dos et va, comme chez le mâle, s'unir à la bandelette du côté opposé, en formant un chevron blanc sur le noir du cou et du dos. C'est une femelle en cet état que M. Lesson a nommée *picus anaïs*, ainsi que j'ai pu m'en convaincre, l'exemplaire type m'ayant été transmis par M. le docteur Abeillée, dans la collection duquel M. Lesson l'avait déposé à Bordeaux.

*La jeune Femelle* diffère de la femelle adulte, en ce qu'elle a le bec et la double huppe plus courts; les joues, ainsi que les côtés de la tête sont blancs et séparés par une bande noire partant du front, passant sur l'œil et allant se fondre à la nuque. Les parties inférieures, à partir de la poitrine, sont d'un roux fauve plus clair que chez l'adulte et les bandes noires sont beaucoup moins nombreuses et moins intenses.

Habite Santa-Fé de Bogota. Un mâle de la collection de Turin est indiqué comme originaire d'Haïti; mais, est-ce exact?

| DIMENSIONS. | MALE ADULTE. | FEMELLE ADULTE. | JEUNE FEMELLE. |
|---|---|---|---|
| Longueur totale | 350 millimètres. | 340 à 350 mill. | 310 millimètres. |
| — du bec, de la commissure à l'extrémité | 50 — | 48 millimètres. | 37 — |
| — du bec, des narines à l'extrémité | 40 — | 38 — | 27 — |
| — de l'aile pliée | 190 à 200 mill. | 190 à 200 mill. | 180 — |
| — du tarse | 30 millimètres. | 30 millimètres. | 30 — |
| — de la queue | 120 — | 115 — | 103 — |
| — du doigt postérieur externe (sans l'ongle) | 31 — | 30 — | 28 — |
| — de son ongle (en suivant la courbure) | 24 — | 22 — | 18 — |
| — du doigt antérieur externe | 24 — | 23 — | 22 — |
| — de son ongle | 24 — | 23 — | 20 — |
| — du doigt antérieur interne | 18 — | 17 — | 17 — |
| — de son ongle | 23 — | 20 — | 18 — |
| — du doigt postérieur interne | 15 — | 12 — | 12 — |
| — de son ongle | 15 — | 12 — | 12 — |

Ce mégapic se trouve dans les collections de Leyde, de Paris, de Liége, de Turin, et dans ma collection. Le type du *Malherbii* (G.-R. Gray) se trouve à Londres au Muséum Britannique.

## MEGAPICUS ALBIROSTRIS *(Vieill.)*.

PICUS ALBIROSTRIS; Vieill., *Encyclop.*, p. 1304; *Nouv. dict. d'hist. nat.*, 2e édit., vol. XXVI, p. 69, 1818. — Spix, *Av. Brasil.*, vol. 1, p. 56, pl. 45, fig. *sinistra*, le mâle; fig. *dextra*, la femelle. — Wagl., *Syst. av. picus*, nº 9, *et isis*, 1829, p. 509. — Tschudi, *Fauna Peruana*, 1844, p. 42, nº 246. — G. Cuv., *Règ. an.*, 1829, vol. I, p. 450.
PICUS COMATUS; Illig. Licht., *Doubl. catal. Mus. Berl.*, nº 56. — *Pr.* Maxim., *Beitr. naturg. Brasil*, 1832, vol. IV, p. 393.
DRYOCOPUS ALBIROSTRIS; G.-R. Gray, *Gen. of birds.* — *Pr.* Bonap., *Consp. gen. av.*, 1850, p. 132.
PICUS MELANOLEUCUS (la femelle à huppe décolorée); Lath., *Ind. orn.*, vol. I, p. 226; *Gen. syn.*, vol. II, p. 558, pl. 25; *Gen. hist. birds*, III, p. 373, pl. 59. — Gm., *Syst.*, vol. I, p. 426; *Spec.*, 24.
MEGAPICUS ALBIROSTRIS; Malh., *Mém. acad. Metz*, 1848-1849, p. 319. — *Id.*, 6e *Bullet. soc. d'hist. nat. Metz*, p. 81.
DRYOTOMUS ALBIROSTRIS; *Pr.* Bp., *Consp. vol. zyg.*, 1854.
CAMPEPHILUS ALBIROSTRIS; Reich., *Handb. spec. orn.*, p. 392, nº 905, pl. DCXLVIII, fig. 4325, 4326, mâles.

Mas. adult. Rostro corneo albido; fronte, vertice, occipitis cristâ, ejusdem lateribus, genisque coccineis; maculâ regionis paroticæ nigrâ, inferiùs albo-limbatâ; striolâ utrinque pone nares, suprà nigro marginatâ, plumis non nullis mandibulæ ad oris rictum, vittâ utrinque ad colli postici latera, dorso medio nigro maculato, ac striâ largâ intùs in remigibus nigris marginali a basi usque ad medium ducta, alarumque tectricibus inferioribus, albis; mento, gulâ, toto collo antico et pectore, scapularibus, caudâ totâ alisque extùs unicoloribus nigris; corpore inferiùs, à pectore usque ad crissi finem, rufescenti-albo, lineis transversis, numerosis, nigris, æqualibus; pedibus plumbeis.

Fœm. adul. Fronte cristâque verticali nigris, occipitali coccineâ; vittâ infrà oculos et aures, non coccineâ, sed nigrâ, aliaque largiuscula totâ albâ ab oris rictu versus coll. postici latera ductâ.

Mas. juv. Fronte, verticeque ex parte nigricantibus, exceptis plumulis non nullis, coccineis; striâ largâ albâ, ab oris rictu versus colli latera ductâ, plus minusve coccineo punctatâ; stria malari coccineâ.

## LE MÉGAPIC ALBIROSTRE.

**PLANCHE IV**, Fig. 1, le mâle; Fig. 2, quatrième rémige primaire; Fig. 3, la femelle.

LE PIC A BEC ET DOS BLANCS; Vieill., *Nouv. dict. d'hist. nat.*, 2e édit., vol. XXVI, p. 69; et *Encycl.*, p. 1304; *Dict. class. d'hist. nat.*, vol. XIII, p. 495.
CARPINTERO LOMO BLANCO; Azara, *Apunt.*, vol. I, p. 297, nº 249.
LE SOLDAT; Spix, *Av. Bras.*, vol. I, p. 56, pl. 45.
PIC NOIR A HUPPE JAUNE; Vieill., *N. dict.*, vol. XXVI, p. 84; la femelle à huppe décolorée.
PIC A HUPPE JAUNE; Bonnat. Vieill., *Encycl.*, pl. 213, fig. 3.

Nous avons peu de renseignements sur les habitudes de cette espèce qui ne paraît pas très-rare au Brésil, quoique S. A. le prince Maximilien de Neuwied n'ait pu s'en procurer qu'un seul exemplaire. Cet auguste voyageur se demande si ce mégapic ne serait pas un *dr. lineatus* très-vieux, et il n'a pas voulu résoudre la question, dit-il, n'ayant pu comparer un grand nombre de ces oiseaux. Il ne peut aujourd'hui rester aucun doute sur la distinction à établir entre ces deux espèces, et l'honorable auteur du *Voyage au Brésil* aurait partagé mon avis, s'il avait pu obtenir une femelle de l'*albirostris*. Le prince Maximilien annonce que ce dernier grimpeur habite les forêts de la province de Rio-de-Janeiro et près du fleuve Saint-François, où il est connu sous le nom de *soldado*. On le trouve non-seulement au Brésil, mais aussi à Surinam et au Paraguay, suivant ce que nous apprend d'Azara.

Le prince de Neuwied indique l'iris comme étant d'un blanc jaunâtre; Spix annonce qu'il est d'un jaune rougeâtre et M. Natterer, d'un jaune citron.

Caractères. Bec fort, long, droit, large à la base, comprimé à l'extrémité qui se termine en forme de coin; arête de la mandibule supérieure très-saillante; narines recouvertes de plumes piliformes, dirigées en avant; sillons latéraux profonds et surmontés d'une arête très-saillante, laquelle après avoir suivi parallèlement le sommet de la mandibule jusqu'aux deux tiers, se dirige vers l'extrémité; arête sous la mandibule inférieure assez saillante. Le mâle a une huppe assez courte, tandis que la femelle a une huppe frontale et une huppe occipitale assez longues, composées de plumes effilées; ailes longues, aiguës, la quatrième, la cinquième et la sixième rémige étant les plus longues; queue longue, étagée, composée de douze pennes, raides, dont les quatre intermédiaires sont concaves en dessous en forme de cheneau. Tarses longs et scutellés; quatre doigts; le doigt postérieur externe le plus long, et beaucoup plus long que le doigt antérieur externe; ongles forts, aigus, courbes, comprimés et évidés sur les côtés.

Coloration. *Le Mâle adulte;* bec d'un blanc sale de corne, ayant une nuance bleuâtre de corne vers la base, et la mandibule inférieure d'une couleur plus claire que la mandibule supérieure. Iris d'un jaune citron d'après Natterer, d'un jaune rougeâtre d'après Spix, et d'un blanc jaunâtre d'après le prince de Neuwied. De chaque côté du front existe un espace d'un blanc plus ou moins roussâtre, couvert de plumes piliformes, dirigées en avant et recouvrant les narines; au-dessus, règne une étroite bordure noire. De chaque côté de la mandibule inférieure une plaque de plumes piliformes d'un blanc plus ou moins roussâtre; région parotidée recouverte d'une plaque ovale, blanche dans sa moitié inférieure et noire dans sa partie supérieure. Front, vertex, sinciput, nuque, une huppe occipitale peu allongée, joues et côtés de la tête d'un beau rouge sang; après le rouge, descend, en s'élargissant de chaque côté du cou, une bande blanche, qui se bifurque au-dessus de l'aile, l'une des branches contournant un peu l'aile en avant, où elle s'arrête; l'autre, parsemée de quelques taches noires irrégulières, se dirigeant jusqu'à la moitié du dos, ce qui laisse, au haut du dos, un espace noir se terminant en pointe, et qui est encadré de blanc, si ce n'est vers le sommet, où il se fond avec le noir du cou. Le reste du dos, le croupion et la queue sont noirs. Les rémiges sont noires, mais elles ont la moitié de leur page interne blanche, à partir de la base et jusqu'à moitié environ de leur longueur totale. L'extrémité des rémiges est toujours finement frangée de blanc roussâtre; menton, gorge, devant du cou, et haut de la poitrine d'un noir profond. Tout le reste des parties inférieures d'un blanc plus ou moins lavé de roussâtre clair avec de nombreuses bandes transversales, régulières, noires. Chez quelques sujets, que je crois moins avancés en âge, le noir du bas de la poitrine et du reste des parties inférieures, ainsi que les tectrices tertiaires de l'aile sont d'un noir roussâtre; toute l'extrémité des rémiges primaires et leur page externe sont frangées d'un brun roux plus ou moins clair. Les tarses et les doigts sont bleus, d'après Spix, et d'un gris verdâtre, d'après le prince de Neuwied; ongles d'un brun foncé en dessus et d'un brun jaunâtre de corne en dessous.

*La Femelle adulte* diffère du mâle 1° en ce qu'elle a le front, une huppe frontale et une bande étroite, partant du front, qui passe sur l'œil, puis descend derrière la nuque, d'un beau noir bleuâtre. Les côtés de la tête, un large espace triangulaire, s'étendant jusqu'au-dessus de l'œil, tout le reste du dessus de la tête et une huppe occipitale sont d'un beau rouge sang. Une large bande blanche, part de la commissure du bec, descend sur les côtés du cou et continue, comme chez le mâle, à se diriger vers le dos.

La femelle, dont le rouge de la tête a été décoloré, soit par l'immersion dans l'alcool pendant quelques jours, soit par toute autre cause, devient le *picus melanoleucus* de Gmelin, Latham et des autres auteurs, ainsi que le soupçonnait Wagler; et c'est à tort que M. Temminck a pensé que ce pouvait être un vieux *dryopicus lineatus*, et M. Valenciennes, la femelle du même *dryopicus* (*Dict. des sc. nat.*, vol. 40, p. 178). Après avoir examiné le noir profond qui couvre le menton et la gorge du *melanoleucus*, sa double huppe, la position qu'occupent les sillons latéraux de la mandibule supérieure, ou la longueur comparative des deux doigts externes, on reste convaincu que ce n'est point un *lineatus*, mais bien la femelle du *meg. albirostris*, dont toute la partie rouge de la tête est devenue d'un blanc jaunâtre.

Ayant eu occasion en 1843 d'examiner un *melanoleucus*, je remarquai deux ou trois petites taches rouges sur la touffe de plumes, d'un blanc jaunâtre, qui ombragent l'occiput; je ne doutai plus, surtout lorsque j'appris que l'oiseau monté que j'avais sous les yeux avait été envoyé du Brésil dans l'alcool avec d'autres objets destinés à des études anatomiques. Ayant eu depuis, l'occasion de me procurer une seconde femelle de l'*albirostris*, je la plongeai dans un bocal à demi rempli d'alcool, et dix à douze jours après, le rouge avait entièrement fait place à un blanc jaunâtre pâle dont j'avais chaque jour observé les progrès. C'est ainsi que j'ai obtenu le *melanoleucus* qui figure dans ma collection et qui ne diffère nullement de celui de Latham. Il me suffira de publier la recette pour éviter toute supercherie que l'on pourrait tenter à l'avenir envers quelques amateurs.

Je pense donc que nous devons rayer le *megapicus melanoleucus* des catalogues méthodiques, et encore moins, en faire, comme M. Lesson, dans son *Traité d'ornithologie* (page 226), la femelle du *dryocopus erythrops* dont, suivant ce même auteur, le *dr. lineatus* serait le jeune!!

*Un jeune Mâle* avait le front et une partie du sommet de la tête, d'un brun noir, déjà moucheté de rouge, quelques plumes étant entièrement de cette dernière couleur. Sur le côté de la tête, la large bande blanche que l'on voit chez la femelle, était déjà recouverte, au-dessous de l'œil, par une bande rouge qui ne rejoignait pas encore le rouge de l'occiput.

Habite le Paraguay, la Guyane, le Brésil.

Je ne l'ai jamais reçu du Mexique où il habiterait aussi suivant Wagler.

La femelle à huppe décolorée ou *melanoleucus*, existe au Muséum de Paris, dans celui de Berlin et dans ma collection.

DIMENSIONS.

| | |
|---|---|
| Longueur totale | 340 millimètres. |
| — du bec, depuis la commissure jusqu'à l'extrémité | 47 à 50 millim. |
| — du bec, depuis les narines jusqu'à l'extrémité | 36 à 38 — |
| — de l'aile pliée | 195 à 205 — |
| — de la queue | 140 millimètres. |
| — du tarse | 29 — |
| — du doigt postérieur externe (sans l'ongle) | 32 — |
| — de l'ongle seul, mesuré en suivant la courbure | 25 — |
| — du doigt antérieur externe | 25 — |
| — de l'ongle | 23 — |
| — du doigt antérieur interne | 19 — |
| — de l'ongle | 21 — |
| — du doigt postérieur interne | 12 — |
| — de l'ongle | 15 — |

Collections du Muséum de Paris, de Vienne, de Berlin, de Londres, de Leyde, de Munich, de Stuttgard, de Genève, de Stockholm, de Boulogne-sur-Mer, de Carlsruhe, de Heidelberg, de Darmstadt. Ma collection.

## MEGAPICUS GUATEMALENSIS.

PICUS REGIUS; Licht., *In museo Berol.*, 1840, le mâle. — *Id., Nomenc.*, p. 75.
PICUS LEUCORHYNCHUS; Natt., *In museo Vind.*, 1840.
PICUS GUATEMALENSIS; Hartl., *Rev. zool.*, 1844, p. 214, la femelle.
PICUS LESSONII; Less., *Écho du monde sav.*, 1844, p. 921. — *Id., Descr. mamm. et d'ois.*, 1847, p. 203, nº 30, le mâle adulte.
PICUS GUAYAQUILENSIS; Less., *Écho du m. sav.*, 1845, p. 920. — *Id., Descr. mamm. ois.*, 1847, p. 202, nº 29, le jeune mâle.
CAMPEPHILUS GUATEMALENSIS; G.-R. Gray, *Gen of birds*. — *Id., Cat. brit. mus.*, 1855. — Rchb., *Hand. spec. orn.*, p. 392, nº 904.
DRYOCOPUS GUATEMALENSIS; Bp., *Consp. gen. av.*, 1850, p. 133, la femelle.
DRYOTOMUS ODOARDUS; Bp., *Notes orn. voy. Del.*, 1854, p. 85.
DRYOTOMUS GUATEMALENSIS; Bp., *Consp. vol. zyg.*, 1854.
DRYOPICUS REGIUS; Bp., *Consp. vol. zyg.*, 1854.
CAMPEPHILUS REGIUS; Rchb., *Hand. spec. orn.*, p. 393, nº 908; pl. dcxlix, fig. 4331, 4332, mâles.

Mas adultus; rostro corneo-albido; verticis et occipitis cristâ, plumulis narium, fronte, mento, gulâ, capiteque, totis saturate unicoloribus scarlatinis; striolâ utrinque ad colli postici latera et ad dorsum medium, albâ; jugulo, pectore, auchenio, dorso, uropygio, alarum superficie externâ, caudâque supra, nigris; alarum flexurâ et tectricibus internis, pogoniique interni remigum maculâ magnâ basali, pallide ranunculaceo-flavidis, pogoniis externis subtùs eadem flavedine indutâ; corpore inferiùs, a pectore usque ad crissi finem, rufescenti-albo, lineis transversis, numerosis, nigricante-fuscis, æqualibus, fasciato; pedibus plumbeis.

Fœmina adulta; fronte, cristâque elongatâ, nigerrimis; plumulis narium, mento, capitis lateribus et occipite nitide scarlatinis; gulâ, collo, pectoreque nigerrimis; vittâ, utrinque ad colli postici, albâ.

Mas juvenis; 1º gulâ nigrâ, striâ largâ transversâ, non nullisque plumulis, scarlatinis; rectricibus albido rufescentibus, exceptis non nullis nigris; alis nigricantibus, ex parte rufescentibus; remigibus secundariis albido-fuscis; uropygio, tergoque obscure-flavescentibus, lineis transversis nigricantibus; 2º gulâ, capite toto, scarlatinis; striâ largâ, transversâ, frontuli, nigrâ.

## LE MÉGAPIC DE GUATEMALA.

**PLANCHE VII**, Fig. 1, le mâle adulte; Fig. 2 et 3, des femelles adultes; Fig. 4, un jeune mâle; Fig. 5, la quatrième rémige primaire.

LE PIC DE LESSON; LESS., *Écho*, 1844, p. 921. — *Id.*, *Descr. mam. ois.*, p. 203; le mâle adulte.
LE PIC DE GUAYAQUIL; LESS., *Écho*, 1845, p. 920. — *Id.*, *Descr. mam. ois.*, p. 202; le jeune mâle.

Je connaissais depuis longtemps cette belle espèce du Mexique, que j'avais vue, en 1841, dans le Muséum de Vienne et dans celui de Berlin, sous les noms de *leucorhynchus* et de *regius*, lorsque le savant directeur du Musée de Brême publia la description d'un grimpeur qu'il avait reçu de Guatemala et qu'il croyait être un mâle. M. le docteur Hartlaub, avec une obligeance que je suis heureux de proclamer en lui offrant ici l'expression de toute ma gratitude, m'adressa, sur ma demande, une fort bonne planche peinte représentant son *picus Guatemalensis* mâle et je reconnus alors que celui-ci était une femelle du *regius* (LICHT.) ou *leucorhynchus* (NATT.).

Peu de temps après, Lesson ayant publié diverses espèces nouvelles, je lui demandai et j'obtins en communication les types de son *Guayaquilensis* et de son *Lessonii*, qui se trouvaient alors dans la belle collection du docteur Abeillé, à Bordeaux. Après un examen comparatif, je demeurai convaincu que le premier de ces oiseaux n'était autre qu'un jeune mâle n'ayant pas encore pris la livrée de l'adulte, et le second, le mâle adulte du *megapicus regius*. Depuis, j'en ai reçu un second dans une livrée plus parfaite, mais non encore entièrement semblable à l'adulte. Je ferai connaître ces différents états qui peuvent occasionner des erreurs et augmenter la synonymie déjà assez étendue. Cette espèce vit à Guayaquil, à Realejo et à San-Carlos, dans la république du Centre-Amérique, d'où M. Adolphe Lesson l'a rapportée à son frère.

Elle paraît habiter aussi une partie de la Californie, car c'est un mâle de ce mégapic que le prince Charles Bonaparte avait nommé *dryotomus odoardus*, dans le savant travail qu'il a lu, en 1854, à l'Institut de France, sous le titre de *Notes ornithologiques sur les collections rapportées en* 1853 *par M. Delattre*. Ayant reçu, peu après, communication du type de l'*odoardus*, je me suis empressé d'informer l'auteur du résultat de mon examen; mais malheureusement l'impression de son travail était terminée.

M. Reichenbach, qui paraît n'avoir pas reconnu le *regius* dans le *Guatemalensis*, cite une note du docteur Hartlaub, ainsi conçue : « Après avoir comparé vos *dessins* avec mon » *Guatemalensis*, je dois croire que cette espèce est la femelle du *pollens*, *représentée* » *par votre figure* 4323, planche DCXLVIII. » Or, ce *pollens*, d'après Reichenbach, est le *Malherbii* de G.-R. Gray, qui ne doit pas se confondre avec le *regius* ou *Guatemalensis*. M. Hartlaub, qui ne s'exprime d'ailleurs qu'avec réserve, a dû être induit en erreur par les figures 4323, 4324, qui ne sont pas très-exactes, comme je l'ai fait observer en parlant du mégapic de Malherbe. Le dessin de la femelle du *Guatemalensis*, exécuté de grandeur naturelle, par M. Brandt, à Hambourg, et que je dois à la généreuse bienveillance du docteur Hartlaub, donne à cet oiseau les côtés de la tête, la huppe inférieure occipitale et les joues d'un rouge vif. La bande blanche, qui descend le long du cou, ne commence qu'après ce rouge, c'est-à-dire à près de 30 millimètres de distance du bec. Cet état est conforme aux divers exemplaires que je possède; tandis que chez la femelle du *Malherbii*, représentée sur la planche DCXLVIII, figure 4324, de M. Reichenbach, la bande blanche part de l'angle du bec et s'étend sans interruption jusqu'au bas du cou, séparant le rouge des côtés de la tête du noir de la gorge.

Cette observation suffira, je pense, pour faire distinguer les femelles des deux espèces.

La dénomination imposée par M. Hartlaub, ayant été publiée la première, j'ai cru devoir l'adopter, quoique déjà, depuis plusieurs années, MM. Lichtenstein et Natterer eussent nommé différemment cette même espèce dans les collections de Berlin et de Vienne.

CARACTÈRES. Bec très-fort, droit, large à la base, comprimé à l'extrémité qui se termine en forme de coin; arête supérieure du bec très-saillante; narines recouvertes de plumes courtes, rebroussées en avant; sillons latéraux très-profonds et surmontés d'une arête très-saillante qui s'étend parallèlement au sommet jusqu'aux deux tiers du bec, puis remonte vers l'extrémité. Arête saillante sous la mandibule inférieure; menton couvert de plumes dirigées en avant et s'avançant sous la mandibule à plus du tiers de la longueur totale du bec, mesurée de la commissure.

Une huppe assez épaisse et de moyenne longueur; chez la femelle, une huppe frontale et une huppe occipitale de couleurs différentes.

Ailes longues, aiguës ; la quatrième et la cinquième rémige étant les plus longues. Queue longue, étagée, composée de douze pennes raides et dont les quatre intermédiaires sont concaves en dessous et en forme de cheneau. Tarses forts et scutellés. Quatre doigts inégaux; le doigt postérieur externe, le plus long de tous, et beaucoup plus long que le doigt antérieur externe. Ongles forts, aigus, très-recourbés, comprimés et évidés sur les côtés.

Coloration. *Le Mâle adulte;* bec d'un blanc de corne, et dans quelques sujets d'un blanc jaunâtre sale, la base de la mandibule inférieure étant d'un bleuâtre pâle; plumes recouvrant les narines, front, tout le dessus et les côtés de la tête, occiput, large huppe occipitale, menton, joue, gorge, d'un beau rouge écarlate. Chez les sujets moins avancés en âge, le rouge ou partie du rouge de la tête, notamment sur les joues, est d'une nuance plus claire, quelque peu orangée. De chaque côté du cou descend une étroite bande blanche, et ces bandes vont se réunir sur le milieu du dos; tout le reste des parties supérieures, les tectrices supérieures des ailes, le devant du cou et la poitrine sont noirs. Les parties inférieures, à partir de la poitrine, sont d'un blanc roussâtre, ou d'un blanc jaunâtre, avec de nombreuses bandes transversales noires ou d'un brun noirâtre.

Rémiges noires, ayant leur page interne d'un jaune nankin, à partir de la base jusqu'à moitié environ de la longueur totale de la penne, ce jaune finissant par une bande oblique. Les rémiges primaires ont leur extrémité terminée de roussâtre clair, et leur page externe frangée de même couleur; leur page externe est, en outre, blanche sur un très-court espace à partir de la base; les rémiges secondaires ont leur page externe d'un jaune chamois pâle sur un espace plus long, à partir également de la base. Toutes les couvertures inférieures de l'aile sont d'un jaune nankin qui s'aperçoit sur une partie du rebord de l'aile pliée. Les tiges des rémiges sont noires en dessus et d'un blanc jaunâtre en dessous.

La queue est noire en dessus, terminée de brun roussâtre; en dessous, elle est d'un noir brun, les plumes externes étant glacées de brun roux clair, et les tiges des rectrices étant d'un roux brun. Tarses et doigts d'un gris bleuâtre.

*La Femelle adulte* diffère du mâle : 1° en ce que, chez elle, le front et huppe frontale effilée, qui recouvre en partie la huppe rouge de l'occiput, sont d'un noir profond; 2° par sa gorge, qui est aussi d'une noir profond.

Les plumes recouvrant les narines, le menton et les joues, ainsi que l'occiput et les côtés de la tête, sont d'un rouge écarlate, comme chez le mâle.

*Les Jeunes* varient beaucoup suivant l'âge. Un jeune mâle de ma collection, ayant la taille des adultes, diffère de ceux-ci, en ce que l'on remarque quelques petites plumes noires parmi le rouge de la gorge, et que le front porte encore une bande noire tendant à s'effacer au milieu. Un autre exemplaire, que m'a communiqué M. Sclater, avait le front, la gorge et la huppe supérieure noirs, l'occiput et la huppe inférieure rouges; le pourtour des yeux et les joues noirs, et parsemés de petites plumes d'un rouge brun; le bec, d'un brun clair au-dessus et à l'extrémité, est d'un jaunâtre sale dans le reste.

Le sujet mâle qui a été nommé *Guayaquilensis* par Lesson, est beaucoup *plus jeune.* Il a la gorge noire, traversée par une cravate rouge irrégulière d'environ 6 millimètres de largeur, quelques petites plumes rouges éparses sur le menton et sur la gorge attestent que ces parties deviendront entièrement rouges, comme le sont déjà tout le dessus et les côtés de la tête, ainsi que la huppe occipitale assez courte. La région parotidée se distingue par les plumes noires et blanches qui la recouvrent. Le noir de la poitrine descend moins bas que chez l'adulte; toutes les parties inférieures portent des bandes transversales plus espacées entre elles et d'un brun plus clair. Les bandes blanches, que l'on observe de chaque côté du cou, sont plus larges, irrégulières et composées de plumes d'un blanc roussâtre et d'un brun noir. Les ailes sont d'un brun clair et d'un brun noirâtre; les rémiges secondaires ont plus de blanc jaunâtre sur leur page interne; les couvertures inférieures de l'aile sont d'un blanc jaunâtre plus clair. Le croupion et une partie du dos sont d'un brun noir, rayé transversalement de roux jaunâtre. Le queue est d'un brun roux clair et quelque rectrices sont déjà noires.

Habite Guatemala, Papantla, le Mexique, Guayaquil, Realejo, et San-Carlos dans la république du Centre-Amérique; une partie de la Californie.

| DIMENSIONS. | ADULTES. | | JEUNES. | |
|---|---|---|---|---|
| Longueur totale | 345 | millimètres. | » | millimètre. |
| — du bec, de la commissure à l'extrémité | 55 | — | 50 | — |
| — — des narines à l'extrémité | 44 | — | 39 | — |
| — de l'aile pliée | 200 | — | 187 | — |
| — de la queue | 120 | — | 120 | — |
| — du tarse | 30 | — | » | — |
| — du doigt postérieur externe (sans l'ongle) | 32 | — | » | — |
| — de l'ongle (mesuré en suivant la courbure) | 23 | — | » | — |
| — du doigt antérieur externe | 23 | — | » | — |
| — de son ongle | 23 | — | » | — |
| — du doigt antérieur interne | 15 | — | » | — |
| — de son ongle | 21 | — | » | — |
| — du doigt postérieur interne | 11 | — | » | — |
| — de l'ongle | 15 | — | » | — |

Musées de Paris, de Vienne, ancienne collection Abeillé à Bordeaux; ma collection.

Le type du *regius* (Licht.) existe au Muséum de Berlin, et celui du *Guatemalensis* (Hartl.), au Muséum de Brême.

## MEGAPICUS SCLATERI (*Malh.,* 1859).

Mas. adult. Rostro plumbeo-corneo; narium plumulis fuscescenti-albidis; capite suprà et ad latera, cristâ parvâ, regione ophthalmicâ, et nuchâ, unicoloribus coccineis; maculâ regionis paroticæ nigrâ, inferiùs albo limbatâ; teniâ largâ albâ, à mandibulâ versus colli postici latera utrinque ducta; interscapulio albo, flavido paululùm sparso. Gulâ, collo, auchenio, alarum tectricibus superioribus, nigerrimis; pectore nigro, paululùm albo-rufescenti fasciato; abdomine toto, et uropygio albo-rufescenti nigroque fasciatis; caudæ tectricibus superioribus, rectricibus, remigibusque fuscescenti-nigris, remigibus intùs oblique, a basi ad ultra medium, alarumque tectricibus inferioribus albo-flavidis, alarum et rectricum scapis infrà albis, suprà fuscescenti nigris, pedibus plumbeis.

## LE MÉGAPIC DE SCLATER (*Malh.,* 1859).

**PLANCHE VIII**, Fig. 1, la femelle; Fig. 8, la quatrième rémige primaire; le mâle sera figuré pl. XXV, fig. 8.

Le *megapicus Sclateri,* mâle, diffère du *megap. albirostris :* 1° parce que le premier a le bec d'une nuance plus foncée; 2° parce que la bande blanche, qui s'étend de la commissure du bec, sépare le rouge des côtés de la tête au-dessous des yeux, puis le noir du cou, tandis que chez l'*albirostris* mâle, les plumes des angles de la mandibule supérieure et de la mandibule inférieure sont d'un blanc sale, la bande blanche qui remonte sur les côtés du cou s'arrête à hauteur de la nuque, les joues sont rouges comme le dessus de la tête, et la double tache noire et blanche des oreilles est encadrée de rouge de tous côtés.

Le *Sclateri,* mâle, ainsi que le mâle de l'*albirostris,* se distinguent de suite du *Guatemalensis,* mâle, en ce que ce dernier a le menton et la gorge rouges, tandis que les deux premières espèces ont ces mêmes parties d'un noir profond.

Ces différences m'ont semblé utiles à établir pour éviter toute confusion entre l'espèce nouvelle que je décris et celles qui lui ressemblent beaucoup par la coloration générale des parties supérieures et inférieures.

C'est à une obligeante communication de M. Sclater, que je dois la découverte de la femelle, et du mâle postérieurement, de l'espèce américaine à laquelle j'ai donné le nom de ce savant ornithologiste comme un faible témoignage de ma vive gratitude, ainsi que de ma haute estime pour son caractère et ses profondes connaissances. Le *Sclateri,* femelle, que je décris, a été reçu récemment de Pallatanga, dans les Andes d'Ecuador, sur le versant des Cordillières qui regarde la mer Pacifique.

Caractères. Ceux du *megapicus albirostris.*

Coloration. *La Femelle adulte;* bec robuste, d'un bleuâtre de corne; tout le dessus de la tête, avec la région oculaire, d'un rouge vif qui entoure une plaque noire recouvrant les oreilles. Les plumes un peu allongées et touffues de l'occiput et les côtés de la nuque sont du même rouge brillant. Les plumes recouvrant les narines et les côtés de la base de la mandibule inférieure sont d'un blanc roussâtre; une large bande blanche commence de chaque côté à la mandibule inférieure, et ces deux bandes, descendant de chaque côté du cou et des épaules, viennent se réunir sur le milieu du dos, où elles forment un assez large espace d'un blanc quelquefois lavé de jaunâtre. Le devant du menton et de la gorge, tout le cou, le haut du dos, les tectrices supérieures des ailes sont d'un noir profond; la poitrine est d'un noir quelque peu rayé transversalement de blanc roussâtre; l'abdomen est rayé de noir et de blanc roussâtre, ainsi que le croupion après l'espace blanc du dos; les tectrices supérieures caudales, la queue et les ailes sont d'un brun noirâtre; mais toutes les rémiges ont leurs barbes internes obliquement teintes d'un blanc jaunâtre, à partir de la base jusqu'aux deux tiers environ de leur longueur; les tectrices inférieures des ailes sont d'un blanc jaunâtre plus clair. Les tiges des rémiges et celles des rectrices en dessous, sont du même blanc, tandis qu'elles sont d'un brun foncé en dessus.

*La Femelle* diffère du mâle en ce qu'elle a les joues blanches; le blanc se mêlant à la bande blanche plus étroite qui contourne le front. L'iris doit être du même jaune évidemment que chez le mâle. Le bec de la femelle a été figuré un peu trop épais.

HABITE les Andes d'Ecuador; Pallatanga, sur le versant des Cordillières qui regarde la mer Pacifique.

DIMENSIONS.

| | | |
|---|---|---|
| Longueur totale | 330 | millimètres. |
| — du bec, de la commissure à l'extrémité | 50 | — |
| — — des narines à l'extrémité | 36 | — |
| — de l'aile pliée | 180 | — |
| — de la queue | 110 | — |
| — du tarse | 33 | — |
| — du doigt postérieur externe (sans l'ongle) | 28 | — |
| — de son ongle (en suivant la courbure) | 19 | — |
| — du doigt antérieur externe | 20 | — |
| — de son ongle | 20 | — |
| — du doigt antérieur interne | 14 | — |
| — de son ongle | 18 | — |
| — du doigt postérieur interne | 11 | — |
| — de l'ongle | 12 | — |

Collection de M. Ph.-L. Sclater, à Londres.

## MEGAPICUS ROBUSTUS.

PICUS ROBUSTUS; ILLIG., LICHT., *Cat. Berol.*, p. 10, nos 56 et 57. — SPIX, *Av. Bras.*, I, p. 56; pl. 44, le mâle. — VAL., *Dict. sc. nat.*, 1826, XL, p. 179. — *Dict. class. d'h. nat.*, XIII, p. 503. — LESSON, *Traité d'orn.*, p. 225, nº 43. — *Compl. Buff.*, IX, p. 322. — WAGL., *Syst. av.*, nº 11. — CUV., *Règne an.*, 1829, I, p. 450. — *Pr.* MAXIM., *Reise nach. Bras.*, I, p. 72 178. — *Beitr. zur Naturg. von Bras.*, IV, p. 385. — SWAINS., *Class. of birds*, II, p. 306.

CAMPEPHILUS ROBUSTUS; G.-R. GRAY, *Gen. of birds.* — *Pr.* BP., *Consp. vol. zyg.*, 1854. — REICH., *Hand. spec. orn.*, p. 395, nº 914; pl. DCXLIX, fig. 4333, 4334, mâles; pl. DCLI, fig. 4339, 4340, femelles.

DRYOCOPUS ROBUSTUS; *Pr.* BONAP., *Consp. gen. av.*, p. 133; une femelle.

MAS. ADULT. Rostro pallide corneo, subtùs, medio et versùs apicem albido; verticis et occipitis cristâ, capite ac collo totis saturate unicoloribus coccineis; maculâ regionis paroticæ nigrâ, inferiùs albo limbatâ; corpore subtùs inferiùs a collo usque ad crissi finem pallide rufescenti-albido, lineis numerosissimis, transversis nigris; alis cum scapularibus, caudâque totis nigris; remigibus intùs a basi isabellinis, lineis transversis largissimè distantibus, nigris signatis; dorso supremo, infimo, uropygio, alarum tectricibus inferioribus caudæque superioribus ochraceis; pedibus plumbeis.

FŒM. ADULT. Mari similis nisi vittâ malari plumisque narium albis, suprâ et subtùs nigro-limbatâ ac frontis fasciâ angustâ, nigrâ.

## LE MÉGAPIC ROBUSTE.

**PLANCHE III**, Fig. 4, le mâle; Fig. 5, la femelle; Fig. 6, la quatrième rémige primaire.

LE PIC A OREILLES BICOLORES; *Dict. des sc. nat.*, 1826, XL, p. 179. — *Dict. class.*, XIII, p. 503. — LESSON, *Traité d'orn.*, p. 225, et *Compl. à Buff.*, IX, p. 322.

CHARPENTIER A COU ROUGE; SPIX, *Av. Bras.*, I, p. 56.

CARPINTERO GORRO Y CUELLO ROXOS; AZARA, *Apunt.*, I, p. 301.

CHARPENTIER A HUPPE ET COU ROUGES; *Pr.* MAXIM., *Beitr. Naturg. Bras.*, IV, p. 385.

PIC ROBUSTE; GERBE, *Dict. univ. d'h. nat.*, 1848, X, p. 142.

Cette espèce, qui ressemble par la coloration de la tête et du cou au *meg. rubricollis,* habite les parties boisées du Brésil et du Paraguay, où il est toutefois moins commun que le *dryop. lineatus.* J'ai cru devoir adopter le nom français qui a le grand avantage de rappeler la dénomination latine, de préférence à des qualifications qui lui sont communes avec un grand nombre d'espèces, non-seulement de la même famille, mais du même genre.

Le prince Maximilien de Neuwied, nous apprend que les habitudes de ce grimpeur sont les mêmes que celles de ses autres congénères. Ainsi, on le voit s'attaquer avec acharnement aux vieux arbres dont il soulève l'écorce pour chercher les insectes et leurs larves. Sa voix, néanmoins, n'est pas aussi forte que celle de plusieurs autres espèces, mais on entend de fort loin les coups de bec qu'il porte aux arbres. Il niche dans un trou qu'il pratique dans quelque vieux tronc et y dépose ses œufs qui sont d'un blanc sans tache. L'auteur ajoute que ce Mégapic vit ordinairement par couple et qu'il paraît peu répandu dans le nord du Brésil.

Quant à la couleur de l'iris, Spix dit qu'elle est d'un jaune soufre, tandis que M. le prince de Neuwied l'indique comme étant d'un jaune blanchâtre chez les adultes, et d'une nuance plus pâle chez les jeunes.

M. Reichenbach distingue à tort les mâles par le dos et le croupion blancs, tandis que ces mêmes parties seraient fauves chez les femelles. Les deux sexes ont les parties supérieures de la même couleur qui est généralement d'un blanc plus ou moins jaunâtre ou d'un jaune nankin.

Caractères. Bec long, fort, droit, large à la base, comprimé à l'extrémité qui se termine en forme de coin; arête de la mandibule supérieure saillante; celle au-dessous de la mandibule inférieure, assez saillante; narines recouvertes par une touffe de plumes piliformes dirigées en avant, et surmontées d'une arête saillante qui s'étend sur les deux tiers de la longueur du bec. Menton recouvert de plumes piliformes, s'avançant sous la mandibule aux deux cinquièmes de la longueur totale du bec, mesuré de la commissure. Plumes du front et du vertex, longues; ces dernières formant une huppe moyenne avec celles de l'occiput. Ailes longues et aiguës; la quatrième, la cinquième et la sixième rémige étant les plus longues. Queue longue, étagée, composée de douze pennes raides et à tiges très-fortes. Les quatre rectrices intermédiaires sont concaves en dessous et ont la forme de cheneaux. Les huit pennes intermédiaires sont ordinairement usées et échancrées à l'extrémité. Tarses et doigts forts, longs et scutellés au-dessus. Quatre doigts inégaux; le doigt postérieur externe, le plus long de tous, est beaucoup plus long que le doigt antérieur externe; ongles longs, forts, recourbés, aigus, comprimés et évidés sur les côtés.

Coloration. *Le Mâle adulte;* mandibule inférieure d'un blanc sale de corne dans les trois quarts de sa longueur, la base étant d'un bleu noirâtre; mandibule supérieure d'un blanc sale de corne vers l'extrémité, et d'une nuance plus foncée, souvent lavée de bleuâtre de corne jusqu'à la base; iris d'un jaune blanchâtre selon le prince de Neuwied, d'un jaune soufre selon Spix, et d'un jaune citron selon M. Natterer; plumes recouvrant les narines, front, vertex, occiput, tous le côtés de la tête, menton, gorge et tout le cou d'un rouge écarlate brillant; région parotidée noire au-dessus, blanche au-dessous, toutes les parties inférieures régulièrement rayées de très-nombreuses bandes transversales, les unes d'un blanc roussâtre et les autres noires; tout le dos et le croupion sont d'un blanc jaunâtre, et quelquefois d'un jaune nankin varié de noir entre les épaules, suivant l'âge; quelques-unes des plumes latérales du dos et du croupion sont parfois rayées transversalement de bandes noires; queue noire. Les rémiges ont leur page externe, vers la base, d'un roux fauve qui n'est visible qu'en dépouillant l'aile, et leur page interne d'un beau roux jaunâtre avec quelques bandes noires transversales; ces rémiges vers leur extrémité, sont noires, et l'aile, étant pliée, paraît aussi entièrement noire, à l'exception de la pointe des pennes qui est ordinairement légèrement frangée de blanc roussâtre; les rémiges secondaires, et, par suite, les tiges de ces rémiges sont alternativement d'un roux jaunâtre et noires. Les couvertures inférieures alaires sont d'un roux jaunâtre plus clair, sans taches; tarses et pieds d'un gris bleu; ongles d'un brun de corne et d'un brun jaunâtre en dessous.

*La Femelle adulte* diffère du mâle en ce que la touffe de plumes, qui recouvre les narines et les côtés de la mandibule inférieure à sa base, est blanche, ainsi qu'une bande qui se termine en pointe à la région parotidée, où elle est surmontée d'une tache noire; tout ce blanc est bordé en dessus et en dessous par une bande noire qui passe sur le front et le menton, les plumes piliformes qui couvrent cette dernière partie étant noires.

*Les Jeunes;* le prince de Neuwied annonce que les jeunes ont les couleurs plus salies, le dos plus jaune et tacheté de noir; le bec blanc sale en dessous et d'un brun noir en dessus, les pattes d'un gris foncé, et l'iris d'une nuance plus pâle que chez les adultes.

Une très-jeune femelle, que j'ai examinée au Muséum de Paris, avait toute la tête et le cou couverts d'un duvet d'un brun noirâtre, l'extrémité seulement de chaque plume étant déjà rouge. La bande blanche partant de la commissure du bec permettait de reconnaître facilement le sexe de cet oiseau. C'est probablement la vue d'un sujet en cette livrée qui a fait dire à M. Lesson *(Compl. de Buff.,* IX, p. 322), que le cou du *meg. robustus* était rouge, mais parfois noir.

Habite le Brésil et le Paraguay où il est commun.

DIMENSIONS.

| | |
|---|---|
| Longueur totale | 390 à 410 mill. |
| — du bec, de la commissure à l'extrémité | 50 millimètres. |
| — — des narines à l'extrémité | 40 — |
| — de l'aile pliée | 195 à 200 mill. |
| — de la queue | 130 millimètres. |
| — du tarse | 30 — |
| — du doigt postérieur externe (sans l'ongle) | 32 — |
| — de son ongle (en suivant la courbure) | 22 — |
| — du doigt antérieur externe | 24 — |
| — de son ongle | 22 — |
| — du doigt antérieur interne | 15 — |
| — de son ongle | 20 — |
| — du doigt postérieur interne | 13 — |
| — de son ongle | 13 — |

**Se trouve dans les Musées de Paris, de Londres, de Vienne, de Berlin, de Leyde, de Munich, de Manheim, de Stockholm, de Carlsruhe, de Stuttgard, de Liége; ma collection.**

---

## MÉGAPICUS RUBRICOLLIS.

PICUS RUBRICOLLIS; Gmel., *Syst.*, I, p. 426, nº 23. — Bodder., 1783. — Buff., *pl. enl.* — Lath., *Ind. orn.*, I, p. 226, nº 6. — *Gen. syn.*, II, p. 558, nº 5. — Cuv., *Règne an.*, I, p. 450. — Wagl., *Syst. av.*, 1827, nº 12, la femelle; et *Isis*, 1829, p. 509, le mâle. — Vieill., *Nouv. dict.*, XXVI, p. 71. — *Id. Encycl.*, p. 1306. — *Dict. class. d'h. nat.*, XIII, p. 497 — Lesson, *Traité d'orn.*, p. 225, nº 42, la femelle. — *Id. Compl. à Buff.*, IX, p. 323. — Bonap., *Acad. nat. sc. Philad.*, V, p. 137. — *Et bullet.*, VI, p. 412; XIII, p. 240.

CAMPEPHILUS RUBRICOLLIS; G.-R. Gray, *Gen. of birds.* — *Pr.* Bp., *Consp. vol. zyg.*, 1854. — Reich., *Hand. spec. orn.*, p. 395, nº 915, pl. DCLI, fig. *inex.*, 4341, 4342, femelles.

DRYOCOPUS RUBRICOLLIS; *Pr.* Bonap., *Consp. gen. av.*, p. 134, le mâle.

Mas adult. Fronte, cristâ frontali et occipitis, plumis narium, genis, gulâ, capite toto colloque usque ad pectus, unicoloribus coccineis; maculâ aurium parvâ, nigrâ, infrâ albo-marginatâ; iride citrinâ; corpore subtùs rufo-cinnamomeo, pectore rubro lavato; dorso ac uropygio, rectricibus omnibus alisque suprà unicoloribus nigris; remigibus nigris, intùs a basi usque ad medium immaculate ac saturate rufescenti-fulvis; rostro albicante; pedibus plumbeis.

Fœm. adult. Mari similis, nisi vittâ malari albâ, suprà et subtùs nigro-limbatâ; frontis fasciâ angusta, nigrâ, plumulisque narium albis.

## LE MÉGAPIC A COU ROUGE.

**PLANCHE VIII**, Fig. 5, quatrième rémige primaire; Fig. 6, le mâle adulte; Fig. 7, la femelle.

LE PIC A COU ROUGE; Buff., *ois.*, VII, p. 53. — Holandre, *Abr. d'h. nat.*, 1790, III, p. 403, le mâle. — Lesson, *Traité d'orn. et compl. à Buffon.* — Vieill., *N. dict.*, XXVI, p. 71. — *Id. Encycl.*, p. 1306.

LE GRAND PIC HUPÉ A TÊTE ROUGE, DE CAYENNE; Buff., *pl. enl.*, 612, la femelle (fig. peu exacte).

Cette espèce, loin d'être fort rare à Cayenne et à la Guyane, comme le dit Wagler, y paraît au contraire assez répandue, ainsi qu'au Brésil et au Paraguay, à en juger par les nombreux exemplaires que j'ai vus en Europe, soit dans les collections publiques, soit chez les marchands naturalistes. Elle a été mal connue des auteurs, car tous ne donnent que la description de l'un des sexes, et souvent ils se trompent. Sonnini, dans l'*Histoire naturelle de Buffon,* rapporte à cette espèce le *picus niger* de Latham et le *picus ruber* de Linnée, qui tous deux sont différents. Latham annonce, de son côté, que quelques exemplaires ont leurs parties inférieures couvertes de *bandes noires transversales,* ce qui ne peut s'expliquer que parce que Latham, comme plusieurs autres naturalistes l'ont fait depuis, avait sans doute pris une femelle du *meg. robustus* pour une femelle du *rubricollis.* Latham, cite d'ailleurs, comme son espèce, celle indiquée par d'Azara *(Apuntam,* nº 250), et qui est le *meg. robustus.* La même erreur explique comment *(Journ. acad. Philad.)* un des ornithologistes distingués de notre époque signalait comme une *variété* du *rubricollis,* un sujet qui avait les *parties supérieures du corps d'un brun noir* et les *parties inférieures d'un roux jaunâtre.* Quoique cet oiseau se trouve aujourd'hui dans toutes les collections, je pense que les descriptions que je donne des deux espèces précitées, serviront à empêcher encore plus d'une erreur.

Caractères. Bec long, fort, droit, comprimé à l'extrémité qui se termine en forme de coin; arête de la mandibule supérieure saillante; celle au-dessous de la mandibule inférieure peu saillante; narines recouvertes par une touffe de plumes piliformes, dirigées en avant, et surmontées d'une arête saillante. Menton s'avançant sous la mandibule inférieure au tiers de la longueur totale du bec, mesuré de la commissure. Plumes du front et de l'occiput de moyenne longueur et celles du vertex assez longues, toutes effilées et formant une huppe de moyenne longueur. Ailes longues et aiguës, la quatrième et la cinquième rémige étant les plus longues. Queue longue, étagée, composée de douze pennes raides; ces pennes ont, en outre, leur extrémité échancrée et usée. Les deux pennes intermédiaires dans toute leur longueur et la penne suivante vers son extrémité, étant concaves en dessous et en forme de cheneau; tarses et doigts longs, forts, scutellés au-dessus. Quatre doigts; le doigt postérieur externe, le plus long de tous, est bien plus long que le doigt antérieur externe; ongles longs, très-courbés, aigus, comprimés et évidés sur les côtés.

Coloration. *Le Mâle adulte;* bec d'un blanc sale de corne dans les deux tiers de sa longueur et d'un bleuâtre de corne à la base. Iris jaune, selon Latham, et jaune citron selon M. Natterer; plumes recouvrant les narines, front, vertex, occiput, tous les côtés de la tête, menton, gorge et tout le cou d'un rouge écarlate très-brillant; sur le méat auditif une très-petite tache oblongue noire au-dessus, blanche au-dessous. Toutes les parties inférieures, y compris les tectrices caudales, d'un roux jaunâtre clair; mais la poitrine est le plus souvent lavée en partie du même rouge qui teint le cou. Dos, croupion, tectrices supérieures des ailes et de la queue, ainsi que la queue d'un noir profond; rémiges noires, ayant, en dessous, leurs barbes *internes* seulement, d'un beau roux fauve à partir de la base jusqu'aux deux tiers de la longueur totale de la penne; chez les dernières rémiges secondaires ce roux devient très-pâle et va en s'éteignant; les deux dernières rémiges sont entièrement noires. Tectrices caudales inférieures du même roux fauve que les parties inférieures, et cette couleur s'aperçoit sur une partie du rebord de l'aile lorsque celle-ci est pliée. Pieds plombés.

*La Femelle adulte* diffère du mâle en ce que la touffe de plumes, qui recouvre les narines et les côtés de la mandibule inférieure, à sa base, est blanche, ainsi qu'une bande blanche ou d'un blanc jaunâtre clair, qui se termine en pointe à la région parotidée; tout ce blanc est bordé en dessus et en dessous par une étroite bande noire qui passe sur le front et le menton, les plumes piliformes qui couvrent cette dernière partie étant noires.

Habite la Guyane, le Brésil, le Paraguay.

DIMENSIONS.

| | | |
|---|---|---|
| Longueur totale | 380 | millimètres. |
| — du bec, de la commissure à l'extrémité | 48 | — |
| — des narines à l'extrémité | 35 | — |
| — de l'aile pliée | 195 | — |
| — de la queue | 120 | — |
| — du tarse | 30 | — |
| — du doigt postérieur externe (sans l'ongle) | 33 | — |
| — de l'ongle (mesuré en suivant la courbure) | 22 | — |
| — du doigt antérieur externe | 25 | — |
| — de son ongle | 21 | — |
| — du doigt antérieur interne | 15 | — |
| — de son ongle | 20 | — |
| — du doigt postérieur interne | 14 | — |
| — de son ongle | 14 | — |

Se trouve dans les Musées de Paris, de Londres, de Berlin, de Leyde, de Vienne, de Francfort-sur-Mein, de Stuttgard, de Bruxelles, de Stockholm, de Boulogne-sur-Mer, de Lille, de Liége, de Chatham, de la Specola à Florence, de Naples, de la Sapienza à Rome, &c. Dans ma collection et dans celle de MM. Turati, à Milan.

---

## MEGAPICUS TRACHELOPYRUS*.

MEGAPICUS TRACHELOPYRUS; Malh., *Mém. soc. hist. nat. Mos.*, 1857, p. 1; *ex Bp. in litterâ.*

Mas adultus. Megapico rubricollo simillimus, sed remigibus intùs *et extùs,* a basi usque ad ultra medium, immaculatè ac saturatè rufescenti-fulvis.

Fœmina adulta. Mari similis, nisi vitta malari albâ, supra et infrâ nigro limbatâ; frontis fasciâ angustâ nigrâ, plumulisque narium albidis.

## LE MÉGAPIC AU COL ENFLAMMÉ *(Malh.)*.

*Mém. soc. hist. nat. Mos.*, 1857, p. 1.

**PLANCHE VIII**, Fig. 2, le mâle; Fig. 3, la femelle; Fig. 4, quatrième rémige primaire.

Le prince Charles Bonaparte m'a le premier signalé, pour une espèce distincte, ce grimpeur originaire du Pérou, et sans l'examen comparatif que j'ai fait de cet oiseau avec le

* ΤΡΑΧΗΛΟΣ (cou) ΠΥΡΡΟΣ (rouge, couleur de feu).

*megapicus rubricollis* dans les riches magasins de MM. Verreaux frères, qui en possédaient plusieurs exemplaires provenant du Pérou, j'aurais pu penser que cette nouvelle espèce n'était qu'une variété accidentelle de celle dénommée par Gmelin. Mais le caractère constant de la différence de coloration des rémiges ne permet point de confondre l'espèce péruvienne avec celle provenant de la Guyane, du Brésil et du Paraguay.

Caractères. Ceux du mégapic à cou rouge ou *rubricollis.*

Coloration. Les deux sexes ne diffèrent du mâle et de la femelle du *megapicus rubricollis*, qu'en ce que chez ce dernier, les rémiges, qui sont noires, ont en dessous leurs barbes *internes seules* d'un beau roux fauve à partir de la base, jusqu'aux deux tiers de la longueur totale de la penne, tandis que chez le *trachelopyrus*, ce roux fauve s'étend en dessous, sur les *barbes externes aussi bien que sur les barbes internes*, les tiges étant de cette dernière couleur.

Habite le Pérou, la Bolivie.

Dimensions. Les mêmes que celles du *rubricollis.*

Muséum de Paris; collection de M. Sclater, à Londres, et celle de MM. Turati, à Milan. Le type du *trachelopyrus* existe dans ma collection.

---

## MEGAPICUS HÆMATOGASTER.

PICUS HÆMATOGASTER; Tschudi, *Fauna Per.*, p. 43, nº 248, pl. 25.
DRYOCOPUS HÆMATOGASTER; G.-R. Gray, *Gen. of birds.* — *Pr.* Bonap., *Consp.*, p. 134. — Sclat., *Birds Sta-Fé*, nº 391.
MEGAPICUS HÆMATOGASTER; Malh., *Rev. zool.*, 1852, p. 552.
DRYOTOMUS HÆMATOGASTER; *Pr.* Bp., *Consp. vol. zygod.*, 1854.
CAMPEPHILUS HÆMATOGASTER; Reich., *Hand. spec. orn.*, p. 395, nº 916, pl. dcli, fig. 4343; mâle.

Mas adul. Rostro nigro; iride coccineâ; pileo, nuchâ, colli lateribus et uropygio coccineis; fronte et regione paroticâ atris; fasciâ ab oculi angulo posteriore et alterâ a rostri basi ad auriculas porrigentibus, gulâ, collo antico, dorso, alarum, caudæque tectricibus superioribus, alis, caudâque nigerrimis; remigibus, pogonio interno largè albo-notatis, pogonii externi apice albis; vitta malari *flavidâ-rufâ ab oris rictu usque tantùm ad collum coccineum;* pectore, abdomineque coccineis; hypochondriis plus minùsve, nigro flavoque transversim radiatis; tectricibus alarum inferioribus flavescentibus; pedibus ardesiacis.

Fœmina. Mari similis nisi vitta malari *flavidâ-rufâ* ab oris rictu *elongatâ usque ad pectoris latera.*

Juv. Corpore infrâ rufescente-fusco, transversim nigro radiato, plus minùve coccineo sparso.

## LE MÉGAPIC A VENTRE ROUGE *(Malh.).*

**PLANCHE IX,** Fig. 1, le mâle adulte; Fig. 2, la femelle; Fig. 3, le mâle plus jeune; Fig. 4, quatrième rémige primaire.

C'est à M. le docteur J.-J. de Tschudi que nous devons la connaissance de cette belle espèce découverte par lui au Pérou, et publiée en 1846; toutefois, il n'avait pas été à même de reconnaître les différences qui caractérisent les deux sexes, et ce n'est qu'en examinant les exemplaires du muséum de Paris, ainsi que ceux que j'ai acquis chez MM. Verreaux, que j'ai pu me convaincre du caractère propre au mâle et à la femelle de ce mégapic encore si rare en Europe.

Caractères. Cette espèce est remarquable en ce qu'elle forme la transition entre mes deux genres *megapicus* et *dryopicus;* ainsi, les arêtes latérales au dessus des narines, sont à peine plus rapprochées des bords que du sommet du bec, la huppe est courte comme chez la plupart des *dryopics*, le doigt postérieur externe excède moins le doigt antérieur externe que dans les autres espèces de mégapics; enfin, les rémiges les plus longues varient également. Malgré ces différences, on ne peut former un genre de cette espèce.

Bec très-fort, long, presque droit, très-large à la base, comprimé vers l'extrémité qui est aigüe et cunéiforme; sommet de la mandibule supérieure à arête vive et saillante; arête latérale au-dessus des narines, très-saillante et plutôt rapprochée des bords que du sommet du bec; narines basales, à peine cachées par les plumes rebroussées des angles du front; arête située au-dessous et au milieu de la mandibule inférieure saillante, ainsi que celle qui divise cette mandibule sur les côtés et vers son extrémité; huppe occipitale très-courte; ailes longues; les rémiges les plus longues sont la cinquième, la sixième et la septième qui sont égales, puis la quatrième, qui en diffère peu; la septième et la troisième rémige excèdent la deuxième de 2 centimètres; la première rémige n'a que 8 centimètres de long; queue assez longue; le doigt postérieur externe plus long que le doigt antérieur externe; doigts et ongles longs et très-forts; baguettes très-raides.

Coloration. *Le Mâle adulte;* bec noir; iris rouge; vertex, occiput, côtés du cou et croupion d'un rouge vif; une bande étroite d'un noir profond part du front, enveloppe l'œil, et forme une large plaque triangulaire divisée au milieu par une étroite bande d'un roux jaunâtre, qui commence à l'angle de la mandibule supérieure et descend à 25 millimètres de la commissure, pour faire place au rouge qui s'avance sur les côtés du cou; plumes recouvrant les narines d'un roux jaunâtre; dos, tectrices supérieures des ailes et de la queue d'un noir bleuâtre; rémiges d'un brun noir avec trois bandes blanches très-larges sur les bords internes, et ordinairement une tache blanche à l'extrémité des rémiges primaires; les dernières rémiges secondaires n'ayant point de taches; gorge et devant du cou d'un noir profond; poitrine et abdomen d'un rouge vif chez les vieux sujets et plus ou moins rayés transversalement de brun noirâtre et de jaune roussâtre chez les sujets encore jeunes; les flancs portent ordinairement de nombreuses bandes transversales d'un jaune roussâtre et d'un brun noirâtre. Les tectrices inférieures des ailes sont d'un jaune roussâtre; queue noire; pieds d'un noir ardoisé.

*La Femelle* diffère du mâle en ce que la bande d'un roux jaunâtre qui part du front et descend sur les côtés de la gorge, ne s'arrête pas, comme chez le mâle, à 25 millimètres de la commissure du bec, pour faire place au rouge des côtés du cou, mais borde tout le noir qui teint le devant du cou, et descend presque jusqu'aux épaules après avoir divisé, comme chez le mâle, la plaque noire qui existe après l'œil. Chez la femelle, le rouge s'avance donc beaucoup moins avant sur les côtés du cou.

*Les Jeunes* ont les parties inférieures d'un roux brun, rayées transversalement de noir et lavées plus ou moins de rouge. Les tectrices supérieures des ailes sont d'un brun roussâtre.

Habite les forêts du Pérou et de la Colombie, j'en ai vu plusieurs exemplaires provenant, assure-t-on, de la république de l'Équateur.

DIMENSIONS.

| | | |
|---|---|---|
| Longueur totale | 335 | millimètres. |
| — du bec, de la commissure à l'extrémité | 57 | — |
| — — des narines à l'extrémité | 41 | — |
| — de l'aile pliée | 197 | — |
| — de la queue | 120 | — |
| — du tarse | 28 | — |
| — du doigt postérieur externe (sans l'ongle) | 29 | — |
| — de l'ongle seul, mesuré en suivant la courbure | 22 | — |
| — du doigt antérieur externe (sans l'ongle) | 27 | — |
| — de l'ongle seul | 21 | — |
| — du doigt antérieur interne (sans l'ongle) | 21 | — |
| — de l'ongle seul | 18 | — |
| — du doigt postérieur interne (sans l'ongle) | 11 | — |
| — de l'ongle seul | 11 | — |

Muséum de Paris et ma collection.

## MEGAPICUS VALIDUS.

PICUS VALIDUS; Reinw. — Temm., 64e livraison; *Pl. col.*, 378, le mâle; pl. 402, la femelle. — G. Cuv., *Règ. anim.*, 1829, I, p. 450. — Less., *Voy. Bélanger, Indes orient.*, III, p. 242; une jeune femelle. — Wagl., *Syst. av.*, nº 13. — Less., *Compl. de Buff.*, IX, p. 314. — *Proceed. zool. soc.*, 1839, VII, p. 106. — *Dict. class. d'h. nat.*, XIII, p. 508.

PICUS HÆMORRHOUS; Licht.

CAMPEPHILUS VALIDUS; G.-R. Gray, *The gen. of birds.*

MEGAPICUS VALIDUS; Malh., *Mém. acad. Metz*, 1848-1849, p. 319.

HEMILOPHUS VALIDUS; *Pr.* Bonap., *Consp. gen. av.*, p. 131, 1850. — Reich., *Hand. spec. orn*, p. 386, nº 893, pl. DCXLIV, fig. 4304, la femelle; 4305, le mâle.

REINWARDTIPICUS VALIDUS; *Pr.* Bp., *Consp. vol. zyg.*, 1854. — G.-R. Gray, *Cat. gen. brit. mus.*, 1855, p. 92.

Mas adult. Rostro corneo, infra subflavido; capite toto suprà et occipitis cristâ brevissimâ, collo toto antico ac laterali, pectore toto ac ventre coccineo rubris; abdomine olivascente, coccineo subvario; genis, mento, gulâque ex parte, aureo-flavis; collo postico, loris ac regione paroticâ ejusdem coloris, olivascenti lavatis; dorso medio, tergo ac uropygio aureo-flavo-coccineis; scapularibus ac alarum tectricibus omnibus fusco-nigricantibus; remigibus nigricantibus, cum fasciis læte cinnamomeo-rufis; caudæ tectricibus superioribus, caudâque fuscescenti nigris; pedibus rufescenti-fuscis.

Fœm. adult. Capite supra, collo antico medio et toto corpore subtus ad crissi finem usque, unicoloribus sordidè et pallidè fuscescenti-cinereis; gulâ, capite toto ad latera, sordide griseis, rufo lavatis; collo postico, dorso toto ac uropygio albo-niveis.

Mas juv. Capite toto suprà et corpore subtùs fuscescenti-cinereis, rubro paulùm lavatis; capite ad latera, nuchâ, crissoque sordide fuscescenti-cinereis; genis pallide aureo-flavo lavatis; nuchâ, dorsoque toto, albis.

Mas bienn. Capite suprà corporeque subtùs fuscescenti-cinereis coccineo tinctis; mento, genis, dorso medio, ac uropygio aurantio-flavis; auchenio flavido albo.

## LE MÉGAPIC VIGOUREUX.

**PLANCHE IX**, Fig. 4, le mâle; Fig. 5, le jeune mâle; Fig. 6, la femelle (tous en réduction); Fig. 7, rémige primaire (grandeur naturelle).

LE PIC VIGOUREUX; Temm., pl. col. 378, le mâle; pl. 402, la femelle.—Less., *Voy. Bel.*, III, p. 242.— *Compl. Buff.*, vol. IX, p. 314. — *Dict. class. d'h. nat.*, vol. XIII, p. 508.

Cette espèce, dont le mâle adulte a de brillantes couleurs, a été rapportée par M. Reinwardt, de l'île de Java, où les naturels la nomment *glato.* Elle se trouve aussi assez commune à Sumatra, d'après M. Temminck. Bien que les auteurs ne nous donnent aucun renseignement sur les mœurs de cet oiseau, et sur l'époque à laquelle il acquiert sa livrée parfaite, je suis très-porté à croire que le mâle n'a revêtu sa belle robe qu'à la troisième année. Pendant les deux premières années le croupion n'est point rouge, mais blanc la 1re année, et d'un jaune plus ou moins orangé la seconde année. Ce grimpeur a les formes peu gracieuses en général et on se le procure assez rarement revêtu de cette belle couleur ponceau et de ce beau jaune qui le rendent remarquable parmi ses congénères.

M. le prince Bonaparte, dans son *Conspectus generum avium,* l'a classé parmi les espèces qui composent son groupe *hemilophus* (Sw.); est-ce à cause de son pays d'origine et de sa courte huppe? Quoiqu'il en soit, il est certain que cet oiseau a le bec aussi droit que ceux qui composent mon genre *megapicus,* et nullement arqué comme M. Swainson l'indique pour son genre *hemilophus.* L'arête latérale passant au-dessus des narines est aussi plus rapprochée du sommet que des bords de la mandibule supérieure, le doigt postérieur externe est bien plus long que le doigt antérieur correspondant. Or, ces divers caractères appartiennent évidemment au genre *picus* de Swainson, correspondant à mon genre actuel *megapicus.* Quant au peu de longueur de la huppe, ce caractère seul est, selon moi, peu concluant, car il existe chez plusieurs espèces de mon genre *dryopicus,* chez le *megapicus albirostris* mâle, et chez beaucoup d'espèces de mes genres *picus, dendropicus, indopicus, chloropicus, chrysopicus,* etc.

Caractères. Bec très-fort, long, droit, large à la base, comprimé vers l'extrémité qui se termine en forme de coin. Arête de la mandibule supérieure très-saillante; narines presqu'entièrement recouvertes par des plumes piliformes dirigées en avant; sillons latéraux profonds et surmontés d'une arête très-saillante. Arête sous la mandibule inférieure peu saillante, et menton s'avançant à un tiers de la longueur totale du bec mesuré de la commissure; plumes de la face et de toutes les parties inférieures courtes et serrées; celles du dos et du croupion sont soyeuses et duveteuses; une huppe courte; ailes longues, demi-aiguës; les rémiges les plus longues sont dans l'ordre 5, 6, 4 et 3, la 6e et la 4e étant égales et la 5e excédant fort peu ces deux rémiges. Queue médiocre, étagée, composée de douze pennes raides, à l'exception des deux externes de chaque côté; chaque rectrice est terminée par deux petites pointes mucronées, dues à l'allongement des barbes au delà du rachis; les quatre rectrices intermédiaires sont concaves en dessous et en forme de cheneau. Tarses forts et scutellés au-dessus; quatre doigts inégaux, longs et scutellés; le doigt postérieur externe le plus long de tous, est beaucoup plus long que le doigt antérieur externe; ongles longs, courbes, aigus, comprimés et évidés sur les côtés.

Coloration. Le *vieux Mâle;* bec blanchâtre de corne vers la pointe et sous la mandibule inférieure qui est un peu jaunâtre; le dessus du bec vers la base est d'un brun clair de corne. Cercle nu des yeux, rougeâtre. On ne connaît pas encore la couleur de l'iris de l'œil que je soupçonne être orangé, quoiqu'il soit blanc sur les planches de M. Temminck, jaune bleu sur celles de M. Reichenbach, suivant le caprice des dessinateurs. Front, vertex, occiput et une huppe très-courte, devant du cou, poitrine, ventre d'un rouge ponceau, mais cette teinte n'est répandue que sur l'extrémité des plumes, leur base étant d'un brun olivâtre. Ce mélange de teintes produit le long des flancs, aux cuisses et à l'abdomen, une teinte mordorée nuancée d'olivâtre. La nuque et le derrière du cou sont d'un rouge sale, le haut du dos d'un blanc orangé, tout le croupion d'un beau rouge orangé vif; le menton, la gorge, les joues, les moustaches, et une petite bande latérale de chaque côté du cou sont d'un jaune d'or; la région parotidée, le derrière du cou et les côtés de la tête d'un gris-brun lavé de jaune olive; dos, scapulaires et tectrices supérieures des ailes et de la queue et la queue elle-même d'un brun noirâtre; rémiges d'un brun noirâtre, portant sur les deux pages de larges bandes d'un roux cannelle, au nombre de trois ou quatre. Tectrices inférieures des ailes d'un brun de suie avec quelques taches blanches; tarses et doigts d'un brun roussâtre; ongles d'un brun de corne.

Le *Mâle, à la seconde année probablement,* a toutes les parties inférieures et le dessus de la tête d'un beau rouge parsemé de gris brun et de brun olivâtre. Le haut du dos d'un blanc lavé de rouge ou d'orangé; le bas du dos et le croupion sont d'un jaune orangé plus ou moins vif suivant l'âge, et quelquefois d'un blanc lavé de jaune citron.

Le *jeune Mâle de l'année,* a la tête d'un brun fuligineux avec de nombreuses mèches d'un rouge pâle; les moustaches et le menton d'un jaune clair; la gorge et une bande qui descend de chaque côté du menton, sur les côtés du cou, et se réunit au haut du dos, d'un blanc jaunâtre sur la gorge et d'un blanc neigeux derrière le cou; les côtés de la tête, le devant du cou et toutes les parties inférieures d'un brun clair fuligineux, la poitrine et le ventre étant lavés de rouge pâle et d'olivâtre. Le bas du dos et le croupion sont d'un blanc neigeux.

La *Femelle adulte* a reçu en partage une livrée terne, sordide : les plumes de la face sont d'un blond uniforme, blond qui passe au brun roussâtre sur la tête et les jugulaires; puis, au devant du cou, cette teinte se change en un brun fuligineux clair. Le dos et les couvertures des ailes sont d'un brun fuligineux foncé. Seulement une sorte de triangle ou de scapulaire règne depuis le bas du cou en arrière jusque entre les deux épaules et tranche avec le brun qui l'entoure par le blanc neigeux de sa teinte. Le croupion est aussi en entier de ce beau blanc.

La *jeune Femelle* diffère de la femelle adulte, en ce que le triangle qui existe au bas du cou et entre les épaules, ainsi que tout le croupion, sont d'un blond tirant au roussâtre; le dessus de la tête est d'un brun plus clair.

Habite *Java et Sumatra.* M. Temminck faisait observer avec raison qu'il était étonnant qu'une espèce aussi commune ne figurât point dans le catalogue des oiseaux de ces îles, dressé par le savant directeur du Musée de l'hôtel de la compagnie des Indes orientales, à Londres *(East India house),* le vénérable docteur Horsfield. Je dois m'empresser d'ajouter que cette omission a été réparée dans le catalogue publié au mois de juin 1858, par ce dernier savant et M. Moore, d'après le désir de la Cour des directeurs.

**DIMENSIONS.**

| | | |
|---|---|---|
| Longueur totale | 300 à 310 mill. | |
| — du bec, de la commissure à l'extrémité | 48 | millimètres. |
| — — des narines à l'extrémité | 36 | — |
| — de l'aile pliée | 158 | — |
| — de la queue | 100 | — |
| — du tarse | 27 | — |
| — du doigt postérieur externe (sans l'ongle) | 27 | — |
| — de son ongle (en suivant la courbure) | 22 | — |
| — du doigt antérieur externe | 20 | — |
| — de son ongle | 21 | — |
| — du doigt antérieur interne | 15 | — |
| — de son ongle | 17 | — |
| — du doigt postérieur interne | 10 | — |
| — de son ongle | 10 | — |

Se trouve dans la plupart des collections; notamment dans les musées de Leyde, de Paris, de Vienne, de Londres, de Berlin, de Stockholm, de Boulogne-sur-Mer, de Carlsruhe, de Heidelberg, de Darmstadt, de Liége, de Florence, etc.; dans ma collection.

## GENUS II. — DRYOPICUS* *(Malh.)*.

DRYOPICUS; MALH., *Mém. acad. imp. Metz*, 1848-1849, p. 320.
DIOMEDEA; MOERING, *Av. gen.*, 1752.
PICUS; LINN. — GMEL. — VIEILL. — TEMM. — G. CUV. — WAGL. — NUTT.
DRYOCOPUS; BOIÉ, *Isis*, 1826.
CARBONARIUS; KAUP., *Entw. gesch. natur., syst. Eur. Thierw.*, 1829.
DRYOTOMUS et HEMILOPHUS; SW. et RICH., *Fauna bor. Amer.*, 1831, II, p. 304. — SW., *Class. of birds*, 1837, II, p. 308. — C.-L. BONAP., *a geogr. and comp. list.*, 1838, p. 39. — SW., *Class.*, II, p. 309. — BLYTH, *Cal. mus. Calcutta, j. asiat. soc. Bengal*, XVIII, 1849.
DRYOCOPUS (*ex* BOIÉ) et HEMILOPHUS (*ex* SW.); G.-R. GRAY, *a list of the gen.*, 1841, p. 71. — *The genera of birds*, 1845-1846.
DRYOPICUS (BP. *ex* MALH.), DRYOCOPUS (BP. *ex* BOIÉ), et HEMILOPHUS (BP. *ex* SW.); *Consp. volucr. zygod.*, 1854.
HYLATOMUS; BAIRD, *Report of explor. and surv. route*, IX, part. II, p. 107; 1858.

## GENRE II. — LES DRYOPICS *(Malh.)*.

Bec plus ou moins droit, la base plus large qu'élevée; *arête latérale*, de chaque côté au-dessus des narines, saillante et *plus rapprochée du sommet que des bords* de la mandibule supérieure; menton garni de plumes serrées et s'avançant sous la mandibule inférieure à près de moitié de la longueur totale du bec depuis la commissure; narines basales et latérales, le plus souvent recouvertes par un bouquet de plumes raides et rebroussées; huppe occipitale variant de longueur, généralement courte, et manquant chez quelques espèces.

Ailes longues et aiguës; les quatre plus longues rémiges sont la troisième, la quatrième, la cinquième et la sixième, ces rémiges étant ordinairement pour leur longueur dans l'ordre 5, 4, 6, 3, et quelquefois dans l'ordre 4, 3, 5, 6.

Queue longue, étagée et composée de baguettes raides; tarses courts et scutellés; quatre doigts inégaux, deux devant, deux derrière; le *doigt antérieur externe bien plus long que le doigt postérieur externe;* ongles assez forts, recourbés et aigus.

Plumage généralement noir ou brun foncé sur les parties supérieures. Les mâles, à l'exception de la seule espèce européenne, ont une bande rouge sur la joue auprès de la mandibule inférieure.

Toutes les espèces de ce groupe sont d'une taille assez forte.

De l'Europe, de l'Asie et de l'Amérique.

### PREMIÈRE SECTION.

Les plus longues rémiges sont dans l'ordre 5, 4, 6, 3 (de l'Europe et de l'Amérique.)

Cette section forme les genres *dryotomus* de Swainson et *dryocopus* de M. G.-R. Gray, d'après Boié.

Le prince Bonaparte *(Consp. volucr. zygodact.)* a distribué ces espèces dans divers autres genres; ainsi le *lineatus* est placé parmi le genre *dryotomus,* le *martius* forme le genre *dryocopus,* et les autres espèces sauf le *regius* (LICHT.), constituent mon genre *dryopicus* qu'adopte le prince Bonaparte.

### A (*DE L'EUROPE*).

### DRYOPICUS MARTIUS.

PICUS MARTIUS; LINN., *Syst. nat.* 13e édit., 1767, I, p. 173, *spec.* I. — *Id.*, *Faun. suec.*, nº 98. — GMEL., *Syst.*, 1788, I, p. 424, *sp.* I. — BRUNN., *Orn. bor.*, p. 11, 1764. — LATH., *Ind. orn.*, I, p. 224, *sp.* I. — *Id.*, *Syn.* II, p. 552. — *Id.*, *Suppl.*, I, p. 104. — ALB., *Ois.* II, pl. 27, le vieux mâle. — SCOP., *Ann.*, I, *Hist. nat. desc. av.*, p. 46, nº 1, le mâle, 1769. — NOZEM., *Nederl. vog.*, IV, p. 385, pl. 196, le mâle; p. 387, pl. 197, la femelle, 1770. — RAZOUM., *Hist. nat. Jor.*, 1789, I, p. 59. — BLUM, *M. hist. nat.*, I, p. 204, le mâle. — BECHST., *Nat. Deut.*, II, p. 994. — MEY., *Tasch. Deuts.*, I, p. 117. — *Id.*, *Vog. Deut.* I, pl. heft., 6, le vieux mâle. — NAUM., pl. 25, fig. 49, le mâle. — STOR., *Degl. ucc.*, II, pl. 172, jeune mâle. — TEMM., *Man. d'orn.*, I, p. 390; *atlas*, le mâle. — VIEILL., *Faun. franç.*, p. 51, pl. 25, fig. 2. — *Id.*, *N. dict.*, XXVI, p. 83. — *Id.*, *Encyc.*, p. 302, pl. 211, fig. 1, le mâle. — RISSO, *Hist. nat. Eur. mér.*, III, p. 60. — G. CUV., *Règ. an.*, p. 449, 1829. — ROUX, *Orn. prov.*,

* ΔΡΥΣ (arbre); ΔΡΙΟΣ (bois); *PICUS* (nom d'homme).

I, p. 91, pl. 56, le mâle. — Brehm, *Vog. Deut.*, p. 185. — Savi., *Orn. tosc.*, I, p. 139. — Naum., *Neue Ausg.*, pl. 131. — Degl., *Orn. Eur.*, I, p. 151. — Wagl., *Syst. av.*, n° 6. — Penn., *Arct. zool.*, II, p. 324. — Valenc., *Dict. sc. nat.*, XL, p. 177. — Less., *Traité d'orn.*, p. 219. — Gould, *Birds Eur.*, pl. 225. — Keys. et Blas., *Wirb.*, p. 34. — Schinz, *Eur. faun.*, I, p. 260. — Schleg., *Rev.*, p. 49. — Bouteil., *Orn. Dauph.*, pl. 36, fig. I. — G.-R. Gray, *Cat. gen. brit. mus.*, p. 91, 1855.
PICUS NIGER; Frisch, *Vog. Deuts*, pl. 34, mâle et tête de la femelle. — Linn., 6e édit., *Syst. nat. spec.*, I. — Schwenck., *Av. sil.*, p. 338. — Briss., *Orn.*, IV, p. 21, n° 6.
PICUS MAXIMUS; Gesn., *Av.*, 708. — Aldrov., *Orn.*, I, p. 843, pl. 844.
DRYOCOPUS MARTIUS; Boié, 1826, *Isis*, p. 977. — G.-R. Gray, *Gen. of birds*. — Bp., *Consp. gen. av.*, p. 132. — *Id.*, *Consp. vol. zyg.*, 1854. — Rchb., *Handb. spec. orn.*, p. 388, n° 896; pl. DCXLV, fig. 4309, 4310, mâle et femelle adultes; 4311, un jeune.
CARBONARIUS MARTIUS; Kaup, 1829.
DRYOTOMUS MARTIUS; Swains., *Class. of birds*, 1837.
DRYOPICUS MARTIUS; Malh., *Mém. acad. Metz*, 1848-1849, p. 322.
DENDROCOPUS MARTIUS, C.-L. Brehm, *ex* Boje.
DENDROCOPUS PINETORUM; D. ALPINUS; D. NIGER; C.-L. Brehm, *des variétés*.

Mas adultus; non cristatus, unicolor nigerrimus nisi fronte, toto pileo ac occipite coccineis; rostro flavido, culmine et apice plumbeo-nigro; tarsis semi-plumosis; pedibus griseo-virescentibus, iridibus flavido-albis.
Fœmina adulta, mari simillima nisi capite supra nigro; occipitis fasciola coccinea.
Juvenis; capite supra rubro-nigricantique vario, ptilosi cœtera minus saturate nigra; iridibus cinereo-albidis.
Varietas: 1° Albo variegata; 2° Capite supra aurantio-rubro; 3° Ventre et abdomine rufescenti-tinctis.

## LE DRYOPIC NOIR.

**PLANCHE X**, Fig. 5, le mâle adulte (réduit); Fig. 6, la femelle (réduite); Fig. 7, le jeune mâle (réduit).

LE PIC NOIR; Briss., *Orn.*, IV, p. 21, 1760. — Buff., *Ois.*, VII, p. 41, Fig. 2. — *Id.*, *Pl. enl.*, 596, le vieux mâle. — Vieil., *N. Dict.*, XXVI, p. 83. — *Id.*, *Faun. franç.*, p. 51. — *Id.*, *Encycl.*, p. 1302. — Valenc., *Dict. sc. nat.*, XL, p. 177. — Temm., *Man. d'orn.*, I, p. 390. — Roux, *Orn. prov.*, I, p. 91. — Degl., *Orn.*, I, p. 151. — Bouteil., *Orn. Dauph.*, pl. 36, fig. 1.
GRAND PIC NOIR; G. Cuv., *Règ. an.*, 1829, I, p. 449.
DER SCHWARTZ SPECHT; Frisch. — Blum. — C.-L. Brehm, *Der vollst. vogelfang*, p. 67, 1855.

Cette espèce, la plus grande parmi les Picinés qui habitent l'Europe, demeure principalement dans les forêts de pins et sur les montagnes du nord de l'Europe, jusqu'en Sibérie, en Allemagne, dans le midi et l'est de la France, en Suisse, dans le Tyrol, en Sicile et accidentellement en Ligurie. Elle n'est commune toutefois que dans le nord de l'Europe, dans quelques parties de l'Allemagne, telles que les contrées qui environnent le lac de Constance, la Franconie, la Thuringe, le Voigtland Saxon, la Bohême et la Silésie, en Suisse et dans le Tyrol. En Russie, elle porte le nom de Sheena ou Sholna, et on la trouve jusqu'au golfe d'Okhotsk, quoiqu'elle n'existe plus au Kamtchatka. Elle est répandue dans les monts Ourals, où elle nuit beaucoup à l'éducation des abeilles, en ravageant les ruches des Baschkirs. Nous la voyons en France dans les forêts des montagnes des Vosges, du Jura, des Pyrénées, des Alpes et très-accidentellement dans les départements limitrophes. M. Althammer, qui habite le bas Tyrol, m'écrit que le dryopic noir habite les parties les plus élevées et les plus froides du Tyrol, où il niche uniquement dans les troncs des pins, des sapins ou des mélèzes.

Si cet oiseau ne se rencontre point en Angleterre et en Hollande, comme l'affirment Jenyns et divers auteurs modernes, quoique Latham et Pulteney en fassent mention, cela tient évidemment à ce que ces contrées sont trop découvertes et trop dénuées de bois.

Ce grimpeur, comme tous ses congénères, frappe contre les arbres de si grands coups de bec, qu'on l'entend, dit Frisch, d'aussi loin qu'une hache dont on se servirait pour couper du bois. Il creuse un tronc à une profondeur d'environ 33 centimètres, pour s'y loger à l'aise, son trou, dont les côtés sont polis, ayant environ 22 centimètres de diamètre. Ce travail dure dix à quatorze jours, et c'est dans la matinée que la femelle s'en occupe le plus. On voit souvent au pied de l'arbre, sous ce trou élevé de terre de dix à trente-cinq mètres, un boisseau de poussière et de petits copeaux. Suivant Vieillot, l'oiseau creuse et excave quelquefois l'intérieur des arbres, au point qu'ils sont bientôt rompus par les vents; hâtons-nous d'ajouter qu'il s'attaque de préférence aux arbres dépérissants ou vermoulus, et que le même trou sert plusieurs années à l'oiseau, s'il n'est pas inquiété.

Le dryopic noir, qui ne fait qu'une seule ponte par an, recherche sa femelle dès l'équinoxe du printemps, et, vers la fin d'avril ou au commencement de mai, son nid étant terminé, la femelle pond, au fond d'un trou d'arbre garni de copeaux, deux ou trois œufs, selon Buffon; trois ou quatre, selon M. Reichenbach; rarement cinq ou six et même sept œufs, selon M. Althammer. Ces œufs sont un peu allongés, d'un blanc lustré, sans taches; leur grand diamètre est de 30 millimètres, et le petit diamètre de 21 ou 22 millimètres. La femelle les couve pendant la nuit et durant la matinée; le mâle la remplace vers midi et il passe la nuit dans un trou non loin de la femelle. Vieillot annonce avec raison, comme nous l'avons dit, que dans le nord, cet oiseau attaque les ruches d'abeilles; mais il se nourrit habituellement de larves perforeuses, de guêpes, de fourmis, de chenilles, et, dans les temps de disette, de baies, de semences et de noix.

« Lorsque ce dryopic a percé son trou et s'est ouvert l'entrée d'un creux d'arbre, il pousse un grand cri ou un sifflement aigu et prolongé qui retentit au loin; il fait entendre aussi par intervalles, dit Buffon, un craquement ou plutôt un frôlement qu'il fait avec son bec en le secouant et le frottant rapidement contre les parois de son trou. »

Cet oiseau exhale une odeur désagréable provenant de l'acide formique que produisent les insectes dont il se nourrit. Aussi lorsqu'il est blessé ou tué par un chasseur, le chien d'arrêt ne le saisit qu'avec répugnance.

M. C.-L. Brehm a fait des espèces distinctes, de variétés ou peut-être de races même, qu'il a nommées ***dryocopus pinetorum, dryocopus Alpinus*** et ***dryocopus niger;*** ainsi, les sujets qui ont le bec très-fort, plus court que le ***martius*** du nord-est, et qui habitent les Alpes, constituent l'espèce ***Alpinus.*** Ceux au bec plus court et plus large, qui résident en Suède, l'espèce ***niger,*** et enfin ceux qui se trouvent au centre de l'Allemagne, avec le bec très-fort et encore plus court, il les nomme ***pinetorum;*** mais évidemment ces différences ne sauraient ici autoriser la création d'espèces diverses; aussi, M. Reichenbach ne les a-t-il pas admises.

Caractères. Bec long, légèrement courbe, fort, polyèdre, comprimé et légèrement tronqué à son extrémité qui est en forme de coin. Arête sur le sommet de la mandibule supérieure très-saillante; narines basales, recouvertes d'une touffe épaisse de longues plumes piliformes dirigées en avant; arête régnant au-dessus des narines, parallèlement au sommet du bec, très-saillante, et le sillon très-creux; bords de la mandibule supérieure très-renflés à la base; arête sous la mandibule inférieure assez saillante; sur les côtés de cette mandibule, existe un sillon à la base et à l'extrémité du bec où il forme une arête tranchante. Le menton, couvert de plumes piliformes rebroussées, s'avance sous la mandibule à la moitié environ de la longueur totale du bec mesuré de la commissure. Langue vermiforme, susceptible d'une grande extension hors du bec, osseuse vers son extrémité et pourvue de barbules de chaque côté.

Ailes longues et aiguës; la cinquième rémige la plus longue; la quatrième, la sixième et la troisième étant ensuite les plus longues et presque égales. La première rémige est très-courte. Queue longue, étagée, composée de douze pennes raides, dont l'extrémité est ordinairement usée par le frottement. Pas de huppe; les plumes de l'occiput à peine plus longues proportionnellement que sur le reste de la tête; plumage compacte, lustré; tarses forts et en partie emplumés, scutellés au devant comme les doigts, et écailleux sur les côtés; quatre doigts inégaux, le doigt antérieur externe plus long que le doigt postérieur externe; ongles assez longs et forts, aigus, courbes, comprimés et évidés sur les côtés, cannelés en dessous.

Coloration. ***Le Mâle adulte;*** bec d'un blanc de corne, bleuâtre au-dessus et à la base, d'un noir bleuâtre à la pointe. Iris blanc jaunâtre chez l'adulte et d'un cendré blanchâtre chez le jeune; le cercle nu qui entoure l'œil et les plumes piliformes recouvrant les narines sont noirs; front, vertex et occiput d'un rouge vif. Tout le reste du plumage d'un noir profond plus ou moins lavé de brun roussâtre, suivant l'âge, notamment sur les grandes tectrices alaires, les rémiges primaires, la poitrine et l'abdomen. MM. Temminck et Degland assurent que ce sont les très-vieux mâles qui ont l'abdomen nuancé de roussâtre; pieds noirs.

***La Femelle adulte*** diffère du mâle parce qu'elle n'a de rouge qu'à l'occiput où il existe une bande de cette couleur, longue d'environ 3 centimètres sur 20 à 25 millimètres.

***Les Adultes*** varient accidentellement; il en existe dans les collections des sujets plus ou moins tapirés de blanc, et d'autres avec le dessus de la tête d'un rouge orange.

***Le jeune Mâle,*** avant la première mue, a tout le dessus de la tête, tantôt marqué de taches rouges et noirâtres, tantôt entièrement rouge. J'ai obtenu à Dresde, grâce à l'obligeance de M. Reichenbach, un très-jeune mâle dans cette dernière livrée. L'iris est d'abord d'un cendré blanchâtre, puis devient, avec l'âge, d'un blanc jaunâtre.

Habite les forêts du nord de l'Europe, les Alpes, les Pyrénées, les Vosges, le Jura, la Suisse, le Tyrol, l'Allemagne, la Sicile et très-accidentellement la Ligurie.

| DIMENSIONS. | ADULTES. | JEUNES. |
|---|---|---|
| Longueur totale | 440 à 470 mill. | 290 à 300 mill. |
| — du bec, de la commissure à l'extrémité | 65 à 60 — | 40 millimètres. |
| — — des narines à l'extrémité | 50 à 45 — | 25 — |
| — de l'aile pliée | 230 à 240 — | 170 — |
| — de la queue | 175 millimètres. | 80 — |
| — du tarse | 35 — | 32 — |
| — du doigt antérieur externe | 22 — | 20 — |
| de l'ongle (en suivant la courbure) | 26 — | 20 — |
| — du doigt postérieur externe (sans l'ongle) | 20 — | 15 — |
| — de l'ongle | 23 — | 18 — |
| — du doigt antérieur interne | 16 — | 15 — |
| — de l'ongle | 23 — | 18 — |
| — du doigt postérieur interne | 7 — | 5 — |
| — de l'ongle | 10 — | 8 — |
| Envergure | 720 à 730 mill. | » — |

Se trouve dans la plupart des collections; notamment à Paris, Londres, Vienne, Berlin, Francfort-sur-Mein, Leyde, Turin, Stockholm, Liége, Lille, Dresde, Heidelberg, Darmstadt, Bruxelles, Mayence, Manheim, Genève, à Carlsruhe, à Metz, à Naples, etc.; dans ma collection.

## B (*DE L'AMÉRIQUE*).

## DRYOPICUS PILEATUS.

PICUS PILEATUS; Linn., *Syst.*, I, p. 173, *sp.* 3, 1767. — Gmel., *Syst.*, I, p. 425, *sp.* 3. — Lath., *Ind. orn.*, I, p. 225, n° 4. — *Id.*, *Syn.*, II, p. 554. — *Id.*, *Suppl.*, p. 105. — Penn., *Arct. zool.*, II, n° 157, p. 269. — Lath., *Gen. hist.*, III, p. 370. — *Dict. des sc. nat.*, vol. XL, p. 177. — *Dict. class. d'h. nat.*, XIII, p. 500. — Vieill., *N. dict.*, 2e édit., XXVI, p. 84. — *Id.*, *Encycl.*, p. 1313. — G. Cuv., *Règn. an.*, 1829, p. 450. — Lesson., *Traité d'orn.*, p. 229, la femelle; *Compl. de Buff.*, IX, p. 325. — Wilson, *Am. orn.*, IV, p. 27, pl. 29, fig. 1, mâles. — Wils., Bonap., *Amer. orn.*, II, p. 19, pl. 23, fig. 3, mâles. — Bonap., *Syn.*, n° 38; *Ann. Lyc. N. York*, II, p. 44. — Wagl., *Syst. av.*, n° 2. — Vieill., *Ois. Amér. sept.*, II, p. 58, pl. 110, le mâle. — J. de Kay., *Nat. hist. of New-York*, 1843, *aves*, p. 184, pl. 18, fig. 39, le mâle. — Nuttall., *Man. orn.*, I, p. 567, 1832. — Peabody, *Reports nat. hist. Massach. aves*, 1839, p. 334. — Kirtl., *Zool. Ohio*, p. 162. — Audub., *Birds of Amer. atl. max. f°*, pl. 3; fig. 1, mâle; fig. 2, femelle; fig. 3 et 4, jeunes mâles. — *Orn. biog.*, II, p. 74; V, p. 553. — G.-R. Gray, *Cat. gen. brit. mus.*, p. 91, 1855.

PICUS NIGER MAXIMUS CAPITE RUBRO; Catesb., *Nat. hist. Carol.*, I, p. 17, pl. 17.

PICUS NIGER, CRISTA RUBRA; Lath., *Ind. orn.*, I, p. 225, 4.

PICUS NIGER VIRGINIANUS CRISTATUS; Briss., IV, p. 29, *sp.* 10.

DRYOTOMUS PILEATUS; Sw. *Class. of birds*, 1837, II, p. 308. — *Faun. bor. Amer.*, II, p. 304.

DRYOCOPUS PILEATUS; Boié, *Isis*, 1826. — G.-R. Gray, *Gen. of birds.* — Bonap., *Consp. gen. av.*, p. 132.

DRYOPICUS PILEATUS; Malh., *Mém. acad., Metz*, 1849, p. 322. — *Pr. Bp.*, *Notes ornith. collect. Delat.*, p. 85, 1854. — *Id.*, *Consp. vol. zyg.*, 1854. — Barry, *Proc. Boston, soc. n. h.*, 1854, p. 8.

CAMPEPHILUS PILEATUS; Reich., *Hand. spec. orn.*, p. 391, n° 900; pl. dcxlvii, fig. 4317, 4318, le mâle adulte et le jeune mâle.

HYLATOMUS PILEATUS; Baird, *Rep. explor.*, 1858, IX, p. 107.

Mas adult. Rostro plumbeo; iride flavâ; capite toto supra, ejusdem cristâ ac stria malari in fundo albo coccineis; tœnia per oculos ad occiput ducta nigra; stria superciliari stricta et altera genarum utrinque versus colli et pectoris latera ducta, gula, alarum speculo intermedio anguloso alarumque flexura albis; collo antico, toto corpore subtùs, cauda tota ac cœteris ptilosis partibus nigris; pedibus nigricantibus.

Fœm. adult. Vitta malari obscura; capite superius fusco, cristâ occipitali coccineâ.

Mas jun. Stria malari ab oris rictu rubra; fronte ac vertice medio plumulis ad apicem coccineis.

Mas et fœm. hornot. Capi e absque rubedine; partibus in adulto nigris, hic nigricantibus, albo-griseo undulatis.

## DRYOPIC NOIR A HUPPE ROUGE.

**PLANCHE XI**, Fig. 5, le mâle; Fig. 6, la femelle (*en réduction*); Fig. 7, quatrième rémige primaire (*grandeur naturelle*).

LE PIC NOIR A HUPPE ROUGE; Buff., *Ois.*, XXVI, p. 48. — Vieill., *N. dict. d'h. nat.*, 2e édit., XVI, p. 84; *Encycl. méth. ois.*, II, p. 350. — *Id. Ois. Amér. sep.*, II, p. 58; pl. 110, le mâle.

PIC A HUPPE ROUGE; *Dict. sc. nat.*, XXX, p. 1/7. — *Dict. class.*, XIII, p. 500. — Lesson, *Compl. Buff.*, IX, p. 325 et *Traité d'orn.*, p. 229 la femelle.

PIC NOIR HUPÉ DE LA LOUISIANE; Buff., *Pl. enl.*, 718, le mâle.

PIC NOIR HUPÉ DE VIRGINIE; Briss., IV, p. 29, n° 10.

PIC NOIR HUPPÉ; *Encycl.*, pl. 211, fig. 2.

PIC NOIR A HUPPE ROUGE DE VIRGINIE; Hol., *Abr. d'h. nat.*, 1790, III, p. 402, pl. 1, fig. 3, le mâle.

PILEATED WOODPECKER; Penn., *Arct. zool.*, II, p. 315, 1792. — Lath., *Gen. syn.*, II, p. 554. — *Gen. hist.*, III, p. 370

THE LARGER RED-CRESTED WOODPECKER; Cat., *Carol.*, I, p. et pl. 17.

THE CRESTED WOODPECKER; De Kay., *Nat. hist.*, *New-York*, p. 184, pl. 18, fig. 39, un mâle.

PILEATED WOODPECKER OR LOG-COCK; Nutt., *Man. orn.*, p. 567.

Ce beau pic est répandu dans toute l'Amérique septentrionale des contrées chaudes de la Guyane et du Mexique jusqu'aux bords glacés de la baie d'Hudson, et depuis les parties orientales des Etats-Unis jusqu'au district de l'Orégon. Ainsi, Audubon l'a trouvé assez commun au Texas et il en a reçu des exemplaires tués par le docteur Townsend, aux environs de la rivière Colombia, tandis que Pennant cite des sujets tués entre le 50e et le

53e degré de latitude nord sur les bords de la rivière Albany. Toutefois, M. James de Kay assure qu'on ne trouve pas ce grimpeur dans les districts des Etats-Unis, voisins des côtes de l'Atlantique, et le docteur Richardson affirme que cet oiseau ne visite que rarement les environs de la baie d'Hudson, habitant constamment l'intérieur des pays aux fourrures, vers les 62e et 63e degrés de latitude nord, et qu'il est encore plus commun dans les grandes forêts qui bordent les Montagnes Rocheuses. M. Barry le cite, en 1854, comme abondant dans le Wisconsin. Pennant ajoute que les indiens aiment à orner leur calumet avec la huppe rouge du *dryopicus pileatus* et je me rappelle lors de la présence de quelques Osages à Paris, il y a peu d'années, avoir remarqué plusieurs têtes de ce mégapic, artistement placées au milieu de vêtements et d'armures. Ce grimpeur n'est pas voyageur; on ne le voit jamais en bande, et rarement on en rencontre deux ou trois, au plus, réunis au même lieu. Autrefois il était commun aux environs de Philadelphie, dit Wilson, mais successivement et à mesure que les grandes forêts ont été coupées, il s'est retiré vers le centre des Etats-Unis. S'il ne se retrouve plus que rarement dans les districts très-peuplés, en revanche on est assuré de le rencontrer dans les forêts sauvages, et il n'est pas un bûcheron qui ne connaisse les *woodcock* ou *logcock*, noms qu'on donne vulgairement à cette espèce aux Etats-Unis. Les fermiers leur font aussi une guerre mortelle, à cause des ravages qu'ils occasionnent aux plantations de maïs. Latham dit « que ce dryopic se pose sur les épis du maïs dont il est très-friand et qu'il les déchire avec son puissant bec; que quelques personnes prétendent, il est vrai, que ce n'est point pour manger les grains du maïs, mais uniquement pour rechercher les insectes. » Je conçois que les fermiers ou les colons tiennent fort peu à cette distinction; toutefois, Audubon assure que le dryopic aime le maïs lorsque le grain est encore tendre, qu'il s'en nourrit, ainsi que de chataignes, de glands, de fruits et de baies sauvages, et de toutes sortes d'insectes.

Presque tous les vieux troncs des forêts dans lesquelles ce grimpeur réside, portent les empreintes de son instinct destructeur. Aperçoit-il un arbre dépérissant, il en arrache l'écorce par fragment de un mètre et demi à deux mètres de long, afin de rechercher les insectes qui doivent s'être réfugiés sous cette écorce; et toujours on le voit s'occuper de ce travail avec une gaieté et une activité réellement surprenantes; ainsi, en moins d'un quart d'heure, on l'a vu dépouiller un pin, déjà mort, de son écorce sur une longueur de 7 à 10 mètres.

Il est généralement très-sauvage, très-défiant et il faut le surprendre pour pouvoir l'approcher. S'il ne voit qu'un chasseur, il ne s'envole point et se cache du côté opposé de l'arbre sur lequel il grimpe. Est-il blessé légèrement d'un coup de feu, il grimpe aussitôt tout d'un trait, sur la branche la plus élevée et s'y tapit en silence. Quelquefois même, lorsque cet oiseau est frappé mortellement, il s'accroche à l'aide de ses ongles courbes et aigus à l'écorce de l'arbre et peut y rester suspendu pendant plusieurs heures. « Lorsqu'il voltige et vient à se poser à terre, dit Audubon, il pousse un grand cri, s'il vient à découvrir un ennemi quelconque et prend aussitôt la fuite. Son vol est puissant et peut se prolonger beaucoup à l'occasion, ayant infiniment de ressemblance avec celui du *megapicus principalis*. Son cri est clair et bruyant et le bruit qu'il occasionne en frappant des arbres à coups de bec, peut s'entendre à la distance d'un quart de mille. Sa chair est coriace, d'une teinte livide, et répand une si forte odeur qu'il est impossible d'en manger. »

Il niche toujours dans l'intérieur des forêts et fréquemment sur des arbres situés dans des marais sauvages, paraissant donner la préférence au côté méridional de l'arbre dans lequel il creuse un trou. Il se retire dans ce trou pendant l'hiver ou pendant les temps de pluie, en outre de l'époque de l'incubation. Ce trou est tantôt foré perpendiculairement, tantôt dans une autre direction; sa profondeur est ordinairement de 30 à 45 centimètres; sa largeur de 50 à 75 millimètres et elle est quelquefois au fond de 130 à 155 millimètres. Audubon pense que ce grimpeur n'élève qu'une couvée par an, tandis que Wilson pense qu'il y a deux couvées annuelles. Toutefois, Audubon ajoute qu'un de ses amis, ayant enlevé six œufs d'un trou, la femelle, quelques jours après, recommença à pondre et déposa encore cinq œufs dans le même arbre.

Ces œufs, assez gros et d'un blanc de neige, sont déposés simplement au fond d'un trou, sans autre matelas que les menus débris, ou la poussière du bois vermoulu, et le père et la mère les couvent alternativement. Les jeunes dryopics qui éclosent au mois de juin, selon Pennant, accompagnent leurs parents longtemps après leur sortie du nid, recevant d'eux la nourriture, et ils ne les quittent qu'au printemps suivant. Les adultes et les jeunes aiment à se réfugier la nuit dans leurs trous et on les y voit rentrer fréquemment même le jour, pendant l'hiver.

Lorsque les jeunes viennent à quitter leur nid pour la première fois, leur bec est si faible qu'on peut facilement le courber avec les doigts; six mois après, il a presque acquis sa dureté osseuse; aussi pendant cette première période ne recherchent-ils que les larves qui résident dans des bois vermoulus, ou des fruits et baies sauvages, leur bec n'étant pas encore capable d'attaquer le bois sain et les écorces de quelque dureté.

Audubon annonce que le bec des jeunes picinés a atteint sa plus grande longueur au moment où ces oiseaux peuvent voler seuls, et que, à partir de ce moment, il diminue de longueur en s'usant, tout en devenant plus dur, plus fort et plus aigu. Je dois toutefois faire observer que je possède des jeunes de plusieurs espèces américaines, et que quoique les ailes aient déjà acquis un développement tel qu'on doit penser que l'oiseau pouvait voler avec assez de facilité, néanmoins le bec est infiniment plus court, plus bombé et moins droit que celui des sujets adultes.

Les jeunes sont extrêmement difficiles à élever en captivité; ainsi sur une nichée de cinq petits, prêts à quitter le nid, trois sont morts au bout de peu de jours, ne voulant pas prendre de nourriture. Les deux autres ne purent être élevés qu'en leur introduisant de force pendant quelque temps, des sauterelles dans le gosier; ils mangèrent bientôt seuls et s'accomodèrent fort bien de farine, d'orge sèche et de quelques insectes. Toutefois pour les maintenir dans leur volière, il faut que les matériaux en soient très-durs et très-solides, car leur unique occupation est de chercher à détruire leur prison et à recouvrer leur liberté.

M. Baird, dans la zoologie de l'ouvrage intéressant, publié en 1858, à Washington (sous le titre de: *Reports of explorations and Surveys to ascertain the most praticable and economical route for a railroad from the Mississippi river to the Pacific ocean;* vol. IX, p. 107), cite le *pileatus* comme ayant fait partie, en 1849, de mon genre *dryotomus*, différent, dit-il, de celui de Swainson, et comme synonyme du genre *dryopicus* de Bonaparte, différent du mien, selon l'auteur américain. C'est une double erreur; car en 1849 (*Mém. de l'Acad. de Metz*, p. 320 à 323), je créais le genre *dryopicos* ou depuis *dryopicus* que Bonaparte a adopté en me citant (*Consp. vol. zygodact.*, p. 8, *B. dryopicus* (Malh.), *spec.*, n° 218, et mon genre comprenait avec le *galeatus*, l'*erythrops*, le *lineatus*, le *pileatus*, *etc.*, comme le prouvent d'ailleurs les caractères que j'indique. Bonaparte indique également ces espèces en adoptant mon genre *dryopicus*. Quant aux mots *dryotomus* (Liv.) et *dryocopus* (G.-R. Gray), placés en tête de la première section, ce ne sont évidemment que des synonymes que je cite et non pas que j'adopte, car je dis aussitôt après : *dryopicus martius*, *dr. galeatus*, *dr. erythrops*, *etc.*, c'est ce qui a occasionné la méprise.

Caractères. Bec long, presque droit, fort, polyèdre, conique, comprimé et légèrement tronqué à l'extrémité, large à la base. Sillons latéraux partant des narines, profonds et surmontés d'une arête saillante; narines basales, ovales, recouvertes par une touffe de plumes piliformes dirigées en avant; arête sous la mandibule inférieure, peu saillante, si ce n'est vers l'extrémité.

Menton recouvert de plumes et s'avançant sous la mandibule inférieure à près de moitié de la longueur totale du bec, mesuré de la commissure. Langue vermiforme, susceptible de sortir de près de 6 centimètres au delà du bec, osseuse vers son extrémité d'environ 3 millimètres et pourvue de barbes de chaque côté; cou plutôt long et mince; pieds plutôt courts, robustes; tarses forts, scutellés au devant, couverts de petites écailles sur les côtés; quatre doigts inégaux; le doigt antérieur externe plus long que le doigt postérieur externe; ongles forts, aigus, très-courbes, comprimés et évidés sur les côtés, cannelés en dessous.

Plumage compacte, lustré; plumes de la tête allongées, déliées et érectiles; ailes longues et aiguës; la troisième et la quatrième rémige étant les plus longues; queue longue, cunéiforme, composée de douze baguettes raides, usées à l'extrémité par le frottement contre l'écorce des arbres, et les barbes dépassant le rachis. L'oiseau emplumé pèse 252 à 255 grammes.

Coloration. *Le Mâle adulte;* bec d'un bleu foncé et blanchâtre de corne au milieu de la mandibule inférieure. Iris jaune, selon Audubon, et d'un jaune d'or brillant, selon Wilson et Latham. La couleur générale du plumage est d'un noir brun. La tête est ornée d'une huppe conique d'un écarlate brillant; une moustache de même couleur, longue d'environ 3 centimètres, part du côté de la mandibule inférieure et s'avance sur la joue; elle se réunit au brun noir du devant du cou par une petite ligne formée par des stries noirâtres sur un fond blanc. La base des plumes rouges de la tête et des moustaches est noire; une large bande d'un brun noirâtre commence à un centimètre de l'angle du front, s'étend jusqu'au côté de l'occiput en passant sur l'œil; entre cette bande et le rouge de la tête existe une étroite ligne blanche. Plumes piliformes des narines, d'un blanc jaunâtre; à l'angle du front commence une bande, d'abord d'un blanc jaunâtre, puis blanche, qui passe au-dessous de l'œil, et s'élargit beaucoup sur les côtés de la tête d'où elle descend sur les côtés du cou et de la poitrine et va se perdre sous l'aile. Tout le menton et la gorge sont d'un blanc pur qui forme une large bande se dirigeant sur les côtés de la tête où elle rencontre la bande venant du front. Derrière et devant du cou, dos, croupion, scapulaires, tectrices supérieures alaires et caudales, poitrine, abdomen, tectrices inférieures de la queue, d'un noir brun; quelques-unes des tectrices tertiaires ont l'extrémité de leur page externe blanche. Flancs et cuisses ayant quelques mouchetures blanches en forme de demi-cercles. Rémiges d'un noir brun, et leurs deux pages étant blanches depuis la base jusqu'à environ moitié de la longueur totale des pennes. Les tiges des rémiges sont, dans la partie où les barbes sont blanches, noires en dessus et blanches sous l'aile; les rémiges primaires ont l'extrémité de leur page externe d'un blanc plus ou moins pur. Toutes les tectrices inférieures de l'aile d'un blanc jaunâtre qui teint une partie du rebord de l'aile pliée. Queue d'un noir bleuâtre; tarses et doigts d'un bleu foncé, ongles d'un brun de corne.

*La Femelle adulte* diffère du mâle en ce qu'elle a le front et la moitié du vertex d'un brun cendré foncé; la huppe occipitale rouge est moins longue; la moustache rouge du mâle est remplacée par une large bande d'un noir brun qui encadre le blanc de la gorge et vient se fondre dans le brun noir du devant du cou.

*Le jeune Mâle*, que j'ai examiné dans la collection de Leyde, avait déjà la moustache rouge; mais le front et la moitié du vertex étaient d'un brun cendré foncé avec quelques mouchetures rouges qui annoncent que cette partie sera ultérieurement entièrement rouge.

*Les Jeunes au sortir du nid* n'ont pas encore de rouge à la tête; les parties qui sont noires chez les adultes sont moins foncées et parsemées de demi-cercles blancs très-étroits. Je n'ai pas vu le jeune en cet état et je ne l'indique que sur le témoignage de Wagler.

Je dois faire observer que M. Audubon n'indique les jeunes mâles dans aucun des états que je viens de décrire. Il dit seulement que leur bec est plus grand, et qu'ils ne diffèrent que peu des mâles adultes pour les teintes et la distribution des couleurs.

Habite les États-Unis, le Canada, les Montagnes-Rocheuses, l'Orégon, le Mexique et la Guyane.

DIMENSIONS.

| | |
|---|---|
| Longueur totale | 460 à 480 mill. |
| — du bec, de la commissure à l'extrémité | 55 millimètres. |
| — — des narines à l'extrémité | 40 — |
| — de l'aile pliée | 240 — |
| — de la queue | 170 — |
| — du tarse | 32 — |
| — du doigt postérieur externe (sans l'ongle) | 22 — |
| — de son ongle (en suivant la courbure) | 24 — |
| — du doigt antérieur externe | 26 — |
| — de son ongle | 25 — |
| — du doigt antérieur interne | 18 — |
| — de son ongle | 20 — |
| — du doigt postérieur interne | 11 — |
| — de son ongle | 11 — |
| Envergure | 710 — |
| Poids | 281 gr. 25 centigr. |

Se trouve dans presque toutes les collections; notamment dans celles de Paris, de Londres, de Vienne, de Berlin, de Leyde, de Francfort-sur-Mein, de Genève, de Chatam, de Stockholm, de Stuttgard, de Heidelberg, de l'état de New-York, etc.; dans ma collection.

## DRYOPICUS GALEATUS.

PICUS GALEATUS; Natter., *mus. Vienne.* — Temm., 29e livraison, pl. col. 171, le mâle.—G. Cuv., *Règn. anim.*, 1829, p. 450.—Wagl., *Syst. avium, picus*, nº 10. — Lesson, *Compl. de Buffon*, IX, p. 321.
DRYOCOPUS GALEATUS; G.-R. Gray, *Gen. of birds.* — Pr. Bonap., *Consp. gen. av.*, I, p. 133, 1850.
DRYOPICUS GALEATUS; Malh., *Mém. acad. Metz*, 1848-1849, p. 322. — *Pr.* Br., *Consp. vol. zyg.*, 1854.
CAMPEPHILUS GALEATUS; Reich., *Handb. spec. orn.*, p. 394, nº 912; pl. dcl, fig. 4337 inexacte du mâle.

Mas adult. Toto pileo, nnchâ, cristâque magna et vitta larga malari coccineis; iridibus obscurè coccineis; regione parotica transversim nigro-albidoque radiata; gulâ, colloque rufis; tectricibus alarum caudœque inferioribus albido-rufescentibus; pectore supremo nigro, rufescenti-maculato; corpore toto subtus albido-rufescente, transversim nigro-lineato; dorso, alis caudâque nigris; remigibus intùs læte rufis. Rostro corneo-albido.

Fœm. Mari simillima nisi vitta malari; fronte rufâ; collo utrinque ad latera rufo, nigro fasciolato.

## LE DRYOPIC CASQUÉ.

**PLANCHE XI,** Fig. 1, le mâle; Fig. 2, la femelle; Fig. 3, jeune femelle; Fig. 4, quatrième grande rémige.

LE PIC CASQUÉ; Temm., pl. col. 171.— Lesson, *Compl.*, IX, p. 321. — Drap., *Dict. cl. d'hist. nat.*, XIII, p. 496.
PIC A CASQUE; Gerbe, *Dict. univ. d'hist. nat.*, 1848, X, p. 142.

Ce pic, rapporté du Brésil par M. Natterer, y paraît fort rare, car je ne l'ai trouvé que dans les collections du Muséum de Vienne, du Musée britannique et de la Société zoologique de Londres, encore cette dernière collection ne possédait-elle pas le mâle. Je suis porté à croire que l'espèce ne se trouve que dans des parties peu explorées jusqu'ici de l'Amérique méridionale, autrement on ne s'expliquerait pas comment elle est restée si rare en Europe et n'a pas été recueillie par M. le prince Maximilien de Wied, par M. d'Orbigny et par les nombreux naturalistes qui parcourent chaque année le Brésil et effectuent en Europe des envois considérables d'oiseaux.

Lorsque M. Natterer a remis à M. Temminck l'exemplaire mâle qui a servi de modèle pour la planche coloriée 171, on ne connaissait en Europe que ce sujet unique, mais en étudiant la collection de Vienne j'y ai trouvé le mâle, la femelle et le jeune mâle. Ces deux derniers n'ont pas été figurés ni décrits par M. Temminck et M. Lesson; je suis donc heureux de pouvoir les représenter dans ma planche. J'ai dû aussi à la bienveillance de M. Joseph Natterer d'obtenir en communication, durant mon séjour à Vienne, les notes manuscrites que feu M. Jean Natterer, son frère, avait rédigées pendant le cours de son voyage dans l'Amérique méridionale, notes qui m'ont permis de connaître la couleur des yeux chez une foule d'espèces nouvelles ou mal décrites jusqu'à ce jour.

Caractères. Bec moyen, large à la base, avec le sommet formant une arête saillante et légèrement courbe; sillons latéraux très-profonds et plus rapprochés du sommet que des bords de la mandibule supérieure; narines presque entièrement découvertes; menton garni de plumes et s'avançant sous la mandibule inférieure à la moitié environ de la longueur totale du bec; huppe occipitale assez longue et épaisse, composée de plumes déliées et qui ne m'ont point paru offrir cette forme recourbée en avant vers l'extrémité qu'indique M. Temminck. Je dois faire observer que chez beaucoup d'autres espèces de Picidés, ayant une huppe longue et abondante, un préparateur pourrait aussi bien « *en former deux plans adossés et imitant le socle du casque ancien qui porte le cimier;*[*] » mais que, dans l'état naturel, la huppe est couchée, sauf le cas accidentel d'érection chez quelques espèces. Ailes longues et aiguës; les plus longues rémiges, qui sont la quatrième, la cinquième, la sixième et la troisième, atteignent à plus de moitié de la longueur de la queue; celle-ci est forte, étagée et composée de douze pennes. Quatre doigts; le doigt antérieur externe, bien plus long que le doigt postérieur externe; le doigt antérieur interne en partie soudé au doigt externe. Ongles forts, longs, aigus, comprimés et évidés sur les côtés.

*Le Mâle adulte* a le bec d'un blanc de corne, bleuâtre à la base; une bande d'un roux vif part des narines jusqu'à l'œil; iris d'un rouge carmin foncé, d'après M. Natterer; le menton et le devant du cou du même roux sur une longueur d'environ 3 centimètres et demi; région parotidée y compris l'espace jusqu'à l'œil, d'un gris clair finement rayé de noir; une large bande d'un rouge sanguin part de la mandibule inférieure et descend de chaque côté du roux de la gorge, qu'elle encadre, car quelques plumes rouges existent sur le devant du cou, au-dessous du roux, et sépare cette couleur du noir foncé qui couvre tout le haut et les côtés de la poitrine; ce noir offre de nombreuses taches rousses

[*] Temminck, *texte des planches coloriées.*

lancéolées. Toutes les autres parties inférieures, y compris les tectrices caudales, sont rayées à égale distance de bandes noires et de bandes d'un blanc roussâtre; front, dessus de la tête jusqu'à l'œil, occiput, nuque et une longue huppe d'un beau rouge sanguin. Les plumes rouges de la huppe ont leur base d'un cendré roux. Une bande d'un blanc roussâtre descend de la nuque de chaque côté, et, contournant l'épaule, va se fondre avec les tectrices alaires inférieures qui sont de la même couleur avec quelques taches noires lancéolées. Rémiges primaires et secondaires noires avec la barbe interne d'un roux vif, à partir de sa base jusqu'à près des deux tiers de la longueur totale des rémiges. Ce roux teint également le dessous des rémiges. Partie supérieure du dos, scapulaires et tectrices supérieures des ailes d'un noir uniforme; partie inférieure du dos blanche; croupion et tectrices caudales supérieures d'un blanc légèrement lavé de roussâtre; la plupart de ces dernières portent quelques raies noires transversales; queue d'un noir uniforme. La première tectrice de chaque côté n'a guère que 4 centimètres et est peu visible. Tarses et doigts d'un noir bleuâtre; ongles d'un brun jaunâtre de corne.

*La Femelle adulte* a le front d'un beau roux, chaque plume étant au milieu d'un brun roux foncé; à un centimètre du bec commencent à se montrer des plumes acuminées ayant leur extrémité rouge; ce rouge prend plus d'intensité à mesure que les plumes s'allongent, et la huppe rouge est presque aussi longue et aussi épaisse que chez le mâle. Elle manque de la bande rouge qui encadre chez le mâle le roux de la gorge; cette partie est, chez la femelle, d'un roux vif finement rayé de noir.

*Le Jeune Mâle* ressemble à la femelle; le front est d'un brun roux; la huppe est de moyenne taille; le bec bien plus court et d'un jaune de corne.

DIMENSIONS.

| | |
|---|---|
| Longueur totale | 310, 340 et 350 mill. |
| — du bec, de la commissure à l'extrémité | 38 à 40 millimètres. |
| — — des narines à l'extrémité | 28 à 30 — |
| — de l'aile pliée | 165 et 170 millimètres. |
| — de la queue | 115, 126 et 128 mill. |
| — du tarse | 20 millimètres. |
| — du doigt postérieur externe (sans l'ongle) | 20 — |
| — de l'ongle (mesuré en suivant la courbure) | 16 — |
| — du doigt antérieur externe | 23 — |
| — de son ongle | 20 — |
| — du doigt antérieur interne | 18 — |
| — de son ongle | 18 — |
| — du doigt postérieur interne | 7 — |
| — de son ongle | 7 — |

Habite le Brésil et probablement des parties peu explorées de l'Amérique méridionale. On ne connaît encore rien relativement aux mœurs de cette espèce et à sa nidification; mais il est probable qu'elle ne diffère point sous ce rapport de la plupart de ses congénères.

Se trouve en Europe dans les collections du Muséum de Vienne, du Muséum britannique, de la Société zoologique de Londres et dans ma collection.

Le type du *galeatus* (Natt.) se trouve au Muséum de Vienne.

---

## DRYOPICUS LINEATUS.

PICUS LINEATUS; Linn., *Syst. nat.*, I, p. 174, *sp.* 4, 1767. — Gm., *Syst. nat.*, I, p. 425, *sp.* 4. — Lath., *Ind. ornith.*, I, p. 226. — *Gen. Synops.*, II, p. 556. — G. Cuv., *Règ. anim.*, 1829, p. 450. — Valenc., *Dict. sc. nat.*, XL, p. 178, le mâle. — Vieill., *N. Dict.*, XXVI, p. 85. — *Id.*, *Encycl.*, p. 1313. — Wagl., *Syst. av.*, n° 8. — Spix, *Av. Bras.*, I, p. 58; pl. 48; fig. 1, le mâle; fig. 2, un mâle, indiqué à tort comme la femelle. — Audub., *Ornith. biogr.*, V, p. 315. — *Id.*, *Birds Amer.*, p. 233. — *Pr.* Maxim., *Beitr. naturg.*, IV, p. 389. — Tschudi, *Faun. Peruana, aves*, p. 43, n° 247.

PICUS NIGER CAYANENSIS CRISTATUS; Briss., *Ois.*, IV, p. 31, n° 11, pl. 1, fig. 2.

PICUS VARIUS BRASILIENSIS, IPECU DICTUS; Ray., *Syn.*, p. 43, n° 7.

DRYOCOPUS LINEATUS; Boie, *Isis*, 1820. — G.-R. Gray, *Gen. of birds*. — Pr. Bonap., *Consp. gen. av.*, p. 132.

DRYOTOMUS LINEATUS; Swains., *Class. of birds*, II, p. 308. — *Pr.* Bonap., *Consp. vol. zyg.*, 1854.

CAMPEPHILUS LINEATUS; Reich., *Handb. spec. orn.*, p. 391, n° 901; pl. DCXLVII, fig. 4321, 4322, femelle et mâle.

CAMPEPHILUS LEUCOPTERYLUS; Reich., *Handb. spec. orn.*, p. 392, n° 902; pl. DCXLVII, fig. 4319, 4320.

Mas adult. Rostro pallide corneo-plumbeo, mandibulâ medio albidâ; mento gulâque albis, longitudinaliter nigricanti-striolatis; regione ophthalmicâ et paroticâ saturate plumbeis; fronte, occipitis cristâ ac stria malari coccineis; stria ab oris rictu, versus nares fuscescenti-flavida, oblique et anguste infra oculos et aures, indè sensim largiùs versus colli postici latera ducta, alba; scapularibus ex parte remigibusque intùs oblique a basi usque ad medium, alula alarumque tectricibus inferioribus albis; dorso toto, uropygio, cauda tota, alis extùs, collo postico ac antico medio pectoreque ex parte nigris; corpore inferius a pectore usque ad crissi finem sordide albido, lineis transversis nigris, numerosis, medio subangulosis; pedibus cœrulescentibus.

Fœm. adult. Mari simillima nisi vitta malari cinerea, fronte ac sincipite nigris, cristâ occipitali coccineâ.

## LE DRYOPIC OUENTOU.

**PLANCHE XII**, Fig. 4 et 6, mâles; Fig. 5, femelle; Fig. 7, jeune femelle (en réduction); Fig. 8, quatrième grande rémige.

L'OUENTOU OU PIC NOIR HUPPÉ DE CAYENNE; BUFF., *Ois.*, VII, p. 50. — HOL., 1790, *Abr. d'hist. nat.*, p. 402.
LE PIC OUENTOU; VALENC., *Dict. sc. nat.*, XL, p. 178. — VIEILL., *Nouv. dict.*, XXVI, p. 85. — *Id.*, *Encycl.*, p. 1313.
LE OUENTOU; LESSON, *Compl. de Buff.*, IX, p. 324.
LE PIC NOIR HUPPÉ; BONN., VIEILL., *Encycl.*, pl. 211, fig. 2, le mâle.
PIC NOIR HUPÉ, DE CAYENNE; BUFF., pl. enlum. 717, le mâle. — BRISS., *Orn.*, IV, p. 31, nº 11; pl. 1, fig. 2.
CARPINTERO NEGRO; AZARA, *Apunt.*, nº 248.

Cette espèce paraît confinée dans l'Amérique méridionale, et jusqu'ici je n'ai obtenu aucun renseignement certain qui permette de supposer qu'elle habite l'Amérique septentrionale. Ainsi Audubon, après avoir décrit un *dryopicus lineatus* mâle qu'il a reçu du Brésil, donne la description d'un autre mâle de cette espèce, dit-il, que le docteur Gairdner a tué près du fort Vancouver, non loin de la rivière Colombia (district de l'Orégon), et il ajoute que, dès lors, cette espèce est bien répandue en Amérique, puisque déjà elle se trouve à Cayenne, à la Guyane, au Brésil et au Paraguay; mais cet auteur a soin de faire remarquer en même temps que l'exemplaire tué près de la rivière Colombia diffère de celui du Brésil par *l'absence de blanc sur les scapulaires*. Or, c'est précisément le caractère distinctif du *dryopicus erythrops* (Cuv.) qu'Audubon ne connaissait pas et qui provient de l'Orégon et de la Californie.

M. James E. de Kay, en signalant le *lineatus* parmi les oiseaux qui habitent aux États-Unis, hors des limites de l'État de New-York, s'en réfère à la citation d'Audubon et ne se base que sur le prétendu *lineatus* tué près de la rivière Colombia. Nous sommes donc autorisés jusqu'ici à penser que le dryopic ouentou ne se trouve que dans l'Amérique méridionale où il est extrêmement commun. Aussi est-ce avec raison que Spix dit que cette espèce a souvent été confondue avec d'autres, et j'ai moi-même vu dans les collections l'*erythrops* et le *scapularis* étiquetés *lineatus*. Spix, à son tour, a commis une erreur grave en prenant un mâle, un peu moins adulte probablement, pour la femelle.

Son Altesse le prince de Neuwied donne peu de renseignements sur les habitudes particulières à cette espèce et il y a lieu de croire qu'elles sont les mêmes que celles de ses congénères. Cet illustre voyageur annonce « que le *dr. lineatus* a les mêmes mœurs que le *meg. robustus* et que sa voix ressemble beaucoup à celle de notre *picus major* d'Europe; que son vol est très-rapide et qu'il s'élève souvent très-haut; qu'on le voit d'ordinaire voltiger sur les plus hautes branches des arbres, dans les grandes forêts, frappant tantôt contre l'écorce, tantôt se laissant glisser le long du tronc d'un arbre. »

M. le professeur Poeppig, de Leipzig, a publié *(Pugillus descriptionum ad zoologiam Americæ Australis spectantium)* la description d'une espèce du Pérou, qu'il n'a point nommée et que je crois être le mâle du *dryopicus lineatus*. Cette espèce y porte les noms de *pico real* ou *el gran carpintero*. Cette supposition est rendue encore plus probable par ce que nous apprennent les voyageurs modernes dont les ouvrages ont été analysés très-récemment par M. le docteur Hartlaub *(Journal für ornithologie*, 1857, p. 42, nº 16) et qui constatent « que le *lineatus* habite le Brésil et le Pérou; que seulement les exemplaires de cette dernière contrée sont manifestement plus grands que ceux originaires du Brésil. » Je dois à ce sujet faire observer que le savant ornithologiste de Brême cite le *megapicus lineatus*, tandis que cette espèce fait partie de mon genre *dryopicus (dryotomus*, SWAINSON, BONAPARTE) et non de mon genre *megapicus*.

M. Reichenbach a indiqué, sous le nom de *campephilus leucopterylus*, et comme une variété au moins du *lineatus*, des sujets qui ne diffèrent que parce qu'ils ont: 1º la mandibule inférieure d'un blanc jaunâtre de corne sur une plus grande étendue; 2º la bande blanche sur les épaules indiquée seulement par des taches blanches; 3º la première rémige primaire blanche à son extrémité. Je dois dire que je possède depuis longtemps non-seulement cette variété mais plusieurs autres qui ne me permettent pas un instant de faire des espèces à l'aide de ces différences de coloration. Ainsi chez une de mes variétés, les cinq premières rémiges primaires sont terminées par du blanc roussâtre, quoique le blanc sur les épaules soit bien indiqué, et la mandibule inférieure comme dans les sujets ordinaires. Un autre sujet n'a de caractéristique que le peu de blanc qui indique la bande des épaules; un troisième a les flancs, les tectrices caudales inférieures et un petit espace au milieu de l'abdomen d'un blanc très-légèrement lavé de roussâtre, mais sans taches ni raies noires; tandis que le surplus de l'abdomen et les cuisses sont couverts de larges taches squameuses noires, sur un fond blanc.

La taille, chez un grand nombre de sujets que j'ai mesurés, m'a aussi offert des dissemblances, et si les exemplaires originaires du Pérou, selon M. Hartlaub, sont plus grands que ceux du Brésil, ils n'en diffèrent point pour la coloration.

La variété dont parle M. Reichenbach lui a été indiquée comme originaire du Mexique; mais je soupçonne fort que ce savant a été induit en erreur à cet égard.

Caractères. Bec presque aussi long que la tête, presque droit, fort, comprimé vers l'extrémité qui est tronquée et usée sur les côtés en forme de coin; mandibule supérieure avec l'arête dorsale légèrement convexe et saillante; l'arête, partant au-dessus des narines, saillante vers la base et bien plus rapprochée du sommet que des bords de la mandibule supérieure. Arête, sous la mandibule inférieure, peu saillante. Narines elliptiques, recouvertes par une petite touffe de plumes piliformes et renversées; menton s'avançant sous la mandibule inférieure à moitié environ de la longueur totale du bec mesuré de la commissure. Large huppe occipitale; cou plutôt long et mince. Ailes longues, demi-aiguës. La cinquième rémige la plus longue; la quatrième, la sixième et la troisième rémiges sont ensuite les plus longues. Queue assez longue, aiguë, étagée, composée de douze tectrices, ordinairement non usées à l'extrémité. Pieds et tarses courts, forts, scutellés devant, écailleux sur les côtés. Quatre doigts inégaux, le doigt antérieur externe le plus long; ongles forts, très-recourbés, très-aigus, très-comprimés et évidés sur les côtés, cannelés en dessous.

Coloration. *Le Mâle adulte;* bec d'un bleu foncé de corne, le milieu de la mandibule inférieure d'un jaune livide de corne. Iris blanc, selon le prince de Neuwied, et blanchâtre selon Spix. Front, vertex, huppe occipitale et une bande d'environ vingt-cinq millimètres de long, commençant sur le côté de la mandibule inférieure, d'un rouge écarlate. Plaque couvrant les paupières et le méat auditif d'un gris plombé. Une ligne étroite, d'un blanc roussâtre, part des narines, qui sont recouvertes par des plumes de cette couleur, passe au-dessus de la moustache rouge, et, se changeant après en une large bande, descend de chaque côté du cou, contourne l'aile au devant et va se perdre sous les tectrices alaires inférieures, tandis que quelques plumes blanches, recouvertes sur les épaules par des plumes noires, conduisent la bande descendant du cou de chaque côté jusqu'au milieu du dos où la bande blanche reparaît et couvre les scapulaires. Derrière du cou, dos, croupion et queue noirs. Rémiges noires, la page interne étant blanche à partir de sa base jusqu'à la moitié environ de la longueur totale de la penne et se terminant en forme oblique; la page externe est aussi blanche, mais seulement vers sa base. L'extrémité des rémiges primaires est souvent blanche ou d'un gris roussâtre. Tectrices alaires inférieures d'un blanc jaunâtre qui teint une partie du rebord antérieur des ailes. Menton et gorge d'un blanc sale, rayé longitudinalement de noir; le reste du devant du cou et la poitrine noirs; les autres parties inférieures d'un blanc roussâtre rayées de bandes transversales et de taches lancéolées noires. Pieds d'un blanc grisâtre; ongles brunâtres.

*La Femelle adulte* diffère du mâle en ce qu'elle a tout le front noir; la moustache rouge du mâle est chez elle remplacée par une bande noire qui va rejoindre le devant du cou. C'est cette femelle que M. Lesson a prise pour le jeune âge du *dryopicus erythrops (Traité d'orn.,* p. 226).

*Les Jeunes Mâles* ont la moustache noire avec seulement quelques légères stries rouges; les flancs, l'abdomen et les tectrices caudales inférieures d'un blanc jaunâtre avec des raies et des cercles d'un noir profond, les flancs et les tectrices offrant de larges espaces sans aucune tache.

*La Jeune Femelle sortant du nid* différait de la femelle adulte d'abord par une taille moindre, un bec plus petit et plus renflé, le méat auditif et la région ophthalmique noirs; la poitrine étant d'un noir brun qui s'étend sur l'abdomen en se changeant en une teinte d'un gris noirâtre uniforme; sur les flancs, qui sont d'une nuance un peu plus claire, apparaissent de faibles raies ou taches noires. L'extrémité des rémiges primaires est blanche. Je suis très-porté à croire que les jeunes mâles au sortir du nid ont le même plumage que les femelles et que, peu de jours après, le front et la moustache noirs commencent à se dessiner par de fines mouchetures rouges.

Habite le Brésil, la Guyane, le Paraguay. — Le Pérou?

DIMENSIONS.

| | |
|---|---|
| Longueur totale | 330 à 340 mill. |
| — du bec, de la commissure à l'extrémité | 40 millimètres. |
| — — des narines à l'extrémité | 30 — |
| — de l'aile pliée | 190 — |
| — de la queue | 127 — |
| — du tarse | 25 — |
| — du doigt antérieur externe (sans l'ongle) | 23 — |
| — de son ongle (en suivant la courbure) | 22 — |
| — du doigt postérieur externe | 20 — |
| — de son ongle | 17 — |
| — du doigt antérieur interne | 13 — |
| — de son ongle | 20 — |
| — du doigt postérieur interne | 9 — |
| — de son ongle | 9 — |

Se trouve dans presque toutes les collections, notamment dans les musées de Paris, de Londres, de Vienne, de Berlin, de Leyde, de Stockholm, de Francfort-sur-Mein, de la Société zoologique d'Anvers (sous le nom erroné de *principalis*, en 1855), de Genève, de Manheim, de Metz, de Carlsruhe, de Stuttgard, de Liége, de M. Turati, à Milan; dans ma collection.

---

## DRYOPICUS ERYTHROPS *(Cuv.)*.

PICUS ERYTHROPS; G. Cuv., *Mus. de Paris*, la femelle, et non *Picus erythrops*, Wagler, *Syst. av.*, 1827, nº 53. — Valenc., *Dict. sc. nat.*, 1826, XL, p. 178. — *Dict. class.*, 1828, XIII, p. 498. — Lesson, *Compl. Buffon*, IX, p. 323. — *Id.*, *Traité d'ornith.*, p. 225. — Des Murs, *Iconograph. ornithol.*, 1846, pl., p. 27, la femelle. — Gerbe, *Dict. univ.*, X, 1848, p. 142.
DRYOCOPUS ERYTHROPS; G.-R. Gray, *Gen. birds*, 1845. — Ch. Bonap., *Consp. gen. av.*, p. 133, 1850. — Sclat., *Proc. zool. soc.*, Lond., 1856, p. 306.
PICUS SEMI-TORQUATUS; Licht., *Mus. de Berlin*.
PICUS MELANOTUS; J. Natt., *Mus. Vind.*
DRYOPICUS ERYTHROPS; Malh., *Mém. acad. Metz*, 1848-1849, p. 322. — *Pr.* Bp., *Consp. vol. zyg.*, 1854.
CAMPEPHILUS ERYTHROPS; Reich., *Handb., spec. orn.*, p. 394, nº 910; pl. fig. DCL, 4335, 4336.

Mas. Rostro pallidè corneo-plumbeo, mandibulâ medio albidâ; mento gulâque albis, longitudinaliter nigricanti-striolatis; regione ophthalmicâ et paroticâ saturate plumbeis; fronte vertice; occipitis cristâ ac stria malari coccineis; stria ab oris rictu, versus nares fuscescenti-flavidâ, oblique et anguste infra oculos et aures, inde sensim largius versus colli postici latera ducta; ex parte remigibus intùs oblique a basi usque ad medium, alarumque tectricibus inferioribus flavido-albis; dorso toto, *scapularibus*, uropygio, caudâ tota alis extus, collo postico ac antico, medio pectoreque ex parte *nigris;* corpore inferiùs a pectore usque ad cris i finem sordide albido aut albo-rufescente, lineis transversis nigris, numerosis, medio subangulosis; affinis lineato.
Fœm. Mari simillima nisi vitta malari cinerea, fronte nigrâ, cristâ occipitali coccineâ.

## LE DRYOPIC A FACE ROUGE.

**PLANCHE XII**, Fig. 1, le mâle; Fig. 2, la femelle; Fig. 3, la quatrième rémige primaire.

LE PIC A FACE ROUGE; *Dict. des sc. nat.* — *Dict. class. d'hist. nat.* — Less., *Compl. Buff.* — *Traité d'ornith.* — Des M., *Iconogr. ornith.*

Cette espèce, que l'on a souvent confondue avec le *lineatus* et le *scapularis*, est cependant facile à distinguer de prime abord par l'absence de blanc sur ses parties supérieures qui sont entièrement noires à partir du cou, tandis que les deux espèces précitées ont les plumes scapulaires blanches ou bordées de blanc.

C'est à tort que M. Lesson, et après lui M. Gerbe, attribuent à Gmelin la dénomination de *picus erythrops* que M. G. Cuvier seul a donnée le premier à l'oiseau dont nous nous occupons. Quant au *picus erythrops* de Wagler *(Syst. avium spec.*, nº 53), c'est le *picus erythropsis* de Vieillot, dont le nom a été changé sans motif valable, et c'est une espèce entièrement différente qui fait partie de la troisième section de notre groupe *chloropicus*. Quoique ce dryopic ait été rapporté de Montevideo et habite le Brésil, il se pourrait qu'on le trouvât au Mexique et en Californie. C'est ce qui semble résulter au moins de ce que dit Audubon en parlant du *dryopicus lineatus (Ornith. biogr.*, vol. V, p. 317). En effet, cet auteur voulant décrire un dryopic tué près le fort Vancouver (Colombia-River), par M. Gairdner, et envoyé par ce dernier au professeur Jameson, à Edimbourg, commence par décrire le *lineatus* du Brésil, puis il ajoute que la race du *lineatus* qui habite la Californie *peut être décrite précisément dans les mêmes termes, à l'exception de l'absence de la tache blanche sur les scapulaires;* l'auteur, il est vrai, annonce que les ailes de son oiseau étaient abîmées d'un côté au moins, mais s'il eût connu l'*erythrops* de Cuvier, il eût expliqué naturellement l'anomalie apparente qui paraît l'étonner.

On a peine à concevoir comment M. Lesson, dans son *Traité d'ornithologie*, p. 226, a pu confondre plusieurs espèces différentes, en indiquant : 1° *picus lineatus* comme le jeune âge de l'*erythrops*; 2° en donnant la description de la femelle de l'*erythrops* comme celle du second âge du mâle ; 3° en indiquant, comme la femelle de l'*erythrops*, *picus melanoleucus*, qui n'est que la femelle du *meg. albirostris*, dont la huppe rouge a été décolorée, ainsi que je le prouve en parlant de cette dernière espèce.

M. Reichenbach a représenté le mâle adulte de l'*erythrops* et un jeune mâle qu'il a pris pour la femelle. Celle-ci n'a jamais la moustache rouge, ce que cet auteur a omis par suite d'indiquer dans sa description.

Caractères. Bec long, fort, angulaire, très-large à la base, comprimé vers l'extrémité qui est tronquée et usée sur les côtés en forme de coin. L'arête dorsale de la mandibule supérieure est saillante ; les sillons latéraux proéminents et plus rapprochés du sommet que des bords de cette mandibule ; bords tranchants et droits. Mandibule inférieure un peu renflée au milieu, et le menton s'avançant au-dessous à peu près à égale distance de la commissure et de l'extrémité du bec. Narines elliptiques, basales, recouvertes par une touffe de plumes raides, piliformes, rebroussées. Huppe occipitale d'une médiocre longueur. Ailes demi-aiguës. Les plus longues rémiges sont la quatrième, la cinquième, la sixième et la troisième ; queue longue, étagée, composée de douze rectrices à baguettes très-raides ; les deux rectrices intermédiaires souvent bien plus longues que les suivantes. Tarses courts, scutellés devant, écailleux sur les côtés. Quatre doigts scutellés au-dessus. Le troisième doigt ou doigt antérieur externe beaucoup plus long que le quatrième ou doigt postérieur externe. Ongles forts, très-recourbés, très-comprimés, creux, évidés sur les côtés, très-aigus.

Coloration. *Le Mâle adulte;* bec d'un bleu pâle de corne, plus foncé vers l'extrémité; la mandibule inférieure d'un blanc sale de corne au milieu. Les plumes piliformes qui recouvrent les narines sont les unes noires, les autres d'un roux blanchâtre. Front, vertex et occiput, ainsi que la huppe, d'un rouge ponceau. Région ophthalmique et méat auditif d'un cendré plombé. A partir des narines commence une étroite bande d'un roux jaunâtre jusqu'à hauteur de l'œil, puis d'un blanc plus ou moins pur qui descend sous l'aile en s'élargissant. De chaque côté de la mandibule inférieure existe une large bande rouge sur un fond cendré foncé. Menton et gorge blancs, avec de très-fines stries longitudinales noires. Le devant et le derrière du cou, la poitrine, le dos, les scapulaires, le croupion et les tectrices supérieures des ailes d'un noir profond. Chez quelques sujets le bas de la poitrine et le milieu de l'épigastre sont d'un roux jaunâtre rayé de noir, ainsi que cela arrive parfois chez le *lineatus;* mais, le plus souvent, tout l'abdomen, les flancs et les couvertures inférieures de la queue sont d'un blanc sale rayé transversalement de nombreuses bandes noires affectant au milieu une forme angulaire. Les tectrices alaires inférieures sont d'un blanc légèrement soufré, et cette couleur teint le rebord du poignet de l'aile. La quatrième rémige, qui est la plus longue, n'excède que de deux millimètres la cinquième, dont la troisième et la sixième diffèrent peu. La seconde rémige a deux centimètres de moins que la troisième et sept centimètres de plus que la première, qui a 48 millimètres de longueur totale. Toutes ces rémiges, et quelquefois deux ou trois seulement, sont d'un blanc sale à leur extrémité. Les rémiges primaires et secondaires sont blanches à partir de la base sur leur bord interne, et cette couleur se termine obliquement à la moitié de l'aile, le reste de la penne et tout le bord externe étant d'un brun noir. Queue noire ; la première rectrice de chaque côté est très-courte et n'a guère plus de 45 millimètres, tandis que les deux rectrices intermédiaires ont de 13 à 14 centimètres et excèdent les pennes voisines d'un à deux centimètres. Tarses et pieds d'un gris bleuâtre plombé ; ongles gris brun de corne.

*La Femelle adulte,* que l'auteur de l'*Iconographie ornithologique* ne connaissait point, diffère du mâle en ce qu'elle a la bande, à partir de la mandibule, d'un gris plombé, et tout le front d'un gris plombé noirâtre ; le reste du dessus de la tête et la courte huppe occipitale sont d'un rouge ponceau, comme chez le mâle.

Habite le Brésil, la province de Buénos-Ayres, et peut-être la Californie; rapporté par M. Sallé du sud du Mexique.

| DIMENSIONS. | MALE. | FEMELLE. |
|---|---|---|
| Longueur totale | 370 millimètres. | 350 millimètres. |
| — du bec, de la commissure à l'extrémité | 45 — | 40 — |
| — — depuis le front à l'extrémité | 37 — | 34 — |
| — de l'aile pliée | 195 — | 188 — |
| — de la queue | 135 — | 120 à 128 mill. |
| — du tarse | 22 — | » |
| — du doigt antérieur externe (sans l'ongle) | 24 — | » |
| — de l'ongle (en suivant la courbure) | 19 — | » |
| — du doigt postérieur externe | 20 — | » |
| — de l'ongle | 14 — | » |
| — du doigt antérieur interne | 13 — | » |
| — de l'ongle | 18 — | » |
| — du doigt postérieur interne | 8 — | » |
| — de l'ongle | 8 — | » |

Se trouve dans les collections de Paris, de Berlin, de Vienne, de Leyde, de Londres, de Chambéry; dans ma collection. C'est par une erreur évidente que le nom d'*erythrops* (Cuv.) a été donné, au Musée de Lyon, à des *lineatus* ayant une bande blanche de chaque côté du dos. Le type de l'*erythrops* (Cuv.) existe au Muséum de Paris. L'*erythrops* existe à la Sapienza, à Rome, ainsi qu'à Florence, sous le nom erroné de *lineatus*.

---

## DRYOPICUS SCAPULARIS.

PICUS SCAPULARIS; Vig., *Zool. journ.*, IV, p. 354, le mâle, 1828-1829. — *Id.*, *Zool. of Beech. voy.*, p. 23. — Wagl., *Isis*, 1829, p. 509, le mâle. — *Bullet. univ. des sc.*, XXI, p. 318, 1830.
PICUS LEUCORAMPHUS; Licht., *In mus. Berol.*, 1840, la femelle. — *Id.*, *Nomencl.*, p. 75, 185.
PICUS SIMILIS; Less., *Descr. mamm. ois.*, p. 204, n° 32, le mâle, 1847.
DRYOCOPUS SCAPULARIS; G.-R. Gray, *Gen. of birds.* — Bp., *Consp. gen. av.*, p. 133. — Sclat., *Proc. z. soc. Lond.*, 1856, p. 306.
DRYOTOMUS DELATTRII; Bp., *Notes orn. coll. Delat.*, p. 35, 1854. — Rchb., *Handb., sp. orn.*, p. 394, n° 908 *b*.
DRYOPICUS SCAPULARIS; Malh. — Bp., *Consp. vol. zyg.*, 1854.
CAMPEPHILUS LEUCORHAMPHUS; Rchb., *Handb. sp. orn.*, p. 393, n° 906, pl. DCXLVIII, fig. inex. 4327, 4328, mâle et femelle.
CAMPEPHILUS SCAPULARIS; Rchb., *Handb. spec. orn.*, p. 394, n° 911.

Mas adult. Rostro eburneo; mento guláque albis, longitudinaliter nigricanti-striolatis; regione ophthalmicâ et paroticâ saturate plumbeis; fronte, vertice, occipitis cristâ ac stria malari coccineis; stria ab oris rictu, versus nares fuscescenti-flavida, oblique et anguste infra oculos et aures, inde sensim largius versus colli postici latera ducta; *scapularibus* ex parte remigibusque intùs oblique a basi usque ad medium, alula alarumque tectricibus inferioribus *flavido-albis;* dorso toto, uropygio, caudâ tota, alis extùs, collo postico et antico, medio pectoreque ex parte nigris; corpore inferiùs a pectore usque ad crissi finem sordide albido, lineis transversis nigris, numerosis, medio subangulosis; affinis dryopico lineato, sed minor.
Fœm. adult. Mari simillima nisi vittâ malari, fronte ac vertice nigris aut obscuro-plumbeis; sincipite, cristâque occipitali coccineis.

## LE DRYOPIC A SCAPULAIRES.

**PLANCHE X**, Fig. 1, mâle, de grandeur naturelle; Fig. 2, mâle (réduit) vu par le dos; Fig. 3, la femelle adulte, de grandeur naturelle; Fig. 4, quatrième rémige primaire.

LE PIC SEMBLABLE; Less., *Descr. mamm. ois.*, p. 204.

Cette espèce est ordinairement confondue avec le *dr. lineatus* et le *dr. erythrops* (Cuv.), ou *semi-torquatus* (Licht.). Pour faire cesser cette confusion, je vais établir en peu de mots les caractères comparatifs qui distinguent ces trois espèces :

1° Le *dryopicus lineatus,* la plus grande des trois, a, comme l'*erythrops,* le bec d'un bleu noirâtre, et le milieu seulement de la mandibule inférieure d'un blanc sale de corne. Le *scapularis* se reconnaît aussitôt par son bec d'un *blanc d'ivoire* légèrement teinté de bleuâtre de corne à sa base;

2° Chez le *lineatus* et le *scapularis* on remarque une étroite bande d'un blanc plus ou moins pur, plus ou moins lavé de jaunâtre, laquelle descend le long du cou, se bifurque à la hauteur de l'humérus et vient, de chaque côté de la poitrine, se fondre avec les tectrices inférieures des ailes, puis, de *chaque côté du dos,* se confondre avec les scapulaires qui forment une bande d'un blanc jaunâtre de chaque côté du dos qui reste d'un noir profond. Chez l'*erythrops,* au contraire, cette bande n'existe que de chaque côté de la poitrine, et *toutes les parties supérieures,* y compris les scapulaires, sont d'un brun noir uniforme;

3° Le *scapularis* et l'*erythrops* ont le bec plus large à la base que le *lineatus.*

Le mâle du dryopic à scapulaires a été rapporté du Mexique et de la Californie, et décrit par M. Vigors dans sa *Notice sur quelques Oiseaux des côtes nord-ouest de l'Amérique.* Cet auteur, tout en annonçant qu'il a examiné dans la collection de la

Société zoologique de Londres le mâle et la femelle de cette espèce nouvelle, en donne une description imparfaite qui ne peut convenir qu'au mâle seul. Je me suis convaincu depuis que Vigors ne possédait que deux mâles, ce qui explique sa description.

M. Lichtenstein a également reçu du Mexique la femelle du *scapularis*, qui figure depuis longtemps dans la collection de Berlin sous le nom de *leucoramphus*.

J'aurais bien préféré, je l'avoue, cette dernière dénomination à celle de Vigors, parce qu'elle indique mieux le caractère distinctif de l'espèce; mais j'ai dû respecter le droit de priorité qui existe en faveur de Vigors par la description qu'il a publiée.

Cet oiseau a aussi été tué par M. Adolphe Lesson, à San-Carlos, dans la république du Centre-Amérique; et c'est à la même espèce qu'il faut rapporter le *dryotomus delattrii*, de la Californie, que le prince Ch. Bonaparte décrivait ainsi : « semblable au *scapularis* (Vig.); mais à ventre plus roux, rayé de bandes beaucoup plus foncées et avec les couvertures inférieures des ailes de couleur isabelle. » En effet, selon l'âge, on voit des exemplaires possédant les deux premiers caractères relatifs à la coloration des parties inférieures, et le dernier est propre au *scapularis* adulte.

M. Reichenbach, qui a vu nécessairement, à Berlin, le *leucoramphus* (Licht.) et qui le décrit, avec raison, comme ayant le bec couleur d'ivoire, ne représente point ce caractère essentiel sur sa planche coloriée. Le même auteur a aussi fait, à tort, trois espèces distinctes du *leucoramphus*, du *scapularis* et du *delattrii*.

Caractères. Bec fort, angulaire, très-large à la base, comprimé vers l'extrémité qui est tronquée et usée sur les côtés en forme de coin. L'arête dorsale de la mandibule supérieure est saillante et légèrement convexe; les arêtes latérales, au-dessus des narines, sont proéminantes et plus rapprochées du sommet que des bords de cette mandibule; bords tranchants et droits; mandibule inférieure un peu renflée au milieu et le menton s'avançant au-dessous à peu près à égale distance de la commissure et de l'extrémité du bec. Narines elliptiques, recouvertes par une légère touffe de plumes piliformes, raides et renversées. Ailes demi-aiguës, longues; les plus longues rémiges étant la quatrième, la cinquième, la sixième et la troisième.

Queue moyenne, étagée, composée de douze rectrices raides, plus ou moins usées à l'extrémité. Tarses courts, scutellés devant, écailleux sur les côtés; quatre doigts : le doigt antérieur externe, qui est le plus long, excédant de beaucoup le doigt postérieur externe. Ongles forts, très-recourbés, très-comprimés, évidés sur les côtés, très-aigus.

Coloration. *Le Mâle adulte;* bec d'un blanc d'ivoire, légèrement lavé de bleuâtre vers la base. Narines recouvertes par une petite touffe de plumes roussâtres. Angles de la mandibule supérieure, front, vertex et occiput, ainsi que la huppe occipitale longue d'environ 36 millimètres, d'un rouge ponceau ; sur le front, ce rouge n'existe souvent que par mèches, selon l'âge de l'oiseau. Région ophthalmique et méat auditif d'un cendré plombé chez quelques sujets et d'un cendré noirâtre chez d'autres. A partir des narines commence une bande d'environ un millimètre de large, d'un roux jaunâtre d'abord, puis d'un blanc plus ou moins pur, qui descend, en s'élargissant, sur les côtés du cou et sous l'aile. Cette bande semble se bifurquer à la hauteur de l'humérus, et atteindre les scapulaires qui sont d'un blanc jaunâtre. De chaque côté de la mandibule inférieure existe une large bande ou moustache rouge. Le menton et le haut de la gorge sont blancs, rayés longitudinalement de noir. Le devant et le derrière du cou, la poitrine, le dos, le croupion, les tectrices supérieures des ailes sont noirs. Tout l'abdomen et les flancs sont d'un blanc jaunâtre sale rayé transversalement de nombreuses bandes noires, affectant au milieu une forme angulaire. Les tectrices alaires inférieures sont d'un jaune blanchâtre assez vif ou d'une couleur isabelle qui teint aussi le rebord du poignet de l'aile.

La cinquième rémige primaire est ordinairement la plus longue et ne diffère guère de la quatrième et de la sixième. J'ai vu toutefois la quatrième rémige la plus longue chez un des sujets femelles de ma collection. La troisième rémige est un peu moins longue que la quatrième, et la première n'a que 42 millimètres. Ces rémiges sont quelquefois tachées de blanc roussâtre à leur extrémité, et elles sont d'un brun noirâtre plus clair sur le bord externe ; le bord interne, à partir de la base, est d'un blanc jaunâtre pâle qui se termine obliquement à la moitié de l'aile, le reste des pennes étant noir. Les rémiges secondaires sont également du même blanc jaunâtre depuis leur base jusque vers leur moitié et noires sur le reste du bord interne, tout le bord externe étant noir également.

Queue d'un brun noirâtre, les rectrices latérales étant quelquefois bordées de brun roux clair à leur extrémité. Les deux rectrices intermédiaires excèdent les suivantes de

8 ou 9 centimètres. Tarses et pieds d'un gris bleuâtre plombé. Ongles d'un blanc sale de corne en dessous et bleuâtre au-dessus.

*La Femelle adulte* diffère du mâle en ce qu'elle a tout le front, partie du vertex, ainsi que la bande à partir de la mandibule inférieure, d'un gris noirâtre plombé, quelquefois très-foncé chez des sujets paraissant très-adultes. Le reste du vertex à la hauteur de l'œil, et quelquefois un peu après, le sinciput et la huppe occipitale sont du même rouge que chez le mâle.

| DIMENSIONS. | MALE ADULTE. | FEMELLE ADULTE. |
|---|---|---|
| Longueur totale | 330 à 340 mill. | 330 millimètres. |
| — du bec, de la commissure à l'extrémité | 40 millimètres. | 36 — |
| — — depuis le front à l'extrémité | 37 — | 31 — |
| — de l'aile pliée | 180 — | 172 — |
| — de la queue | 116 — | 115 — |
| — du tarse | 22 — | » |
| — du doigt antérieur externe (sans l'ongle) | 22 — | » |
| — de l'ongle (en suivant la courbure) | 19 — | » |
| — du doigt postérieur externe | 18 — | » |
| — de l'ongle | 15 — | » |
| — du doigt antérieur interne | 12 — | » |
| — de l'ongle | 15 — | » |
| — du doigt postérieur interne | 7 — | » |
| — de l'ongle | 7 — | » |

Une jeune femelle m'a offert des dimensions moindres.

Habite la Californie, le Mexique, la république du Centre-Amérique.

Muséums de Paris, de Berlin, de la Société zoologique de Londres ; ma collection.

J'ai vu le type du *scapularis* (Vig.) dans la collection de la Société zoologique de Londres, et celui du *similis* (Less.) dans la collection de feu M. Abeillé, à Bordeaux. Le type du *leucoramphus* (Licht.) est au Muséum de Berlin. Le *scapularis* se trouve à la Specola, à Florence, sous le nom d'*erythrops*.

---

## DEUXIÈME SECTION.

Les plus longues rémiges sont tantôt dans l'ordre 5, 4, 6, 3, tantôt dans l'ordre 4, 3, 5, 6, mais généralement la cinquième et la quatrième rémige sont égales ou presque égales.

*(De l'Inde et de ses archipels.)*

Contrairement à l'opinion de Swainson et des auteurs qui l'ont suivi, j'ai cru ne devoir former qu'une section, et non un genre distinct, des espèces asiatiques qui composent le genre *hemilophus* de Swainson, dont j'avais d'abord fait le genre *macropicus*. En effet, les caractères qui distinguent cette section de la première ne me semblent pas assez importants pour nécessiter un genre. 1° Ainsi, Swainson *(Classific. of birds*, II, p. 308 et 309) dit que les sujets de son genre *dryotomus*, ceux de ma première section, ont le *bec très-droit*, tandis que ceux du genre *hemilophus*, ou de ma seconde section, ont le bec *légèrement arqué*. Je ne puis qu'inviter tous les ornithologistes à bien examiner les dryopics du genre *dryotomus* de Swainson et ils pourront se convaincre que le bec de ces espèces n'est pas très-droit et qu'il est, plus ou moins, légèrement arqué au-dessus. Relativement au genre *hemilophus*, de Swainson, si quelques espèces ont le bec un peu plus courbe que d'autres de son genre *dryotomus*, en revanche son *hemilophus hodgsonii* (Jerdon) a le bec plus droit que son *dryotomus pileatus*, par exemple, ainsi que me l'a prouvé la comparaison de plusieurs exemplaires des deux espèces;

2° Il est aussi inexact de distinguer les deux genres l'un *dryotomus* ou *dryocopus* (G.-R. Gray *ex* Boie), par un bec court, l'autre *hemilophus* (Sw.) par un long bec, car évidemment le *fulvus* (du genre *hemilophus)* est remarquable par la brièveté de son bec, lequel, eu égard à la grande taille de l'oiseau, est beaucoup plus court que celui du *pileatus* et du *martius*, tous deux du genre *dryotomus* ou *dryocopus (dryopicus*, Malh.) ;

3° Relativement aux ailes, M. G.-R. Gray annonce qu'elles sont longues chez les espèces de ma seconde section *(hemilophus*, Sw.) et moyenne chez celles de ma première section *dryocopus*. Je partage l'opinion de M. Swainson, qui attribue des ailes longues aux deux genres ne formant pour moi que deux sections d'un même genre;

4° M. G.-R. Gray, établissant ses distinctions génériques d'après les pennes les plus longues de l'aile, dit que chez les *hemilophus* la quatrième rémige est la plus longue, tandis que chez les *dryocopus* la troisième, la quatrième et la cinquième rémige sont presque égales et les plus longues.

Je dois avouer, d'abord, que tout en reconnaissant, en général, l'importance du caractère tiré de la longueur des rémiges, ainsi que l'a très-bien démontré M. Isidore Geoffroy Saint-Hilaire dans ses *Considérations sur les caractères employés en ornithologie pour la distinction des genres (Nouv. ann. du Muséum,* I, p. 357, 1832), il convient de faire observer que ce caractère est quelquefois très-variable dans un même genre et dans une même espèce, selon l'âge et la mue, et qu'il peut dès lors occasionner des erreurs.

Je n'en veux pour preuve que l'examen attentif que j'ai fait de nombreux sujets de toutes les espèces de ma première section *(dryocopus,* G.-R. Gray); tous m'ont offert, pour les plus longues rémiges, la cinquième, la quatrième et la sixième, puis la troisième et la septième (en tenant compte de la première ou très-courte rémige); tandis que le savant ornithologiste anglais indique la troisième, la quatrième et la cinquième rémige, que je dois supposer rangées dans leur ordre de longueur.

Les espèces de ma seconde section *(hemilophus,* Sw.), m'ont présenté tantôt la cinquième, la quatrième et la sixième rémige comme les plus longues, tantôt la quatrième rémige la plus longue, comme l'énonce M. Gray, puis la troisième et la cinquième.

On serait évidemment exposé à de fréquentes erreurs si l'on s'attachait exclusivement à ce caractère mobile;

5° Enfin le caractère tiré du plus ou moins de longueur de la huppe, dans ces deux sections, ne peut nullement servir de base à une distinction générique, car le nom de *hemilophus,* ou demi-huppe, appliqué par Swainson à un groupe correspondant à ma seconde section, pourrait aussi bien convenir à plusieurs espèces du genre *dryotomus* de cet auteur, notamment au *martius.* La plupart des espèces asiatiques du genre *hemilophus* étant privées de huppe, le nom d'*alophus* leur aurait mieux convenu.

## DRYOPICUS LEUCOGASTER.

PICUS JAVENSIS, mâle; Horsf., *Syst. arrang. birds from Java;* 1821, *trans. Linn. soc.,* XIII, p. 175. — Lesson, *Compl. Buffon,* IX, p. 314, le mâle. — Blyth, *Cat. mus. Calcutta,* n° 246; *J. asiat. soc. Beng.,* XVIII, 1849.
PICUS HORSFIELDII, mâle; Wagl., *Syst. av.,* n° 5.
PICUS CRAWFORDII; J.-E. Gray, *Griff. ann. Kingd.,* II, pl. 513, 1829.
PICUS LEUCOGASTER; Reinwardt, Temm., 85e livraison, pl. col. 501, le mâle. — Horsf., *Zool. res. in Java,* 1824. — Valenc., *Dict. sc. nat.,* XL, p. 178. — Wagl., *Syst. av.,* n° 7, la femelle, et *Isis,* 1829, p. 509, le mâle. — *Dict. class. d'h. nat.,* XIII, p. 507. — Lesson, *Compl. Buff.,* IX, p. 315.
HEMILOPHUS LEUCOGASTER (Swains.); G.-R. Gray, *The gen. of birds.*
DRYOPICUS LEUCOGASTER; Malh., *Acad. Metz,* 1848-1849, p. 322.
HEMILOPHUS JAVENSIS; Blyth, *Cat. mus. asiat. soc. Calcut.,* n° 246, p. 55, 1849. — *Pr.* Bonap., *Consp. gen. av.,* 1850, p. 131, le mâle seul. — *Id., Consp. vol. zyg.,* 1854. — Reich., *Handb. spec. orn.,* p. 386, n° 894; pl. DCXLV, fig. 4306, 4307, mâle et femelle.

Mas adult. Rostro nigro; stria malari, pileo toto et cristâ occipitali brevi coccineis, capitis parte reliquâ, collo, pectore, dorso, tergo, uropygio, alis et caudâ nigris, rectricibus et remigibus immaculatis, plumis menti, gulæ et parotidis albo limbatis; corpore inferiore subtus a pectore usque ad crissum nigrum unicolore albo-flavido. Fœmoribus flavido-albescentibus, nigro striatis.

Fœm. adult. Mari simillima nisi vitta malari, fronte ac sincipite nigris, cristâ occipitali coccineâ.

## LE DRYOPIC A VENTRE BLANC.

**PLANCHE XIII,** Fig. 4, le mâle; Fig. 5, la femelle *(en réduction);* Fig. 6, quatrième rémige primaire.

LE PIC A VENTRE BLANC; Temm., pl. col. 501, le mâle. — Valenc., *Dict. des sc. nat.,* XL, p. 178. — Less., *Compl. Buff.,* IX, p. 315.
LE PLATUK-AYAM, des Javanais; Lesson, *Compl. de Buff.,* IX, p. 314.
PEATAK CYAM, à Java; Blyth, *Cat. mus. asiat. soc.,* 1849.

La synonymie relative à cette espèce a été l'objet d'une confusion telle, jusqu'à ce moment, qu'elle vaut la peine qu'on s'y arrête quelque peu. Ainsi le *picus Javensis* mâle (Horsf.) et le *picus Horsfieldii* mâle (Wagl., n° 5), ne sont que le mâle du *dryopicus leucogaster,* dont la femelle n'a point été décrite dans le *Conspectus generum avium* (1850), tandis que *picus Javensis* femelle (Horsf.), *p. Horsfieldii* femelle (Wagl., n° 5), ne sont autres que le *dryopicus pulverulentus* mâle (Temm.), dont le *p. mackloti* (Wagl., n° 4) est la femelle. La femelle du *leucogaster* a été décrite par Wagler *(Syst. av.,* n° 7) sans indication du sexe et avec beaucoup de doute. Wagler commet à cette occasion une erreur qu'on s'explique difficilement en prétendant que le *leucogaster* est de la taille du *lineatus,* tandis que ce dernier est infiniment plus petit et a le bec beaucoup moins long et moins fort. Aujourd'hui la confusion entre les espèces précitées ne sera plus possible, mais il serait facile de confondre le *leucogaster* avec le *dryopicus Hodgsonii*, de l'Inde, qui n'en diffère guère que parce qu'il a tout le croupion blanc, tandis que cette partie est noire chez le *leucogaster*.

Cet article était écrit depuis plusieurs années, lorsqu'au commencement de 1859, l'honorable comité du Muséum de la compagnie des Indes-Orientales, à Londres, me fit l'honneur de m'adresser le catalogue des oiseaux qui ornent cet établissement si important, et j'y lus (vol. II, p. 652, n° 946) l'article du Mulleripicus *Javensis* (Horsf.), indiqué comme synonyme du *picus leucogaster*, de Reinwardt et Temminck, et du *picus Javensis* mâle, de M. Horsfield. Or, le mâle du *Javensis*, comme je l'ai dit plus haut, est bien le *leucogaster;* mais cet oiseau est du genre *hemilophus*, de Swainson, et de Bonaparte qui l'a adopté (*species* n° 18 de ses picidés) dans son *Conspectus volucrum zygodactylorum*, tandis que le seul grimpeur qui représente son genre Mulleripicus est le *pulverulentus* (Temm., *species* n° 15). C'est donc à cette dernière espèce seule que doit s'appliquer le nom générique de *mulleripicus*.

Le dryopic à ventre blanc a été rapporté par M. Reinwardt de Mindanao; il est commun non seulement dans les grandes forêts de Java, mais aussi dans celles de Sumatra et de Borneo. MM. Verreaux m'ont récemment montré un sujet qu'ils ont reçu des Philippines. Les auteurs ne nous donnent aucun renseignement sur les habitudes et sur la nidification des espèces des îles de la Sonde et des espèces asiatiques, et il est regrettable que nous ne puissions nous assurer si le climat et les localités apportent ou non quelques modifications dans les mœurs de ces grimpeurs.

Caractères. Bec légèrement courbe, long et très-puissant, très-large à la base et comprimé vers l'extrémité qui est en forme de coin; arête du sommet de la mandibule supérieure très-saillante; sillons latéraux, partant des narines, bien plus rapprochés du sommet que des bords de la mandibule supérieure et surmontés d'une arête saillante; narines basales, recouvertes par une petite touffe de plumes piliformes dirigées en avant; rebords de la mandibule supérieure très-renflés et dépassant la mandibule inférieure, si ce n'est vers l'extrémité où deux arêtes étroites divisent la mandibule supérieure. La mandibule inférieure offre deux sillons sur le côté, vers la base, et l'un de ces sillons se prolonge jusque vers l'extrémité du bec où il est surmonté d'une arête étroite; sous cette mandibule existe une arête assez saillante vers l'extrémité, et le menton, recouvert de plumes très-courtes, s'avance jusqu'à moitié de la longueur totale du bec mesuré de la commissure. Une huppe occipitale très-courte; ailes très-longues et aiguës; la cinquième rémige étant la plus longue, la quatrième et la sixième en différant peu, puis la troisième et la septième étant presque égales. Queue très-longue, étagée, composée de douze pennes aiguës, à baguettes très-fortes et très-raides, et dont les six intermédiaires sont, au-dessous, plus ou moins concaves; tarses et doigts moyens, scutellés au-dessus, écailleux sur les côtés; ongles longs, forts, très-courbes et aigus, comprimés et évidés sur les côtés, cannelés en dessous.

Coloration. *Le Mâle adulte.*

PICUS JAVENSIS, mâle; Horsf., *Syst. arrang. birds from Java; trans. Linn. soc.*, XIII, p. 175. — Lesson, *Compl. de Buffon*, IX, p. 314.
PICUS HORSFIELDII, mâle; Wagl., *Syst. av.*, n° 5.
PICUS LEUCOGASTER; Wagl., *Isis*, 1829, p. 509.
HEMILOPHUS JAVENSIS; *Pr.* Bonap., *Consp. gen. av.*, p. 131.
PICUS LEUCOGASTER; Temm., pl. col. 501.

Bec noir, la mandibule inférieure étant, vers la base, d'un gris plus ou moins clair; l'iris de l'œil est d'un jaune orangé sur la planche de M. Temminck, mais l'auteur n'en parlant pas dans son texte, il n'y a rien de certain à cet égard. Plumes piliformes recouvrant les narines, une étroite ligne à la base de la mandibule supérieure, région ophthalmique et région parotidée noires; une bande d'un rouge vif, longue de 3 centimètres et assez large, commence sur le côté de la mandibule et s'étend le long de la gorge; le front, le vertex et une courte huppe occipitale d'un rouge vif; côtés de la tête, menton, gorge et haut du cou noirs et mouchetés de fines stries blanches, qui deviennent d'un blanc roussâtre sur le menton. Le reste du cou et toute la poitrine sont noirs, quelques plumes près de l'épigastre étant liserées de blanc isabelle; épigastre et ventre d'un jaune isabelle plus ou moins clair; cuisses de la même couleur, mais avec des bandes noires; tectrices caudales inférieures et supérieures, croupion, toutes les ailes et la queue noirs. Dos, scapulaires, tectrices supérieures des ailes d'un noir glacé de bleuâtre; sur le cou on aperçoit çà et là quelques taches rouges, et, sur le haut du dos, ces taches rouges ont la forme de croissants et ne sont parfois visibles qu'en plaçant l'oiseau sous un jour convenable. Tectrices inférieures de l'aile d'un blanc isabelle, tout le rebord de l'aile étant noir. Pieds d'un gris bleuâtre; ongles bruns et d'un brun jaunâtre en dessous.

*La Femelle adulte* diffère du mâle en ce qu'elle a tout le front, le vertex et la bande ou moustache partant de la mandibule inférieure d'un noir bleuâtre; la courte huppe occipitale est seule d'un rouge vif.

C'est par erreur que M. Temminck (pl. color.) annonce que la femelle a aussi la moustache rouge comme le mâle. Je suis porté à croire que, s'il a vu un sujet en cette livrée, c'était un jeune mâle, dont le devant de la tête était encore noir, comme chez la femelle, et dont le rouge ne s'était manifesté qu'à la moustache, ainsi que je l'ai observé chez plusieurs espèces, notamment chez le *dryopicus pileatus*.

Les auteurs et les voyageurs ne nous ont pas appris quelle est la livrée des *Jeunes*. J'ai seulement remarqué que, chez quelques sujets offrant des proportions plus petites, le plastron noir qui couvre la poitrine s'étendait moins vers le bas.

Habite les îles de la Sonde, Java, Sumatra, Borneo, Malacca, Mindanao, les Philippines. M. Blyth *(Catal. mus. soc. asiat.*, p. 55) annonce que cette espèce habite le Tenasserim; mais n'aurait-il pas été induit en erreur à cet égard?

| DIMENSIONS. | MALE ET FEMELLE ADULTES. | | SUJET PARAISSANT PLUS JEUNE. | |
|---|---|---|---|---|
| Longueur totale | 500 | millimètres. | 380 | millimètres. |
| — du bec, de la commissure à l'extrémité | 60 | — | 55 | — |
| — — des narines à l'extrémité | 45 | — | 40 | — |
| — de l'aile pliée | 245 | — | 205 | — |
| — de la queue | 180 | — | 160 | — |
| — du tarse | 32 | — | 30 | — |
| — du doigt antérieur externe (sans l'ongle) | 30 | — | 28 | — |
| — de l'ongle (mesuré en suivant la courbure) | 29 | — | 28 | — |
| — du doigt postérieur externe | 25 | — | 22 | — |
| — de son ongle | 24 | — | 21 | — |
| — du doigt antérieur interne | 20 | — | 20 | — |
| — de son ongle | 22 | — | 22 | — |
| — du doigt postérieur interne | 12 | — | 10 | — |
| — de son ongle | 13 | — | 10 | — |

Se trouve dans la plupart des collections; notamment dans celles de Leyde, de Londres, de Vienne, de Berlin, de Francfort-sur-Mein, de Gand, de Heidelberg, de Turin; une femelle, qui paraît encore jeune, et qui est le type de la description de Wagler, existe au Muséum de Paris, avec des sujets adultes; dans ma collection.

## DRYOPICUS HODGSONII.

PICUS HODGSONII; Jerdon, *Illustr. of Ind. orn.*, pl. v, le mâle.
DRYOTOMUS ALBICINCTUS; Gould, *Antea, mus. zool. soc. Lond.*, le mâle.
HEMILOPHUS HODGSONI; Jerdon, n° 213, *Catal. Madras journ.*, n° 27, p. 215, *cum fig.* — G.-R. Gray, *Gen of birds.* — Blyth, *Catal. mus. Calc.*, n° 245, *Asiat. soc. Beng.*, XVIII, 1849. — Bonap., *Consp. gen. av.*, 1850, *sine descript.* — *Id.*, *Consp. vol. zyg.*, 1854.
DRYOPICUS HODGSONII; Malh., *Mém. acad. Metz*, 1848-1849, p. 322.
HEMILOPHUS HODGSONII; Reich., *Handb. spec. orn.*, p. 386, n° 895; pl. dcxlv, fig. 4308, un mâle.

Mas adult. Rostro nigro; stria larga malari, pileo toto et occipite coccineis, capitis parte reliquâ, collo, pectore toto, auchenio, interscapulio, alarum tectricibus superioribus unicoloribus nigris chalybeo tinctis; tergo albo; alis, uropygio, ventre infimo ex parte, crisso, caudâque nigris; epigastrio, ventris parte reliquâ flavido-albis; pedibus plumbeis.
Fœm. adult. Mari simillima, nisi vitta malari, fronte ac sincipite nigris?

## LE DRYOPIC DE HODGSON

**PLANCHE XIII**, Fig. 1, mâle; Fig. 2, femelle; Fig. 3, quatrième grande rémige.

Cette belle espèce, encore fort rare dans les collections d'Europe, et même dans celles de l'Inde, suivant M. Jerdon, a tant d'analogie avec le *dr. leucogaster* qu'on pourrait la confondre aisément avec cette dernière espèce si l'on ne faisait attention à la couleur de la partie inférieure du dos, qui est noire dans le *leucogaster* et blanche dans le *Hodgsonii*. L'espace blanc isabelle, qui couvre la majeure partie de l'abdomen, est aussi moins étendu chez le dernier de ces deux dryopics. L'exemplaire que j'ai vu dans le Muséum de la Société zoologique de Londres, et qui y avait été déposé par M. Gould, provenait de l'empire des Birmans, tandis que celui qu'a reçu M. Jerdon, à Madras, avait été tué dans les grandes forêts de la côte du Malabar, ce qui donne lieu de penser que ce dryopic est répandu dans tout le Bengale et y devient le représentant du *leucogaster* des îles de la Sonde. Nous n'avons, comme on le pense bien, aucun renseignement sur les mœurs d'une espèce aussi rare.

Caractères. Bec presque droit, très-long, très-fort, large à la base et comprimé vers l'extrémité qui est en forme de coin; arête de la mandibule supérieure saillante; sillons latéraux, partant des narines, bien plus rapprochés du sommet que des bords de la mandibule supérieure et surmontés d'une arête saillante; narines basales, recouvertes par une petite touffe de plumes piliformes dirigées en avant; rebords de la mandibule supérieure très-renflés vers la base, et cette mandibule divisée à son extrémité par deux arêtes étroites. La mandibule inférieure offre deux légers sillons sur le côté, un à l'extrémité du bec et un autre plus saillant en dessous de cette mandibule. Menton recouvert de plumes très-courtes et très-serrées, et s'avançant jusqu'à moitié de la longueur totale du bec mesuré de la commissure. Pas de huppe proprement dite, les plumes occipitales un peu plus longues seulement et couchées sur la nuque. Ailes très-longues et aiguës; chez le sujet que je possède la plus longue rémige est la quatrième, puis la troisième, la cinquième et la sixième, tandis que M. Jerdon indique la sixième rémige comme étant la plus longue. Je dois ajouter que cet auteur dit lui-même que le sujet qu'il avait reçu était en mauvais état. Queue longue, étagée, composée de douze pennes fortes et raides, et dont les six intermédiaires sont, en dessous, plus ou moins concaves; tarses et doigts forts, scutellés au devant et écailleux sur les côtés; quatre doigts inégaux; le doigt antérieur externe beaucoup plus long que le doigt postérieur externe; ongles longs, très-forts, très-courbes et aigus, comprimés et évidés sur les côtés, cannelés en dessous.

Coloration. *Le Mâle adulte;* bec noir, légèrement blanchâtre à la base et aux angles de la mandibule inférieure. Plumes piliformes recouvrant les narines, une ligne étroite à la base de la mandibule supérieure, région ophthalmique et parotidée, menton, gorge, le cou, toute la poitrine, la moitié supérieure du dos, les tectrices alaires supérieures, les rémiges, le croupion, la queue, le bas-ventre et les tectrices caudales inférieures d'un noir profond glacé de bleuâtre. Front, vertex, occiput et une large bande d'environ 25 millimètres de long, commençant sur le côté de la mandibule inférieure, d'un beau rouge vif. Partie inférieure du dos blanche; épigastre et haut du ventre, sur une longueur d'environ 6 centimètres, d'un blanc jaunâtre. Tectrices inférieures des ailes d'un blanc jaunâtre à la base et d'un noir profond vers le rebord de l'aile. Pieds d'un bleu foncé de corne.

*La Femelle adulte* doit différer du mâle en ce qu'elle a le front, le vertex et la bande ou moustache partant de la mandibule inférieure d'un noir bleuâtre. Je n'ai jamais vu de femelle du dryopic de Hodgson dans les collections d'Europe; M. Blyth, à Calcutta, et M. Jerdon, à Madras, n'ont pu également me donner de renseignements à cet égard.

Habite les grandes forêts de la côte du Malabar, des montagnes des Nilgeries, de l'empire des Birmans et probablement une grande partie du Bengale.

DIMENSIONS.

| | |
|---|---|
| Longueur totale | 500 millimètres. |
| — du bec, de la commissure à l'extrémité | 68 — |
| — — des narines à l'extrémité | 48 — |
| — de l'aile pliée | 215 à 230 mill. |
| — de la queue | 170 à 190 mill. |
| — du tarse | 32 millimètres. |
| — du doigt antérieur externe (sans l'ongle) | 28 — |
| — de son ongle (en suivant la courbure) | 26 — |
| — du doigt postérieur externe | 22 — |
| — de son ongle | 23 — |
| — du doigt antérieur interne | 19 — |
| — de son ongle | 25 — |
| — du doigt postérieur interne | 12 — |
| — de son ongle | 13 — |

Se trouve dans le Muséum de Paris, de Londres, de la Société zoologique de Londres, de Bruxelles, de Vienne, de Leyde, de Berlin; dans ma collection.

## DRYOPICUS GUTTURALIS *(Valenc.)*.

PICUS GUTTURALIS; VALENC., *Dict. des sc. nat.*, 1826, XL, p. 178
PICUS JAVENSIS, femelle; HORSF., *Syst. arrang. birds from Java; trans. Linn. soc.*, XIII, p. 175, 1821, le mâle.
PICUS HORSFIELDII, femelle; WAGL., *Syst. av.*, n° 5, 1827, le mâle.
PICUS MACKLOTI; WAGL., *Syst. av.*, n° 4, la femelle, -- et *Additam.*, n° 1, le mâle. — *Isis*, 1829, p. 508.
PICUS PULVERULENTUS; TEMM., 66e livraison, pl. col. 389, le mâle ad. — G. CUV., *Règn. anim.*, 1829, p. 450. — LESSON, *Compl. Buff.*, IX, p. 312, le mâle.
HEMILOPHUS PULVERULENTUS; SWAINS., *Class. of birds*, II, p. 309. — G.-R. GRAY, *Gen. of birds*.
HEMILOPHUS MACKLOTI; *Pr.* BP., *Consp. gen. av.*, p. 131.
HEMILOPHUS MULLERI; *Pr.* BP., *Id.*, p. 131.
MULLERIPICUS PULVERULENTUS; *Pr.* BP., *Consp. vol. zyg.*, 1854. — G.-R. GRAY, *Cat. gen. brit. mus.*, 1855, p. 93. — HORSF. et MOORE, *Cat. mus. East-India comp.*, II, p. 651, n° 945; 1858.
HEMILOPHUS MACLOTII; REICH., *Handb. spec. orn.*, p. 385, n° 889; pl. DCXLIV, fig. 4300, 4301, mâle et femelle.

MAS SENIOR; Rostro corneo-albido ac plumbeo versus basin et adapicem; mento gulâ et collo antico ochraceis punctulo apicali aurantio-rubro variis; corpore subtùs ardesiaco, punctulo apicali pallidè ochraceo vario; corpore supra unicolore ardesiaco; alis caudâque nigricantibus; verticis et occipitis plumis perbrevibus, adpressis, trigonis, punctulis ad apicem albis et ochraceis notatis; striâ malari rubrâ. Pedibus plumbeis.

MAS VARIET.? Epigastrio, abdomineque ardesiacis, punctulo apicali aurantio-rubro variis et non nullis plumis albis, ad apicem ochraceis variegatis; corpore suprâ ardesiaco, non nullis plumis flavido-albis variegato; remigibus secundariis nigricantibus, nisi una alba et ad apicem ochracea.

MAS ADULT. Mento, gulâ colloque antico albido-rufescentibus, punctulo apicali flavido variegatis; crisso ardesiaco, ochraceo lavato; corpore infrà ardesiaco punctulo ad apicem, vix conspicuo, albo notato.

FŒM. ADULT. Mari simillima nisi vitta malari rubra.

JUN. Mento gulâ, colloque antico albis, punctulo apicali flavido variegatis.

## LE DRYOPIC *(Malh.)* GUTTURAL *(Valenc.)*.

**PLANCHE XV**, Fig. 4, un mâle; Fig. 5 et 6, des femelles *(en réduction)*; Fig. 7, la quatrième grande rémige.

LE PIC GUTTURAL; VALENC., *Dict. sc. nat.*, XL, p. 178.
LE PIC MEUNIER; TEMM., pl. col. 389. — *Dict. class.*, XIII, p. 502. — LESSON, *Compl. Buff.*, IX, p. 312.

« La couleur noire du plumage, » dit M. Temminck, « chez tous les pics couverts d'une livrée sombre, est toujours d'un noir parfait; cette teinte, chez le *pulverulentus*, est comme saupoudrée de gris cendré, et semble imiter en quelque sorte la livrée des meuniers; c'est à ce titre que nous avons choisi la dénomination actuelle. »

Nous aurions désiré conserver à cette grande espèce le nom de *pulverulentus*, sous lequel elle est généralement connue, et sous lequel elle a été figurée; mais la publication faite en 1826, par M. Valenciennes, du nom de *gutturalis*, avait précédé l'ouvrage de Temminck. Nous avons donc cru devoir nous incliner devant le droit de priorité. La même raison nous a fait écarter la dénomination *mackloti*, de Wagler (1827).

Le sujet décrit par M. Valenciennes était une femelle rapportée de Sumatra par M. Duvaucel, et le Muséum de Leyde a reçu depuis lors de nombreux sujets non-seulement de cette île mais aussi de Java et de Borneo.

J'ai examiné avec soin la belle série de cette espèce que possède le Musée des Pays-Bas et je puis assurer que tous les sujets appartiennent à la même espèce, y compris celui sur lequel le savant auteur du *Conspectus generum avium* s'est fondé, en 1850, pour créer, avec quelque doute, il est vrai, son *hemilophus mülleri*, qui ne diffère que par une taille un peu moindre et la couleur de l'extrémité du bec. Quant à la taille, je ferai observer qu'il arrive fréquemment (voir article *leucogaster*, etc.) que l'on trouve des sujets différant considérablement les uns des autres par les proportions, et ce serait certes une grande erreur, selon moi, que d'en créer autant d'espèces nouvelles. Relativement à la couleur de l'extrémité du bec, j'ajouterai que c'est là un caractère variable; ainsi, sur quatre sujets du *dr. pulverulentus* que j'ai possédés dans ma collection, l'un d'eux, qui avait les mêmes dimensions que les autres, avait toute la moitié antérieure du bec, *y compris l'extrémité*, d'un *blanc de corne*, et certes, personne ne s'avisera, en le comparant aux quatre autres sujets, d'en faire une espèce distincte.

CARACTÈRES. Bec long et très-fort, légèrement courbe au-dessus, large à la base et comprimé vers l'extrémité qui est en forme de coin; arête du sommet de la mandibule supérieure très-saillante; arêtes latérales partant des narines à peine visibles ou nulles; au-dessus des narines, une légère arête qui suit parallèlement le sommet de la mandibule dont elle est très-rapprochée; rebords de la mandibule supérieure renflés à la base; narines basales, recouvertes par une légère touffe de plumes piliformes dirigées en avant; la mandibule inférieure ayant sur le côté, à la base, un léger sillon, et l'arête inférieure très-peu saillante. Le menton très-creux et recouvert de plumes courtes et très-serrées s'avançant sous la mandibule à plus de moitié de la longueur totale du bec mesuré de la commissure; pas de huppe; les plumes du front, du vertex, de l'occiput et du cou très-courtes et très-serrées. Ailes longues et aiguës; les plus longues rémiges sont la cinquième et la quatrième qui sont presque égales, puis la sixième et la troisième qui en diffèrent peu. Queue très-longue, étagée, composée de douze pennes aiguës, à baguettes très-fortes et très-raides, dont les quatre intermédiaires sont, au-dessous, plus ou moins concaves, et les deux intermédiaires excédant de beaucoup les pennes suivantes. Tarses et doigts très-forts, scutellés au devant et écailleux sur les côtés; quatre doigts inégaux; le doigt antérieur externe plus long que le doigt postérieur externe; ongles très-longs, très-forts, courbes et très-aigus, comprimés et évidés sur les côtés, cannelés en dessous.

Coloration. *Le vieux Mâle.* Bec d'un jaune de corne au milieu et d'un bleu noirâtre vers la base et à l'extrémité. La planche de M. Temminck indique l'iris de couleur blanche; mais le docteur Cantor, dans ses notes envoyées au Muséum de la compagnie des Indes-Orientales, à Londres, annonce que l'iris et les pieds sont noirs. Front et côtés de la tête d'un gris bleuâtre clair d'ardoise, maculé de roussâtre; plumes piliformes, recouvrant les narines, d'un roux ocreux. Sur le milieu de la joue, une large bande d'un rouge assez pâle. Menton, gorge et devant du cou d'un jaune ocre, l'extrémité des plumes étant d'un rouge orangé. Toutes les parties inférieures, y compris les tectrices inférieures des ailes, sont d'un ardoisé foncé à reflets grisâtres, et tapirées de petites taches très-nombreuses, d'un jaune ocre assez pâle. Les tectrices caudales inférieures sont d'un gris noirâtre tacheté de gris roussâtre. Le vertex, l'occiput et le derrière du cou sont d'un gris ardoisé foncé, l'extrémité de chaque plume portant de petites taches, les unes d'un jaune ocre, les autres d'un blanc pâle. Le dos, les ailes et la queue d'un noir glacé de gris bleuâtre.

Un sujet que j'ai observé au Muséum de Leyde, et que je soupçonne être une *variété d'un vieux mâle,* a, en outre, les parties inférieures tapirées de blanc, un grand nombre de plumes blanches ayant leur extrémité jaune ocre ou jaunâtre. Sur le dos et les tectrices alaires se trouvent aussi quelques plumes d'un blanc jaunâtre; l'une des rémiges secondaires est même entièrement blanche avec l'extrémité d'un jaune couleur de rouille.

*Le Mâle paraissant adulte* a les plumes piliformes recouvrant les narines, le menton, la gorge et le devant du cou d'un blanc roussâtre ou plutôt ocreux, l'extrémité des plumes étant de cette dernière couleur. Les parties inférieures d'une couleur ardoisée avec de très-petits points d'un gris blanchâtre et d'un gris roussâtre sur la poitrine.

*La Femelle adulte* diffère du mâle en ce qu'elle manque de la bande ou moustache rouge sur la joue.

Des sujets que je crois *plus jeunes* ont les plumes piliformes recouvrant les narines, le menton, la gorge et le devant du cou blancs, l'extrémité des plumes étant, quelquefois, plus ou moins d'un jaunâtre pâle selon l'âge.

M. Temminck décrit ainsi les jeunes: « Bec plus court, moins angulaire, plus pointu et *noir;* le sommet de la tête, la nuque et les joues noirâtres, pointillés de fines taches blanches; le menton et le devant du cou d'un *brun sombre pointillé de blanc pur ou d'isabelle; toutes les parties inférieures d'un isabelle terne,* les rémiges et les pennes de la queue d'un noir nué de brun cendré. »

Cette description est parfaitement celle du *dryopicus fulvus* femelle, sans y rien chan ger,et je soupçonne que c'était un sujet de cette espèce alors innommée, que le savant Directeur du Muséum des Pays-Bas a décrit pour le jeune du *pulverulentus.* J'ajouterai que je n'ai jamais trouvé à Leyde de jeune *pulverulentus* en cette livrée, bien que j'en aie visité les belles collections à deux reprises.

Habite les forêts des îles de la Sonde, et, selon M. Reichenbach, celles de Singapore, de Malacca et de l'Arracan.

DIMENSIONS.

| | |
|---|---|
| Longueur totale | 500 millimètres. |
| — du bec, de la commissure à l'extrémité | 66 — |
| — — des narines à l'extrémité | 50 — |
| — de l'aile pliée | 240 — |
| — de la queue | 170 — |
| — du tarse | 32 — |
| — du doigt antérieur externe (sans l'ongle) | 31 — |
| — de l'ongle (en suivant la courbure) | 30 — |
| — du doigt postérieur externe | 27 — |
| — de l'ongle | 21 — |
| — du doigt antérieur interne | 21 — |
| — de l'ongle | 23 — |
| — du doigt postérieur interne | 12 — |
| — de l'ongle | 11 — |

Dans la plupart des grandes collections et notamment dans celles de Paris, de Leyde, de Francfort-sur-Mein, de Stuttgard, de Florence, de Vienne, du Muséum britannique, de Berlin, de Bruxelles, de Gand, de la compagnie des Indes-Orientales, à Londres, de MM. Turati, à Milan; collection publique Crespon, à Nîmes (un mâle, sous le nom de grand pic à cou jaune, d'Afrique).

La femelle, qui est le type du *picus mackloti,* de Wagler, existe au Muséum de Paris; dans ma collection.

## DRYOPICUS FULVUS.

PICUS FULVUS; Quoy et Gaim., *Voy. Astrol.*, 1826-1829, atlas, 1833, I, pl. 17, fig. 2, p. 228, le mâle. — Lesson, *Compl. Buff.*, IX, p. 503, la femelle.

PICUS FULVIGASTER; Drap., *Dict. class.*, XIII, p. 503.

HEMILOPHUS FULVUS; G.-R. Gray, *Gen. of birds.* — Ch. Bonap., *Consp.*, p. 131, 1850. — Reich., *Handb. spec. orn.*, p. 385, nº 881; pl. DCXLIV, fig. 4302, 4303, deux mâles.

DRYOPICUS FULVUS; Malh., *Mém. acad. Metz,* 1848-1849, p. 323.

Mas adult. Rostro nigro; fronte genisque coccineis; capite colloque postico fusco-brunneis albo punctulatis; mento, gulo colloque antico flavido-brunneis albo punctatis; pectore, abdomine usque ad crissi finem fulvis; corpore supra, alis, alarum tectricibus inferioribus ac superioribus fusco-brunneis; caudâ fusco-rufescenti.

Fœm adult. Colore pallidiore; fronte genisque fusco-brunneis punctulo ad apicem, vix conspicuo, albo notatis.

## LE DRYOPIC FAUVE *(Malh.)*.

**PLANCHE XIV**, Fig. 1, le mâle; Fig. 2, la femelle; Fig. 3, la quatrième rémige primaire.

LE PIC A VENTRE FAUVE; Quoy et Gaim., *Voy. Astrol.*, I, p. 228; pl. 17, f. 2, le mâle. — Less., *Compl. Buff.*

PIC NOIR A VENTRE FAUVE; Drap., *Dict. class.*, XIII, p. 503.

C'est pendant le voyage de circumnavigation exécuté dans le cours des années 1826 à 1829 par le célèbre et infortuné amiral Dumont-d'Urville, qu'un mâle de ce dryopic a été tué dans l'île Célèbes. Cette espèce aujourd'hui moins rare en Europe, est remarquable par son bec infiniment moins long que celui des autres espèces asiatiques du même genre et assurément plus court que celui du *dr. pileatus* et du *dr. martius,* dont la taille excède de peu celle du *fulvus.* M. Reichenbach n'a décrit et figuré que le mâle, sans indication de sexe.

Caractères. Bec moyen, fort, un peu bombé au-dessus, large à la base et comprimé vers l'extrémité qui est en forme de coin et aiguë; arête du sommet de la mandibule supérieure très-saillante; point de sillons partant des narines; une arête à peine visible suit parallèlement le sommet de la mandibule supérieure dont elle est très-rapprochée; rebords de cette mandibule renflée vers la base; narines basales, plus ou moins recouvertes par de petites plumes piliformes, la mandibule inférieure ayant un léger sillon de chaque côté et l'arête inférieure peu saillante. Le menton recouvert de plumes très-courtes et très-serrées, s'avançant sous la mandibule à moins de moitié de la longueur totale du bec, mesuré de la commissure; pas de huppe; les plumes du vertex, de l'occiput et du cou, très-serrées et courtes; celles du front très-compactes et abondantes; ailes moyennes et aiguës; les plus longues rémiges étant la cinquième, la quatrième et la sixième, qui diffèrent peu entre elles; queue très-longue, étagée, composée de douze pennes étroites et raides. Tarses et doigts médiocres, scutellés au devant, écailleux sur les côtés; quatre doigts inégaux; le doigt antérieur externe bien plus long que le doigt postérieur externe; ongles longs, très-courbes et aigus, comprimés et évidés sur les côtés, cannelés en dessous. Plumage des parties inférieures lâche et peu compacte.

Coloration. *Le Mâle adulte;* bec noir; l'iris des yeux est d'un jaune pâle sur la planche du *Voyage de l'Astrolabe,* mais le texte n'en parle point; front, partie antérieure du vertex, côtés du bec et contour de l'œil d'un rouge cramoisi. La tête et le cou en dessus, sur un fond d'un joli brun ardoisé, sont couverts de très-petits points blancs qui occupent l'extrémité de chaque plume. Le dos, les ailes et les tectrices alaires inférieures sont d'un beau brun un peu plus clair. La gorge et le devant du cou sont fauves avec des points blancs comme ceux de la tête. La poitrine et le ventre sont d'un fauve uniforme plus clair que celui qui couvre la gorge. Le dessus et le dessous de la queue sont d'un brun jaunâtre sale, les tiges des rectrices étant de cette couleur; les tectrices caudales supérieures d'un brun lavé de roussâtre. Pieds noirs, ongles d'un brun jaunâtre.

Un mâle adulte faisant partie du Muséum de Leyde avait les ongles, les doigts et les tarses d'un blanc jaunâtre, les parties inférieures d'un blanc lavé de roussâtre clair, ainsi que le cou et la gorge; sur les flancs, cette couleur était plus pure.

*La Femelle adulte* diffère du mâle en ce qu'elle n'a point de rouge; le front et le vertex sont ici d'un brun ardoisé très-finement pointillé de blanc. Les côtés du bec, la région ophthalmique et la région parotidée sont d'un brun ardoisé, n'ayant presque aucun de ces nombreux points blancs qui couvrent le reste de la tête et le cou.

Habite l'île Célèbes.

DIMENSIONS.

| | |
|---|---|
| Longueur totale | 410 à 420 mill. |
| — du bec, de la commissure à l'extrémité | 47 millimètres. |
| — — des narines à l'extrémité | 35 — |
| — de l'aile pliée | 177 à 180 mill. |
| — de la queue | 162 millimètres. |
| — du tarse | 25 — |
| — du doigt antérieur externe (sans l'ongle) | 28 — |
| — de l'ongle (en suivant la courbure) | 25 — |
| — du doigt postérieur externe | 20 — |
| — de l'ongle | 18 — |
| — du doigt antérieur interne | 20 — |
| — de l'ongle | 20 — |
| — du doigt postérieur interne | 12 — |
| — de l'ongle | 12 — |

Se trouve dans les Musées de Paris, de Leyde, de Londres, de Mayence, de Nantes; dans ma collection.

---

## DRYOPICUS FUNEBRIS.

PICUS FUNEBRIS; Valenc., *Dict. des sc. nat.*, XL, p. 179, la femelle; 1826. — Drap., *Dict. class. d'h. nat.*, XIII, p. 497.
PICUS LICHTENSTEINII; Wagl., *Syst. av.*, nº 31, la femelle; 1827.
PICUS MODESTUS; Vigors, *Proceed. zool. soc. Lond.*, I, 1831, p. 98, le mâle. — Lesson, *Compl. Buff.*, IX, p. 310, le mâle.
PICUS PUNCTATUS; Lesson, *Traité d'ornith.*, p. 230, nº 66, la femelle, 1831.
HEMILOPHUS LICHTENSTEINII; G.-R. Gray, *Gen. of birds.* — Reich., *Handb. spec. orn.*, p. 386, nº 892, pl. DCLXXIX, fig. 4485, 4486, mâle et femelle.
HEMILOPHUS LICHTENSTEINI; Bonap., *Consp. gen. av.*, 1850, p. 131.
HEMILOPHUS FUNEBRIS; Blyth, *Cat. mus. asiat. soc. Calcutta*, p. 55.
LICHTENSTEINIPICUS MODESTUS; *Pr. Bp.*, *Consp. vol. zyg.*, 1854.
LICHTENSTEINIPICUS LICHTENSTEINI; G.-R. Gray, *Cat. gen. brit. mus.*, 1855, p. 93, *ex* Bonap.

Mas adult. Rostro albido-corneo, subinclinato, culmine et basi plumbeo nigricante; corpore toto unicolore saturate nigro-ardesiaco; alis ad latera apicesque subrufescentibus; capite in fronte genisque obscure coccineis; occipite, gulâ, jugulo, colloque grisescenti atris, plumis maculâ minutissimâ albâ ad apicem terminatis; rectricibus mediis elongatis; pedibus fuscescentibus.
Fœm adult. Mari similis; fronte genisque grisescenti atris, plumis maculâ minutissimâ albâ ad apicem terminatis.

## LE DRYOPIC EN DEUIL.

**PLANCHE XV**, Fig. 1, le mâle; Fig. 2, la femelle; Fig. 3, quatrième rémige primaire.

LE PIC EN DEUIL; Valenc., 1826, *Dict. des sc. nat.*, XL, p. 179, la femelle.
LE MODESTE; Lesson, *Compl. Buff.*, IX, p. 310.
LE PIC NOIR POINTILLÉ; Lesson, *Traité d'ornith.*, 1831, p. 230.

C'est avec un vif regret que je ne puis conserver à cette espèce rare des îles Philippines, le nom du savant et obligeant Directeur du Muséum d'histoire naturelle de Berlin, que Wagler lui avait donné en 1827. Le droit de priorité est ici d'autant plus incontestable, contrairement à ce qu'avance M. Reichenbach (*Handbüch der speciellen ornithologie*, p. 386), que c'est le même exemplaire femelle du Muséum de Paris, dont la description avait été publiée en 1826, par M. Valenciennes, dans le volume XL du grand *Dictionnaire des Sciences naturelles*, qui servit un an plus tard à la description de Wagler.

L'exemplaire mâle, que M. Vigors avait reçu, en 1831, de Manille, se trouvait dans la collection de la Société zoologique de Londres.

Caractères. Bec assez court, fort, bombé au-dessus et comprimé sur les côtés; l'arête au-dessus des narines est assez saillante et très-rapprochée du sommet du bec. La mandibule supérieure a son sommet à arête vive; narines peu recouvertes par les plumes. La mandibule inférieure est aussi bombée vers son extrémité; ailes moyennes et aiguës. Les rémiges les plus longues sont la quatrième qui excède de peu la cinquième, la sixième qui a quatre millimètres de moins que la cinquième et qui est presque égale à la troisième. La première rémige a cinquante-cinq millimètres de long. Queue assez longue, étagée, composée de douze pennes aiguës, et raides. Tarses moyens, et doigts assez longs, tous scutellés au devant et écailleux sur les côtés; quatre doigts, le doigt antérieur externe bien plus long que le doigt postérieur externe; ongles assez forts, courbes, aigus, comprimés et évidés sur les côtés.

Coloration. *Le Mâle adulte;* bec couleur de corne, et d'un gris bleuâtre foncé sur le sommet et vers la base; l'exemplaire de la Société zoologique de Londres avait aussi la pointe du bec bleuâtre. Front et partie antérieure du vertex, région ophthalmique, côtés de la tête et joues d'un rouge carmin foncé; région parotidée d'un brun noirâtre; tout le reste de la tête, nuque et cou d'un noir ardoisé ou bleuâtre, finement pointillé de blanc à l'extrémité de chaque plume; menton et gorge d'un brun de suie, finement pointillé de blanc; abdomen d'un noir bleuâtre plus clair que sur le dos et quelque peu lavé de roussâtre. Le dos, les rémiges secondaires, la poitrine, les tectrices, le croupion d'un noir bleuâtre sans taches; les rémiges primaires d'un brun foncé et d'un brun roussâtre vers l'extrémité; queue d'un brun roussâtre; on n'est pas encore certain de la couleur de l'iris de l'œil que l'on m'a assuré être blanchâtre.

*La Femelle adulte* diffère du mâle en ce que toutes les parties de la tête, qui sont d'un rouge carmin foncé chez celui-ci, sont chez elle d'un noir bleuâtre; les parties inférieures sont aussi d'une nuance plus terne.

Une femelle qui m'a paru plus jeune avait la gorge d'une teinte plus foncée que celle que j'ai décrite comme l'adulte.

Habite les îles Philippines.

DIMENSIONS.

| | |
|---|---|
| Longueur totale | 370 à 400 mill. |
| — du bec, de la commissure à l'extrémité | 40 à 42 mill. |
| — — des narines à l'extrémité | 27 millimètres. |
| — de l'aile pliée | 150 à 165 mill. |
| — de la queue | 130 à 150 mill. |
| — du tarse | 23 millimètres. |
| — du doigt antérieur externe (sans l'ongle) | 21 — |
| — de son ongle (en suivant la courbure) | 20 — |
| — du doigt postérieur externe | 16 — |
| — de son ongle | 16 — |
| — du doigt antérieur interne | 14 — |
| — de son ongle | 18 — |
| — du doigt postérieur interne | 10 — |
| — de son ongle | 10 — |

Se trouve dans les Musées de Paris, de Leyde, de la Société zoologique de Londres, de Francfort-sur-Mein, de Nantes; dans ma collection.

## Genus III. — PICUS* *(Linn.)*.

PICUS; Linn., 1735. — Gmel. — Temm. — Vieill. — G. Cuv. — Bechst. — Wagl. — G.-R. Gray, *List of the gen.*, p. 70, 1841. — *Id.*, *The gen.*, 1845. — Blyth, *Catal. mus. Calcutta*, *j. asiat. soc.*, XVIII, 1849.
DENDROCOPUS; Koch, 1816.—Swains. et Richards., *Fauna bor. Amer.*, II, p. 305, 1831.—Swains., *Class. of birds*, II, p. 307, 1837.
DRYOBATES; Boie, *Isis*, 1826.
DENDRODROMAS; Kaup, *Entw. g. Eur. Thierw.*, 1829. — G.-R. Gray, *Append. to a list of the gen.*, 1841, p. 12.

## Genre III. — LES PICS.

Bec droit, de moyenne longueur, la base aussi large qu'élevée, les côtés échancrés et arrondis au-dessous de la mandibule inférieure; *arêtes latérales, au-dessus des narines, plus rapprochées des bords que du sommet de la mandibule supérieure;* narines basales, latérales, cachées par un bouquet de plumes effilées et raides. Menton garni de plumes touffues et s'avançant sous la mandibule sur une étendue du quart, quelquefois du tiers de la longueur totale du bec, depuis la commissure. Généralement point de huppe; mais dans quelques espèces, les plumes de l'occiput sont un peu plus allongées et recouvrent la nuque en partie. Ailes généralement de moyenne longueur et aiguës. Les rémiges les plus longues sont la troisième, la quatrième et la cinquième, quelquefois dans l'ordre 4, 5 et 3. Queue généralement assez longue, tantôt arrondie, tantôt cunéiforme; tarses plus courts que le doigt antérieur externe. Quatre doigts inégaux; le doigt *postérieur externe toujours plus long et généralement beaucoup plus long que l'antérieur externe;* ongles assez forts.

Plumage des parties supérieures généralement noir, taché ou rayé de blanc. Les mâles n'ont pas de bandes ou de moustache rouge près la mandibule inférieure. Les parties inférieures n'ont jamais de bandes ou de raies transversales.

Ce genre très-nombreux se compose d'espèces à taille moyenne et de petites espèces. Il est répandu en Afrique, en Asie, en Amérique et en Europe.

Je l'ai subdivisé en trois sections ci-après énumérées.

### PREMIÈRE SECTION.

GENRE *PICUS* DES AUTEURS.

SECTION A; Malh., *Nouv. classif. des Picid. (Mém. acad. Metz*, 1848-1849, p. 326).

Cette section se compose de nombreuses espèces de l'Europe, de l'Amérique, de l'Asie et de l'Afrique, dont les rémiges les plus longues sont la quatrième, la cinquième et la troisième et dont les mâles adultes se distinguent des femelles soit par le rouge qui couvre l'occiput seulement, ou la majeure partie de la tête, soit par du rouge plus vif. Elle comprend notamment nos épeiches et diverses espèces que le prince Ch. Bonaparte a divisées en sous-genres avec des noms différents, mais sans en donner les motifs, et sans indiquer les caractères sur lesquels repose chacun d'eux. Ainsi on ne voit pas pourquoi il a placé le *picus medius* dans son sous-genre *pipripicus*, tandis qu'il a fait figurer le *picus syriacus,* qui n'en diffère pas pour les formes, dans son sous-genre *picus*.

Il existe au reste beaucoup d'autres anomalies dans ces subdivisions arbitraires.

### PICUS MAJOR.

PICUS MAJOR; Linn., *Syst. nat.*, 13e édit., 1767, I, p. 176, nº 17. — Scop., *Ann.*, I, *Hist. nat. descr. av.*, p. 47, nº 53, 1769, le mâle. — Nozem., *Nederl. vog.*, I, pl. 22, p. 41, le mâle ad., deux jeunes au nid et un œuf. — Brunn., *Orn. bor. p.*, II, 1764. — Gmel., *Syst. nat.*, I, p. 436, nº 17; 1788. — Lath., *Ind.*, I, p. 228, nº 13. — Mey. et Wolf, *Tasch. Deuts.*, I, p. 121; 1810. — Penn., *Brit. zool.*, p. 79, pl. e, le mâle. — Bechst, *Naturg. Deuts.*, II, p. 1022. — Mey., *Vog. Deut.*, I, pl. mâle et femelle. — Naum., *Vog.*, pl. 27, pl. 52 et 53, mâle et femelle. — *Id.*, *Neue Ausg.*, pl. 134. — Blum., *M. hist. nat.*, I, p. 204. — Temm., *Man. d'orn.*, I, p. 395, 1820; et atlas, Werner, pl. le vieux mâle. — Vieill., *N. dict.*, XXVI, p. 74; 1826. — *Id.*, *Encycl.*, p. 1303. — *Id.*, *Faune franç.*, p. 53, pl. 26, fig. 2 et 3. — Wagl., *Syst. av.*, nº 17; 1827. — Valenc., *Dict. sc. nat.*, XL, p. 179. — Risso, *Eur. mérid.*, III, p. 60. — G. Cuv., *Règn. an.*, 1820, I, p. 449. — Less., *Ornith.*, p. 218, 1831. — Ch. Bp., *Birds*, 1838, p. 39. — Keys. et Blas., *Die Wirbelt.*, p. 35, 1840. — Schinz, *Eur. faun.*, I, p. 261, 1840. — Schleg., *Revue*, p. 50, 1844. — Gould, *Birds Eur.*, pl. 229. — Selby, *Birds*, pl. 38, fig. 2. — G.-R. Gray, *Gen. of birds*. — Malh., *Mém. acad. Metz*, 1848-1849, p. 326. — Ch. Bp., *Consp. gen. av.*, p. 134, 1850. — *Id.*, *Consp. vol. zygod.*, 1854. — Bouteil., *Orn. Dauph.*, pl. 36, fig. 4. — Rchb., *Handb. spec. orn.*, p. 364, nº 842, pl. dcxxxiii, fig. 4210, 4211. — C.-L. Brehm, *Der Wollfland. vogelf.*, p. 69, 1855. — Degl., *Ornith. Eur.*, 1849, I, p. 156.

* *PICUS* (nom d'homme); voyez Part. I, p. v.

PICUS VARIUS MAJOR; Briss., *Orn.*, IV, p. 34.
PICUS DISCOLOR; Frisch, pl. 36, le mâle.
PICUS CISSA; Pall., *Zoogr. ross. asiat.*, 1, p. 412, nº 65; 1831.
DRYOBATES MAJOR; Boie, *Isis*, 1826. — G.-R. Gray, *Cat. gen. brit. mus.*, p. 91; 1855.
PICUS PIPRA; Mac Gill.
DENDROCOPUS MAJOR; Koch, *Baier. zool.*, — Swains., *Class. of birds*, II, p. 307; 1837.
PICUS BASKHIRIENSIS; Verreaux, 1854; le jeune mâle.
PICUS BREVIROSTRIS; Rchb., *Handb. spec. orn.*, p. 365, pl. dcxxxiii, fig. 4212.
PICUS ALPESTRIS, PICUS MESOSPILUS; Rchb., *Handb.*, p. 365, nº 842.
PICUS PITYOPICUS, PICUS MONTANUS, PICUS PINETORUM; C.-L. Brehm, *Der Wollfland. vogelf.*, p. 69, 1855.
PICUS FRONDIUM, PICUS LUCORUM, PICUS SORDIDUS; C.-L. Brehm, *Der Wollfland. vogelf.*, p. 69, 1855.

Mas adultus. Rostro plumbeo; fronte fulvescenti-albidâ; pileo toto, dorso, uropygio, alarum caudæque tectricibus superioribus, vitta utrinque ab oris rictu versus colli et pectoris latera ducta, ad aures angulum formante ad occiput ductum, collo postico medio rectricibusque quatuor intermediis totis nigris; fascia occipitis, abdomine crissoque coccineis; capite ad latera, macula utrinque ad colli postici latera, scapularibusque pure albis; corpore subtùs a menti initio usque ad abdomen unicolore albo, ut plurimùm sordide lavato; remigibus omnibus nigris, extùs et intùs maculis candidis, extùs quadratis; rectricibus lateralibus albis, nigro-fasciatis; pedibus virescenti-griseis; iridibus fusco-rubris.

Fœmina adulta. Mari simillima nisi absque fascia occipitali coccinea.

Juvenis anni; Fronte grisea; toto capite suprà rubescente; occipite nigro; pileoseos parte nigra non nihil ad fuscum inclinante; partibus corporis inferioribus sordide albis, punctulis nigricantibus conspersis.

Varietates; 1º Remigibus omnibus læte rufis albo maculatis; 2º Rostro plus minùsve longiore; 3º Corpore plus minùsve majore; 4º Corpore toto plus minùsve albo.

## LE PIC ÉPEICHE.

**PLANCHE XVI**, Fig. 8, le mâle, et Fig. 9, la femelle *(en réduction)*; Fig. 10, quatrième rémige *(grandeur naturelle)*; Fig. 6, tête du jeune mâle; Fig. 7, quatrième rémige primaire. — Fig. 4, tête du *Baskhiriensis*, jeune mâle; Fig. 5, quatrième rémige primaire *(grandeur naturelle)*.

LE GRAND PIC VARIÉ; Briss., *Orn.*, IV, p. 34.
L'ÉPEICHE OU PIC VARIÉ; Buff., *Ois.*, VII, p. 57. — *Id.* et Daub., pl. enl. 196, le mâle.
L'ÉPEICHE; Buff., Daub., pl. enl. 595, la femelle.
LE PIC ÉPEICHE; Vieill., *N. dict.*, XXVI, p. 74. — *Id.*, *Encycl.*, p. 1303. — Temm., *Man. d'orn.*, I, p. 395. — Degl., *Orn. Eur.*, I, p. 156. — Roux, *Orn. prov.*, I, p. 96, pl. 60, mâle, femelle et jeune. — Bouteill., *Orn. du Dauph.*, pl. 36, fig. 4.
LE PIC GRAND ÉPEICHE; Valenc., *Dict. sc. nat.*, XL, p. 179. — Less., *Orn.*, p. 218.
FICHTEN, KIEFERN, LAUBHOLZ, BERGBUNTSPECHT; Brehm, *Vog. Deut.*, p. 197.
PICCHIO ROSSO MAGGIORE; Savi, *Orn. tosc.*, I, p. 142.
DER BANDSPECHT; C.-L. Brehm, *Lehrb. naturg. europ. vog.*, p. 137; 1823.
DER GROSSE BUNT-SPECHT; Blumenb., *Man.*, p. 205. — Frisch, pl. 36, le mâle. — C.-L. Brehm, *Der Wollft. vogelft.*, p. 69, 1855.

A la différence du dryopic noir, qui ne peut vivre dans certaines parties de l'Europe, le pic épeiche paraît répandu du nord au midi et de l'est à l'ouest. Il se trouve même dans l'Asie-Mineure et il est commun près de Smyrne, suivant Strickland *(Proceed. zool. soc. Lond.*, III, 1835, p. 79). Latham *(Gen. synops.)* annonce que ce pic habite aussi bien l'Amérique que l'Europe; mais on doit penser qu'il y a eu confusion avec quelque autre espèce, car aucun auteur moderne ne cite le pic épeiche comme ayant été tué en Amérique. Remarquons que, si l'épeiche se rencontre jusqu'en Laponie et en Sibérie, il y est bien plus rare que dans le midi, et que, d'ailleurs, pour se rendre de ces contrées, même accidentellement, en Amérique, il lui aurait fallu soit franchir le détroit de Behring ou les mers polaires, ce qui n'aurait pas été possible assurément à ce grimpeur. Il est, avec le *chloropicus viridis*, l'espèce la plus commune en France, où il niche dans tous les bois et tous les vergers. La ponte a lieu dans les trous des vieux arbres et elle est de quatre ou cinq œufs, rarement de six. Ces œufs sont un peu courts, d'un blanc lustré sans taches.

M. Althammer m'écrit que, dans le bas Tyrol où il habite, le mâle de l'épeiche se réunit à sa femelle dès que l'hiver est terminé; que celle-ci niche de préférence dans les troncs des conifères, et fait annuellement deux pontes de chacune six ou sept œufs. « Ayant découvert au printemps le nid de cette espèce, » ajoute cet ornithologiste, « j'y ai trouvé sept œufs, que j'ai enlevés, et, dix jours après, la même femelle avait déposé, dans un autre nid, cinq œufs que j'ai encore enlevés; enfin est survenue une troisième ponte de deux œufs seulement. »

M. Passler, qui a observé des nids de cet épeiche dans les forêts de pins du pays d'Anhalt où il est commun, confirme *(Journ. für orn.*, 1856, p. 44) un fait que j'ai reconnu moi-même et qui a lieu chez la plupart des espèces, à savoir que les œufs d'un même nid diffèrent les uns des autres; ainsi ces œufs ont tantôt un diamètre de 27 millimètres de long sur 23 millimètres de large, le plus souvent de 25 millimètres de long sur 20 de large, et quelquefois de 20 millimètres seulement de long sur 14 millimètres de large, comme l'indiquent les figures ci-contre.

L'épeiche habite les bois pendant l'été et il se répand, en automne, jusque dans les jardins, autour des villes. On le voit fréquemment frapper contre les arbres des coups vifs et secs; il grimpe ou il descend avec beaucoup d'aisance, en haut, en bas, de côté et par dessous les branches. Les pennes rudes de sa queue lui servent de point d'appui quand, se tenant à la renverse, il redouble de coups de bec. Il est défiant, et, si quelque chose lui porte ombrage, il ne s'enfuit pas, mais il se tient immobile derrière une grosse branche, toujours l'œil sur l'objet qui l'inquiète. Si l'on tourne autour de l'arbre, il tourne de même autour de la branche, de manière à demeurer toujours caché; aussi est-il très-difficile de l'ajuster. On prétend que, pour attirer cet oiseau sur un arbre quelconque de la forêt, il suffit de frapper sur la crosse du fusil avec une boule de bois creuse. Lorsqu'il se croit seul, il fait entendre son cri: *Tre re re re re!* articulé d'un ton enroué.

Il cherche, l'hiver, à vivre sur les écorces des arbres fruitiers, où les chrysalides et les œufs d'insectes sont déposés en plus grand nombre que sur les arbres des forêts. Lorsque le froid se fait sentir, on le voit quelquefois fouiller profondément les monceaux de terre servant de repaires aux fourmis. Il se nourrit aussi, suivant la saison, de hannetons, d'abeilles, de sauterelles, de larves perforeuses et autres, ainsi que de différentes semences. Il est friand des graines de laryx, de cerises, de châtaignes et de noisettes; aussi M. Gloger (*Journ. für orn.*, 1855, p. 89), ayant tué un pic de cette espèce au mois de septembre, lui a-t-il trouvé l'estomac rempli du tiers au quart de petits morceaux d'amandes de noisettes, qu'il digère beaucoup plus lentement que toute autre nourriture, notamment des insectes; tandis qu'un autre épeiche, tué pendant l'hiver par ce naturaliste, avait l'estomac presqu'entièrement rempli de grosses fourmis. Il se suspend à ces divers fruits, la tête en bas, à la manière des bec-croisés, des mésanges et des sittelles. « En été, » dit Buffon, « dans les temps de sécheresse, on tue souvent des épeiches auprès des mares d'eau qui se trouvent dans les bois, et où les oiseaux viennent boire. Celui-ci arrive toujours à la muette, c'est-à-dire, sans faire de bruit et jamais d'un seul vol, car il ne vient pour l'ordinaire qu'en voltigeant d'arbre en arbre. A chaque pause qu'il fait, il semble chercher à reconnaître s'il n'y a rien à craindre pour lui dans les environs; il a l'air inquiet, il écoute, il tourne la tête de tous côtés et il la baisse aussi pour voir à terre à travers le feuillage des arbres, et le moindre bruit qu'il entend suffit pour le faire rétrograder. Lorsqu'il est arrivé sur l'arbre le plus voisin de la mare d'eau, il descend de branche en branche jusqu'à la plus basse, et de cette dernière branche sur le bord de l'eau. A chaque fois qu'il y trempe son bec, il écoute encore et regarde autour de lui, et, dès qu'il a bu, il s'éloigne promptement sans faire de pause comme lorsqu'il est venu. Quand on le tire sur un arbre, il est rare qu'il tombe jusqu'à terre, s'il lui reste encore un peu de vie, car il s'accroche aux branches avec ses ongles, et, pour le faire tomber, on est souvent obligé de le tirer une seconde fois. » Je dois faire observer à ce sujet que tous les Picinés, même lorsqu'ils sont blessés mortellement, s'accrochent à l'écorce ou à la mousse des arbres sur lesquels ils se trouvent, et restent ainsi suspendus pendant un temps plus ou moins long.

Plus une espèce est commune et répandue sur un continent, plus elle varie nécessairement; comment donc s'étonner que quelques ornithologistes, notamment MM. Brehm et Reichenbach, aient distingué plusieurs races du *picus major*, dont ils ont cru devoir faire autant d'espèces. Telles sont: *picus pityopicus* (Brehm), avec un bec très-court, de Rothendorf et de Rodathal; *picus montanus* (Brehm), au bec plus long, de Gastein, de Carinthie et du Voigtland, lequel a les parties inférieures d'un blanc jaunâtre, ainsi que le *picus alpestris* (Reich.) de Carinthie; *picus pinetorum* (Brehm) de Rothendorf, qui a les parties inférieures d'un blanc brunâtre, le bec plus court, la taille moins grande; ces races habitent les forêts de pins. *Picus frondium* (Brehm), grande race qui est originaire de Rothendorf, et qui a les parties inférieures d'un blanc grisâtre et en automne d'un gris jaunâtre, selon M. Brehm, tandis que M. Reichenbach indique les mêmes parties comme étant d'un blanc pur; *picus lucorum* (Brehm), ayant le bec plus long et les parties inférieures d'un gris blanchâtre; *picus sordidus* (Brehm), qui a le bec plus court et les parties inférieures grises; ces trois dernières races habitent les bois feuillus. *Picus mesospilus* (Rchb.), originaire de la Saxe; *picus brevirostris* (Rchb.), provenant des bords de l'Irtysch, en Sibérie. Le premier exemplaire que M. Reichenbach avait reçu de cette dernière contrée avait le bec plus court que le *picus major* ordinaire, et c'est ce qui l'avait porté à le nommer *brevirostris;* mais l'auteur convient qu'il a reçu d'autres exemplaires de la Sibérie chez lesquels le bec ne différait pas de la race du centre de l'Europe.

Les diverses races ci-dessus ne sont établies, d'ailleurs, que par de très-légères variations, soit dans la taille, soit dans la longueur ou la largeur du bec, le plus ou moins d'étendue d'une ou deux taches sur les rectrices latérales et, quelquefois enfin, par la teinte des parties inférieures.

Caractères. Bec moyen, droit, large à la base, comprimé vers l'extrémité qui est usée en forme de coin; arête du sommet de la mandibule supérieure saillante; narines basales, cachées par un bouquet de plumes piliformes dirigées en avant; le sillon partant des narines, creux et surmonté d'une arête vive, qui est plus rapprochée du bord que du sommet de la mandibule supérieure. La mandibule inférieure a, en outre de l'arête qui va d'un bout à l'autre en dessous du bec, une arête de chaque côté qui est assez apparente à la base et à l'extrémité; menton recouvert par une touffe de plumes rebroussées et s'avançant sous la mandibule à moins du tiers de la longueur totale du bec mesurée de la commissure. Pas de huppe; ailes moyennes et aiguës, la rémige la plus longue est la quatrième, puis la cinquième. La troisième et la sixième sont presque égales; la première est excessivement courte. Queue assez longue et arrondie, composée de douze rectrices dont les quatre intermédiaires sont infiniment plus raides que les autres. Tarses assez courts; quatre doigts inégaux; le doigt postérieur externe plus long que le doigt antérieur externe; ongles aigus, comprimés et évidés sur les côtés, cannelés en dessous.

Le sternum très-grand; le conduit intestinal long d'environ quarante-trois centimètres; pas de cœcum; l'estomac membraneux; la pointe de la langue osseuse sur une longueur d'un centimètre.

Coloration. *Le Mâle adulte;* bec d'un bleuâtre de corne beaucoup plus clair en dessous; plumes piliformes, recouvrant les narines, noires; iris rouge, selon Temminck, et d'un brun rougeâtre, selon Degland. Paupières nues de la couleur du bec; sur le front, une bande transversale blanchâtre ou d'un blanc roussâtre plus ou moins foncé; sommet de la tête noir; une bande rouge sur l'occiput; une large bande noire part de l'angle du bec, entoure les tempes et vient se joindre d'une part sur la nuque, tandis que de l'autre elle s'avance en s'élargissant jusque sur la pointe; dos et ailes d'un noir profond; tempes, une tache sur la partie latérale du cou, scapulaires, moyennes couvertures et parties inférieures d'un blanc pur; des taches blanches sur les deux barbes des pennes alaires; abdomen et couvertures de la queue d'un rouge cramoisi; pennes latérales de la queue tachetées par des bandes transversales noires sur un fond blanc, et les quatre rectrices intermédiaires entièrement noires, pieds d'un brun plombé.

*La Femelle adulte* n'a point de rouge cramoisi sur l'occiput.

*Les Jeunes avant la mue,* ont le front gris roussâtre; tout le sommet de la tête d'un rouge mat plus ou moins étendu, selon l'âge et quelquefois barriolé de noir; le noir du plumage teint de brun; le noir des côtés du cou moins étendu et moins foncé; le blanc des diverses parties du corps plus ou moins lavé de roussâtre clair et le dessous du corps, notamment d'un brunâtre terne parsemé de petits points noirâtres; la région anale d'un rose très-pâle.

La couleur rouge du sommet de la tête, chez les jeunes, disparaît après la première mue pour faire place à la couleur noire; et l'occiput, qui est noir chez les jeunes, devient rouge chez les mâles adultes. Aussi trouve-t-on des sujets qui ont le dessus de la tête noir, avec quelques mèches rouges. J'ai aussi vu des jeunes qui n'ont pas de points noirâtres sur les parties inférieures.

Buffon cite la capture de six jeunes et d'un mâle pris sur le nid. Le bec des petits n'avait pas les deux arêtes latérales qui, dans l'adulte, prennent naissance au delà des narines, passent au-dessous et se prolongent sur les deux tiers de la longueur du bec; les ongles, encore blancs, étaient déjà fort crochus. Le nid était dans un vieux tremble creux, à trente pieds de hauteur de terre. Le mâle adulte pesait environ 79 grammes, et les jeunes environ 11 grammes chacun. Les adultes que j'ai tués dans des vergers pesaient 80 grammes.

Je possède dans ma collection le pic que MM. Verreaux ont reçu du pays des Baskirs et qu'ils ont nommé *picus Baskiriensis;* j'ai pu me convaincre, après une comparaison minutieuse, que c'était bien un jeune mâle du *picus major*. Le bec est légèrement plus gros et plus aplati au-dessous; sur le front, il existe une bande d'un blanc roussâtre de six à sept millimètres de hauteur; le reste du front et tout le vertex sont rouges; une bande noire, d'abord étroite, passe au-dessus des yeux, contourne le rouge du dessus de la tête et couvre l'occiput et la nuque. La région anale est d'un rose très-pâle, comme cela arrive ordinairement chez les jeunes du *picus major*.

On trouve des *variétés* ayant toutes les rémiges rousses tachetées de blanc; d'autres n'ayant que l'extrémité des rémiges primaires d'un roux plus ou moins clair.

HABITE l'Europe, les monts Ourals.

| DIMENSIONS. | L'ADULTE. | LE JEUNE MALE D'EUROPE. | LE JEUNE MALE DU PAYS DES BASKIRS. |
|---|---|---|---|
| Longueur totale | 240 à 250 mill. | 230 millimètres. | 230 millimètres. |
| — du bec, de la commissure à l'extrémité | 29 à 30 — | 29 — | 30 — |
| — — des narines à l'extrémité | 21 à 23 — | 19 — | 22 — |
| — de l'aile pliée | 130 à 138 — | 136 — | 136 — |
| — de la queue | 85 à 90 — | 90 — | 91 — |
| — du tarse | 24 millimètres. | 22 — | 22 — |
| — du doigt antérieur externe (sans l'ongle) | 14 — | 14 — | 14 — |
| — de l'ongle (mesuré en suivant la courbure) | 13 — | 13 — | 13 — |
| — du doigt postérieur externe | 16 — | 15 — | 15 — |
| — de son ongle | 14 — | 13 — | 13 — |
| — du doigt antérieur interne | 10 — | 10 — | 10 — |
| — de son ongle | 12 — | 12 — | 12 — |
| — du doigt postérieur interne | 5 — | 5 — | 5 — |
| — de son ongle | 7 — | 6 — | 6 — |
| Envergure | 400 à 410 mill. | » | » |

Se trouve dans presque toutes les collections d'Europe. Le jeune mâle est étiqueté, au Musée de l'Université de Naples, sous le nom de *leuconotus*.

## PICUS CABANISI *(Malh.)*.

PICUS CABANISI; MALH., *Journal für ornithologie*, 1854, p. 172. — *Nec* REICH., *Handb. spec. orn.*, p. 365, nº 843; et pl. DCLXXIX, fig. 4487, 4488. — *Nec* GOULD, *Birds of Asia*, part. IX, pl.

MAS ADULT. Similis pico majori Europæ sed minor; pectore medio parvulùm coccineo tincto.
FŒMINA ADULT. Mari simillima nisi absque fasciâ occipitali coccineâ.

## LE PIC CABANIS *(Malh.)*.

**PLANCHE XVII**, Fig. 1, le mâle; Fig. 2, la femelle; Fig. 3, quatrième rémige primaire.

Le pic Cabanis ressemble presque entièrement au *picus major* d'Europe et il paraît être, avec le *luciani*, son représentant en Asie comme le pic numide l'est dans le nord de l'Afrique. Il diffère autant du *picus major* que le *picus syriacus* (EHRENB.) ou *fuliginosus* (LICHT.) du *picus medius*. Les taches d'un rouge rose qui colorent le milieu de la poitrine et qui servent de trait d'union aux deux croissants noirs s'avançant de chaque côté, ne permettent pas de confondre cette espèce avec le *picus major* d'Europe ni avec le *picus luciani* de la Chine. Ce rouge est bien moins étendu et moins vif que chez le *picus numidicus*, et, d'ailleurs, le collier noir reste interrompu chez le pic de Cabanis, les taches rouges étant sur un fond d'un blanc plus ou moins lavé de brun rougeâtre très-clair.

J'ai dédié cette espèce nouvelle au savant naturaliste de Berlin, M. Jean Cabanis, auquel nous devons déjà des travaux nombreux et si intéressants, ainsi que la création du *Journal d'ornithologie*.

M. Reichenbach a décrit et figuré comme mon *picus Cabanisi* le pic de Chine qui se trouve dans le Muséum de Berlin, et cet auteur s'étonne alors que je n'aie pas comparé mon *picus Cabanisi* avec l'*himalayensis* plutôt qu'avec le *picus major* et *syriacus*. La raison en est bien simple; c'est que le pic du Muséum de Berlin, qui est originaire de Whampoa, me paraît constituer une nouvelle espèce chinoise distincte du *Cabanisi*, espèce que j'ai nommée *mandarinus* dans les *Mémoires de la Société d'histoire naturelle de Metz*. Le pic mandarin se rapproche en effet de l'*himalayensis*, mais il s'en distingue, de prime abord, par le ceinturon noir et le collier d'un brun rougeâtre qui décorent sa poitrine.

En 1857, M. John Gould, dans sa magnifique publication, *The birds of Asia*, partie IX, a aussi figuré, sous le nom de *picus Cabanisi* (MALH.), le mâle et la femelle d'une espèce chinoise qui me paraît différente, ainsi qu'on en verra les motifs à l'article *picus Gouldii*, et en comparant le dessin de mon *picus Cabanisi* avec celui de M. Gould que j'ai eu le soin de reproduire sur la même planche.

CARACTÈRES. Les caractères de cet oiseau sont identiquement les mêmes que ceux du *picus major*.

COLORATION. *Le Mâle adulte;* la coloration du *picus Cabanisi* ne diffère de celle du *picus major* qu'en ce que, chez la première espèce, l'intervalle qui sépare les deux bandes ou croissants noirs qui s'avancent de chaque côté de la poitrine, au lieu d'être de la couleur blanche ou blanc sale uniforme qui teint le devant du cou, le haut du ventre et les flancs, comme chez le ***picus major,*** est, chez le ***Cabanisi,*** tacheté d'un rouge rose qui unit ainsi les deux bandes noires et se fait même remarquer sur le noir vers les extrémités des croissants.

***La Femelle*** offre un rouge plus pâle que le mâle sur la poitrine.

HABITE la Chine, d'après l'étiquette qui se trouvait à l'exemplaire que j'ai obtenu.

DIMENSIONS.

| | |
|---|---|
| Longueur totale | 215 millimètres. |
| — du bec, de la commissure à l'extrémité | 30 — |
| — — des narines à l'extrémité | 20 — |
| — de l'aile pliée | 125 — |
| — de la queue | 77 — |
| — du tarse | 20 — |
| — du doigt antérieur externe (sans l'ongle) | 12 — |
| — de l'ongle (en suivant la courbure) | 13 — |
| — du doigt postérieur externe | 15 — |
| — de l'ongle | 13 — |
| — du doigt antérieur interne | 9 — |
| — de l'ongle | 11 — |
| — du doigt postérieur interne | 5 — |
| — de l'ongle | 6 — |

Dans ma collection, à Metz.

## PICUS MANDARINUS *(Malh.)*.

PICUS MANDARINUS ; MALH., *Bull. soc. d'hist. nat. Mos.*, 1856-1857, p. 17.
PICUS CABANISII ; REICH., *Handb. spec. orn.*, p. 365, nº 843, pl. DCLXXIX, fig. 4487, 4488, mâles.

MAS ADULT. Vittâ strictâ frontali, capite ad latera, scapularibusque rufescentibus; capite supra, vitta malari ab oris rictu ad nucham et ad colli latera extendente nigerrimis; fasciâ occipitis, abdomine medio crissoque coccineis; cingulâ amplâ, nigerrimâ, in medio pectoris, rubro interruptâ, et suprà fuscescenti-rubro circum tinctâ; dorso, uropygio, rectricibusque intermediis fusco-nigricantibus; alis albo maculatis; corpore subtùs fusco-ferruginoso; rectricibus duabus utrinque lateralibus albis, nigro fasciatis; rostro pedibusque nigris.

## LE PIC MANDARIN *(Malh.)*.

**PLANCHE XVII**, Fig. 8 et 9, mâles *(réduits)*.

J'ai ainsi nommé, il y a plusieurs années, un pic originaire de Whampoa, que j'ai décrit au Muséum de Berlin, et qui avait d'abord été regardé comme un vieux mâle du ***picus Himalayensis***. Néanmoins, le lieu d'origine et un examen plus attentif m'ont convaincu, comme M. Reichenbach, que c'était bien une espèce distincte. Ce savant auteur, trompé peut-être par la brièveté de la description que j'ai donnée du ***picus Cabanisi,*** qui est également originaire de la Chine, a pris pour cette espèce le ***picus mandarinus*** de la collection de Berlin. Aussi, s'étonne-t-il que j'aie comparé le ***Cabanisi*** au ***picus major*** et au ***picus syriacus,*** tandis que c'est de l'***Himalayensis*** que se rapproche le plus le pic mandarin; mais je m'empresse de déclarer que mon ***p. Cabanisi*** paraît différent du pic du Muséum de Berlin, qui seul est le ***p. mandarinus*** mâle, que figure M. Reichenbach, sous la première de ces deux dénominations.

DESCRIPTION. 1º Le ***p. mandarinus*** est un peu moins grand que le ***p. major,*** et il a le bec plus long, plus effilé et moins fort à sa base. Le mâle a sur l'occiput une bande d'un rouge vif; une étroite bande d'un blanc roussâtre couvre le front, et le dessus de la tête est noir; les côtés de la tête sont, comme les côtés du cou et de la nuque, d'un blanc roussâtre, et divisés par une bande noire qui part du bec, et, passant sur les joues, s'étend, d'un côté, sur la nuque qu'il traverse, tandis qu'une autre branche ou bande noire descend sur les côtés de la poitrine, de chaque côté, et forme un large ceinturon, interrompu, au milieu de la poitrine, par un intervalle d'un brun rouge assez vif, qui teint toute la partie supérieure de ce ceinturon. Toutes les parties inférieures sont d'un brun roux vineux ou de rouille; une partie de l'abdomen et les tectrices caudales inférieures sont d'un rouge rose. Le blanc roussâtre des parties supérieures des joues et du cou, est beaucoup moins étendu que le blanc qui existe sur ces mêmes parties, chez le ***p. major;*** les scapulaires forment un espace d'un blanc pur. La queue est noire; les deux rectrices latérales de chaque côté portant des bandes noires transversales; la troisième rectrice est seulement tachée de blanc. Bec et pieds noirs;

2° Le *picus mandarinus* ressemble beaucoup au *p. Himalayensis;* il est de la même taille, et en diffère : 1° par son bec plus court; 2° les côtés de la tête sont d'un blanc sale, tandis qu'ils sont d'un blanc pur chez l'*Himalayensis;* 3° la bande noire, sur les côtés du cou, est beaucoup plus large chez l'espèce chinoise; 4° l'*Himalayensis* manque du ceinturon noir interrompu par du brun rouge et bordé au-dessus de même couleur; 5° la teinte des parties inférieures du *p. mandarinus* est d'un brun plus foncé, et lavé d'un roux de rouille ; 6° la barbe externe de la deuxième rectrice latérale n'offre pas de bande noire chez le pic mandarin; 7° enfin, le mâle du pic mandarin n'a de rouge qu'à l'occiput, comme le *major* et le *Numidicus,* tandis que le mâle *Himalayensis* adulte a tout le dessus de la tête de cette couleur;

3° Enfin, le *p. mandarinus* diffère du *picus Cabanisi,* car : 1° la taille du *Cabanisi* est beaucoup plus petite; 2° le bec, les ailes et la queue sont, par suite, plus courts chez cette dernière espèce; 3° toutes les parties inférieures du *Cabanisi* sont d'un blanc très-légèrement lavé de vineux, tandis qu'elles sont d'un roux vineux assez foncé chez le *mandarinus;* 4° les côtés de la tête, d'un blanc pur chez le *Cabanisi,* sont d'un roux blanchâtre chez le *mandarinus.*

*La Femelle* doit différer par l'absence de la bande rouge occipitale.

HABITE Whampoa; la Chine.

DIMENSIONS.

| | | |
|---|---|---|
| Longueur totale | 260 | millimètres. |
| — du bec, de la commissure à l'extrémité | 34 | — |
| — de l'aile pliée | 130 | — |
| — de la queue | 90 | — |
| — du tarse | 24 | — |

Je me rappelle avoir vu, au Muséum de Stuttgard, une espèce dénommée *picus major* de la Chine, qui pourrait bien être mon *picus mandarinus.*

Le type du *p. mandarinus* (MALH.) est au Muséum de Berlin.

## PICUS GOULDII *(Malh.).*

PICUS CABANISI; GOULD, *The birds of Asia*, 1857, part. IX; pl. mâle et femelle.

## LE PIC DE GOULD *(Malh.).*

**PLANCHE XVII**, Fig. 6, le mâle; Fig. 7, la femelle.

CHINESE SPOTTED WOODPECKER ; GOULD.

M. Gould, dans sa belle publication des oiseaux d'Asie, a représenté le mâle et la femelle d'un pic qu'il a reçu de la Chine et qui ressemble beaucoup à notre *picus major* d'Europe. Ce savant, ayant cru que cette espèce était la même que le *picus Cabanisi,* de la Chine, dont j'ai publié la description dans la revue allemande dirigée par M. Cabanis *(Journal für ornithologie),* a conservé à ce grimpeur le nom de *Cabanisi* (MALH.), en y ajoutant l'indication de la planche DCLXXIX, fig. 4487, 4488, de M. Reichenbach *(Handb. der spec. orn.,* p. 365).

Après examen de la planche de M. Gould et de celle de M. Reichenbach, j'ai l'opinion: 1° que les pics représentés sous le même nom dans ces deux ouvrages, paraissent, au moins, constituer deux espèces distinctes que j'ai nommées le pic mandarin et le pic de Gould; 2° que ces deux espèces diffèrent encore de mon vrai pic Cabanis. J'ai l'avantage de posséder, d'une part, le type du *Cabanisi,* et d'avoir, d'autre part, examiné et décrit, à Berlin, l'oiseau provenant de Whampoa et figuré comme le *Cabanisi* par M. Reichenbach. Au surplus, j'ai, pour faciliter la comparaison, et sur la même planche qui contient le *picus Luciani,* représenté mon *Cabanisi,* mon *Gouldii,* d'après la planche du Cabanis de Gould, et mon *mandarinus,* d'après la planche réduite du Cabanis de Reichenbach. Le lecteur pourra juger de suite des dissemblances que j'ai signalées. Quoique M. Gould ne donne pas les dimensions de ses exemplaires, nous devons croire qu'elles sont les mêmes que celles du *picus major,* puisque l'auteur dit expressément qu'à l'exception des différences de coloration qu'il indique, ses exemplaires reçus de la Chine seulement sont identiques avec l'épeiche qui vit en Europe. 1° D'ailleurs, sur sa planche coloriée, ses oiseaux ont une taille bien supérieure à celle de mon *Cabanisi;* 2° les taches rouges qui colorent le milieu de la poitrine et réunissent les deux croissants noirs chez le *Cabanisi,* n'existent point chez le *Gouldii;* 3° le rouge vif qui colore le bas de l'abdomen ne remonte pas aussi haut chez le *Cabanisi;* 4° la teinte des parties inférieures est blanche sur les côtés de la tête et sur les flancs, légèrement lavée de roux vineux sur la gorge et le milieu de l'abdomen, chez le *Cabanisi,* tandis que ces mêmes parties sont d'un brun assez prononcé chez le *Gouldii;* 5° le miroir blanc de l'aile est disposé différemment chez les deux espèces ; 6° la queue du *Gouldii* a plus de blanc que celle du *Cabanisi* dont les quatre rectrices intermédiaires ne portent aucune tache de cette couleur; 7° le bec du *Gouldii,* et très-probablement les ailes ainsi que la queue, sont plus longs que ceux du *Cabanisi;* 8° enfin, la bande rouge de l'occiput est plus large et triangulaire au milieu chez le *Gouldii.*

Le pic de Gould a la plus grande affinité avec le *picus major,* mais il en diffère : 1° en ayant la bande rouge occipitale plus large et d'une forme triangulaire, tandis que le *picus major* n'a qu'une étroite bande ; 2° le rouge qui couvre le bas de l'abdomen, chez les deux espèces, s'étend beaucoup plus haut chez le *Gouldii* et se termine en une pointe étroite non loin de la poitrine ; 3° les joues, la gorge et les parties inférieures, qui sont généralement d'un blanc pur chez le *p. major,* sont lavées de brun chez le *Gouldii.* Le bec est couleur de corne et les pieds d'un gris bleuâtre.

*La Femelle* du *Gouldii* se distingue du mâle, comme celle du *picus major,* par l'absence de la bande rouge occipitale.

---

## PICUS LUCIANI.

PICUS LUCIANI; MALH., 1852, *In Mus. Paris.* -- *Pr.* BONAP. ex MALH., *Consp. volucr. zygod.*, 1854, *sinè descript.* -- MALH., *Mém. soc. hist. nat. Moselle*, 1857, p. 2.

MAS ADULT. Pico majori suprà similis sed paululùm minor, rostro longiore; occipite largè coccineo; capite ad latera, corpore subtùs alarumque tectricibus inferioribus plus minusve sordide albo-fulvescentibus, gulà pallidiore. Vittà utrinque ab oris rictu versus colli et pectoris latera ducta nigrà; hypochondriis abdomineque ex-parte fulvescentibus, ventre medio, femoribus crissoque coccineis.
FŒM. Mari simillima, nisi absque fascià occipitali coccineà.

## LE PIC LUCIEN.

**PLANCHE XVII**, Fig. 4, le mâle; Fig. 5, quatrième rémige primaire.

En examinant, avec le prince Ch. Bonaparte, les grimpeurs de la collection du Muséum de Paris, en 1852, je fus frappé d'y trouver un nouveau pic, originaire de l'Asie, ayant à l'occiput une bande rouge, comme le *picus major* dont il avait la coloration, et qui avait été rapporté en 1844, au Muséum, par M. Léclancher. Dédiant cette espèce au prince Charles Bonaparte, dont les travaux zoologiques sont connus de tout le monde savant, je la nommai *picus Luciani,* désignation qui resta inscrite sur le socle de l'oiseau.

Me retrouvant, au mois d'octobre 1856, au Muséum de Paris, avec S. A. le prince Bonaparte et M. John Gould, ce dernier ornithologiste, auquel je montrais le *picus Luciani,* me dit qu'il croyait avoir reçu la même espèce de la Chine. Ce savant ajouta que l'exemplaire mâle qu'il possédait, et qui était plus adulte que celui de la collection de Paris, avait la bande rouge de l'occiput quelque peu triangulaire, le rouge s'avançant au milieu vers le vertex ; qu'enfin, le rouge qui couvre le ventre s'étendait jusque sur l'épigastre. Depuis cette époque, M. Gould, ayant eu connaissance de l'article descriptif que j'ai publié en Allemagne dans le *Journal für ornithologie,* sur le *picus Cabanisi,* de Chine, n'hésita pas à rapporter son grimpeur à cette dernière espèce, ainsi que l'avait fait, la même année, M. le professeur Reichenbach pour une espèce de pic de Whampoa, qui se trouve depuis plus de quinze ans au Musée de Berlin, et que j'ai distinguée sous le nom de *picus mandarinus.*

On pensait que le *Luciani* provenait de l'Inde, et j'avais éprouvé quelque doute sur le point de savoir si ce n'était pas un jeune mâle en mue du *picus Himalayensis;* mais M. Blyth, directeur du Muséum de la Société asiatique de Calcutta, m'ayant informé que le jeune mâle de cette dernière espèce avait seulement le vertex rouge et *jamais* l'occiput, je n'ai plus hésité à penser que ce pic constituait une nouvelle espèce très-voisine du *major* et du *mandarinus,* et peu éloignée du *Cabanisi* dont elle se distinguait facilement par l'absence de rouge rose sur la poitrine, par moins de bandes noires transversales sur les deux rectrices latérales de chaque côté de la queue, et par la teinte d'un brun roussâtre qui colore le blanc des parties inférieures. Je dois ajouter que chez le *p. Cabanisi* il existe, de chaque côté de la poitrine, un demi-collier noir, qui est moins développé chez le jeune *p. Luciani* du Muséum de Paris; que la bande frontale, d'un blanc roussâtre, est beaucoup plus large chez ce dernier. D'un autre côté, le *p. Himalayensis* n'a pas les taches blanches des rémiges et des rectrices aussi grandes.

Je me suis demandé, depuis, si le *p. Luciani* n'était pas le jeune du *picus mandarinus*, et voici les différences qui existent: 1° la bande frontale, d'un blanc plus ou moins roussâtre, est plus large chez le *Luciani;* 2° la bande noire qui, chez le *mandarinus*, sépare la partie rouge de l'occiput de la partie d'un blanc roussâtre de la nuque, n'existe pas chez le *Luciani;* 3° le ceinturon noir, qui s'avance de chaque côté de la poitrine, chez le *mandarinus*, est à peine indiqué, au commencement, chez le *Luciani*, dont la poitrine est d'ailleurs teinte de roux vineux, comme chez le *mandarinus;* 4° chez le *mandarinus*, de Berlin, les quatre rectrices intermédiaires sont noires, sans mélange de blanc, tandis que, chez le *Luciani*, les deux rectrices intermédiaires seules ne portent pas de taches blanches; toutefois ce caractère est variable; 5° chez le *Luciani*, l'espace blanc sur les scapulaires est plus étendu que chez le *mandarinus*.

La ressemblance du *Luciani* avec le *picus major* est encore plus grande, car il n'en diffère que: 1° par la taille et les ailes, plus petites chez le *Luciani;* 2° par le bec, un peu plus long chez ce dernier; 3° par la coloration d'un brun lavé de rougeâtre des parties inférieures du *Luciani*. Quant aux quatre rectrices intermédiaires, elles sont quelquefois entièrement noires chez le *major*, et quelquefois les deux intermédiaires seules sont, comme chez le *Luciani*, entièrement de cette couleur, sans taches blanches vers l'extrémité.

Caractères. Ceux du *picus major;* néanmoins le *picus Luciani* a, comme le *p. Cabanisi*, la taille plus petite que le *p. major* et l'*Himalayensis*. Ses ailes, plus courtes que celles de ces deux derniers pics, excèdent quelque peu les ailes du premier. Son bec, presqu'égal à celui de l'*Himalayensis*, est plus long que celui du *p. Cabanisi* et du *p. major*.

Coloration. *Le Mâle;* par la coloration de ses parties inférieures, le *picus Luciani* ressemble à l'*Himalayensis* et au *p. mandarinus;* par celle de ses parties supérieures, au *picus major* et au *Cabanisi*.

Bec bleuâtre de corne et blanchâtre en dessous; sur le front, une bande d'un blanc roussâtre s'étend sur les côtés de la tête et couvre les joues jusque sur les côtés de l'occiput. Une bande noire, partant de la commissure du bec, remonte vers l'occiput; une seconde bande noire, plus large, descend de la première et atteint l'épaule. Le vertex, la nuque et le dos sont d'un noir bleuâtre; une bande rouge transversale règne sur l'occiput; les tectrices supérieures des ailes portent de larges taches blanches, et plusieurs des grandes tectrices sont entièrement de cette couleur. Ce blanc remonte un peu plus haut que chez le *picus major*, et il est beaucoup plus étendu que chez le *p. Himalayensis*. Rémiges noires avec de larges taches blanches sur toute la longueur des barbes externes et internes, qui sont toutes terminées de blanc, tandis que, chez l'*Himalayensis*, ces taches blanches sont très-petites sur les barbes externes, et les rémiges ne sont pas blanches à leur extrémité. Gorge d'un blanc vineux clair; poitrine d'un blanc teint de brun roux vineux, avec une large bande noire en forme de demi-croissant de chaque côté; les flancs et l'abdomen sont lavés de brun roussâtre; le ventre, les cuisses et les tectrices inférieures de la queue sont d'un brun rouge vif. Les tectrices inférieures des ailes sont d'un blanc jaunâtre; la queue n'a pas encore acquis toute sa longueur chez ce sujet en mue; aussi les deux rectrices intermédiaires, qui sont noires et ordinairement les plus longues, sont-elles beaucoup plus courtes que les autres. La rectrice suivante, de chaque côté, est noire avec une tache blanche vers l'extrémité, ce qui a souvent lieu chez le *picus major;* les autres rectrices sont noires à la base et blanches dans le reste, avec des bandes noires sur la page interne et une ou deux bandes noires sur les deux barbes vers l'extrémité, les pennes latérales ayant plus de blanc que les autres.

Ce *Jeune Mâle*, qui se trouve au Muséum de Paris, et qui quitte la livrée du jeune âge pour se revêtir de celle de l'adulte, porte encore deux ou trois petites plumes rouges sur les côtés du vertex, quoique déjà décoré de la bande rouge à l'occiput. Il paraît donc certain que le jeune mâle a, comme le *picus major* d'Europe, le vertex rouge et l'occiput noir, tandis que l'adulte a sur l'occiput seul une bande rouge.

*La Femelle* doit différer du mâle par l'absence de la bande rouge occipitale.

Habite l'Asie, sans pouvoir préciser si c'est l'Hindoustan.

**DIMENSIONS.**

| | |
|---|---|
| Longueur totale | 215 millimètres. |
| — du bec, de la commissure à l'extrémité | 32 — |
| — — des narines à l'extrémité | 23 — |
| — de l'aile pliée | 128 — |
| — de la queue (en mue) | » — |
| — du tarse | 21 — |
| — du doigt antérieur externe (sans l'ongle) | 14 — |
| — de son ongle (en suivant la courbure) | 14 — |
| — du doigt postérieur externe | 16 — |
| — de son ongle | 14 — |
| — du doigt antérieur interne | 12 — |
| — de son ongle | 11 — |
| — du doigt postérieur interne | 5 — |
| — de son ongle | 6 — |

Collection du Muséum de Paris.

---

## PICUS NUMIDICUS *(Malh.)*.

PICUS NUMIDUS; Malh., 1842-1843, *Mém. acad. roy. Metz*, II, p. 242; *Faune de Sicile*, p. 144.
PICUS (LEUCONOTOPICUS) NUMIDICUS; Malh., *Catal. d'ois. d'Algérie*, p. 16, 1846. — *Id., Revue zool.*, p. 375, 1845.
PICUS NUMIDICUS; *Expl. sc. Algér.*, pl. 9, 1848. — G.-R. Gray, *Gen. of birds*, 1845. — Malh., *Mém. acad. Metz*, 1848-1849, p. 327. — Ch. Bonap., *Consp. gen. av.*, p. 135. — *Id., Consp. vol. zyg.*, 1854. — Reich., *Handb. spec. orn.*, p. 366, n° 844; *nec tabula* DCXXXIII, fig. 4213, 4214. — Loche, *Cat. des mamm. et ois. d'Algérie*, sp. 189, p. 92, 1858.
PICUS JABALLA; Levaill. *Junior*, 1847.

Mas adult. Similis pico majori Europæ; rostro nigro; fronte sordidè albâ; capite suprà, dorso, uropygio, nigris; fasciâ occipitis, abdomine, crissoque coccineis; capite ad latera, maculâ utrinque ad colli postici latera scapularibusque pure albis; corpore subtùs albo ut plurimùm sordide fusco lavato; vittâ utrinque versùs colli latera ductâ nigrâ; duplici cingulâ pectoris nigro coccineoque tinctâ.
Fœm. adult. Mari simillima nisi absque fasciâ occipitali coccineâ.
Juv. Fronte fulvescenti-cinereâ; capite suprà coccineo; occipite nigro; partibus corporis inferioribus sordide fusco-cinereis; duplici cingulâ pectoris nigrâ, coccineo tinctâ; crisso pallidè roseo.

## LE PIC NUMIDE *(Malh.)*.

**PLANCHE XVIII**, Fig. 1, le mâle adulte; Fig. 2, la femelle adulte; Fig. 3, le jeune mâle; Fig. 4, rémige quatrième.

Loche, *Catal. des mamm. et ois. d'Algérie*, spec. 189, p. 92; 1858.

Le pic Numide remplace dans le nord de l'Afrique le *picus major* d'Europe, comme le *p. Himalayensis* et le *p. assimilis* en tiennent lieu dans l'Inde. On ne peut nier qu'ils aient les plus grands rapports; mais la coloration du pic Numide, je veux dire son double ceinturon rouge et noir, le fera reconnaître de prime abord. C'est ainsi que le *picus Syriacus* se distingue principalement du *p. medius*. Je dois faire observer, pour éviter toute confusion, que le pic Numide jeune a, comme le pic Syriaque, du rouge au-dessus de la tête et sur la poitrine; toutefois je ne pense pas qu'on puisse commettre d'erreur, en faisant attention 1° que le pic Syriaque est d'une taille inférieure à celle du pic Numide; 2° que, chez ce dernier, le ceinturon noir est non interrompu, fort large et taché d'un rouge écarlate, tandis que, chez le pic Syriaque, le ceinturon est fort étroit, le noir interrompu au milieu de la poitrine et le rose moins vif; 3° que l'espace blanc, qui couvre les côtés du cou dans les deux espèces, n'est divisé par une bande noire que chez le *picus Numidicus*.

J'ai reçu de nombreux sujets de divers âges et des deux sexes du pic Numide, tant de la province de Bône que de la province d'Oran, et il est certain que l'espèce n'est pas rare dans les forêts de l'Algérie. J'ignore toutefois si elle existe dans tout le nord de l'Afrique. Parmi les divers sujets adultes que j'ai reçus de Bône, et parmi ceux que j'ai été à même d'examiner chez un marchand qui venait de les recevoir de l'Algérie, quelques adultes avaient le bec de la même longueur que le *picus major*, tandis que, généralement, il est plus long de 4 à 5 millimètres. J'avais d'abord nommé l'espèce à bec court *picus Jugurtha;* toutefois, après mûr examen, je ne crois pas qu'il convienne de former deux espèces de ces deux races, qui, pour être toutes deux de l'Algérie, peuvent provenir de provinces et de localités différentes.

Il est évident que M. Reichenbach a commis une erreur à l'endroit du *picus Numidicus*. D'abord l'auteur confond cette espèce avec le *p. Syriacus* d'Ehrenberg, tandis qu'elle en diffère notablement. Ensuite, les figures 4213 et 4214 de la planche DCXXXIII ne ressemblent pas plus au *Numidicus* qu'au *Syriacus*, car il n'existe point, chez les sujets figurés, trace de rouge sur la poitrine, et le ceinturon noir n'y est pas plus développé que chez le *picus major*.

Le pic Numide habite-t-il également les îles Canaries? Berthelot ne cite que le *picus major*, et Ledru le *picus medius*; mais M. le docteur Carl Bolle (*Beitrag zur Vogelkunde der Canarischen Inseln*, dans le *Journal für ornithologie*, p. 320, 1857) pense que l'espèce citée par les naturalistes précités, se rapporte probablement au *picus Numidicus*, qui se trouve aux Canaries, assez commun dans les bois de sapins de Chasna, où M. Bolle l'a trouvé par couples, au mois d'avril. Il est également répandu dans le *Pinal*, de la Grande-Canarie. L'auteur ajoute que Berthelot lui a affirmé que ce même pic avait été tué dans les montagnes des *Mercedes*, près Laguna, lesquelles sont couvertes de haute futaie.

Caractères. Bec long et généralement plus long que chez le pic épeiche d'Europe, comprimé vers l'extrémité et aigu; arête du sommet de la mandibule supérieure et celle qui surmonte le sillon partant des narines, saillantes; arête sous la mandibule inférieure saillante; une légère arête de chaque côté de cette mandibule; une touffe de plumes piliformes couvre les narines de chaque côté; tête allongée; ailes longues et aiguës; la quatrième et la cinquième rémige sont les plus longues et diffèrent peu de la troisième; puis vient la sixième; la première rémige est fort courte et n'a guère que trois centimètres de long. Queue composée de douze rectrices, dont la première, de chaque côté, est excessivement courte, et les quatre intermédiaires très-raides et aiguës. Tarses et doigts moyens, scutellés au devant et écailleux sur les côtés; quatre doigts inégaux; le doigt postérieur externe plus long que le doigt antérieur externe.

Coloration. *Le Mâle adulte;* bec d'un bleu foncé de corne; les touffes de plumes piliformes recouvrant les narines, noires; une bande frontale, d'environ six millimètres de large, d'un blanc plus ou moins pur; une bande ou moustache noire, partant de l'angle du bec, s'étend en une large plaque de chaque côté du cou, puis se bifurque à la hauteur de la nuque; l'une des bandes noires divise le blanc qui couvre tout le côté des joues et de la tête, va rejoindre la large bande d'un noir bleuâtre qui règne derrière le cou et se confond avec le noir du dos, tandis que la seconde bande noire descend de chaque côté de la poitrine, en s'élargissant considérablement, et forme un large hausse-col non interrompu, d'environ vingt millimètres de hauteur chez les mâles et d'un peu moins chez les femelles. Les plumes de ce hausse-col sont d'un cendré blanchâtre à la base; la plupart de ces plumes ont leur extrémité d'un beau rouge cramoisi, ce qui produit un hausse-col de cette dernière couleur, bordé et tapiré de noir. Le sommet de la tête et le dos sont noirs; à l'occiput, existe une bande étroite d'un rouge vif, composée de plumes d'un cendré noirâtre à leur base et rouge vers leur extrémité.

Le menton, la gorge, le devant du cou, l'épigastre, les flancs, sont d'un blanc plus ou moins pur; on voit quelquefois des sujets ayant le blanc des parties inférieures d'un brun noirâtre; mais cette coloration provient de l'habitude qu'ont ces oiseaux de grimper le long des troncs de chênes-liéges, dont l'écorce devient charbonnée lorsque, à l'automne, les Arabes mettent le feu aux broussailles. Ventre et couvertures inférieures de la queue d'un cramoisi plus vif que chez le pic épeiche; cette belle couleur s'étend sur le milieu du ventre et s'avance quelquefois, chez les mâles, jusqu'à deux centimètres du ceinturon rouge de la poitrine. Le blanc, qui existe sur la partie latérale du cou, occupe une étendue bien moindre que chez l'épeiche; le blanc des scapulaires, des moyennes couvertures et les taches blanches des rémiges occupent aussi moins d'étendue.

Ailes noires, avec des taches blanches de forme quadrangulaire sur le rebord externe des rémiges et de forme ovoïde sur le rebord interne. Ces dernières taches sont aussi beaucoup plus étendues que les premières. Les rémiges sont quelquefois d'un brun roussâtre vers leur extrémité. Les quatre rectrices intermédiaires noires; les trois grandes pennes latérales, de chaque côté, sont noires à leur base, puis blanches, d'un blanc roussâtre ou d'un cendré brun, avec des bandes brunes ou noires, principalement sur le rebord interne. Le blanc diminue sur les pennes qui se rapprochent des quatre rectrices intermédiaires. L'iris est rouge. Les pieds d'un brun plombé.

*La Femelle adulte* diffère du mâle par l'absence de rouge à l'occiput.

Les pics Numides mâles m'ont offert 13 millimètres de moins en longueur que l'épeiche; sur une femelle cette différence s'élevait jusqu'à 35 millimètres; mais je doute qu'elle soit toujours aussi grande, parce que les deux sexes, dans les Picinés et dans le *p. major* notamment, sont généralement de même dimension.

*Les Jeunes.* Ce que j'avais soupçonné, en 1842, s'est vérifié en 1848. Je disais, en parlant du jeune, qu'il devait avoir tout le sommet de la tête rouge avec l'occiput noir. J'ai, depuis, reçu de jeunes sujets qui ont une étroite bande frontale d'un brun de suie, qui s'étend jusqu'aux yeux, et tout le dessus de la tête rouge, l'occiput et la nuque noirs. Le hausse-col noir est recouvert d'un peu de rouge terne; le ventre est d'un brun sale; l'abdomen et les couvertures inférieures de la queue sont lavés d'un rose faible; le bec est moins long; toutes les dimensions de l'oiseau sont moindres.

Quelques sujets ont les plumes de l'occiput terminées de roussâtre et pas de rouge sur la tête; je soupçonne que ce sont des jeunes mâles en mue qui ont perdu le rouge sur le sommet de la tête et qui n'ont pas encore revêtu la bande rouge, livrée des mâles adultes.

D'autres sujets ont les rémiges primaires en partie d'un brun roussâtre clair, vers leur extrémité.

HABITE les forêts des diverses provinces de l'Algérie et le Maroc; les Canaries.

Dans le recueil allemand, publié à Stuttgard, sous le titre de: *Naumannia Archiv für die ornithologie,* on lit (page 77, 11e band. 1 heft), dans la notice de M. Carstensen, relative aux oiseaux observés aux environs de Tanger et dans la partie nord de Fez, que le *picus Numidicus* se trouve « probablement aussi en Espagne. » C'est une erreur qu'il importe de rectifier, ce pic étant propre à l'Afrique septentrionale.

Le même auteur cite le *picus viridis* parmi les oiseaux de cette partie des États barbaresques; il est certain que c'est mon *chloropicus Vaillantii* dont il a entendu parler.

| DIMENSIONS. | MALES ADULTES. | FEMELLE. | JEUNE. |
|---|---|---|---|
| Longueur totale | 242 et 250 mill. | 240 millimètres. | 223 millimètres. |
| — du bec, de la commissure à l'extrémité | 32 et 35 — | 31 — | 29 — |
| — — des narines à l'extrémité | 28 millimètres. | 26 — | 22 — |
| — de l'aile pliée | 130 et 132 mill. | 131 — | 127 — |
| — de la queue | 90 et 96 — | 87 — | 83 — |
| — du tarse | 20 et 22 — | 20 — | 20 — |
| — du doigt antérieur externe (sans l'ongle) | 15 millimètres. | 15 — | 14 — |
| — de l'ongle (mesuré en suivant la courbure) | 11 — | 11 — | 10 — |
| — du doigt postérieur externe | 17 — | 17 — | 17 — |
| — de son ongle | 11 — | 11 — | 10 — |
| — du doigt antérieur interne | 11 — | 11 — | 10 — |
| — de son ongle | 10 — | 10 — | 9 — |
| — du doigt postérieur interne | 7 — | 7 — | 7 — |
| — de son ongle | 7 — | 7 — | 7 — |

Se trouve dans les collections de Paris, de Leyde, de Bruxelles, de Londres, de M. Wilson, à Philadelphie; de Turin, de Milan, de MM. Turati, à Milan.

Le type du *Numidicus* (MALH.) se trouve dans ma collection, qui contient divers exemplaires des deux sexes et de différents âges.

## PICUS HIMALAYENSIS.

PICUS HIMALAYENSIS, JARD., *Illustr. orn.*, pl. CXVI, le mâle. — CH. BONAP., *Consp. av.*, p. 136. — *Id.*, *Consp. vol. zyg.*, 1854. — REICH., *Handb. spec. orn.*, p. 366, n° 845; pl. DCXXXIII, fig. 4215, 4216, la femelle et le mâle.
DENDROCOPUS HIMALAYANUS; *Proc. zool. soc. Lond.*, 1841, p 6.
PICUS HIMALAYANUS; G.-R. GRAY, *Gen of birds.* — BLYTH, *Cat. mus. as. soc. Calcut.*, p. 62. — *J. asiat. soc. Beng.*, XI, p. 165.

MAS ADULT. Rostro plumbeo; fronte fulvescenti-rubrâ et nigrâ; vertice occipiteque coccineis plumis basi late nigris; maculâ scapulari magnâ, remigum maculis parvis, albis; capite ad latera, corporeque subtùs flavido griseis immaculatis, aut rufescenti lavatis; crisso rubro; stria malari infrà genas et aures utrinque ad occipitis latera ducta, collo postico, corporeque supremo nigerrimis.
FŒM. AD. Mari similis sed pileo toto nigro.
MAS JUV. Vertice crissoque rubris, fronte fulvescenti-nigrâ, occipite nigro.

## LE PIC HIMALAYEN.

**PLANCHE XIX**, Fig. 3, le mâle adulte; Fig. 4, la femelle, Fig. 5, rémige primaire quatrième.

C'est dans la région tempérée du nord-est de la chaîne de l'Himalaya que ce pic habite principalement, car il a été tué à environ 2170 mètres d'élévation. On le trouve vers Simla et les Alpes du Penjaub, et M. Blyth m'écrit que, dans le sud-est, comme dans le royaume du Népaul, il est remplacé par le *picus majoroïdes* (HODGS.) ou *darjellensis* (BLYTH), tandis que, suivant M. Natterer, le *p. assimilis* se trouve dans le royaume de Kaschmyr, aussi bien que l'*Himalayanus.* Il est facile de ne pas confondre le *majoroïdes* avec les deux autres espèces indiennes et le *picus major* d'Europe, car le *majoroïdes* seul a toutes les parties inférieures de ce roux jaunâtre clair, couvert de nombreuses mèches longitudinales d'un noir profond; quant au *p. Himalayensis* et au *p. assimilis*, on en distingue les mâles adultes du mâle du *picus major*, parce que ce dernier n'a qu'une bande rouge à l'occiput tandis que les deux autres ont tout le dessus de la tête teint de cette couleur. Relativement aux femelles des pics indiens, on les distinguera de la femelle du pic épeiche d'Europe, d'abord par la taille plus forte du *picus major*, ses ailes et sa queue plus longues; et enfin le *picus major*, dans tous les âges, a beaucoup plus de blanc sur les scapulaires et sur les ailes que le *picus Himalayensis*. J'ajoute que le *p. Himalayensis* a la bande frontale beaucoup moins marquée et que ses parties inférieures sont souvent d'une teinte ferrugineuse ou d'un brun clair sale qui n'existent pas ordinairement chez le *p. major*.

Relativement aux différences qui existent entre les deux pics indiens, *Himalayensis* et *assimilis*, je les indiquerai en parlant de cette dernière espèce. Cette comparaison sera d'autant plus utile que M. Reichenbach (*Handb. spec. orn.*, p. 366, n° 845) cite l'*assimilis*, de Natterer, comme synonyme de l'*Himalayensis*, tandis qu'il suffit d'examiner les exemplaires de l'*assimilis* au Musée impérial de Vienne, au british Museum et à East India House, à Londres, pour être convaincu de la dissemblance des deux espèces.

Caractères. Bec fort, droit, long, large à la base, aigu et l'extrémité usée de chaque côté en forme de coin; l'arête du sommet de la mandibule supérieure et l'arête au-dessus des narines, très-saillantes; cette dernière plus rapprochée des bords que du sommet de la mandibule. Narines latérales, recouvertes par un bouquet de plumes piliformes dirigées en avant; arête sous la mandibule inférieure et une arête de chaque côté de cette mandibule, assez saillantes. Menton couvert de plumes et s'avançant sous la mandibule à environ un tiers de la longueur totale du bec mesuré de la commissure. Ailes médiocres, aiguës; la quatrième rémige étant la plus longue; queue moyenne. Tarses et doigts assez longs, scutellés au devant, écailleux sur les côtés. Quatre doigts; le doigt postérieur externe plus long que le doigt antérieur externe; ongles aigus, comprimés et évidés sur les côtés.

Coloration. *Le Mâle adulte;* bec d'un brun noir, le dessous de la mandibule inférieure étant d'un brun clair; plumes, recouvrant les narines, d'un cendré brun; une étroite bande frontale est d'un cendré roussâtre plus ou moins varié de rouge, suivant l'âge, et souvent on aperçoit, après ce cendré roux, une très-étroite bande noire formée par la base des plumes; tout le vertex et l'occiput d'un rouge plus ou moins vif, et souvent disposé en mèches nombreuses sur le fond cendré foncé de la base qui apparaît, comme dans le sujet représenté sur la planche des *Illustrations ornithologiques* de M. Jardine; une bande noire, partant de la commissure du bec, descend sur les joues, et, après avoir contourné la région parotidée en formant au-dessous une plaque de même couleur, remonte sur le côté de l'occiput, où elle se fond avec le noir qui couvre la nuque, le dos et le croupion. Région ophthalmique et région parotidée, menton, gorge et côtés du cou, d'un gris blanchâtre; poitrine, tantôt d'un gris sale, tantôt lavée de roux brun, et quelquefois on aperçoit un peu le noir qui teint la base des plumes, sur le côté du cou et vers la poitrine. Ventre d'un gris sale lavé de brun jaunâtre; couvertures inférieures de la queue d'un rose rouge; rémiges noires avec des taches blanches sur le bord des deux barbes; ces taches sont plus grandes et arrondies sur la barbe interne; les scapulaires proprement dites sont noires, mais les tectrices alaires secondaires et tectrices qui avoisinent les scapulaires sont entièrement blanches, ce qui produit un espace blanc de trois à quatre centimètres de longueur. Les six rectrices intermédiaires de la queue sont noires; la suivante, de chaque côté, est aux deux tiers noire, puis blanche avec une bande transversale et de petites taches noires; enfin, la rectrice qui suit est, aux deux tiers, blanche sur la barbe externe, avec deux bandes noires à l'extrémité, et à la moitié de sa barbe interne blanche avec trois bandes noires vers l'extrémité. Pieds bruns.

*La Femelle adulte* diffère du mâle en ce qu'elle a tout le dessus de la tête noir, la bande frontale étroite étant d'un cendré brun ou roussâtre; les parties inférieures sont plus foncées.

*Le Jeune mâle*, suivant ce que m'écrit M. Blyth, directeur du Muséum de Calcutta, a le vertex seulement tacheté de cramoisi mat et plus foncé que chez le mâle adulte.

Habite le nord-est de la chaîne de l'Himalaya, les Alpes du Penjaub, et se rencontre à une élévation de 2170 mètres environ. La province de Kaschmyr (Hindoustan).

DIMENSIONS.

| | |
|---|---|
| Longueur totale | 220 à 240 mill. |
| — du bec, de la commissure à l'extrémité | 30 à 34 — |
| — — des narines à l'extrémité | 22 à 24 — |
| — de l'aile pliée | 130 millimètres. |
| — de la queue | 85 à 90 — |
| — du tarse | 24 millimètres. |
| — du doigt antérieur externe (sans l'ongle) | 16 — |
| — de l'ongle (en suivant la courbure) | 14 — |
| — du doigt postérieur externe | 18 — |
| — de l'ongle | 14 — |
| — du doigt antérieur interne | 13 — |
| — de l'ongle | 13 — |
| — du doigt postérieur interne | 7 — |
| — de l'ongle | 7 — |

**Muséum de Londres, Paris, Berlin, Vienne, Leyde, Dresde, Francfort, de Chatham, ma collection et presque toutes les collections de quelque importance.**

## PICUS ASSIMILIS *(Natt.)*.

PICUS ASSIMILIS; Malh., 1843, *ex* Natt., *In mus. Vindob.* — Malh., 1846, *Brit. mus. et east. Ind. comp. mus. Lond.* — *Id.*, *Mém. soc. hist. nat. Mos.*, 1857, p. 6. — Bp., *Consp. volucr. zygod.*, *sp.* 61, 1854.

Mas adult. Similis pico Himalayensi, sed paulùm minor, fronte fuscescenti-albâ; vertice, sincipite crissoque coccineis; collo postico, dorso supremo, uropygio, vittâ strictâ malari utrinque ab oris rictu versus pectoris latera dilatatâ, nigerrimis; capite, colloque ad latera, mento gulâque sordide albis; pectore medio abdomineque fuscescenti-albis, maculâ scapulari magnâ, usque ad dorsum medium albâ; remigibus nigris, intùs et extùs maculis parvis albis, extus quadratis; caudâ nigrâ, rectricibus duabus lateralibus albo-fasciatis.

Fœm. ad. Mari simillima nisi vertice sincipiteque nigris.

## LE PIC SOSIE *(Malh.)*.

**PLANCHE XIX**, Fig. 1, le mâle; Fig. 2, la femelle.

Pendant mon séjour à Vienne, M. Joseph Natterer me montra ce pic, de la province de Kaschmyr, que l'on a toujours confondu avec le ***picus Himalayensis,*** et qui paraît beaucoup plus rare que ce dernier. Étant retourné en 1847, avec M. G.-R. Gray, au Musée de la Compagnie des Indes-Orientales, à Londres, et M. le docteur Horsfield m'ayant fait voir des grimpeurs qu'il avait reçus de l'Indoustan, je retrouvai deux couples du ***picus assimilis*** que je signalai de suite à M. Gray, qui obtint un mâle et une femelle pour le Muséum britannique. Ce savant ornithologiste reconnut, avec moi, les caractères constants qui distinguent cette espèce de l'***Himalayensis.***

Quoique j'aie, depuis plusieurs années, signalé ce pic à l'attention de M. Blyth, ce naturaliste ne paraît pas l'avoir observé dans les envois d'oiseaux adressés, de diverses parties de l'Indoustan, au Muséum de la Société asiatique, à Calcutta, et il le réunit encore au ***p. Himalayensis*** avec lequel, il est vrai, il a de très-grands rapports. Néanmoins, je ferai remarquer que la taille du ***p. assimilis*** est moindre; que la bande noire, qui part de la commissure du bec, descend, chez le ***p. assimilis,*** le long du cou, et vient former un croissant plus ou moins prononcé, de chaque côté de la poitrine, tandis que, chez le ***p. Himalayensis,*** cette bande remonte jusqu'au côté de l'occiput, et ne s'avance point sur la poitrine; que le grand espace blanc qui s'étend, chez l'***Himalayensis*** et le ***p. major,*** depuis le front jusque sur les côtés du cou, ***est divisé,*** vers les deux tiers de sa partie inférieure, ***par une étroite bande noire,*** qui remonte vers l'occiput et forme ainsi deux parties blanches séparées et encadrées de noir, tandis que, chez le ***p. assimilis,*** cet espace blanc descend beaucoup moins bas et ***n'est divisé par aucune bande noire;*** que la large plaque blanche qui couvre le haut de l'aile chez ces diverses espèces, embrasse les scapulaires chez l'***assimilis,*** et se réunit au milieu du dos, les ailes étant au repos, tandis que cette même plaque blanche est plus rapprochée du bord externe des ailes chez l'***Himalayensis,*** ne couvre point les scapulaires et laisse tout le milieu du dos d'un noir profond.

Caractères. Je ne répéterai point ici ce que j'ai dit du pic Himalayen, qui a les mêmes caractères. Seulement le pic Sosie a la taille plus petite et le bec généralement plus effilé.

Coloration. ***Le Mâle adulte;*** bec brun noirâtre de corne, un peu plus clair à la base de la mandibule inférieure; front d'un blanc roussâtre; vertex et occiput d'un rouge vif, la base des plumes étant noire; nuque, dos et croupion noirs; une bande noire, étroite, part de la commissure du bec, descend sur les côtés du cou, où elle s'élargit et s'avance plus ou moins vers la poitrine. Les côtés de la tête et du cou forment un grand espace d'un blanc plus ou moins pur, qui s'étend de chaque côté en se rapprochant vers la nuque; le menton et la gorge sont blancs; le devant du cou et toutes les parties inférieures sont d'un blanc quelquefois lavé d'un brun sale, avec parfois de légères mèches brunes sur les flancs; le milieu du ventre légèrement lavé de rose, et les couvertures inférieures de la queue d'un rouge rose. Scapulaires et petites tectrices alaires, à l'exception de celles qui bordent l'aile, d'un blanc pur; rémiges noires avec des taches blanches de forme quadrangulaire, sur la barbe externe, et de forme óvoïde, sur la barbe interne; ces taches blanches n'existent, sur les rémiges, que jusqu'aux deux tiers environ de leur longueur totale. La queue est noire, les deux pennes de chaque côté portant, vers leur extrémité, des taches ou bandes transversales blanches.

*La Femelle* diffère en ce qu'elle n'a pas de rouge sur la tête, qui est entièrement noire.

HABITE la province de Kaschmyr (Indoustan).

DIMENSIONS.

| | |
|---|---|
| Longueur totale | 190 à 210 mill. |
| — du bec, de la commissure à l'extrémité | 30 à 34 — |
| — — des narines à l'extrémité | 20 à 24 — |
| — de l'aile pliée | 115 à 125 — |
| — de la queue | 70 à 77 — |
| — du tarse | 20 millimètres. |
| — du doigt antérieur externe (sans l'ongle) | 13 — |
| — de son ongle (en suivant la courbure) | 12 — |
| — du doigt postérieur externe | 17 — |
| — de son ongle | 11 — |
| — du doigt antérieur interne | 10 — |
| — de son ongle | 10 — |
| — du doigt postérieur interne | 6 — |
| — de son ongle | 7 — |

Collections du Muséum impérial de Vienne, du Muséum britannique et de la Compagnie des Indes-Orientales, à Londres. Le type de l'*assimilis* est au Muséum de Vienne.

## PICUS MAJOROIDES *(Hodgs.)*.

DENDROCOPUS MAJOROIDES; HODGS., 1842, *Cat. Nipal. birds*, p. 115; *App.*, p. 155; *Gray's zool. misc.* 1844, p. 85, nos 155 et 156.

PICUS HODGSONII; MALH., 1845, *Mus. brit.* et *Mus. de la Comp. des Indes-Orient.* — HORSF. *and* MOORE, *Cat. birds in the mus. East-India Comp.*, II, p. 671; 1856-1858.

DENDROCOPUS HIMALAYENSIS adulte; BLYTH, *Journ. asiat. soc. Beng.*, 1842, XI, p. 165.

PICUS (DENDROCOPUS) DARJELLENSIS; BLYTH, *J. asiat. soc. Beng.*, 1845, XIV, p. 196.

PICUS DARJELLENSIS; BLYTH, *Journ. As. S. Beng.*, XIV, p. 466; *Ann. N. H.*, XX, p. 321; *Cat. B. Mus. A. S. Beng.*, p. 62. — G.-R. GRAY, *Gen of B.*, III; *App.* p. 21. — *Pr.* BONAP., *Consp. av.*, 1850, p. 136. — REICH., *Handb. spec. orn.*, p. 367, no 847; pl. DCXXXIV, fig. 4219, 4220, deux mâles.

PICUS PEARSONII; 1847, *East India Comp. mus.*

HYPOPICUS DARJELLENSIS; *Pr.* BP., *Consp. vol. zyg.*, 1854.

MAS ADULT. Rostro suprà nigricanti plumbeo, infrà flavido-corneo et plumbeo ad apicem; linea frontali, capite ad latera, collo antico et pectore medio flavescenti-rufis; mento, gulâque albis; pectore ad latera abdomineque toto flavescenti-rufis, nigerrimo striatis; fasciâ occipitis miniatâ, crissoque coccineo; pileo toto, dorso, uropygio, alarum caudæque tectricibus superioribus, vittâ utrinque ab oris rictu versus colli laterâ, rectricibusque quatuor intermediis totis nigris; rectricibus cœteris nigris albo-fasciatis; remigibus nigris extùs et intùs cum maculis candidis; scapularibus pure albis; pedibus nigricantibus.

FŒM. ADULT. Mari simillimâ, nisi absque fasciâ occipitali miniatâ.

JUV. MAS. Occipite nigro, cum rarissimis striis miniatis; toto corpore minore.

## LE PIC D'HODGSON *(Math.)*.

**PLANCHE XVI**, Fig. 1, le mâle adulte; Fig. 2, la femelle; Fig. 3, la quatrième rémige primaire.

HODGSON'S SPOTTED WOODPECKER; HORSF. et MOORE, *Catal. birds in the mus. East-India Comp.*, II, p. 671; 1856-1858.

Au mois de mai 1845, MM. J.-E. et G.-R. Gray ayant eu l'obligeance de confier à mon examen, à Londres, des Picidés rapportés de l'Inde par M. Hodgson, qui a rendu tant de services signalés aux sciences naturelles, je nommai *picus Hodgsonii* l'espèce qui nous occupe, que je ne connaissais pas alors, et ce nom fut adopté au Muséum britaunique. Néanmoins, malgré ce que peut laisser à désirer, sous certain rapport grammatical, le nom de *majoroïdes* que M. Hodgson a donné au même pic, je crois, par respect pour l'auteur, devoir, à l'exemple du Muséum de la Compagnie des Indes-Orientales, à Londres, conserver cette dénomination, qui a la priorité sur la mienne et sur celle de *darjellensis*. Seulement j'ai choisi le nom français qui rappelait le savant qui avait découvert cette espèce.

Le pic de Hodgson est commun dans le sud-est de l'Himalaya, dans le Darjeeling et le royaume de Népaul, mais c'est un oiseau encore rare dans nos collections, et, sans M. Hodgson, il ne se trouverait encore qu'à Londres.

M. Reichenbach n'a pas connu la femelle de cette espèce, et les deux sujets qu'il figure sont deux mâles, ainsi que le démontre la bande rouge occipitale.

Caractères. Bec long, droit, aigu et un peu usé vers l'extrémité qui est en forme de coin; arête sur le sommet du bec assez saillante; arête au-dessus des narines saillante jusqu'à la moitié du bec, et bien plus rapprochée du bord que du sommet de la mandibule supérieure; narines cachées par une touffe de plumes piliformes. Arête sous la mandibule inférieure peu saillante; menton recouvert de plumes et s'avançant sous la mandibule à un peu moins du tiers de la longueur totale du bec mesuré de la commissure. Ailes longues et aiguës; les rémiges les plus longues sont la troisième, la quatrième et la cinquième, qui diffèrent peu entr'elles. La queue est longue et raide; les deux rectrices intermédiaires dépassant de beaucoup les suivantes; tarses et doigts scutellés au devant, écailleux sur les côtés; quatre doigts; le doigt postérieur externe plus long que le doigt antérieur externe. Ongles longs, aigus, comprimés et évidés sur les côtés.

Coloration. *Le Mâle adulte;* plumes recouvrant les narines noires; la mandibule supérieure d'un bleu de corne; mandibule inférieure d'un jaune de corne, nuancé de bleuâtre vers la pointe. Une étroite bande frontale, d'un roux jaunâtre clair, descend au-dessous de l'œil, qu'elle contourne, et couvre, en s'élargissant, la région parotique, le côté de la tête et du cou; cette plaque roux jaunâtre est bordée inférieurement par une bande d'un noir profond, qui part de la mandibule inférieure et va se fondre avec les stries de la poitrine; tout le dessus de la tête et le dos sont d'un noir profond à reflets bleuâtres; une bande rouge minium, de près d'un centimètre de hauteur, couvre l'occiput et se change, sur les côtés du cou, en un roux orangé. Petites tectrices noires; les dernières grandes et moyennes tectrices sont blanches et forment sur l'épaule une plaque d'un blanc pur; quelques-unes seulement des moyennes tectrices ont, à leur extrémité, un cercle noir. Les rémiges ont des taches blanches quadrangulaires sur leur barbe externe et des taches blanches arrondies sur leur barbe interne; les couvertures inférieures des ailes noires et tapirées de blanc. Le croupion est noir ordinairement; j'ai vu un sujet dont quelques plumes de cette partie étaient liserées de blanc. Les couvertures supérieures de la queue noires, ainsi que les quatre pennes intermédiaires de la queue; les autres rectrices sont noires, avec des bandes blanches transversales qui sont peu étendues sur la troisième penne de chaque côté.

Le menton et la gorge sont ordinairement blancs, tandis que ces mêmes parties sont jaunâtres chez quelques sujets. Le devant du cou, jusqu'au milieu de la poitrine, est d'un roux tantôt clair, tantôt très-foncé. Le reste des parties inférieures est d'un roux jaunâtre couvert de nombreuses mèches noires longitudinales, chaque plume étant grise à sa base et divisée par une raie noire jusqu'à son extrémité. Ces stries sont généralement larges, mais, sur les différents exemplaires que j'ai examinés, elles variaient toutefois, tant pour leur étendue que pour leur nombre et pour l'intensité de couleur. Les couvertures inférieures de la queue sont d'un rouge minium, tirant, chez quelques sujets, sur le vermillon. Les tarses sont bleuâtres; les ongles bleuâtres en dessus, jaunâtres en dessous. On ne connaît pas la couleur de l'iris.

*La Femelle adulte* diffère du mâle en ce qu'elle manque de la bande rouge à l'occiput.

*Le Jeune Mâle;* un sujet, qui m'a paru être un jeune mâle, avait la nuque parsemée de plumes d'un roux jaunâtre recouvertes par des plumes noires et par quelques petites plumes d'un rouge minium. Les jeunes des deux sexes ont les mèches noires des parties inférieures plus nombreuses, entremêlées sur un fond d'un jaune fauve sale où le noir domine. Je soupçonne que le *picus atratus*, de M. Blyth, n'est autre qu'une jeune femelle du *picus majoroïdes*.

Habite le sud-est de l'Himalaya; le Darjeeling, le royaume de Népaul. Les types mâle et femelle, donnés par M. Hodgson au Muséum de la Compagnie des Indes, à Calcutta, provenaient du Népaul.

DIMENSIONS.

| | |
|---|---|
| Longueur totale | 235 à 260 mill. |
| — du bec, de la commissure à l'extrémité | 34 à 38 — |
| — — des narines à l'extrémité | 22 millimètres. |
| — de l'aile pliée | 127 à 130 mill. |
| — de la queue | 82 à 100 — |
| — du tarse | 20 millimètres. |
| — du doigt antérieur externe (sans l'ongle) | 15 — |
| — de son ongle (en suivant la courbure) | 13 — |
| — du doigt postérieur externe | 18 — |
| — de son ongle | 13 — |
| — du doigt antérieur interne | 13 — |
| — de son ongle | 11 — |
| — du doigt postérieur interne | 7 — |
| — de son ongle | 6 — |

Se trouve dans les collections du Muséum britannique, de la Compagnie des Indes-Orientales, à Londres; de Leyde, de Paris, de Berlin, de M. Wilson, à Philadelphie; dans ma collection.

## PICUS ATRATUS *(Blyth)*.

PICUS MAJOROIDES; Hodgs. — Jeune femelle?

Fœmina. Fœminæ pici Maceï simillima, sed major et obscurior. (Blyth.)

## PIC VÊTU DE NOIR *(Malh.)*.

J'aurais voulu nommer cette espèce pic en deuil ou pic funèbre, mais la première de ces dénominations a déjà été donnée par M. Valenciennes au *dryopicus funebris* et la seconde occasionnerait la confusion en paraissant être la traduction du nom *funebris*. Quoiqu'il en soit, je n'ai connu ce grimpeur que par le peu de mots suivants: « J'ai récemment, » m'écrivait M. Blyth en 1849, « obtenu de Malacca une femelle en mauvais état d'une nouvelle espèce du genre *picus*, que j'ai nommée *picus atratus;* elle ressemble infiniment au *picus Macei* (Temm.); mais elle est bien plus grande et d'une couleur plus foncée. »

Dans le catalogue des oiseaux composant la collection de la Société asiatique de Calcutta, en 1849, M. Blyth ne mentionnait nullement cette espèce; M. Blyth ne mentionnant pas non plus l'*analis*, de M. Temminck, j'avais pensé d'abord qu'il pouvait exister quelque confusion, et que l'oiseau indiqué sous le nom de *Macei* était l'*analis*, tandis que l'*atratus* était le vrai *Macei*.

Mais dans une note, intitulée le supplément au catalogue, et publiée, en 1849, dans le volume XVIII, p. 803, du *Journal de la Société asiatique du Bengale*, M. Blyth annonce qu'il existe quatre espèces très-voisines, savoir: le *picus atratus*, le *p. Macei*, le *p. analis* et le *picus pectoralis* (Blyth). Il ajoute: « Cette dernière espèce semble presque la même que l'*analis* et elle n'en diffère seulement que par la teinte très-pâle du rouge qui colore les couvertures inférieures de la queue. » J'ai déjà, à l'article *analis*, indiqué le *pectoralis*, de M. Blyth, comme synonyme de l'*analis*, de M. Temminck. Je suis porté à croire que l'*atratus* est une jeune femelle du *picus majoroïdes* (Hodgson), dont le Muséum de Paris possède un exemplaire tout semblable à la description que M. Blyth donne de son *atratus*.

Voici d'ailleurs cette description:

« Il ressemble au *p. Macei*, mais il est plus grand et n'a pas de blanc fauve sur les côtés de la tête et du cou, si ce n'est sur le lorum, la région parotique et au-dessus des yeux; parties inférieures noires, les plumes étant bordées latéralement d'un jaune fauve sale, mélangé confusément sur l'abdomen, et le noir dominant généralement; couvertures inférieures de la queue rouges, et probablement le mâle a le sommet de la tête de cette couleur; les quatre rectrices intermédiaires noires, et, sur les autres rectrices, il existe moins de blanc que chez le *p. Macei*. Longueur, *probablement* (dit l'auteur), *environ* huit pouces anglais (201 millimètres); aile, quatre pouces et demi (113 millimètres); bec, du front, un pouce un huitième (22 millimètres). Habite les provinces du Tenasserim. »

Je laisse au savant directeur du Muséum de Calcutta le soin de s'assurer si mon opinion est exacte et de nous donner, dans le cas contraire, une planche coloriée de son espèce nouvelle.

## PICUS SCINDEANUS *(Gould)*.

PICUS SCINDEANUS (Gould, M. S.); Horsf. et Moore, *Catal. birds in the Museum East-India comp.*, II, p. 671, 1856-1858.

Nous ne connaissons cette espèce que par la description sommaire que nous allons traduire et qui est insérée, par MM. Thomas Horsfield et Fréderic Moore, dans le second volume (p. 671) de l'intéressant ouvrage qui m'a gracieusement été offert l'an dernier par la cour des Directeurs de l'honorable Compagnie des Indes-Orientales, à Londres.

*Le Mâle;* « quelque peu allié au *picus medius* d'Europe, mais plus petit, et ayant tout le sommet de la tête rouge, comme chez le *medius;* les côtés, au lieu d'être lavés de rouge rose, sont d'un blanc sale; il existe aussi une large bande noire s'étendant de la base de la mandibule inférieure vers les côtés du cou.

» Longueur (mesures anglaises) 7 pouces et demi; aile, 4 pouces cinq huitièmes; bec, de la commissure, 1 pouce deux dixièmes; tarse, trois quarts de pouce. »

Un mâle de cette espèce, provenant du Scinde, figure dans la collection de la Compagnie des Indes, et un couple, originaire de Shikarpore, se trouve dans la collection de M. Griffith.

## PICUS HARRISII.

PICUS HARRISII; Audub., *Birds of Amer.*, IV, p. 242, pl. 261. — Atlas, f° maxim., pl. CCCCXVII, fig. 8, le mâle; fig. 9, la femelle. — *Synops.*, p. 178, n° 263. — *Ornith. biogr.*, V, p. 191. — Townsend, *Excurs. in the Rocky-Mount.*, II, p. 304, append. — Nutt., *Man.* I, 2e édit., 1840, p. 627. — Baird, *Reports of explorat. and Surv.*, etc., IX, part. II, p. 87, 1858. — Giraud, *Birds of Texas.* — J. de Kay, *Nat. hist. New-York, aves*, p. 194. — Gambel, *Journ. Acad. nat. sc. Philadelphia, new series*, I, part. 1, p. 54, n° 103, 1847. — G.-R. Gray, *Gen of birds.* — Ch. Bonap., *Consp. gen. av.*, p. 138. — Reich., *Handb.*, p. 364, n° 841, pl. DCXXXII, fig. 4208, 4209.
PICUS INCARNATUS; Licht., *Antea, in Mus. Berol.*
TRICHOPICUS HARRISI; *Pr. Bp., Consp. vol. zyg.*, 1854.

Mas adult. Rostro plumbeo; corpore suprà nigro, superciliis, vitta ab oris rictu ad nuchæ latera ducta, corpore subtus a menti initio ad crissi finem, medio dorso, maculis quadratis remigum et rectricibus tribus extimis albis; fascia occipitis coccineâ; strigâ utrinque a mandibulâ ad colli latera ductâ, fronte, vertice, nuchâ, corpore suprà, cæterisque rectricibus intermediis nigris; pedibus plumbeis.
Fœm. adult. Mari simillima nisi absque fasciâ occipitali coccineâ; superciliis, ad occiput ductis, albis.
Juv. Corpore subtùs cinereo-fuscescente, pectore obsolete nigro maculato.

## LE PIC DE HARRIS.

**PLANCHE XX**, Fig. 1, le mâle adulte; Fig. 2, la femelle; Fig. 3, rémige primaire quatrième.

Cette espèce, encore assez rare dans les collections d'Europe, est répandue dans le district de l'Orégon, dans les Montagnes-Rocheuses, la Californie et le Texas. C'est l'honorable M. Lichtenstein qui, le premier, a désigné cet oiseau sous le nom d'*incarnatus,* dans la collection du Muséum de Berlin, et il est vivement à regretter que ce savant n'en ait pas publié, avant Audubon, une description sommaire qui nous eut permis de conserver cette dénomination. M. le docteur Townsend a tué, sur les bords de la rivière Columbia (Orégon), un couple de ce pic que M. Audubon a dédié à M. Harris, et M. Gambel, dans sa *Notice sur les Oiseaux de la Californie,* annonce qu'il a obtenu des sujets du même pic sur les bords de la Rivière-Verte (Green-River). Suivant ce dernier naturaliste, le pic de Harris habite de préférence dans les forêts de pins, et, lorsqu'il vole d'un arbre à l'autre pour chercher une nourriture plus abondante, il fait entendre son cri: *Qwick, qwick!* M. Giraud cite aussi le pic de Harris parmi les oiseaux du Texas; il est donc certain que l'espèce se trouve au moins depuis le 30e jusqu'au 53e degré de latitude nord, et, probablement, sur les deux versants de la grande chaîne de montagnes qui, depuis l'extrémité des Monts-Rocheux, dans la Nouvelle-Calédonie, descend jusque très-avant dans le Mexique.

M. Reichenbach regarde le *hairy woodpecker,* dont le mâle est figuré par Catesby parmi ses oiseaux de la Caroline *(Nat. hist. Carol.,* I, p. 19, pl. 19, fig. 1), comme le *picus Harrisii,* tandis que, jusqu'ici, on l'avait pris pour le *villosus.* Selon le même auteur, l'oiseau figuré sous le nom de *picus pubescens,* dans l'édition de Buffon, d'Otto (XXIII, p. 160), est aussi un pic de Harris.

Caractères. Bec de la longueur de la tête, fort, droit, comprimé vers l'extrémité qui est tronquée et cunéiforme; arête au sommet du bec, et celles au-dessus des narines, très-saillantes; narines oblongues, près des bords de la mandibule, et cachées par une touffe de plumes piliformes dirigées en avant de chaque côté; arête sous la mandibule inférieure, et celle de chaque côté de cette mandibule, légèrement saillantes; ailes plutôt longues; la première rémige n'a que 25 millimètres de long, et a 5 centimètres de moins que la seconde rémige, qui est de 2 centimètres plus courte que la troisième. La quatrième rémige, la plus longue de toutes, a près de 3 millimètres de plus que la troisième et un millimètre de plus que la cinquième; queue longue, cunéiforme, composée de douze pennes, dont les trois premières, de chaque côté, sont arrondies; la plupart des rectrices ayant leur extrémité fendue, les barbes excédant de beaucoup la tige; tarses plutôt courts, emplumés au devant sur un tiers environ de leur longueur, scutellés sur le reste; quatre doigts inégaux, le doigt postérieur externe étant le plus long; ongles longs, courbes, aigus et évidés sur les côtés; plumage doux et lustré.

Coloration. *Le Mâle adulte;* bec d'un gris bleu; touffes de plumes recouvrant les narines d'un jaune sale, la pointe en étant quelquefois noire; front et vertex d'un noir lustré; au-dessus de l'œil une bande blanche, qui se change, sur l'occiput, en une bande rouge dont les plumes conservent la couleur blanche à leur base. Une bande noire partant du front jusqu'à l'œil, se continue après l'œil et va se fondre dans le noir de la nuque. Une autre bande noire, partant des côtés de la mandibule inférieure, descend sur les côtés du cou et va se fondre sur le noir du derrière du cou; entre les deux bandes noires ci-dessus existe une bande blanche commençant à la commissure du bec et finissant sur les côtés de la nuque et du cou où elle s'élargit considérablement; toutes les parties supérieures sont noires, mais les plumes du milieu du dos sont en partie d'un blanc pur; les rémiges sont d'un brun noir avec de petites taches blanches quadrangulaires sur la barbe externe et trois ou quatre taches blanches arrondies sur la barbe interne; les dernières rémiges secondaires n'ont pas de taches blanches sur la barbe externe; les quatre rectrices intermédiaires sont noires; la penne qui vient après, de chaque côté, a sa barbe interne noire, maculée de blanc vers l'extrémité, et sa barbe externe blanche, et, vers la base, noire le long de la tige; les trois premières rectrices, de chaque côté, sont blanches, avec un peu de noir à la partie de la base qui est cachée, excepté chez la petite rémige externe qui est entièrement blanche; toutes les parties inférieures, depuis le menton jusques et y compris les tectrices caudales, sont entièrement blanches; les tectrices inférieures des ailes sont blanches, avec quelques taches et le rebord de l'aile noirs; pieds d'un gris bleu; ongles bruns.

*La Femelle adulte* n'a pas de rouge à l'occiput; la bande qui commence au-dessus des yeux va contourner l'occiput.

*Le Jeune;* les parties inférieures sont d'un brun sale plus ou moins clair; le blanc pur, qui existe chez l'adulte sur le dos, est, chez le jeune, d'un blanc sale ou d'un gris blanchâtre; la poitrine a quelquefois des taches noires.

M. Gambel a tué, au mois de septembre, un jeune pic de Harris qui avait, dit-il, tout le vertex d'un rouge pâle; je pense que c'est la livrée du jeune mâle. M. Baird *(Reports of explorat. and Surveys,* etc., IX, part. II, p. 87) ajoute que, chez le jeune de l'*Harrisii,* il existe, avec l'adulte, la même différence que chez le *villosus.* Les plumes du vertex, et presque à la base du bec, dit-il, sont, *apparemment dans les deux sexes,* pointillées de rouge avec une tache blanche à la base du rouge sur chaque plume. Dans cet état, le jeune oiseau peut être pris pour une espèce différente.

Habite les Montagnes-Rocheuses, l'Orégon, la Californie, le Mexique, le Texas.

DIMENSIONS.

| | | |
|---|---|---|
| Longueur totale | 225 | millimètres. |
| — du bec, de la commissure à l'extrémité | 35 | — |
| — — des narines à l'extrémité | 28 | — |
| — de l'aile pliée | 123 | — |
| — de la queue | 83 | — |
| — du tarse | 20 | — |
| — du doigt antérieur externe (sans l'ongle) | 14 | — |
| — de son ongle (en suivant la courbure) | 14 | — |
| — du doigt postérieur externe | 16 | — |
| — de son ongle | 14 | — |
| — du doigt antérieur interne | 11 | — |
| — de son ongle | 12 | — |
| — du doigt postérieur interne | 5 | — |
| — de son ongle | 7 | — |

Se trouve dans les collections des Musées de Paris, de Londres, de Berlin, de Vienne, de Dresde; dans ma collection.

## PICUS VILLOSUS.

PICUS VARIUS VIRGINIANUS; Briss., *Orn.*, IV, p. 48.

PICUS VILLOSUS MEDIUS; Klein, *Avi.*, p. 27, nº 9.

PICUS VILLOSUS; Linn., *Syst. nat.*, I, p. 175, *sp.* 16, 1767. — Gmel., *Syst. nat.*, I, p. 435, nº 16. — Lath., *Ind. orn.*, I, p. 232, nº 19. — *Id.*, *Syn.*, II, p. 572. — *Id.*, *Suppl.*, p. 108. — Gmel., *Syst.*, I, p. 435. — Penn., *Arct. zool.*, II, p. 320. — Forster, *Philos. trans.*, LXII, p. 383, 1772. — Wils., *Amer. orn.*, I, p. 150, pl. 9, fig. 3, le mâle. — Vieill., *N. dict.*, XXVI, p. 71. — *Id.*, *Encycl.*, p. 1305. — *Id.*, *Ois. Amer. sept.*, II, p. 64, pl. 120, le mâle. — Wagl., *Syst. av.*, nº 22. — Bonap., *Synops.*, p. 46. — *Id.*, *Consp. gen. av.*, p. 137, nº 24. — *Id.*, *Ann. Lyc. New-York*, II, p. 46. — Less., *Orn.*, p. 228, nº 55. — *Id.*, *Compl. Buff.*, IX, p. 325. — Audub., *Orn. biogr.*, V, p. 164; *The birds of Amer.*, atlas fº max., pl. 416, fig. 1, le mâle adulte; fig. 2, la femelle adulte. — Vig., *Zool. Beech. voy.*, p. 23. — G. Cuv., *Règ. anim.*, 1829, p. 451. — Sab., *Frankl. journ.*, p. 677. — Peab., *Nat. hist. Massach. aves*, p. 337. — Kirtl., *Zool. Ohio*, p. 162. — De Kay, *Nat. hist. New-York aves*, p. 186, pl. 15, fig. 32, le mâle. — Giraud, *Birds Long Isl.*, p. 174. — Nutt., *Man.*, I, p. 575. — G.-R. Gray, *Gen.* — Barry, *Proc. Boston*, 1854, p. 8. — Reich., *Handb. spec. orn.*, p. 374, nº 863, pl. DCXXXVIII, fig. 4252-4254.

TRICHOPICUS VILLOSUS; *Pr. Bp.*, *Consp. vol. zyg.*, 1854. — G.-R. Gray, *Cat. gen. brit. mus.*, p. 91, 1855.

Mas adult. Rostro cœrulescenti-corneo; iridibus avellaneis; narium plumis subvillosis, longiusculis, fulvescentibus; striâ larga suprà oculos et alia infrà illos a naribus versus nucham dilatate ductâ, et toto corpore inferiore a menti initio usque ad crissi finem pure unicoloribus albis; fasciâ occipitali coccineâ; pileo toto et vittâ lata ad capitis latera, oculum infra includente, ad occipitis fasciam ductâ, alarum tectricibus minoribus caudæque superioribus, uropygio rectricibusque quatuor intermediis, nigerrimis; vittâ malari primo nigricante, sensim in maculam nigram exeunte; dorso nigro, longitudinaliter medio plumis longioribus, subvillosis, albis; alarum tectricibus majoribus nigris, largiuscule albo-terminatis; remigibus omnibus nigris albo-maculato fasciatis; rectricibus duabus utrinque lateralibus totis albis, nisi apice brunnescente, sequentibus nigris, apice oblique albis, nigro-terminatis; pedibus cœrulescentibus.

Fœm. adult. Occipitis fasciâ coccineâ nullâ.

Mas Jun. Occipitis fasciâ coccineâ, in medio brunco-fusco.

## LE PIC CHEVELU.

**PLANCHE XXI**, Fig. 1, mâle; Fig. 2, femelle; Fig. 3, rémige quatrième.

LE PIC CHEVELU; Vieill., *N. dict.*, XXVI, p. 71. — *Id.*, *Ois. Amér. sept.*, II, p. 64, pl. 120, le mâle. — *Id.*, *Encycl.*, p. 1305. — Valenc., *Dict. sc. nat.*, XL, p. 180. — Less., *Orn.*, p. 228. — *Id*, *Compl. Buff.*, IX, p. 325.

L'ÉPEICHE ou PIC CHEVELU DE LA VIRGINIE; Buff., *Ois.*, VII, p. 75. — Hol., *Abr. d'hist. nat.*, III, p. 410, le mâle, 1790.

LE PIC VARIÉ DE VIRGINIE; Briss., *Orn.*, IV, p. 48. — Buff., pl. enl. 754, le mâle.

THE HAIRY WOODPECKER; Lath., *Syn.*, II, p. 572. — *Id.*, *Gen. hist.*, III, p. 389. — Penn., *Arct. zool.*, II, p. 273. — Wils., *Am. orn.*, I, p. 150, pl. 9, fig. 3. — Aud. *Orn. biogr.*, V, p. 164, pl. 416. — Bonap., *Syn.*, p. 46. — Nutt., *Man.*, I, p. 575. — Peab., *N. hist. Mass.*, p. 337. — Kirtl., *Zool. Ohio*, p. 162. — De Kay, *N. hist. New-York*, p. 186, pl. 15, fig. 32. — Giraud, *Long Isl.*, p. 174.

On lit dans l'*Ornithologie américaine*, par Wilson, continuée par le prince Charles Bonaparte : « Le pic Chevelu a été récemment trouvé en Angleterre; le docteur Latham a examiné un couple tué près de Halifax, dans le Yorkshire. » L'auteur ajoute que les sujets capturés en Angleterre étaient semblables à ceux provenant de l'Amérique septentrionale. Depuis cette époque, ce pic a commencé à prendre rang dans la faune d'Europe comme oiseau de passage accidentel; mais l'honorable M. le baron Jardine dit, avec autant de raison que d'esprit, que Halifax, dans le Yorkshire, devra se changer en Halifax, dans la Nouvelle-Écosse du Canada. Et en effet, malgré toutes les recherches que ce savant a faites, il ne lui a pas été possible de trouver aucune trace authentique de l'apparition du pic Chevelu dans la Grande-Bretagne. Je suis donc d'avis de rayer ce grimpeur du catalogue des espèces européennes.

Je dois au reste ajouter que M. Temminck et M. le docteur Degland, dans leur *Ornithologie européenne*, ont eu le bon esprit de ne pas y faire figurer cet oiseau.

Le *picus villosus*, suivant Audubon, réside constamment dans les districts maritimes et dans l'intérieur des terres, depuis le Texas, où il est abondant, jusqu'à l'État du Nouveau-Hampshire, aussi bien que dans toutes les contrées suffisamment boisées qui s'offrent entre la jonction du Missouri et du Mississipi, et les bords septentrionaux des lacs Ontario et Érié; néanmoins il n'a jamais pu s'en procurer un seul dans l'État du Maine, où une autre race semblable, mais plus forte, le *picus Canadensis*, dit-il, est très-abondante et étend ses migrations fort au nord jusqu'au 63e degré parallèle.

Le docteur Townsend annonce qu'il a observé le *picus villosus* depuis les Montagnes-Rocheuses jusqu'aux bords de la rivière Columbia; et c'est aux environs de Monterey qu'ont été tués les exemplaires rapportés par le capitaine Beechey. Enfin M. Barry cite cette espèce comme assez commune dans le Wisconsin.

Vif, bruyant et s'inquiétant peu de l'homme, le *picus villosus* se trouve en toute saison dans les vergers, au milieu des arbres des villes, le long des plantations, sur les haies, sur les arbres isolés dans les champs, aussi bien que dans les parties les plus épaisses des forêts. Audubon a même trouvé ce pic au milieu des vastes marais salants vers les bouches du Mississipi, où, çà et là, se voyait un saule isolé ou un buisson de cotonnier. Cet oiseau était aussi gai, aussi actif que s'il se fut trouvé au milieu des bois. Dans de telles localités, il se pose aussi sur les tiges des roseaux les plus gros et les plus élevés, et les perfore, comme il a l'habitude de le faire sur les arbres.

Dans presque toutes les parties méridionales des États-Unis, ce pic devient, en hiver, une des espèces les plus familières, et, comme le *pubescens*, il va dans les basses-cours glaner les grains de blé abandonnés par les animaux. On le voit alors sautillant à terre, au milieu des tourterelles, des cardinaux, de quiscales et d'autres espèces, et il fait de fréquentes visites dans les magasins à blé. Il est vraiment curieux d'entendre le cri aigre de cet oiseau vif et industrieux lorsqu'il vient à être surpris dans un magasin, duquel il s'échappe souvent en vous passant entre les jambes. Il n'a pas plutôt effectué sa retraite, qu'il se posera près de là, sur le sommet d'un poteau dans quelque haie, et se mettra à chanter en signe de réjouissance. On l'aperçoit quelquefois appliqué contre la tige d'une canne à sucre qu'il perfore et suce avec délices.

Comme tous ses congénères, cette espèce, lorsqu'elle vient à être blessée, se cramponne au tronc ou à la branche de l'arbre sur lequel elle se trouve, et y reste souvent jusqu'à ce qu'elle meure.

Son vol est ordinairement court, quoique rapide, ainsi que cela a lieu chez plusieurs autres espèces sédentaires qui diffèrent par là des espèces qui émigrent. Il est rare de voir réunis plusieurs pics Chevelus à moins qu'ils ne soient des membres de la même famille, et encore cela n'a lieu que jusqu'au moment où les jeunes sont en état de pourvoir seuls à leur subsistance, tandis que les espèces qui émigrent sont fréquemment agglomérées sur les arbres chargés de fruits. Néanmoins cette dernière observation ne s'applique point aux pics *varius, pubescens, Canadensis, hirsutus,* dont quelques-uns changent de localité, c'est-à-dire vont, au printemps et à l'automne, du sud au nord *et vice versâ,* mais dans les limites des États-Unis.

Le pic Chevelu se nourrit des larves de la plupart des insectes aussi bien que des insectes eux-mêmes. Quelquefois il s'élance et vole à la poursuite d'un insecte qui vient à passer devant lui, quoique ce genre de chasse soit plutôt pratiqué par les petites espèces de Picidés. En automne, il se nourrit fréquemment de baies, d'herbe, ou des fruits qui peuvent exister sur les arbres. Son chant est aigu, bruyant et formant une sorte de roulement comme celui des plus petites espèces. Toutefois on l'entend par saccades lorsque l'oiseau agite ses ailes le long de l'arbre sur lequel il grimpe.

Le trou qu'il pratique pour y déposer ses œufs excède rarement 660 millimètres (environ 2 pieds) en profondeur; après avoir dévié de sa direction première horizontale, il se dirige quelquefois perpendiculairement, mais souvent obliquement. Dans les parties méridionales des États-Unis, on voit fréquemment réussir deux couvées dans la saison, la première nichée arrivant au mois de mai et la seconde à la fin de juillet ou au commencement d'août.

Dans les États du Centre, le nombre des œufs varie de quatre à six et quelquefois il s'élève à sept, mais habituellement il est de cinq. Ces œufs ont environ 25 millimètres de long sur 13 de diamètre en largeur. Ils sont elliptiques ou presqu'également arrondis aux deux extrémités, polis, d'un blanc pur et diaphane. Les jeunes demeurent autour du nid jusqu'à ce qu'ils soient en état de prendre leur vol, ainsi que cela arrive chez les autres espèces.

Je vais donner la description du *picus villosus,* qui se trouve ainsi étiqueté dans toutes nos collections et qui ne forme qu'une seule espèce avec le *picus Canadensis,* que l'on doit considérer comme une race locale différant seulement par une taille un peu plus forte.

L'article du *picus villosus* était terminé lorsque j'ai eu communication de la partie zoologique, par MM. Baird, Cassin et Lawrence, des *Reports of Explorations and Surveys,* etc., vol. IX, Washington, 1858.

Ces savants auteurs, mieux placés que personne pour nous fixer sur l'identité des espèces de l'Amérique septentrionale, et qui possèdent d'ailleurs sous leurs yeux les types d'Audubon, sont d'avis formel qu'on a créé plusieurs espèces avec des races locales, tantôt d'une taille un peu plus forte, si elles sont originaires des régions septentrionales et occidentales, tantôt d'une plus petite taille, si elles sont du midi, et, enfin, d'une taille intermédiaire, si elles habitent les contrées du centre. Qu'en outre, Audubon et d'autres auteurs n'avaient pas connu les différents plumages des jeunes du *villosus,* depuis leur sortie du nid jusqu'à l'état adulte, ce qui les a induits en erreur.

Ces naturalistes ont donc établi comme ci-après les différences de synonymie du *picus villosus* de Linnée :

### 1° *Grande race, des régions Septentrionales et Occidentales de l'Amérique du Nord.*

PICUS LEUCOMELAS; Boddaert, *Buff.*, pl. enl. 345, fig. 1; 1783.
PICUS CANADENSIS; Gmel., *Syst. nat.*, p. 437; 1788. — Audub., *Orn. biogr.*, V, 1839, p. 188, pl. 417. — *Id.*, *Syn.*, 1839, p. 177. — *Id.*, *birds Amer.*, IV, 1842, p. 235, pl. 258. — Bonap., *Consp.* — Sw., *Faun. bor. Amer.*
PICUS VILLOSUS; Forster, *Philos. trans.*, LXII, 1772, p. 383.
PICUS PHILLIPSII; Audub., *Orn. biogr.*, V, 1839, p. 186, pl. 417. — Nutt., *Man.*, I, 2e édit., 1840, p. 686.
PICUS SEPTENTRIONALIS; Nutt., *Man.*, 1, p. 684, 2e édit., 1840.

### 2° *Race ou variété moyenne, des États du Centre.*

PICUS VILLOSUS; Linn., *Syst. nat.*, 1, p. 175, 1766. — Vieill., *Ois. Amér. sept.*, II, p. 64, pl. cxx, 1807. — Wils., *Amer. orn.*, I, p. 150, pl. IX, 1808. — Wagl., *Syst. av.*, n° 22, 1827. — Aud., *Orn. biogr.*, V, p. 164, pl. 416, 1839. — *Ibid.*, *Birds Amer.*, IV, p. 244, pl. 262, 1842. — Bonap., *Consp.*, p. 137, 1850.
PICUS LEUCOMELANUS; Wagl., *Syst. av.*, n° 18, 1827, un jeune mâle en été.
PICUS MARTINÆ; Aud., *Orn. biogr.*, V, p. 181, pl. 417, 1839. — *Ibid.*, *Syn.*, p. 178, 1839. — *Ibid.*, *Birds Amer.*, IV, p. 240, 1842, pl. 260, jeune mâle avec des plumes rouges sur le vertex.
PICUS RUBRICAPILLUS; Nutt., *Man.*, 1, p. 685, 2e édit., 1840, jeune mâle avec des plumes rouges sur le dessus de la tête.
HAIRY WOODPECKER; Penn., Lath.

### 3° *Petite race ou variété, des États Méridionaux.*

PICUS AUDUBONI; Sw., *Faun. bor. Amer.*, 1831, p. 306. — Trud., *J. acad. nat. sc. Philad.*, VII, p. 404, 1837, très-jeune mâle, avec le sommet de la tête tacheté de jaune. — Aud., *Orn. biogr.*, V, p. 194, pl. 417, 1839. — *Ibid.*, *Birds Amer.*, IV, p. 259, pl. 265, 1842. — Nutt., *Man.*, 1, p. 684, 2e édit., 1840.

Une réflexion vient naturellement à l'esprit en songeant à la quantité innombrable de sujets adultes des deux sexes du *picus villosus* qui se trouvent soit dans les collections, soit chez les marchands naturalistes. Comment se fait-il que l'on n'a pu, jusqu'ici au moins, se procurer des jeunes sujets en Europe, et qu'ils soient tellement rares, même aux États-Unis, que les naturalistes soient partagés d'avis à l'égard de l'identité des espèces?

Caractères. Bec environ de la longueur de la tête, droit, fort, comprimé vers l'extrémité, qui est tronquée et cunéiforme; arête au sommet de la mandibule supérieure, et celle au-dessus des narines de chaque côté, saillantes; rebords de la mandibule tranchants; mandibule inférieure avec une arête dorsale assez saillante et arrondie; narines oblongues, basales, cachées de chaque côté par une forte touffe de plumes piliformes dirigées en avant. Tête large, ovale; cou plutôt court; pieds très-courts; tarses courts, comprimés, emplumés au devant sur plus du tiers, et scutellés sur le reste de leur longueur; quatre doigts; le doigt postérieur externe le plus long; ongles forts, courbes, évidés sur les côtés et aigus.

Plumage très-doux, lustré; les plumes de l'angle de la mandibule inférieure sont allongées, piliformes et dirigées en avant; ailes plutôt longues; la première rémige, très-courte, n'a que 20 millimètres de long; la seconde l'excède de 53 millimètres, et elle est plus courte que la troisième de 14 millimètres. La quatrième rémige, la plus longue, n'excède la troisième que de 2 millimètres et la cinquième d'un millimètre seulement. Queue assez longue et cunéiforme, composée de douze rectrices dont les latérales sont arrondies; les tiges de ces rectrices sont très-fortes et raides. L'oiseau emplumé pèse au moins 56 grammes.

Coloration. *Le Mâle adulte;* bec gris bleuâtre, noir vers l'extrémité; iris brun noisette; les parties supérieures sont noires et tachetées de blanc; les parties inférieures blanches. Touffes de plumes piliformes couvrant les narines et celles de l'angle de la mandibule d'un jaune blanchâtre sale; parties supérieures de la tête et du cou d'un noir lustré; au-dessus de l'œil, une bande blanche, laquelle se change, près de l'occiput, en une bande écarlate qui ceint l'occiput. Les plumes de cette bande transversale ont leur base noire, séparée du rouge, qui teint leur extrémité, par un petit intervalle blanc, et elles forment souvent, chez des sujets plus jeunes, deux groupes, séparés au milieu par un intervalle noir. Une large bande noire, allant du bec à l'œil, se continue après l'œil et va se fondre dans le noir de la nuque; au-dessous de cette bande, il en existe deux autres: la première, qui est blanche, partant de la commissure du bec et descendant jusqu'au bas du cou; la seconde, qui est noire et étroite, commençant à la base de la mandibule inférieure et allant se fondre dans le noir des épaules. Les longues plumes, qui couvrent le milieu du dos, sont en partie noires et en partie blanches, et elles forment une bande longitudinale de cette dernière couleur; les tectrices supérieures des ailes, à l'exception des petites tectrices, ont de larges taches blanches, ovoïdes; les rémiges offrent, sur leurs deux barbes, de semblables taches, plus grandes sur les barbes internes; ordinairement les quatre plus longues rémiges primaires n'ont que sept de ces taches sur leur barbe externe et cinq sur leur barbe interne; les quatre rectrices intermédiaires sont d'un noir lustré, les autres sont noires vers la base, blanches dans le reste et teintes de roux jaunâtre à leur extrémité, à l'exception de la rectrice latérale, qui est presque entièrement blanche. Les parties inférieures sont blanches, et ordinairement teintes de gris clair sur la poitrine et d'un gris plus foncé sur les flancs. Les couvertures inférieures des ailes sont blanches, avec quelques taches noires. Pieds d'un gris bleuâtre.

*La Femelle adulte* diffère du mâle par l'absence de bandes ou de taches rouges sur l'occiput. Les rémiges sont d'un brun noirâtre moins foncé.

*Le Jeune Mâle* a, selon Swainson, un bouquet de plumes rouges de chaque côté de l'occiput, dont le milieu est d'un brun pâle ou d'un brun noir, suivant l'âge.

Selon MM. Baird et Cassin, il se reconnaît en ayant le vertex ou partie du dessus de la tête plus ou moins *jaune pâle, jaune orangé* ou *rouge*. Quelquefois taché de deux de ces couleurs.

Habite l'Amérique septentrionale où l'espèce est très-répandue.

| DIMENSIONS. | MALE. | FEMELLE. |
|---|---|---|
| Longueur totale | 245 millimètres. | 238 millimètres. |
| — du bec, de la commissure à l'extrémité | 32 — | 30 — |
| — — des narines à l'extrémité | 26 — | 24 — |
| — de l'aile pliée | 120 à 130 mill. | » — |
| — de la queue | 80 millimètres. | » — |
| — du tarse | 20 — | » — |
| — du doigt antérieur externe (sans l'ongle) | 14 — | » — |
| — de l'ongle (en suivant la courbure) | 12 — | » — |
| — du doigt postérieur externe | 15 — | » — |
| — de l'ongle | 14 — | » — |
| — du doigt antérieur interne | 11 — | » — |
| — de l'ongle | 10 — | » — |
| — du doigt postérieur interne | 5 — | » — |
| — de l'ongle | 7 — | » — |
| Envergure | 400 millim. environ. | » — |

Se trouve dans presque toutes les collections; notamment dans celles de Paris, de Londres, de Vienne, de Berlin, de Leyde, de Stockholm, de Chatham, de Francfort-sur-Mein, de Stuttgard, de Heidelberg, de l'État de New-York, de MM. Turati, à Milan; dans ma collection.

---

## PICUS CANADENSIS.

PICUS VARIUS CANADENSIS; Briss., *Orn.*, IV, p. 45, nº 16, pl. 2, fig. 2.
PICUS LEUCOMELAS; Boddaert, *Catal.*, pl. enl. 345, fig. 1.
PICUS CANADENSIS; Gmel., I, p. 437, nº 48, la fem. — Lath., *Ind. orn.*, I, p. 230, nº 17. — Vieill., *N. dict.*, XXVI, p. 92. — *Id.*, *Encycl.*, p. 1318. — Audub., *Ornith. biogr.*, V, p. 188; *Birds of America*, atlas fº pl. 417, fig. 7, le mâle. — *Pr.* Bonap., *Consp. vol. zygod.*, nº 54, 1854. — Reich., *Handb. spec. orn.*, p. 373; pl. DCXXXVIII, fig. 4250, 4251, mâles.
PICUS (DENDROCOPUS) VILLOSUS; Sw. *and* Rich., *Faun. bor. Amer.*, II, p 305?
PICUS SEPTENTRIONALIS; Nutt., *Man.*, I, p. 684, 2º édit., 1840.

Mas. Pico villoso simillimus, sed major; differt rostro, quartoque digito paululùm longioribus.
Fœmina. Occipitis fasciâ coccineâ nullâ.

## LE PIC DU CANADA *(Buff.)*.

**PLANCHE XXI**, Fig. 4, le mâle.

LE PIC VARIÉ DE CANADA; Briss., *Orn.*, IV, p. 45, nº 16, pl. 2, fig. 2.
LE PIC DU CANADA; Buff., pl. enl. 345, fig. 1, la femelle.
L'ÉPEICHE DU CANADA; Buff., *Ois.*, VII, p. 69, la femelle.
QUAUHTOTOPOTLI ALTER; Fern., *Hist. nov. Hisp.*, ch. 165, p. 47, la femelle?
CANADIAN SPOTTED WOODPECKER; Pennant, *Arct. zool.*, II, p. 320, nº 163, la femelle. — Lath., *Gen. syn.*, I, p. 569, nº 16.
PIC VARIÉ DU CANADA; Vieill., *N. dict. d'hist. nat.*, XXVI, p. 92. — *Id.*, *Encycl.*, p. 1318.

Il est peu d'espèce qui ait occasionné autant d'embarras aux ornithologistes que celle-ci, et il est aujourd'hui certain qu'elle n'est qu'une race locale du *picus villosus.* Commençons par mettre de côté le pic du Canada, qui se trouvait ainsi étiqueté, il y a peu d'années, au Muséum de Paris, et qui a été décrit comme le mâle de cette espèce par Wagler *(Syst. avium,* nº **18)**, sous le nom de *leucomelanus* mâle ou *Canadensis,* et, sous cette dernière dénomination, par S. A. le prince Bonaparte, dans son *Conspectus generum* *avium* (1850, p. 137, n° 25). L'examen que j'ai fait de cet oiseau m'a convaincu que c'était la femelle du *picus Martini* d'Audubon, ainsi qu'il a été facile de s'en convaincre en comparant ce sujet avec la planche 417, fig. 2, de l'atlas des *Oiseaux de l'Amérique du Nord.* Peut-être l'oiseau, représenté par Audubon comme la femelle, est un jeune mâle du *picus Martini,* dont la femelle aurait tout le dessus de la tête noir. En tout cas, le *Canadensis adulte* n'a pas de rouge sur le front ou le vertex, le mâle n'a de rouge qu'à l'occiput et il a le bec plus fort et plus long que les sujets de la collection de Paris.

Examinons maintenant si le *Canadensis* est une espèce distincte du *picus villosus.* Brisson a décrit une femelle envoyée du Canada à M. de Réaumur, et Buffon a représenté le même oiseau dans sa planche enluminée 345, fig. 1; mais en quoi cette description et ce dessin diffèrent-ils du *villosus* que nous recevons habituellement du midi ou du centre des États-Unis? Je n'ai pu encore reconnaître, dans les nombreux sujets que j'ai été à même d'examiner, des différences propres à caractériser deux espèces distinctes. D'ailleurs, comparons les descriptions si exactes de Brisson, qui peuvent encore aujourd'hui servir de modèles : « La grosseur des deux espèces est, environ, celle de notre *picus major;* le *Canadensis* a de longueur totale, du bout du bec au bout de la queue, 9 pouces, et le *villosus* 8 pouces 10 lignes; du bec aux ongles, le *Canadensis* 7 pouces 6 lignes, le *villosus* 7 pouces 7 lignes; le bec, de la commissure à l'extrémité, a la même longueur de 15 lignes chez les deux espèces. » J'avais donc raison de dire que les sujets qui ont servi aux descriptions du *villosus* et du *Canadensis* de ces auteurs n'offraient aucune différence dans leur coloration et très-peu dans leurs dimensions. Cependant Swainson (*Fauna bor. Amer.,* vol. II, p. 305), en parlant du *villosus,* a observé une différence sensible de taille entre les sujets provenant de New-York ou de Philadelphie et ceux des latitudes plus septentrionales, et Audubon prétend que cet auteur a décrit le *Canadensis* sous le nom de *villosus* et en a figuré le bec.

Voici, à l'article *villosus,* ce que dit Audubon :

« Cette espèce (*p. villosus*) a été confondue avec une autre, avec laquelle elle a une grande ressemblance par la coloration, mais de laquelle elle se distingue par sa plus petite taille. Wilson, paraît-il, ne croyait pas à l'existence du *picus Canadensis;* cependant sa figure du *villosus* semble peinte d'après un *Canadensis,* tandis que sa description appartient à la fois aux deux espèces. Ces erreurs ont été adoptées par tous ses successeurs jusqu'à ce jour, quoique les *caractères qui distinguent les deux espèces aient été clairement reconnues* par mon jeune ami Trudeau, qui m'a écrit de *Paris* que les *deux espèces étaient au Muséum de cette capitale,* et considérées comme le même oiseau. » Or, nous avons reconnu que le *Canadensis* du Muséum de Paris était la femelle du *picus Martini* d'Audubon, et nullement l'oiseau figuré par Buffon.

En parlant du *Canadensis,* Audubon ajoute : « Je vais m'occuper de nouveau de cette espèce, qui a été méconnue par tous ceux qui ont écrit récemment sur les oiseaux de l'Amérique septentrionale, quoiqu'elle ait été *décrite et figurée par Buffon.* Si l'on compare le dessin que j'en donne (fig. 7, pl. 417) avec celui du *villosus* (fig. 1 et 2, pl. 416), on reconnaîtra que le *Canadensis* est plus grand et tacheté d'une manière un peu différente, quoique parfaitement semblable pour les formes et la coloration générale. » Et un peu plus loin : « *Pour la forme et la couleur, cette espèce ne diffère pas d'une manière appréciable du picus villosus,* auquel il ressemble aussi pour la texture de son plumage et pour les proportions relatives des rémiges et des rectrices. Mais il est *beaucoup plus grand, son bec est proportionnellement plus fort et son quatrième doigt est un peu plus allongé. Ces différences néanmoins sont extrêmement légères.* »

DIMENSIONS, SELON AUDUBON,

*En pouces anglais, de 25 millimètres chacun.*

| | *CANADENSIS.* | *VILLOSUS.* |
|---|---|---|
| Longueur totale, jusqu'à l'extrémité de la queue | 10 po. 1/2 | 8 po. 3/4 |
| — jusqu'à l'extrémité des ailes | 8 — | 7 — 3/8 |
| — du bec, le long de l'arête au-dessus des narines | 1 — 5/12 | 1 — 1/12 |
| — — — des bords de la mandibule inférieure | 1 — 3/4 | 1 — 1/4 |
| — de l'aile pliée | 5 — 1/12 | 4 — 7/12 |
| — de la queue | 3 — 1/2 | 2 — 11/12 |
| — du tarse | 0 — 5/6 | 0 — 7/8 |

Nous avons vu que Wilson, qui connaissait les deux espèces, n'a pas trouvé de différence appréciable et n'en a signalé aucune; que Swainson n'a trouvé qu'une différence de taille, sans toutefois en faire deux espèces; mais, ce qui doit paraître plus étonnant et permet de concevoir des doutes sur la distinction spécifique du *Canadensis* et du *villosus,* c'est que des auteurs américains, qui ont écrit très-récemment et dont l'attention a été éveillée par Audubon, regardent les deux espèces comme identiques et n'en forment qu'une seule. Telle est l'opinion de M. J. de Kay, dans son *Histoire naturelle de l'État de New-York;* de M. Giraud, dans son *Histoire des Oiseaux de l'État de Long-Island (Birds of Long-Island,* p. 174 et 176), et, enfin, du prince Charles Bonaparte, qui a habité les États-Unis.

En présence de l'opinion contraire d'Audubon, corroborée par les observations de Swainson, on conçoit que nous pourrions hésiter, que nous devrions nous borner à déclarer que nous n'avons pas été assez heureux pour obtenir les deux espèces, et que nous ne les avons trouvées dans aucune collection.

Mais, aujourd'hui, le doute semble devoir disparaître, depuis l'intéressante publication faite à Washington, en 1858, par MM. Baird, Cassin et Lawrence, sous le titre de: *Reports of Explorations and Surveys, to ascertain the most praticable and economical route for a railroad from the Mississipi river to the Pacific Ocean* (vol. IX, part. II, *Zoology, birds,* p. 86). Ces savants ornithologistes, qui ont *vu* et *comparé* les types du *villosus,* du *Canadensis,* du *Phillipsii* et du *Martinæ* d'Audubon, déclarent formellement « qu'ils n'ont pu découvrir aucune différence, autre que la taille, entre le *villosus,* le *Canadensis,* le *Phillipsii* et le *Martinæ.* Règle générale, » ajoutent-ils, « les exemplaires provenant des parties les plus occidentales jusqu'aux parties les plus septentrionales de l'Amérique du Nord, sont sensiblement plus grands que ceux des parties orientales, et, parmi ces derniers, ceux des contrées les plus méridionales sont beaucoup plus petits que tous les autres. Tandis qu'Audubon décrit le mâle de son *picus Canadensis* comme mesurant 10po,50 (mesures anglaises) de longueur, les ailes ayant 5po,08, la queue, 3po,50. Les exemplaires provenant d'une localité encore plus septentrionale ont, dans l'ouvrage de Richardson et Swainson *(Fauna boreali Americana, birds,* p. 307), 11 pouces de longueur totale (mesures anglaises); ailes, 5po,38 ; queue, 4po,25. » C'est, au reste, la variété la plus grande du *Canadensis,* avec celles du *picus Phillipsii* et du *picus Martinæ,* qui sont des sujets non encore adultes et dont je parlerai dans des articles suivants.

Le sujet mâle du *Canadensis,* que j'ai figuré (pl. XXI, fig. 1), appartient à la galerie du Muséum britannique et provient du Canada.

Enfin, j'ai comparé avec soin la figure 7 de la planche 417, représentant un *Canadensis,* avec la pl. 416 de *Birds of America,* d'Audubon, représentant, fig. 1, le mâle, fig. 2, la femelle du *villosus,* et les différences qu'offrent les deux espèces, *sur ces dessins,* sont celles-ci: 1° Le *villosus* a le milieu du dos d'un blanc pur et le croupion noir, tandis que, chez le *Canadensis,* il existe des mèches noires au milieu de ce blanc, qui apparaît un peu jusque sur le croupion ; 2° le *Canadensis* a trois grandes rectrices latérales de chaque côté, d'un blanc pur, et les quatre rectrices intermédiaires noires, tandis que le *villosus* a les six rectrices intermédiaires noires et les deux rectrices latérales de chaque côté blanches, avec des taches brunes sur la quatrième rectrice à compter du centre de la queue ; 3° la moustache noire est plus large chez le *villosus;* 4° les taches blanches, à l'extrémité des tectrices alaires, sont plus grandes chez le *Canadensis.* Malheureusement ces caractères, surtout ceux tirés de la couleur des rectrices, qui seraient décisifs, sont dus à un défaut d'attention du peintre, puisqu'Audubon, dans sa description, déclare que les deux espèces ont seulement les quatre rectrices intermédiaires entièrement noires, ainsi que nous le voyons dans tous les sujets qui existent dans les collections d'Europe.

Quoiqu'il en soit, la contrée la plus méridionale dans laquelle, selon Audubon, le *Canadensis* a été observé aux États-Unis, c'est la partie nord de la Pensylvanie, où le docteur Trudeau l'a trouvé l'hiver, quoiqu'il y semble rare. Il est plus abondant à cette époque, au même degré de latitude, dans l'État de New-York ; enfin, plus au nord, il devient répandu jusqu'au 56e degré, où il cède la place au *picoïdes arcticus.*

Pour ne rien omettre, je citerai ce que dit Audubon, quoique ce naturaliste paraisse s'être mépris en prenant pour une espèce distincte une simple variété ou race.

Il faut avouer, en effet, qu'il serait bien étonnant qu'une espèce qu'Audubon signale comme si abondante, eût échappé jusqu'ici aux recherches des naturalistes d'Europe et même à celles des naturalistes des États-Unis et du Canada!!

« Pendant un voyage dans l'État du Maine, j'eus occasion de me convaincre que ce pic était *distinct* du *villosus.* Je le trouvai abondant dans les bois, autour des fermes, près des chemins et sur les haies. Son cri seul suffit pour le distinguer de tout autre, et il est plus bruyant et beaucoup plus aigu que celui du *villosus.* Il se rend aussi sur les vieux troncs couchés à terre pour y chercher sa nourriture plus souvent que le *villosus*. Le bruit sourd que produisent ses ailes lorsqu'il vole est très-remarquable. Son trajet d'un arbre à l'autre paraît plus lourd, et, dans tous ses mouvements, il est moins actif, moins pétulant que ce dernier pic. Ceux que j'ai disséqués avaient encore dans l'estomac des restes de grands coléoptères avec des fragments de lichen. Je ne sais rien de ce qui est relatif à sa reproduction, à l'incubation et à l'éducation des petits. »

Voici la description du *Canadensis,* selon Audubon :

Caractères. « Bec environ de la longueur de la tête, droit, fort, anguleux, comprimé vers l'extrémité qui est tronquée et cunéiforme. Narines oblongues, basales, cachées par des touffes de plumes dirigées en avant. Tête large, ovale ; cou plutôt court ; corps gros ; pieds très-courts, tarses courts, emplumés antérieurement à plus d'un tiers, scutellés sur le reste de son étendue, avec de larges écailles derrière ; le doigt postérieur externe plus long que l'antérieur externe. Plumage très-doux et épais ; une touffe de plumes, dirigées en avant, couvre la base de la mandibule inférieure ; ailes plutôt longues. La quatrième rémige, qui est la plus longue, diffère peu de la troisième et encore moins de la cinquième ; les rémiges secondaires sont larges et arrondies ; queue de moyenne longueur, cunéiforme ; les rectrices latérales sont arrondies et non usées, tandis que celles intermédiaires sont pointues, les tiges étant très-souvent rompues et dépassées de beaucoup par les barbes de chaque côté. »

Anatomie. « La langue, qui a 38 millimètres de long, est quelque peu cylindrique, puis déliée, conique dans le surplus de son étendue, avec un fourreau calleux ayant huit poils recourbés sur chaque bord. Les cornes de l'os hyoïde passent le long de la ligne médiane de la tête jusqu'à ce qu'ils soient au-dessus de la moitié des yeux ; alors ils tournent du côté droit et se recourbent le long d'une profonde rainure sur le bord antérieur de l'orbite, en passant sous l'œil. L'œsophage a 80 millimètres de long et un peu moins de largeur, avec un diamètre presque uniforme. L'estomac est plutôt petit, elliptique, long de 20 millimètres, large de 18 ; ses muscles latéraux sont modérément développés. L'épithelium est épais, mais allongé et longitudinalement rugueux ; les intestins sont longs de près de 23 centimètres ; la trachée a 63 millimètres de long ; elle est déliée, un peu aplatie et composée d'une soixantaine d'anneaux. Les bronches sont de moyenne longueur, déliées et d'environ douze petits anneaux ; le sterno-trachéal se détache près du larynx inférieur, lequel est dépourvu de muscles. »

Coloration. « *Le Mâle ;* bec d'un gris bleuâtre, noirâtre vers son extrémité ; iris brun ; pieds d'un gris bleuâtre ; les touffes de plumes rebroussées sur les narines et sous la mandibule sont d'un blanc jaunâtre sale ; le dessus de la tête et le derrière du cou sont d'un noir brillant ; au-dessus de l'œil s'étend une bande blanche qui, de chaque côté de l'occiput, fait place à une bande rouge, continuée par quelques plumes rouges au milieu de l'occiput, chez les vieux sujets, et interrompue au milieu par une bande noire chez les jeunes ; une bande noire, commençant près du bec et allant aux yeux, se continue derrière les yeux, couvrant la région parotidée et joint le noir de la nuque ; au-dessous de cette bande noire, il en existe une blanche, partant de la commissure du bec et se recourbant un peu au-dessous et en arrière de la moitié du cou ; cette dernière bande est suivie par une autre bande noire, très-étroite, partant de la base de la mandibule inférieure et allant se fondre avec le noir des épaules. Les plumes du dos sont, les unes blanches, les autres blanches d'un côté et de l'autre noires, frangées de blanc. Les tectrices supérieures des ailes sont noires, avec de larges taches ovoïdes blanches ; les rémiges sont noires, avec des taches quadrangulaires blanches sur la page externe et des taches ovoïdes sur la page interne ; les quatre plus longues rémiges primaires portent sept de ces taches sur la page externe et cinq sur la page interne, tandis que la plupart des rémiges secondaires portent cinq taches blanches sur les deux pages. Les tectrices supérieures de la queue et les quatre rectrices intermédiaires sont d'un noir lustré ; la rectrice qui suit est noire, mais sur sa page externe part une bande blanche, qui la coupe en écharpe, s'étendant sur la page interne avec la pointe noire. Les deux autres rectrices de chaque côté sont blanches avec leur base noire ; la plus petite rectrice latérale, qui a environ 25 millimètres de long, est entièrement blanche. Toutes les parties inférieures sont blanches et légèrement lavées de roussâtre clair sur le milieu du cou et de la poitrine ; tectrices inférieures des ailes blanches, avec quelques taches noires.

» *La Femelle,* qui est légèrement plus petite que le mâle, ne diffère que par l'absence de tache rouge sur l'occiput.

» Chez le *Jeune Mâle,* » selon Audubon, « la tache rouge est légèrement indiquée de chaque côté de l'occiput et ne se réunit pas encore par aucune plume rouge. »

Selon MM. Baird, Cassin et Lawrence, les jeunes mâles ont le dessus de la tête plus ou moins tacheté de jaune, de jaune orangé ou de rouge, quelquefois de deux de ces couleurs, ainsi qu'on le verra aux articles ***Phillipsii, Martini*** et ***Auduboni.***

Habite les parties nord des États-Unis et jusqu'au 56e degré de latitude.

DIMENSIONS.

| | | |
|---|---|---|
| Longueur totale | 265 | millimètres. |
| — du bec, de la commissure à l'extrémité | 35 | — |
| — — des narines à l'extrémité | 28 | — |
| — de l'aile pliée | 130 | — |
| — de la queue | 89 | — |
| — du tarse | 22 | — |
| — du doigt antérieur externe (sans l'ongle) | 14 | — |
| — de son ongle (en suivant la courbure) | 12 | — |
| — du doigt postérieur externe | 18 | — |
| — de son ongle | 13 | — |
| — du doigt antérieur interne | 11 | — |
| — de son ongle | 11 | — |
| — du doigt postérieur interne | 7 | — |
| — de son ongle | 10 | — |

Collection du Muséum britannique, à Londres ; Musée de Philadelphie, aux États-Unis.

---

## PICUS MARTINI *(Aud.)*.

PICUS MARTINÆ; Aud., *Orn. biogr.*, V, p. 181. — *Id.*, *Syn. birds N. Amer.*, p. 178. — G.-R. Gray., *Gen.* — Bonap., *Consp. gen. av.*, p. 138. — Reich., *Handb.*, p. 364, nº 840; pl. DCXXXII, fig. 4206, 4207.
PICUS LEUCOMELANUS; Wagl., *Syst. av.*, nº 18, jeune mâle en été.
PICUS MARTINI; Aud., *Birds of Amer.*, atlas, fº max., pl. 417, fig. 1, le mâle adulte; fig. 2, la femelle. — De Kay, *Nat. hist. New-York*, p. 194.
PICUS RUBRICAPILLUS; Nutt., *Man.*, I, p. 685, 2e édit., 1840, jeune mâle avec des taches rouges sur la tête.
PICUS CANADENSIS, Mas; *Pr.* Bonap., *Consp. gen. av.*, 1850, p. 137.
TRICHOPICUS MARTINÆ; *P.* Bp., *Consp. vol. zyg.*, 1854.

Mas adult. Rostro fusco-nigro; iridibus avellaneis; narium plumis albido-flavescentibus; fronte occipiteque nigris, vertice toto coccineo; strigâ albâ supra oculos; vittâ largâ a fronte usque ad nucham nigrâ; altera albâ ab oris rictu ad colli postici latera; altera utrinque pone mandibulæ basin primo obsoleta, dein distinctiùs oblique versus colli latera ducta nigrâ; dorsi medii plumis nigris, ad apicem albis; uropygio nigro; alarum tectricibus superioribus nigris albo maculatis; remigibus nigris albo utrinque maculatis; rectricibus quatuor intermediis nigerrimis, sequente intùs et ad basin extùs nigra, extùs ad apicem alba; cœteris albis, ad basin nigris; corpore subtùs a menti initio ad crissi finem alarumque tectricibus inferioribus albis; pedibus cœrulescenti-plumbeis.

## LE PIC DE MARTIN.

**PLANCHE XXII.** Fig. 1, le mâle; Fig. 2, la femelle, selon Audubon. Des jeunes du *villosus*, grande race, selon des auteurs modernes.

MARIA'S WOODPECKER; Audub., *Orn. biogr.*, V, p. 181.

M. Audubon, en donnant à cette espèce tantôt le nom, tantôt le prénom de Mademoiselle Maria Martin, à laquelle il l'a dédiée, m'a mis dans l'obligation de supprimer l'un de ces noms, au risque de faire douter de ma courtoisie envers le beau sexe ; mais je devais nécessairement opter entre l'un des noms propres, et j'ai dû conserver le nom latin que quelques auteurs modernes ont consacré par leurs citations.

Ce pic a une extrême ressemblance avec le ***picus Canadensis*** de M. Audubon ; aussi cet auteur annonce-t-il qu'un de ses amis a vu le mâle de cette dernière espèce au Muséum de Paris ; je me hâte de dire que l'oiseau, dont l'étiquette portait la dénomination de ***Canadensis*** mâle, il y a peu d'années, était la femelle du ***picus Martini,*** d'après la figure d'Audubon, et ce dernier grimpeur provenait des rives septentrionales du lac Ontario. Les mœurs du pic de Martin sont celles du pic Chevelu, et ses œufs, rarement au delà de six, sont d'un blanc pur et diaphane. Je dois ajouter que, trompés par l'étiquette du Muséum de Paris, Wagler et le prince Charles Bonaparte ont considéré comme le mâle adulte du ***Canadensis*** l'oiseau qui est le ***Martini*** femelle, et l'ont décrit, l'un sous le nom de ***picus leucomelanus,*** l'autre sous celui de ***Canadensis.***

MM. Baird, Cassin et Lawrence, dans la partie ornithologique du grand ouvrage ***(Reports of Explorations and Surveys,*** etc.) qu'ils ont publié en 1858, à Washington, regardent (IX, p. 85, 86) le ***picus Martinæ*** ou ***Martini*** comme des jeunes mâles de la race moyenne du ***picus villosus,*** qui habite le nord des États-Unis, le Canada et des parties encore plus septentrionales. Tantôt le vertex est tacheté de jaune, de jaune orangé plus ou moins sombre, tantôt parsemé de rouge ou de rouge orangé. Les plumes, même celles noires, sont parfois tachées de blanc, et, dans un exemplaire tué en septembre, près de Carlisle, le sommet de la tête était tacheté de jaune, tandis que l'occiput l'était de rouge. Un autre sujet, tué en mai dans la même localité, a le vertex taché de jaune. Je dois ajouter que les exemplaires figurés par Audubon provenaient de Toronto.

Caractères. Bec environ de la longueur de la tête, droit, fort, comprimé vers l'extrémité, laquelle, cependant, n'est pas tronquée, mais très-légèrement cunéiforme ou usée sur les côtés. Du reste, ce bec ressemble à celui du pic Chevelu. Arête, au sommet de la mandibule supérieure, saillante et très-légèrement convexe; arêtes, au-dessus des narines, saillantes et joignant les bords du bec à un quart environ de sa longueur, à partir de l'extrémité; bords tranchants, droits, saillants, et la pointe plutôt aiguë; arête, sous la mandibule inférieure, assez saillante; narines oblongues, basales, cachées par une touffe de plumes piliformes dirigées en avant, de chaque côté; aux angles du menton existent aussi de pareilles plumes allongées; ailes plutôt longues; la première rémige très-courte; la quatrième rémige, la plus longue de toutes, n'excède la troisième et la cinquième que de 3 millimètres environ; les rémiges secondaires sont légèrement arrondies. Queue de moyenne longueur, cunéiforme, composée de douze pennes, dont celles intermédiaires ont leur extrémité usée et fendue; pieds très-courts; tarses courts, emplumés au-devant sur moitié environ de leur longueur, scutellés dans le reste, écailleux derrière; quatre doigts, le doigt postérieur externe le plus long; ongles grands, très-courbes, comprimés, évidés sur les côtés et aigus; plumage très-doux, touffu et lustré.

Coloration. *Le Mâle adulte,* selon Audubon; bec brun de corne; la mandibule inférieure étant d'un brun clair vers la base; iris noisette; les parties supérieures sont noires, tachées de blanc, les parties inférieures d'un blanc grisâtre; les touffes de plumes couvrant les narines sont d'un blanc jaunâtre; une bande frontale, de 6 ou 7 millimètres de hauteur, d'un noir profond, s'étend sur la région ophthalmique, contourne la tête et vient, en s'élargissant, couvrir l'occiput; au-dessus de l'œil existe une bande blanche, étroite et oblongue; tout le vertex est écarlate; de la commissure du bec part une bande blanche, qui va finir et former un angle aigu sur les côtés de la nuque; de la base de la mandibule inférieure commence une étroite bande noire, d'abord peu large, qui va se fondre dans le noir qui teint les épaules et la nuque; plumes du milieu du dos blanches à leur extrémité et noires à la base; reste du dos, croupion et tectrices supérieures de la queue, noirs; tectrices supérieures des ailes noires, avec des taches ovoïdes blanches; rémiges primaires d'un brun noirâtre, avec des taches blanches sur les deux barbes; ces taches sont au nombre de sept sur la barbe externe et de quatre sur la barbe interne des quatre plus longues rémiges; les rémiges secondaires sont noires, avec des taches blanches sur les deux barbes; ces taches étant généralement au nombre de cinq. Les quatre rectrices intermédiaires sont d'un noir brillant, la suivante noire sur la barbe interne et sur la majeure partie de la barbe externe vers la base, le surplus étant blanc; les autres rectrices sont noires vers la base et blanches dans le reste; les deux rectrices latérales sont presqu'entièrement blanches. Les parties inférieures sont blanches, avec quelques teintes grises et rosées, les flancs étant légèrement nuancés de gris plus foncé; tectrices inférieures des ailes blanches, avec le rebord des ailes brun.

*La Femelle,* selon Audubon, paraît un peu plus petite et elle a le blanc du dos plus lavé de cendré gris, le noir des parties supérieures lavé de plus de brun; la bande noire frontale est légèrement pointillée de blanc et a moins d'étendue; le rouge commence plus près du front et ne s'étend qu'à la moitié du vertex; le rouge vif qui se voit chez le mâle, est remplacé, chez la femelle, par un orangé rougeâtre. Je dois faire observer que l'exemplaire de Paris a le vertex maculé de rouge clair. Selon MM. Baird et Cassin, cette femelle du Muséum de Paris serait un jeune mâle de la race moyenne du *picus villosus,* dont quelquefois le sommet de la tête est tapiré d'orangé ou de jaune.

La femelle adulte aurait donc la tête comme chez le *villosus.*

Habite le haut Canada.

DIMENSIONS.

| | | |
|---|---|---|
| Longueur totale | environ | 200 millimètres. |
| — du bec, de la commissure à l'extrémité | | 31 — |
| — — des narines à l'extrémité | | 25 — |
| — de l'aile pliée | | 125 — |
| — de la queue | | 84 — |
| — du tarse | | 20 — |
| — du doigt antérieur externe (sans l'ongle) | | 12 — |
| — de son ongle (en suivant la courbure) | | 12 — |
| — du doigt postérieur externe | | 16 — |
| — de son ongle | | 12 — |
| — du doigt antérieur interne | | 14 — |
| — de son ongle | | 11 — |
| — du doigt postérieur interne | | 6 — |
| — de son ongle | | 6 — |

Se trouve dans les collections de Philadelphie et de Paris.

## PICUS PHILLIPSII.

PICUS PHILLIPSII; Audub., *Orn. biogr.*, V, p. 186, 1839. — *Id.*, *Birds Amer.*, atlas f°, pl. 417, fig. 5 et 6, mâles. — *Id.*, *Syn. birds N. Amer.*, p. 177. — Nutt., *Man.*, I, 2e édit., 1840, p. 686. — Reich., *Handb.*, p. 364, n° 839.
TRICHOPICUS PHILIPSI; *Pr. Bp.*, *Consp. vol. zyg.*, 1854.

Mas adult. Rostro nigricanti plumbeo; iridibus coccineis; narium plumis elongatis flavido-albis; fronte verticeque flavo-aurantiis; occipite nuchâque nigerrimis; capite colloque ad latera albis, vitta utrinque pone oculos orta larga et alia utrinque pone mandibulæ basin primo obsoleta, dein distinctius oblique versus colli latera ducta nigris; corpore subtùs à menti initio usque ad crissi finem albo; dorsi medii plumis nigris, ad apicem albis; alarum tectricibus superioribus nigris, ad apicem albo maculatis; remigibus fuscescenti-nigris albo utrinque maculatis; uropygio, et rectricibus quatuor intermediis nigerrimis, cæteris ad basin plus minusve nigris et albis versùs apicem; lateralibus albis. Pedibus cœrulescenti-plumbeis; unguibus nigricantibus.

## LE PIC DE PHILLIPS *(Malh.)*.

**PLANCHE XXI**, Fig. 5, le mâle, suivant Audubon. Le jeune mâle *villosus* de grande race, suivant MM. Baird et Cassin.

PHILLIP'S WOODPECKER; Audub.

M. Audubon n'a vu qu'un seul exemplaire de cette belle espèce, qu'il a dédiée à M. Benjamin Phillips, et qui avait été tuée dans le Massachusetts par M. Nuttall. Il est fort probable qu'elle se trouve dans tout le Canada et dans diverses autres parties de l'Amérique septentrionale. Toutefois elle paraît rare et je ne l'ai jamais observée dans les collections en Europe.

J'ai donné scrupuleusement la description et la figure de l'exemplaire signalé par Audubon comme une espèce nouvelle; mais je dois me hâter d'ajouter que MM. Baird, Cassin et Lawrence, dans l'ouvrage publié en 1858, à Washington, sous le titre de *Reports of Explorations and Surveys*, etc. (IX, part. II, p. 86), sont d'avis que le *picus Phillipsii* n'est autre qu'un jeune mâle de la grande race du *picus villosus*. Certains sujets, obtenus de Carlisle, ont l'un le dessus de la tête irrégulièrement taché de rouge orangé, et un autre, que ces naturalistes croient être une femelle, l'a tacheté de jaune orangé. Ces Messieurs ajoutent, à ce propos : « qu'on peut regarder comme un principe général, chez les Picidés de l'Amérique septentrionale appartenant au genre *picus*, tel qu'il est restreint dans le premier groupe, que, lorsque le sommet de la tête est taché de rouge ou de jaune, soit partiellement, soit entièrement, l'exemplaire n'est pas encore adulte et peut appartenir à l'un ou à l'autre sexe, tandis que le rouge ne se trouve que chez le mâle adulte et est confiné à une bande occipitale. Les seules exceptions, » disent-ils, « existent chez le *picus scalaris*, dont la partie entière du sommet de la tête est tachetée de rouge, et chez le *picus Nuttallii*, dont la moitié postérieure est ainsi marquée. Néanmoins, chez le jeune de cette dernière espèce, la moitié antérieure du dessus de la tête est semblablement tachée de rouge. »

Caractères. Bec environ de la longueur de la tête, droit, fort, cunéiforme, aigu à l'extrémité; arête, au sommet de la mandibule supérieure, droite et saillante, celles au-dessus des narines saillantes et atteignant les bords du bec aux deux tiers de sa longueur; bords de cette mandibule tranchants et dépassant la mandibule inférieure; narines oblongues, basales, cachées de chaque côté par une touffe de plumes piliformes dirigées en avant. Tête large, ovale; cou plutôt court; corps assez fort; pieds très-courts; tarses courts, comprimés, emplumés au-devant sur plus d'un tiers, scutellés dans le reste et écailleux derrière ; quatre doigts inégaux, scutellés au-dessus; le doigt postérieur externe le plus long; ongles longs, très-courbes, comprimés, aigus, évidés sur les côtés. Plumage très-doux, touffu et lustré; les plumes à l'angle du menton, piliformes et dirigées en avant. Ailes plutôt longues; la première rémige très-courte; la quatrième rémige est la plus longue et excède à peine la cinquième; la seconde rémige a près de 4 centimètres de moins que la troisième. Rémiges secondaires larges et arrondies. Queue de moyenne longueur et cunéiforme, composée de douze pennes, dont les latérales n'ont que 35 millimètres de long; les rectrices intermédiaires ont leur extrémité usée et fendue.

Coloration. *Le Mâle adulte*, d'après Audubon, a le bec d'un brun foncé, les bords plus pâles vers la base; l'iris, *rouge* d'après Audubon, devrait être couleur noisette, si, comme le pensent MM. Baird et Cassin, c'est un jeune âge du *villosus*. Maintenant, l'oiseau n'ayant pas été tué par Audubon, l'indication de ce dernier touchant la couleur de l'iris est-elle exacte? Émane-t-elle de M. Nuttall? Je n'en sais rien, je l'avoue. Quoiqu'il en soit, les plumes piliformes recouvrent les narines d'un blanc jaunâtre; le front et la majeure partie du vertex sont d'un jaune orangé; l'occiput et la nuque d'un noir brillant; les côtés de la tête et du cou sont blancs, mais une large bande noire, commençant avant l'œil, couvre tout le méat auditif; une autre bande, d'abord indiquée seulement par quelques taches noirâtres à partir des côtés de la mandibule inférieure, puis, devenant d'un noir très-prononcé, s'étend sur les côtés du cou et derrière le cou. Les plumes du milieu du dos sont noires à leur base et blanches à leur extrémité; les tectrices supérieures des ailes sont d'un brun noir, en majeure partie terminées par une large tache blanche; les rémiges sont d'un brun noirâtre, avec des taches blanches quadrangulaires sur la barbe externe et ovoïdes sur la barbe interne; les quatre plus longues rémiges ont six de ces taches sur leur barbe externe et cinq sur leur barbe interne. Les quatre rectrices intermédiaires sont entièrement noires; les suivantes sont noires à partir de la base et blanches vers leur extrémité; les autres rectrices sont presqu'entièrement blanches, n'ayant un peu de noir qu'à la base. Toutes les parties inférieures sont blanches. Les pieds sont d'un gris bleuâtre, et les ongles d'un brun foncé.

Habite l'Amérique septentrionale.

DIMENSIONS.

| | | | |
|---|---|---|---|
| Longueur totale | environ | 280 | millimètres. |
| — du bec, de la commissure à l'extrémité | | 34 | — |
| — — des narines à l'extrémité | | 27 | — |
| — de l'aile pliée | environ | 130 | — |
| — de la queue | | 90 | — |
| — du tarse | | 90 | — |
| — du doigt antérieur externe (sans l'ongle) | | 15 | — |
| — de son ongle (en suivant la courbure) | | 13 | — |
| — du doigt postérieur externe | | 17 | — |
| — de son ongle | | 15 | — |
| — du doigt antérieur interne | | 12 | — |
| — de son ongle | | 11 | — |
| — du doigt postérieur interne | | 6 | — |
| — de son ongle | | 6 | — |

Je ne regarde ces mesures que comme approximatives, n'ayant pu que traduire en mesures françaises celles indiquées par M. Audubon.

Se trouve dans la collection de Philadelphie.

## PICUS CUVIERI *(Malh.)*.

PICUS LEUCOMELAS *; Wagler, *Syst. av.*, nº 18; *in mus Francof.*

Mas adult. Rostro cinerei plumbeo; narium plumis albo-fulvescentibus; fronte, vertice nuchâ, capite ad latera, dorso supremo, scapularibus, collo ad latera, caudæ tectricibus superioribus, vittâque ab oris rictu ad humeros extendente nigerrimis; vitta ad capitis latera, supra, ante et infrà oculos, postea ad nuchæ latera extendente, albâ; fasciâ utrinque ad occipitis latera coccineâ; dorso tergoque nigris, longitudinaliter medio plumis longioribus albis, aut extùs nigris, intùs albis; alarum tectricibus superioribus nigris albo notatis; remigibus nigris albo extùs et intùs notatis; rectricibus quatuor intermediis nigris, sequente nigrâ, apice oblique albâ, nigro terminatâ; cœteris albis, basi nigro notatis. Toto corpore inferiore albo, pectoris lateribus hypochondriis, fœmoribusque nigro plus minusve striatis; pedibus plumbeis; unguibus cinerei-plumbeis.

Fœmina. Occipitis utrinque fasciâ coccineâ nullâ.

* Le nom de *leucomelas* est de Boddaert et celui de Wagler est *leucomelanus;* or, ce dernier nom est, selon Wagler même, synonyme du *Canadensis* dont la femelle est figurée sur la planche enluminée 345, de Buffon.

## LE PIC DE CUVIER *(Malh.)*.

**PLANCHE XXII**, Fig. 3, la femelle.

En examinant, dans le Muséum de Francfort-sur-Mein, l'oiseau qui fait le sujet de cet article et qui porte le nom de *leucomelas*, je me suis demandé si ce n'était pas celui qu'Audubon avait décrit sous le nom de *villosus*, tandis que celui qui se trouve dans toutes les collections d'Europe sous le nom de *villosus*, serait le *Canadensis* de ce même auteur. Je dois ajouter que trois motifs me le faisaient penser : d'abord les proportions, qui sont peu différentes de celles attribuées par Audubon au *villosus;* puis le lieu d'origine; enfin la coloration presque identique avec la femelle du *villosus* de nos collections et celle du *Canadensis*.

D'un autre côté, je me suis demandé comment il pouvait se faire que le *villosus* d'Audubon, si commun aux États-Unis, surtout dans l'État de New-York et à la Nouvelle-Orléans, fût, malgré nos collections et nos nombreux naturalistes en Europe, resté tellement rare, néanmoins, dans nos collections, que je n'eusse pu en découvrir encore qu'un exemplaire à Francfort-sur-le-Mein; tandis que le *Canadensis*, qui vit dans des latitudes plus septentrionales, et qui doit être par conséquent plus rare en Europe, y serait tellement répandu qu'on le trouverait dans toutes les collections et chez tous les marchands?

Ces doutes se sont accrus en examinant la planche enluminée 754, de Buffon, qui représente un *picus villosus* ou *Canadensis* mâle, qui est assurément beaucoup plus grand que mon *picus Cuvieri* et tacheté différemment. On aurait d'ailleurs lieu de s'étonner que le savant ornithologiste américain n'eût pas indiqué les différences de coloration qui séparent mon espèce actuelle (si elle était son *villosus)*, avec le *Canadensis.*

L'oiseau femelle que je décris ou bien est, comme l'*Auduboni*, une petite race du *villosus*, ou, enfin, constitue une espèce nouvelle, et je la dédie, dans ce dernier cas, à la mémoire de l'illustre naturaliste français qui a ressuscité notre faune antédiluvienne et coordonné tout le règne animal.

Caractères. Bec fort et droit, de la longueur de la tête; ailes longues; la quatrième rémige, qui est la plus longue, excède de 2 millimètres la troisième et la cinquième qui sont presque égales entre elles; la sixième rémige a 10 millimètres de moins que la cinquième et excède la deuxième rémige d'environ 5 millimètres. La première rémige est très-courte. Pieds moyens, et ongles assez forts; le doigt postérieur externe un peu plus long que l'antérieur externe; rectrices à tiges raides et assez longues; plumage soyeux et lustré.

Coloration. *La Femelle adulte;* bec d'un gris plombé de corne; les touffes de plumes dirigées en avant et recouvrant les narines, ainsi que celles recouvrant la base de la mandibule inférieure, sont d'un blanc sale; le front, le vertex, le milieu de l'occiput, les côtés de la tête et du cou, la nuque et le haut du dos, sont d'un noir lustré; une moustache noire, tachetée de blanc, commence à la commissure du bec et va joindre l'épaule. De chaque côté de la tête, une bande d'un blanc pur passe au-dessus des yeux qu'elle contourne en avant; une autre bande plus longue, partant à l'angle de la mandibule supérieure, s'étend au-dessous des yeux et jusque de chaque côté de la nuque; les tectrices alaires sont noires avec une tache ovoïde ou cordiforme au milieu de la plupart des plumes; le milieu du dos est noir, les plumes étant les unes frangées de blanc, les autres ayant un côté blanc, un côté noir; les rémiges sont d'un brun foncé avec des taches quadrangulaires d'un blanc pur sur la page externe et des taches ovoïdes plus grandes sur la page interne; toutes ces taches blanches des tectrices et des rémiges sont bien moins grandes chez le *Cuvieri* que chez le *villosus;* les tectrices supérieures des ailes et les quatre rectrices intermédiaires sont d'un noir profond; la rectrice suivante, de chaque côté, est noire avec une bande blanche en écharpe qui teint la moitié de la page externe vers son extrémité et une partie de la page interne; la rectrice suivante est blanche, avec sa base noire, et les autres rectrices latérales sont blanches. Toutes les parties inférieures sont d'un blanc pur, à l'exception des côtés de la poitrine, des flancs et des cuisses dont les plumes portent de légères mèches noires sur le milieu, ce noir étant plus apparent sur les côtés de la poitrine. Tectrices inférieures des ailes blanches, tachetées de noir. Tarses et doigts d'un gris bleuâtre; ongles d'un gris plombé de corne.

*Le Mâle adulte* doit différer de la femelle par une forte plaque ou bande rouge sur les côtés de l'occiput.

Cette espèce, quoiqu'ayant beaucoup de rapport de coloration avec le *villosus* des collections d'Europe, en diffère néanmoins : 1° par sa taille beaucoup plus petite ; 2° par les dimensions plus petites de son bec, de ses ailes et de sa queue ; 3° par la forme des taches blanches de ses ailes et des tectrices alaires, qui sont toutes beaucoup plus grandes et plus arrondies chez notre *villosus* et le *Canadensis* d'Audubon.

Si, toutefois, un examen comparatif avec les types de l'*Auduboni* ou des autres races de l'Amérique septentrionale vient à établir que le *Cuvieri* est la femelle adulte de l'*Auduboni*, je serais très-obligé à mes confrères américains de m'en instruire. Néanmoins, je fais observer que les taches blanches des tectrices alaires et des rémiges diffèrent sensiblement et que ces dernières, chez le *Cuvieri*, ne sont pas terminées par du blanc, comme l'indique la planche d'Audubon.

Habite l'Amérique septentrionale.

| DIMENSIONS. | LA FEMELLE. |
|---|---|
| Longueur totale | 210 millimètres. |
| — du bec, de la commissure à l'extrémité | 25 — |
| — — des narines à l'extrémité | 19 — |
| — de l'aile pliée | 115 — |
| — de la queue | 72 — |
| — du tarse | 18 — |
| — du doigt antérieur externe (sans l'ongle) | 12 — |
| — de son ongle (en suivant la courbure) | 13 — |
| — du doigt postérieur externe | 13 — |
| — de son ongle | 13 — |
| — du doigt antérieur interne | 7 — |
| — de son ongle | 12 — |
| — du doigt postérieur interne | 6 — |
| — de son ongle | 7 — |

Je ne connais que la femelle, qui est au Muséum de Francfort-sur-Mein sous le nom de *leucomelanus*.

## PICUS AUDUBONI.

PICUS AUDUBONII ; Swains., *Fauna bor. Amer.*, II, p. 306, 1831.

PICUS AUDUBONI ; Trudeau, *J. acad. Philad.*, VII, p. 404, 1837. — Audub., *Syn. birds. N. Amer.*, p. 181. — *Id.*, *Orn. biogr.*, V, p. 194, 1839. — *Id.*, *Birds Amer.*, IV, atlas, f° pl. 417, fig. 10, un très-jeune mâle. — J.-E. de Kay, *Nat. hist. New-York*, p. 194. — Nutt., *Man.*, 2° édit., p. 684, 1840. — G.-R. Gray, *Gen.* — Bonap., *Consp. gen. av.*, p. 138, n° 29. — Reich., *Handb. spec.*, p. 363, n° 838, pl. dcxxxii, fig. 4203. — Baird, etc., *Reports of explor. to Pacif. Ocean*, IX, part. II, p. 85, 1858.

TRICHOPICUS AUDUBONI ; Bonap., *Consp. vol. zyg.*, 1854.

Mas adultus. Rostro fusco plumbeo ; iridibus avellaneis ; nariùm plumis utrinque, strigâ suprà oculos, alterâ ob oris rictu ad occipitis latera ductâ, mento gulâ, pectore abdomineque albis ; parvulâ cristâ coccineâ, utrinque ad nuchæ latera, albo in medio interruptâ ; capite suprà, nuchâ, strigâ largâ ante ac post oculos, vitta stricta ub oris rictu ad colli latera, rectricibus intermediis quatuor nigris, cœteris, plus minùsve albis, ad basin nigris. Dorso medio albo, nigro variegato ; alarum tectricibus superioribus, remigibusque albo utrinque maculatis. Pedibus plumbeis.

Mas junior. Vertice plus minùsve coccineo aut flavo, aut ambo maculato.

Fœmina. Mari simillima, nisi cristâ nuchali coccineâ.

## LE PIC D'AUDUBON.

**PLANCHE XXII**, Fig. 4, un très-jeune mâle.

AUDUBON'S WOODPECKER ; Trudeau, Aud.

J'avais, dans le principe, pensé que le *picus Audubonii*, dénommé en 1831 et non décrit par Swainson, dans la *Fauna boreali Americana*, devait être distinct du *picus Auduboni* représenté par Audubon dans son grand atlas des oiseaux d'Amérique, et décrit par M. Trudeau en 1837. Plusieurs raisons étaient de nature à motiver cette opinion. D'abord, Swainson, qui n'avait vu qu'un exemplaire de l'*Audubonii*, le trouvait presqu'identique avec le *villosus* et ne le considérait que comme une variété ; aussi ajoutait-il que, si on en découvrait dans la Louisiane d'autres exemplaires, il distinguerait alors l'espèce par le nom de son ami Audubon. Ce dernier naturaliste émettait l'opinion que l'*Audubonii* de Swainson n'était qu'un jeune du *pubescens*, dont la taille est cependant de beaucoup inférieure à celle du *villosus*. Enfin, en examinant l'oiseau aux teintes bleues et à la tête jaune, figuré par Audubon, il ne pouvait me venir à l'esprit d'en faire une sorte de variété du *villosus*, variété qui est seulement plus petite et habite les parties méridionales des États-Unis. C'est néanmoins ce qu'ont pensé Messieurs Baird, Cassin et

Lawrence dans leur intéressante et nouvelle publication, c'est-à-dire dans l'ornithologie du grand ouvrage intitulé : *Reports of Explorations and Surveys to ascertain the most praticable and economical route for a railroad from the Mississipi river to the Pacific Ocean.*

Quoiqu'il en soit, selon M. Trudeau, le sujet qu'il a obtenu a été tué à la fin d'avril, dans une forêt épaisse, à quelques lieues de la Nouvelle-Orléans, et l'espèce ne paraissait pas rare, tandis que MM. Baird et Cassin donnent pour habitat à cet oiseau la base du versant oriental des Montagnes-Rocheuses.

Ce pic est très-sauvage et grimpe, comme ses congénères, sur les arbres avec une grande agilité, ayant toujours le soin de se cacher derrière le tronc dès qu'il aperçoit un objet qui l'inquiète.

Le sujet représenté par Audubon n'est, selon les savants auteurs du récent ouvrage précité, qu'un très-jeune mâle de la petite race du *villosus*, sur la tête duquel apparaissent tantôt des taches rouges, tantôt des taches jaunes, et quelquefois enfin des taches de ces deux couleurs. Nous donnerons donc la description des sexes et des âges d'après les auteurs dont nous venons de parler, car nous n'avons jamais pu découvrir cet oiseau dans les nombreuses collections que nous avons visitées.

Caractères. Bec environ de la longueur de la tête, fort, droit, ayant les contours légèrement convexes et l'extrémité des deux mandibules aiguë ; arête, au sommet de la mandibule supérieure, aiguë, les côtés aplatis et inclinés ; arête, au-dessus des narines, saillante et bien plus rapprochée des bords que du sommet du bec ; bords droits, tranchants et excédant la mandibule inférieure ; arête, sous cette dernière mandibule, assez saillante ; narines basales, ovales et cachées par une touffe de plumes piliformes de chaque côté.

Tête plutôt grande, ovale ; cou court ; corps assez plein. Pieds courts ; tarses emplumés au-devant jusqu'à près de moitié, scutellés dans le reste et écailleux derrière et au dedans ; quatre doigts inégaux ; le doigt postérieur externe le plus long ; ongles forts, très-courbes, comprimés, évidés sur les côtés et aigus.

Plumage très-doux et lustré ; ailes plutôt longues ; la première rémige n'a que 4 centimètres de long, et la quatrième rémige est la plus longue de toutes ; queue de moyenne longueur, cunéiforme, composée de douze pennes.

Coloration. Le sujet représenté par Audubon est d'un bleu clair fort inexact. Voici d'abord les caractères spécifiques de coloration qu'indiquent MM. Baird et Cassin :

« Parties supérieures noires, avec une bande blanche au bas du milieu du dos ; toutes les plus grandes tectrices supérieures des ailes et les rémiges portent des taches blanches très-apparentes ; deux bandes blanches de chaque côté de la tête ; deux bandes noires joignant le noir de la nuque ; les parties inférieures blanches. Les trois rectrices latérales, de chaque côté de la queue, ayant leur portion découverte blanche. »

*Le Mâle adulte;* bec d'un noir bleuâtre de corne ; iris couleur noisette ; une étroite bande d'un rouge écarlate termine une bande blanche qui s'étend vers chaque côté de la nuque ; les plumes en sont brunes à la base, blanches au milieu et rouges à l'extrémité. La première bande blanche s'étend au-dessus des yeux, le long des côtés de la tête ; le lorum et une large bande après l'œil sont noirs, cette dernière bande allant se fondre dans le noir de l'occiput ; le reste du dessus de la tête et la nuque sont noirs ; une seconde bande blanche s'étend de la commissure du bec jusqu'aux côtés de l'occiput ; au-dessous, il existe une très-étroite bande noire. Les plumes du milieu du dos sont noires à la base et blanches à l'extrémité ; les ailes sont noires, avec des taches blanches ; quelques-unes des petites tectrices supérieures, les grandes tectrices et toutes les rémiges, à l'exception quelquefois de la première, ont, sur leurs deux barbes, des taches blanches très-apparentes. Les rémiges primaires les plus longues portent six taches blanches sur leur barbe externe et quatre sur la barbe interne. Ces diverses rémiges ont, en outre, une tache blanche à leur extrémité. Les quatre rectrices intermédiaires sont noires, les autres blanches vers l'extrémité, et cette dernière couleur s'étend successivement au point de couvrir les rectrices latérales presqu'en entier.

Les parties inférieures sont blanches, avec quelquefois de légères ondes d'un brun pâle sur les flancs.

*Le Jeune Mâle ;* tandis que l'adulte a sur l'occiput une bande rouge, interrompue au milieu par la bande noire, le jeune mâle a le vertex plus ou moins taché de rouge ou de jaune et quelquefois des deux couleurs à la fois. C'est un jeune mâle avec du jaune seul qu'a représenté Audubon.

*La Femelle* ne porte sur la tête, à aucun âge, de traces de rouge ou de jaune.
HABITE la Louisiane et la base du versant oriental des Montagnes-Rocheuses.

DIMENSIONS.

| | |
|---|---|
| Longueur totale | 95 millimètres. |
| — du bec, de la commissure à l'extrémité | 28 — |
| — de l'aile pliée | 106 — |
| — de la queue | 67 — |
| — du tarse | 20 — |
| — du doigt antérieur externe (sans l'ongle) | 14 — |
| — de l'ongle (en suivant la courbure) | 10 — |
| — du doigt postérieur externe | 15 — |
| — de l'ongle | 14 — |
| — du doigt postérieur interne | 5 — |
| — de l'ongle | 6 — |
| Envergure | 34 — |

Je ne puis garantir la parfaite exactitude des mesures ci-dessus, que je n'ai pu que traduire en mesures françaises, n'ayant point vu l'oiseau lui-même.
Se trouve dans la collection de Philadelphie.

## PICUS UNDOSUS.

PICUS UNDOSUS; G. CUV., *Règn. anim.*, 1829, p. 451.
PICUS UNDULATUS; VIEILL., *Encycl.*, p. 1319.
PIC TACHETÉ DE CAYENNE; BUFF., pl. enl. 553, un mâle.
L'ÉPEICHE ou PIC VARIÉ ONDÉ; BUFF., *Ois.*, VII, p. 78.
PIC VARIÉ ONDÉ; VIEILL., *Encycl.*, p. 1319.

La planche enluminée 553, de Buffon, représente le mâle d'un pic *à quatre doigts,* un peu moins grand que notre *picus major,* ayant tout le dessus de la tête *rouge,* les côtés de la tête et les joues noires, avec deux bandelettes blanches, les parties supérieures et les quatre rectrices intermédiaires d'un noir profond, avec les plumes du haut du dos et des dernières rémiges secondaires bordées de blanc, les rémiges noires avec des taches blanches, les autres rectrices blanches et rayées transversalement de noir, avec l'extrémité rousse; toutes les parties inférieures blanches, avec quelques raies noirâtres sur les flancs. Mais les auteurs ont été divisés d'opinion sur le genre auquel ce pic doit appartenir. Pour ne pas revenir sur tout ce que nous avons dit plus loin à ce sujet, nous renvoyons le lecteur au genre Picoïde et à l'article intitulé : *Des divers picoïdes indiqués par les auteurs anciens et inconnus jusqu'à ce moment;* n° 4, *picus undosus.* Quant à nous, en présence des *quatre doigts* bien figurés, et de la tête *rouge,* nous devons penser, contrairement à l'opinion émise par MM. Temminck et Wagler, que cette espèce n'est point, nécessairement, un pic *trydactyle* auquel on a mis quatre doigts par erreur ou par artifice, mais que ce peut être une espèce voisine de celles appelées de Martin, de Phillips et autres ou du *villosus;* nous croyons, néanmoins, qu'il serait prudent de la rayer des catalogues.

## PICUS LEUCONOTUS *(Bechst.)*.

PICUS LEUCONOTUS; BECHST., *Naturg. Deut.*, II, p. 1034, pl. 25, fig. 1, le mâle; fig. 2, la femelle. — *Id.*, *Orn. taschenb*, I, p. 66. — MEYER et WOLF, *Tasch. Deuts.*, I, p. 123. — NAUM., *Vog. Nacht.*, pl. 35, fig. 69, le vieux mâle. — VALENC., *Dict. sc. nat.*, XL, p. 179. — G. CUV., *Règne anim.*, 1829, I, p. 450. — TEMM., *Man. d'ornith.*, I, p. 396; III, p. 282. — WERNER, atlas du *Man.*, pl., le vieux mâle. — NAUM., *Naturg. Neue ausg.*, pl. 135, mâle et fem. — VIEILLOT, *N. dict.*, XXVI, p. 73. — *Id.*, *Encycl.*, p. 1302. — LESSON, *Orn.*, p. 218. — C. BONAP., *Birds*, 1838. — *Id.*, *Consp. gen. av.*, p. 135. — WAGL., *Syst. av.*, n° 19. — NILSON, *Skand. Faun.*, pl. 58, le jeune mâle. — KEYS et BLAS., *Die Wirbelt.*, p. 34. — SCHINZ, *Europ. Faun.*, I, p. 202. — SCHLEG., *Revue*, p. 49. — GOULD, *Birds Eur.*, part. 8, pl. 228, mâle et fem. — DEGLAND, *Orn. Eur.*, I, p. 157. — C.-L. BREHM, *Vog. Deut.*, p. 190. — G.-R. GRAY., *Gen of birds.* — MALH., *Mém. acad. Metz*, 1848-1849, p. 327. — REICH., *Handb. spec. orn.*, p. 366, n° 846; pl. DCXXXIV (et non DCXXXII), fig. 4217, 4218, mâle et femelle. — C.-L. BREHM, *Der Vollft. Vogelf.*, p. 69, 1855.
DENDRODROMAS LEUCONOTUS; KAUP, 1829. — G.-R. GRAY, *Append. list. gen.*, 1842. — *Id.*, *Cat. gen. brit. mus.*, p. 91, 1855.
PICUS CIRRIS; PALLAS, *Zoogr. rosso asiat.*, I, p. 410, n. 64. — C.-L. BREHM, *Der Vollft. Vogelf*, p. 69, 1855.
PIPRIPICUS LEUCONOTUS; C. BONAP., *Consp. vol. zygod.*, 1854.
PICUS POLONICUS; C.-L. BREHM.

MAS ADULT. Rostro cœrulescenti-plumbeo, subtus versus basin subflavido; dorso infimo, capitis lateralibus, mento, collo antico, pectore ventreque in medio, ac collo postico ad latera pure albis; fronte sordide albidâ; vertice toto et occipite ex parte coccineis; abdomine crissoque coccineo-roseis; collo postico in medio, vitta utrinque ab occipitis lateribus suboblique versus pectoris latera dilatate, et alia utrinque ab oris rictu versus pectus ducta, alarum tectricibus minoribus et caudæ superioribus totis dorsoque supremo nigerrimis; lateribus corporis inferioris albidis, pluma quavis stria longitudinali intermedia nigra; rectricibus quatuor intermediis totis nigris, duabus utrinque extimis albidis, nigro-fasciatis, versus basin nigris, tertia utrinque sequente tota nigra, exceptis maculis duabus rotundatis subapicalibus et apice extimo rufescentibus; alarum tectricibus inferioribus albo-nigroque variis; remigibus nigris versus apicem fuliginosis, extùs albo-terminatis, extùs et intùs maculis albis, extùs a basi ad apicem, intùs quadratis et a basi usque ad medium signatis; remigibus dorso proximis nigris, fasciis largis, albis, medio interruptis; alarum tectricibus mediis maculâ maximâ, albâ terminatis. Pedibus sordide olivaceis.

Fœmina ad. Maris pilosi, nisi pileo et occipite totis nigris.

Mas juv. Fronte albidâ; vertice fuscescenti-rubro, nigro punctulato; occipite nigro.

## LE PIC LEUCONOTE.

**PLANCHE XXIII**, Fig. 1, le mâle *(réduit)*; Fig. 2, femelle *(réduite)*; Fig. 3, quatrième rémige primaire *(grandeur naturelle)*.

LE PIC LEUCONOTE; Drap., *Dict. class.*, XIII, p. 501. — Temm., *Man. d'orn.*, I, p. 396; III, p. 282. — Less., *Compl. Buff.*, IX, p. 302. — Degl., *Orn. Eur.*, 1, p. 157.

PIC A DOS BLANC; Valenc., *Dict. sc. nat.*, XL, p. 179. — Vieill., *Nouv. dict.*, XXVI, p. 73. — *Id.*, *Encycl.*, p. 1302. — Less., *Orn.*, p. 218.

DER WEISSRUCTIGE SPECHT; C.-L. Brehm, *Lehr. Naturg. Europ. Vog.*, p. 138, 1823.

VEISSRUCKIGE BUNTSPECHTE; C.-L. Brehm, *Der Vollft. Vogelf.*, p. 69, 1855.

Cette espèce, qui habite la Courlande, la Livonie, la Hongrie, se montre aussi, l'hiver, dans la Pologne, le nord-est de la Prusse et en Silésie. M. Degland annonce qu'elle est fort rare en Suède et en Norwège; mais, d'après M. Reichenbach, elle est très-commune dans la Scandinavie supérieure, dans le Wermeland, l'Upland, le Gothland et Hallingdal, tandis qu'elle est rare, en effet, dans la partie méridionale de la Suède, en Bavière, à Saltzbourg, dans la Carinthie, l'Albanie et la Dalmatie.

M. le baron de Selys-Longchamps annonce qu'on la trouve aussi en Corse dans les forêts de pin laricio; on en a même tué un exemplaire, en France, dans les Pyrénées.

Suivant Pallas, ce pic niche dans les trous des arbres, comme ses congénères, et pond quatre ou cinq œufs, et même six ou sept, d'un blanc lustré, sans taches. M. Althammer, qui habite Roveredo, me confirme ces renseignements en m'annonçant que le Leuconote ne se trouve, dans le Tyrol, que dans les forêts de pins, de sapins et de mélèzes, où il fait une seule ponte pendant la dernière quinzaine d'avril ou dans les premiers jours de mai, suivant la saison.

Temminck prétend que ce pic demeure dans les bois de haute futaie et jamais dans les forêts noires, qu'il vit assez près des habitations rustiques et ne paraît pas farouche. Je crois que ces mœurs peuvent varier suivant les localités et la saison.

Le Leuconote se nourrit de chenilles, de petits papillons, de larves et de divers insectes, d'œufs d'insectes et de fourmis. On n'a jamais trouvé d'abeilles dans son estomac, quoiqu'on ait eu le soin d'en examiner plusieurs qui vivaient à proximité de ruches.

Ainsi que cela arrive chez les espèces répandues en Europe, on trouve des différences quelquefois assez sensibles parmi les sujets qui habitent des localités diverses, et M. Brehm en a fait même autant d'espèces. Ainsi, à part les exemplaires du pays des Baschkirs, mon ***picus Uralensis*** de grande taille, que je soupçonne être le ***picus Cirris,*** de Sibérie, ou ***Pestroi Daetel*** des Russes, publié par Pallas ***(Zoogr. Rosso Asiat.,*** **I, p. 410, n° 64**), M. Brehm distingue le ***p. leuconotus*** de la Hongrie, de moyenne taille, avec moins de blanc sur le dos, les mèches noires qui couvrent les parties inférieures plus larges que chez les autres races, le rouge très-pâle sur l'abdomen et les tectrices caudales inférieures; le ***picus Polonicus*** (Brehm), de la Pologne et de la Carinthie, qui est de la plus petite taille, dont la partie inférieure de la poitrine, les flancs et les tectrices caudales inférieures sont teints de rouge et le blanc du dos moins étendu.

Rudbeck et Sparrmann, qui ont trouvé cette espèce en Suède, l'ont figurée comme une variété du ***picus major;*** Beske et Fischer l'ont prise pour le ***picus medius,*** et Bechstein, en examinant deux sujets tués en Silésie, les reconnut pour une espèce distincte.

Caractères. Bec long, droit, fort, large à la base, comprimé vers l'extrémité qui est usée et en forme de coin; arête, au sommet du bec, saillante; narines basales, latérales et cachées par une large touffe de plumes piliformes dirigées en avant; sillons latéraux, au-dessus des narines, très-saillants et très-rapprochés des bords de la mandibule supérieure; arêtes, sous la mandibule inférieure et de chaque côté de cette mandibule, assez saillantes; menton couvert de plumes serrées et précédé d'une touffe de plumes piliformes s'avançant sous la mandibule au quart environ de la longueur totale du bec, mesuré de la commissure; ailes longues, aiguës; la quatrième et la cinquième rémige sont les plus longues et presqu'égales; puis viennent la troisième et la sixième. Tarses en partie couverts de plumes, assez longs, scutellés au-devant et écailleux sur les côtés; doigts longs et scutellés au-devant ; le doigt postérieur externe plus long que le doigt antérieur externe ; ongles longs, aigus, comprimés et évidés sur les côtés.

Coloration. *Le Mâle adulte;* bec d'un bleu plombé au-dessus et vers l'extrémité; mandibule inférieure d'un jaune de corne en dessous et vers la base ; plumes recouvrant les narines les unes d'un noir profond, les autres d'un blanc jaunâtre ; front d'un blanc jaunâtre; haut de la tête et occiput d'un rouge vif; abdomen et couvertures inférieures de la queue d'un rouge rose ; bas du dos, joues, côtés et devant du cou, poitrine et milieu du ventre d'un blanc pur ; nuque, une bande de chaque côté de l'occiput et une autre partant de la commissure du bec et descendant, en s'élargissant, sur les côtés de la poitrine, petites tectrices alaires et toutes les couvertures supérieures de la queue, ainsi que la moitié supérieure du dos, d'un noir profond glacé de bleuâtre ; côtés de la poitrine et flancs d'un blanc plus ou moins sale, avec de longues mèches noires le long de la tige des plumes; les quatre rectrices intermédiaires entièrement noires; celle qui en est voisine, noire en majeure partie, ayant, vers son extrémité qui est d'un blanc roussâtre, deux taches d'un blanc roussâtre sur la barbe externe et une tache de même couleur sur la barbe interne ; les deux autres pennes de chaque côté, après celle-ci, sont d'un blanc sale ou roussâtre avec des bandes transversales d'un brun noir, et la base de ces plumes est noire ; tectrices alaires inférieures variées de blanc et de noir ; rémiges noires, brunâtres vers leur extrémité qui est blanchâtre sur la barbe externe ; sur les deux barbes, les rémiges ont des taches blanches de forme quadrangulaire sur la barbe externe et de forme ovoïde sur la barbe interne ; les rémiges secondaires, voisines du dos, sont noires, avec de larges bandes blanches transversales ; tectrices moyennes des ailes terminées par une grande tache blanche; pieds d'un brun sale; iris orange, selon MM. Temminck et Degland, et d'un brun noir, selon Wagler. Ongles d'un brun clair.

*La Femelle adulte* n'a point de rouge sur le haut de la tête et sur l'occiput; ces parties sont noires. Chez plusieurs femelles que j'ai reçues du nord, le blanc était plus pur que chez les mâles.

*Le Jeune Mâle* a les flancs et l'abdomen d'un blanc cendré avec de nombreuses mèches noirâtres; le vertex d'un brun rougeâtre pâle pointillé de noir ; l'occiput noir.

*Variétés.* J'ai vu, au Muséum de Mayence, un mâle dont le dessus de la tête et l'occiput sont d'un rouge orangé pâle ; les bandes de chaque côté de la poitrine et du cou sont d'un brun roussâtre au lieu d'être noires ; le haut du dos est d'un roux brun et le reste des parties supérieures est rayé de blanc et de brun roussâtre ; les tectrices alaires supérieures sont d'un brun roux, tachées de blanc ; le blanc qui borde l'aile est roussâtre. M. Reichenbach cite une variété toute blanche, avec la région anale rose.

Habite le nord de l'Europe, l'Allemagne, la Russie, la Pologne, la Hongrie, la Dalmatie, la Carinthie, la Silésie, la Styrie, la Corse.

DIMENSIONS.

| | | |
|---|---|---|
| Longueur totale | 260 | millimètres. |
| — du bec, de la commissure à l'extrémité | 36 | — |
| — — des narines à l'extrémité | 28 | — |
| — de l'aile pliée | 145 | — |
| — de la queue | 100 | — |
| — du tarse | 22 | — |
| — du doigt antérieur externe (sans l'ongle) | 14 | — |
| — de son ongle (en suivant la courbure) | 15 | — |
| — du doigt postérieur externe | 20 | — |
| — de son ongle | 15 | — |
| — du doigt antérieur interne | 11 | — |
| — de son ongle | 14 | — |
| — du doigt postérieur interne | 8 | — |
| — de son ongle | 10 | — |

Se trouve dans la plupart des collections, notamment dans celles de Stockholm, de Paris, de Londres, de Mayence, de Vienne, de Leyde, de Berlin, de Heidelberg, de Francfort-sur-Mein, de Metz, de Darmstadt, de Liége, dans ma collection.

## PICUS URALENSIS *(Malh.)*.

PIPRIPICUS URALENSIS; *Pr. Bp. ex* Malh., *Consp. vol. zyg.*, 1854.
PICUS CIRRIS? Pall., *Zoogr. ross. asiat.*, I, p. 410, nº 64.

Mas. Rostro cœrulescenti plumbeo, subtùs albido; fronte albidâ, vertice occipiteque coccineis; auchenio, interscapulio, caudæ tectricibus superioribus, vittaque utrinque ab oris rictu versus pectus dilatata nigerrimis; narium tectricibus griseis; mento, gulâ, capite ad latera, collo, pectore, fœmoribus, alarum tectricibus inferioribus, tergo, uropygio, scapularibus, remigibusque ultimis candidis; pectore ad latera hypochondriisque nigro striolatis; ventre crissoque coccineo-roseis; remigibus nigris, maculis albis, extùs quadratis, intùs subrotundatis, et apice largè notatis; rectricibus intermediis nigris, duabus utrinque sequentibus nigris, apice fulvis plus minusve nigro fasciatis; duabus utrinque extimis albis, intùs nigro ad marginem fasciatis, extùs binis maculis nigris notatis; pedibus fuscis.

## PIC DE L'OURAL *(Malh.)*.

**PLANCHE XXIII**, Fig. 4, mâle; Fig. 5, tête de la femelle; Fig. 6, quatrième rémige primaire *(grandeur naturelle)*.

J'ai obtenu, sous le nom de *leuconotus,* des pics provenant du pays des Baschkirs, qui diffèrent autant de ceux de la Norwége et de l'Allemagne, que le *picus Kamtchatkensis* diffère du *picus minor* et le *picoïdes crissoleucos* du *picoïdes Europæus.* Il est d'ailleurs à remarquer que les différences de coloration sont constantes et ne sauraient être attribuées au froid seul, puisque les exemplaires de la Norwége et de la Finlande sont toujours beaucoup moins blancs et offrent des caractères propres à distinguer les sujets provenant de l'une et l'autre de ces localités. Néanmoins je ne regarde le *picus Uralensis* que comme une race du *leuconotus* propre à certaines localités et remarquable par le blanc qui la caractérise.

Les caractères et la coloration *générale* de l'*Uralensis* et du *leuconotus* étant les mêmes, je crois qu'il sera surtout utile d'indiquer en quoi diffèrent les sujets des deux races.

*Le Mâle;* le bec de l'*Uralensis* est un peu plus long et plus fort; les ailes sont aussi plus longues; la poitrine et l'épigastre offrent plus de blanc et des stries noires longitudinales beaucoup plus étroites et moins nombreuses; les cuisses sont d'un blanc pur; le rouge qui couvre le dessus de la tête est plus vif, et n'est pas bordé de noir sur les côtés de la tête; l'espace blanc sur les côtés de la nuque et du cou est beaucoup plus grand, et la bande noire, longeant la gorge de chaque côté, est plus étroite et moins allongée; le haut du dos n'offre qu'un espace noir resserré, encadré largement de blanc; le reste du dos et le croupion, les scapulaires et les dernières petites rémiges sont d'un blanc de neige occupant une surface double de l'espace blanc qui existe chez le *leuconotus.* Les tectrices supérieures de la queue sont d'un noir profond dans les deux espèces; les taches blanches, de forme carrée sur la page externe et de forme presqu'arrondie sur la majeure partie de la page interne des rémiges sont beaucoup plus grandes chez l'*Uralensis,* dont les rémiges sont terminées par une bande blanche, très-large sur les rémiges secondaires; les deux rectrices intermédiaires sont noires, la rectrice suivante est noire, tachetée de roux fauve sur les deux pages vers l'extrémité; la penne qui suit porte, vers l'extrémité du noir qui existe depuis la base, une tache blanche sur la page interne et deux taches semblables sur la page externe, puis le reste de la penne vers l'extrémité est d'un fauve clair, sur une longueur de près de 20 millimètres, avec une petite tache brune sur la page interne. Les deux autres rectrices latérales, de chaque côté, sont blanches, lavées de fauve vers l'extrémité et portent chacune deux petites taches noirâtres vers l'extrémité de la page externe et quatre à cinq bandes noires sur la page interne.

*La Femelle* diffère du mâle par l'absence de rouge sur la tête.

Habite la chaîne des monts Ourals, au moins dans le pays des Baschkirs; la Sibérie.

DIMENSIONS.

| | | |
|---|---|---|
| Longueur totale | 260 | millimètres. |
| — du bec, de la commissure à l'extrémité | 42 | — |
| — — des narines à l'extrémité | 32 | — |
| — de l'aile pliée | 150 | — |
| — de la queue | 100 | — |
| — du tarse | 22 | — |
| — du doigt antérieur externe (sans l'ongle) | 15 | — |
| — de son ongle (en suivant la courbure) | 16 | — |
| — du doigt postérieur externe | 18 | — |
| — de son ongle | 17 | — |
| — du doigt antérieur interne | 12 | — |
| — de son ongle | 15 | — |
| — du doigt postérieur interne | 6 | — |
| — de son ongle | 8 | — |

Muséum de Saint-Pétersbourg, de Mayence. Le type se trouve dans ma collection.

## PICUS MEDIUS.

PICUS MEDIUS; LINN., *Syst. nat.*, 13e éd., 1767, I, p. 176, no 18. — SCOP., *Ann. I, Hist. nat. descr. av.*, p. 48, no 54, 1769. — NOZEM., *Nederl. vog.*, IV, pl. 177, p. 347, un mâle et un œuf. — BRUNN., *Orn. bor.*, p. 11, 1764. — GMEL., *Syst.*, 1788, I, p. 436, no 18. — LATH., *Ind.*, 1790, I, p. 229, no 14. — MEY. et WOLF., *Tasch. der Deuts.*, 1810, I, p. 122. — BECHST., *Naturg. Deut.*, II, p. 1029. — NAUM., *Vog. nachtr.*, pl. 4, fig. 7. — VAL., *Dict. sc. nat.*, XL, p. 179. — TEMM., *Man. orn.*, 1820, I, p. 398. — G. CUV., *Règ. an.*, 1829, I, p. 50. — LESS., *Orn.*, p. 218. — CH. BONAP., *Birds*, 1838, p. 39. — KEYS. et BLAS., *Die Wirbelt.*, 1840, p. 35. — SCHINZ, *Eur. faun.*, 1840, I, p. 263. — DE SÉLYS, *Faun. belg.*, p. 109; 1842. — SCHLEG., *Ois. d'Eur.*, 1844, p. 50. — GOULD, *Birds Eur.*, pl. 230. — DEGLAND, *Orn. Eur.*, I, p. 159. — WAGL., *Syst. av.*, no 24. — *Id.*, *Isis*, 1829, p. 510. — RISSO, *Eur. mér.*, III, p. 60. — VIEILL., *Encycl.*, p. 1303. — G.-R. GRAY, *Gen. of birds.* — CH. BONAP., *Consp. gen. av.*, p. 134. — REICH., *Handb. spec. orn.*, p. 368, no 848; pl. DCXXXIV, fig. 4221, 4222. — C.-L. BREHM, *Der Vollftand Vogelf.*, p. 70, 1855.
PICUS VARIUS; BRISS., *Orn.*, IV, p. 38. — VIEILL., *N. dict.*, XXVI, p. 94.
DENDROCOPUS MEDIUS; KOCH, *Baier. zool.* — SWAINS.
PICUS CYNAEDUS; PALLAS, *Zoogr. rosso Asiat.*, I, p. 413, no 66.
PIPRIPICUS MEDIUS; *Pr. Br.*, *Consp. vol. zyg.*, 1854.
PICUS ROSEIVENTRIS; PICUS MERIDIONALIS; PICUS QUERCUUM; C.-L. BREHM, *Der Vollftand Vogelf.*, p. 70.

MAS ADULTUS. Rostro corneo-nigricante; iridibus fusco-rubris; vertice coccineo; abdomine, ventre et crisso pallidè roseo-coccineis; fronte albidà; vittà pone oris rictum parvà, subobsoletà, brunnescente; collo toto antico ac laterali, pectore medio et capite ad latera albis; vittà largà pone ab oculis versus colli pectorisque latera ductà, collo postico medio, dorso toto, uropygio, caudæ et alarum tectricibus superioribus minoribus rectricibusque quatuor intermediis totis nigris; scapularibus unicoloribus candidis; rectricibus tribus lateralibus apice subrufescentibus, extimà utrinque fasciis tribus albis, largis, sequente maximà parte nigrà fasciis duabus apicalibus, irregularibus, albis, tertià tota nigrà nisi margine apicali externo albidà; pectore infimo ac lateribus albidis, hisce longitudinaliter nigricanti-striolatis, illo dilutissime flavido-lavato; remigibus omnibus albis, intùs et extùs candido-maculatis. Pedibus grisei-virescentibus.

FŒM. ADULT. Mari simillimà nisi capitis rubedine minus saturatà aut aurantiacà; vittà malari obsoletiore.

JUV. Vertice medio fusco-rubro; crisso abdomineque-dilutiùs rubris.

## LE PIC MAR *(Temm.)*.

**PLANCHE XX**, Fig. 6, le mâle; Fig. 7, la femelle; Fig. 8, la rémige quatrième.

LE PIC VARIÉ; BRISS., *Orn.*, IV, p. 38, pl. 2, fig. 1. — BONNAT., *Encycl.*, pl. 211, fig. 5.
PIC VARIÉ A TÊTE ROUGE; BUFF., pl. enlum. 611, le mâle. — VIEILL., *N. dict.*, XXVI, p. 94. — *Id.*, *Encycl.*, p. 1303. — *Id.*, *Faune franç.*, p. 52, pl. 26, fig. 1. — ROUX, *Orn. provenç.*, I, p. 98, pl. 61, mâle adulte. — SCHLEG., *Ois. d'Eur.*, p. 50, 1844.
PIC MOYEN; RISSO, *Eur. mérid.*, III, p. 60.
PIC MOYEN ÉPEICHE; LESSON, *Orn.*, p. 218. — VALENC., *Dict. sc. nat.*, XL, p. 180.
PIC MAR; TEMM., *Man.*, 1820, I, p. 398. — WERNER, atlas du *Manuel*, pl. lith., le vieux mâle. — DEGLAND, *Orn. Eur.*, I, p. 159.
MITTLER UND EICHEN BUNTSPECHT; BREHM, *Vog. Deut.*, p. 191.
PICCHIO ROSSO MAGGIORE; SAVI, *Ornit. Tosc.*, I, p. 143.
DER MITTELSPECHT; C.-L. BREHM, *Lehrb. der naturg. Europ. Vog.*, p. 130, 1823.
DER MITTELBUNTSPECHT; C.-L. BREHM, *Vollft. Vogelf.*, p. 70, 1855.

Le judicieux Brisson avait parfaitement distingué cette espèce du *picus major*, tandis que Buffon critiquait son devancier à ce sujet et prétendait que ce n'était qu'une variété. Je suis très-porté à croire que son opinion eut été conforme à celle de Brisson s'il eut jamais vu le pic Mar, qui diffère de l'épeiche à tant d'égards. Latham *(Gen. synops.)*, après avoir très-bien décrit ce grimpeur, qu'il dit beaucoup plus rare en Angleterre que le *p. major*, et après avoir signalé les caractères qui le distinguent de ce dernier, ajoute qu'il doute que ce soit une espèce différente; mais qu'il faut toutefois convenir que, si ce n'est qu'une variété comme l'assure Buffon, c'est une variété constante. Aujourd'hui, les voyageurs et les naturalistes ne peuvent plus confondre les deux espèces précitées, mais ils confondent quelquefois le *picus medius* avec le pic *Syriacus* (HEMPR. et EHRENB., *Symb. phys.*, 1828). C'est à cette dernière espèce qu'il faut réunir le *picus medius* rapporté de la Perse au Muséum de Paris, et peut-être aussi celui qu'on indique avoir été observé dans l'Asie-Mineure et dans la Syrie *(Proceed. zool. soc.*, II, p. 133, 1834).

Quant au pic que M. Drummond a trouvé à Corfou, dans les autres îles Ioniennes et sur les côtes de l'Albanie *(Annals and Mag. nat. hist.*; déc. 1843), il est très-probable que c'est le *medius*, car ce dernier oiseau habitant l'Italie et la Turquie, peut très-bien avoir été observé dans des localités peu éloignées; d'autant plus que, pendant mon séjour en Dalmatie, j'ai vu, à Trieste, cet oiseau qui avait été tué à quelques kilomètres de cette ville. J'en ai aussi reçu, en 1856, un mâle, tué aux environs de Constantinople.

En parlant du *picus Syriacus*, j'aurai soin d'indiquer les caractères qui différencient les deux espèces.

M. Brehm a remarqué, en Allemagne, des exemplaires de plus petite taille, chez lesquels manquait entièrement la bande du lorum, qui est noire chez quelques sujets et le plus souvent d'un brun pâle, comme effacé; il en a fait une espèce distincte, sous le nom de *picus quercuum*. Je n'ai pas besoin d'ajouter que cette variété se lie par des nuances insensibles aux sujets chez lesquels le lorum est d'un noir assez marqué. Des sujets plus petits, avec un bec plus faible, constituent le *picus roseiventris* du même auteur. Enfin, il distingue encore, sous le nom de *meridionalis,* une race au bec très-petit et propre à la Grèce.

Le pic Mar, quoique répandu dans la majeure partie de l'Europe, est plus délicat et beaucoup plus rare que le *picus major;* il affectionne les grandes forêts et se rencontre quelquefois dans nos vergers, notamment à l'automne. Je l'ai déjà tué plusieurs fois, en cette saison, sur les arbres fruitiers qui abondent à sept ou huit kilomètres de Metz, et j'ai remarqué qu'il semblait préférer les localités un peu élevées et plus boisées. On assure qu'il est plus commun dans les forêts, à proximité de Saint-Avold et de Sarrelouis.

Ce pic, qui recherche les bois feuillus, a les mêmes mœurs que ses congénères; il niche dans des trous d'arbres, notamment sur le chêne, le tremble, le tilleul, établit quelquefois son nid à trois mètres seulement de hauteur, et se nourrit de fourmis, de larves et d'autres insectes; au besoin, il mange des noisettes, des noix de hêtre, des semences et quelques baies. Sa ponte est, selon M. Temminck, de trois ou quatre œufs d'un blanc lustré; selon M. Reichenbach, de cinq ou six œufs, rarement de sept; selon M. Pässler *(Journ. für ornith.,* 1856, p. 44), de neuf œufs au plus, et, enfin, selon M. Degland *(Orn. Eur.,* 1, p. 160, 1849), de quatre à six œufs, un peu courts, d'un blanc pur, sans taches, dont le grand diamètre est de 20 à 23 millimètres et le petit diamètre de 16 à 19 millimètres. Le mâle et la femelle couvent alternativement pendant quinze jours environ.

Caractères. Bec assez court, droit, comprimé sur les côtés, aigu et légèrement terminé en forme de coin; narines cachées par une touffe de plumes piliformes dirigées en avant; sillons, au-dessus des narines, plus rapprochés des bords que du sommet de la mandibule supérieure; mandibule inférieure avec une très-légère arête latérale; arête, sous la mandibule, arrondie et peu saillante même à l'extrémité du bec. Menton recouvert de plumes douces, précédées de quelques plumes piliformes, et s'avançant, sous la mandibule, à plus du tiers et à moins de moitié de la longueur totale du bec, mesuré de la commissure. Une huppe occipitale courte; plumage généralement doux et soyeux; ailes assez longues et aiguës. La première rémige très-courte; la quatrième, la cinquième et la troisième rémige les plus longues et différant peu entr'elles. Queue moyenne, demi-arrondie, composée de douze pennes, dont la première externe est très-courte, les quatre intermédiaires beaucoup plus aiguës et plus raides que les autres, et toutes usées à l'extrémité, les barbes dépassant le rachis de chaque côté. Tarses et doigts moyens, scutellés au-devant, écailleux sur les côtés; quatre doigts inégaux; le doigt postérieur externe un peu plus long que le doigt antérieur externe. Ongles crochus, comprimés et évidés sur les côtés.

Coloration. *Le Mâle adulte;* le bec d'un brun de corne et avec une tache d'un jaune de corne à la base de la mandibule inférieure, en dessous; front cendré roussâtre; vertex et occiput à plumes allongées et effilées formant une huppe d'un rouge cramoisi; joues, cou et poitrine blancs ou blanchâtres; une bande brune, ordinairement très-pâle, part de l'angle du bec; cette bande, qui devient noire à quelque distance au-dessous des yeux et se dirige sur les parties latérales de la poitrine, manque entièrement chez quelques sujets, tandis que, parfois, elle est noire à partir du bec; dos et ailes d'un noir profond; moyennes couvertures, scapulaires et les taches sur les deux barbes des pennes alaires blanches; flancs roses et rayés longitudinalement de brun noirâtre; abdomen et couvertures inférieures de la queue d'un rouge cramoisi; pennes latérales de celle-ci, terminées de blanc, avec des raies noires, les quatre du milieu noires; iris brun, mais entouré d'un cercle blanchâtre. Pieds bruns.

*La Femelle adulte* a le rouge de la tête moins vif; les plumes de cette partie moins longues; la bande noire des côtés du cou moins foncée et le rouge de l'abdomen moins étendu.

*Les Jeunes, avant la première mue,* ont le rouge de la tête rembruni et n'occupant qu'un petit espace sur le haut de la tête; le blanc du plumage comme terni et parsemé, sur les flancs, d'un grand nombre de taches longitudinales; couvertures inférieures de la queue d'un rose clair.

Une jolie *variété,* que j'ai vue au Muséum de Berlin, était entièrement albine, le ventre rose, le dessus de la tête rose et grivelé de blanc; le bec et les pattes blancs.

Habite la majeure partie de l'Europe: en Angleterre, en France, le sud de la Norwège, le milieu de la Suède, la Prusse, la Finlande, la Russie occidentale, l'Albanie, la Dalmatie, la Turquie, assez rare en Allemagne, et plus rare encore en Hollande et dans le nord de l'Italie.

**DIMENSIONS.**

| | |
|---|---|
| Longueur totale | 220 à 330 mill. |
| — du bec, de la commissure à l'extrémité | 23 millimètres. |
| — — des narines à l'extrémité | 18 — |
| — de l'aile pliée | 130 — |
| — de la queue | 85 — |
| — du tarse | 20 — |
| — du doigt postérieur externe (sans l'ongle) | 17 — |
| — de son ongle (en suivant la courbure) | 13 — |
| — du doigt antérieur externe | 15 — |
| — de son ongle | 14 — |
| — du doigt antérieur interne | 13 — |
| — de son ongle | 11 — |
| — du doigt postérieur interne | 5 — |
| — de son ongle | 5 — |
| Envergure | 310 à 320 mill. |

Se trouve dans presque toutes les collections, notamment dans celles de Paris, de Vienne, de Berlin, de Londres, de Leyde, de Manheim, de Stockholm, de Francfort-sur-Mein, de Lille, de Metz ; à Rome, sous le nom de *picchio rosso Mezzano* (Savi.); dans ma collection.

## PICUS SYRIACUS.

PICUS SYRIACUS ; Hempr. et Ehrenb., *Symb. phys.*, 1828. — *Pr.* Bp., *Consp. vol. zyg.*, 1854.
PICUS FULIGINOSUS ; Licht., *In mus. Berol.* — Reich., *Handb. spec. orn.*, p. 378, n° 872 ; pl. dcxl, fig. 4269, 4270.
PICUS DAMASCENUS ; Antinor., *Muséum de Turin.*

Mas adult. Staturâ picturâque pici medii ; differt : 1° vittâ malari ab oris rictu ad pectus deductâ rectâ lineari nigrâ, sensim latiore ; 2° medio pectore cum vertice concoloribus cinnabarinis ; 3° hypochondriis haud striolatis ; 4° fronte, capite ad latera, et corpore infrà albo-fuliginosis, crisso roseo.

Fœm. Nigridine fuliginosâ ; vertice obsolete rubro.

## LE PIC SYRIEN.

**PLANCHE XX**, Fig. 4, le mâle ; Fig. 5, rémige quatrième.

Cette espèce a presque toujours été confondue avec le *picus medius*, ainsi que je l'ai dit en parlant de ce dernier. C'est peut-être au pic Syrien, découvert sur le mont Liban par MM. Hemprich et Ehrenberg, qu'il faut rapporter ce que dit M. Strickland *(Proc. zool. soc.*, II, page 133 ; 1834) du *picus medius* observé dans l'Asie-Mineure et dans la Syrie, ainsi que des sujets trouvés aux environs de Trébisonde. Le pic Syrien, que les turcs nomment Kara noir, y est très-commun et on le trouve habituellement sur les saules et les peupliers. Il est répandu en Perse, tandis que jusqu'ici, je n'ai reçu le *p. medius* que de la Turquie d'Europe.

Le premier exemplaire du pic Syrien que j'ai pu examiner, se trouvait dans la collection de Berlin, sous le nom de *p. fugilinosus* (Licht.), et je crois que c'était une femelle ou un jeune ; depuis lors, j'en ai obtenu un exemplaire mâle et j'en ai vu un jeune au Muséum de Paris.

Caractères. — Bec fort et bien plus fort que chez le pic Mar, assez long et aigu ; arête au sommet de la mandibule très-saillante ; narines cachées par une touffe de plumes piliformes ; arête au-dessus des narines, assez saillante ; la mandibule inférieure forme en dessous, à la moitié environ, un angle convexe, la partie antérieure du bec se courbant un peu jusqu'à l'extrémité, et le menton s'avançant couvert de plumes à plus du tiers et à moins de moitié de la longueur totale du bec mesuré de la commissure ; arête sous la mandibule inférieure assez saillante et une légère arête de chaque côté ; pas de huppe ; ailes assez longues ; la troisième rémige est la plus longue et atteint à près des deux tiers de la longueur de la queue ; celle-ci moyenne et arrondie ; tarses et doigts forts, scutellés au-devant et écailleux sur les côtés ; ongles aigus et évidés sur les côtés.

Coloration. *Le mâle adulte ;* le bec d'un brun noirâtre ; front d'un gris blanchâtre ; sommet de la tête d'un rouge à travers lequel on aperçoit parfois le noir qui teint la base des plumes du vertex ; occiput et une bande jusqu'à l'œil, derrière du cou, dos et croupion noirs ; scapulaires d'un blanc plus ou moins pur ; les tectrices supérieures des ailes ont quelques taches blanches ; rémiges d'un brun noir avec des taches blanches de la forme d'un carré long sur la barbe externe, et de grandes taches blanches arrondies sur la barbe interne. Les rémiges ont aussi leur extrémité blanche de chaque côté de la mandibule inférieure, une bande noire qui descend, de chaque côté, vers le milieu de la poitrine, sans se rejoindre entièrement; le milieu de la poitrine et partie de cette bande sont teints d'un rouge rosé assez vif au milieu; tout l'espace compris entre la bande latérale noire et le dessus de la tête et le cou, ainsi que le menton, la gorge, l'épigastre, les flancs, le ventre d'un blanc lavé de plus ou moins de brun jaunâtre clair, mais sans aucunes stries ou raies; tectrices caudales inférieures d'un rose pâle; les six rectrices latérales entièrement noires; la suivante de chaque côté noire avec une tache sur la barbe externe et son extrémité blanches; la penne qui suit celle-ci est noire avec une tache blanche sur la barbe externe, une bande transversale sur les deux barbes et son extrémité blanches; pieds d'un gris brun.

*La femelle* diffère du mâle en ce qu'elle a moins de rouge sur la poitrine, et que le rouge du sommet de la tête est terne; l'occiput, les tectrices supérieures des ailes et les rémiges sont lavés de brun roussâtre.

Habite la Turquie d'Asie, l'Asie-Mineure, la Perse.

DIMENSIONS.

| | | |
|---|---|---|
| Longueur totale | 208 | millimètres. |
| — du bec, de la commissure à l'extrémité | 28 | — |
| — — des narines | 20 | — |
| — de l'aile pliée | 120 | — |
| — de la queue | 74 | — |
| — du tarse | 18 | — |
| — du doigt postérieur externe (sans l'ongle) | 17 | — |
| — de l'ongle (en suivant la courbure) | 12 | — |
| — du doigt antérieur externe | 15 | — |
| — de l'ongle | 12 | — |
| — du doigt antérieur interne | 12 | — |
| — de l'ongle | 11 | — |
| — du doigt postérieur interne | 5 | — |
| — de l'ongle | 5 | — |

Se trouve dans les collections de Berlin, de Paris, de Londres; à Turin, sous le nom de *damascenus;* dans ma collection.

Le type du *fuliginosus* (Licht.), se trouve au Muséum de Berlin.

## PICUS MACEI.

PICUS MACEI; Cuvier, *Mus. de Paris.* — Temm., 10e livraison, *pl. col.*, 59, fig 2, le mâle. — Sundev., *Physiogr. sallskap. Tidskr. mas. ad.*, I, p. 162. — Wagl., *Syst. av.*, nº 27, le mâle adulte. — Less., *Compl. Buff.*, IX, p. 304. — *Proc. zool. soc.*, 1839, VII, p. 165. — G.-R. Gray, *Gen.* — Ch. Bonap., *Consp. gen. av.*, p. 135. — Reich., *Hand. spec. orn.*, p. 369, nº 852, pl. dcxxxv, fig. 4228, 4229, peu exactes.

DENDROCOPUS MACEI; Sw., *Class. of birds,* II, p. 307.

DENDROCOPUS WAGLERII; Hartl., *Cat. du mus. Brême*, p. 91.

DENDROCOPUS PYRICEPS; Hodgs., *Catal. Nipal. birds; zool. misc*, p. 85.

YUNGIPICUS MACEI; *Pr. Bp.*, *Consp. vol. zyg.*, 1854.

Mas adult. Rostro plumbeo; lineâ frontali cinerascente; capite suprà *cum occipite* crissoque coccineis; dorso toto alternatim albo nigroque fasciatis; *uropygio, caudæque tectricibus superioribus nigris;* alis totis nigris, transversim albo-maculatis; toto capite colloque ad latera, mento et gulâ albo-rufescentibus immaculatis; vittâ malari versus pectoris latera ductâ nigrâ; corpore subtùs inferiùs a pectore usque ad crissum albo-rufescentibus striolis longitudinalibus obsoleto fuscis; rectricibus utrinque duabus lateralibus nigris albo-fasciolatis; sequente nigrâ extùs ad apicem albo maculatâ; *cæteris totis nigris;* pedibus griseis.

*Fœm. adult.* Capite suprà occipite que nigris.

## LE PIC DE MACÉ.

**PLANCHE XXIV,** Fig. 1, le mâle; Fig. 2, la femelle; Fig. 3, la queue; Fig. 4, rémige quatrième.

PIC DE MACÉ; Cuv., *Mus. de Paris.* — Temm., pl. 59, fig. 2, le mâle. — Less., *Compl. Buff.*, IX, p. 304.

Peu d'espèces ont été l'objet d'une confusion aussi grande parmi tous les naturalistes que celle qui nous occupe et qui habite toute l'Inde depuis le sud du Bengale jusqu'à la chaîne de l'Himalaya. Le motif en est qu'il existe à Java et à Sumatra, une espèce qui lui ressemble beaucoup, il est vrai, mais qu'il est néanmoins très-facile de distinguer; ainsi le mâle de l'espèce Indienne a tout le dessus de la tête et l'occiput d'un rouge vif, tandis que dans l'espèce de Java et de Sumatra, le mâle n'a pas de rouge à l'occiput; les deux sexes du pic actuel de Macé, ont la région anale d'un rouge vif; le croupion noir; les quatre rectrices intermédiaires d'un noir profond sans aucune tache blanche, tandis que l'espèce de Java, l'*Analis* (Tem.), qui est d'une taille moindre, a la région anale d'un rouge pâle, tout le croupion blanc, rayé de noir, et toutes les rectrices noires avec des taches blanches sur les deux barbes. En voilà assez évidemment pour empêcher toute confusion à l'avenir. Examinons actuellement les erreurs qui ont été commises par les auteurs.

Vieillot, d'abord, qui a décrit dans la deuxième édition du *Nouveau Dictionnaire d'Histoire Naturelle* (XXVI, p. 80), un *picus Macei,* dit: « Cet oiseau que Macé a trouvé au Bengale a le dessus de la tête rouge;...... les ailes et la queue tachetées de blanc sur un fond noir; taille un peu supérieure à celle de notre petit épeiche. »

Le savant directeur du Muséum de Brême, M. le docteur Hartlaub *(Syst. verzeich. Voëg. mus. Bremen,* p. 91, 1844), et M. Gray, dans son *Genera of birds,* pensent que le pic décrit par Vieillot est l'espèce du Bengale, différente de celle figurée par M. Temminck et qui est de Sumatra; mais il faut convenir que la description de Vieillot est au moins fort incorrecte, ainsi l'*Analis* ou la plus petite des deux espèces n'a que le devant de la tête rouge, partie du vertex et l'occiput étant noirs; ce n'est qu'au *Macei* de M. Temminck que peuvent s'appliquer ces mots: « *le dessus de la tête rouge;* » de plus, Vieillot omet de dire que la région anale est colorée de rouge chez l'oiseau dont il parle; enfin, l'*Analis* n'est point le pic rapporté du Bengale par Macé, et je pense que les honorables auteurs précités ont été induits en erreur en donnant l'île de Sumatra pour patrie au pic figuré dans la planche 59, fig. 2, de M. Temminck. En effet, non-seulement M. Temminck annonce comme Vieillot que son *picus Macei* a été rapporté du Bengale par Macé, mais j'en ai reçu plusieurs exemplaires tant de Madras que de Calcutta; j'en ai vu aussi au Muséum Britannique, des mâles recueillis par M. Hodgson, dans le royaume de Népaul et nommés par lui *p. Pyriceps.* M. Schlegel, auquel j'ai écrit à ce sujet, m'affirme que tous les exemplaires du *Macei* ou *Analis* ayant toutes les pennes de la queue tachetées de blanc, proviennent des îles de la Sonde et jamais du Bengale; l'espèce que M. Horsfield a rapportée de Java et qu'il avait nommée *picus minor,* a été reconnue par lui depuis pour être l'*Analis* de M. Temminck. Je me crois donc en droit de penser que le *Macei* décrit par Vieillot était l'espèce de Java, que ce naturaliste a cru provenir du Bengale, tandis que l'oiseau figuré par M. Temminck provient réellement de cette dernière localité.

Je dois ajouter que M. Blyth, ne distinguant pas les deux espèces, dit que le *Macei* se trouve aussi bien dans les îles de la Sonde que dans toute l'Inde, et dans le royaume de Nepaul.

Wagler, ordinairement si bon observateur, a donné du *Macei (Syst. av.,* n° 27*)*, une description incorrecte; ainsi le mâle adulte dont il parle, a la queue du *Macei* de M. Temminck, c'est-à-dire quelques pennes latérales seules tachetées de blanc, les autres étant d'un noir profond; mais il a en même temps le croupion varié de blanc et de noir, ce qui ne peut s'appliquer qu'au *Macei* de Vieillot ou *Analis* (Temm.); quant au jeune mâle de Wagler, c'est, à n'en pas douter, la femelle du *Macei* de Vieillot.

Je n'ai pas cité, dans ma synonymie de l'une ou de l'autre des deux espèces, le *picus Macei* représenté dans la planche 19, des *Illustrations de la Zoologie indienne,* parce que le dessin incorrect de cet oiseau contient des caractères mixtes qui ne permettent pas de l'appliquer avec certitude à l'une des deux espèces. Ainsi le mâle a la tête colorée comme le *p. Analis* ou le jeune mâle du *Macei;* mais les quatre rectrices intermédiaires sont noires sans taches blanches, caractère n'appartenant qu'au *Macei* de Temminck; la queue est en outre dessinée à part, et alors elle ne présente plus que les deux pennes intermédiaires noires sans taches et excédant les autres de 15 millimètres. Ce dernier caractère ne peut appartenir encore qu'au *Macei* de Temminck; mais il est évident qu'il y a erreur quant à la coloration des rectrices, qui n'appartiennent ainsi à aucune des deux espèces. Que conclure donc d'un tel dessin? il faut l'écarter de la question selon moi et quitter les hypothèses pour s'en tenir aux faits certains. Or, la plus grande des deux espèces est bien celle figurée par M. Temminck et elle ne nous provient que de l'Inde, tandis que la plus petite, celle rapportée par M. Horsfield, de Java, et que Vieillot a nommée *Macei,* provient des îles de la Sonde. Je reconnais que la dénomination de Vieillot a la priorité, mais j'ai cru que ce serait augmenter la confusion que de changer les noms adoptés dans presque toutes les grandes collections et consacrés par le temps.

Le *p. Wagleri* (figure 4223, planche dcxxxiv), de l'ouvrage de M. Reichenbach *(Handbuch spec. orn.),* est tellement inexacte, qu'on peut dire qu'il ne ressemble pas plus à l'*Analis* qu'au *picus Macei.* En effet, l'oiseau de cette planche a le dos, les ailes, ainsi que la troisième et la quatrième rectrice de chaque côté d'un bleu clair rayé de noir, qui ne rappelle nullement le noir foncé rayé de blanc qui existe chez les deux espèces. Le dessus de la tête, il est vrai, est entièrement rouge, mais cette coloration se retrouve pareillement sur le *p. Macei* (figures 4228, 4229, de la planche DCXXXV), tandis que le rouge chez l'*Analis* ne couvre pas l'occiput. Enfin, toutes les rectrices de l'*Analis* sont noires et rayées de blanc, tandis que le *Wagleri* et le *Macei* de M. Reichenbach n'offrent qu'une ou deux rectrices latérales rayées de blanc, les autres n'offrant ni taches ni bandes blanches. Quant à la planche DCXXXV, figures 4228, 4229, elle représenterait plutôt le *Macei*, si la coloration des parties supérieures n'était verte au lieu d'être noire, et si les parties inférieures étaient d'un blanc ou brun roussâtre au lieu d'être d'un blanc bleuâtre.

La description donnée du *Macei*, par M. Reichenbach, convient d'ailleurs à ce pic, sauf quelques détails.

CARACTÈRES. Bec long, fort, droit, conique; arête au sommet du bec et celle au-dessus des narines très-saillantes; celle au-dessous et celle sur les côtés de la mandibule inférieure légèrement saillantes; narines et menton recouverts par des plumes piliformes dirigées en avant; menton s'avançant sous la mandibule à près du tiers de la longueur totale du bec mesuré de la commissure; ailes assez longues et aiguës; la quatrième, la cinquième et la troisième rémige étant les plus longues; queue assez longue et étagée, les deux rectrices intermédiaires excédant les rémiges suivantes de 7 à 9 millimètres; tarses et doigts assez forts et scutellés au-devant.

COLORATION. *Le Mâle adulte;* bec d'un brun plombé au-dessus et à la base, la mandibule inférieure étant d'une nuance jaunâtre de corne; l'iris des yeux est jaune sur la planche coloriée de M. Temminck; mais l'auteur n'en parlant pas, il n'y a rien de certain à cet égard; une étroite bande frontale d'un cendré roux foncé; front, vertex, occiput et la région anale d'un rouge vif; côtés de la tête et du cou, gorge et menton d'un blanc plus ou moins roussâtre et dans quelques sujets d'une couleur fauve; une étroite bande noire descend de chaque côté des joues et du cou en s'élargissant vers l'épaule qu'elle va rejoindre; toutes les parties inférieures d'un blanc plus ou moins roussâtre ou d'un brun fauve, avec de nombreuses mèches longitudinales noires plus marquées de chaque côté de la poitrine, et souvent quelques bandes transversales d'un brun noirâtre sur les cuisses; couvertures inférieures des ailes blanches striées de noir; derrière du cou, croupion, tectrices caudales supérieures et les quatre rectrices intermédiaires d'un noir profond; dos et tectrices alaires noires, rayées transversalement de blanc; rémiges noires avec des taches quadrangulaires blanches sur la barbe externe et des taches arrondies ou oblongues plus grandes sur la barbe interne. Les deux rectrices externes de chaque côté sont noires avec des bandes transversales blanches plus nombreuses sur la barbe externe; la rectrice suivante n'a que très-peu de blanc vers l'extrémité de la barbe externe; pieds d'un gris brun.

*La Femelle adulte* n'a pas de rouge sur la tête qui est d'un noir foncé.

HABITE le Bengale, le royaume de Népaul, d'Assam, l'Himalaya.

**DIMENSIONS.**

| | |
|---|---|
| Longueur totale | 190 à 200 mill. |
| — du bec, de la commissure à l'extrémité | 25 à 28 — |
| — — des narines à l'extrémité | 20 à 23 — |
| — de l'aile pliée | 103 à 112 — |
| — de la queue | 67 à 75 — |
| — du tarse | 17 à 18 — |
| — du doigt antérieur externe (sans l'ongle) | 13 à 14 — |
| — de son ongle (en suivant la courbure) | 11 » — |
| — du doigt postérieur externe | 15 à 16 — |
| — de son ongle | 11 » — |
| — du doigt antérieur interne | 9 à 10 — |
| — de son ongle | 9 à 10 — |
| — du doigt postérieur interne | 5 à » — |
| — de son ongle | 5 à » — |

Cette espèce se trouve dans presque toutes les collections; dans celles de Paris, de Londres, de Vienne, de Berlin, de Francfort-sur-Mein, de Leyde, de Turin, de Stockholm, de Darmstardt, Muséum de Chatham; dans ma collection.

Le type de M. G. Cuvier est au Muséum de Paris.

# PICUS ANALIS.

PICUS ANALIS; Horsf., *Cat. Javan. birds; Zool. res. in Java;* 1824. — Temm., *In mus. Lugd. Batav.* — Swains., *Faun. bor. Amer.*, II, p. 308. — Ch. Bonap., *Consp. gen. av.*, p. 137.
PICUS MINOR; Raffl. et Horsf., *Syst. arrang. birds from Java; Linn. trans.*, XIII.
PICUS MACEI; Vieill., *Nouv. dict. d'hist. nat.*, XXVI, p. 80. — Wagl., *Syst. av.*, n° 27, *mas juv.;* la femelle adulte.
DENDROCOPUS MACEI; Hartl., *Catal. mus. Brême*, p. 91.
PICUS PECTORALIS; Blyth., *J. as. soc. Beng.*, 1846, XV, p. 15. — *Id., Catal. birds asiat. soc.*, p. 63, n° 294.
YUNGIPICUS ANALIS; *Pr. Br.*, *Consp. vol. zyg.*, 1854.
PICUS MOLUCCENSIS; Reich., *Handb. spec. orn.*, p. 371, n° 858; pl. DCXXXVII, fig. 4239, 4240, mâle et femelle.

Mas adult. Rostro plumbeo; fronte sordide-rufâ; vertice nigro, plumis ad apicem coccineis; *occipite* vittâque malari versus pectoris latera *nigris;* superciliis et toto capite colloque ad latera, mento et gulâ albis immaculatis; dorso toto ac *uropygio* alternatim *albo nigroque* fasciatis; alis totis nigris, transversim albo-maculatis; pectore sordide albo, striolis non nullis nigris; corpore subtùs inferius a pectore usque ad crissum sordide albo, striolis obsoletissimis; crisso *pallidè* coccineo, plumis intermixtis albidis; *rectricibus omnibus* nigris *albo-fasciatis* et acuminatis. Pedibus griseis.
Fœm. adult. Toto capite supra nigro.

## LE PIC ANAL *(Malh. ex Horsf.)*.

**PLANCHE XXIV**, Fig. 5, le mâle; Fig. 6, la femelle; Fig. 7, rémige quatrième.

Après toutes les observations que j'ai présentées au sujet de l'espèce précédente *(pic. Macei,* Cuv.), on conçoit qu'il ne me reste plus rien à dire relativement à l'*Analis.* J'ai déjà fait connaître les caractères qui distinguaient facilement ce dernier pic du pic de Macé et la confusion qu'une même dénomination, appliquée à deux espèces différentes, avait occasionnée. J'ajouterai que nous n'avons aucun renseignement sur les mœurs du *Macei* et de l'*Analis;* mais qu'il est probable qu'elles sont les mêmes que chez leurs congénères.

Je dois avouer que j'ai été fort étonné, en lisant l'important ouvrage de M. Reichenbach *(Handbück der speciellen ornithologie; Scansoriæ Picinæ,* p. 371), de retrouver la description de l'*Analis* d'Horsfield et de Temminck pour celle du *Moluccensis* (Gm.), et de voir, par suite (pl. DCXXXVII, fig. 4239, 4240), figurer l'*Analis* mâle et femelle sous le nom de *Moluccensis,* quoique le savant directeur du Muséum de Dresde reconnaisse pour type du *Moluccensis* le *petit pic des Moluques,* représenté par la figure 2, planche enluminée 748, de Buffon. Je n'ai pas besoin d'insister sur cette erreur, évidente selon moi, et, pour s'en convaincre, chacun peut comparer les deux planches ainsi que les descriptions et il verra, d'une part, que l'*Analis* est plus grand que le *Moluccensis;* de l'autre, qu'il n'a jamais eu le bas de l'abdomen et tout le dessus de la tête d'un rouge plus ou moins vif.

Caractères. Bec fort, droit, long, conique; arête au-dessus du bec et celle au-dessus des narines très-saillantes; arête au-dessous du bec assez saillante; narines recouvertes par des plumes courtes et serrées; menton s'avançant sous la mandibule au quart environ de la longueur totale du bec, mesuré de la commissure; ailes moyennes et aiguës; la quatrième, la cinquième et la troisième rémige étant les plus longues et différant peu entr'elles. Queue plutôt courte et arrondie, les deux rectrices intermédiaires n'excédant les rectrices suivantes que d'environ trois millimètres; tarses moyens; doigts assez longs, le doigt postérieur étant plus long que le doigt antérieur externe.

Coloration. *Le Mâle adulte;* bec d'un brun plombé; une étroite bande frontale d'un cendré roussâtre plus ou moins foncé; le reste du front et le vertex noirs, chaque plume ayant son extrémité rouge, ce qui forme autant de mouchetures de cette dernière couleur sur un fond noir; occiput et milieu de la nuque noirs; côtés de la tête et du cou, sourcils, joues, menton et gorge blancs; la région parotidée d'un gris blanchâtre; une étroite bande noire descend de chaque côté de la mandibule inférieure, le long du cou, et forme une plaque noire de chaque côté du cou, poitrine et tout le dessous du corps d'un blanc roussâtre sale, avec des taches noires sur la poitrine et des mèches très-fines, et d'un brun très-pâle, sur le milieu des plumes; région anale d'un rose pâle, avec quelques taches noires sur les tectrices inférieures de la queue. Couvertures inférieures des ailes blanches, avec quelques stries noires; dos, croupion, tectrices supérieures des ailes noires, avec de nombreuses taches et bandes blanches transversales; rémiges noires, avec des taches blanches sur la barbe externe et des taches plus grandes, de même couleur, sur la barbe interne; queue noire, toutes les rectrices ayant de nombreuses bandes blanches sur les deux barbes; pieds grisâtres.

*La Femelle adulte* diffère du mâle en ce qu'elle n'a pas de rouge sur la tête, qui est entièrement noire.

Habite les îles de Java, de Sumatra et de Mindanao.

DIMENSIONS.

| | |
|---|---|
| Longueur totale | 165 à 170 mill. |
| — du bec, de la commissure à l'extrémité | 21 millimètres. |
| — — des narines à l'extrémité | 16 — |
| — de l'aile pliée | 93 — |
| — de la queue | 55 — |
| — du tarse | 17 — |
| — du doigt postérieur externe (sans l'ongle) | 14 — |
| — de son ongle (en suivant la courbure) | 10 — |
| — du doigt antérieur externe | 12 — |
| — de son ongle | 10 — |
| — du doigt antérieur interne | 9 — |
| — de son ongle | 9 — |
| — du doigt postérieur interne | 4 — |
| — de son ongle | 4 — |

Se trouve dans beaucoup de collections, notamment dans celles de Vienne, de Paris, sous le nom d'*Analis* (Temm.); quelquefois sous celui de *Macei* (Temm.); dans la collection de Brême, sous le nom de *Macei* (Vieill.); à Leyde, sous le nom d'*Analis* (Horsfield); ma collection.

## PICUS NUTTALLI *(Gambel)*.

PICUS NUTTALLII; Gambel, *Proceed. acad. nat. sc. Philad.*, 1, avril 1843, p. 259. — Sclat., *Proc. zool. soc.*, 1857, p. 127, nº 28.
PICUS WILSONII; Malh., *Rev. zool.*, 1849, p. 529. — Ch. Bonap., *Consp. av.*, 1850, p. 138. — Reich., *Handb. spec. orn.*, p. 375, nº 867.
PICUS SCALARIS; Gamb., *Journ. acad. n. sc. Philad.*, 2º sér., I, 1847, part. 1, p. 55, pl. ix, fig. 2, le mâle; fig. 3, la femelle; *nec Waglerii.*
TRICHOPICUS WILSONI; *Pr.* Bp., *Consp. vol. zyg.*, 1854.
PICUS NUTTALLI; Baird, *Reports of explor. and Surveys*, etc., IX, zool., part. ii, p. 93, 1858.

Mas adult. Fronte et vertice nigris, nonnullis striis albis variegatis; occipite coccineo; capite ad latera albo, sed vittâ pone ab oculis vittâque ab oris rictu ad colli latera ductâ nigerrimis; gulâ, jugulo, pectore abdomineque medio albis; hypochondriis albis maculis nigris variegatis; dorso, alarum tectricibus, remigibusque intùs et extùs nigris, albo maculatis; uropygio, caudâque nigris; rectricibus utrinque tribus lateralibus albis, nigro striatis.

Fœm. adult. Mari simillimâ nisi absque occipite coccineo; capite toto supra nigro.

Juv. Capite supra coccineo, albo nigroque striato; dorso alisque maculis albis numerosissimis variegatis.

## LE PIC DE NUTTALL *(Malh.)*.

**PLANCHE XXIV**, Fig. 8, le mâle; Fig. 9, la femelle; Fig. 10, rémige quatrième.

C'est au savant généreux, à M. le docteur Wilson, qui a su doter la ville de Philadelphie de l'une des plus belles collections ornithologiques du monde, que j'avais dédié cette espèce, tuée dans la Californie, aux environs de Monterey. Depuis la publication que j'ai faite de la description de ce pic, M. Thomas B. Wilson m'a annoncé qu'il l'avait aussi reçu de la Californie, et c'est le même oiseau qui a été décrit et figuré dans les *Mémoires de la Société académique de Philadelphie* comme le *picus Scalaris* (Wagler, *Isis*, 1829). Quoiqu'il m'en coûte de changer le nom d'un homme aussi honorable que M. Wilson, j'ai dû me décider à ce sacrifice pour rendre hommage à la règle de priorité, M. le docteur Gambel ayant publié, avant moi et à mon insu, la même espèce sous le nom de M. Nuttall.

M. le docteur Gambel annonce aussi qu'il a trouvé cet oiseau abondant en toute saison dans la Californie; qu'il y est peu sauvage et vient quelquefois à la recherche des insectes sur les clôtures des chemins et sur les arbres des vergers.

Il l'a vu nichant à Santa-Barbara, et, dans le courant du mois de mai, il a découvert un nid contenant des jeunes et qui se trouvait dans le creux d'un chêne pourri, à cinq mètres du sol. L'entrée du trou était d'une exiguïté remarquable, mais il paraissait s'agrandir aussitôt et avoir une certaine profondeur. Le père et la mère apportaient à leurs petits les insectes qui composaient leur nourriture.

Le cri de ces oiseaux, lorsqu'ils voltigent d'arbre à arbre, est assez bruyant et désagréable, et ne peut guère se rendre que par: *Kreck, k-r-r-r-ek!*

Caractères. Bec médiocre, droit, effilé, aigu, un peu usé sur le côté à l'extrémité; arête, au sommet de la mandibule supérieure, saillante; arêtes latérales, au-dessus des narines, assez saillantes jusqu'à la moitié du bec, et bien plus rapprochées des bords que du sommet du bec. Narines basales, cachées par une touffe de plumes piliformes; arête, sous la mandibule inférieure, presque nulle; le mâle a une sorte de huppe très-courte et couchée sur la nuque; plumage soyeux et lustré; ailes longues et aiguës; la quatrième et la cinquième rémige étant les plus longues et égales; la troisième et la sixième en diffèrent peu et sont aussi presqu'égales entr'elles. Queue longue, composée de pennes raides. Tarses courts et doigts faibles, scutellés au-devant et écailleux sur les côtés; quatre doigts, le doigt postérieur externe plus long que le doigt antérieur externe.

Coloration. *Le Mâle adulte;* bec d'un brun de corne, plus clair en dessous vers la base; plumes, recouvrant les narines et la base de la mandibule supérieure, d'un blanc roussâtre; front et vertex noirs et parsemés de fines mèches blanches plus rares vers le front; les plumes allongées de l'occiput, noires à la base et rouges dans le reste, forment une huppe courte, d'un rouge cinabre, qui couvre la nuque sur une hauteur d'environ deux centimètres; iris carmin; sur l'œil, un sourcil blanc, qui s'étend, un peu après, tout le long du rouge de l'occiput; tout le côté de la tête et du cou est noir et divisé par un trait blanc qui commence à l'angle de la mandibule supérieure et s'arrête sous le méat auditif; menton, gorge, devant du cou, poitrine, abdomen d'un blanc pur, avec de nombreuses taches noires oblongues sur les côtés de la poitrine, sur les flancs, sur les cuisses et les tectrices caudales inférieures; dos d'un noir profond rayé de bandes transversales d'un blanc pur; croupion et tectrices caudales supérieures noires; tectrices supérieures des ailes noires avec des taches blanches ovoïdes; rémiges noires avec des taches blanches quadrangulaires sur la barbe externe et des taches ovoïdes plus grandes sur la barbe interne; les quatre rectrices intermédiaires de la queue d'un noir profond; la penne suivante, de chaque côté, noire dans les trois quarts de sa barbe interne, blanche à l'extrémité et sur la barbe externe; les deux pennes suivantes, de chaque côté, après celle-ci, sont noires à leur base, blanches dans tout le reste avec une bande et une ou deux taches noires vers l'extrémité. Tarses d'un gris brun; ongles d'un brun plus clair.

*La Femelle adulte* diffère du mâle par l'absence de rouge à l'occiput; elle est un peu plus petite et a le bec un peu moins long. Je n'ai d'abord connu la femelle de cette espèce que par la description de M. Gambel, et je dois faire observer que la planche coloriée qui y est annexée indique, avec raison, que la femelle a tout le dessus de la tête noir et *sans mèches blanches,* ce dont l'auteur ne parle pas dans son texte. Le sujet femelle, que j'ai, depuis, reçu de la Californie, confirme l'exactitude de la planche de M. Gambel.

*Les Jeunes* ont tout le dessus de la tête rouge varié de noir et de blanc, les plumes de cette partie étant noires à la base, blanches au milieu et rouges à la pointe; ils ont plus de bandes et de taches blanches sur le dos; les ailes et les parties inférieures sont lavées de brun jaunâtre et plus tachetées de noir.

Habite la région des côtes de la Californie, le Mexique, où l'espèce a été trouvée par M. Sallé.

DIMENSIONS.

| | | |
|---|---|---|
| Longueur totale | 190 | millimètres. |
| — du bec, de la commissure à l'extrémité | 24 | — |
| — — des narines à l'extrémité | 18 | — |
| — de l'aile pliée | 106 | — |
| — de la queue | 54 | — |
| — du tarse | 16 | — |
| — du doigt postérieur externe (sans l'ongle) | 15 | — |
| — de son ongle (en suivant la courbure) | 8 | — |
| — du doigt antérieur externe | 13 | — |
| — de son ongle | 9 | — |
| — du doigt antérieur interne | 9 | — |
| — de son ongle | 7 | — |
| — du doigt postérieur interne | 5 | — |
| — de son ongle | 5 | — |

Muséum de Paris, collection de M. Wilson, à Philadelphie. Le type du *Wilsonii* (Malh.) se trouve dans ma collection.

## PICUS CACTORUM.

PICUS CACTORUM ; d'Orb. et Lafresn., *Voy. dans l'Amér. mérid.*, IV, p. 378, nº 324, pl. 62, fig. 2, la femelle. — G.-R. Gray, *Gen. of birds.* — Ch. Bonap., *Consp. gen av.*, p. 139.
GECINUS CACTORUM ; Tschudi, *Faun. peruan. aves*, p. 43, nº 7.
TRICHOPICUS CACTORUM ; *Pr. Bp.*, *Consp. vol. zyg.*, 1854. — G.-R. Gray, *Cat. gen. brit. mus.*, p. 91, 1855.
COLAPTES CACTORUM ; Reich., *Handb. spec. orn.*, p. 417, nº 979 ; pl. DCLXIX, fig. 4433, 4434, femelles.

Mas adult. Rostro nigro ; fronte vittâque malari ad latera colli ductâ albis ; sincipite medio rubro-aurantio ; mento gulâque læte sericeo flavo-aureis ; corpore subtùs auchenio, alarumque tectricibus inferioribus fusco-cinereis ; capite ad latera et corpore suprà nigerrimis, cyanescenti-nitentibus ; alarum tectricibus ex parte, remigibus secundariis ; tergo, uropygio, caudæ tectricibus superioribus et inferioribus, fœmoribus, caudâque totâ extùs et intùs maculis albis notatis ; remigibus primariis nigro-fuscescentibus, albo intùs et extùs notatis. Pedibus nigricantibus.

Fœm. adult. Mari simillimâ sed sincipite nigerrimo, cyanescenti-nitente.

## LE PIC DES CACTUS.

**PLANCHE XXV**, Fig. 1, le mâle ; Fig. 2, la femelle ; Fig. 3, rémige quatrième.

C'est au voyage de M. d'Orbigny dans l'Amérique méridionale que nous devons la connaissance de cette jolie petite espèce, qui habite la Bolivie, le Pérou et même le Chili, dit-on. Nous n'avons que peu de renseignements sur ses mœurs. M. d'Orbigny nous apprend qu'elle se tient habituellement au milieu des cactus ou cactées arborescents et qu'elle ne se perche que sur ces végétaux ; qu'elle se pose aux parties inférieures d'abord et gravit ensuite jusqu'au sommet en y cherchant des insectes. Ces oiseaux sont friands des araignées et ils se nourrissent probablement aussi de cochenilles. Ils sont très-communs, vivent par paire, se témoignent beaucoup d'affection et ne sont point farouches. On ne les trouve guère, dans la Bolivie, que dans les grandes vallées arides et stériles qui traversent de l'est à l'ouest le versant oriental des Cordillères, près de Chaluani et Chilon, dans la province de Mizqué.

Le sujet ayant le vertex noir, que représente la planche 62 du *Voyage de M. d'Orbigny,* est indiqué être un mâle ; mais il est facile de se convaincre que c'est une erreur, le mâle ayant toujours le milieu du vertex d'un rouge orangé, peu étendu, il est vrai, ainsi que le reconnaissent les auteurs du *Voyage dans l'Amérique méridionale.*

Caractères. Bec fort, aigu, large à la base ; un peu moins droit au-dessus que celui des autres espèces du genre ; arête au sommet de la mandibule supérieure, et celle au-dessous de la mandibule inférieure, peu saillantes ; arête, au-dessus des narines, assez saillante vers la base ; narines recouvertes par des plumes piliformes dirigées en avant ; menton recouvert de plumes et s'avançant sous la mandibule à un peu plus du tiers de la longueur totale du bec, mesuré de la commissure. Ailes longues et aiguës ; les plus longues rémiges sont la quatrième, la cinquième et la troisième, qui sont presqu'égales. Queue longue et arrondie, les rectrices ayant leur extrémité usée, les barbes dépassant le rachis de chaque côté ; tarses et doigts moyens.

Coloration. *Le Mâle adulte ;* bec et tour des yeux noirs ; yeux bistrés ; tout le front et une bande, partant de la commissure du bec sur les côtés du cou, d'un blanc plus ou moins pur ; menton et gorge d'un beau jaune d'or soyeux ; milieu du vertex d'un rouge orangé ; bas de la nuque et toutes les parties inférieures, y compris les couvertures inférieures des ailes, d'un cendré brun ; cuisses et couvertures inférieures de la queue d'un gris brun rayé transversalement de noir ; tout le reste du dessus de la tête, les côtés de la tête et du cou, le dos et les tectrices primaires d'un noir profond à reflets bleus. Rémiges primaires d'un brun noirâtre avec des taches blanches sur les deux barbes ; ces taches cessant vers l'extrémité des rémiges et étant plus grandes sur la barbe interne ; rémiges secondaires, bas du dos, croupion et la queue d'un noir à reflets bleus, avec des taches blanches sur les deux barbes ; pieds gris.

*La Femelle adulte* diffère du mâle en ce qu'elle a le vertex du même noir que les parties supérieures, sans trace de rouge.

Habite la Bolivie, le Pérou, le Chili.

### DIMENSIONS.

| | |
|---|---|
| Longueur totale | 190 millimètres. |
| — du bec, de la commissure à l'extrémité | 23 — |
| — — des narines à l'extrémité | 15 — |
| — de l'aile pliée | 110 à 115 mill. |
| — de la queue | 65 à 75 — |
| — du tarse | 17 millimètres. |
| — du doigt antérieur externe (sans l'ongle) | 14 — |
| — de son ongle (en suivant la courbure) | 10 — |
| — du doigt postérieur externe | 16 — |
| — de son ongle | 8 — |
| — du doigt antérieur interne | 11 — |
| — de son ongle | 8 — |
| — du doigt postérieur interne | 5 — |
| — de son ongle | 4 — |
| Envergure | 370 — |
| Circonférence du corps | 120 — |

Se trouve dans les collections de Paris, de Vienne; dans ma collection. Le type du *p. cactorum* (d'Orb. et de Lafresn.) existe au Muséum de Paris.

## PICUS JARDINII *(Malh.)*.

PICUS (LEUCONOTOPICUS) JARDINII; Malh., *Revue zool.*, 1845, p. 374. — G.-R. Gray, *Gen.* — Malh., *N. class. Mém. acad. Metz*, 1848-1849, p. 327. — Sclat., *Proc. zool. soc. Lond.*, 1856, p. 308. — *Pr.* Bonap., *Consp. gen. av.*, p. 137.
PHRENOPICUS JARDINII; *Pr.* Bp., *Consp. vol. zyg.*, 1854.

Mas. Rostro fusco, capite supra; nisi vertice toto coccineo, dorso supremo, uropygio, strigâ pone ab oculis ad nucham ductâ latâ, vittâque malari a menti initio ad nucham ductâ nigris; scapularibus alarumque tectricibus nigricantibus; strigâ supra oculos circum occiput ductâ latâ, interscapulio tergoque ex parte albis; narium plumulis, vittâ infra oculos, alarum tectricibus inferioribus corporeque toto subtùs rufescenti-albis; ad pectoris latera non nullis maculis nigris; remigibus nigris utrinque ad marginem, nisi versùs apicem, albo maculatis; rectricibus duabus magnis extimis utrinque rufescenti-albis, primâ, non nihil nigro versus apicem punctulatâ, sequente intùs nigrâ, ad apicem et extùs rufescenti-albâ; cœteris intermediis totis nigris; pedibus plumbeis.
Fœm. Differt vertice nigro.

## LE PIC DE JARDINE.

**PLANCHE XXV**, Fig. 4, le mâle; Fig. 5, la femelle; Fig. 6, rémige quatrième.

C'est encore à l'obligeance du regrettable M. Strickland que je dois le jeune mâle de cette espèce rare au Mexique. Depuis l'époque à laquelle j'en ai publié la description dans la *Revue zoologique*, j'ai eu occasion de voir un autre mâle au Muséum britannique et de recevoir la femelle adulte. J'ai dédié ce pic à sir William Jardine, baronet, au savant auteur des *Illustrations d'ornithologie* et de tant d'autres ouvrages qui ont contribué à répandre le goût de la zoologie et à en faciliter l'étude.

Caractères. Bec fort, presque droit; arête, au sommet du bec, saillante; arête, au-dessus des narines, assez saillante à la base seulement et plus rapprochée des bords que du sommet de la mandibule supérieure; arête, sous la mandibule inférieure, assez saillante; narines recouvertes par une touffe de plumes piliformes dirigées en avant; menton couvert de plumes et s'avançant, sous la mandibule, au tiers environ de la longueur totale du bec, mesuré de la commissure; ailes aiguës; les rémiges les plus longues sont la quatrième, la cinquième et la troisième; queue assez longue; tarses et doigts longs; le doigt postérieur externe un peu plus long que le doigt antérieur externe.

Coloration. *Le Mâle;* bec d'un brun foncé; plumes recouvrant de chaque côté les narines, une bande s'étendant au-dessous de l'œil, toutes les parties inférieures, y compris les tectrices inférieures des ailes, d'un blanc roussâtre sale; tout le vertex d'un rouge vif; une bande s'étendant au-dessus des yeux et se réunissant presqu'à l'occiput, un espace étroit entre les scapulaires, sur une longueur de 30 à 40 millimètres, d'un blanc roussâtre; le surplus de la tête, une bande assez large, après l'œil, qui va se fondre vers la nuque, une bande étroite partant de chaque côté du bec et allant jusqu'aux épaules, quelques taches s'avançant de chaque côté de la poitrine, la nuque, le haut du dos et le croupion d'un noir profond; les scapulaires, les tectrices alaires supérieures d'un brun noirâtre; rémiges d'un brun foncé avec de petites taches blanches sur la barbe externe et des taches plus grandes et de forme ovoïde sur le bord de la barbe interne, toutes ces taches cessant avant l'extrémité des rémiges. Les deux grandes rectrices latérales et la première ou petite rectrice, à peine visible, sont d'un blanc roussâtre; la suivante est de la même couleur, mais sa barbe interne est, aux trois quarts, à partir de la base, d'un brun noirâtre; les quatre rectrices intermédiaires sont noires. Pieds d'un gris plombé.

*La Femelle* diffère du mâle par le dessus de la tête qui est noir sans trace de rouge.

*Le Jeune Mâle* se reconnaît par sa taille moindre; la bande blanche, qui commence au-dessus de l'œil, s'étend de 6 à 10 millimètres sans arriver vers l'occiput; les deux plumes latérales de la queue portent quelques taches noires sur leur barbe interne; le vertex porte déjà un peu de rouge.

HABITE le Mexique.

| DIMENSIONS. | ADULTES. | | JEUNE MALE. | |
|---|---|---|---|---|
| Longueur totale | 185 | millimètres. | 168 | millimètres. |
| — du bec, de la commissure à l'extrémité | 25 | — | 21 | — |
| — — des narines | 19 | — | 15 | — |
| — de l'aile pliée | 117 | — | 100 | — |
| — de la queue | 73 | — | 55 | — |
| — du tarse | 20 | — | 20 | — |
| — du doigt postérieur externe (sans l'ongle) | 14 | — | 14 | — |
| — de l'ongle (en suivant la courbure) | 13 | — | 13 | — |
| — du doigt antérieur externe | 13 | — | 13 | — |
| — de l'ongle | 12 | — | 12 | — |
| — du doigt antérieur interne | 11 | — | 11 | — |
| — de l'ongle | 11 | — | 11 | — |
| — du doigt postérieur interne | 5 | — | 5 | — |
| — de l'ongle | 6 | — | 6 | — |

Se trouve dans les collections du Muséum britannique, de Paris, de Bruxelles et dans ma collection.

Le type du *Jardinii* (MALH.) se trouve au *British Museum*, à Londres.

## PICUS CATHPHORIUS *(Hodgs.)*.

DENDROCOPUS CATHPHORIUS; HODGS., *Gray's zool. misc.*, p. 85, pl. 329; *Catal. Nipal. birds*, nº 154.
DENDROCOPUS CATHPHORIUS; HODGS., BLYTH, *J. asiat. soc. Beng.*, XII, 1843, p. 1006.
PICUS CATHPHORIUS ET CATHPHARIUS; BLYTH, *J. as. soc. Beng.*, XIV, 1845, p. 196, et *Cat. mus. Calcut.*, p. 63, nº 296; *J. as. soc. Beng.*, 1849. — G.-R. GRAY, *The gen.*
HYPOPICUS CATHPHORIUS; *Pr.* BP., *Consp. vol. zyg.*, 1854.
PICUS CATAPHORICUS; REICH., *Handb. spec. orn.*, p. 377, nº 871; pl. DCXL, fig. 4267, 4268.

MAS ADULT. Rostro flavido-corneo, ad apicem ac versus basin plumbeo; linea frontali albidâ rufâ; vertice toto, dorso, alarum tectricibus minoribus, ac uropygio nigerrimis; occipite, nuchâ collique latera coccineis; capite ad latera mento gulâque albido-rufescentibus; vittâ utrinque a menti initio ad colli latera nigrâ; pectore rufo-ochraceo, coccineo tincto; collo antico, abdomineque rufo-ochraceo, striis longitudinalibus, numerosis fasciolatis; crisso rufo-ochraceo, coccineo tincto, striis nigris fasciolatis; alarum tectricibus inferioribus albis; alarum tectricibus secundariis superioribus albis, non nullis nigris; remigibus nigris intùs et extùs ad marginem albo maculatis; rectricibus duabus lateralibus utrinque nigris, albo-rufo transversim striatis; sequente nigrâ sed versus apicem extus albido maculatâ; cœteris totis nigris; pedibus plumbeis.

FŒM. ADULT. Mari simillimâ, nisi occipite ac nuchâ nigerrimis; colli latera coccineis.

## LE PIC CATPHORIEN *(Malh.)*.

**PLANCHE XXIII**, Fig. 7, le mâle adulte; Fig. 8, la femelle; Fig. 9, rémige quatrième.

Cette élégante espèce asiatique a été découverte dans le royaume de Népaul par M. Hodgson, qui lui a donné une dénomination composée par laquelle les indigènes désignent les Picinés en général; l'auteur a seulement eu le soin d'y ajouter une terminaison latine. M. Reichenbach a cru devoir changer ce nom indien, auquel il ne trouvait aucune signification, en celui de *cataphoricus*, tiré du grec, et signifiant violent ou brusque.

Cette espèce, encore très-rare dans les collections d'Europe, habite le sud-est de l'Himalaya et y devient l'un des représentants de notre *picus minor* d'Europe, dont elle a la taille et la forme. Suivant M. Blyth, elle serait assez commune dans quelques parties du Népaul. Nous n'avons aucun renseignement sur ses mœurs et sur sa nidification.

CARACTÈRES. Bec moyen, droit, conique et comprimé sur les côtés vers l'extrémité; arête, au sommet du bec, assez saillante; celle au-dessus des narines très-saillante, et celle au-dessous de la mandibule inférieure légèrement saillante vers l'extrémité; narines recouvertes par une touffe de plumes piliformes dirigées en avant; menton couvert de plumes serrées et de plumes piliformes, et s'avançant sous la mandibule au tiers environ de la longueur totale du bec, mesuré de la commissure. Ailes assez longues et aiguës; la quatrième, la cinquième et la troisième rémige étant les plus longues et presqu'égales. Queue longue et arrondie; tarses moyens; quatre doigts inégaux, le doigt postérieur externe plus long que le doigt antérieur externe.

Coloration. *Le Mâle adulte;* bec d'un blanc sale de corne et bleuâtre vers la base; une étroite bande frontale d'un cendré roux; le devant de la tête, le vertex, tout le dos et le croupion, les petites tectrices supérieures des ailes et une étroite bande, qui borde le menton et la gorge de chaque côté, d'un noir profond; côtés de la tête, menton et gorge d'un blanc roussâtre; occiput, nuque et côtés de la nuque d'un rouge éclatant; poitrine d'un roux jaunâtre teint de rouge, avec des stries longitudinales noires; toutes les parties inférieures d'un roux jaunâtre clair, avec de nombreuses mèches noires; les couvertures inférieures de la queue sont, en outre, teintes de rouge, chaque plume ayant au milieu une large strie noire; couvertures inférieures des ailes blanches, le rebord de l'aile étant noir; les autres tectrices supérieures des ailes sont, celles rapprochées du bord de l'aile, noires, les autres d'un blanc neigeux et qui forme une large plaque de cette dernière couleur vers le milieu de l'aile; rémiges noires, avec de petites taches blanches sur la barbe externe et des taches blanches plus larges sur le bord de la barbe interne; les deux rectrices externes, de chaque côté de la queue, noires à leur base et rayées alternativement, dans le reste, de bandes transversales d'un blanc roussâtre et de bandes noires; la rectrice suivante est noire, avec une tache d'un blanc roussâtre vers l'extrémité de la barbe externe; les quatre autres rectrices intermédiaires sont entièrement noires; pieds d'un gris bleuâtre.

*La Femelle adulte* diffère du mâle en ce qu'elle a l'occiput et la nuque noirs, le rouge n'existant que sur les côtés de la nuque.

Habite l'Himalaya, le royaume de Népaul.

DIMENSIONS.

| | | |
|---|---|---|
| Longueur totale | 210 | millimètres. |
| — du bec, de la commissure à l'extrémité | 18 | — |
| — — des narines à l'extrémité | 14 | — |
| — de l'aile pliée | 100 | — |
| — de la queue | 66 | — |
| — du tarse | 14 | — |
| — du doigt postérieur externe (sans l'ongle) | 14 | — |
| — de son ongle (en suivant la courbure) | 10 | — |
| — du doigt antérieur externe | 11 | — |
| — de son ongle | 10 | — |
| — du doigt antérieur interne | 9 | — |
| — de son ongle | 8 | — |
| — du doigt postérieur interne | 2 | |
| — de son ongle | 3 | — |

Se trouve dans les collections du Muséum britannique, de la Compagnie des Indes-Orientales, de la Société zoologique de Londres, de Calcutta, de Berlin; dans ma collection.

## PICUS MAHRATTENSIS.

PICUS MAHRATTENSIS; Lath., *Ind. orn. sup.*, p. 31. — *Id.*, *Gen. zool.*, IX, p. 177, la femelle. — Vieill., *N. dict.*, XXVI, p. 94. — *Id.*, *Encycl.*, p. 1319. — Drap., *Dict. class.*, XIII, p. 507. — Gray et Hardw., *Illustr. Ind. zool.*, pl. 33, fig. 2; *a*, le mâle; *b*, la femelle. — Gould, *Cent. Himal.*, pl. 51, le mâle et la femelle. — *Proc. zool. soc.*, 1842, X, p. 92. — G.-R. Gray, *Gen.* — Ch. Bonap., *Consp. gen. av.*, p. 135. — Blyth, *J. as. s. Beng.*, XIV, 1845, p. 196; *Cat. mus. Calc.*, p. 62, nº 291; *J. as. s. Beng.*, 1849. — Lay., *Ann. mag. nat. hist.*, XIII, p. 448, nº 184, 1854. — Reich., *Handb. spec. orn.*, p. 369, nº 853; pl. dcxxxv, fig. 4230, 4231, mâle et femelle.

DENDROCOPUS MAHRATTENSIS; Sw., *Class. of birds.*, II, p. 307.

PICUS HÆMASOMA; Wagl., *Syst. av.*, nº 30, la femelle.

PICUS AUROCRISTATUS; Tick., *J. as. soc. Beng.*, II, p. 579.

LEIOPICUS MAHRATTENSIS; *Pr. Bp.*, *Consp. vol. zyg.*, 1854. — G.-R. Gray, *Cat. gen. brit. mus.*, p. 91, 1855.

Mas adult. Rostro fusco-corneo, basi subtùs flavido-corneo; iride coccineâ; fronte aureâ; vertice occipite coccineis; strigâ post-oculari, ad capitis latera ducta, nuchâ ad latera, mento, gulâ, collo antico, regioneque ophthalmicâ albis; regione paroticâ et colli latera griseo fuscis; corpore subtus albo pallidè fusco-striato; ventre medio rubro; corpore suprà nigro, maculis largis albis margaritatos; remigibus rectricibusque nigris, albo-maculatis; uropygio alarumque tectricibus inferioribus albis; caudæ tectricibus superioribus albis, cum striis longitudinalibus plumarum in medio nigris; pedibus plumbeis.

Fœm. adult. Toto capite suprà et occipite flavo fuscis.

# LE PIC MAHRATTE.

**PLANCHE XXVIII**, Fig. 1, le mâle; Fig. 2, la femelle; Fig. 3, rémige quatrième.

LE PIC VARIÉ DES MAHRATTES; VIEILL., *N. dict.*, XXVI, p. 94. — *Id.*, *Encycl.*, p. 1319. — *Dict. class*, XIII, p. 507.

Quoique ce pic soit décrit par Latham depuis 1801, nous n'avons encore aucun renseignement sur ses mœurs et sur sa nidification. L'espèce paraît répandue dans presque toute l'Inde, et même à Ceylan, suivant ce que nous apprend M. Layard. Latham annonce qu'elle vit dans le pays des Mahrattes, et j'en ai vu des exemplaires rapportés des hautes régions de l'Himalaya, ainsi que M. Gould l'annonce. C'est à tort que M. Blyth cite l'*igniceps* de M. Hodgson comme synonyme du *Mahrattensis*, car cette première espèce est le *Bengalensis* mâle, ainsi que je m'en suis assuré en examinant, à Londres, les exemplaires rapportés et étiquetés par M. Hodgson; d'ailleurs, dans le catalogue des oiseaux du Népaul (*Zool. misc.*, p. 85), le n° 520 porte *brachypternus igniceps*, ce qui ne permet pas de supposer que ce soit le *picus Mahrattensis*.

CARACTÈRES. Bec long, droit, comprimé sur les côtés vers l'extrémité et conique; arête, au-dessus du bec, très-saillante; celle au-dessus des narines saillante sur une très-courte étendue, tandis que celles qui se trouvent sous la mandibule et sur les côtés de la mandibule inférieure le sont fort peu. Narines recouvertes par une touffe de plumes piliformes dirigées en avant; le menton, couvert de plumes serrées, s'avance sous la mandibule au tiers environ de la longueur totale du bec, mesuré de la commissure; ailes moyennes, aiguës; la quatrième, la cinquième et la troisième rémige étant les plus longues et presqu'égales; queue assez longue et arrondie. Tarses et doigts moyens; le doigt postérieur externe le plus long.

COLORATION. *Le Mâle adulte;* bec brun de corne et jaunâtre sur le côté et vers la base de la mandibule inférieure; iris d'un beau rouge laque, selon ce que nous lisons dans les *Proceedings* de la Société zoologique de Londres (1832, p. 97). Front d'un jaune d'or; vertex et occiput d'un rouge nuancé de jaune; joues, une bande le long de la tête, une large plaque de chaque côté de la nuque, menton, gorge, devant du cou, jusqu'au milieu de la poitrine, blancs; région parotidée d'un brun clair; côtés du cou d'un brun roussâtre; poitrine, épigastre, flancs et tectrices inférieures de la queue d'un blanc jaunâtre, avec une très-large mèche d'un brun roussâtre au milieu de chaque plume; milieu du ventre d'un rouge vif; tectrices inférieures des ailes d'un blanc jaunâtre; dos, scapulaires, tectrices alaires supérieures d'un brun foncé, avec de nombreuses taches oblongues d'un blanc sale; croupion d'un blanc jaunâtre, avec quelques stries longitudinales brunes; queue et rémiges secondaires d'un brun foncé et rémiges primaires d'un brun plus clair, mais toutes les rectrices et les rémiges ont de nombreuses taches d'un blanc sale sur les deux barbes. Pieds d'un gris plombé.

*La Femelle* diffère du mâle en ce qu'elle a tout le dessus de la tête d'un jaune brunâtre, sans trace de rouge.

HABITE le Bengale, Ceylan.

DIMENSIONS.

| | |
|---|---|
| Longueur totale | 175 à 180 mill. |
| — du bec, de la commissure à l'extrémité | 25 et 21 — |
| — — des narines à l'extrémité | 20 et 15 — |
| — de l'aile pliée | 103 et 95 — |
| — de la queue | 60 millimètres. |
| — du tarse | 18 — |
| — du doigt postérieur externe (sans l'ongle) | 15 — |
| — de son ongle (en suivant la courbure) | 10 — |
| — du doigt antérieur externe | 13 — |
| — de son ongle | 10 — |
| — du doigt antérieur interne | 11 — |
| — de son ongle | 8 — |
| — du doigt postérieur interne | 5 — |
| — de son ongle | 5 — |

Se trouve dans presque toutes les grandes collections: notamment dans celles de Londres, de Paris, de Leyde, de Vienne, de Berlin, de Stockholm, de Boulogne-sur-Mer, de Francfort-sur-Mein, de Chatham; ma collection.

## PICUS BRUNNIFRONS.

PICUS BRUNNIFRONS; VIGORS, *Proc. zool. soc.*, 1831, p. 176. — GOULD, *Cent. Himal.*, pl. 52, le mâle et la femelle. — BLYTH., *J. as. soc. Beng.*, 1845, XIV, p. 196. — G.-R. GRAY, *The gen.* - CH. BONAP., *Consp. gen. av.*, p. 135.
DENDROCOPUS BRUNIFRONS; SWAINS., *Class. of birds*, II, p. 307. — HODGS., *Cat. Nipal. birds*, nos 157, 158; *Zool. misc.*, p. 85.
PICUS AURICEPS; VIG., *Proceed. zool. soc.*, I, p. 44. — LESS., *Compl. Buff.*, IX, p. 307.
LEIOPICUS BRUNNEIFRONS; *Pr. Br.*, *Consp. vol. zyg.*, 1854.
PICUS BRUNIFRONS; REICH., *Handb. spec. orn.*, p. 369, no 851; pl. DCXXXV, fig. 4226, 4227.

MAS ADULT. Rostro fusco-corneo; fronte fuscâ; vertice brunneo-aurato; occipite flavo-aureo, ad nucham coccineo; capite ad latera mento, gulâque albis, sed regione ophthalmicâ et regione paroticâ fascis; corpore infrà alarumque tectricibus inferioribus albo-nigricante striatis; abdomine imo, crissoque coccineis; colli parte posteriori, strigâ utrinque a menti initio ad colli latera ducta, dorso supremo, uropygio, caudæque tectricibus superioribus nigris; dorso, scapularibus, alarum tectricibus nigris, albo transversim striatis; remigibus nigris utrinque albo maculatis; rectricibus quatuor intermediis nigris, cæteris versus basin nigris, albo, nigroque transversim striatis versus apicem; pedibus brunneis.

FŒM. ADULT. Sine notâ coccineâ occipitali.

## LE PIC A FRONT BRUN.

**PLANCHE XVIII**, Fig. 5, le mâle adulte; Fig. 6, la femelle; Fig. 7, rémige quatrième.

LE PIC A TÊTE DORÉE; LESS., *Compl. Buff.*, IX, p. 307.

Cette espèce indienne a une coloration spéciale qui ne permet guère de la confondre avec les autres pics, la tête, dans les deux sexes, conservant le brun et le jaune d'or auxquels le mâle ajoute une bande rouge. Elle habite les localités montueuses du nord de l'Inde, sur l'Himalaya, dans le royaume de Népaul et dans celui de Kaschmyr, où elle est commune. Ses habitudes paraissent être les mêmes que celles de ses congénères. C'est M. Gould qui, le premier, a donné une figure exacte des deux sexes dans ses *Oiseaux de l'Himalaya*. Aucun des deux sujets représentés par M. Reichenbach n'a de rouge à l'occiput; aussi n'a-t-il figuré que la femelle et un jeune mâle ou une vieille femelle.

CARACTÈRES. Bec long, fort, droit, conique; l'arête au-dessus du bec et celles au-dessus des narines très-saillantes; celle au-dessous de la mandibule inférieure légèrement saillante; narines couvertes par une touffe de plumes courtes, dirigées en avant; menton couvert de plumes serrées et s'avançant, sous la mandibule, au tiers de la longueur totale du bec, mesuré de la commissure; ailes moyennes; les plus longues rémiges étant la quatrième, la cinquième et la troisième, qui sont presqu'égales; queue longue; les deux rectrices intermédiaires excédant de beaucoup les suivantes; tarses et doigts moyens.

COLORATION. *Le Mâle adulte;* bec brun de corne; front d'un brun clair; vertex d'un brun à reflets dorés; occiput d'un jaune d'or et terminé par du rouge vif; côtés de la tête blancs, mais la région ophthalmique et la région parotidée sont d'un brun clair; menton et gorge blancs; un trait, d'un brun foncé, part du bec de chaque côté du menton et descend, en s'élargissant, sur les côtés du cou; devant et côtés du cou, poitrine et abdomen blancs, avec de nombreuses mèches noires longitudinales; toute la région anale et les tectrices caudales inférieures d'un rouge rosé; couvertures inférieures de l'aile blanches, avec quelques taches noires; derrière du cou, tectrices primaires, haut du dos, croupion et tectrices supérieures de la queue, ainsi que les quatre rectrices intermédiaires, d'un noir profond; plumes du milieu du dos, grises à leur base et rayées transversalement de noir et de blanc dans le reste; les autres tectrices supérieures des ailes noires, avec quelques taches blanches; rémiges noires, avec des taches blanches quadrangulaires sur les barbes externes et des taches blanches, de forme ovoïde, sur le bord des barbes internes; les deux rectrices, de chaque côté de la queue, noires à leur base, puis rayées alternativement de bandes transversales blanches et noires; la rectrice suivante n'a de taches blanches que vers son extrémité; pieds et ongles bruns.

*La Femelle adulte* diffère du mâle en ce que l'occiput, qui est aussi d'un jaune d'or, n'est point terminé par du rouge.

HABITE l'Himalaya, les royaumes de Népaul et de Kaschmyr.

DIMENSIONS.

| | |
|---|---|
| Longueur totale | 190 à 200 mill. |
| — du bec, de la commissure à l'extrémité | 24 à 25 — |
| — — des narines | 18 millimètres. |
| — de l'aile pliée | 113 — |
| — de la queue | 76 — |
| — du tarse | 18 — |
| — du doigt postérieur externe (sans l'ongle) | 16 — |
| — de l'ongle (en suivant la courbure) | 10 — |
| — du doigt antérieur externe | 13 — |
| — de l'ongle | 11 — |
| — du doigt antérieur interne | 10 — |
| — de l'ongle | 10 — |
| — du doigt postérieur interne | 5 — |
| — de l'ongle | 6 — |

Se trouve dans toutes les grandes collections ; notamment dans celles de Londres, de Paris, de Leyde, de Vienne, de Berlin, de Francfort-sur-Mein, de Turin, de Chatham, etc.; dans ma collection.

## PICUS STRICKLANDI *(Malh.)*.

PICUS (LEUCONOTOPICUS) STRICKLANDI ; Malh., *Revue zool.*, 1845, p. 373.
PICUS STRICKLANDI ; Malh., *Bullet. soc. d'hist. nat. Moselle*, 1849, p. 14, et *Mém. acad. Metz*, 1848-1849, p. 327. — G.-R. Gray, *Gen.* — Ch. Bonap., *Consp. gen. av.*, p. 137.
PHRENOPICUS STRICKLANDI ; *Pr. Bp.*, *Consp. vol. zyg.*, 1854.

Mas adult. Rostro fusco-corneo, mandibulâ in medio flavidâ ; lineâ frontali fuscescenti-rufâ ; capite supra et ad latera, collo postico, dorso, uropygio, alarumque tectricibus fuscis ; occipite coccineo ; striâ superciliari ad occipitis latera ductâ, et altera ab oris rictu ad colli latera cum primâ ibi connatâ, albis ; vittâ malari utrinque versus colli latera ductâ fuscâ ; toto corpore subtùs albo, maculis majusculis, numerosis, obcordatis et transversis nigricantibus, fasciolato ; alarum tectricibus inferioribus albis ; rectricibus utrinque duabus lateralibus albo-fasciolatis, cœteris totis nigris ; pedibus virescentibus.
Mas juv. Pallidiore ; fronte fuscescenti rufâ ; capite supra coccineo varioloso ; nuchâ obscure-fuscâ.
Fœm. adult. Mari simillimâ nisi absque fasciâ occipitali coccineâ.
Fœm. juv. Dorso transversim albo fuscoque variegato ; toto corpore subtus albo, striolis longitudinalibus et obcordatis nigricantibus.

## LE PIC DE STRICKLAND *(Malh.)*.

*(Bullet. soc. d'hist. nat. Moselle*, 1849, p. 14.)

**PLANCHE XXVIII**, Fig. 4, le mâle adulte ; Fig. 5, la femelle adulte ; Fig. 6, le jeune mâle ; Fig. 7, la rémige quatrième.

Je ne connaissais que la jeune femelle de cette espèce nouvelle, lorsque j'en ai publié une description dans la *Revue zoologique* de Paris. Depuis cette époque, j'ai vu le mâle adulte dans la collection du Muséum britannique, la femelle adulte dans un envoi destiné à M. Wilson, de Philadelphie, et un jeune mâle appartenant au Muséum de Darmstadt et dont je dois la communication à l'obligeance de son savant directeur, M. Kaup.

Ce pic provient du Mexique et nous n'avons aucun renseignement sur ses habitudes et sur sa nidification.

La jeune femelle que je possède m'a été gracieusement offerte par le savant ornithologiste M. H.-E. Strickland, esq., dont le nom distingue cette espèce.

Caractères. Bec moyen, droit, conique et aigu ; arête au-dessus du bec, et celles au-dessus des narines, très-saillantes ; celles-ci recouvertes par une touffe de plumes courtes dirigées en avant. Menton s'avançant sous la mandibule au tiers environ de la longueur totale du bec, mesuré de la commissure ; pas de huppe ; ailes moyennes et aiguës ; la quatrième rémige est la plus longue et dépasse à peine la cinquième, qui diffère elle-même très-peu de la troisième. Tarses et doigts moyens ; le doigt postérieur externe plus long que le doigt antérieur externe.

Coloration. *Le Mâle adulte ;* bec d'un brun jaune et jaunâtre, vers le milieu, sur les côtés et en dessous ; plumes recouvrant les narines et bande frontale d'un brun roussâtre très-clair. Tout le dessus de la tête, nuque, dos, croupion et tectrices d'un brun sale, lustré, plus foncé sur la tête et sur le croupion que sur le reste du corps ; à l'occiput une bande d'un rouge vermillon qui va en rétrécissant aux deux extrémités ; tempes du même brun et entourées par deux lignes blanches très-étroites, lesquelles, confondues près de la mandibule supérieure, se divisent ensuite pour passer au-dessus de l'œil et sur le côté du cou, et viennent se réunir de chaque côté de la nuque, où se trouve une très-large plaque blanche. De la mandibule inférieure part une bande brune irrégulière qui borde la ligne blanche et s'étend au bas de la plaque blanche du côté de la nuque.

Les rémiges primaires sont brunes, ayant, à l'exception de la première, de fines taches blanches dans la moitié supérieure de leur bord externe et de larges taches blanches arrondies sur leur bord interne.

Les rémiges secondaires ont toutes une ou deux petites taches blanches vers l'extrémité inférieure de leur bord externe et des taches blanches oblongues sur leur bord interne.

La queue est d'un brun foncé; les deux pennes externes, de chaque côté, sont rayées de bandes blanches transversales, la troisième ayant une ou deux petites taches blanches vers la base de son bord externe, les quatre rectrices intermédiaires sont d'un brun noirâtre sans taches.

Le menton et tout le devant du cou sont blancs, avec quelques petites taches d'un brun noirâtre; tout le reste des parties inférieures est blanc, avec de nombreuses taches d'un brun foncé. Les plumes de la poitrine ont des taches cordiformes, les autres ont plusieurs bandes transversales d'un brun foncé. Les couvertures inférieures des ailes sont d'un blanc pur, et le dessous de l'aile tapiré de blanc; tarses et ongles d'un brun foncé.

*La Femelle adulte* ne diffère du mâle que par l'absence de la bande rouge sur l'occiput.

*Le Jeune Mâle* diffère beaucoup par la coloration du dessus de la tête, ainsi que cela arrive chez beaucoup d'espèces; ainsi, le front est d'un brun roux; le vertex brun, avec de nombreuses mèches étroites rouges à l'extrémité des pennes et l'occiput devient entièrement rouge; la nuque est d'un brun foncé. La coloration des parties supérieures est celle du mâle adulte; mais la teinte brune est plus pâle; les taches brunes qui couvrent les parties inférieures sont plus nombreuses et se détachent moins nettement du fond du plumage, qui est d'un blanc sale lavé de gris.

*La Jeune Femelle* diffère de la femelle adulte par les caractères suivants : 1° la taille du jeune est un peu moins grande; 2° la bande blanche au-dessus de l'œil et celle au-dessous de la région parotidée sont plus larges chez le jeune; 3° le menton est couvert de nombreuses stries brunes chez le jeune; 4° les plumes blanches des parties inférieures sont, chez le jeune, séparées au milieu par une large bande longitudinale d'un brun foncé; sur les flancs et sur les cuisses seulement se retrouvent des bandes transversales d'un brun foncé, et sur les couvertures inférieures de la queue quelques taches cordiformes de la même couleur; 5° enfin beaucoup de plumes du dos ont des bandes transversales blanches qui disparaissent avec l'âge.

HABITE le Mexique.

| DIMENSIONS. | ADULTES. |
|---|---|
| Longueur totale | 194 millimètres. |
| — du bec, de la commissure à l'extrémité | 21 — |
| — — des narines à l'extrémité | 17 — |
| — de l'aile pliée | 115 — |
| — de la queue | 70 — |
| — du tarse | 18 — |
| — du doigt postérieur externe (sans l'ongle) | 14 — |
| — de son ongle (en suivant la courbure) | 10 — |
| — du doigt antérieur externe | 12 — |
| — de son ongle | 11 — |
| — du doigt antérieur interne | 11 — |
| — de son ongle | 10 — |
| — du doigt postérieur interne | 4 — |
| — de son ongle | 5 — |

Se trouve au Muséum britannique, à Londres; la femelle et le jeune mâle au Muséum de Darmstadt; collection de M. Wilson, à Philadelphie; ma collection.

## PICUS LIGNARIUS *(Mol.)*.

PICUS LIGNARIUS; MOLINA, *Hist. nat. Chili, trad. Gruv.*, 1789, p. 209 et p. 216, le jeune mâle. — GMEL., *Syst. nat.*, p. 424, n° 22. — LATH., *Ind.*, I, p. 224, jeune. — VIEILL., *N. dict.*, XXVI, p. 90. — *Pr.* BONAP., *Consp.*, 1850, p. 139, la femelle adulte.

PICUS ALBIVITTATUS; NATT., *In museo Vindobon.*

PICUS PUNCTICEPS; LAFR. et D'ORB., *Voy. Amer. mérid.*, p. 379, n° 327; pl. 64, fig. 1, la femelle (fig. très-médiocre). — TSCHUDI, *Faun. peruan. aves.*, p. 43, n° 5.

PICUS MELANOCEPHALUS; KING, *Proceed. zool. soc. Lond.*, 1830, p. 14, la femelle adulte; *nec* NATTERER. — LESS., *Compl. Buff.*, IX, p. 315. — GAY, *Hist. Chile*, 1847, *Zool.*, p. 372, I.

PICUS KINGII; G.-R. GRAY. — GOULD, *Zool. voy. of Beagle*, p. 113, le jeune mâle.

PICUS GRADATUS; LICHT., *Mus. Berolin.*, la femelle adulte et le jeune mâle. — *Id.*, *Nomencl.*, p. 75, 1854.

PICUS KAUPII; Hartl., *Rev. mag. zool.*, 1852, p. 6. — *Id.*, *Bericht über Væg. Vald. im Chile*, p. 9, 1855. — Reich., *Handb. spec. orn.*, p. 417, nº 981 *b*.
DYCTIOPICUS LIGNARIUS; *Pr.* Bp., *Consp. vol. zyg.*, 1854.
DYCTIOPICUS KAUPI; *Pr.* Bp., *Consp. vol. zyg.*, 1854.
CENTURUS GRADATUS; Reich., *Handb. spec. orn.*, p. 411, nº 967; pl. DCLXV, fig. 4417, 4418.
COLAPTES LIGNARIUS; Reich., *Handb. spec. orn.*, p. 417, nº 980; pl. DCLXIX, fig. 4435.

Mas adult. Rostro cœrulescenti-plumbeo; narium plumis fusco-rufescentibus; pileo, maculâque nuchali subquadratâ fuscescente-nigris; frontis verticisque plumis non nullis in medio albidis; fasciâ transversâ, occipitali, miniatâ; superciliis fasciâque a rictu infrà oculos per colli latera ductâ albis; regione paroticâ fuscâ, vittâ utrinque postice ab oculis versùs colli latera ductâ et aliâ ab oris rictum ortâ nigris; dorso, tergo, uropygio, caudæ alarumque tectricibus superioribus, rectricibus omnibus, nigris albo fasciatis; remigibus nigris maculis albis, extùs parvis, intùs majoribus notatis; mento gulâque albis nigro striolatis; pectoris abdominisque plumis flavicante-albidis, in medio nigro striatis; alarum tectricibus inferioribus flavicante-albidis; pedibus virescenti-cœruleis.
Fœmina ad. Mari similis, sed fronte fuliginosâ, vertice occipiteque nigris, absque striis albis; fasciâ occipitali miniatâ nullâ.
Mas junior. Capite suprà plus minùsve miniato; occipite nuchâque nigris.

## LE PIC BUCHERON *(Malh.)*.

**PLANCHE XXVI**, Fig. 9, le mâle adulte; Fig. 10, la femelle; Fig. 11, le jeune mâle; Fig. 12, la rémige quatrième.

LE CHARPENTIER; Gruvel, *Traduct. de Molina*, 1789, p. 216.
LE PIC A RAIES BLANCHES ET BLEUES; Vieill., *N. dict.*, XXVI, p. 90.
LE PIC MÉLANOCÉPHALE; Lesson, *Compl. Buff.*, IX, p. 315.

Cette espèce a donné lieu a bien des erreurs et elle a souvent été confondue avec le *picus bicolor,* qui lui ressemble au premier aspect. Ils diffèrent néanmoins par la taille, qui est moindre chez le *bicolor,* puis par la couleur des taches des parties supérieures, qui sont blanches chez le *lignarius* et d'un blanc jaunâtre chez le *bicolor.* Le mâle adulte de cette dernière espèce se reconnaît par les mèches blanches qui couvrent tout le dessus de la tête et par une ou plusieurs petites mèches rouges de chaque côté de l'occiput, tandis que le mâle adulte du *lignarius* a tout l'occiput largement entouré de rouge et n'a de mèches blanches que sur le front et une partie du vertex. La femelle des deux espèces diffère en ce que le dessus de la tête est d'un noir profond chez le *lignarius* et d'un brun fuligineux chez le *bicolor.* Les jeunes mâles des deux espèces se distinguent aussi en ce que, chez le *bicolor,* les mèches blanches s'aperçoivent sur tout le dessus de la tête.

M. Gay, dans son *Histoire du Chili,* a regardé à tort le *picus cactorum* et le *picus aurocapillus* (Vig.) comme synonymes du *picus lignarius,* qu'il appelle du nom de *melanocephalus,* et il est étonnant qu'il ait omis la dénomination de Molina, que nous avons cru devoir conserver à cette espèce.

Quoique ce pic soit commun, il a été souvent méconnu; ainsi M. Reichenbach l'a publié sous trois dénominations différentes: *gradatus, lignarius* et *Kaupii,* sans reconnaître que c'était le même oiseau qu'il avait figuré à deux reprises; Bonaparte, sous les noms différents de *lignarius* et de *Kaupi.*

Ce pic paraît très-commun sur les terres qui bordent le détroit de Magellan, dans les îles de Chiloé, dans la péninsule de los Tres Montes, au Chili, au Pérou, et M. d'Orbigny l'a trouvé dans les mêmes régions que le *picus cactorum,* c'est-à-dire dans les vallées sèches et arides de Chaluani et de Cochabamba, république de Bolivia. Elle se tient sur les coteaux, au fond des ravins et dans les jardins même de la ville de Cochabamba; mais elle est bien plus commune dans la vallée du Rio Chaluani, province de Mizqué. Elle grimpe sur les petits arbres et sur les cactus, ne paraît nullement craintive, vit par paires et sautille avec vitesse. Elle se nourrit principalement d'araignées et il a paru à M. d'Orbigny que cette espèce ne perforait pas les écorces des arbres comme le font d'autres espèces de Picinés.

Le nom de Charpentier étant une dénomination commune à tous les Picidés, j'ai dû la changer. Il ne m'a pas paru non plus convenable de conserver soit le nom de Melanocéphale, qui ne convient qu'à la femelle, soit la phrase de Vieillot, qui donne d'ailleurs une idée fausse de la coloration, les mots *à raies bleues* voulant seulement signifier, comme dans Molina, un noir à reflets bleuâtres, ce qui n'est pas même exact pour toutes les parties de l'oiseau.

J'ai longtemps éprouvé du doute sur le point de savoir si le *picus gradatus,* de M. Lichtenstein, était une espèce différente du *lignarius;* mon opinion est aujourd'hui fixée pour la négative.

Caractères. Bec long et fort; plumes soyeuses; les plus longues rémiges sont tantôt dans l'ordre 3, 4, 5, tantôt dans l'ordre 4, 3, 5 et diffèrent peu entr'elles. La première rémige n'a que 25 millimètres de long. Queue assez longue, les deux rectrices intermédiaires dépassant les pennes suivantes de 5 à 6 millimètres.

Coloration. *Le Mâle adulte* a le bec d'un bleuâtre de corne, foncé au-dessus et très-clair sur la mandibule inférieure. Iris jaune d'or, selon quelques auteurs, et rouge carmin, selon d'Orbigny. Les plumes rebroussées qui recouvrent les narines sont d'un brun roussâtre; le dessus de la tête est d'un noir profond, mais le front et partie du vertex sont parsemés de fines stries d'un blanc fuligineux, et tout l'occiput est entouré d'un rouge vif qui commence à un centimètre après l'œil. Les plumes rouges de cette partie ont leur base noire, et, comme elles, sont un peu plus allongées; elles ont été qualifiées de huppe par Molina. La nuque est d'un noir profond; les côtés de la tête sont blancs et divisés: 1° par une bande d'un noir fuligineux, qui part après l'œil et descend sur les côtés du cou; 2° par une moustache de même couleur, qui descend de la commissure du bec en longeant la gorge et le cou. Dos, croupion, tectrices alaires et tectrices supérieures de la queue rayées de noir et de blanc, cette dernière couleur bordant les plumes; néanmoins, chez un mâle, les taches blanches des tectrices supérieures des ailes étaient bordées de noir. Les rémiges sont d'un brun noirâtre ou d'un brun fuligineux et portent des taches blanches sur leur page externe et des taches blanches plus grandes sur le rebord de leur page interne. Toutes les rectrices sont d'un brun noir, avec des bandes transversales d'un blanc sale ou roussâtre sur les deux pages. Le menton, la gorge et le devant du cou sont d'un blanc grisâtre, avec de fines stries noires; la poitrine et l'abdomen sont d'un blanc sale ou jaunâtre, avec de nombreuses et larges mèches d'un noir profond. Les tectrices caudales inférieures et les flancs portent des taches et des bandes noires transversales; les tectrices inférieures des ailes sont d'un blanc jaunâtre, varié, chez quelques sujets, de taches noires arrondies. Pieds d'un gris verdâtre, glacé de bleuâtre.

*La Femelle adulte* diffère du mâle en ce qu'elle a le front noir, tapiré de roux fuligineux, et tout le dessus de la tête d'un noir profond, sans aucune strie blanche, l'occiput et la nuque d'un noir bleuâtre sans aucune trace de rouge. Tel est le *melanocephalus*, rapporté par le capitaine King et que j'ai vu au Muséum de la Société zoologique de Londres.

*Le Jeune Mâle* a le front, tout le vertex et partie de l'occiput plus ou moins tapirés de rouge, quelquefois paraissant presqu'entièrement de cette couleur et ne laissant entrevoir que de fines stries noires; tels sont les sujets que j'ai vus au Muséum de Berlin et dans celui de la Société zoologique de Londres. Dans un exemplaire en muc, qui fait partie de ma collection, on voit déjà l'occiput couronné de rouge, tout le dessus de la tête noir, avec quelques stries rouges sur le vertex et les stries d'un blanc fuligineux sur le front et le vertex. Les proportions du jeune oiseau sont inférieures à celles de l'adulte, ce qui nécessite un examen attentif pour ne pas confondre les jeunes du *lignarius* avec ceux du *bicolor*.

Je terminerai ce qui concerne le *lignarius* par une observation que m'a communiquée M. le docteur Pucheran: c'est que les bandes blanches, chez les exemplaires originaires du Chili, paraissent généralement plus larges sur la queue que chez les exemplaires des autres contrées. Néanmoins ce fait, que M. Pucheran et moi avons constaté sur deux ou trois sujets, ne me paraît point être un caractère constant et suffisamment indiqué pour pouvoir constituer une espèce distincte.

Habite les terres Magellaniques, les îles de Chiloé, le Chili, la Bolivie; rapporté du Pérou par MM. Hombron et Jacquinot, dans le dernier voyage de Dumont-d'Urville.

| DIMENSIONS. | ADULTES. |
|---|---|
| Longueur totale | 180 à 185 mill. |
| — du bec, de la commissure à l'extrémité | 23 et 24 — |
| — — des narines à l'extrémité | 17 et 18 — |
| — de l'aile pliée | 90 à 95 — |
| — de la queue | 60 millimètres. |
| — du tarse | 17 — |
| — du doigt antérieur externe (sans l'ongle) | 23 — |
| — de son ongle (en suivant la courbure) | 11 — |
| — du doigt postérieur externe | 25 — |
| — de son ongle | 11 — |
| — du doigt antérieur interne | 21 — |
| — de son ongle | 10 — |
| — du doigt postérieur interne | 6 — |
| — de son ongle | 7 — |
| Envergure | 300 — |
| Circonférence du corps | 115 — |

Collections de Paris, de Londres, de Vienne, de Berlin, de Leyde, de Francfort-sur-Mein, de Brême, de Bruxelles, de Stuttgard, de Lille; ma collection.

## PICUS WAGLERII *(Malh.)*.

PICUS WAGLERII; Malh., *Mus. Metens.*, 1849; *nec* Hartl., *Cat. mus. Brêm.*
DYCTIOPICUS WAGLERI; *Pr. Bp. ex* Malh., *Consp. vol. zyg.*, 1854.

Mas adult. Rostro nigricanti-plumbeo; iride ex cinereo-fuscâ, obscurâ; capite suprà fuliginoso, albo punctulato; occipite coccineo; occipite ad latera albo; regione ophthalmicâ et paroticâ, nuchâque fuliginosis; dorso, alis caudâque fuliginoso-fuscis et albo transversim fasciatis; mento gulâque albis, ad latera fuliginoso punctulatis; toto corpore infrà albido, fulvescenti lavato et maculis parvis, triangularis fuliginosis punctulato; pedibus griseis.

Fœm. adult. Mari similis, nisi capite toto occipiteque fuliginoso-fuscis.

Mas juv. Differt fronte fuliginosâ, non nunquam albo punctulatâ; verticis plumis ad basin fuliginoso-fuscis, in medio albo punctatis, rubrisque ad apicem; occipite medio nuchâque fuliginoso fuscis.

## LE PIC DE WAGLER *(Malh.)*.

**PLANCHE XXIX**, Fig. 1, le mâle adulte; Fig. 2, le jeune mâle; Fig. 3, la femelle adulte; Fig. 4, rémige quatrième.

Cette espèce, très-rare dans les collections d'Europe, n'a jamais été décrite et figurait au Muséum de Vienne, d'abord sous le nom de *variegatus* (Wagl.), puis sous celui de *variegatus* (Latham). Je suis d'avis que ce n'est pas non plus cette dernière espèce, et je n'en veux pour preuve que ce que dit Latham lui-même, qui déclare *(Gen. hist. of birds,* III, p. 383) que son *picus variegatus* est le pic varié de la Encenada, de Buffon, qui décrit ce pic d'après la figure 1 de la planche enluminée 748, en indiquant que *les deux côtés de la tête sont saturés de rouge*. Or ce caractère, que montre la planche 748, figure 1, n'existe point dans l'espèce qui nous occupe en ce moment.

Je suis très-porté à croire que Latham n'avait jamais vu l'espèce qu'il a nommée *variegatus (Index ornithologicus,* I, p. 233) et *Encenada Woodpecker* dans son *Histoire générale des Oiseaux*. On sait aussi que les types de Latham existaient au Muséum britannique, et les recherches que j'ai faites à plusieurs reprises dans cet établissement m'ont prouvé que l'espèce que je décris ne s'y trouvait point. La collection de la Société zoologique de Londres possédait un jeune mâle de cet oiseau, qui habite le Brésil, et dont j'ai vu les deux sexes au Muséum de Vienne. J'ai donné à ce grimpeur le nom du savant auteur du *Systema avium* et de tant d'ouvrages si consciencieux, comme un témoignage de mon admiration pour ses travaux.

Caractères. Bec droit, fort, plutôt long, conique, comprimé vers l'extrémité qui est légèrement tronquée; arête au sommet du bec et celles au-dessus des narines assez saillantes; narines recouvertes de plumes dirigées en avant; ailes moyennes; la quatrième rémige la plus longue et excédant de peu la troisième et la cinquième. Queue moyenne, cunéiforme; tarses assez forts et scutellés au-devant; quatre doigts inégaux; le doigt postérieur externe le plus long; ongles courbes, comprimés, évidés sur les côtés et aigus.

Coloration. *Le Mâle adulte;* bec noir; front et vertex bruns, variés de petites mèches blanches; iris d'un brun cendré foncé; occiput rouge, avec quelques points noirâtres; région ophthalmique, région parotidée et nuque du même brun que le front; côtés de la tête, après l'œil, blancs ou blanchâtres; dos, ailes, tectrices supérieures de la queue et la queue d'un blanc sale, avec de nombreuses bandes transversales d'un brun foncé; le croupion a plus de blanc; les rémiges ont des taches blanches sur la barbe interne et sur la barbe externe. Le menton et la gorge sont blancs, avec quelques petites taches brunes; toutes les parties inférieures sont d'un blanc sale, lavé de roussâtre clair, avec de petites taches brunes de forme triangulaire; pieds d'un cendré brun.

*La Femelle adulte* diffère en ce qu'elle a tout le dessus de la tête et l'occiput d'un brun uniforme.

*Le Jeune Mâle* a le front brun, quelquefois déjà varié de petites mèches blanches; le vertex et une partie de l'occiput sont variés de rouge, chaque plume ayant sa base brune, un petit point blanc au milieu et son extrémité rouge.

Habite le Brésil.

| DIMENSIONS. | ADULTE. | JEUNE. |
|---|---|---|
| Longueur totale | 145 millimètres. | 140 millimètres. |
| — du bec, de la commissure à l'extrémité | 17 — | 16 — |
| — — des narines | 15 — | 14 — |
| — de l'aile pliée | 90 — | 88 — |
| — de la queue | 46 — | 48 — |
| — du tarse | 14 — | 14 — |
| — du doigt postérieur externe (sans l'ongle) | 13 — | » — |
| — de l'ongle (en suivant la courbure) | 9 — | » — |
| — du doigt antérieur externe | 11 — | » — |
| — de l'ongle | 9 — | » — |
| — du doigt antérieur interne | 9 — | » — |
| — de l'ongle | 6 — | » — |
| — du doigt postérieur interne | 4 — | » — |
| — de l'ongle | 4 — | » — |

Se trouve dans la collection du Muséum impérial de Vienne, dans celle de la Société zoologique de Londres et dans ma collection.

## PICUS MINOR (*Linn.*).

PICUS MINOR; Linn., *Syst. nat.*, 13e éd., 1767, I, p. 176, nº 19. — Scop., *Ann.* I, *Hist. nat. descr. av.*, p. 49, nº 55, le mâle; 1769. — Brunn., *Orn. bor.*, p. 11, 1764. — Gmel., *Syst.*, I, p. 437, *sp.* 19. — Lath., *Ind. orn.*, I, p. 229, *sp.* 15. — Mey. et Wolf., *Tasch. der Deuts.*, I, p. 124. — Bechst., *Naturg. Deut.*, II, p. 1039. — Penn., *Arct. zool.*, II, p. 326. — Blumenb., *Man. d'h. nat.*, I, p. 204. — Naum., pl. 27, fig. 54 et 55. — Temm., *Man.*, I, p. 399, et III, p. 283. — Risso, *Eur. mérid.*, III, p. 60. — G. Cuv., *Règne an.*, I, p. 450. — Vieill., *N. dict.*, XXVI, p. 88. — *Id.*, *Faune franç.*, p. 54. — *Id.*, *Encycl.*, p. 1304. — Wagl., *Syst. av.*, nº 25. — Less., *Orn.*, p. 219. — C. Bonap., *Birds*, p. 39. — *Id.*, *Consp. gen. av.*, p. 134. — Keys. et Blas., *Die Wirbelt.*, p. 35. — Schinz, *Eur. faun.*, I, p. 263. — Schleg., *Revue*, p. 50. — Gould, *Birds Eur.*, p. 231. — G.-R. Gray, *Gen. of birds.* — Bouteil., *Orn. Dauph.*, pl. 36, fig. 5. — Reich., *Handb. spec. orn.*, p. 370, nº 855, pl. dcxxxvi, fig. 4234, 4235, mâle et femelle. — Loche, *Cat. des mamm. et ois. d'Algérie*, *sp.* 190, p. 92; 1858.

PICUS VARIUS MINOR; Briss., *Orn.*, IV, p. 41. — Nozem., *Nederl. vog.*, IV, p. 357, le mâle et la femelle; 1770.

PICUS DISCOLOR MINOR; Frisch, *Vog.*, pl. 37, mâle et femelle.

DENDROCOPUS MINOR; Koch, *Baier. zool.* — Selby, *Birds*, pl. 38, fig. 3. — Swains., *Class. of birds*, II, p. 307.

PICUS PIPRA; Pallas., *Zoogr. Rosso-Asiat.*, I, p. 414, nº 67.

PICUS STRIOLATUS; Meyer, *Tasch. vog.*

PICUS LEDOUCI; Malh., *Faune ornith. Algérie*, p. 22; 7e *Bullet. soc. d'hist. natur. Moselle; var. Alger.*

PIPRIPICUS MINOR; C. Bonap., *Consp. vol. zyg.*, 1854.

PICULUS PUSILLUS; PICULUS HORTORUM; PICULUS HERBARUM; PICULUS CRASSIROSTRIS; C.-L. Brehm, *Der Vollst. Vogelf.*, p. 70; 1855.

Mas adult. Rostro nigricanti-plumbeo; vertice coccineo; fronte, capite et collo ad latera, crisso et toto corpore subtùs sordide albis, pectore lateribusque striolis longitudinalibus, subnumerosis, nigricantibus, crissi plumis fere fasciolatis; striâ malari versùs colli latera ductâ, occipite, collo postico medio, dorso supremo, alarum tectricibus minoribus nigris et rectricibus quatuor intermediis totis nigris; cæteris utrinque lateralibus, basin versùs nigris, et versùs apicem albis, dorso infimo nigro albo-fasciato, remigibus omnibus nigris intùs et extùs albo-maculatis; pedibus plumbeo nigricantibus. Irides rubræ.

Fœm. adult. Mari simillimâ, nisi capite absque rubedine, vertice albo, pectore crebrius striolato, ptilosi minùs nitidâ.

Varietates. 1º Pure albus; 2º albo-flavidus, pictura nigra obsolete indicata; 3º ptilosi ordinaria plumis albis intermixtis varia.

## LE PIC ÉPEICHETTE.

**PLANCHE XXVI,** Fig. 4, mâle d'Algérie; Fig. 5, femelle d'Algérie; Fig. 6, mâle d'Europe *(réduit)*; Fig. 7, la femelle; Fig. 8, rémige quatrième.

LE PETIT PIC VARIÉ; Briss., *Orn.*, IV, p. 41. — Buff., pl. enl. 598; fig. 1, le mâle; fig. 2, la femelle.

LE PETIT ÉPEICHE; Buff., *Orn.*, VII, p. 62.

PIC PETIT ÉPEICHE; Valenc., *Dict. sc. nat.*, XL, p. 180. — Less., *Orn.*, p. 219.

PIC dit PETIT ÉPEICHE; Vieill., *N. dict.*, XXVI, p. 88; *id.*, *Encycl.*, p. 1304.

PIC PETIT; Risso, *Eur. mérid.*, III, p. 60.

PIC ÉPEICHETTE; Temm., *Man. d'orn.*, I, p. 399. — Drap., *Dict. class.*, XIII, p. 498. — Degland, *Orn. Eur.*, I, p. 160. — Bouteil., *Orn. du Dauph.*, pl. 36, fig. 5.

LILLA HACKSPETTEN; Nilson, *Skandin. faun.*, pl. 29, mâle et femelle.

PICCHIO PICCOLO; Savi, *Orn. tosc.*, I, p. 145.

LE PETIT PIC; Vieill., *Faune franç.*, p. 54, pl. 27, fig. 1. — Roux, *Orn. prov.*, pl. 62, le mâle.

DER KLEINE BUNT-SPECHT; Frisch., *Vog. Teutsch.*, pl. 37. — Blum., *Man.*, p. 205. — C.-L. Brehm, Lehrb., *Naturg. Europ. Vog.*, p. 141, 1823.

DER GARTENKLEINSPECHT, C.-L. Brehm, *Der Vollst. Vogelf*, p. 70, 1855.

C'est la plus petite des espèces de Picinés en Europe et elle y est répandue du nord au sud, quoique plus rare dans le midi. Elle est assez commune en Suisse, dans quelques parties de la France et en Allemagne; on la trouve même en Italie et en Sicile, où elle m'a été signalée, quoique je n'aie jamais eu occasion de la voir. L'été, cet oiseau habite les bois en montagnes, les grandes forêts de pins, de sapins et de bouleaux; mais, à l'automne, il se rapproche des lieux habités et vient séjourner dans nos vergers. Je l'ai souvent tué, à cette époque, sur les arbres fruitiers qui entourent la plupart des villages près de Metz, et il est certain qu'il niche dans les forêts de la Lorraine. On a remarqué qu'il ne grimpait pas fort haut sur les grands arbres, qu'il semblait attaché à l'entour du tronc et qu'il se plaçait parfois sur de petites branches, comme le font de petits passereaux. Il niche, comme ses congénères, dans un trou d'arbre qu'il dispute souvent à la mésange charbonnière, qui n'est pas la plus forte et qui est obligée de lui céder son domicile. Ce pic pratique souvent plusieurs trous dans un arbre avant de se fixer sur le point où il établira son nid, de 3 à 7 mètres du sol. La ponte est de quatre ou cinq œufs, d'un blanc verdâtre, selon M. Temminck; de quatre à six œufs, un peu courts, d'un blanc pur, sans taches, selon M. Degland *(Ornith. Europ.*, I, p. 161); de cinq à six œufs blancs, rarement de sept et de plus, polis et plus brillants que ceux du Torcol, selon M. Reichenbach. M. Pässler *(Journ. für ornith.*, 1856, p. 44), en parlant des oiseaux du duché d'Anhalt, annonce que « les œufs du *picus minor* sont souvent plus petits que ceux du rouge-queue, auxquels ils ressemblent; que, néanmoins, les premiers ont la coque plus épaisse et plus lustrée; que plusieurs d'entr'eux portent quelques points rouges très-petits. »

M. Althammer, qui habite Roveredo, m'écrit que l'épeichette fait annuellement, dans le bas Tyrol, deux pontes de cinq, six ou sept œufs chacune et qu'il a même, une fois, trouvé neuf œufs; que ces œufs sont toujours d'un blanc pur, un peu lustré, et qu'il n'a jamais observé d'œufs pointillés ou portant de très-petits points rouges, ou d'un blanc verdâtre. Lorsque cette dernière teinte existe, ajoute cet ornithologiste, chez les œufs déposés sur le bois vermoulu ou sur la terre, elle résulte de la décomposition du bois ou de l'humidité du sol, surtout après un temps pluvieux.

Le grand diamètre de ces œufs est de 19 millimètres et le petit diamètre de 14 ou 15. La nourriture habituelle de l'épeichette consiste en insectes et en larves.

C'est fort à tort que Buffon regarde ce grimpeur comme un petit pic varié que Sonnerat, dans son *Voyage à la Nouvelle-Guinée* (p. 118 et pl. 77), dit avoir vu à Antigue; car le pic de Sonnerat est la femelle du *picus Moluccensis* de Latham, représentée dans la planche enluminée 748, figure 2.

J'ai reçu de l'Algérie, grâce à l'obligeance de M. Ledoux, capitaine du génie, plusieurs épeichettes mâle et femelle, et j'ai été ainsi à même de me convaincre que c'était la même espèce que celle d'Europe. J'ai seulement trouvé aux exemplaires de l'Algérie des proportions moins fortes que chez la race européenne et une teinte beaucoup plus foncée. J'avais d'abord distingué cette race sous le nom de *picus Ledouci.* Il n'est pas possible, néanmoins, de séparer ces pics africains de l'espèce d'Europe, quoique M. Brehm ait divisé cette dernière seule en trois espèces, savoir : 1° *picus minor*, la plus grande des trois races qu'il a observées, qui a les parties inférieures d'un blanc lavé de brun, ayant, sur les côtés de la poitrine, des mèches étroites d'un brun noir, s'élargissant vers la pointe; le lorum à peine marqué et lavé de blanc; 2° *picus pusillus* (Brehm), la plus petite des trois races, ayant les parties inférieures d'un blanc jaunâtre, avec des mèches peu nombreuses plus pâles et plus étroites; il se trouve au centre de l'Allemagne; 3° *picus hortorum* (Brehm), de taille intermédiaire, se rapprochant néanmoins plus du *minor* que du *pusillus*, ayant les parties inférieures d'un blanc brunâtre, avec des mèches larges et nombreuses, le lorum d'un noir pur et étendu. Cette dernière race se tient sur les arbres fruitiers et dans les grands vergers. Des sujets plus petits que l'*hortorum*, avec le bec plus fort et la queue courte, constituent pour M. Brehm le *piculus herbarum*, et ceux ayant le bec court et très-gros sont nommés par cet auteur *piculus crassirostris.*

A ces diverses races, M. Brehm aurait pu encore ajouter celle qui habite le Kamtschatka et dont je parlerai ci-après sous le nom de *picus Kamtschatkensis.* Cette dernière race est, sans contredit, celle qui se distingue le plus des autres par son albinisme constant et l'absence de mèches brunes ou noires sur les parties inférieures, qui sont d'un blanc pur.

Caractères. A peine de la grandeur du moineau commun et du poids de 31 à 32 grammes. Bec droit, court, large à la base, comprimé et aigu vers l'extrémité qui est un peu usée de chaque côté. Arête au sommet du bec et celles au-dessus des narines saillantes; ces dernières rapprochées des bords de la mandibule supérieure; narines basales, cachées par une forte touffe de plumes piliformes de chaque côté du bec. Arête, sous la mandibule inférieure, assez saillante, ainsi que celles de chaque côté de cette mandibule; menton recouvert de plumes piliformes dirigées en avant et s'avançant, sous la mandibule, au quart environ de la longueur totale du bec, mesuré de la commissure. Ailes longues et aiguës; les rémiges les plus longues étant la quatrième, la cinquième et la troisième. Queue assez longue, arrondie; tarses courts et scutellés au-devant, écailleux sur les côtés;

doigts assez longs; quatre doigts inégaux; le doigt postérieur externe plus long que le doigt antérieur externe; ongles aigus, comprimés et évidés sur les côtés. Plumage soyeux et doux.

Coloration. *Le Mâle adulte;* bec brun de corne au-dessus et à l'extrémité; mandibule inférieure d'un brun jaunâtre vers la base; iris rouge; tout le front, région ophthalmique, côtés du cou et parties inférieures d'un blanc terne; de fines raies longitudinales sur la poitrine et sur les flancs; une bande noire va de l'angle du bec sur les côtés du cou, sommet de la tête rouge; occiput, nuque, haut du dos et des ailes noirs; sur le reste des parties supérieures des bandes noires et blanches, le blanc dominant chez les vieux sujets; tectrices supérieures de la queue noires; rémiges noires, rayées, sur la barbe externe, par des taches blanches quadrangulaires, et, sur la barbe interne, par des taches blanches ovoïdes peu étendues. Les quatre pennes intermédiaires de la queue entièrement noires; la suivante, de chaque côté, noire à partir de la base, mais toute son extrémité blanche, avec une tache noire sur la barbe interne, et le blanc remontant obliquement jusqu'aux deux tiers de la barbe externe; les deux autres rectrices, de chaque côté, après celle-ci, ont la base de leur barbe interne noire, et sont blanches dans tout le reste, avec une bande transversale noire vers l'extrémité. Pieds bruns.

*La Femelle adulte* n'a point de rouge sur la tête, le blanc sale du front a plus d'étendue et remonte quelquefois jusqu'au milieu du vertex; le blanc des parties inférieures est nuancé de brun et porte un plus grand nombre de taches et de raies noires que chez le mâle; le noir des parties supérieures est aussi plus terne.

*Varie* accidentellement, d'un blanc pur, d'un blanc jaunâtre, avec le noir du plumage faiblement prononcé; quelquefois tapiré de plumes blanches. J'en ai vu, dans la collection de Dresde, une jolie variété femelle.

Habite presque toute l'Europe; très-rare en Hollande; les forêts des trois provinces de l'Algérie.

| DIMENSIONS. | D'ALGÉRIE. | D'EUROPE. |
|---|---|---|
| Longueur totale | 140 à 142 mill. | 145 à 155 mill. |
| — du bec, de la commissure à l'extrémité | » » — | 16 millimètres. |
| — — des narines à l'extrémité | 12 à 13 — | 12 à 13 millim. |
| — de l'aile pliée | 87 millimètres. | 90 à 93 — |
| — de la queue | 50 — | 50 à 55 — |
| — du tarse | » — | 15 millimètres. |
| — du doigt antérieur externe (sans l'ongle) | » — | 10 — |
| — de l'ongle (mesuré en suivant la courbure) | » — | 10 — |
| — du doigt postérieur externe | » — | 12 — |
| — de son ongle | » — | 10 — |
| du doigt antérieur interne | » | 9 |
| — de son ongle | » — | 8 — |
| — du doigt postérieur interne | » — | 3 — |
| — de son ongle | » — | 3 — |
| Envergure environ | » — | 240 — |

Se trouve dans toutes les collections d'Europe. Le Muséum de Paris possède aussi la race d'Algérie, que j'avais nommée *p. Ledouci.*

## PICUS KAMTSCHATKENSIS (*Bp.*).

TRICHOPICUS KAMTSCHATKENSIS; *Pr.* Bonap., *Consp. voluc. zygod.; Aten. ital.*, mai 1854.

Mas. Pico minori simillimus; rectricibus duabus intermediis nigerrimis, sequente utrinque nigerrimâ, albâ extùs ad apicem maculatâ; gulâ, collo antico, vittâ superciliari, alarum tectricibus inferioribus candidis, immaculatis; pectore, abdomineque albis immaculatis; caudæ tectricibus inferioribus albis, immaculis cordi-formibus, fuliginosis, transversim variegatis.

Fœmina. Mari simillima, nisi capite absque rubedine, verticè albo.

## LE PIC KAMTSCHADALE.

**PLANCHE XXVI,** Fig. 1, le mâle; Fig. 2, la femelle; Fig. 3, rémige quatrième.

C'est au mois de mai 1854 que S. A. le prince Bonaparte désigna, sous le nom de *Kamtschatkensis,* ce pic tué le 28 septembre 1853, aux environs d'Okhotsk, sur le bord de la mer asiatique de ce nom. L'oiseau était en mue, car les deux rectrices intermédiaires ou les plus longues ne sont pas développées entièrement de leur fourreau et n'ont encore acquis que les deux tiers de la longueur qu'elles devront avoir. A vrai dire, ce grimpeur est comme l'*Uralensis* et le *Crissoleucus*, plutôt une race locale qu'une espèce différente. Ce qui le prouve, c'est que le *picus minor* de la Norwège forme la transition entre la race du midi et du centre de l'Europe, et celle du Kamtschatka. En effet, la race de Norwège a sur les parties supérieures le blanc aussi étendu que chez le pic du Kamtschatka, tandis que les parties inférieures qui sont blanches offrent sur les flancs de chaque côté de la poitrine de très-fines stries longitudinales; le *picus minor* de l'Algérie diffère par sa taille un peu plus petite et quelquefois par son mélanisme, ainsi que j'ai eu l'honneur de le faire observer au mois de juin 1854 à S. A. le prince Bonaparte (Voy. *Consp. voluc. anisodact.*, p. 13; *Ateneo ital.*, n° 11, août 1854).

Je me bornerai donc à signaler les différences de coloration qui distinguent le *Kamtschatkensis* que j'ai du *p. minor*.

Caractères. Les mêmes que ceux du *picus minor;* plumage très-soyeux; bec et ailes un peu plus longs.

Coloration. *Le Mâle* diffère du *picus minor* en ce que le milieu du dos offre plus de blanc pur que chez ce dernier; les rectrices latérales sont d'un blanc bien plus pur et portent moins de noir; les deux rectrices intermédiaires qui ne sont pas développées entièrement sont d'un noir profond; la rectrice qui les suit de chaque côté est aussi noire; mais, vers l'extrémité, sa page externe est tachée et bordée de blanc, tandis que chez le *picus minor*, les quatre rectrices intermédiaires sont noires sans taches. La gorge, le devant du cou, la bande des côtés de la tête et du cou, ainsi que les tectrices inférieures des ailes sont d'un *blanc neigeux uniforme sans tache ni strie noire;* la poitrine et l'abdomen sont blancs, mais très-légèrement lavé de roussâtre; les tectrices caudales inférieures, qui sont de cette même couleur, portent des taches transversales cordiformes d'un brun fuligineux. Mandibule supérieure d'un brun foncé, l'inférieure d'un gris plombé; pieds de cette dernière couleur. La note attachée par le voyageur à l'oiseau que j'ai acquis pour ma collection, indiquait la couleur des yeux comme étant d'un noir bleu. N'y a-t-il pas là une erreur? je le crois.

Habite les contrées voisines de la mer d'Okhotsk; le Kamtschatka.

DIMENSIONS.

| | | | |
|---|---|---|---|
| Longueur totale | | 155 | millimètres. |
| — du bec, de la commissure à l'extrémité | | 18 | — |
| — — des narines à l'extrémité | | 12 | — |
| — de l'aile pliée | | 97 | — |
| — de la queue | environ | 65 | — |
| — du tarse | | 15 | — |
| — du doigt postérieur externe (sans l'ongle) | | 12 | — |
| — de son ongle (en suivant la courbure) | | 11 | — |
| — du doigt antérieur externe | | 11 | — |
| — de son ongle | | 11 | — |
| — du doigt antérieur interne | | 8 | — |
| — de son ongle | | 9 | — |
| — du doigt postérieur interne | | 5 | — |
| — de son ongle | | 5 | — |

Muséum de Liége. Le type du *Kamtschatkensis* (Br.), se trouve dans ma collection à Metz.

## PICUS SCALARIS

PICUS SCALARIS; Licht. — Wagl., *Isis*, 1829, p. 511. — G.-R. Gray, *Gen. of birds.* — Bonap., *Consp. gen. av.*, p. 138, n° 36. — Reich., *Handb. spec. orn.*, p. 377, n° 870; pl. DCXXXIX, fig. inexactes 4264, 4266.
PICUS GRACILIS; Less., *Rev. zool.*, 1839, p. 41.
PICUS PARVUS; Cabot, *Boston journ. nat. hist.*, V, p. 92; 1845.
DYCTIOPICUS SCALARIS; *Pr.* Bp., *Consp. vol. zyg.*, 1854.

Mas adult. Non cristatus; rostro cœrulescenti-corneo; lineâ frontali brunneo-rufâ; capite suprà roseo-coccineo, plumis frontis et verticis albo-nigroque variolosis; capitis colliquе lateribus albidis; strigâ post oculos et vittâ malari versùs colli latera ductâ, nigris; corporis partibus inferioribus albido-rufescentibus; pectore, abdominis lateribus, maculis parvis subrotundis crisso albidiori maculis cordiformibus, atris; caudæ tectricibus superioribus aterrimis, dorso, tergo, uropygio, scapularibus et remigibus secundariis albo et nigro fasciatis, primariis nigricantibus, extùs maculis quadratis intùs nisiversus apicem maculis subrotundis albis; tectricibus alarum superioribus aterrimis, maculis cordiformibus; rectricibus duabus intermediis nigris, reliquis intùs basin versùs nigris, cœterum albis, nigro fasciolatis; pedibus plumbeis.

## LE PIC DES ÉCHELLES *(Malh.)*.

**PLANCHE XVII**, Fig. 1, mâle adulte; Fig. 2, jeune mâle; Fig. 3, tête de la femelle; Fig. 4, mâle variété; Fig. 5, rémige quatrième; Fig. 6, variété mâle, d'Orizaba; Fig. 7, variété *Bairdi*, mâle; Fig. 8, variété *Bairdi*, femelle (SCLATER).

Cette jolie espèce est originaire du Mexique, où on la voit grimpant sans cesse sur les troncs et sur les branches; elle est assez familière et vit dans les jardins et les vergers une grande partie de l'année; quelques couples y nichent, m'a-t-on assuré, mais je n'ai pu obtenir d'autres renseignements sur les mœurs et la nidification de ce grimpeur.

Ceux qui ont pu comparer, comme je l'ai fait, les types du *picus scalaris* et du *picus gracilis* ont dû aussi hésiter à les rapporter à une seule et même espèce, car ils offrent des différences assez sensibles. Ainsi j'ai trouvé que le *scalaris* avait une taille plus grande de 20 à 25 millimètres; que son bec était plus long de 3 à 4 millimètres; l'aile plus longue de 2 millimètres; la queue, de 10 millimètres; qu'enfin, chez le *gracilis*, les bandes blanches transversales qui couvrent les parties supérieures étaient plus nombreuses.

Depuis cet examen, j'ai aussi trouvé des sujets, les uns ayant le front et le vertex seulement couverts de points blancs et noirs, d'autres ayant tout le rouge de la tête couvert de points noirs; les uns ayant les parties inférieures brunes et roussâtres, tandis que d'autres sujets sont d'un blanc roussâtre; d'autres exemplaires enfin ont les côtés des parties inférieures couverts de taches un peu oblongues ou arrondies, les cuisses et les tectrices caudales inférieures étant seules couvertes de taches cordiformes, tandis que certains sujets ont des taches cordiformes sur tous les côtés de l'abdomen et sur la poitrine. La taille des divers exemplaires du *gracilis* variait aussi beaucoup. Ce n'est donc qu'après beaucoup d'hésitation, je le répète, que je me suis décidé à réunir en une seule espèce le *scalaris* et le *gracilis*. J'ai trouvé, dans la collection de la Société zoologique de Londres, deux femelles et un jeune mâle semblables au type du *scalaris*, de Berlin, et je signale ces exemplaires aux naturalistes anglais qui voudront étudier cette espèce.

C'est avec raison que M. Sclater *(Contrib. of. ornithol. for* 1852, part. V) indique le *picus parvus*, que M. le docteur Cabot a trouvé dans le Yucatan, comme synonyme du *picus scalaris*.

CARACTÈRES. Bec long, droit, fort, comprimé sur les côtés vers l'extrémité, qui est cunéiforme; arête au-dessus du bec, et celles au-dessus des narines, très-saillantes; narines cachées par une touffe de plumes piliformes dirigées en avant, de chaque côté; arête, sous la mandibule inférieure, saillante; menton couvert de plumes serrées et garni en avant d'une touffe de plumes piliformes. Ailes moyennes et arrondies; la quatrième rémige, la plus longue de toutes, ne diffère que d'un demi-millimètre de la cinquième, qui est égale ou presqu'égale à la troisième. Queue assez longue et arrondie, les deux rectrices intermédiaires excédant les suivantes de 4 millimètres; tarses moyens; doigts assez longs, le doigt postérieur externe le plus long; ongles courbes, aigus et évidés sur les côtés. Plumage doux et en partie lustré.

COLORATION. *Le Mâle adulte;* bec d'un bleuâtre de corne; plumes recouvrant les narines et une bande frontale d'un brun roux; l'iris serait *blanc*, d'après Wagler, et de couleur *noisette*, selon M. le docteur Cabot, de Boston; mais, au mois de mars 1859, M. H. de Saussure a publié, dans la *Revue et magasin de zoologie* (p. 120), ses observations récentes « sur la couleur des yeux de divers oiseaux de l'Amérique équinoxiale, » et ce savant affirme que la couleur de l'iris est d'un *rouge brun*. Est-ce au même oiseau que trois ornithologistes assignent des yeux de couleur *blanche; noisette* et *rouge brun!!!* Lesquels donc se sont trompés? . . . Front, vertex et occiput rouges, le front et le vertex étant grivelés de blanc et souvent de noir, cette couleur étant celle de la base des plumes; côtés de la tête, menton et gorge d'un blanc roussâtre plus ou moins clair, suivant l'âge; une bande noire descend après l'œil et couvre le méat auditif; une autre bande de même couleur part des côtés de la mandibule inférieure et descend de chaque côté du cou. Toutes les parties inférieures sont d'un roux blanchâtre plus clair sur les flancs et sur les tectrices caudales, avec de petites stries oblongues et noires sur la poitrine et les flancs, et de petites stries cordiformes, de même couleur, sur les cuisses et les tectrices caudales; les tectrices inférieures des ailes sont du même blanc roussâtre tacheté de noir; le dos, les scapulaires sont rayés de bandes blanches ou d'un blanc roussâtre et de bandes noires; le croupion est noir; les tectrices supérieures des ailes sont noires, avec de larges taches cordiformes; les rémiges primaires sont d'un brun foncé, avec des taches blanches sur la barbe externe et des taches plus grandes, de même couleur, sur la barbe interne, excepté vers l'extrémité; les rémiges secondaires ont des bandes blanches transversales sur le bord des deux barbes; les quatre rectrices intermédiaires sont noires; la rectrice suivante a sa barbe externe et son extrémité blanches rayées de noir, le surplus d'un noir profond; les autres rectrices sont rayées transversalement de noir et de blanc, avec la base noire. Pieds d'un gris brun.

*Des Mâles moins adultes* ont seulement le front et le vertex rouges, avec des taches noires et quelques taches blanches sur le front.

*Les Jeunes Mâles* ont le dessus de la tête noir, avec quelques taches d'un rouge pâle sur le front et le vertex, et quelques petites taches d'un blanc roussâtre sur le front, les stries des parties inférieures sont plus nombreuses.

*La Femelle adulte* a tout le dessus de la tête noir.

Habite le Mexique.

DIMENSIONS.

| | | |
|---|---|---|
| Longueur totale | 170 | à 180 mill. |
| — du bec, de la commissure à l'extrémité | 22 | millimètres. |
| — — des narines à l'extrémité | 16 | — |
| — de l'aile pliée | 108 | — |
| — de la queue | 55 | à 60 mill. |
| — du tarse | 17 | millimètres. |
| — du doigt postérieur externe (sans l'ongle) | 13 | — |
| — de son ongle (en suivant la courbure) | 10 | — |
| — du doigt antérieur externe | 12 | — |
| — de son ongle | 11 | — |
| — du doigt antérieur interne | 11 | — |
| — de son ongle | 9 | — |
| — du doigt postérieur interne | 5 | — |
| — de son ongle | 5 | — |

Se trouve dans les collections de Berlin, de Paris, de la Société zoologique de Londres, de Vienne, de Bruxelles, de Boulogne-sur-Mer; dans ma collection.

Le type du *gracilis* (Less.) était dans la collection de feu M. le docteur Abeillé, à Bordeaux, et celui du *scalaris* (Licht.) se trouve au Muséum de Berlin.

---

## PICUS BAIRDI *(Sclater)*.

PICUS SCALARIS; Licht. — Wagl.?
PICUS GRACILIS; Less.?

## PIC DE BAIRD.

**PLANCHE XXVII**, Fig. 7 et 8, mâle et femelle.

Je commence par déclarer que l'oiseau ainsi nommé et dédié à M. Baird par M. Sclater, ne me paraît, après examen de plusieurs exemplaires des deux sexes, communiqués par MM. Sclater et Verreaux, qu'une race du *picus scalaris* qui a subi une légère différence soit par la localité, soit par la nourriture.

Néanmoins, j'ai cru devoir décrire ces pics et les figurer.

*Mâle;* bec noir, allongé; front et vertex noirs, mouchetés de taches blanches arrondies, comme chez le *picus scalaris,* et diverses plumes du dessus de la tête sont terminées de rouge; l'occiput et une petite huppe occipitale sont aussi rouges, et cette couleur, qui se montre au-dessus des yeux, va en s'élargissant sur la nuque. Chez un autre sujet, les mouchetures blanches sont très-fines et il existe moins de rouge; enfin le rouge ne s'étend pas jusqu'aux yeux, qui sont surmontés d'un sourcil blanc se prolongeant jusque sur les côtés de la nuque. Après les yeux existe un espace noir qui, lui-même, est encadré d'une étroite bande blanche qui rejoint le sourcil blanc.

Le dos, le croupion et le fond du plumage supérieur sont d'un noir profond uniforme; les quatre rectrices intermédiaires sont aussi de la même couleur. La rectrice suivante est noire, et elle est rayée de blanc du côté interne seulement; les trois autres rectrices externes sont transversalement rayées de noir et de blanc, ainsi que les rémiges secondaires; mais le noir du dos et des ailes est d'un brun noir, tandis que le croupion et la queue sont d'un noir profond. Les rémiges primaires sont d'un brun noirâtre avec quelques petites taches, carrées sur la barbe externe et de forme ovoïde, beaucoup plus grandes, du côté interne, à partir de la base jusqu'à près des deux tiers de la penne.

Le dessous du corps est d'un blanc plus ou moins lavé de roussâtre, les flancs et très-souvent la poitrine étant rayés longitudinalement de noir foncé, et les mèches du bas de l'abdomen étant latérales et cordiformes. Les mèches de la poitrine, chez un sujet, étaient larges et assez nombreuses. Les couvertures de la queue sont d'un blanc roussâtre.

*La Femelle* diffère par l'absence de rouge.

HABITE le Mexique.

DIMENSIONS.

| | | |
|---|---|---|
| Longueur totale | 170 | millimètres. |
| — du bec, de la commissure à l'extrémité | 22 | — |
| — — des narines à l'extrémité | 15 | — |
| — de l'aile pliée | 110 | — |
| — de la queue | 66 | — |
| — du tarse | 15 | — |
| — du doigt antérieur externe (sans l'ongle) | 9 | — |
| — de son ongle (en suivant la courbure) | 12 | — |
| — du doigt postérieur externe | 12 | — |
| — de son ongle | 12 | — |
| — du doigt antérieur interne | 6 | — |
| — de son ongle | 8 | — |
| — du doigt postérieur interne | 3 | — |
| — de son ongle | 6 | — |

Collection de M. Sclater, à Londres; de MM. Verreaux, à Paris.

## PICUS PUBESCENS.

PICUS VARIUS MINIMUS; CATESB., *Nat. hist. Carol.*, p. 21, pl. 21, fig. 1, le mâle.
PICUS VARIUS VIRGINIANUS; BRISS., *Orn.*, IV, p. 50, nº 18.
PICUS PUBESCENS; LINN., *Syst. nat.*, I, p. 175, nº 15. — GMEL., *Syst. nat.*, I, p. 435, nº 15. — LATH., *Ind. orn.*, I, p. 232, nº 20. — WILS., *Amer. orn.*, I, p. 153, pl. 9, fig. 4, le mâle. — BONAP., *Syn. birds Unit. stat.*, p. 46. — *Id.*, *Consp. gen. av.*, p. 138. — G. CUV., *Règn. anim.*, 1829, p. 451. — VIEILL., *Ois. Amér. sept.*, II, p. 65, pl. 121, le mâle. — *Id.*, *N. dict.*, XXVI, p. 82; et *Encycl.*, p. 1311. — WAGL., *Syst. av.*, nº 23. — LESS., *Compl. Buff.*, IX, p. 325. — AUDUB., *Orn. biogr.*, II, p. 81, et V, p. 539; *Id.*, *Birds Amer.*, atlas, fº max. pl. 112; fig. 1, le mâle; fig. 2, la femelle. — J. DE KAY, *Nat. hist. New-York, aves*, p. 187, pl. 16, fig. 35, le mâle. — NUTTALL, *Man. orn.*, I, p. 576. — KIRTL., *Zool. Ohio*, p. 179. — PEAB., *Zool. Massachus.*, p. 337. — GIRAUD, *Long Isl.*, p. 177. — G.-R. GRAY, *Gen.* — BARRY, *Proc. Boston*, 1854, p. 8. — REICH., *Handb. spec. orn.*, p. 374, nº 864; pl. DCXXXVIII, fig. 4255-4257.
DENDROCOPUS PUBESCENS, RICH., SWAINS., *Faun. bor. Amer.*, II, p. 307.
PICUS AUDUBONII; SW., *Faun. bor. Amer.*, II, p. 306; un jeune mâle?
TRICHOPICUS PUBESCENS; *Pr. Bp.*, *Consp. vol. zyg.*, 1854.

MAS ADULT. Rostro cœrulescenti-corneo; iridibus sordide rubris; narium plumis, tæniâ dorsi intermedii e plumis subvillosis compositâ, capite ad latera et toto corpore subtùs a menti initio usque ad crissi finem pure albis; vittâ pone ab oculis ad nucham ductâ latâ, nigrâ; vittâ malari, alarum tectricibus minoribus, uropygio, tectricibus caudæ superioribus ac rectricibus quatuor intermediis unicoloribus nigris; fasciâ occipitis coccineâ, alarum tectricibus majoribus nigris, largiuscule albo-terminatis; remigibus nigris, omnibus albo maculato fasciatis; rectricibus utrinque lateralibus albis, transversim nigro-striatis; pedibus cœrulescenti-viridibus.

FŒM. ADULT. Mari similis, nisi fasciâ occipitali albâ, pectore ventreque sordide albis.

## LE PIC MINULE.

**PLANCHE XXIX**, Fig. 8, le mâle; Fig. 9, la femelle; Fig. 10, rémige quatrième.

PIC MINULE; VIEILL., *N. dict.*, XXVI, p. 82. — *Id. Ois. Am. sept.*, II, p. 65, pl. 121; et *Encycl.*, p. 1311. — LESS., *Compl. Buff.*, IX, p. 325. — VALENC., *Dict. sc. nat.*, XL, p. 180.
PETIT PIC VARIÉ DE VIRGINIE; BRISS., *Orn.*, IV, p. 50. — BUFF., *Orn.*, VII, p. 76.
SMALLEST SPOTTED WOODPECKER? CATESB., I, p. 21, pl. 21, fig. 1.
LITTLE WOODPECKER; LATH., *Gen. hist.*, III, p. 391.
DOWNY WOODPECKER; PENN., *Arct. zool.*, II, p. 274, nº 165. — WILS., *Amer. orn.*, I, p. 153. — AUD., *Orn. biogr.*, II, p. 81, et V, p. 539. — DE KAY, *Nat. hist. New-York*, p. 187.

Cette petite espèce, aussi gracieuse que familière, est très-commune dans l'Amérique septentrionale, et elle a été observée dans le Labrador aussi bien que dans la Floride, le Texas, le Wisconsin et les parties occidentales des États-Unis. Sa coloration est exactement celle du *picus villosus,* dont elle ne diffère que par des proportions beaucoup plus petites. Elle demeure toute l'année aux États-Unis: l'été, dans les grandes forêts aussi bien que dans les jardins et les vergers; l'hiver, seulement dans ces dernières localités, visitant souvent les tas de bois qui se trouvent auprès des maisons de ferme, ou les granges même dans lesquelles elle grapille quelque peu.

Vers le milieu d'avril elle commence à construire son nid, et, lorsqu'elle ne se retire pas au milieu des bois, elle fait choix d'un pommier, d'un poirier ou d'un cerisier, situé dans quelque verger, et ordinairement d'un arbre sain, ce qui peut paraître assez bizarre eu égard à la petitesse de son bec et à la résistance que lui offre un arbre de cette sorte.

Le mâle commence le travail le premier, et perce un trou aussi circulaire que s'il avait été tracé au compas: bientôt il est relevé par sa femelle et l'on voit les deux sexes travailler avec une ardeur infatigable. Lorsque le trou est creusé dans le tronc même de l'arbre, il offre une pente longue de 30 à 40 centimètres, puis forme un coude et descend tout à coup à une profondeur de 25 à 30 centimètres. L'intérieur en est assez grand et aussi poli que s'il eut été fait par la main d'un tourneur; mais l'entrée est, par une sage précaution, juste assez large pour permettre à l'oiseau d'y pénétrer. Pendant la durée du travail qui se prolonge plusieurs jours, quelquefois toute une semaine, les deux sexes ont soin d'enlever les copeaux et de les transporter à une assez grande distance pour ne pas éveiller l'attention. Il arrive quelquefois que le nid est à peine fini que le *troglodyte œdon* s'en empare et force le pic minule à recommencer son œuvre sur un autre arbre. Lorsque enfin la femelle trouve sa nouvelle demeure convenablement achevée, elle y dépose sur le bois même ses œufs, ordinairement au nombre de six et d'un blanc pur. Dans le sud de l'Amérique septentrionale et dans le centre des États-Unis, cette espèce fait chaque année deux nichées, tandis qu'elle n'en produit qu'une plus au nord. Le mâle apporte à la femelle sa nourriture tandis qu'elle couve, et vers la fin de juin les jeunes commencent à grimper avec une grande habileté le long de l'arbre qui leur a servi de berceau, plus tard ils accompagnent leurs parents dans les bois. A l'approche de l'automne et pendant l'hiver ils s'associent aux mésanges, aux sittelles et aux grimpereaux et viennent parcourir les vergers, montrant une grande familiarité. Leur nourriture consiste, en été, en insectes et en larves, mais à l'approche de l'automne, ils y ajoutent des fruits de toutes sortes. De tous nos pics, dit Wilson, aucun ne sait mieux que celui-ci dépouiller un pommier des divers insectes qui le rongent, en enlevant la mousse que la négligence du propriétaire a laissé croître sur l'arbre, et en nettoyant avec soin toutes les crevasses. On le voit se mouvoir avec une activité incessante, courant le long des branches en tous sens, répétant fréquemment avec joie son cri *chink, chink,* et faisant une rude guerre aux insectes; aussi rend-il de grands services sous ce rapport aux agriculteurs qui ne semblent guère reconnaissants et se plaignent de l'habitude qu'a ce pic de percer l'écorce des arbres de nombreux petits trous circulaires, à la distance de 3 à 5 centimètres l'un de l'autre. Ces trous sont quelquefois si petits et si rapprochés qu'on peut en couvrir huit ou dix avec une pièce de cinq francs, on voit des pommiers ainsi perforés depuis le sol jusqu'aux premières branches, et la croyance populaire aux États-Unis est que cet oiseau ne creuse ces trous que pour sucer la sève des arbres. Cette opinion est même partagée par M. Kirtland, dans sa *Zoologie de l'Ohio*. Néanmois il n'est pas douteux que ces trous n'ont d'autre but que de rechercher et d'attirer les insectes, ainsi que l'ont fait observer tous les autres auteurs américains et la forme de la langue de ce pic ne permet point d'ailleurs d'admettre d'autre hypothèse. La partie extensible de cette langue est, comme chez beaucoup d'autres pics, cylindrique et vermiforme, tandis que l'extrémité ou la langue proprement dite est aiguë, aplatie au-dessus, convexe en dessous, avec des bords saillants garnis de barbules raides en forme de dents de scie et dirigées en arrière. Si cet oiseau recherchait la sève des arbres, il est probable qu'il choisirait de préférence celle du bouleau, de l'érable et de plusieurs autres essences dont la sève est sucrée, plus douce et plus nourrissante que celle du pommier ou du poirier, et jamais cependant on n'a remarqué que les premiers de ces arbres fussent perforés. En outre, c'est au commencement du printemps que la sève coule avec le plus d'abondance et on ne voit le pic minule perforer surtout les écorces qu'à l'automne. Une autre circonstance digne d'observation, c'est que ces trous sont surtout pratiqués du côté du midi et du sud-est, parce qu'en effet c'est de ce côté que se tiennent de préférence les nombreux essaims d'insectes qui infestent les arbres et qu'ils déposent leurs œufs et leurs larves. Malgré de si grands bienfaits, les fermiers américains pensent que les pics sont plus nuisibles qu'utiles à leurs arbres fruitiers, et ils les détruisent lorsqu'ils le peuvent. Mais divers auteurs recommandables, tels que Wilson et Audubon, se sont constitués les avocats des Picinés et prétendent que les trous peu profonds que creusent ces grimpeurs sont utiles à la santé et à la fertilité des arbres. « Ainsi, dit Wilson, sur plus de cinquante vergers que j'ai examinés, tous les arbres, en grand nombre, perforés par les pics, étaient les plus beaux et les plus productifs, plusieurs de ces arbres, âgés de soixante ans, dont les troncs étaient entièrement couverts de trous, avaient de larges branches chargées d'une végétation luxuriante et de fruits superbes. Il y avait, en outre, cela de remarquable, que plus des trois quarts des arbres dépérissants n'avaient point été attaqués par les pics. »

Le vol du pic minule, comme celui de beaucoup de ses congénères, se compose de glissements et d'ondulations, et, entre ces divers mouvements, l'oiseau fait entendre un seul cri, très-court ordinairement. A l'approche de l'hiver, quelques-uns de ces oiseaux émigrent plus au sud, quoique l'on en voie toujours dans les parties nord. Pendant leur séjour dans les Florides, dans la Géorgie et la Caroline, ces oiseaux ont le ventre et la poitrine tellement salis, en grimpant après les arbres dont les troncs sont charbonnés par suite de l'usage où l'on est de brûler les herbes en cette saison, que l'on pourrait les prendre pour une espèce différente du *pubescens*.

Swainson *(Northern zool.*, p. 306), dans la *Faune de l'Amérique septentrionale,* nomme *picus Audubonii* une petite espèce identique au *villosus,* mais beaucoup plus petite, espèce différente de celle ainsi nommée précédemment par M. Trudeau. Audubon *(Ornith. biogr.*, V, p. 404) pense que c'est un jeune mâle du *picus pubescens*. Les annotateurs de Wilson *(Amer. orn.,* 1832, I, p. 152) rapprochent plutôt du *picus varius* cet oiseau, que nous n'avons jamais vu.

Caractères. Bec plutôt long, droit, fort, conique, comprimé, légèrement tronqué et cunéiforme vers l'extrémité; mandibules d'égale longueur; arête au sommet de la mandibule supérieure, et celle très-courte au-dessus des narines, saillantes; narines basales, recouvertes par une forte touffe de plumes piliformes dirigées en avant et rapprochées des bords du bec; arête, sous la mandibule inférieure, assez saillante; langue vermiforme, avec son extrémité aplatie et armée, sur les bords, de dents dirigées en arrière, en forme de scie; menton garni de plumes piliformes et s'avançant, sous la mandibule, au tiers de la longueur totale du bec, depuis la commissure; plumage doux, légèrement lustré; ailes plutôt longues; la quatrième rémige est la plus longue; la cinquième et la troisième, presqu'égales, en diffèrent peu; queue plutôt longue, cunéiforme, à barbes ordinairement usées à l'extrémité; pieds plutôt courts et forts; tarses forts, scutellés devant; quatre doigts inégaux, le doigt postérieur externe le plus long; ongles forts, courbes, évidés sur les côtés et aigus. L'oiseau emplumé pèse 15 grammes environ.

Coloration. *Le Mâle adulte;* bec d'un noir bleuâtre; iris d'un rouge brun, d'après Audubon, et couleur noisette foncée, selon Wilson. Touffes blanches de plumes piliformes couvrant les narines; front, vertex et nuque noirs; une bande blanche commence au-dessus de l'œil et s'étend sur les côtés de l'occiput; une bande rouge ceint l'occiput; après l'œil part une bande noire qui va se fondre avec la nuque. Un trait blanc, commençant de chaque côté du front, passe au-dessous de l'œil et va former une large plaque de même couleur sur les côtés du cou; un autre trait noir, plus étroit, part de la base de la mandibule inférieure et va se fondre avec le noir des épaules; tout le milieu du dos est blanc, avec les côtés et le croupion noirs; les rémiges sont d'un brun noirâtre, avec de petites taches quadrangulaires sur les barbes externes et de larges taches ovoïdes sur les barbes internes. Les deux rectrices intermédiaires sont entièrement noires; la penne suivante, de chaque côté, est noire et bordée de blanc vers l'extrémité de la barbe externe; les autres pennes latérales sont blanches, avec quelques taches noires vers l'extrémité de la dernière rectrice latérale; ces mêmes pennes ont quelquefois toutes des bandes transversales noires vers leur extrémité et quelques taches noires sur la barbe interne. Chez quelques sujets, enfin, la troisième penne, de chaque côté, a la majeure partie de sa barbe interne noire. Toutes les parties inférieures sont blanches, quelquefois d'un gris sale; les tectrices inférieures de la queue sont souvent mouchetées de brun noir; les tectrices inférieures des ailes sont blanches, avec le bord de l'aile noir. Pieds d'un vert bleuâtre; ongles d'un bleu clair, et noirs à l'extrémité.

*La Femelle* diffère du mâle par l'absence de bande rouge à l'occiput. Chez elle, la bande blanche partant au-dessus des yeux entoure l'occiput.

Habite l'Amérique septentrionale, depuis le Texas jusqu'au Labrador, au 58e degré de latitude nord; commune à la base du versant oriental des Montagnes-Rocheuses.

DIMENSIONS.

| | |
|---|---|
| Longueur totale | 180 millimètres. |
| — du bec, de la commissure à l'extrémité | 19 — |
| — — des narines à l'extrémité | 13 — |
| — de l'aile pliée | 97 — |
| — de la queue | 60 — |
| — du tarse | 17 — |
| — du doigt postérieur externe (sans l'ongle) | 12 — |
| — de son ongle (en suivant la courbure) | 10 — |
| — du doigt antérieur externe | 10 — |
| — de son ongle | 9 — |
| — du doigt antérieur interne | 7 — |
| — de son ongle | 7 — |
| — du doigt postérieur interne | 4 — |
| — de son ongle | 4 — |
| Envergure . . . environ | 300 — |

Se trouve dans la plupart des collections : notamment dans celles de Londres, de Paris, de Vienne, de Berlin, de Leyde, de Francfort-sur-Mein, de Marseille, de Manheim, de Metz, de Carlsruhe, de Stuttgard, de l'État de New-York, etc. ; dans ma collection.

## PICUS LEUCURUS *(Pr. Paul de Wurtemberg).*

PICUS LEUCURUS ; *S. A. Pr.* Paul Wilhelm de Wurtemberg.
TRICHOPICUS LEUCURUS ; *Pr.* Ch. Bonap., *Consp. vol. zygod., spec.* 42, 1854. — Hartl., *Naum.*, II, p. 5, n° 39. — Ueder, *Voy. Amer.*, 1855.

## PIC A QUEUE BLANCHE *(Malh.).*

Cette petite espèce, de la taille du *pubescens*, et découverte en 1830, dans les Montagnes-Rocheuses, par S. A. le prince Paul Wilhelm de Wurtemberg, n'est malheureusement pas connue des naturalistes, aucune description n'en ayant été publiée. M. le docteur Hartlaub, qui ne paraît pas avoir vu l'espèce, nous annonce seulement qu'elle est voisine du *picus Gairdneri* (Audub., *Orn. biogr.*, V, p. 317), que je crois n'être qu'une variété du *picus pubescens*. Le caractère distinctif du nouveau pic serait d'avoir *toute la queue blanche*.

En 1854, j'étais retourné à Stuttgard, dans l'espoir de pouvoir examiner et décrire cette espèce, mais j'y appris que le prince Paul de Wurtemberg étant en Amérique, je pourrais difficilement obtenir communication du pic dont s'agit, qui devait d'ailleurs se trouver, non à Stuttgard, mais à Morgentheim (Bavière), dont le château contient les collections formées par le noble voyageur.

Je ne puis donc que signaler cet oiseau à l'attention des ornithologistes, en attendant qu'il nous soit possible de le décrire et d'en donner une figure coloriée.

## PICUS MEDIANUS.

DENDROCOPUS MEDIANUS ; Swains., *Faun. bor. Amer.*, II, p. 308.
PICUS MEDIANUS ; Nutt., *Man. ornith.*, II, p. 601. — J.-E. de Kay, *Nat. hist. New-York*, p. 194. — G.-R. Gray, *Gen.* — Bonap., *Consp. gen. av.*, p. 138, n° 32. — Reich., *Handb. spec. orn.*, p. 375, n° 866.
TRICHOPICUS MEDIANUS ; *Pr.* Bp., *Consp. vol. zyg.*, 1854.

Mas adult. Pico pubescenti similis ; albo nigroque varius, vertice nigro, occipite rubro, ambobus albo maculatis ; remige secundo septimum longe superanti.
Fœm. Differt occipite nigro.

## LE PIC CENTRAL *(Malh.).*

Malgré mes recherches, je n'ai pu encore trouver cet oiseau en Europe, quoiqu'il ne soit pas rare, dit-on, à la Nouvelle-Jersey et dans les parties centrales de l'Amérique du Nord. Aussi ne puis-je que répéter les indications fournies par M. Swainson. Je dois toutefois faire observer que j'hésite singulièrement à admettre comme espèce cet oiseau, exactement semblable pour ses proportions au *picus pubescens*, et qui n'en différerait que par des caractères qui ne sont peut-être pas constants ; et il m'est bien permis d'émettre ce doute, lorsqu'il est partagé par l'auteur de la *Zoologie de l'État de New-York (Zool. New-York, aves,* p. 194) et par MM. Baird et Cassin, qui regardent le *medianus* comme une petite race méridionale du *pubescens (Reports of Explorations and Surveys,* etc., *Zoology,* IX, part. II, p. 89, 1858).

*Le Mâle adulte,* suivant M. Swainson, diffère du *pubescens* en ce qu'il a des taches blanches sur le vertex et sur la bande rouge de l'occiput, et, en outre, la seconde rémige beaucoup plus longue que la septième. Les rectrices latérales sont étroites et aiguës à leur extrémité, et l'extrémité des pennes de la queue n'est point usée.

*La Femelle adulte* diffère du mâle en ce qu'elle a le dessus de la tête entièrement noir.

On voit que la femelle du *p. medianus* ne se distingue de celle du *pubescens* que par la différence de longueur comparative de la seconde rémige, laquelle, chez le *pubescens,* est bien plus courte que la septième rémige, tandis que, chez le *medianus,* elle excèderait de beaucoup la septième. Je possède deux exemplaires femelles chez lesquels ces deux rémiges sont, chez l'un égales, chez l'autre différant peu en longueur. J'en pourrais donc créer une ou deux autres espèces. Ces faits ne sont-ils pas de nature à rendre très-circonspect lorsqu'il s'agit de se baser sur ce seul caractère pour différencier deux espèces?

HABITE la Nouvelle-Jersey et les parties centrales de l'Amérique septentrionale.

Les DIMENSIONS sont les mêmes que celles du pic Minule.

## PICUS GAIRDNERI.

PICUS GAIRDNERI; AUDUB., *Syn. birds N. Amer.*, p. 180. — *Id., Ornith. biogr.*, V, p. 317. — REICH., *Handb. spec. orn.*, p. 375, n° 865.
PICUS MERIDIONALIS; NUTT., *Man.*, I, 2e édit., 1840, p. 690, *not of Swainson.*
TRICHOPICUS GAIRDNERI; PR. BP., *Consp. vol. zyg.*, 1854.
PICUS GARDINERI; SCLAT., *Proc. zool. soc. Lond.*, 1857, p. 127.

## LE PIC DE GAIRDNER.

M. Gambel, dans le *Journal de l'Académie des Sciences naturelles de Philadelphie (nouv. série,* I, part. I, 1847), cite le *picus meridionalis* de Swainson parmi les espèces qu'il a observées en Californie, et il lui donne pour synonyme le *picus Gairdneri* de M. Audubon; cela est au moins douteux, et voici sur quoi je me fonde : Le *picus meridionalis* est, suivant Swainson, *plus petit* que le *pubescens* et originaire de la Géorgie, tandis que le *Gairdneri* est suivant Audubon, *exactement de la même taille* que le *pubescens* et originaire du district de l'Orégon; son bec ainsi que ses doigts seraient même plus grands que ceux de cette dernière espèce. Maintenant l'on peut à bon droit se demander si le *Gairdneri* est bien une espèce ou seulement une variété du *pubescens.* J'avoue que je serais assez disposé à adopter l'opinion de M. James E. de Kay, qui déclare dans la *Zoologie de l'État de New-York* (voir p. 187), que ces deux oiseaux ne font qu'une seule et même espèce, si M. Sclater, dans le catalogue qu'il a publié en 1857 *(Proc. zool. soc. Lond.,* p. 127), des oiseaux recueillis en Californie par M. Bridges, ne citait le *Gairdneri,* qu'il appelle *Gardineri,* comme espèce distincte du *pubescens,* dont il est, dit-il, le représentant dans l'ouest de l'Amérique du nord.

Le *Gairdneri* différerait du *pubescens* en ce que chez le premier oiseau, le doigt postérieur externe serait quelque peu plus long, le bec légèrement plus fort, et la cinquième rémige la plus longue de toutes. M. Audubon ajoute que du reste les deux pics se ressemblent exactement pour les dimensions et la coloration, si ce n'est que les taches blanches que l'on voit sur les rémiges, paraissent un peu plus grandes chez le *pubescens.* Je dois déclarer qu'au mois d'août 1858, MM. Verreaux m'envoyèrent en communication, notamment une femelle adulte du *Gairdneri,* d'Audubon, qu'ils avaient reçue de la Californie. J'ai comparé avec le plus grand soin cet exemplaire, qui était en fort bon état, avec plusieurs femelles du *pubescens,* et il ne m'a pas été possible d'y découvrir des différences appréciables. Ainsi, chez cette femelle, comme chez le *pubescens,* la quatrième et non la cinquième rémige, était la plus longue, le doigt postérieur externe et le bec ne différaient pas du *pubescens.*

D'ailleurs ces dernières différences, signalées par Audubon, se représentent dans un grand nombre d'espèces et ne peuvent, selon moi, constituer à elles seules qu'une race et non *une espèce*. Quant à la longueur de la cinquième rémige, ce caractère n'était évidemment qu'accidentel, comme on le voit.

Je ne puis donc qu'inviter les ornithologistes qui seront à même d'examiner de nombreux sujets adultes des deux sexes, provenant de la Californie, à les comparer avec attention, avec les sujets provenant soit du Texas, soit des diverses parties des États-Unis ou du Labrador.

Les deux exemplaires qu'a reçus Audubon avaient été tués près de la rivière Colombia, district de l'Orégon.

Caractères. Ceux du *picus pubescens*.

Coloration. MM. Baird et Cassin, dont je n'ai reçu l'ouvrage que récemment (*Reports of Explorations and Survey's*, etc., 1858, IX, *Zoology*, part. II, p. 91), annoncent que le *Gairdneri* d'Audubon, qui est le *meridionalis* de Nuttall, est semblable, pour la taille et la coloration, au *picus pubescens*. Ils ajoutent que cet oiseau est d'une couleur un peu plus foncée que le *pubescens*, que les grandes couvertures de ailes ont plus de blanc pur ou parfois de taches de cette couleur sur les barbes externes ; le dos avec une bande blanche au milieu ; côtés de la tête avec deux bandes blanches et deux bandes noires ; les deux pennes externes de la queue blanches, avec deux raies noires à l'extrémité. Le mâle se reconnaît toujours par la bande rouge occipitale. L'iris est d'un brun rouge. L'espèce habite, avec l'*Harrisii*, les côtes de l'Océan Pacifique jusqu'aux bases orientales des Montagnes-Rocheuses.

Ainsi que cela arrive chez l'*Harrisii*, le rouge de l'occiput varie, étant tantôt continu, tantôt interrompu. Les exemplaires originaires des parties plus septentrionales, de Washington et de l'Orégon, ont les parties inférieures d'une couleur plus brune, avec de faibles raies noires, les taches blanches au-dessus étant plus petites et moins nombreuses. Chez les exemplaires de Californie, le blanc est plus pur, les taches plus apparentes.

Le pic de Gairdner diffère principalement du *pubescens* par la dimension plus petite des taches des ailes et par la diminution de leur nombre. Ainsi, ils n'en ont point sur les couvertures des ailes, si ce n'est très-accidentellement, notamment sur la partie recouverte. Les tertiaires les plus à découvert sont entièrement noires, ou avec une ou deux taches sur les barbes externes seulement, au lieu de deux ou trois bandes blanches apparentes ou bien d'une double série de taches. La bande noire la plus basse sur les joues est généralement mieux marquée ; les plumes piliformes, à la base du bec, sont plus brunes ; les bandes noires sur les rectrices sont plus distinctes.

Un exemplaire, provenant de la vallée de Sacramento, et étiqueté *picus meridionalis* par M. le docteur Heermann, est exactement l'intermédiaire entre le *picus pubescens* et le *picus Gairdneri*, avec moins de blanc sur les ailes que l'une de ces deux espèces et moins que l'autre.

Il existe un parallélisme parfait, avec des différences appréciables, entre la coloration des plus septentrionales et des plus méridionales variétés de l'*Harrisii* et du *Gairdneri*, et les rapports qui existent entre les pics *villosus* et *pubescens* des contrées les plus orientales, constituent un fait remarquable dans l'ornithologie américaine et suffit pour indiquer la nécessité soit de diviser beaucoup d'entre les espèces en séries originaires du Pacifique et des Montagnes-Rocheuses, soit de les considérer toutes comme variétés des deux espèces, tantôt plus grandes, tantôt plus petites, changeant de caractère, avec leur répartition longitudinale. Cette puissante considération pourrait beaucoup simplifier la science.

Selon M. Baird, le *Gairdneri* aurait, en mesures anglaises, 6po,50 à 7po,25 de longueur totale ; envergure, 11po,50 à 12po,75 ; longueur de l'aile, 3po,75 à 4po,40.

Habite la Californie.

Musée de Philadelphie.

---

## PICUS MERIDIONALIS.

DENDROCOPUS MERIDIONALIS ; Swains., *Faun. bor. Amer.*, II, p. 308.
PICUS MERIDIONALIS ; G.-R. Gray, *Gen.* -- Bonap., *Consp. gen. av.*, p. 138, no 33.
TRICHOPICUS MERIDIONALIS ; *Pr. Bp.*, *Consp. vol. zyg.*, 1854.
PICUS GAIRDNERII ; Audub. -- Reich., *Handb. spec. orn.*, p. 375, no 865.

Pico pubescenti similis sed minor ; albo nigroque varius ; subtùs cinereus, vertice nigro ; occipite latè rubro fasciato ; remigum secundâ et octavâ æqualibus.

## LE PIC MÉRIDIONAL.

Nous avons déjà donné, à l'article du *picus Gairdneri,* les motifs qui ne nous permettent pas de regarder cette espèce, de l'Orégon, comme la même que le *picus meridionalis,* qui n'a encore été trouvé que dans la Géorgie, et nous ne pouvons donc admettre la synonymie adoptée par M. Gambel dans sa notice sur les oiseaux de Californie *(Journ. acad. nat. sc. Philadelphia,* 1847, I, part. I, p. 55, nº 105). Il suffit de se rappeler que, suivant Audubon, le pic de Gairdner a la même taille que le pic minule, tandis que, suivant Swainson, le pic méridional est plus petit.

Quoiqu'il en soit, nous ne connaissons guère cette dernière espèce, dont Swainson n'avait vu que deux exemplaires et dont il disait lui-même « qu'avant d'établir les caractères qui distinguaient ce pic du *pubescens* il pensait qu'il fallait de nouveaux et de plus amples renseignements. »

Suivant le collaborateur de Richardson, le pic méridional est plus petit que le pic minule, auquel il ressemble entièrement par sa coloration et par la forme arrondie de ses rectrices; les parties inférieures sont néanmoins d'un brunâtre aussi foncé, mais moins jaunâtre que chez le *picus major,* au lieu d'être blanches comme chez le *pubescens;* la bande rouge occipitale est beaucoup plus large que chez ce dernier pic, et la longueur relative des rémiges est différente, la seconde rémige et la huitième étant égales.

Quant à la couleur brune des parties inférieures, rappelons-nous que M. Audubon, en traitant du *pubescens,* nous apprend que cet oiseau, pendant son séjour dans la Floride, *dans la Géorgie* et dans la Caroline, a les parties inférieures tellement salies en grimpant après les arbres, dont les troncs sont charbonnés par suite de l'usage où l'on est de brûler les herbes, qu'on serait tenté de le prendre pour une espèce différente du *pubescens.* La même cause colore en brun plus ou moins foncé les parties inférieures du *picus Numidicus,* en Algérie.

MM. Baird et Cassin *(Reports of Explorations and Survey's,* etc., 1858, IX, p. 91) regardent le *meridionalis* de Nuttall *(Man.* I, 2e édit., 1840, p. 690) comme le *picus Gairdneri* d'Audubon, mais non comme le *meridionalis* de Swainson et Richardson.

---

## PICUS TURATI *(Malh.).*

PICUS TURATI; Malh.
PICUS *sub falso nomine* MERIDIONALIS? Gambel, *Journ. acad. nat. sc. Philadelphia,* 1847, I, p. 55, nº 105.

Mas juv.? Rostro cœrulescenti-corneo; narium plumis albo-rufescentibus; fronte et vertice nigris, sed vertice medio et occipite aurantio-rubris; strigâ supra oculos albâ; vittâ pone ab oculis ad nucham ductâ lata, nigrâ; aliâ a fronte ad colli latera ductâ, albâ; vittâ malari nigrâ; toto corpore subtùs a menti initio usque ad crissi finem albo, sordide lavato; alarum tectricibus inferioribus albis; dorso medio albo, uropygio nigro; alarum tectricibus superioribus nigris albo ad apicem punctulatis; remigibus nigris albo utrinque maculatis; rectricibus duabus intermediis nigris, sequente utrinque nigrâ albo marginatâ; rectricibus utrinque tribus lateralibus albis, transversim versus apicem nigro-striatis; pedibus cœrulescenti-viridibus.

Fœm. adult. Fronte, vertice medio nigris; vittâ largâ supra oculos ad nucham ducta albâ.

## LE PIC TURATI *(Malh.).*

**PLANCHE XXIX**, Fig. 1, le mâle jeune; Fig. 2, la femelle adulte; Fig. 3, rémige quatrième.

Swainson, dans la *Faune de l'Amérique boréale,* dit qu'il est certain que l'on a toujours confondu, sous le nom de *pubescens,* deux ou trois espèces distinctes, habitant diverses parties de l'Amérique septentrionale. Je suis de son avis et j'ai toujours pensé que les espèces qui habitent le versant ouest des Montagnes-Rocheuses et la Californie, devaient différer de celles que l'on trouve vers la partie est de l'Amérique du Nord.

Mais jusqu'ici ces diverses espèces ont été fort peu étudiées, et les naturalistes américains, beaucoup mieux placés que nous pour observer et comparer, ne nous ont donné que peu d'éclaircissements à ce sujet depuis 1831, époque de la publication de l'ouvrage de Swainson.

Aujourd'hui je crois devoir faire connaître aux ornithologistes l'une des plus petites espèces américaines, et dont les proportions sont telles qu'on peut la distinguer du *picus pubescens,* qui est beaucoup plus grand et plus fort. J'en ai reçu un couple de la Californie, où ce pic a été tué non loin de Monterey. La femelle est, peut-être, adulte; mais le mâle me paraît encore jeune, car le rouge qui colore en partie le vertex et l'occiput est orangé et n'a pas encore l'éclat et la teinte qu'il doit avoir lorsque l'oiseau sera adulte.

Je soupçonne que c'est mon *picus Turati* que M. Gambel a indiqué dans sa *Notice sur les Oiseaux de Californie,* sous les noms de *meridionalis* avec le nom synonymique de *Gairdneri.* Je regrette beaucoup que l'auteur ne nous ait pas donné une description de cette « *petite espèce, qui habite,* dit-il, *dans les Montagnes-Rocheuses, et, accidentellement, en Californie.* »

Le *p. Gairdneri* d'Audubon a exactement, d'après ce dernier auteur, les dimensions du *pubescens,* qui est plus grand que mon espèce nouvelle.

Quant au *meridionalis,* de Swainson, il serait originaire de la Géorgie, seulement un peu plus petit que le *pubescens* et la deuxième rémige serait égale à la huitième, caractères qui ne peuvent s'appliquer au *p. Turati,* dont la taille aurait évidemment frappé un observateur aussi habile que Swainson.

L'espèce californienne, que M. Gambel indique sous le nom de *meridionalis,* paraît beaucoup plus petite que le *pubescens* et son origine me fait penser qu'elle peut être identique avec celle que je décris.

J'ai dédié cette espèce rare à MM. Turati frères, dont les soins éclairés et leur zèle pour les sciences ont formé dans leur hôtel, à Milan, une très-riche collection d'histoire naturelle, notamment d'ornithologie ; à M. Hercule Turati, l'un des généreux administrateurs du Muséum de la ville.

Caractères. Bec long et fort, droit, conique, légèrement tronqué et cunéiforme vers l'extrémité ; arête au sommet de la mandibule supérieure et celle au-dessus des narines saillantes ; arête, au-dessous de la mandibule inférieure, assez saillante ; narines basales, cachées par une touffe de plumes piliformes dirigées en avant ; des plumes semblables garnissent le pourtour du menton, qui s'avance, sous la mandibule, au tiers au moins de la longueur totale du bec, mesuré de la commissure. Plumage doux, légèrement lustré ; ailes plutôt longues ; la quatrième rémige la plus longue ; puis viennent la troisième, la cinquième et la sixième ; la deuxième et la septième rémige sont presqu'égales, et la huitième est beaucoup moins longue que la septième. Queue plutôt longue, cunéiforme ; tarses forts et scutellés au-devant ; quatre doigts inégaux, le doigt postérieur externe le plus long ; ongles forts, courbes, comprimés et évidés sur les côtés, très-aigus.

Coloration. *Le Mâle* encore jeune ? Bec d'un noir bleuâtre ; touffes de plumes piliformes, couvrant les narines, d'un blanc roussâtre ; front, côtés du vertex et nuque noirs ; milieu du vertex et occiput parsemés de plumes d'un rouge orangé pâle, mais on voit déjà une ou deux petites plumes d'un rouge vif ; une large bande noire commence après l'œil et vient se fondre dans la nuque ; un trait blanc surmonte l'œil et s'étend sur le côté de la tête ; une bande blanche étroite part de l'angle du front, passe au-dessous de l'œil et descend sur les côtés du cou ; une autre bande, d'un brun noirâtre, descend depuis le côté de la mandibule inférieure jusque sur les côtés de la gorge et du cou. Toutes les parties inférieures sont blanches, mais lavées en majeure partie de brun jaunâtre clair, sur la poitrine et l'abdomen ; les tectrices inférieures des ailes sont d'un blanc pur ; le milieu du dos est blanc, mélangé de quelques plumes noires ; le croupion noir ; les tectrices alaires sont noires et portent, sur les deux barbes, une tache blanche à la base et une semblable tache à l'extrémité ; rémiges noires, avec des taches blanches sur les deux barbes ; les rémiges secondaires ont leur extrémité frangée de blanc. Les deux rectrices intermédiaires sont noires ; la suivante, de chaque côté, est noire, en partie frangée de blanc ; les autres rectrices sont blanches, avec deux bandes transversales noires vers l'extrémité.

*La Femelle* diffère du mâle en ce qu'elle n'a point de rouge sur la tête, mais la bande blanche qui existe au-dessus de l'œil est plus large et se prolonge en entourant l'occiput, de sorte que le front et le milieu du vertex sont seuls noirs ; les parties inférieures et le dos sont d'un blanc plus pur.

Habite la Californie et les Montagnes-Rocheuses.

DIMENSIONS.

| | |
|---|---|
| Longueur totale | 135 à 140 mill. |
| — du bec, de la commissure à l'extrémité | 18 millimètres. |
| — — des narines à l'extrémité | 13 — |
| — de l'aile pliée | 87 — |
| — de la queue | 50 — |
| — du tarse | 16 — |
| — du doigt antérieur externe (sans l'ongle) | 10 — |
| — de son ongle (en suivant la courbure) | 10 — |
| — du doigt postérieur externe | 12 — |
| — de son ongle | 9 — |
| — du doigt antérieur interne | 9 — |
| — de son ongle | 8 — |
| — du doigt postérieur interne | 4 — |
| — de son ongle | 4 — |

Les deux sexes se trouvent dans ma collection et probablement dans celle de Philadelphie.

## PICUS FELICIÆ *(Malh.)* *.

Mas adult. Pico *majori* simillimus, sed *minor;* rostro paululùm longiore; narium plumulis *albis* et fronte albâ latiore; nuchalis coronâ miniatâ latiore versùs colli latera, scapularibus albis, majus extensis; ventro crissoque pallido roseis; tectricibus *sextuor* intermediis totis nigris, sequente utrinque totâ nigrâ aut albo ad apicem maculatâ; ultimâ nigrâ albo ad apicem bifasciatâ.
Fœmina. Mari similis, absque nuchalis coronâ miniatâ.
Mas juvenis anni. Toto capite suprà coccineo; occipite nigro?

## LE PIC DE FÉLICIE *(Malh.,* Avril 1860).

**PLANCHE XXVIII**, Fig. 8, mâle presqu'adulte; Fig. 9, jeune mâle; Fig. 10, rémige secondaire de l'adulte; Fig. 11, rémige secondaire du jeune.

Si je n'avais été à même d'examiner récemment un certain nombre d'exemplaires des deux sexes de cette espèce d'épeiche reçue de la Syrie, par MM. Verreaux, et que l'on avait étiquetés par erreur du nom de *picus Syriacus* (Hempr. et Ehrend.), j'aurais éprouvé évidemment quelque doute sérieux; mais la reproduction constante des caractères de taille et de coloration me fait penser que le *p. Feliciæ* ne peut être seulement une race du *picus major,* mais bien une espèce distincte, et il se pourrait que ce fut celle dont M. Strickland *(Proceed. zool. soc. London,* III, p. 79, 1835) disait que, dans l'Asie-Mineure et près de Smyrne, le *picus major* était commun.

Quoiqu'il en soit, on ne saurait la confondre avec le *picus Syriacus* d'Hemprich et Ehrenberg, qui se distingue non-seulement par sa plus petite taille, mais aussi par le rouge qui teint sa poitrine et le sommet de la tête, même chez l'adulte (voyez pl. xx, fig. 4).

Voici les dissemblances principales qui existent entre le *picus Feliciæ* et le *major:*

1° La taille du *p. Feliciæ* est plus petite que celle du *major,* ainsi qu'on peut s'en convaincre par la comparaison des dimensions de chaque espèce;

2° La collerette rouge qui teint l'occiput, chez le mâle adulte du *p. major,* a une étendue d'environ 20 millimètres de largeur maximum d'un côté à l'autre du haut de la nuque, tandis qu'elle en a environ 35 chez le *Feliciæ* et que la nuance en est tirant sur le vermillon;

3° Le rouge rose, assez vif, qui colore le bas-ventre et les couvertures caudales inférieures, chez le *major,* se change, chez le *Feliciæ,* en un rose très-pâle moins étendu;

4° La plaque triangulaire blanche, qui existe, de chaque côté, au bas du cou et au-dessus du dos du *major,* n'existe pas chez le *Feliciæ;* le blanc des joues se prolonge seulement, sans bande noire transversale;

5° Les plumes piliformes, qui recouvrent les narines, sont *blanches* chez le *Feliciæ,* tandis qu'elles sont *noires* chez le *major* adulte;

6° Le blanc du front est plus étendu chez le *Feliciæ* que chez le *major;* il en est de même pour le blanc des scapulaires;

7° Enfin, chez le *major,* les *quatre rectrices intermédiaires* sont *seules* entièrement noires; les rectrices suivantes sont noires vers la base sur une étendue variable, avec le

* Cet article, relatif à une espèce nouvelle, n'a pu être terminé qu'à la fin du mois de mai 1860, lorsque j'ai eu réuni et examiné les documents ayant rapport au *picus Feliciæ;* sans quoi il eut été imprimé plutôt page 60, après l'article du *picus major.*

surplus blanc, rayé de noir; tandis que dans la queue du *p. Feliciæ*, les *six rectrices intermédiaires*, et quelquefois les huit, sont entièrement noires; la rectrice suivante, lorsqu'elle n'est pas uniformément noire, porte vers l'extrémité une ou deux taches blanches, et la cinquième de chaque côté, ou dernière grande rectrice, porte vers l'extrémité deux bandes blanches transversales.

*La Femelle* diffère du mâle par l'absence de couronne rouge à l'occiput, comme chez la femelle du *major*. J'ai vu un jeune mâle ayant la couronne occipitale rouge minium, mais le noir du dessus de la tête encore parsemé de plumes rouges, comme cela arrive chez notre pic épeiche.

*Le Jeune Mâle de l'année;* je rapporte avec quelque peu de doute ce jeune mâle à l'espèce précédente, parce que ce jeune, appartenant à M. Hardy, est d'une origine inconnue; mais c'est l'espèce d'épeiche avec laquelle ce grimpeur a le plus d'analogie, quoiqu'il existe encore quelques dissemblances qui peuvent étonner au premier coup d'œil.

D'abord, si le bec de mon jeune est plus court, plus large et plus fort à la base que chez l'adulte, cela arrive chez presque tous les épeiches et ne doit nullement étonner.

Il en est de même des tarses et des doigts, qui paraissent plus mous et plus gros.

Le seul point qui provoque naturellement quelqu'incertitude, est la coloration de la queue, dont les quatre pennes intermédiaires, en mue, sont entièrement noires; la rectrice suivante a son extrémité d'un blanc roussâtre et est suivie elle-même de deux rectrices à base noire, mais dont la moitié au tiers environ ont leur extrémité coupée en écharpe, d'un blanc roussâtre, avec deux bandes transversales noires plus ou moins grandes. La queue, en cet état, ressemble à celle du *picus major;* seulement, la mue changera-t-elle la coloration des deux rectrices latérales? car, chez l'adulte, les dernières pennes sont noires et ont plus ou moins de taches blanches.

Le blanc des scapulaires est marbré de taches noires; mais cette coloration, avec la mue, se modifiera très-probablement, parce que les adultes deviennent toujours plus blancs.

Enfin, les taches blanches des rémiges secondaires forment, chez l'adulte comme chez le jeune, des taches remarquables, beaucoup plus apparentes chez ce dernier. Mais tandis que l'aile pliée, chez le jeune, présente, sur les rémiges secondaires, trois rangées superposées de taches blanches arrondies, situées de chaque côté des rémiges (celles du côté interne plus grandes), une quatrième rangée se montre en ouvrant l'enveloppe de la base de la plume, ainsi qu'une petite tache au haut de la plume; on retrouve, chez l'adulte, la même rémige secondaire, dont les quatre taches arrondies sont bien développées de chaque côté, avec une petite tache à l'extrémité seulement, et la rangée non développée de ces taches, chez le jeune, les met en évidence et les rend apparentes, les pennes n'étant pas recouvertes par d'autres, comme chez les adultes.

Habite la Syrie; reçue des environs de Mossoul.

| DIMENSIONS. | | ADULTES. | | JEUNE. | |
|---|---|---|---|---|---|
| Longueur | totale. | 230 | millimètres. | 202 | millimètres. |
| — | du bec, de la commissure à l'extrémité. | 27 | — | 23 | — |
| — | — des narines. | 22 | — | 16 | — |
| — | de l'aile pliée. | 130 | — | 112 | — |
| — | de la queue. | 80 | — | 56 | — |
| — | du tarse | 21 | — | 20 | — |
| — | du doigt postérieur externe (sans l'ongle). | 15 | — | 13 | — |
| — | de l'ongle (en suivant la courbure) | 11 | — | 11 | — |
| — | du doigt antérieur externe | 14 | — | 12 | — |
| — | de l'ongle | 12 | — | 11 | — |
| — | du doigt antérieur interne. | 10 | — | 8 | — |
| — | de l'ongle | 11 | — | 10 | — |
| — | du doigt postérieur interne | 5 | — | 4 | — |
| — | de l'ongle | 8 | — | 7 | — |

Le type des adultes se trouve dans ma collection, et celui du jeune mâle dans la collection de M. Hardy.

## PICUS CALLONOTUS.

PICUS CALLONOTUS; WATERHOUSE, *Proceed. zool. soc. Lond.*, 1840, VIII, p. 182, la femelle. — *Ann. nat. hist.*, VIII, p. 150. — *Wiegmann's arch. Berol.*, 1842. — LAFRESN., *Revue zool.*, 1847, p. 77, le mâle. — O. DES MURS, *Icon. ornith.*, 1847, pl. 59, le mâle.

PICUS (CHLORONERPES) CARDINALIS; LESSON, *Écho du m. sav.*, 1845, p. 920, la femelle; et *Descr. ois. réc. déc.*, 1847, p. 201, la femelle.

DENDROBATES CALLONOTUS; G.-R. GRAY, *Gen. of birds.*

VENILIA CALLONOTA; *Pr.* BONAP., *Consp. gen. av.*, p. 129.

CALLIPICUS CALLONOTUS; *Pr.* BP., *Consp. vol. zyg.*, 1854. — G.-R. GRAY, *Cal. gen. brit. mus.*, p. 92, 1855.

ERYTHRONERPES CALLONOTUS; REICH., *Handb. spec. orn.*, p. 430, nº 1014; pl. DCLXXXI, fig. 4499, 4500, mâle et femelle; pl. DCXXVI, fig. 4169, un mâle.

MAS AD. Capite suprà fusco nigro, pennis totis apice angustis, acuminatis rubro miniatis; corpore suprà alisque rubro-miniatis; remigibus primariis pallidè fuscis rubro extùs marginatis; gulâ, pectore abdomineque albidis; caudâ fusco-nigrâ, rectricibus binis utrinque lateralibus pallide brunneis, fusco vix conspicue vittatis; rostro albescente.

FŒM. Capite suprà nigro.

## LE PIC CALLONOTE.

**PLANCHE XXX**, Fig. 1, le mâle; Fig. 2, la femelle; Fig. 3, rémige quatrième.

LE PIC CALLONOTE; LAFRESN., *Rev. zool.*, 1847, p. 77.
LE PIC RUBIN; O. DES MURS, *Icon. ornith.*, pl. 59.
LE PIC CARDINAL; LESSON, *Écho*, 1845, p. 920; et *Descr. de mamm. et ois. réc. déc.*, 1847, p. 201.

Ce charmant grimpeur est à peu près de la taille du *picus minor* (LINN.), mais il a un bec blanchâtre, plus long et plus fort que celui de notre espèce européenne; les parties supérieures sont colorées d'une manière si différente des autres espèces du groupe *picus* (GRAY, MALH.) ou *dendropicus* (SW.), que M. Gray a placé cet oiseau dans son genre *dendrobates*, et le prince Ch. Bonaparte dans un genre nouveau, *Venilia*. Pour moi, je n'ai pas cru devoir, à raison seule de la coloration des parties supérieures, former une section séparée, encore moins un genre, pour placer ce grimpeur.

Le sujet qui a servi à la description de M. Lesson faisait partie, en 1847, de la collection de M. le docteur Abeillé, à Bordeaux, et j'ai pu me convaincre, en l'examinant, qu'il était bien identique avec celui déposé dans le Musée de la Société zoologique de Londres et qui avait servi à la description de M. Waterhouse. Le nom choisi par M. Lesson avait un autre inconvénient, c'était de permettre la confusion avec le pic Cardinal, de Sonnerat, *picus cardinalis* (WAGLER, *Syst. av.*, p. 91).

M. de Lafresnaye a publié, en 1847, la description du mâle, qu'il indique comme provenant de la Bolivie ou de la Nouvelle-Grenade, ce qui confirme l'opinion de M. Waterhouse « que l'espèce habitait probablement les côtes nord-ouest de l'Amérique méridionale. » Enfin le sujet que j'ai vu à Bordeaux provenait de Guayaquil, ce qui ne laisse plus de doute sur la patrie de cette jolie espèce.

CARACTÈRES. Taille du *picus minor;* bec beaucoup plus long, fort, droit, large à la base, aigu, comprimé à l'extrémité, qui est usée et en forme de coin. Arêtes, sur le sommet du bec et au-dessus des narines, très-saillantes; ces dernières plus rapprochées des bords que du sommet de la mandibule supérieure; arêtes, sur les côtés et au-dessous de la mandibule inférieure, assez saillantes; narines recouvertes par une touffe de plumes piliformes dirigées en avant; menton couvert de plumes serrées s'avançant, sous la mandibule, au tiers environ de la longueur totale du bec, mesuré de la commissure; ailes longues et arrondies; la quatrième rémige est la plus longue; la cinquième, la troisième et la sixième en diffèrent peu. Queue arrondie et moyenne; tarses moyens, scutellés au-devant, écailleux sur les côtés; doigts longs; quatre doigts inégaux; le doigt postérieur externe bien plus long que le doigt antérieur externe; ongles aigus, courbes, comprimés et évidés sur les côtés.

COLORATION. Bec couleur de corne blanchâtre; plumes recouvrant les narines d'un brun de suie; les plumes du dessus de la tête étant étroites et acuminées, et n'ayant que leur extrémité rouge cinabre, laissant apercevoir le noir qui teint leur base; tout le côté de la tête et du cou d'un brun clair, et, chez quelques sujets, cette teinte forme une sorte de collier sur la poitrine; derrière du cou, dos, croupion, tectrices supérieures de la queue et tectrices alaires d'un rouge cinabre; rémiges primaires d'un brun clair, avec des taches blanches vers la partie supérieure de la barbe interne et un liseré roux le long de la barbe externe de quelques pennes; rémiges secondaires ayant leur barbe interne brune, frangée de blanc ou avec de grandes taches ovoïdes blanches, l'extrémité des rémiges étant entièrement brune, et leur barbe externe frangée de rouge cinabre. Les six pennes intermédiaires de la queue d'un brun noirâtre; les deux rectrices suivantes, de chaque côté, sont d'un roux clair, avec des taches d'un brun pâle vers l'extrémité et sur la barbe externe. Toutes les parties inférieures, depuis le menton jusqu'aux tectrices caudales et les tectrices inférieures des ailes d'un blanc pur chez quelques sujets et d'un blanc sale chez d'autres; rebord du haut et du devant de l'aile d'un brun de suie. Tarses d'un cendré brun; ongles brun jaunâtre.

*La Femelle* ne diffère du mâle qu'en ce qu'elle a tout le dessus de la tête noir, sans aucune tache rouge.

Habite la république de l'Équateur, la Nouvelle-Grenade, et, probablement, toute la Colombie (Amérique méridionale), l'île de Puna. Le Pérou, selon M. Reichenbach.

| DIMENSIONS. | MALES ET FEMELLES. | UNE FEMELLE. |
|---|---|---|
| Longueur totale | 147 millimètres. | 135 millimètres. |
| — du bec, de la commissure à l'extrémité | 24 — | 20 — |
| — — des narines à l'extrémité | 19 — | 15 — |
| — de l'aile pliée | 78 — | 72 — |
| — de la queue | 49 — | 42 — |
| — du tarse | 14 — | » — |
| — du doigt antérieur externe (sans l'ongle) | 13 — | » — |
| — de l'ongle (mesuré en suivant la courbure) | 10 — | » — |
| — du doigt postérieur externe | 15 — | » — |
| — de son ongle | 9 — | » — |
| — du doigt antérieur interne | 9 — | » — |
| — de son ongle | 7 — | » — |
| — du doigt postérieur interne | 6 — | » — |
| — de son ongle | 5 — | » — |

Se trouve dans les collections du Muséum britannique, de la Société zoologique de Londres, de Bruxelles, de M. Wilson, à Philadelphie, de M. de Lafresnaye, à Falaise; dans ma collection.

Le type était dans la collection de la Société zoologique de Londres.

---

## DEUXIÈME SECTION.

Bec long, droit, effilé, plus grêle, très-comprimé sur les côtés; l'arête au-dessus des narines très-rapprochée des bords du bec (du nord de l'Hindoustan et de l'Amérique septentrionale).

### PICUS HYPERYTHRUS.

PICUS HYPERYTHRUS; Vig., *Proceed. zool. soc.*, 1830-1831, I, p. 23. — Gould, *Cent. Himal. birds.*, pl. 50, le mâle et la femelle. — Less., *Compl. Buff.*, IX, p. 307. — Blyth, *J. asiat. soc. Beng.*, 1845, XIV, p. 196; et *Cat. birds mus. as. soc. Calcutta*, XVIII (1849), p. 63, nº 295. — G.-R. Gray, *gen.* — *Pr.* Bp., *Consp. av.*, p. 136. — Reich., *Handb. spec. orn.*, p. 368, nº 850; pl. dcxxxv, fig. 4224, 4225, mâle et femelle.

DENDROCOPUS HYPERYTHRUS; Hodgs., *Cat. Nipal. birds zool. miscell.*, p. 85, nºs 151 et 142, 1845.

HYPOPICUS HYPERYTHRUS; *Pr.* Bp., *Consp. vol. zyg.*, 1854. — G.-R. Gray, *Cat. gen. brit. mus.*, p. 91, 1855.

Mas adult. Maxilla nigrâ, mandibula albâ; fronte, vertice, occipite, nuchâ, crissoque coccineis; capistro et strigâ utrinque per oculos extendente albis; corpore toto subtùs et colli lateribus fulvi-castaneis; tectricibus primariis, uropygio, caudæ tectricibus superioribus, rectricibusque quatuor intermediis nigerrimis; rectricibus cœteris basin versùs nigris, dorso toto, albo nigroque transversim striatis; cœteris alarum tectricibus superioribus nigerrimis intùs et extùs albo maculatis; alarum tectricibus inferioribus albis, nigro variegatis. Pedibus fusco-nigris.

Fœm. adult. Pileo ac nuchâ nigris, albo-striatis.

Mas juv. Fronte, ac vertice coccineo nigroque variegatis; dorso supremo nigro; corpore toto subtus et colli lateralibus pallidé castaneis; transversim nigro striatis; crisso obsolete roseo.

### LE PIC TACHETÉ.

**PLANCHE XXX**, Fig. 4, le mâle adulte; Fig. 5, la femelle; Fig. 6, le jeune mâle; Fig. 7, rémige quatrième.

LE PIC TACHETÉ; Lesson, *Compl. de Buff.*, IX, p. 307.

C'est dans le royaume de Népaul et sur les parties de la chaîne de l'Himalaya qui sont couvertes de la végétation la plus luxuriante, qu'habite ce pic, paré de couleurs si vives et si brillantes; mais nous n'avons sur ses mœurs aucun renseignement; son bec grêle et effilé, le distingue de prime abord des autres espèces, et il est à regretter que nous en soyons réduits aux conjectures en ce qui concerne la nidification de toutes les espèces asiatiques. M. Gould annonce seulement que ce pic établit sa demeure habituelle sur les arbres et vit d'insectes et de larves comme ses congénères d'Europe.

Caractères. Bec très-long, effilé, faible, aigu et comprimé vers l'extrémité qui est usée en forme de coin; arête au sommet du bec, très-saillante; arête au-dessus des narines, saillante jusqu'à moitié environ du bec, et très-rapprochée des bords de la mandibule supérieure; mandibule inférieure arrondie en dessous; narines couvertes par une touffe de plumes piliformes; menton couvert de plumes serrées et s'avançant sous la mandibule à un tiers de la longueur totale du bec mesuré depuis la commissure; cou plutôt long; plumage doux et soyeux; ailes longues et aiguës; la quatrième rémige est la plus longue; la cinquième et la troisième en diffèrent peu; queue longue; les deux rectrices intermédiaires très-aiguës et dépassant de beaucoup les autres; les deux pennes suivantes de chaque côté sont aussi très-aiguës; tarses et doigts scutellés au-devant, écailleux sur les côtés; quatre doigts inégaux; le doigt postérieur externe plus long que le doigt antérieur externe.

Coloration. *Le Mâle adulte;* la mandibule supérieure d'un brun foncé, la mandibule inférieure d'un jaune blanchâtre; plumes piliformes, couvrant les narines, d'un brun noirâtre; pourtour du bec, menton, région ophthalmique d'un cendré blanchâtre; front, vertex, sinciput, nuque, couvertures inférieures de la queue et milieu du ventre jusqu'aux tarses d'un brun rouge brillant, écarlate; cuisses rayées transversalement de blanc et de noir; toutes les autres parties inférieures, gorge, devant et côtés du cou, poitrine, abdomen d'un beau roux cannelle uniforme; dos noir, rayé transversalement de blanc pur; tectrices primaires, croupion, tectrices supérieures de la queue et les quatre rectrices intermédiaires d'un noir profond; les autres tectrices alaires supérieures du même noir, mais avec de larges taches blanches; tectrices inférieures des ailes d'un blanc pur, avec quelques taches noires; rémiges d'un noir profond, avec des taches blanches sur les deux barbes, celles qui se trouvent sur les barbes internes étant plus grandes. Les autres pennes de la queue sont noires, avec des bandes blanches transversales vers leur extrémité.

*La Femelle adulte* diffère du mâle en ce que le dessus de la tête et le milieu de la nuque sont noirs et tachetés de nombreux petits points blancs.

*Le Jeune Mâle* diffère beaucoup. J'ai eu occasion de le découvrir dans une caisse d'oiseaux provenant de l'Inde, pendant mon séjour à Londres, au Muséum de la Compagnie des Indes-Orientales. Il avait été envoyé de Bombay à M. le docteur Horsfield sous le nom de *picus obscurus.* Ce jeune mâle a le front et le dessus de la tête d'un brun foncé varié de rouge; le haut du dos est noir; les côtés du cou, de la tête, la gorge et l'abdomen sont roux très-pâle, avec des stries noires transversales très-nombreuses sur le cou. La poitrine est déjà d'un roux cannelle assez vif, et les couvertures inférieures de la queue d'un rose pâle; de chaque côté de la mandibule descend une bande brune, grivelée de blanc sale.

Habite l'Himalaya, le royaume de Népaul.

| DIMENSIONS. | ADULTE. | JEUNE. |
|---|---|---|
| Longueur totale | 210 à 220 mill. | 190 millimètres. |
| — du bec, de la commissure à l'extrémité | 30 millimètres. | 27 — |
| — — des narines à l'extrémité | 24 — | 17 — |
| — de l'aile pliée | 125 — | 115 — |
| — de la queue | 85 — | 65 — |
| — du tarse | 20 — | 20 — |
| — du doigt postérieur externe (sans l'ongle) | 16 — | 15 — |
| — de l'ongle (en suivant la courbure) | 11 — | 10 — |
| — du doigt antérieur externe | 14 — | 14 — |
| — de l'ongle | 15 — | 12 — |
| — du doigt antérieur interne | 12 — | 11 — |
| — de l'ongle | 11 — | 11 — |
| — du doigt postérieur interne | 5 — | 5 — |
| — de l'ongle | 5 — | 5 — |

Se trouve dans les collections de la Société zoologique de Londres, du Muséum britannique, de la Compagnie des Indes-Orientales à Londres; de M. Wilson, à Philadelphie; du Muséum de Paris, de Vienne, de Leyde, de Berlin, de Francfort-sur-Mein, de Turin, de Chatham; dans ma collection.

## PICUS RUBER.

PICUS RUBER; Gmel. (1788), *Syst. nat.*, I, p. 429, *sp.* 31. — Lath., *Ind. orn.*, 1, p. 228, nº 10. — Wagl., *Syst. av.*, nº 15. — Audub., *Orn. biogr.*, V, p. 179; *Birds of America*, IV, atlas fº, pl. 416, fig. 9, le mâle; fig. 10, la femelle. — Vig., *Zool. Beech.*, v. p. 23. — De Kay, *Natur. hist. New-York*, *aves*, p. 193.

PICUS FLAVIVENTRIS; Vieill., *N. dict.*, XXVI, p. 95; *Id.*, *Ois. de l'Amér. sep.*, II, p. 57.

PICUS NIGER; Vieill., *N. dict.*, XXVI, p. 90; *Id.*, *Encycl.*, p. 1316.

MELANERPES RUBER; Bonap., *Geogr. comp. list.*, p. 39. — *Id.*, *Consp. gen. av.*, p. 115. — G.-R. Gray, *Gen. of. birds.* — Gamb., *J. acad. nat. sc. Philad.*, 1847, 1, p. 56, nº 109. — Reich., *Handb. spec. orn.*, p. 382, nº 883; pl. dcxlii. — Sclat., *Proc. zool. soc. Lond.*, 1857, p. 127.

PILUMNUS RUBER; *Pr.* Br., *Consp. vol. zyg.*, 1854.

Mas. adultus. Rostro fuscescenti corneo; capite, collo, pectoreque coccineis; lineâ a naribus infrà oculos ductâ fulvâ; dorso alisque nigris; alarum tectricibus minoribus non nullis et remigibus extùs margine albis; scapularibus apicem versus maculâ albâ notatis; remige primâ et remige secundâ nigris intùs a basi ad medium usque maculis rotundis albis, sequentibus intùs et extùs; secundariis intùs tantum albo maculatis; ventre medio flavo, lateribus crissoque flavescenti-albis, obscure variegatis; uropygio albo nigro variegato; caudæ tectricibus superioribus intùs albis, extùs nigris, albo maculatis; rectricibus lateralibus nigris, griseo marginatis, intermediis intùs albis, nigro fasciolatis; pedibus plumbeis.

Fœm. adult. Collo pectoreque coccineis obscure mixtis; ventre medio obscure flavescenti-albo.

## LE PIC A POITRINE ROUGE.

**PLANCHE XXXI**, Fig. 1, le mâle; Fig. 2, la femelle; Fig. 3, la rémige quatrième.

RED-BREASTED WOODPECKER; Lath., *Gen. syn.*, 1781, II, p. 562, nº 9. — *Id.*, *Gen. hist.*, III, p. 397, nº 69. — Audub., *Orn. biogr.*, V, p. 179.

NOOTKA WOODPECKER; Lath., *Gen. hist.*, III, p. 377, nº 43.

PIC A POITRINE ROUGE; Vieill., *N. dict.*, XXVI, p. 90. — *Id.*, *Encycl.*, p. 1316. — Drap., *Dict. class*, XIII, p. 505.

PIC A VENTRE JAUNE; Vieill., *N. dict*, XXVI, p. 95; *Id.*, *Ois. de l'Amér. sept.*, II, p. 57.

L'illustre et infortuné capitaine Cook nous a le premier fait connaître cet oiseau qu'il a trouvé sur les côtes occidentales de l'Amérique septentrionale, vers la baie de Nottka, et après en avoir donné une description sommaire, il ajoute qu'on pourrait l'appeler *Yellow-bellied woodpecker* ou pic à ventre jaune, dénomination conservée par Vieillot.

M. le docteur Townsend a tué le même oiseau près de la rivière Columbia, sur le versant occidental des Montagnes-Rocheuses et dans le district de l'Orégon. M. Gambel l'a trouvé en grand nombre dans les parties boisées de la Californie; je l'ai reçu du Mexique, de la province Cinaloa, et M. Thomas Nuttall annonce enfin l'avoir observé dans les forêts de la Colombie et sur les Montagnes-Bleues. On voit donc qu'il est répandu sur une très-grande partie de l'ouest de l'Amérique septentrionale et qu'il est probable qu'il habite jusqu'au 55e degré de latitude nord. Mais c'est par erreur que Latham, Linnée et d'autres auteurs ont prétendu que cette espèce se trouvait à Cayenne.

Le pic a poitrine rouge a beaucoup des mœurs du *melampicus erythrocephalus*, mais il est bien moins familier, il se tient habituellement sur les grands sapins et perfore un trou dans l'un des troncs pourris de cette essence pour y placer son nid, qui se trouve souvent à une grande hauteur. L'un de ces nids contenait quatre œufs à surface polie, également arrondis aux deux bouts, quoique un peu allongés et d'un blanc pur. La longueur de ces œufs était d'environ 32 millimètres et leur diamètre de 2 centimètres. Lorsqu'on approche de leur nid, dit M. Nuttall, ces pics font entendre un cri bruyant de *t'rr, t'rr,* et manifestent une agitation remarquable, ainsi qu'elle a lieu chez d'autres espèces.

C'est à tort que Sonnini a regardé le *picus* Niger comme le même oiseau que le *megapicus rubricollis*, car le *picus* Niger n'a que huit pouces de long, et ce fait seul aurait dû l'empêcher de commettre cette erreur.

M. Reichenbach représente dans les figures 4287 et 4288 de sa planche dcxlii *(Handbüch der speciellen ornithologie)* deux pics à poitrine rouge; mais l'oiseau posé au haut de l'arbre a le dos rayé transversalement de bandes alternatives jaunes et noires, ce qui n'a pas lieu chez cette espèce. Quant au second oiseau placé au bas et à la droite du même arbre, l'abdomen paraît noir, ce qui ne serait pas plus exact.

Caractères. Cette espèce, comme l'indique la synonymie en tête de mon article, a été ballottée d'un genre dans un autre; mais l'arête saillante au-dessus des narines, qui est beaucoup plus rapprochée des bords que du sommet du bec, jointe aux autres caractères que j'indique, ne me permet pas d'hésiter un instant relativement au genre dans lequel je dois le placer.

Le prince Bonaparte, après avoir examiné mes observations à ce sujet, a enlevé le *ruber* des mélampics (*Melanerpes.*, Sw.) pour le répartir parmi les vrais pics, et il a appelé *Pilumnus*, la section que j'ai établie pour quelques espèces.

Caractères. Bec environ de la longueur de la tête, droit, fort, large à la base, comprimé vers l'extrémité qui est légèrement tronquée et conique; arête au sommet de la mandibule supérieure, ainsi que celle au-dessus des narines, de chaque côté, très-saillante; cette dernière plus rapprochée du bord que du sommet du bec et joignant le bord de la mandibule à moitié environ de la longueur totale du bec; arête sous la mandibule inférieure assez saillante; narines cachées de chaque côté par un bouquet de plumes piliformes dirigées en avant; menton couvert de plumes et s'avançant sous la mandibule sur un tiers environ de la longueur totale du bec mesuré de la commissure; pas de huppe; ailes moyennes et aiguës; les plus longues rémiges sont dans l'ordre quatre, cinq et trois; la quatrième excédant la cinquième d'un millimètre et la troisième ayant quatre millimètres de moins que la cinquième; queue longue, étagée et cunéiforme, les rectrices se terminant en forme aiguë; tarse et doigts de moyenne longueur; quatre doigts inégaux, le doigt postérieur externe, le plus long, et un peu plus long que le doigt antérieur externe. Je dois faire observer que M. Audubon indique le doigt antérieur externe comme dépassant le doigt postérieur externe d'un millimètre environ; mais les mesures que j'indique à la fin de cet article ont été prises sur deux sujets dont un est un fort bel exemplaire de ma collection; plumage doux et lustré.

Coloration. *Le Mâle adulte;* bec d'un gris bleuâtre et d'un gris jaunâtre vers la base de la mandibule inférieure; plumes recouvrant les narines et une bande des narines au-dessous de l'œil, d'un blanc jaunâtre; une ligne très-étroite bordant la partie supérieure de la bande ci-dessus et passant à la base du front, pourtour de la mandibule inférieure et paupières noirs; front, vertex, occiput, tout le cou et majeure partie de la poitrine d'un carmin foncé; épigastre et milieu de l'abdomen jaunes; flancs d'un gris jaunâtre avec de nombreuses stries d'un brun foncé; couvertures inférieures de la queue et des ailes d'un blanc jaunâtre avec des stries d'un brun noirâtre; parties supérieures noires; le milieu du dos taché de blanc jaunâtre; le croupion blanc bordé de noir; les tectrices caudales supérieures, blanches sur leur barbe interne et vers l'extrémité sur les deux barbes; il existe sur l'aile une large et longue bande blanche, oblique, formée par une partie des tectrices; les rémiges primaires sont d'un brun noir avec des taches blanches sur la barbe externe et de larges taches de même couleur, en forme de petites bandes transversales sur la barbe interne; les rémiges secondaires sont noires avec des taches blanches sur la barbe externe et de larges taches de même couleur sur la barbe interne; toutefois les deux ou trois dernières rémiges n'offrent pas de taches sur leur barbe externe. Ces dernières taches sont à environ un centimètre l'une de l'autre; plusieurs des rémiges primaires et des rémiges secondaires sont terminées de blanc; les rectrices sont noires; les deux pennes intermédiaires ont leur barbe interne blanche, avec cinq bandes et leur extrémité noires; plusieurs des rectrices latérales ont leur bord frangé de gris blanchâtre. Pieds d'un gris bleuâtre; ongles bruns. On ne connaît pas encore la couleur de l'iris.

*La Femelle adulte* a les teintes du plumage un peu plus pâles; les taches d'un blanc jaunâtre sur le dos plus petites et le jaune des parties inférieures terne; les flancs plus bruns.

Habite toute la partie ouest de l'Amérique septentrionale, s'étendant au nord jusqu'au 55e degré de latitude, et à l'est jusqu'aux Montagnes-Rocheuses; environs de Monterey et de San-Francisco.

DIMENSIONS.

| | |
|---|---|
| Longueur totale | 220 millimètres. |
| — du bec, de la commissure à l'extrémité | 30 — |
| — — des narines à l'extrémité | 25 — |
| — de l'aile pliée | 130 — |
| — de la queue | 86 — |
| — du tarse | 20 — |
| — du doigt postérieur externe, ongle compris (mesuré droit) | 23 millim. 1/2. |
| — — — sans l'ongle | 16 millimètres. |
| de son ongle (en suivant la courbure) | 11 — |
| — du doigt antérieur externe, ongle compris (mesuré droit) | 21 millim. 1/2. |
| — — — sans l'ongle | 15 millimètres. |
| — de son ongle (en suivant la courbure) | 11 millim. 1/2. |
| — du doigt antérieur interne (sans l'ongle) | 9 millimètres. |
| — de son ongle (en suivant la courbure) | 11 — |
| — du doigt postérieur interne | 6 — |
| — de son ongle | 6 — |

Se trouve dans les collections du Muséum britannique et de Philadelphie; dans ma collection.

## TROISIÈME SECTION.

SECTION B ; Malh., *Nouv. classif. des Picid. (Mém. Acad. Metz, 1848-1849*, p. 327).

SOUS-GENRE YUNGIPICUS ; Bonap., *Consp. volucr. zygodact., 1854.*

Cette section, que j'appelais ***Pyroupicus*** (pics à oreilles rouges) et que j'avais formée, en 1848, lors de ma nouvelle classification des Picidés, section B, a été adoptée par le prince Bonaparte, qui en a formé, en 1854, son sous-genre ***Yungipicus***. Néanmoins, il en a distrait, je ne sais pourquoi, deux espèces, savoir : le ***Picus Querulus***, qu'il a porté dans son sous-genre ***Phrenopicus***, et le ***Cancellatus*** (Wagl.), qu'il a placé dans son sous-genre ***Dyctiopicus***.

J'ai établi cette section pour un assez grand nombre d'espèces, généralement très-petites, originaires de l'Asie, moins deux, qui sont de l'Amérique et dont les mâles se distinguent des femelles par une petite mèche rouge de chaque côté de l'occiput. Les ailes sont proportionnellement plus longues que chez les Épeiches, et les rémiges les plus longues sont généralement la troisième, la quatrième et la cinquième.

(***DE L'AMÉRIQUE :*** 1. *Picus Querulus* (*Borealis*) ; — 2. *P. Bicolor.*)
(***DE L'ASIE :*** Les autres espèces.)

### PICUS QUERULUS.

PICUS QUERULUS ; Wils., *Amer. orn.*, II, p. 103, pl. 15, fig. 1, le mâle. — G. Cuv., *Règ. anim.*, 1829, p. 451. — Audub., *Ornith. biogr.*, V, p. 12 ; *Id.*, *Birds Amer.*, IV, atlas f° pl. 389, fig. 1, 1, deux mâles ; fig. 2, la femelle. — Bonap., *Syn. birds*, p. 40. — Nuttall, *Man.*, I, p. 577. — Wagl., *Syst.*, n° 21. — *Id.*, *Isis*, 1829, p. 509. — J. de Kay, *Nat. hist. New-York*, p. 194. — Malh., *Mém. Acad. Metz*, 1848-1849, p. 327, *n. class.* — Bonap., *Consp. gen. av.*, p. 137. — Reich., *Handb. spec. orn.*, p. 376, n° 869 ; pl. dcxxxix, fig. 4261-4263.
PICUS LEUCOTIS ; Illig., *Mus. Berol.* — Licht., *Verzeich.*, 1823, 12, n° 81.
DENDROCOPUS QUERULUS ; Kaup., Sw.
PHRENOPICUS QUERULUS ; *Pr. Bp.*, *Consp. vol. zyg.*, 1854. — G.-R. Gray, *Cat. gen. brit. mus.*, p. 91, 1855.
PICUS BOREALIS ; Vieill., *Ois. de l'Amér. sept.*, II, p. 66, pl. 122, inexacte.

Mas adult. Rostro plumbeo-nigro ; narium plumis albis ; iridibus avellaneis ; fronte, pileo toto, collo postico et vitta utrinque ab oris rictu versus alas ducta nigerrimis, nisi stria stricta utrinque ad verticis occipitisque latera coccinea ; dorso nigro fasciis numerosis candidis ; capite colloque ad latera nec non corpore subtus a menti initio usque ad crissi finem unicoloribus albis, nisi maculis non nullis parvis ad pectoris latera in hypochondriis et in crissi plumis nigricantibus ; remigibus et alarum tectricibus nigris, albo maculatis ; uropygio nigro ; rectricibus quatuor intermediis totis nigris ; sequente utrinque intùs nigrâ, extùs et ad apicem albâ, nigro maculatâ ; cœteris albis nigro maculatis ; pedibus plumbeis.

### LE PIC PLAINTIF *(Malh.)*.

**PLANCHE XXXI**, Fig. 4, le mâle ; Fig. 5, le jeune mâle ; Fig. 6, la femelle ; Fig. 7, rémige quatrième.

RED-COCKADED WOODPECKER ; Wils., Audub., Nuttall.

Cette espèce, découverte par Wilson, dans les forêts de pins de la Caroline du Nord, se trouve en grand nombre depuis le Texas jusqu'à la Nouvelle-Jersey, et, dans les provinces centrales, jusque dans le Tennessée. Néanmoins les forêts de pins y sont moins fréquentes que dans la Floride, la Géorgie et la Caroline du Sud, où l'on voit toute l'année ce pic occupé à chercher sa nourriture et voltigeant, à cet effet, d'un arbre à l'autre. Quoique ce grimpeur ne soit point rare aux États-Unis, on n'en voit que peu d'exemplaires dans nos collections d'Europe.

Audubon annonce que le ***picus querulus*** ressemble plutôt, par la vivacité de tous ses mouvements, au ***picus hirsutus*** qu'à toute autre espèce. Il grimpe, avec une agilité remarquable, le long des troncs et se meut avec autant de facilité en dessous qu'au-dessus des branches, faisant entendre à chaque mouvement un cri assez bref, mais clair et très-bruyant. Ce même cri se répète à chaque ondulation lorsque l'oiseau vole, et on l'entend de toutes parts dans les forêts de pins à l'époque des amours. La singularité de ce cri, que Wilson a comparé au gazouillement plaintif des jeunes au nid, a valu à ce pic son nom.

Les pics Plaintifs se nourrissent de fourmis, de petits coléoptères, de grains et de fruits de diverses espèces. Pendant les mois d'automne et pendant l'hiver, ils sont friands des fruits de plusieurs espèces, de smilax, de raisins et de baies sauvages. Ils sucent aussi les fleurs des pins, selon Audubon. Le même naturaliste en a vu quelquefois à terre, cherchant des fruits tombés des arbres, ou sur le sol des forêts de pins. Ces oiseaux évitent alors de faire entendre le moindre cri qui pourrait les trahir. Ils vivent par couple toute l'année et les mâles sont très-querelleurs dans la période de l'incubation. On les voit fréquemment en société avec les autres petits pics, ainsi qu'avec la fauvette des pins et la mésange de la Caroline. Pendant l'hiver, ils se retirent souvent, le soir, dans des trous où ils passent la nuit; ils en font autant, même pendant le jour, lorsque le temps est pluvieux et froid, ou bien lorsqu'ils viennent à être blessés.

Dès le mois de février, chaque couple est occupé à préparer son nid, qu'il perfore souvent dans le cœur d'un tronc pourri, à environ dix mètres du sol. La ponte est ordinairement de quatre œufs, souvent de six œufs d'un blanc pur et soyeux. Les jeunes, comme ceux des autres espèces, sortent de leur trou et grimpent sur les branches, recevant la nourriture de leurs parents, jusqu'à ce qu'ils puissent se la procurer eux-mêmes.

Caractères. Bec un peu plus court que la tête, droit, comprimé sur les côtés, tronqué vers l'extrémité; mandibule supérieure, avec l'arête dorsale droite, aiguë; sillons, au-dessus des narines, proéminents et un peu plus rapprochés des bords que du sommet de la mandibule; narines, à la base, latérales, oblongues et cachées par une forte touffe de plumes piliformes rebroussées de chaque côté du bec; arête, sous la mandibule inférieure, légèrement saillante; menton couvert de plumes piliformes rebroussées, et s'avançant, sous la mandibule, à plus du tiers de la longueur totale du bec, mesuré de la commissure; pas de huppe; cou plutôt court; plumage très-doux et soyeux; ailes longues; la première rémige extrêmement courte; la seconde rémige de 8 millimètres plus courte que la troisième; la quatrième rémige un peu plus longue que la troisième, tandis que cette dernière est ordinairement la plus longue dans le groupe des pics dont les mâles se distinguent par une mèche rouge de chaque côté de l'occiput; queue longue, cunéiforme, composée de douze pennes, les latérales les plus petites, faibles et arrondies, les autres fortes, ayant leur tige usée à l'extrémité, ce qui les rend échancrées. Tarses courts, scutellés au-devant, couverts d'écailles sur les côtés; pieds courts, plutôt grêles; quatre doigts inégaux; le doigt postérieur externe le plus long, plus grand que le doigt antérieur externe; le doigt postérieur interne le plus court de tous; ongles longs, très-courbes, comprimés et très-évidés sur les côtés, très-aigus à l'extrémité. La langue a 256 millimètres de long sur près de 3 millimètres de large, et ses extrémités postérieures atteignent presque la base de la mandibule supérieure. Elle est déliée, terminée en pointe et garnie sur les côtés, vers son extrémité, de barbes raides dirigées en arrière.

Coloration. *Le Mâle adulte;* bec couleur ardoisée; touffes de plumes piliformes, recouvrant les narines, blanches; iris noisette; parties supérieures de la tête, nuque, lorum et une bande, partant de la base de la mandibule inférieure et descendant de chaque côté du cou, d'un noir bleuâtre; un petit trait au-dessus de l'œil, et une large plaque couvrant chaque côté de la tête, d'un blanc pur; de chaque côté de l'occiput existe une étroite bande d'un rouge carmin, commençant à 8 millimètres de l'œil, longue d'un centimètre et formée par une série de plumes effilées; très-souvent cette bande rouge est recouverte par les plumes voisines et ne s'aperçoit pas de suite; dos et ailes d'un brun noirâtre, rayé transversalement de bandes blanches; les tectrices alaires portent des taches blanches cordiformes; les rémiges ont, sur leur barbe externe, des taches blanches quadrangulaires, et, sur le bord de leur barbe interne, de grandes taches arrondies, qui ne commencent qu'à un tiers environ de l'extrémité des pennes. Le croupion est noir, et, selon Wilson, il serait quelquefois varié de blanc, ce que je n'ai observé sur aucun des sujets soumis à mon examen; couvertures supérieures de la queue et les quatre rectrices intermédiaires d'un noir profond; la rectrice suivante, de chaque côté, ayant sa barbe interne noire, avec une ou deux petites taches d'un blanc sale vers l'extrémité; la barbe externe est obliquement noire vers sa base et près de la tige, le surplus de la barbe est blanc, puis d'un blanc sale, avec trois taches noires vers l'extrémité; les autres rectrices latérales ont leur barbe interne noire à la base et le surplus blanc, avec de larges bandes noires transversales, tandis que leur barbe externe est blanche, avec deux ou trois bandes noires vers l'extrémité. Les parties inférieures sont blanches; les côtés de la partie inférieure du cou, de la poitrine, tous les flancs et les cuisses sont couverts de taches noires oblongues; les tectrices inférieures caudales sont blanches, avec des taches noires cordiformes. Pieds et ongles d'un bleu grisâtre.

*La Femelle adulte* est un peu plus petite que le mâle, suivant Audubon. Elle diffère du mâle par l'absence de la bande ou mèche rouge de chaque côté de l'occiput.

*Le Jeune Mâle,* qui n'a jamais été décrit, n'a pas de mèche rouge sur le côté de la tête, mais bien une plaque rouge sur le vertex. Le blanc des parties inférieures des côtés de la tête et du dos est moins pur ; la poitrine est parsemée de nombreuses petites taches d'un brun noirâtre. Les deux rectrices intermédiaires excèdent les pennes suivantes de 13 millimètres environ chez l'adulte, et de 10 millimètres seulement chez le jeune.

Habite l'Amérique septentrionale, depuis le Texas jusqu'à la Nouvelle-Jersey et dans le Tennessée.

| DIMENSIONS. | MALE ADULTE. | | JEUNE. | |
|---|---|---|---|---|
| Longueur totale | 222 | millimètres. | 200 | millimètres. |
| — du bec, de la commissure à l'extrémité | 23 | — | 20 | — |
| — — des narines à l'extrémité | 15 | — | 12 | — |
| — de l'aile pliée | 120 | — | 112 | — |
| — de la queue | 73 | — | 70 | — |
| — du tarse | 18 | — | 18 | — |
| — du doigt antérieur externe (sans l'ongle) | 11 | — | » | — |
| — de l'ongle (mesuré en suivant la courbure) | 12 | — | » | — |
| — du doigt postérieur externe | 13 | — | » | — |
| — de son ongle | 11 | — | » | — |
| — du doigt antérieur interne | 9 | — | » | — |
| — de son ongle | 11 | — | » | — |
| — du doigt postérieur interne | 5 | — | » | — |
| — de son ongle | 6 | — | » | — |
| Envergure | 367 | — | » | — |

Se trouve dans les collections de Leyde, de Vienne, de Berlin, de Stockholm, de Francfort-sur-Mein, de Darmstadt, de Lille et dans ma collection.

## PICUS BOREALIS.

PICUS BOREALIS ; Vieill., *Ois. de l'Amér. sept.*, II, p. 66, pl. 122, le mâle. — *Id.*, *Nouv. dict. d'h. nat.*, XXVI, p. 69. — *Id.*, *Encycl.*, p. 1304. — Baird, *Reports of Explor. and Surveys*, etc., 1858, IX, *zool.* part. II, p. 96.
PICUS VIEILLOTII ? Wagl., *Syst. av.*, nº 20 ; une femelle.
PHRENOPICUS QUERULUS ; *Pr. Bp.*, *Consp. vol. zyg.*, 1854.
PICUS QUERULUS ; Wilson. — Baird.

Pico querulo (Wilson). Simillimus, et ab eo solummodo striolæ coccineæ et rectricum lateralium pictura diversis differt ; in pico *boreali* fasciâ occipitis coccineâ, rectricibus quatuor lateralibus albis intùs nigro-signatis ; in pico *querulo* stria stricta utrinque ad occipitis latera coccinea, rectricibus quatuor lateralibus albis, nigro utrinque versus apicem maculatis.

## LE PIC BORÉAL.

LE PIC BORÉAL ; Vieill., *Ois. de l'Amér. sept.*, II, p. 66, pl. 122. — *Id.*, *Nouv. dict.*, XXVI, p. 69 ; *Id.*, *Encycl.*, p. 1304.

Vieillot n'avait jamais vu le *picus Querulus* de Wilson, autrement, en décrivant l'oiseau de la collection de M. Desray qu'il a nommé *Borealis*, il n'eut pas manqué de le comparer à cette première espèce, avec laquelle l'analogie est frappante, plutôt qu'au *picus Canadensis*, dont le bec, toutes les dimensions et la coloration sont si différents. Néanmoins Vieillot se borne à dire : « Malgré ces dissemblances, j'ai peine à croire que le pic du Canada ne soit pas la femelle du pic Boréal, et qu'il n'y ait pas d'erreur dans les dimensions indiquées par Buffon. » En lisant la description donnée par l'auteur des *Oiseaux de l'Amérique septentrionale* et en examinant la planche coloriée qui l'accompagne, on trouve que le *picus Borealis* ne diffère du *picus Querulus* que parce que, chez ce dernier, il existe, au-dessus de la plaque blanche qui couvre les côtés de la tête, un trait rouge, long d'un centimètre environ, tandis que, chez le pic Boréal, il existerait à l'occiput, une étroite bande rouge. Les quatre pennes latérales de la queue, chez ce dernier pic, ne seraient rayées de noir que sur la barbe interne, tandis qu'elles le sont sur les deux barbes chez le *Querulus*. Quant à ce dernier caractère, nous devons faire observer que, chez le *Querulus*, il n'existe que deux ou trois taches noires au plus sur la barbe externe des rectrices latérales, et que j'ai trouvé ces taches très-petites et à peine apparentes chez un sujet mâle. Mais relativement à la différence de place qu'occupe le rouge sur la tête, je conviens que l'erreur est bien plus difficile à expliquer, à moins que le seul exemplaire que l'auteur ait observé n'ait été mutilé vers la nuque, et que l'on ait pensé que le rouge, qui ne se voyait que de chaque côté de l'occiput, devait se réunir et former une bande chez l'oiseau en parfait plumage, ou bien que le dessinateur ait continué, sur le milieu de l'occiput, le rouge qui n'existe que de chaque côté.

Si l'oiseau figuré par Vieillot existait réellement en cet état, et s'il habitait les États-Unis, comme le prétend cet ornithologiste, il faudrait convenir qu'il serait étonnant qu'on n'en ait pu observer aucun exemplaire dans nos collections, et que les auteurs et les voyageurs naturalistes de l'Amérique septentrionale ne le connaissent point encore. S. A. le prince Charles Bonaparte, dans son *Conspectus generum avium,* et M. Reichenbach, partagent l'opinion qu'a exprimée Wagler *(Isis,* 1829, p. 509), et tous deux pensent que le *Borealis* est la même espèce que le *picus Querulus.* Quant à nous, en présence de la description et de la planche de Vieillot, nous avons dû exposer les doutes; mais nous serions toutefois tentés de retourner la phrase de Vieillot et de dire aussi: « Malgré ces dissemblances, j'ai peine à croire que le *picus Borealis* ne soit pas le mâle du *picus Querulus* et qu'il n'y ait pas d'erreur dans la coloration indiquée par Vieillot. »

M. Reichenbach *(Handb. spec. ornith.,* p. 377) pense que Wagler s'est trompé en prenant le *picus Borealis* pour le *picus Vieillotii* et en lui attribuant un croupion blanc, tandis qu'il est noir en réalité. Mais Wagler *(Syst.,* n° 20) dit: « *Dorso ac uropygio nigris, albo fasciolatis,* » ce qui est déjà bien différent. Puis il faut faire observer que Wagler n'avait pas connu le mâle adulte, mais peut-être une jeune femelle. Or, il se pourrait que, dans cet état, l'oiseau qu'il a décrit eût, sur le croupion, quelques-unes des bandes blanches transversales qui existent sur le dos et les ailes.

M. Baird, qui décrit le *picus Borealis* (Vieill.), en 1858, et le nomme aussi en anglais *red-cockaded woodpecker,* comme Wilson, dit ce qui suit: « Quatrième rémige la plus longue. Parties supérieures, avec le sommet et les côtés de la tête, noires. Dos, croupion et scapulaires rayés transversalement de blanc. Barbes des rémiges tachées de blanc. Plumes piliformes du bec, parties inférieures généralement, et une plaque soyeuse sur les côtés de la tête, blanches. Côtés de la poitrine rayés de noir. Premières et deuxièmes rectrices, de chaque côté, blanches, avec des bandes noires. Barbe externe de la troisième rectrice ordinairement blanche. Une bande de peu de longueur, à peine visible et d'un rouge soyeux, existe de chaque côté de la tête, à peu de distance, derrière les yeux, le long de la jonction du blanc et du noir. »

Cette bande rouge n'existe pas chez la femelle. Ce pic habite les États méridionaux, Savannah, et se voit rarement aussi au nord que dans la Pensylvanie, selon M. Baird.

Je n'ai pas besoin de faire remarquer que cette description est celle du *Querulus,* de Wilson, que MM. Baird, Cassin et Lawrence citent comme synonyme dans leur intéressant et récent ouvrage sur l'ornithologie des États-Unis *(Reports of Exploration and Survey's,* etc., 1858).

---

## PICUS BICOLOR *(Gm. nec Vieill.).*

PICUS BICOLOR; Gmel., *Syst. nat.,* I, p. 438, n° 50, la femelle. — Bonap., *Consp. gen. av.,* p. 139, n° 38. — Reich., *Handb. spec. orn.,* p. 372, n° 860; pl. dcxxxvii, fig. 4241, un mâle; *nec* Swainson.

PICUS MIXTUS; Bodd., *Pl. enlum. Buffon.* — G.-R. Gray, *Gen.,* le mâle adulte.

PICUS MACULATUS; Vieill., *N. dict.,* XXVI, p. 91. — *Id., Encycl.,* p. 1317. — Drap., *Dict. class. d'hist. nat.,* XIII, p. 506. — Wagl., *Syst. av.,* n° 58, le jeune mâle.

PICUS VARIEGATUS; Lath., *Ind. orn.,* I, p. 233, n° 22; et *Gen. zool.,* IX, p. 193. — Vieill., *Encycl.,* p. 1318.

PICUS CANCELLATUS; Wagl., *Isis,* 1829, p. 510. — *Pr.* Bonap., *Consp.,* 1850, p. 138, n° 35, le jeune mâle. — Reich., *Handb. spec. orn.,* p. 378, n° 874.

DYCTIOPICUS BICOLOR; *Pr.* Bp., *Consp. vol. zyg.,* 1854. — G.-R. Gray, *Cat. gen. brit. mus.,* p. 91, 1855.

CHLORONERPES MACULATUS; Hartl., *Syst. Ind. zu Azar. apunt.,* p 17. — Reich., *Syn. av.,* p. 355, n° 816.

Mas adult. Rostro cœrulescenti plumbeo, infrà albido nisi ad apicem; narium plumis albo-rufescentibus; pilei plumis fuliginosis, in medio albis; occipitis lateribus coccineis, occipite medio colloque postico fuliginosis; capitis lateribus albis exclusa macula pone oculos fuliginosa; vittâ utrinque ab oris rictu albo nigroque variegatâ; dorso, tergo, uropygio, caudæ tectricibus superioribus, remigibus ultimis et rectricibus omnibus alternatim albo et fuliginoso-fasciatis; tectricibus alarum superioribus fuliginosis, albo guttatis; remigibus maculis albis, extùs parvis, intùs majoribus notatis; gulâ albâ, nigricante paululùm striatâ, corpore toto subtùs albido-flavido, pluma quavis in medio fuliginoso striata; tectricibus alarum inferioribus albido-flavidis, fuliginoso notatis; pedibus plumbeis.

Fœm. adult. Pileo toto nuchâque fuliginosis absque striis albis nec coccineis.

Mas jun. Plumis pilei fuliginosis, apice coccineis, non nullis in medio albis.

## LE PIC BICOLORE.

**PLANCHE XXXIV,** Fig. 1, le mâle adulte; Fig. 2, la femelle adulte; Fig. 3, le jeune mâle; Fig. 4, rémige quatrième.

LE PIC DE LA ENCENADA; Buff., pl. enlum. 748, fig. 1, le mâle adulte. — Bann., Vieill., *Encycl.,* pl. 212, fig. 1. — Les., *Compl. Buff.,* IX, p. 310.

L'ÉPEICHE OU PIC VARIÉ DE LA ENCENADA; Buff., *Ois.,* VII, p. 74.

PIC VARIÉ DE LA ENCENADA; Drap., *Dict. class. d'hist. nat.,* XIII, p. 507. — Vieill., *N. dict. d'hist. nat.,* 2e édit., XXVI, p. 92; *Id., Encycl.,* p. 1318.

ÉPEICHE DE LA ENCENADA; Vieill., *N. dict. d'hist. nat.,* 1re édit., VIII, p. 15.

PIC TACHETÉ; Vieill., *N. dict.,* XXVI, p. 91; *Id., Encycl.,* p. 1317. — Drap., *Dict. class.,* XIII, p. 506.

CARPINTERO CHORREADO; Azara, *Apunt. Parag.,* p. 324, n° 259, le jeune mâle.

ENCENADA WOODPECKER; Lath., *Gen. syn.,* I, p. 575, n° 21, le mâle adulte.

C'est par une erreur bien évidente que Wagler a décrit, sous le nom du *picus Variegatus* de Latham, qui est originaire de l'Amérique seule, un pic asiatique, qu'il indique lui-même comme provenant de Manille et qu'on trouve aussi dans l'Inde. D'ailleurs Latham dit formellement que son espèce est de l'Amérique et habite la Encenada ; il cite d'ailleurs la planche 748, fig. 1, de Buffon. Aussi n'ai-je pu non plus partager l'opinion de M. Natterer, qui regardait mon *picus Waglerii* comme le *Variegatus* de Latham. En effet, à part la citation bien précise de ce dernier auteur, qui confond son espèce avec le pic de la Encenada de Buffon, il faut remarquer que sa description ne pourrait s'appliquer à mon *Variegatus*, et que l'auteur anglais annonce que le *Variegatus* a 6 pouces, longueur bien supérieure à celle de mon *Waglerii*.

M. le docteur Hartlaub (*Systemat. index zu don Felix de Azara's apuntam*, p. 17, 1847) et, après lui, M. le professeur Reichenbach, citent le *picus (Chloronerpes) Maculatus*, de Vieillot, comme étant le *Carpintero chorreado* d'Azara ; cela me semble exact; mais ce qui, selon moi, ne l'est pas, c'est que le *picus Maculatus* de Vieillot soit du genre *Chloronerpes* de Swainson ou *Gesinus* de Boie et de G.-R. Gray. En effet, les espèces de ce dernier groupe, ont pour plus longues rémiges la quatrième et la cinquième qui diffèrent peu entre elles; or, d'Azara dit que « la troisième et la quatrième des 19 pennes de l'aile, sont les plus longues, » ce qui convient à mon genre *picus* mais non à celui *Chloronerpes*, ou au genre *Colaptes* de Swainson, quoique M. Reichenbach pense que probablement l'oiseau de Vieillot lui appartienne. D'Azara ajoute que « le dessus du corps est rayé en travers de noirâtre et de blanc sale, » ce qui n'existe chez aucun oiseau du groupe *Chloronerpes*, tandis que sa description et celle de Vieillot conviennent assez bien au jeune mâle dont je donne la figure. C'est aussi l'opinion de S. A. le prince Bonaparte qui, après avoir (*Consp.*, p. 117, n° 5) indiqué avec doute le *Maculatus* de Vieillot comme pouvant être synonyme du *Flavicullis* de ce dernier auteur, regarde (*Conspect. gen. av.*, p. 139) le *Maculatus* (Vieil.) et le *Variegatus* (Lath.) comme synonymes du *Bicolor* de Gmelin et du pic de la Encenada de Buffon. Je dois néanmoins faire observer que d'Azara et Vieillot ont décrit un jeune mâle, Gmelin la femelle, Buffon et Latham le mâle adulte, Wagler le jeune mâle pour le mâle adulte, et celui-ci, pour la femelle; qu'enfin l'auteur du *Conspectus* a décrit le jeune mâle seul, en en faisant une espèce distincte sous le nom de *Cancellatus*.

M. Reichenbach, dans sa figure 4273 de la planche DCXL (*Handbück specil. ornith.*) ne me paraît pas avoir représenté le mâle du *picus Bicolor* (Gm.) ou *Cancellatus* (Wagl.), mais bien plutôt celui du *picus Lignarius* (Molina) ou *Melanocephalus* (Keng) que M. Hartlaub a publié en 1852 (*Revue et magasin de zoologie*, p. 6.) sous le nom de *picus Kaupii*. En effet, le rouge de l'occiput est disposé comme chez cette dernière espèce et non comme cela a lieu chez le mâle adulte et le jeune mâle du *Cancellatus* ou *Bicolor*. Cette espèce habiterait donc le Paraguay et le Mexique; ce qui peut paraître assez étonnant.

Caractères. Bec long et droit; ailes moyennes, la quatrième, la cinquième, la troisième et la sixième rémige étant les plus longues et étant presque égales; queue plutôt courte; le doigt postérieur externe un peu plus long que le doigt antérieur externe, ongles assez grêles. Plumage bigarré en dessus et en dessous.

Coloration. *Le Mâle adulte;* bec d'un plombé bleuâtre à l'exception de la moitié de la mandibule inférieure qui est vers sa base d'un blanc jaunâtre; plumes piliformes recouvrant les narines d'un blanc roussâtre; front, vertex et occiput d'un brun fuligineux, chaque plume portant un trait blanc vers l'extrémité de sa tige; de chaque côté du sinciput et de l'occiput règne une bande d'un rouge vif souvent très-peu apparente, étant recouverte par les plumes de l'occiput qui sont un peu plus longues que chez le *picus Minor*, et ne peuvent se redresser que lorsque l'oiseau est vivement agité par quelques passions. C'est, néanmoins, à tort que quelques auteurs les ont qualifiées de huppe. Une bande blanche part de la commissure du bec, passe au-dessus des yeux et s'étend de chaque côté de l'occiput sans se rejoindre à la nuque; dos, croupion, tectrices supérieures, partant des bandes alternatives blanches et brunes, les plumes dorsales étant d'un gris brun depuis leur base jusqu'à la moitié et le surplus étant d'un blanc sale avec une tache brune au milieu. Les tectrices supérieures de la queue sont blanches sur leur pourtour et portent au milieu trois taches brunes étranglées, et s'unissant en se succédant l'une à l'autre.

Les rémiges primaires sont du même brun avec des taches quadrangulaires d'un blanc sale sur leur page externe, et des taches arrondies de même couleur sur le bord de leur page interne; les rémiges secondaires brunes portent des taches ou bandes transversales blanches sur leurs deux pages, ces taches étant plus grandes et offrant une forme ovale sur la page interne, toutes les rectrices sont brunes avec des bandes d'un blanc jaunâtre sur leurs deux pages.

Le méat auditif est couvert d'un brun fuligineux clair; la gorge et les côtés du cou sont blancs, mais il existe quelques points bruns sur la gorge, et le cou et ces points plus nombreux forment une bande brune longitudinale de chaque côté de la gorge et du cou. Toutes les parties inférieures sont d'un jaune blanchâtre, chaque plume portant au milieu une bande brune dont la forme varie quelque peu; ainsi, sur la poitrine, ces taches sont très-allongées, étranglées vers le milieu, puis se terminent en flèche, tandis que sur les tectrices caudales inférieures elles forment des bandes transversales, plus larges au milieu où elles forment une sorte de triangle; sur le milieu du ventre, les taches sont plus petites et moins apparentes. Les tectrices inférieures des ailes sont d'un blanc jaunâtre avec quelques légères taches brunes irrégulières. Les pieds sont d'un gris plombé, selon Latham; l'iris serait blanc, mais je doute que cette indication soit exacte.

*La Femelle adulte* diffère du mâle par l'absence du rouge sur les côtés de la tête, et par le dessus de celle-ci entièrement d'un brun fuligineux sans aucune strie blanche.

*Le jeune Mâle* diffère du mâle adulte, parce qu'il a tout le dessus de la tête qui est d'un brun fuligineux, parsemé de nombreuses mèches d'un rouge pâle, parmi lesquelles on voit de petits traits blancs qui terminent les tiges des pennes.

Habite le Mexique, le Paraguay.

DIMENSIONS.

| | |
|---|---|
| Longueur totale | 160 à 170 mill. |
| — du bec, de la commissure à l'extrémité | 23 à 25 — |
| — — des narines à l'extrémité | 16 à 18 — |
| — de l'aile pliée | 92 à 95 — |
| — de la queue | 52 à 55 — |
| — du tarse | 17 millimètres. |
| — du doigt postérieur externe (sans l'ongle) | 14 — |
| — de son ongle (en suivant la courbure) | 10 — |
| — du doigt antérieur externe | 12 — |
| — de son ongle | 10 — |
| — du doigt antérieur interne | 9 — |
| — de son ongle | 9 — |
| — du doigt postérieur interne | 5 — |
| — de son ongle | 6 — |

Muséum de Berlin, de Paris. Collection Malherbe, à Metz.

## PICUS VARIEGATUS *(Wagler)*.

PICUS VARIEGATUS; Wagl., *Syst. av.*, nº 26; *Nec* Latham.
PICUS HARDWICKII; Jerdon, *Madras journ.*, XIII, p. 138. — Blyth, *Journ. asiat. soc. Beng.*, 1846, p. 15. — Bonap., *Consp. gen. av.*, p. 136.
YUNGIPICUS HARDWICKI; *Pr. Bp.*, *Consp. vol. zyg.*, 1854. — G.-R. Gray, *Cat. gen. brit. mus.*, 1855.
PICUS FRENIGER? Reich., *Hand. spec. orn.*, pl. dcxxxvii, fig. 4243, au haut de l'arbre.

Mas. adult. Rostro plumbeo; capite suprâ cinereo-fusco, nuchâ, maculâ aurium et vittis duabus gulæ longitudinalibus nigricantibus; stria stricta utrinque ad occipitis latera coccineâ; vitta pone ab oculis ad occipitis latera ducta, genis gulaque albis; corpore subtus inferius a gulâ usque ad crissi finem sordide rufescenti-albo, maculis numerosis, longitudinalibus, nigricantibus; dorso, uropygio, caudâ alisque totis nigris, fasciolis numerosis, lunulatis, candidis; pedibus griseis.

Fœm. adult. Mari similis, nisi absque striolis coccineis.

## LE PIC BIGARRÉ *(Malh.)*.

**PLANCHE XXXIII**, Fig. 8, le mâle adulte; Fig. 9, la femelle; Fig. 10, rémige quatrième.

C'est à cette espèce indienne que Wagler a appliqué le nom de *Variegatus* (Lath.) et de *Bicolor* (Linn., Gm.), confusion qu'il aurait évitée, s'il se fût rappelé que l'espèce de Latham et celle de Gmelin provenaient de l'Amérique, tandis qu'il prend soin lui-même d'assigner à son *Variegatus* une origine asiatique. M. Jerdon, de Madras, trompé sans doute par la synonymie produite par Wagler, a publié cette dernière espèce comme nouvelle, sous le nom de *Hardwicki* et comme elle existe déjà dans un grand nombre de collections d'Europe, sous les noms de *Variegatus* et quelquefois, il est vrai, sous celui de *Moluccensis*, j'ai cru devoir conserver la dénomination de Wagler, la confusion entre le *Variegatus* de Wagler et celui de Latham devant cesser, à l'avenir, par les planches et les descriptions que je produis. Il faut reconnaître toutefois que l'erreur des naturalistes qui ont pris cet oiseau pour le petit pic des Moluques, figuré par Buffon (pl. 742, fig. 2), est bien excusable et moi-même, sans les motifs que j'ai expliqués en parlant du *Moluccensis*, j'aurais partagé cette opinion. Selon M. Blyth, cet oiseau habite toute l'Inde jusqu'au sud de l'Himalaya et Wagler seul le dit originaire de l'île de Luçon. Je crois que l'espèce n'existe point dans les Philippines et ne se trouve guère que dans la péninsule indienne d'où je l'ai reçue très-fréquemment.

Quant au *picus Hardwickii* figuré par M. Reichenbach (pl. DCXXXVII, fig. 4242, à gauche du groupe), il est inexact et ne ressemble nullement aux exemplaires que j'ai reçus de l'Inde.

Caractères. Bec plutôt long et fort, droit, conique, comprimé vers l'extrémité qui est légèrement tronquée; arête au sommet du bec et celles au-dessus des narines saillantes; narines basales cachées par une touffe de plumes dirigées en avant; arête au-dessus de la mandibule inférieure assez saillante; le mâle se distinguant de la femelle par une mèche de couleur différente sur les côtés de l'occiput; menton couvert de plumes et avançant sous la mandibule à plus du quart de la longueur totale du bec mesuré de la commissure; ailes moyennes et atteignant plus des deux tiers de la queue; les rémiges les plus longues sont la troisième, la quatrième et la cinquième qui sont presque égales; la deuxième rémige a près de 5 millimètres de moins que la troisième et est presque égale à la sixième; queue moyenne; tarses et doigts moyens et scutellés au-devant; le doigt postérieur externe plus long que le doigt antérieur externe; ongles courbes, aigus, comprimés et évidés sur les côtés.

Coloration. *Le Mâle adulte;* bec brun et d'un brun jaunâtre autour du menton; plumes piliformes recouvrant les narines d'un blanc sale; front, vertex, occiput et une large bande depuis l'œil jusqu'aux épaules, d'un brun clair légèrement cendré; nuque d'un brun noir; de chaque côté de l'occiput, une mèche d'un rouge vermillon, en majeure partie, recouverte par les plumes brunes de l'occiput; au-dessus de l'œil existe une bande blanche qui descend sur les côtés de la nuque et une autre bande de même couleur descend de la commissure du bec sur les côtés du cou; le menton et la gorge sont blancs bordés de chaque côté par une moustache d'un brun pâle; toutes les parties inférieures sont d'un blanc sale, légèrement lavé de jaunâtre sur la poitrine et sur le milieu de l'abdomen, et entièrement couvertes de mèches longitudinales d'un brun pâle; les tectrices inférieures des ailes sont blanches avec quelques taches d'un brun foncé; tout le dos est rayé transversalement de bandes blanches et de bandes d'un brun foncé; sur le croupion, le blanc domine et le brun est plus clair; les rémiges et les rectrices sont d'un brun pâle avec des taches blanches sur les deux barbes; sur les rémiges primaires, ces taches sont très-petites sur la barbe externe, assez grandes et arrondies sur la barbe interne, et n'existent pas vers l'extrémité des pennes; pieds d'un gris brun.

*La Femelle adulte* ne diffère du mâle que par l'absence de la mèche rouge de chaque côté de l'occiput.

Habite l'Inde.

DIMENSIONS.

| | |
|---|---|
| Longueur totale | 133 millimètres. |
| — du bec, de la commissure à l'extrémité | 16 — |
| — — des narines à l'extrémité | 9 — |
| — de l'aile pliée | 77 — |
| — de la queue | 40 — |
| — du tarse | 14 — |
| — du doigt antérieur externe (sans l'ongle) | 10 — |
| — de son ongle (en suivant la courbure) | 8 — |
| — du doigt postérieur externe | 12 — |
| — de son ongle | 8 — |
| — du doigt antérieur interne | 8 — |
| — de son ongle | 6 — |
| — du doigt postérieur interne | 3 — |
| — de son ongle | 3 — |

Se trouve dans les collections du Muséum de Paris, de Londres, de Vienne, de Leyde; dans ma collection.

## PICUS FRENIGER *(Reich.)*.

PICUS FRENIGER; Reich., *Hand. spec. orn.*, p. 371, n° 859; pl. DCXXXVII, fig. 4243, au haut de l'arbre.
PICUS VARIEGATUS? Wagl., *Syst. av.*, n° 26; *Nec* Lath.

Sous ce nom, M. Reichenbach a figuré le mâle d'un petit pic indien qui ne concorde pas avec la description qu'il en donne. Ainsi, l'auteur annonce que son pic a la *partie supérieure de la tête légèrement teintée de rouge*, avec une bande d'un rouge vif sur le bord inférieur de la tête, derrière l'œil *(oberkopf zart roth überflogen, an dessen Unterrande hinter dem Auge ein hochrother Strich.)*, tandis que, sur la planche coloriée, l'oiseau n'a pas de trace rouge sur la tête, si ce n'est le petit trait de chaque côté de l'occiput. Plus loin, l'auteur ajoute que son *p. Freniger ressemblerait entièrement au Variegatus* de Wagler, si ce naturaliste avait fait mention du lorum noir qui existe chez le *Freniger*. Mais, d'abord, le mâle du *Variegatus* de Wagler n'a de rouge à la tête que le petit trait qui existe sur les côtés de l'occiput; puis, Wagler *(Syst. picus*, n° 26) dit en décrivant son *Variegatus: « maculâ aurium et vittis duabus gulæ longitudinalibus nigricantibus.* » Ce qui concorde avec le dessin du Freniger. D'ailleurs, les pics qui ont ces petits traits rouges de chaque côté de la tête n'ont point le vertex ou le dessus de la tête de cette couleur. Comment donc concilier cette contradiction, au moins apparente? L'erreur existe-t-elle dans le texte ou bien sur la figure coloriée? Quoiqu'il en soit, il est certain que la figure 4243 ressemble au *Variegatus* de Wagler, qui est aussi, selon moi, le *picus Hardwickii* de M. Jerdon.

## PICUS CANICAPILLUS *(Blyth)*.

PICUS CANICAPILLUS; Blyth, *J. asiat. soc. Beng.*, XIV, p. 197 et XVIII, p. 805. — Catal., *Birds mus. Calc.*, p. 64, n° 302, 1849.
PICUS MITCHELLI; Malh., *Rev. et mag. zool.*, 1849, p. 530.

M. Blyth décrit ainsi cette espèce: « Elle diffère du *picus Moluccensis* par la teinte beaucoup plus noire de ses parties supérieures, par le cendré pâle du-dessus de sa tête, légèrement teint de brun et bordé latéralement de noir; au milieu de ce noir, apparaît chez le mâle une petite touffe sincipitale rouge. Sa taille est bien plus grande que celle du *Moluccensis*, les parties inférieures sont blanchâtres, le blanc étant plus pur sur la poitrine, et le surplus portant au centre de chaque plume une mèche noire. » Or, n'oublions pas que M. Blyth regardait comme le véritable *Moluccensis* l'oiseau que je figure comme le *Variegatus* de Wagler. D'où il suit que la seule espèce à laquelle sa description pouvait convenir, était le *picus Mitchelli;* toutefois, ce dernier n'a pas la gorge et le haut de la poitrine d'un blanc pur. Mais je dois ajouter que dans le volume XVIIIe des *Mémoires de la Société asiatique de Calcutta*, M. Blyth dit ce qui suit en parlant du *Canicapillus:* « Lorsque j'ai décrit le *Canicapillus*, je n'avais pas vu le véritable *Moluccensis* qui est commun dans les contrées de la Malaisie, mais d'après Hardwick et Gray, j'avais considéré le *picus Variegatus* de l'Inde comme le *Moluccensis*. Le *Canicapillus* ne diffère du véritable *Moluccensis* que parce qu'il a le sommet de la tête entièrement d'un gris brunâtre, et l'occiput entouré d'un peu de noir; la région parotique est aussi d'un brun pâle au lieu de brun noir, et le bec est plus ou moins blanchâtre. Ces légères différences peuvent difficilement être regardées comme constituant une espèce et elles n'apparaissent jusqu'à ce moment que comme distinguant la race de l'Arrakan et du Ténasserim de celle de la péninsule Malaise qui ne diffère nullement de l'espèce de Java. »

Ne sachant aujourd'hui quel est l'oiseau que M. Blyth considère comme le *vrai Moluccensis*, il m'est difficile de rien assurer quant à la synonymie à appliquer à son *Canicapillus*, c'est à lui en voyant les descriptions et les planches de mon ouvrage, à nous faire connaître à quelle espèce se rattache son espèce qu'il ne regarde plus que comme une race du *Moluccensis*, ou à nous en donner une planche coloriée.

## PICUS MITCHELLI *(Malh.)*.

PICUS MITCHELLI; Malh., *Brit. mus.*, 1847. — *Rev. et mag. zool.*, 1849, p. 530, *Sp.*, 3. — *N. class.; Mém. acad. Metz*, 1848-1849, p. 327. — Bonap., *Consp. gen. av.*, p. 136, *Sp.*; 17. — Reich., *Hand. spec. orn.*, p. 373, n° 9.
PICUS TRISULENSIS; Licht., *In. mus. Berol.*
YUNGIPICUS MITCHELLI; *Pr.* Bp., *Consp. vol. zyg.*, 1854.
PICUS SCINTILLA; Natter, *In. mus. Vindob.*, M. S.?

Mas. adult Fronte brunneo-rufâ, vertice cinereo-fusco, nigro circum marginato; occipite nigro, striâ strictâ utrinque ad sincipitis latera coccineâ, capite, gulâ, colloque ad latera albis, sed vitta pone ab oculis ad occipitis latera ducta fuliginosâ; vitta strictâ altera pallidè brunneâ utrinque ad gulæ latera; alarum tectricibus minoribus fusco-nigris; cœteris tectricibus et remigibus totis, fusco nigris albo utrinque transversim maculatis; nuchenio, interscapulio, tergoque nigris albo transversim fasciolatis; uropygio nigro; corpore subtùs usque ad crissi finem rufo-albo, maculis numerosis longitudinalibus, rufo-nigricantibus signato; rectricibus utrinque lateralibus duabus, albis nigro-rufo transversim maculatis; sequente nigrâ intùs ad apicem, extùs ad marginem albo maculatâ; quatuor intermediis nigris; rostro corneo canescente; pedibus griseo-brunneis unguibus subflavidis.

Fœmina. Mari simillima nisi absque striolis sincipitis coccineis.

## LE PIC MITCHELL *(Malh.)*.

**PLANCHE XXXII**, Fig. 1, le mâle adulte; Fig. 2, la femelle; Fig. 3, rémige quatrième.

Cette espèce paraît très-voisine du *picus Canicapillus* de M. Blyth, et l'on m'a assuré qu'elle provenait de l'Himalaya, toutefois il m'est difficile d'affirmer, faute d'avoir vu un sujet du *Canicapillus*, que cette espèce est identiquement la mienne. M. Blyth pourra seul nous renseigner à cet égard en voyant la figure que je donne du *Mitchelli*.

J'ai déjà reçu plusieurs exemplaires de ce pic qui ne paraît pas rare dans le royaume de Népaul, quoique je l'aie rarement observé dans les collections d'Europe, et je dois faire observer que M. Blyth annonce que son *Canicapillus* se trouve dans l'Arrakan et le Tenasserim.

J'ai dédié ce grimpeur à M. David Mitchell, à l'amateur distingué dont le pinceau aussi habile que fidèle, a rendu de si grands services à l'ornithologie et a enrichi de belles et de nombreuses planches le *Genera of birds* de M. G.-R. Gray. Je suis heureux de pouvoir donner à ce gentleman ce faible témoignage de ma gratitude pour son obligeance envers moi pendant mes divers séjours à Londres.

Caractères. Bec moyen, droit et aigu; ailes longues; la troisième, la quatrième et la cinquième rémige presque égales; puis la deuxième et la sixième qui diffèrent peu l'une de l'autre, queue moyenne, pieds médiocres, grosseur du *picus minor*, d'Europe.

Coloration. *Le Mâle;* bec d'un gris plombé, avec le dessous de la mandibule inférieure d'un jaunâtre sale au milieu; front et vertex d'un gris cendré, plus ou moins lavé de roussâtre surtout sur le front; le dessus de la tête est bordé par une bande noire qui va en s'élargissant vers l'occiput qu'elle entoure complétement, pour couvrir ensuite tout le derrière du cou; une petite touffe rouge apparaît de chaque côtés du sinciput; plumes recouvrant les narines d'un blanc roussâtre sale; côtés de la tête et du cou, ainsi que la gorge du même blanc roussâtre; après l'œil une bande d'un brun fuligineux se prolonge à 15 millimètres sur le côté du cou; de chaque côté de la gorge, une étroite bande peu apparente, d'un gris sale, part de la mandibule inférieure et s'arrête à un centimètre plus loin. Toutes les autres parties inférieures sont d'un brun roussâtre très-clair avec de fines stries longitudinales d'un brun noirâtre. Les tectrices inférieures des ailes sont blanches avec des taches noires irrégulières. Dos et croupion noirs avec de larges taches ou bandes transversales d'un blanc pur; petites tectrices supérieures des ailes noires, ayant déjà quelques petites taches à leur extrémité; les autres tectrices sont aussi noires avec de larges taches, en majeure partie cordiformes, et d'un blanc pur; rémiges noires avec des taches d'un blanc pur sur toute la longueur des deux pages; tectrices supérieures de la queue d'un noir profond uniforme. Les quatre rectrices intermédiaires sont noires, sans taches; la rectrice suivante de chaque côté est noire, mais elle porte une tache d'un blanc roussâtre vers l'extrémité de sa page interne et sa page externe est bordée de même couleur; les deux rectrices suivantes ou latérales sont d'un blanc roussâtre, avec de larges bandes transversales d'un brun noirâtre sur les deux pages; pieds d'un gris brun; ongles d'un brun jaunâtre.

*La Femelle* diffère du mâle par l'absence de la petite touffe rouge de chaque côté du sinciput.

Habite l'Himalaya, le royaume de Népaul.

DIMENSIONS.

| | |
|---|---|
| Longueur totale | 140 à 150 mill. |
| — du bec, de la commissure à l'extrémité | 19 millimètres. |
| — — des narines à l'extrémité | 13 — |
| — de l'aile pliée | 88 — |
| — de la queue | 48 — |
| — du tarse | 15 — |
| — du doigt postérieur externe (sans l'ongle) | 13 — |
| — de son ongle (en suivant la courbure) | 8 — |
| — du doigt antérieur externe | 10 — |
| — de son ongle | 8 — |
| — du doigt antérieur interne | 7 — |
| — de son ongle | 7 — |
| — du doigt postérieur interne | 4 — |
| — de son ongle | 4 — |

Muséum britannique à Londres; Muséum de Paris; le type se trouve dans ma collection à Metz.

## PICUS MOLUCCENSIS.

PICUS MOLUCCENSIS; Gm., *Syst. nat.*, I, p. 439, n° 53. — Lath., *Ind. orn.*, I, p. 233, n° 25. — Vieill., *N. dict.*, XXVI, p. 86. — *Id.*, *Encycl.*, p. 1314. — Less., *Orn.*, p. 221, *Sp.*, 22. — G.-R. Gray, *Gen.* — Malh., *N. class.*, *Mém. acad. Metz*, 1848-1849, p. 327. — Bonap., *Consp. gen. av.*, p. 137, *Sp.*, 18.
PICUS PYGMŒUS; Wagl., *Syst. av.*, n° 29 *(Sed. non*, Vig.).
YUNGIPICUS MOLUCCENSIS; *Pr.* Bp., *Consp. vol. zyg.*, 1854.

Mas adult. Rostro plumbeo, ad basin infrà flavido; fronte, vertice et nuchâ fuliginoso-fuscis, striâ strictâ utrinque ad occipitis latera coccineâ; capite ad latera ac gulâ albis, illo utrinque vittâ pone oculos largâ fuliginoso-fuscâ, utrinque vittâ aliâ longitudinali fuscescente obsolete marginatâ; corpore suprà fuliginoso-fusco albo fasciato; uropygio albo nigro maculato; remigibus rectricibusque fuliginoso-fuscis, albo utrinque transversim maculatis; collo antico alarumque tectricibus inferioribus albis, fusco punctulatis; pectore supremo albo flavido fusco-nigro punctulato; abdomine toto albo flavido longitudinaliter et obsolete fusco-striato; pedibus plumbeis.
Fœm. adult. Mari similis, nisi absque striolis coccineis.

## LE PIC DES MOLUQUES.

**PLANCHE XXXII**, Fig. 4 et 5, mâles; Fig. 6, la femelle; Fig. 7, rémige quatrième.

LE PETIT ÉPEICHE BRUN DES MOLUQUES; Buff., *Ois.*, VII, p. 68.
LE PETIT PIC DES MOLUQUES; *Pl. enl.*, 748, fig. 2. — Vieill., *N. dict.*, XXVI, p. 86; *Id.*, *Encycl.*, p. 1314.
LE PIC DES PHILIPPINES; Less., *Orn.*, p. 221, *Sp.*, 22.

Cette jolie petite espèce des Moluques a été le plus souvent confondue avec le ***picus Variegatus*** de Wagler ***(Syst. av. sp.,* 26)** qui habite l'Inde. Je l'ai vue aussi indiquée comme synonyme du ***Pygmœus*** (Vig.) et l'Himalaya. Il faut reconnaître que la planche columinée de Buffon aide singulièrement à cette confusion par son peu d'exactitude. J'ai retrouvé dans les magasins du Muséum de Paris l'oiseau que je crois être le type qui a servi à notre célèbre naturaliste ou plutôt à l'abbé Bexon, et j'ai reconnu que c'était un sujet encore jeune, en fort mauvais état, dont les caractères n'ont pas, en outre, été rendus avec soin par le dessinateur. C'est ainsi que je me suis convaincu que c'était bien l'espèce dont je représente le mâle et la femelle adultes. Je m'empresse d'ajouter que cette opinion était aussi celle de M. Natterer. Cet oiseau est assez rare dans le commerce, tandis que le ***Variegatus*** de Wagler est répandu. Ce dernier ornithologiste n'a pas bien connu les deux pics représentés sur la planche enluminée 748, de Buffon, et il a confondu le ***picus Bicolor*** de Gmelin ou ***Variegatus*** de Latham (pic de la Encenada, ***pl. enl.,* 748**, fig. 1), qui est de l'Amérique méridionale avec une espèce asiatique à laquelle il a appliqué le nom de ***Variegatus*** (Lath.), et qui est le ***picus Hardwickii*** de M. Jerdon.

C'est à tort que M. Blyth, dans son catalogue de la collection du Muséum de Calcutta ***(Journ. asiat. soc.,* 1849)**, cite sous le n° 301, le ***picus Bicolor*** de Gmelin et le ***picus Zizuki*** de M. Temminck comme synonymes du ***Moluccencis***; le ***Bicolor*** habite l'Amérique et le ***Zizuki,*** le Japon. Tous deux d'ailleurs diffèrent complètement du ***Moluccensis.*** Les planches peintes que je joins à chacune de mes descriptions, éviteront je pense, à l'avenir, la confusion qui règne pour la plupart des naturalistes à l'égard de presque toutes les espèces de petits pics ayant une mèche rouge de chaque côté de l'occiput.

Avant d'être bien fixé sur le pic originaire des Moluques, qui fait l'objet de cet article, j'avais pris le ***Variegatus*** de Wagler pour le ***Moluccensis,*** et je partageais en cela une erreur assez accréditée, ainsi que j'ai pu m'en convaincre en examinant les divers musées de l'Europe. Par suite, j'avais nommé *picus Flavinotus*, au Muséum de Londres, le véritable *Moluccensis*.

Je dois ajouter aux motifs que j'ai déjà donnés et qui m'ont déterminé à reconnaître l'espèce véritable du *Moluccensis*, que dans la figure 1re de la planche 748 de Buffon, les parties inférieures sont d'une teinte jaunâtre qui convient à mon *Moluccensis* et non au *Bicolor*; qu'enfin l'oiseau décrit par Buffon et Linnée provenait des Moluques et non de l'Inde. Si l'oiseau figuré dans la planche 748 n'a pas la moustache ou bande noirâtre étroite qui part de l'angle de la madibule inférieure et borde la gorge de chaque côté, je dois faire observer que cette omission existe aussi bien pour le *Bicolor* que pour le *Moluccensis*, puisque ces deux espèces ont la moustache dont s'agit; qu'il n'existe, dans la planche de Buffon, que quelques points noirs qui l'indiquent très-imparfaitement. J'ai vu au Muséum de Paris et dans ma collection, des exemplaires de jeunes sujets probablement, dont la moustache n'était indiquée que par une grivelure brune interrompue et peu visible lorsque les plumes qui sont blanchâtres à la base sont un peu en désordre. Il est vrai que les taches de la poitrine ne sont pas représentées différemment que celle de l'abdomen et laissent beaucoup à désirer sous ce rapport; mais je le répète, le lieu d'origine, joint aux diverses considérations ci-dessus, doivent déterminer les naturalistes à considérer le *Moluccensis* que je représente, comme l'oiseau que Linnée a ainsi nommé, quoique celui que Buffon représente sous la dénomination de *petit pic des Moluques* ressemble presque autant au *Bicolor*.

Quant au *picus Moluccensis* décrit par M. Reichenbach (*Handbuch der speciellen ornithologie, scansoriæ-picinæ*, p. 371, n° 858), et représenté par cet auteur (planche DCXXXVII, figures 4239, 4240), il n'a aucun rapport avec celui que je décris, ni avec le petit pic des Moluques, représenté sur la planche enluminée de Buffon, 742, figure 2. Le savant auteur allemand a figuré et décrit sous le nom de *Moluccensis*, les deux sexes du *picus Analis* de M. Temminck, ou *picus minor* de Raffles et Horsfield (*Systematic arrangement and description of birds from the Island. of Java; Linnean transact.*, XIII). J'ajoute enfin que si le Macée, de Wagler et de M. Hartlaub, est ainsi que je le reconnais avec M. Reichenbach, l'*Analis* de Temminck, cette dernière espèce ne ressemble nullement au *Moluccensis* qui est beaucoup plus petit, et qui n'a point le bas de l'abdomen ainsi que tout le dessus de la tête d'un rouge plus ou moins vif.

Caractères. Bec long, fort, presque droit, large à sa base, comprimé vers l'extrémité qui est légèrement tronquée et cunéiforme; arête au sommet du bec et celle au-dessus des narines saillantes; narines basales recouvertes par une petite touffe de plumes piliformes dirigées en avant; partie antérieure du menton garnie de semblables plumes, le menton s'avançant sous la mandibule à un peu plus du tiers de la longueur totale du bec, mesuré de la commissure; ailes assez longues; la troisième rémige la plus longue de toutes, n'excède la quatrième que d'un millimètre; la cinquième rémige qui a un millimètre de moins que la quatrième, excède la sixième d'un millimètre et demi à deux millimètres, et cette dernière rémige est égale à la deuxième. La première est excessivement courte et n'a que 16 ou 17 millimètres; queue courte, composée de rectrices raides; tarses courts et scutellés au devant; doigts et ongles assez longs; quatre doigts inégaux, le doigt postérieur externe le plus long de tous.

Coloration. *Le Mâle adulte;* bec d'un brun plombé, la mandibule inférieure étant quelquefois d'un brun jaunâtre à la base; plumes recouvrant les narines et lorum d'un blanc jaunâtre; front, vertex, occiput et nuque d'un brun fuligineux; de chaque côté de l'occiput une mèche rouge; au-dessus de l'œil commence une bande blanche qui descend de chaque côté de la nuque; après l'œil existe une large bande d'un brun fuligineux qui couvre le méat auditif; de la commissure du bec part une bande blanche qui descend sur le côté du cou, et à la base de la mandibule inférieure commence d'abord faiblement indiquée une bande ou moustache noire qui encadre les côtés de la gorge et du devant du cou; ces deux parties elles-mêmes, ainsi que le menton sont blancs, avec quelques petites taches d'un brun foncé sur le cou; la poitrine est d'un jaune plus ou moins blanchâtre chez les jeunes, parsemé de taches oblongues d'un brun fuligineux; toutes les parties inférieures sont du même jaune avec des mèches d'un brun pâle; les tectrices inférieures de la queue sont couvertes de taches d'un brun fuligineux. Les tectrices inférieures des ailes sont blanches avec quelques taches brunes; le dos est rayé transversalement de brun fuligineux et de blanc, le croupion est blanc avec quelques petits points bruns; les tectrices supérieures de la queue sont blanches avec de larges bandes transversales d'un brun brun foncé; les tectrices supérieures des ailes sont brunes avec une petite tache blanche à l'extrémité de chaque penne; les rémiges primaires sont brunes avec de très-fines taches blanches sur la barbe externe et des taches blanches ovoïdes sur la barbe interne; ces rémiges secondaires qui sont aussi d'un brun fuligineux, ont les mêmes taches un peu plus grandes; les rectrices ont leurs tiges d'un brun jaunâtre vers la base et noires vers l'extrémité; toutes les pennes sont d'un brun foncé avec de nombreuses taches ou bandes d'un blanc sale sur les deux barbes, tarses et doigts d'un gris plombé; ongles d'un brun pâle, jaunâtre en dessous.

*La Femelle adulte* diffère du mâle par l'absence des mèches rouges aux côtés de l'occiput.

Habite les îles Philippines et les Moluques.

DIMENSIONS.

| | |
|---|---|
| Longueur totale | 150 millimètres. |
| — du bec, de la commissure | 20 — |
| — — du bec, des narines | 15 — |
| — de l'aile pliée | 83 à 85 millim. |
| — de la queue | 40 millimètres. |
| — du tarse | 11 — |
| — du doigt postérieur externe (sans l'ongle) | 12 — |
| — de l'ongle (mesuré le long de la courbure) | 9 — |
| — du doigt antérieur externe | 10 — |
| — de l'ongle | 9 — |
| — du doigt antérieur interne | 8 — |
| — de l'ongle | 8 — |
| — du doigt postérieur interne | 5 — |
| — de l'ongle | 5 — |

Se trouve dans les Musées de Paris, de Londres, de Vienne, de Leyde, de Turin, de Bruxelles; dans ma collection.

Le type du petit pic des Moluques, de Buffon, existait en 1848 au Muséum de Paris.

## PICUS NANUS.

PICUS NANUS; Vig., *Proceed. zool. soc. Lond.*, 1831, p. 172. — Blyth, *Jour. as. soc. Beng.*, 1845, XIV, p. 197. — Reich., *Hand. spec. orn.*, p. 370, nº 857; pl. DCXXXVII, fig. inexacte 4244 (et non 4224), en bas, à droite.
PICUS MOLUCCENSIS; J.-E. Gray et Hardw., *Illust. ind. zool.*, pl. 1, f. *a* et *b*, mâles.
PICUS CINEREIGULA; Malh., *Rev. et mag. zool.*, 1849, p. 531; *Spec.*, 4, l'adulte. — *Pr.* Bonap, *Consp. gen. av*, 1850, p. 136. — Reich., *Handb. spec. orn.*, p. 373, nº 8.
YUNGIPICUS NANUS; *Pr. Bp.*, *Consp. vol. zyg.*, 1854.

Mas adult. Capite suprà fuliginoso-fusco; strià strictà utrinque ad verticis latera coccineà; vitta alba pone ab oculis ad occipitis latera ducta; genis fuliginosis; vitta longitudinali alba ab oris rictu; gulà, jugulo, pectore, epigastrio, ventreque sordide albis, pectore brunneo pallide striato; crissi plumis albescentibus, fusco-nigro in medio maculatis; alarum tectricibus superioribus brunneo-fuscis, non nullis albo ad apicem notatis; dorso brunneo-fusco, albo fasciato; uropygio albo, nigro transversim striato; caudæ tectricibus nigris, maculis albis, cor chartæ lusoriæ imitantibus; caudà totà nigrà utrinque albo maculatà; remigibus fuliginoso-fuscis, primariis intùs, secundariis intùs et extùs albo maculatis; alarum tectricibus inferioribus albis, ad marginem nigris; rostro brunneo, ad apicem nigro; pedibus griseo-fuscis.

Fœmina. Mari simillimà nisi absque striolis verticis coccineis.

Mas junior. Capite supra, genisque pallidè fuliginosis; gulà cinerascente, albo striatà; stria stricta utrinque ad verticis latera coccineà; toto corpore subtùs sordide albo, maculis numerosis longitudinalibus, brunneis striato.

## LE PIC NAIN *(Malh.)*.

**PLANCHE XXXIII**, Fig. 1 et 2, mâles adultes; Fig. 3, la femelle adulte; Fig. 4 et 5, jeunes mâles; Fig. 6, rectrice intermédiaire droite; Fig. 7, rémige quatrième.

Cette espèce, l'une des plus petites du genre, a été confondue jusqu'ici avec plusieurs autres et c'est à tort que le savant auteur du *Conspectus generum avium*, l'indique comme synonyme du *picus Pygmæus* et du *picus Trisulensis*, espèces toutes différentes, tandis que M. Jerdon en fait une variété du *picus Moluccensis*. C'est sur les versants de l'Himalaya et dans l'Indoustan qu'habite le *pic Nain*, suivant MM. Jerdon et Blyth, ces auteurs annoncent que l'espèce est aussi répandue dans l'Himalaya que dans le midi de l'Inde; quoiqu'il en soit, j'ai été heureux de pouvoir constater, à l'aide de plusieurs sujets, savoir: de l'adulte, du jeune et d'un exemplaire semi-adulte, que chez cette espèce, les raies brune qui couvrent toutes les parties inférieures chez le jeune, n'existent plus chez l'adulte que sur les côtés de la poitrine. Ce grimpeur paraît rare, à en juger par le petit nombre d'exemplaires qui se trouve dans les collections d'Europe. Il est très-remarquable de ne pas le voir figurer sur le catalogue des *Picidés* de la collection du Muséum de la Société asiatique de Calcutta et l'absence de cet oiseau permet de supposer que M. Blyth l'a décrit sous une autre dénomination, de même qu'il a confondu le *p. Auritus* d'Eyton avec le

*Bicolor*, et le *Moluccensis* de Gmelin, ainsi qu'avec le *Zizuki* de M. Temminck. Néanmoins quatre ans auparavant (*J. asiat. soc. Beng.*, xiv, p. 197), M. Blyth publiait sous le nom de *p. Nanus* une espèce du Muséum de Calcutta, qui ne m'a pas paru, il est vrai, être le *Nanus* de Vigors, car l'auteur annonce *que la poitrine* de cet oiseau est maculée de *taches ovales*, ce qui n'a point lieu chez le *Nanus* à aucun âge.

Caractères. Bec long et fort, droit, comprimé vers l'extrémité qui est légèrement tronquée; arête au sommet du bec et celles au-dessus des narines très-saillantes; narines basales, recouvertes par les plumes des angles du front et par quelques plumes piliformes dirigées en avant; arête au-dessous de la mandibule inférieure un peu saillante; menton recouvert de plumes courtes et s'avançant sous la mandibule à plus du tiers de la longueur totale du bec mesuré de la commissure; ailes moyennes; les rémiges les plus longues sont la troisième et la quatrième qui sont presque égales; puis la deuxième et la cinquième qui diffèrent peu l'une de l'autre; queue assez courte; tarses et doigts scutellés au-devant; le doigt postérieur externe plus long que le doigt antérieur externe; ongles moyens, courbes, aigus, comprimés et évidés sur les côtés.

Coloration. *Le Mâle adulte*; bec d'un gris brun de corne vers la base, et d'un brun foncé de corne vers l'extrémité; front, vertex, occiput et joues d'un brun fuligineux foncé; une mèche étroite d'un rouge vermillon de chaque côté de la tête, entre le vertex et l'occiput; un trait blanc commence au-dessus des yeux et s'étend au-dessous de la mèche rouge, jusqu'au bas de la nuque; un autre trait blanc part de la commissure du bec, descend sur les côtés du cou et est séparé par une étroite bande d'un gris foncé à peine visible, du menton et de la gorge qui sont d'un cendré blanchâtre; toutes les parties inférieures sont d'un blanc sale ou jaunâtre, avec quelques mèches ou taches brunes sur les côtés de la poitrine et sur les couvertures inférieures de la queue de taches d'un brun noir qui couvrent le milieu des plumes; tectrices supérieures des ailes d'un brun foncé; quelques-unes des tectrices ont des taches blanches cordiformes; le dos est alternativement rayé de brun noir et de blanc; le croupion est blanc rayé de brun noir; les tectrices supérieures de la queue sont noires avec des taches blanches cordiformes; rémiges primaires d'un brun noir, avec des taches blanches ovales sur le bord des barbes internes; à partir de leur base jusqu'aux deux tiers de leur longueur; rémiges secondaires du même brun noir mais avec des taches blanches sur les deux barbes, jusqu'à leur extrémité, ces taches étant beaucoup plus grandes sur les barbes internes; tectrices inférieures des ailes blanches avec quelques petites taches et le bord de l'aile noirs; queue d'un brun noir avec des taches blanches sur les deux barbes; toutes les rectrices étant terminées de blanc, à l'exception des deux pennes intermédiaires qui sont les plus longues; pieds d'un gris brun.

*La Femelle adulte* diffère du mâle par l'absence de la mèche rouge de chaque côté de l'occiput.

*Le jeune Mâle* a tout le dessus de la tête, la nuque et les joues d'un brun roussâtre ou fuligineux clair; le brun de toutes les parties supérieures est bien plus clair que chez l'adulte et les taches blanches sont plus grandes; la mèche rouge de chaque côté de l'occiput est très-marquée; la gorge et le menton sont cendrés et mouchetés de blanc sale; toutes les parties inférieures sont d'un cendré blanchâtre ou d'un blanc sale avec de nombreuses raies longitudinales d'un brun roussâtre assez clair.

Habite l'Inde, l'Himalaya.

DIMENSIONS.

| | |
|---|---|
| Longueur totale | 110 à 115 mill. |
| — du bec, de la commissure à l'extrémité | 15 à 16 — |
| — — des narines à l'extrémité | 11 à 12 — |
| — de l'aile pliée | 74 à 75 — |
| — de la queue | 37 à 40 — |
| — du tarse | 12 millimètres. |
| — du doigt postérieur externe (sans l'ongle) | 11 — |
| — de son ongle (en suivant la courbure) | 8 — |
| — du doigt antérieur externe | 9 — |
| — de son ongle | 8 — |
| — du doigt antérieur interne | 7 — |
| — de son ongle | 7 — |
| — du doigt postérieur interne | 4 — |
| — de son ongle | 4 — |

Se trouve dans les collections du Muséum britannique, de la Société zoologique de Londres et dans ma collection.

Le type de Vigors existait dans la collection de la Société zoologique, à Londres.

## PICUS PYGMÆUS *(Vig.)*.

PICUS PYGMÆUS; VIGORS, *Proc. zool. soc. Lond.*, 1830-1831, p. 44. — *Sed non* WAGLER, *Syst. av.*, nº 29. — BLYTH, *J. asiat. soc. Beng*, 1845, XIV, p. 197. — MALH., *Bullet. soc. d'hist. nat. Mos.*, 1848, p. 21. — Pr. BONAP., *Consp. gen. av.*, p. 135. — REICH., *Hand. spec. orn.*, p. 369, nº 854; pl. DCXXXVI, fig. 4232, 4233.
YUNGIPICUS PYGMÆUS; *Pr.* BP., *Consp. vol. zyg.*, 1854.

MAS. ADULT. Fronte fuliginosâ, vertice griseâ, occipite nigro, capite toto nigro circum marginato, striola auriculari utrinque coccineâ; capite ad latera albo, sed regione paroticâ pallidè fuliginosa, nuchâ nigrâ, albo infrâ marginatâ; dorso ac uropygio nigris, albo fasciatis; remigibus primariis fusco-nigris, extùs ad basin duabus minimis maculis tinctis, intùs majoribus; secundariis intùs et extùs albo ad marginem fasciatis; rectricibus fusco-nigricantibus, *quatuor mediis omnino nigris*, sequente griseâ extùs marginatâ, cæteris utrinque albo utrinque transversim fasciatis; gulâ albidâ; vittâ strictâ longitudinali utrinque fuliginosâ; pectore abdomineque ad crissi finem usque fulvescentibus, maculis numerosis longitudinalibus, nigris; rostro plumbeo-nigro, mandibulæ ad basin flavido; pedibus nigris.
FŒMINA. Mari simillima, nisi absque striola coccineâ.

## LE PIC PYGMÉE.

**PLANCHE XXXIV**, Fig. 5, le mâle; Fig. 7, la femelle; Fig. 6, la queue.

PIC PYGMÉE; LESS., *Compl. Buff.*, IX, p. 327. — MALH., *Bullet. soc. d'hist. nat. Mos.*, 1848, p. 21.

Cette espèce paraît avoir été peu connue de la plupart des auteurs modernes, et c'est ce qui a donné lieu à diverses erreurs que je dois signaler. Ainsi Wagler donne du *Pygmæus (Syst. av.*, nº 29), une description qui est plutôt celle du *picus Auritus* femelle, et qui ne saurait s'appliquer évidemment au *Pygmæus*, puisqu'il dit que la *queue* est rayée transversalement de blanc, tandis que ce dernier grimpeur se distingue par quatre rectrices intermédiaires noires, sans taches blanches. Mais Wagler indique le *picus Moluccensis* de Latham et de Gmelin, ainsi que le petit pic des Moluques de Buffon *(pl. enl.*, 748, fig. 2), comme des synonymes du *Pygmæus* de Vigors, ce qui est entièrement inexact. M. Blyth, en décrivant cette espèce dans le *Journal de la Société asiatique du Bengale*, annonce que le mâle porte un croissant rouge à l'occiput, mais que les côtés de ce croissant ne sont réunis au milieu que chez les vieux mâles. J'avais, en 1848, exprimé l'opinion que ce vieux mâle était une espèce différente que j'avais nommée *Semicoronatus*, et en 1849, M. Blyth adopta aussi cette opinion en nommant *picus Rubricatus* ce vieux mâle du *Pygmæus* à demi-couronne rouge.

Le savant auteur du *Conspectus generum avium* (1850, p. 135, nº 8) a confondu, sous le nom de *Pygmæus*, deux autres espèces très-distinctes, telles que le *Nanus* (VIG.) et le *Trisulensis* (LICHT.) ou *Mitchelli* (MALH.). Aussi, la description de cet auteur ne s'applique-t-elle point au *Pygmæus* de Vigors, car il dit: « *nigricans, dorso fasciis, alis caudaque maculis, albis,* » ce qui n'est vrai que pour le *Nanus* et l'*Auritus*. La taille du *Mitchelli* ou *Trisulensis* ne permet pas, d'ailleurs, de le confondre avec le *Pygmæus* qui est infiniment plus petit. Il suffit de se reporter aux figures que je donne de ces espèces pour se convaincre de l'exactitude de mes observations. C'est dans la collection de la Société zoologique de Londres que j'ai été à même d'examiner les types qui ont servi à la description de M. Vigors et qui étaient en assez mauvais état. Cet auteur indique le dos du *Pygmæus* comme étant d'un gris cendré comme le dessus de la tête, et il ajoute que les rectrices latérales sont souples et flexibles comme chez les Picumnes. Je ne puis partager cet avis, parce que la base seule des plumes dorsales est d'un gris cendré, et cette dernière couleur ne prédomine que lorsque les plumes sont en désordre, tandis que la partie qui s'aperçoit lorsque les plumes sont couchées porte des bandes d'un brun noir et des bandes d'un blanc gris. Quant aux rectrices latérales, il est évident qu'elles sont moins raides que celles intermédiaires, mais cette espèce a cela de commun avec la plupart des pics, et c'est à tort que M. Lesson, d'après Vigors, pense *(Compl. à Buffon*, IX, p. 327) que peut-être devrait-on classer avec les Picumnes le pic Pygmée.

CARACTÈRES. Bec long et droit, plus long et plus fort que celui du *picus Auritus* et même que celui du *p. Mitchelli* qui, cependant, est une espèce plus forte que le *Pygmæus;* ailes assez longues; la troisième et la quatrième rémige sont les plus longues et presque égales à la cinquième, qui excède la sixième de 4 ou 5 millimètres. Doigt postérieur externe excédant de très-peu le doigt antérieur externe.

COLORATION. *Le Mâle adulte;* tout le dessus de la tête d'un gris cendré, quelquefois lavé de brun, entouré par une bande d'un brun roussâtre sur le front, puis noire sur les côtés de la tête et derrière l'occiput où elle s'élargit; de chaque côté entre le vertex et l'occiput, et au point de jonction du noir du dessus au blanc des côtés de la tête, existe une petite mèche ou touffe d'un rouge vif; méat auditif d'un brun fuligineux; dos rayé transversalement de bandes noires et de bandes blanches; croupion et tectrices supérieures de la queue blancs, avec des bandes noires transversales; tectrices moyennes et grandes tectrices alaires d'un brun noir avec des taches blanches à l'extrémité; rémiges primaires noires avec deux très-petites taches blanches vers le milieu de la penne, sur sa page externe, et trois ou quatre grandes taches ovoïdes de même couleur sur la page interne. Rémiges secondaires noires avec des taches blanches sur le bord des deux pages et sur toute leur longueur. Menton et gorge d'un blanc cendré, ayant de chaque côté une bande brune partant du bec. Le reste des parties inférieures est d'un fauve clair, chaque plume portant au milieu une mèche longitudinale d'un brun noirâtre; tectrices inférieures des ailes d'un fauve très-clair avec quelques stries noirâtres; *les quatre rectrices intermédiaires sont entièrement noires;* la suivante de chaque côté est noire, mais ayant sa page externe liserée de blanc roussâtre; les autres rectrices latérales sont d'un brun noirâtre plus ou moins tachées transversalement de blanc roussâtre; bec brun au-dessus et à l'extrémité, blanc jaunâtre en dessous vers la base et sur les côtés; tarses et pieds bruns; ongles d'un brun jaunâtre.

*La Femelle* diffère du mâle par l'absence de la mèche rouge de chaque côté de la tête. Les parties supérieures offrent aussi des taches blanches plus nombreuses et plus étendues que chez le mâle.

Habite le nord-ouest de l'Himalaya, le royaume de Népaul.

| DIMENSIONS. | |
|---|---|
| Longueur totale | 120 millimètres. |
| — du bec, de la commissure à l'extrémité | 20 à 21 mill. |
| — — des narines à l'extrémité | 14 à 15 — |
| — de l'aile pliée | 84 millimètres. |
| — de la queue | 41 — |
| — du tarse | 13 — |
| — du doigt postérieur externe (sans l'ongle) | 11 — |
| — de son ongle (en suivant la courbure) | 9 — |
| — du doigt antérieur externe | 10 — |
| — de son ongle | 9 — |
| — du doigt antérieur interne | 8 — |
| — de son ongle | 7 — |
| — du doigt postérieur interne | 4 — |
| — de son ongle | 5 — |

Collections de la Société zoologique de Londres, de M. Wilson, à Philadelphie; de la Société asiatique, à Calcutta; ma collection, à Metz.

Le type du *Pygmæus* (Vig.) existait dans la collection de la Société zoologique à Londres.

---

## PICUS SEMICORONATUS *(Malh.)*.

PICUS SEMICORONATUS; Malh., *Bullet. soc. d'hist. nat. Metz,* 1848, p. 21.
PICUS PYGMÆUS, SENIOR; Blyth, *J. asiat soc. Beng.,* 1845, XIV, p. 197?
PICUS RUBRICATUS; Blyth, *Cat. birds in the Mus. asiat. soc.,* 1849, p. 63, nº 299.
YUNGIPICUS SEMICORONATUS; *Pr. Bp., Consp. vol. zyg.,* 1854.

Mas adult. Fronte fuliginosâ, vertice griseâ, capite toto nigro circùm marginato, occipite *coccineo semi-coronato;* capite ad latera albescente, sed regione paroticâ pallide fuliginosâ; dorso et uropygio nigris, albo fasciatis; remigibus primariis fusco-nigris, extùs ad basin duabus minimis maculis tinctis, intùs majoribus; secundariis intùs et extùs albo ad marginem fasciatis; rectricibus fusco-nigricantibus, *quatuor mediis omnino nigris,* sequente griseâ extùs marginata, cœteris, albo utrinque maculatis; gulâ albâ, vittâ strictâ longitudinali utrinque fuliginosâ; pectore abdomineque ad crissi finem usque fulvescentibus, maculis numerosis longitudinalibus, nigris; rostro plumbeo-nigro, mandibulæ ad basin flavido; pedibus griseis.

## LE PIC A DEMI-COURONNE *(Malh.)*.

**PLANCHE XXXIV**, Fig. 8, le mâle adulte.

M. Blyth, en décrivant le *p. Pygmæus* de Vigors dans le *Journal de la Société asiatique du Bengale* (1845, vol. xiv, 197), dit « que le mâle a un croissant rouge à l'occiput; » mais, cet auteur ajoute: « il est vrai que les côtés de ce croissant rouge ne sont réunis au milieu que chez les *vieux* sujets; que les jeunes n'ont qu'une seule mèche rouge de chaque côté de l'occiput, comme le *p. Moluccensis* et d'autres espèces. » Dans une lettre, qu'il me fit l'honneur de m'adresser en 1849, le savant directeur du Muséum de Calcutta, m'écrivit: « J'ai aussi découvert que le *picus Pygmæus* (Vig.) du N.-O. de l'Himalaya était représenté dans le S.-E. par une espèce presque semblable, mais distincte, que j'ai nommée *Rubricatus*. Le mâle se reconnaît par une bande rouge à l'occiput, tandis que le *Pygmæus* ne porte qu'une petite touffe de même couleur de chaque côté du sinciput. » Enfin, le même auteur, dans le catalogue des oiseaux de la collection de la Société asiatique de Calcutta, fait figurer comme espèce distincte le *picus Rubricatus*, près du *Pymæus*, et il ajoute à la première de ces deux espèces cette annotation : « Décrite dans le *Journal de la soc. asiat.*, XIV, p. 197, comme un vieux mâle en belle livrée du n° 302, » qui est le *picus Canicapillus*. Il est évident que c'est une erreur, car en me reportant de nouveau au *Journal de la soc. asiat. du Bengale*, je me suis assuré que c'était bien comme le vieux mâle du *Pymæus* et non du *Canicapillus* que M. Blyth avait décrit ce grimpeur.

Quoiqu'il en soit, l'erreur que je soupçonnais et les doutes que j'émettais en 1848, dans le *Bulletin de la Société d'hist. nat. de la Moselle*, paraissent fondés et j'annonçais alors que *déjà j'avais nommé cette espèce Semi-Coronatus*, et qu'en admettant que le changement de livrée annoncé par M. Blyth fut exact, j'avais remarqué quelques légères dissemblances dans la coloration de la queue entre les deux sujets types du *Pygmæus* de Vigors, à la *Société zoologique de Londres*, et le *vieux Pygmæus* à demi-couronne rouge de M. Blyth, dont j'avais examiné un couple appartenant à la riche collection de M. Wilson, de Philadelphie, et un autre dans ma propre collection. Je m'empresse d'ajouter que ces différences, à l'exception du rouge de la tête, n'ont que très-peu d'importance et tiennent probablement à l'âge, aussi dois-je convenir qu'autant il est facile de distinguer le mâle des deux espèces, autant il paraît facile de confondre les femelles.

Le *Semi-Coronatus* se distingue de suite du *picus Meniscus* ou pic à croissant, de l'*Auritus* et de l'*Otarius*, parce que ces trois dernières espèces ont toutes leurs rectrices tachetées de blanc sur les deux pages, tandis que le *Semi-Coronatus* et le *Pygmæus* ont leurs quatre rectrices intermédiaires entièrement noires. Cette similitude pour le *Pygmæus* et l'*Auritus* d'une espèce semblable à chacune d'elles et ne différant que parce que le mâle porte à l'occiput une demi-couronne rouge au lieu d'une petite touffe ou mèche de chaque côté de la tête, m'avait porté à me demander si la première opinion de M. Blyth n'était pas la seule réelle et si ce changement de coloration n'était pas occasionné par l'âge. Toutefois M. Blyth, dans une note intitulée : Supplément au catalogue de 1849 (*Journ. asiat. soc. Beng.*, XVIII, p. 804, n° 299), annonce que le mâle de son *p. Rubricatus*, qu'il avait décrit comme un très-vieux mâle du *Pygmæus* (n° 300, *in journ. asiat. soc.*, XIV, p. 197), est une espèce distincte. « J'ai reçu depuis, dit ce naturaliste, beaucoup d'exemplaires du *Pygmæus* du nord-ouest de l'Himalaya, et aucun n'avait la touffe rouge de chaque côté du sinciput, plus développée que chez le *picus Moluccencis*; tandis que parmi les nombreux exemplaires provenant du Darjiling, les mâles avaient tous le rouge beaucoup plus étendu et formant, chez les uns, une large bande entourant entièrement l'occiput, chez les autres le rouge s'étendant déjà en partie dans ce sens et les côtés déjà plus développés que vers le milieu. Quant aux femelles, ajoute-t-il, elles sont absolument semblables dans les deux espèces. Tous les exemplaires envoyés par M. Hodgson des contrées intermédiaires du Népaul, étaient le véritable *Pygmæus*, et M. le capitaine Hutton nous a assuré qu'il n'avait jamais observé que le rouge de la tête fut, chez l'espèce du nord-ouest de l'Himalaya, étendu en bande comme chez l'espèce du Sikim. »

Caractères. Les mêmes que ceux du *picus Pygmæus*.

Coloration. *Le Mâle adulte*; tout le dessus de la tête d'un gris cendré, entouré par une bande d'un brun roussâtre qui passe sur le front et vient au-dessus des yeux où elle fait place à une bande noire qui ceint la nuque et s'étend jusqu'au dos, un croissant ou demi-couronne d'un rouge minium, de vingt millimètres de long sur trois de hauteur, recouvre une partie de cette bande noire à l'occiput.

Le méat auditif, d'un brun fuligineux, est placé entre deux bandes blanches, dont celle supérieure commence après l'œil et forme une large plaque blanche triangulaire. Dos blanc rayé tranversalement de bandes noires; croupion et tectrices supérieures de la queue blancs avec d'étroites bandes noires transversales, tectrices supérieures des ailes noires avec quelques petites taches blanches; rémiges primaires d'un brun noir, avec une ou deux très-petites taches blanches vers la base de la page externe et quelques taches blanches arrondies vers la base de la page interne; rémiges secondaires d'un brun noirâtre avec des taches blanches sur le bord des deux pages et sur toute la longueur des pennes.

Les *quatre rectrices intermédiaires sont noires sans taches;* la première grande rectrice externe de chaque côté de la queue est d'un brun foncé avec des taches ou bandes blanches transversales sur les deux pages; la seconde rectrice a des bandes blanches sur la page externe et une tache blanche vers l'extrémité de la page interne; la troisième rectrice, c'est-à-dire, celle qui est voisine des quatre intermédiaires, est d'un brun foncé et n'a qu'un liseré cendré, à peine visible, qui borde la page externe, tel est le sujet qui fait partie de la collection de M. Wilson, à Philadelphie. Le menton et la gorge sont d'un blanc cendré, ayant de chaque côté une bande étroite d'un brun cendré partant du bec. Le reste des parties inférieures est d'un roux clair, chaque plume étant divisée dans sa longueur par une étroite ligne d'un brun noirâtre, bec brun foncé, la base de la mandibule inférieure d'un brun jaunâtre, pieds bruns.

Habite le sud-est de l'Himalaya; le Darjiling, le Sikim.

| DIMENSIONS. | |
|---|---|
| Longueur totale | 120 à 130 mill. |
| — du bec, de la commissure à l'extrémité | 19 millimètres. |
| — — des narines à l'extrémité | 14 à 15 mill. |
| — de l'aile pliée | 84 millimètres. |
| — de la queue | 41 — |
| — du tarse | 13 — |
| — du doigt postérieur externe (sans l'ongle) | 12 — |
| — de son ongle (en suivant la courbure) | 8 — |
| — du doigt antérieur externe | 10 — |
| — de son ongle | 7 — |
| — du doigt antérieur interne | 8 — |
| — de son ongle | 6 — |
| — du doigt postérieur interne | 4 — |
| — de son ongle | 4 — |

Muséum de Paris, de la Société asiatique, à Calcutta; collection de M. Wilson, à Philadelphie.

Le type du *p. Semi-Coronatus* (Malh.) existe dans ma collection.

## PICUS AURITUS *(Eyton).*

TRIPSURUS AURITUS; Eyton, *Ann. and. mag. of nat. hist.*, XVI, 1845, p. 229.
PICUS VALIDIROSTRIS? Blyth, *Cat. collect. asiat. soc.*, p. 64, nº 305; *J. as. soc. Beng.*, XVIII, p. 805, 1849.
YUNGIPICUS AURITUS; *Pr. Bp.*, *Consp. vol. zyg.*, 1854.

Mas adult. Fronte verticeque cinerei-brunneis, occipite nuchâ et auchenio nigris; sincipitis lateribus nigris, striolâ utrinque coccineâ; capite ad latera albo, vittâ largâ ab oris rictu ad colli latera elongatâ nigrâ; interscapulio, tergoque nigris albo transversim maculatis; alarum tectricibus primariis nigris, cœteriis albo ad apicem maculatis; remigibus nigricantibus, albo utrinque maculatis; rectricibus nigricantibus, intermediis unâ maculâ utrinque albâ, duabus sequentibus non nullis maculis utrinque albis; rectricibus cœteris albo nigroque transversim maculatis. Gulâ, pectore, abdomineque flavido-albis, mediis pennarum atris; rostro, pedibusque fuscis.

Fœmina. Mari simillima nisi absque striolis utrinque coccineis.

## LE PIC OREILLARD *(Malh.).*

**PLANCHE XXXV**, Fig. 1. le mâle adulte.

La description assez sommaire donnée par M. Eyton, sans aucune figure, n'a pas permis aux naturalistes de se fixer sur l'espèce à laquelle il convenait d'attribuer le nom de *picus Auritus;* aussi M. Blyth, dans son catalogue de la collection ornithologique du Muséum de la Société asiatique de Calcutta *(J. asiat. soc. Beng.*, 1849), et S. A. le prince Bonaparte *(Conspectus generum avium*, 1850, p. 137), indiquent-ils l'*Auritus* comme synonyme du *Bicolor* et du *Moluccensis* (Gmel.). Une erreur émanée d'autorités aussi recommandables suffit pour démontrer de quelle importance sont les planches qui accompagnent le texte des descriptions, et il serait à désirer qu'aucune description ne fut publiée sans une figure coloriée.

Quoiqu'il en soit, le sujet que je décris comme l'*Auritus*, est non-seulement conforme à la description de M. Eyton, mais il se trouve ainsi dénommé dans la collection du Muséum britannique, sans que je puisse affirmer que ce soit le type de l'auteur.

Le *picus Auritus* ne diffère du *p. Otarius* que par son bec plus fort et plus long, sa taille un peu plus grande et ses ailes plus longues. Malgré ces différences assez sensibles, je me suis demandé si ce n'était pas la même espèce. Des observations réitérées sur un plus grand nombre d'exemplaires, pourront seules résoudre évidemment cette question.

L'espèce, qui paraît assez rare, a été reçue de Malacca, et je ne l'ai jamais observée dans d'autres collections; son bec, très-fort et long, étant un des caractères qui distinguent cet oiseau, je suis porté à croire que ce peut être le *picus Validirostris*, indiqué par M. Blyth *(J. as. soc. Beng.*, XIV, p. 197), comme le *picus Nanus* (Vig.), et qu'il regardait encore comme tel dans son catalogue de la collection du Muséum de Calcutta, sans aucune description. Cet auteur, dans un supplément *(J. as. soc.*, XVIII, p. 8), ajoute qu'il ignore d'où provient ce grimpeur et qu'il pense que ce n'est pas le *p. Nanus*.

Caractères. Bec fort pour la taille de l'oiseau et long; ailes longues; la troisième et la quatrième rémige sont les plus longues; queue moyenne.

Coloration. *Le Mâle adulte;* bec d'un brun noirâtre plus clair à la base de la mandibule inférieure; narines légèrement recouvertes de plumes piliformes d'un brun fuligineux; front d'un brun clair plus foncé sur le vertex; occiput et nuque, ainsi que les côtés du vertex noirs; une mèche rouge de chaque côté du sinciput; joues et côtés de la tête blancs; une large bande d'un brun noirâtre part de la commissure du bec et se prolongent sur les côtés du cou; partie supérieure du dos noire, le surplus du dos et le croupion étant d'un brun foncé rayé transversalement de blanc sale; couvertures supérieures de la queue blanches, rayées de brun noir; petites tectrices supérieures des ailes noires, les autres de même couleur et avec des taches blanches vers l'extrémité; rémiges primaires d'un brun foncé avec de petites taches blanches sur la page externe, et des taches plus grandes et arrondies sur la page interne; rémiges secondaires de même couleur, mais avec des taches ovoïdes blanches sur les deux pages; queue d'un brun foncé; les deux rectrices intermédiaires ont une tache blanche sur le bord de chaque page; la rectrice suivante porte trois taches blanches sur chaque page; la troisième rectrice en a quatre et les deux rectrices latérales de chaque côté sont brunes rayées transversalement de blanc; toutes les parties inférieures sont d'un blanc jaunâtre, plus clair sur la gorge, et le centre de chaque penne est d'un brun noirâtre, ce qui forme des mèches longitudinales de cette couleur; tarses et doigts d'un brun clair.

*La Femelle* que je n'ai pas vue ne doit différer du mâle que par l'absence de la mèche rouge de chaque côté du sinciput.

Habite la presqu'île de Malacca.

DIMENSIONS.

| | | |
|---|---|---|
| Longueur totale | 127 | millimètres. |
| — du bec, de la commissure | 22 | — |
| — — du bec, des narines | 14 | — |
| — de l'aile pliée | 82 | — |
| — de la queue | 34 | — |
| — du tarse | 15 | — |
| — du doigt postérieur externe (sans l'ongle) | 12 | — |
| — de l'ongle (mesuré le long de la courbure) | 9 | — |
| — du doigt antérieur externe | 10 | — |
| — de l'ongle | 9 | — |
| — du doigt antérieur interne | 7 | — |
| — de l'ongle | 7 | — |
| — du doigt postérieur interne | 3 | — |
| — de l'ongle | 5 | — |

Collection du Muséum britannique, à Londres.

## PICUS MENISCUS *(Malh.)*.

Mas adult. Rostro fusco; narium plumulis fuliginosis; fronte griseâ, rufo-lavatâ; capite suprà griseâ nigro circùm marginato, occipite coccineo semi-coronato; nuchâ dorsoque supremo, alarum tectricibus primariis nigris; alarum tectricibus cœteris fuliginosis albo ad apicem maculatis; tergo, uropygio fuliginosis albo transversim maculatis; remigibus fusco-fuliginosis extùs minimis intùs majoribus maculis albis ad marginem tinctis; rectricibus omnibus albo utrinque maculatis; capite ad latera albescente, sed regione paroticâ pallidè fuliginosâ; gulâ albidâ, vittâ strictâ longitudinali utrinque fuliginosâ; pectore abdomineque ad crissi finem usque fulvescentibus, maculis numerosis, longitudinalibus, nigricantibus; pedibus griseis.

## LE PIC A CROISSANTS *(Malh.)*.

**PLANCHE XXXV**, Fig. 2, vieux mâle; Fig. 3, la queue; Fig. 4, rémige quatrième.

Ce joli petit grimpeur a les plus grands rapports avec le *picus Semi-Coronatus*, et je l'aurais pris pour cette dernière espèce, sans la coloration différente de la queue dont les quatre rectrices intermédiaires sont entièrement noires chez le *Semi-Coronatus*, tandis qu'elles portent des taches blanches sur leurs deux pages chez le *Meniscus*. Cette espèce m'a été envoyée du Bengale sans aucune autre indication; il est toutefois probable qu'elle habite le nord de l'Inde.

Caractères. Les mêmes que ceux du *Semi-Coronatus* et du *Pygmæus*.

Coloration. *Le Mâle adulte;* bec brun; front d'un cendré roussâtre; le reste du dessus de la tête d'un joli gris cendré entouré, à partir de l'œil de chaque côté, par une bande noire qui contourne l'occiput et couvre jusqu'au haut du dos; un croissant ou demi-couronne d'un rouge minium, de 20 millimètres de long sur 3 millimètres de hauteur, recouvre une partie de cette bande noire à l'occiput; tectrices primaires des ailes noires; les autres tectrices alaires sont d'un brun noirâtre tacheté de blanc, surtout vers l'extrémité des plumes. Dos et croupion d'un brun noirâtre, rayé transversalement de blanc. Rémiges primaires d'un brun noirâtre avec quelques très-petites taches blanches vers la base de la page externe; des taches arrondies de même couleur vers la base de la page interne; rémiges secondaires d'un brun noirâtre avec des taches blanches plus grandes sur les deux pages. La troisième, la quatrième et la cinquième rémige sont presqu'égales en longueur; queue d'un brun noirâtre; *toutes les rectrices portant des taches blanches sur les deux pages.*

Les côtés de la tête sont blancs; une large bande d'un brun fuligineux couvre le méat auditif et s'étend jusqu'à l'œil; gorge d'un blanc sale, bordé de chaque côté par une étroite bande d'un gris brun partant de la mandibule inférieure; menton et gorge d'un blanc sale; toutes les parties inférieures d'un roux blanchâtre sale, avec de nombreuses mèches longitudinales d'un brun noirâtre; pieds d'un gris brun.

*La Femelle* ne diffère du mâle que par l'absence de la mèche rouge de chaque côté du sinciput.

Habite l'Inde.

DIMENSIONS.

| | | |
|---|---|---|
| Longueur totale | 117 | millimètres. |
| — du bec, de la commissure à l'extrémité | 16 | — |
| — — des narines à l'extrémité | 12 | — |
| — de l'aile pliée | 82 | — |
| — de la queue | 40 | — |
| — du tarse | 13 | — |
| — du doigt postérieur externe (sans l'ongle) | 12 | — |
| — de son ongle (en suivant la courbure) | 8 | — |
| — du doigt antérieur externe | 10 | — |
| — de son ongle | 7 | — |
| — du doigt antérieur interne | 8 | — |
| — de son ongle | 6 | — |
| — du doigt postérieur interne | 4 | — |
| — de son ongle | 4 | — |

Ma Collection à Metz.

## PICUS OTARIUS *(Malh.)*.

Mas. Fronte, vertice, grisei-fuscis, brunneo lavatis, vertice medio occipiteque fusco nigricantibus; striolâ utrinque ad sincipitis latera coccineâ; strigâ superciliari ad nuchæ latera alba extendente; striga largâ pone ab oculis fuliginosâ-nigrâ; gulâ genisque albis, vittâ strictâ ab oris rictu ad pectoris latera, fuliginosâ; pectore abdomineque albis, striolis numerosis, longitudinalibus, fuliginosis; alarum tectricibus inferioribus albis, fusco maculatis; alarum tectricibus superioribus nigro-fuliginosis albo extùs ad apicem maculatis; tergo fusco-fuliginoso albo transversim maculato; caudæ tectricibus superioribus albis, in medio fuliginosis; remigibus fuliginoso-fuscis. primariis, parvulis extùs, secundariis quadratis extùs, omnibus rotundatis intùs maculis albis notatis; rectricibus fusco fuliginosis duabus aut tribus maculis albis utrinque *omnibus notatis;* rostro fusco, mandibulæ basi flavidâ; pedibus fuscis.

Fœmina. Mari simillima nisi absque striolis sincipitis coccineis.

## LE PIC A PETITES OREILLES *(Malh.)*.

**PLANCHE XXXV**, Fig. 5, le mâle; Fig. 7, la femelle; Fig. 6, rémige quatrième.

J'avais pendant longtemps considéré comme le *picus Auritus* cet oiseau, que j'ai reçu de l'Inde sans autre indication. Néanmoins la coloration quelque peu différente et sa taille plus petite m'ont démontré mon erreur, en voyant surtout au Muséum britannique l'*Auritus* de M. Eyton. N'ayant obtenu aucune indication, je ne puis donc affirmer si l'espèce que je décris est originaire de l'Himalaya, de Malacca ou des Moluques. Ce pic ayant beaucoup de ressemblance avec le *picus Meniscus*, je me suis demandé si ce n'était pas un très-vieux mâle qui différerait par la demi-couronne occipitale rouge du mâle adulte qui ne porte qu'une mèche rouge de chaque côté de l'occiput; ce qui tendrait à corroborer la première opinion de M. Blyth qui regardait mon *Semicoronatus* comme un vieux mâle du *Pygmæus* (Vig.). Ce n'est que lorsque nous posséderons un plus grand nombre de sujets des deux espèces, qu'il sera possible de se former à cet égard une opinion certaine; je dois, pour le moment, signaler les différences qu'offrent les deux espèces. Le *Meniscus* a tout le dessus de la tête d'un gris cendré; le vertex et l'occiput bordés de noir sur les côtés, avec de nombreuses mèches rouges sur la demi-couronne noire de l'occiput, tandis que l'*Otarius* a d'un brun foncé ce qui est gris cendré chez le *Meniscus*, et ne porte qu'une mèche rouge de chaque côté de l'occiput; l'*Otarius* a plus de blanc sur la gorge et sur les côtés de la tête; les mèches qui couvrent les parties inférieures sont plus noires chez le *Meniscus*, dont les ailes et la queue sont plus longues.

Caractères. Bec long et fort; ailes longues, recouvrant la queue sur près des trois quarts de sa longueur; queue moyenne; doigts plutôt longs. La troisième, la quatrième et la cinquième rémige étant les plus longues et différant très-peu l'une de l'autre.

Coloration. *Le Mâle;* bec d'un brun foncé; la base de la mandibule inférieure étant d'un brun jaunâtre; front et vertex d'un brun assez foncé, lavé au milieu du vertex de brun noir; pourtour du vertex et de l'occiput de cette dernière couleur; une petite mèche rouge de chaque côté du sinciput; gorge, joues et côtés de la tête blancs, cette couleur se prolongeant de chaque côté de l'occiput; une large bande d'un brun fuligineux s'étend à partir de l'œil jusque sur les côtés de la nuque; une autre bande très-étroite part de la mandibule inférieure et borde chaque côté du menton et de la gorge; toutes les autres parties inférieures sont blanches et couvertes de très-nombreuses mèches longitudinales d'un brun fuligineux, plus clair sur les tectrices inférieures de la queue; tectrices inférieures des ailes blanches avec quelques taches d'un brun foncé; tectrices supérieures des ailes d'un brun fuligineux avec quelques taches blanches irrégulières; dos et croupion du même brun avec des taches ou bandes transversales blanches; tectrices supérieures caudales brunes à la base, et ayant leur extrémité blanche avec une bande longitudinale brune au milieu; rémiges d'un brun fuligineux avec des taches blanches sur les deux pages; ces taches étant toujours beaucoup plus petites sur la page externe. Les rectrices sont d'un brun fuligineux, et *toutes portent, sur chaque page, deux ou trois taches blanches,* disposées sur des lignes régulières; pieds bruns.

*La Femelle* diffère du mâle par l'absence de la mèche rouge de chaque côté du sinciput.

Habite peut-être l'archipel des Moluques ou de la Sonde, l'île de Ceylan?

| DIMENSIONS. | |
|---|---|
| Longueur totale | 121 millimètres. |
| — du bec, de la commissure à l'extrémité | 17 — |
| — — des narines à l'extrémité | 12 — |
| — de l'aile pliée | 71 — |
| — de la queue | 35 — |
| — du tarse | 11 — |
| — du doigt postérieur externe (sans l'ongle) | 11 — |
| — de son ongle (en suivant la courbure) | 8 — |
| — du doigt antérieur externe | 9 — |
| — de son ongle | 8 — |
| — du doigt antérieur interne | 7 — |
| — de son ongle | 7 — |
| — du doigt postérieur interne | 3 — |
| — de son ongle | 5 — |

**Ma collection à Metz.**

## PICUS GYMNOPHTHALMUS (*Blyth*).

PICUS GYMNOPTHALMOS; Blyth, *J. asiat. soc. Beng.*, XVIII, p. 804, et *Catal. birds mus. Calc.*, p. 64, n° 304. — E.-L. Layard, *Ann. and mag. nat. hist.*, 1854, XIII, p. 448, n° 183.
YUNGIPICUS GYMNOPHTHALMUS; *Pr. Bp.*, *Consp. vol. zyg.*, 1854.

Nous ne connaissons nullement encore ce pic de Ceylan que M. Blyth décrit ainsi qu'il suit, d'après M. Layard: « Ce petit pic ressemble tellement au *picus Moluccensis* que la même description convient presque aux deux pour les parties supérieures; quant au-dessous du corps, il est rayé de roux blanchâtre, à l'exception des tectrices caudales inférieures qui portent des taches noirâtres au milieu; le dessus de la tête diffère aussi en ce qu'il est d'une teinte noire uniforme et teint de brunâtre vers le lorum seulement; la page externe des rémiges primaires est d'un brun noir sans taches, et toutes les rectrices ont de chaque côté deux ou trois taches blanches sur leur rebord seulement. Le noir est généralement plus profond que chez le *p. Moluccensis,* et le petit espace dénudé de plumes autour de l'œil est moins développé que chez le *p. Variegatus.* Je n'ai encore vu que la femelle de cette espèce; mais M. Layard annonce que le mâle porte de chaque côté du sinciput une petite mèche d'un rouge brillant. Ce grimpeur habite l'île de Ceylan où il n'a été observé que sur des arbres pourris. » M. Layard, ajoute que cette très-petite espèce, qui lui paraît propre à Ceylan, se trouve répandue plutôt dans le sud de cette île, dans les parties cultivées, que dans le nord, dans les *jongles;* que l'iris est du jaune le plus pâle.

Sans pouvoir l'affirmer, je suis porté à penser que cette espèce est celle que j'ai figurée et décrite sous le nom de *picus Otarius,* qui serait alors de Ceylan. M. Blyth pourra comparer ma planche avec le sujet qui a servi de type à sa description.

## PICUS KISUKI.

PICUS KIZUKI, DE SIEBOLD; — TEMM., *Texte des pl. color.* — MALH., *N. class., Mém. acad. Metz,* 1848-1849, p. 327. — REICH., *Handb. spec. orn.*, p. 370, nº 856; pl. DCXXXVI, fig. 4236, 4237, 4238.

PICUS KISUKI; TEMM. et SCHLEG., *Faun. Japon,*, p. 74, pl. XXXVII, le mâle et la femelle. — LESS., *Compl. Buff.*, IX, p. 309. — BONAP., *Consp. av.*, p. 135.

YUNGIPICUS KISUKI; *Pr. Bp., Consp. vol. zyg.*, 1854.

MAS ADULT. Rostro fusco flavidoque vario; capite supra fusco; striâ strictâ utrinque ad occipitis latera coccineâ; regione paroticâ cinereo-fuscâ; strigâ postoculari, nuchâ, collo ad latera, mento, gulâ, pectoreque albis; vitta malari utrinque fusco nigrâ; abdomine, crissoque albido-rufescentibus, striis longitudinalibus fusco-rufis variegatis; alis dorsoque fuscis, late albo faciatis; remigibus utrinque albo maculatis; rectricibus duabus mediis omnino nigris, extimis duabus albis, nigro fasciatis, cœteris nigris, extùs plus minusve albo marginatis; pedibus plumbeis.

## LE PIC KISUKI.

**PLANCHE XXXVI**, Fig. 1, le mâle; Fig. 2, la femelle.

Cette espèce est du petit nombre de celles propres au Japon et elle y porte, selon M. de Siebold, le nom de Kizuzuki ou Kisuki. M. Temminck en a le premier publié une description sommaire dans le texte des planches coloriées sans en donner de figure. Le Kisuki est rare dans les collections et sa rareté provient non-seulement de son origine, mais aussi de ce qu'il a été souvent confondu avec d'autres petites espèces asiatiques qui ont avec lui quelque rapport, quoique faciles à distinguer. J'ai retrouvé une femelle de ce même oiseau, sous le nom de *picus Kogera,* dans la collection de la Société zoologique de Londres.

CARACTÈRES. Bec assez long, droit, conique et légèrement tronqué vers l'extrémité; arête au sommet du bec saillante; narines rapprochées des bords de la mandibule supérieure et cachées par une petite touffe de plumes piliformes dirigées en avant; menton couvert de plumes et garni à sa base de plumes rebroussées, ailes plutôt longues. La rémige la plus longue est la troisième qui excède de peu la quatrième et la cinquième; la deuxième rémige et la sixième sont égales; la première est très-courte. Queue moyenne; tarses et doigts moyens et scutellés au-devant; le doigt postérieur externe le plus long de tous; ongles courbes, évidés sur les côtés et très-aigus.

COLORATION. *Le Mâle adulte;* bec d'un brun de corne, et jaune de corne au milieu et vers la base de la mandibule inférieure; la mandibule supérieure avant son extrémité est d'un brun plus clair; front, devant et côtés de la tête d'un brun roussâtre, le reste de la tête d'un brun plus foncé; un petit trait d'un rouge vermillon clair de chaque côté de l'occiput; une bande ou sourcil d'un blanc pur et d'un centimètre de long part du haut de l'œil et se dirige en arrière en se retrécissant; derrière le cou existe de chaque côté une large bande blanche; gorge et devant du cou blancs jusqu'à la poitrine; une étroite moustache d'un brun noirâtre part de chaque côté de la mandibule inférieure et est séparée du brun des côtés de la tête par une ligne blanche; côtés du cou d'un brun roussâtre; poitrine, abdomen et couvertures inférieures de la queue d'un blanc roussâtre tirant quelquefois au jaunâtre ou au brun roux, avec des taches longitudinales d'un brun roussâtre foncé, de la même teinte que les côtés de la tête; on remarque toutefois sur le ventre et les tectrices caudales quelques taches qui affectent la forme transversale; dos et ailes d'un brun foncé avec de larges bandes tranversales d'un blanc pur, qui diminuent sur le manteau et cessent sur les petites couvertures des ailes; les rémiges ont des taches blanches sur leurs deux barbes; les tectrices alaires inférieures sont d'un blanc pur, et on voit une large tache foncée sur chacune des grandes tectrices.

Les couvertures supérieures de la queue sont d'un brun noirâtre; les deux premières rectrices latérales de chaque côté sont blanches rayées transversalement de bandes d'un brun noir; la troisième rectrice a le bord externe blanc et taché de noir vers l'extrémité; la quatrième rectrice n'a qu'un liseré blanc sur le bord externe, le reste étant noir; et les deux rectrices intermédiaires sont entièrement noires; pieds d'un gris plombé; ongles d'un brun jaunâtre clair.

*La Femelle adulte* diffère du mâle par l'absence du trait rouge de chaque côté de l'occiput.

*Le Jeune,* selon M. Reichenbach, a la tête et tout le cou d'un gris brun enfumé.

Habite le Japon; l'exemplaire du Muséum de Bruxelles est un mâle encore jeune, et originaire du Japon, selon ce que m'écrit très-récemment M. le baron Du Bus, le savant directeur de cet établissement.

DIMENSIONS.

| | | |
|---|---|---|
| Longueur totale | 138 | millimètres. |
| — du bec, de la commissure | 16 | — |
| — — du bec, des narines | 11 | — |
| — de l'aile pliée | 79 | — |
| — de la queue | 45 | — |
| — du tarse | 13 | — |
| — du doigt postérieur externe (sans l'ongle) | 11 | — |
| — de l'ongle (mesuré le long de la courbure) | 8 | — |
| — du doigt antérieur externe | 10 | — |
| — de l'ongle | 8 | — |
| — du doigt antérieur interne | 8 | — |
| — de l'ongle | 7 | — |
| — du doigt postérieur interne | 4 | — |
| — de l'ongle | 4 ½ | — |

Se trouve dans les collections du Muséum de Leyde, de Vienne, de Bruxelles, de la Société zoologique de Londres. Le type est au muséum de Leyde.

## PICUS TEMMINCKII *(Malh.)*.

PICUS TEMMINCKII; Malh., *Rev. et mag. de zool.*, 1849, p. 529; *Sp.*, 2. — *Pr.* Bonap., *Consp. gen. av*, 1850, p. 137; *Sp.*, 20.
YUNGIPICUS TEMMINCKI; *Pr.* Bp., *Consp. vol. zyg.*, 1854.

Fœm. Capite suprà, regione ophthalmicâ et paroticâ cinereo fuscis; vittâ parvâ post oculos et alia ad colli latera, mento, gulâ, collo antico nuchâque albis; vittâ punctatâ gulæ longitudinali fuscescente; dorso fusco-fuliginoso; alarum tectricibus fusco-fuliginosis albo-punctulatis; remigibus fusco-fuliginosis utrinque albo punctatis; pectore, abdomineque albescenti-fuscis, maculis longitudinalibus rufescenti-fuscis ornatis, caudæ rectricibus omnibus fusco-rufescentibus, transversim rufo-albo fasciatis, rostro nigro-fusco; pedibus flavido-corneo-griseis.

## LE PIC DE TEMMINCK *(Malh.)*.

**PLANCHE XXXVI**, Fig. 3, la femelle.

En examinant la riche collection ornithologique du Muséum de Leyde, j'ai découvert cette femelle d'une espèce nouvelle des Célèbes, que j'avais d'abord prise pour un jeune du *picus Kisuki,* mais qui constitue évidemment une espèce différente. Cet oiseau se distingue facilement du Kisuki: 1° par une taille moindre; 2° par un bec néanmoins plus long; 3° par les petites taches qui couvrent les ailes ainsi que le dos, et qui n'ont pas l'étendue ni la forme de bandes transversales comme chez le Kisuki; 4° par sa queue, dont toutes les pennes sont rayées transversalement et uniformément, tandis que chez le Kisuki, les rectrices intermédiaires sont d'un brun noir uniforme et les autres noires et blanches. J'ai dédié cet oiseau rare, et à livrée modeste, dont je ne connais qu'un exemplaire, au savant directeur du Muséum de Leyde, qui a rendu l'ornithologie européenne presque populaire, et qui a continué d'une manière si supérieure l'œuvre de Buffon et de Daubenton. C'est à cette occasion que le prince Ch. Bonaparte a dit, avec autant d'esprit que de justesse, dans son *Conspectus avium,* p. 137: « *Oppositionis studio obscurissima avis splendidissimo Museo Lugd., moderatori dicata.* »

Récemment, M. le professeur Reichenbach *(Handb. spec. orn. scansoriæ-picinæ,* p. 371), en parlant du *picus Nanus* de Vigors, a émis l'opinon que mon *picus Tem-*

*minckii* était probablement le *Nanus*. Il n'en est rien; le *Temminckii* que j'ai décrit au Muséum de Leyde est une espèce très-différente du *Nanus*, et distincte de toutes les espèces de *picus*, ainsi que s'en sont convaincus MM. Temminck et le prince Ch. Bonaparte. La teinte générale du plumage, la disposition des taches blanches sur les parties supérieures, le lieu d'origine (des Célèbes) et les dimensions, ne permettent pas de confondre ces deux espèces, comme le démontre la figure que je donne du *p. Temminckii.*

Caractères. Bec long, droit, conique, légèrement tronqué vers l'extrémité; arête au sommet du bec saillante; narines rapprochées des bords de la mandibule supérieure et ombragées par une petite touffe de plumes piliformes dirigées en avant; ailes plutôt longues; la troisième rémige la plus longue de toutes; queue moyenne; tarses et doigts longs et scutellés au-devant; le doigt postérieur externe le plus long de tous; ongles courbes, longs, évidés sur les côtés et très-aigus.

Coloration. *La Femelle;* bec d'un brun de corne; front, dessus et côtés de la tête d'un brun de suie; un petit trait de forme triangulaire après l'œil, et une large bande qui couvre l'occiput et la nuque sont blancs; l'angle de la mandibule supérieure est d'un blanc roussâtre, et de ce point part, de chaque côté, une bande blanche qui s'étend sur les côtés du cou; la gorge et le haut du cou sont blancs, et, de l'angle de la mandibule inférieure descend une moustache formée par des points d'un brun clair; les parties inférieures sont d'un blanc roussâtre, chaque plume étant liserée de blanc sale sur les côtés; dos d'un brun à reflets verdâtres; tectrices alaires d'un brun roussâtre avec de petites taches d'un blanc sale; rémiges primaires d'un brun foncé avec des taches blanches arrondies sur la barbe interne, et de petites taches oblongues de même couleur sur la barbe externe; rémiges secondaires d'un brun roussâtre avec de petites taches blanches sur les deux barbes; queue d'un brun roussâtre clair avec trois larges bandes d'un brun foncé; tarses et doigts d'un cendré plombé; ongles d'un gris jaunâtre.

*Le Mâle adulte* que je n'ai jamais vu et que je ne crois pas exister dans les collections d'Europe, doit se distinguer de la femelle par une mèche rouge de chaque côté de l'occiput.

Habite l'île Célèbes.

DIMENSIONS.

| | | |
|---|---|---|
| Longueur totale | 130 | millimètres. |
| — du bec, de la commissure à l'extrémité | 18 | — |
| — — des narines à l'extrémité | 13 | — |
| — de l'aile pliée | 75 | — |
| — de la queue | 25 | — |
| — du tarse | 11 | — |

Une femelle se trouve dans la collection du Muséum de Leyde.

Les dimensions des doigts du *Temminckii* étaient mentionnées, lors de mon dernier voyage à Leyde, sur un feuillet qui a été égaré, et le 16 septembre dernier, j'ai dû prier M. Schlegel d'avoir la bonté de me les faire connaître; mais ce savant était absent lorsque ma lettre est arrivée à Leyde et, faute d'une réponse dans un certain délai, j'ai dû passer outre à l'impression de cet article déjà en souffrance, les dimensions des doigts de cette espèce différant nécessairement fort peu de celles du *picus Kisuki* que je figure d'ailleurs sur la même planche.

---

**MEGAPICUS SCLATERI.** — Nous avions terminé l'impression du genre *Picus*, lorsque nous avons reçu une obligeante communication de M. P.-L. Sclater, qui nous informe, de Londres, qu'il a reçu très-récemment de M. Fraser, actuellement dans l'Amérique septentrionale, quelques Picidés parmi lesquels se trouvent: 1° le véritable mâle du *Megapicus* Sclater (Malh.), dont nous avons, par erreur, représenté la seule femelle sous le nom de mâle, fig. 1, pl. viii, p. 22. Ce savant, sur notre demande, a même l'obligeance de nous envoyer un dessin colorié de la tête de ce mégapic mâle que nous reproduisons, pl. xxxv, fig 8.

Par parenthèse, notre écrivain lithographe, malheureusement loin de nous, nous fait écrire au bas de cette planche, Mégapie au lieu de Mégapic. Le lecteur, heureusement, a trop d'intelligence pour ne pas reconnaître de suite une semblable erreur.

2° Les deux sexes d'un Dryopic, voisin du *Dr. Lineatus*, et que M. Sclater a nommé *Fuscipennis*. Je ne puis, on le conçoit, m'expliquer sur le compte de ce dernier grimpeur, ne l'ayant pas encore vu; mais le lecteur peut être assuré que je le tiendrai au courant en ce qui concerne cet oiseau américain, aussitôt que mon examen aura pu s'exercer et que j'en reproduirai des figures coloriées s'il y a lieu.

## Genus IV. — SPHYRAPICUS* *(Malh. ex Baird)*.

GENRE *PILUMNUS*; Ch. Bonap., *Consp. volucr. zygod. aten. ital.*, 1854.
GENRE *SPHYRAPICUS*; Baird, *Reports of expl. and. surv.*, IX, part. ii, *zoology*, p. 101, 1858.

## Genre IV. — SPHYRAPIC.

Le nom de ***Pilumnus*** a été mal choisi évidemment en 1854, puisque déjà Leach en avait formé, en 1815, un genre de ***Crustacés;*** Megerle, un genre de ***Coléoptères,*** en 1823, et enfin, Koch, un genre d'***Arachnides,*** en 1837, ainsi que j'ai eu l'occasion de le faire observer au savant prince Charles Bonaparte, lorsqu'il a bien voulu me remettre son ***Conspectus volucrum zygodactylorum.*** Aussi, en 1858, M. Baird n'a-t-il pas hésité à changer le nom générique de ***Pilumnus*** en celui de ***Sphyrapicus,*** que je préfère et qui rentre d'ailleurs dans mon système de dénominations. Néanmoins, je dois faire observer que je ne puis pas admettre dans ce genre, toutes les espèces que M. Baird y fait figurer, tel que le ***Picus ruber,*** et voici mes motifs :

Mon genre ***Picus*** comprend les espèces à quatre doigts : 1° dont l'arête latérale, au-dessus des narines, est ***plus rapprochée des bords*** que du sommet de la mandibule supérieure ; 2° et dont le doigt ***postérieur externe est le plus long*** de tous, par conséquent, dépasse le doigt antérieur externe. C'est pour cette raison que le ***Picus hyperythrus*** et le ***Picus ruber*** y sont classés, malgré la forme de leur bec, que d'autres naturalistes ont seule envisagée. Ces deux dernières espèces n'auraient pu être classées dans mon genre ***Sphyrapicus,*** parce que pour moi, ce genre est destiné à recevoir les espèces de Picidés ayant, non-seulement, l'arête latérale au-dessus des narines plus rapprochée des bords que du sommet de la mandibule supérieure, mais, ayant aussi le ***doigt antérieur externe pour le plus long de tous,*** tel que cela arrive chez le ***Varius,*** le ***Williamsoni,*** le ***Thryroïdeus.*** Ces grimpeurs ne sauraient non plus former une section de mon genre ***Melampicus*** (Melanerpes, Sw.), parce que dans ce genre mes espèces ont non-seulement le doigt ***antérieur*** le plus long de tous, mais aussi l'arête latérale, au-dessus des narines, ***plus rapprochée du sommet*** que des bords de la mandibule supérieure.

J'ai donc adopté volontiers le genre ***Sphyrapicus*** de M. Baird, en le réduisant, toutefois, aux limites que je viens d'énoncer.

Ce genre, pour moi, comprendra les espèces de Picidés ayant quelque analogie : 1° avec les grimpeurs du genre ***Picus,*** par leurs formes et par l'arête latérale au-dessus des narines, plus rapprochée des bords que du sommet du bec ; 2° avec ceux du genre ***Melampicus,*** par leur doigt antérieur le plus long de tous et orné parfois d'un bariolage transversal qui les fait ressembler un peu aux sujets du genre ***Zebrapicus.***

Il ne comprend encore que trois espèces, toutes de l'Amérique septentrionale.

### SPHYRAPICUS *(Baird)*. — VARIUS *(Linn.)*.

PICUS VARIUS; Linn., *Syst. nat.*, I, p. 176; *Sp.*, 20, 13e édit., 1767. — Gmel., *Syst.*, I, p. 438; *Sp.*, 20. — Lath., *Ind. orn.*, p. 232; *Sp.*, 21. — Penn., *Arct. zool.*, II, p. 275. — Wils., *Amer. orn.*, I, p. 147, pl. 9, fig. 2, vieux mâle; pl. 8, fig. 1 et 2, jeunes. — Wils. et Bonap., I, p. 152, pl. 9, fig. 2, mâle adulte; III, p. 331, pl. 8, fig. 1 et 2, jeunes. — Bonap., *Synops.*, p. 45. — *Id.*, *Geogr. comp. list.*, p. 39. — *Id.*, *Consp. gen. av.*, p. 138. — Vieill., *Ois. Amer. sept.*, II, p. 63, pl. 118, le mâle seconde année; pl. 119, le très-jeune; — *Id.*, *N. dict.*, XXVI, p. 80, et *Encycl.*, p. 1311. — Sw., *Philos. magaz.*, I, p. 439, n° 83; *Syn. birds mexico.* — Less., *Orn.*, p. 228. — *Id.*, *Compl. Buff.*, IX, p. 325. — Wagl., *Syst. av.*, n° 16. — *Id.*, *Isis*, 1829, p. 509. — Ram. Sagra et d'Orb., *Hist. nat. Cuba*, p. 141, n° 62. — G. Cuv., *Règn. anim.*, 1829, p. 451. — Nuttall, *Man.* part. i, p. 574. — Audub., *Orn. biogr.*, II, p. 519; V, p. 357. — *Id.*, *Birds Amer. atlas*, f°, pl. 190, fig. 1, mâle, et fig. 2, femelle. — De Kay, *Nat. hist.*, *New-Yorck, aves*, p. 188, pl. 18, fig. 38, le mâle. — Kirtland, *Aves, Ohio*, p. 179. — Peabody, *Aves, Massachuss*, p. 000. — G.-R. Gray, *Gen.* — Barry, *Proc. Boston*, 1854, p. 8. — Reich., *Hand. spec. orn.*, p. 376, n° 868, pl. dcxxxix, fig. 4258-4260.
PICUS (DENDROCOPUS) VARIUS; Swains. et Rich., *Faun. bor. Amer.*, II, p. 309.
PICUS VARIUS CAROLINENSIS; Briss., *Orn.*, IV, p. 62; *Sp.*, 24.
PICUS VARIUS MINOR, VENTRE LUTEO; Catesby, *Carol.*, I, p. 21, pl. 21, fig. 2, le mâle.
PICUS ATROTHORAX; Less., *Traité d'ornith.*, p. 229. — Puch, *Rev. zool.*, 1855, p. 24.
PICUS GALBULA; Temm., *Mus. Leyde*, 1847; une variété à bec anormal.
PILUMNUS VARIUS; *Pr. Br.*, *Consp. vol. zyg.*, 1854.
SPHYRAPICUS VARIUS; Baird, *Reports of explor. and surveys*; 1858, IX, part. ii; Zool., p. 183.

* ΣΦΥΡΑ (Σφύρα, *Marteau*).

MAS ADULT. TRIENN. — Rostro corneo-fusco; fronte usque ad oculos, vertice, occipite ex parte, coccineis, nigro marginato; mento gulâque coccineis; iridibus avellaneis; vitta utrinque postice ab oculis versus colli latera ducta et alia utrinque ad oris rictum orta, gulam ad latera et inferius in forma maculæ largæ cingente alarumque tectricibus minoribus omnibus nigerrimis; tœnia a naribus infrâ oculos versus pectus ducta, ibique subflavo-tincta et alia supra illos albis; nuchâ ac dorso obscure flavo maculis nigris angulosis, variis; uropygio albo, nigro marginato; corpore subtus inferius a pectore usque ad crissi finem unicolore flavo, crissi ac laterum plumis longitudinaliter nigro-variis; remigibus nigris, albo-marginatis et maculatis, tectricibus ex parte large albo-terminatis; rectricibus nigris duabus utrinque lateralibus margine albis, rectrice sequente totâ nigrâ, quarta intùs ex parte albâ, quinta intùs albâ, nigro-maculatâ, pedibus vivescenti-cœruleis.

MAS BIENN. Maculâ gulam infrà terminante obscure griseâ, plumis nigro undulatis; ptilosi corporis inferius ac superioris minus saturatâ.

FŒM. ADULT. Ptilosi maris, nisi gulâ albâ lateribus que corporis inferioris pectorisque obscurioribus, vitta ad capitis latera non alba, flava.

VARIETATES. 1° Gulâ flavidâ, aut pallidè rufâ; 2° Fœmina capite supra nigerrimâ.

MAS ET FÆM. HORNOT. Gulâ albâ aut sensim rubrâ, capite supra obscure coccineo, nigro variegato.

## LE SPHYRAPIC VARIÉ.

**PLANCHE XXXVII**, Fig. 2, mâle adulte; Fig. 3, jeune*; Fig. 4, la femelle adulte; Fig. 5, rémige quatrième.

PIC VARIÉ DE LA CAROLINE; BRISS., *Orn.*, IV, p. 62. — BUFF., *Pl. enl.* 785, un mâle à la seconde année.
L'ÉPEICHE OU PIC VARIÉ DE LA CAROLINE; BUFF., VII, p. 77.
LE PIC MACULÉ; VIEILL., *Ois. Amer. sept*, II, p. 63 et 64, pl. 118 et 119. — *Id.*, *N. dict.*, XXVI, p. 80. — *Id.*, *Encycl.*, p. 1311. — RAM. SAGRA et d'ORB., *Hist. nat. Cuba*, p. 141, n° 62.
PIC VARIÉ A GORGE ROUGE; DRAP., *Dict. class.*, XIII, p. 507.
LE PIC VARIÉ; LESS., *Traité d'orn.*, p. 228. — *Compl. Buff.*, IX, p. 325.
YELLOW-BELLIED WOODPECKER; CATESBY, *Carol.*, I, p. 21, pl. 21. — LATH., *Gen. syn.*, II, p. 574; *Sp.*, 20. — *Id.*, *Suppl.*, p. 109. — *Id.*, *Gen. hist. of birds*, III, p. 405, n° 81. — NUTT., *Man. ornith.*, I, p. 574. — WILSON, AUDUB., *Loco cit.*
CARPINTERO ESCAPULARIO: A CUBA; RAM. SAGRA.
CARPINTERO ROAN; A CUBA; GUNDLACH, *Beitr. zur orn. Cubas.*

Cette belle espèce varie tellement suivant l'âge et le sexe, que j'ai pu en réunir sept ou huit exemplaires différant tous les uns des autres et former ainsi une série on ne peut plus précieuse, pour démontrer le passage d'un âge à l'âge suivant. Le Sphyrapic varié habite l'Amérique septentrionale, et Brisson a été induit en erreur, lorsqu'il annonce que ce pic se trouve à Cayenne, il faut considérer comme une erreur bien plus grande l'énumération du Sphyrapic varié parmi les oiseaux, qui, selon Géorgi, fréquentent le lac Baïkal, en Asie. Au reste ces diverses erreurs ont été reproduites par M. Nuttall (*Manual of the ornithology of the united states*, I, p. 574). Ce qui est exact, c'est que ce grimpeur n'a été observé d'une manière certaine que depuis le golfe du Mexique jusqu'à la baie d'Hudson, où selon Hutchins, on le nomme *Mehisewe paupastaow*. Swainson l'a tué au bord du lac Huron, et M. Audubon annonce ne l'avoir jamais vu dans le Labrador. M. Ramon de la Sagra et M. le docteur Gundlach nous apprennent que ce grimpeur n'est que de passage dans l'île de Cuba, où il arrive en grand nombre au mois d'octobre, pour repartir au commencement d'avril vers l'Amérique septentrionale. J'ajoute que le muséum de Paris possède des exemplaires qui ont été tués à Terre-Neuve où ils étaient sans doute de passage.

Au commencement d'octobre, cet oiseau arrive à la Louisiane et dans toutes les parties avoisinant le golfe du Mexique; il y réside aussi tout l'hiver et vers la fin de mars; il émigre vers le nord, quelques couples seulement nichant dans les forêts, entre le 30e et le 40e degré de latitude. On le voit l'hiver vivre aux États-Unis en société du *Picus villosus* et du *Zebrapicus carolinus*. Son chant, qui est très-plaintif, diffère beaucoup de celui des autres Pics et se fait entendre à une distance considérable dans les bois. Si ce grimpeur habite les vergers pendant l'automne et l'hiver, il préfère la solitude des forêts au printemps et en été. Il est défiant et rusé, demeurant sur les arbres les plus touffus. Il pratique ordinairement le trou destiné à son nid, à une hauteur considérable, choisissant le plus souvent un arbre dépérissant, et il le perfore au-dessous d'une grosse branche et vers le côté méridional. L'entrée en est juste assez grande pour permettre à l'oiseau de s'y introduire, mais ce trou s'élargit successivement à mesure qu'on pénètre dans le cœur de l'arbre, où il forme une petite chambre assez large. Wilson en a vu un nid dans un vieux poirier, et à trois mètres et demi à quatre mètres seulement du sol; l'entrée, qui en était d'abord étroite et presque circulaire, s'élargissait tout à coup, formait un coude et se dirigeait vers le bas sur une longueur d'environ 38 centimètres. M. Peabody annonce que ce nid a même quelquefois 60 centimètres de profondeur. C'est au fond de ce trou, sans autre matelas que quelques menus copeaux, que la femelle dépose ses œufs au nombre de quatre à six, d'un blanc pur, avec une légère teinte rosée,

* Sur la planche XXXVII, la figure 3 a été indiquée *au bas* sous la dénomination de femelle au lieu de *jeune*; et la fig. n° 4, avec la qualité de jeune au lieu de *femelle*.

selon M. Audubon, et avec une teinte d'un bleu clair, selon M. Peabody. Les jeunes quittent rarement leur nid jusqu'à ce qu'ils soient entièrement emplumés, et alors, ils se séparent de leurs parents, errant çà et là jusqu'au printemps suivant. A cette époque, les mâles se querellent ainsi que cela a lieu chez beaucoup d'espèces, et se livrent quelquefois des combats acharnés. C'est surtout alors que l'on voit se hérisser les plumes de leur tête, quoiqu'elles soient peu allongées.

Cet oiseau vole avec rapidité, par courtes ondulations, mais n'allant guère que d'un arbre à l'autre, et on ne l'a jamais observé posé sur le sol. Sa nourriture se compose principalement d'insectes, tels que coléoptères, larves de bois, et, pendant l'automne, de fruits divers après lesquels on le voit fréquemment suspendu, la tête en bas. Ces Pics émigrent par petits groupes ou familles de six ou sept individus, volant à une grande hauteur et faisant entendre à chaque instant leur cri plaintif. Vers le coucher du soleil, ils descendent avec une grande vitesse sur le sommet des arbres les plus élevés, où ils observent le plus grand silence; puis ils se promènent dans le centre de l'arbre, afin de rechercher un gîte commun pour la nuit dans quelque trou abandonné, soit par un oiseau, soit par un écureuil.

M. Mac Culloch annonce qu'il a examiné des nichées du *Varius* aux environs de Halifax (Nouvelle-Écosse), et que les jeunes font entendre un bruissement tel que l'on peut découvrir leur nid à une distance considérable. Ce bruit, s'il se produit habituellement, est remarquable et contraire à ce qu'on a observé chez les autres espèces. Le Sphyrapic varié est du petit nombre des Picidés qui n'acquièrent leur plumage parfait qu'après deux ans, c'est-à-dire au second printemps après celui qui les a vu naître.

C'est une femelle de cette espèce que M. Lesson a décrite dans la galerie du Muséum de Paris, comme une espèce distincte, sous le nom d'*Atrothorax*, ainsi que je l'ai fait reconnaître en 1854, à M. le docteur Pucheran, qui a publié le résultat de ma communication dans la *Revue de zoologie* (1855, p. 21) *.

Caractères. Plumage généralement doux et lustré. Bec long, droit, conique, comprimé sur les côtés vers l'extrémité qui est légèrement tronquée et cunéiforme; narines basales, latérales, elliptiques et cachées par une touffe de plumes piliformes dirigées en avant de chaque côté; arête au sommet du bec très-saillante; celles au-dessus des narines, saillantes, courtes et très-rapprochées des bords du bec; ailes plutôt longues; la première rémige n'a que deux centimètres de long; la quatrième rémige, la plus longue, n'excède la troisième que d'un millimètre, et celle-ci n'excède la cinquième que de cinq millimètres; la deuxième rémige a quatorze millimètres de moins que la troisième; queue assez longue et arrondie, les deux rectrices intermédiaires excédant les pennes suivantes d'environ huit millimètres; toutes les rectrices plus ou moins aiguës à leur extrémité; tarses et doigts de moyenne longueur, scutellés devant; *le doigt antérieur externe un peu plus long* que le doigt antérieur externe.

M. Audubon fait observer que dans cette espèce, la langue, qui a 2 centimètres de long, n'a pas de gaîne ou de fourreau comme chez les autres Pics, mais qu'elle est cornée dans toute sa longueur, sagittiforme à sa base, aplatie, profondément sillonnée au-dessus et terminée par une touffe de soies raides dirigées en avant; les côtés ont aussi quelques-unes de ces soies et en outre, sur près de la moitié de la longueur totale de la langue, des barbules ou papilles aiguës dirigées en arrière. L'oiseau n'a pas la faculté de projeter cette langue comme ses congénères, aussi les branches de l'os hyoïde ne s'élèvent-elles pas sur la tête

* A cette occasion, M. Baird, dans les *Reports of explorations and Surveys*, etc. (1858, p. 103), commet une légère erreur que je ne relève que pour ne pas paraître m'attribuer un petit mérite que je n'aurais pas eu, et parce que l'erreur ne provient que de ce que M. Baird a mal lu l'article de M. Pucheran. En effet, M. Baird annonce qu'il est étonnant que le *Picus Varius* n'ait pas eu plus de synonymes en changeant autant de plumages selon le sexe et l'âge. Parmi ces dénominations, dit l'auteur américain, signalons le *Picus Atrothorax* de Lesson, que Pucheran *reconnut le premier pour appartenir au Picus Varius,* dans ses études sur les types peu connus des zoologistes français au Muséum de Paris.

Or, en 1853 (*Revue zoologique*, p. 162, note 1), M. le docteur Pucheran terminait sa revue des Picidés en disant: « Parmi les espèces données comme nouvelles par M. Lesson, il en est une *que je n'ai pu déterminer, c'est le Picus Atrothorax* » (p. 229), suit la description en deux lignes. Dans la *Revue zoologique* de 1855, p. 21, M. Pucheran rappelle ce fait et ajoute: « Le type de M. Lesson *n'avait point été retrouvé par moi;* je n'avais pu même découvrir quelle était l'espèce, ainsi qu'on peut s'en convaincre en lisant l'article consacré aux types peu connus de grimpeurs de la collection du Musée de Paris (*Rev. et magas. de zool.*, 1853, p. 162); mais au mois d'octobre dernier, M. Malherbe, dont tous les ornithologistes connaissent les études si consciencieuses sur la famille des Picidés, M. Malherbe étant venu dans nos galeries, me dit qu'il pensait que le *Picus Atrothorax* de Lesson, *était un Picus Varius* en passage ou à l'état de femelle. Immédiatement, il examina quel était le Pic que M. Lesson avait pu décrire, et *trouva*, parmi ceux qui existaient à l'époque de la publication du *Traité d'ornithologie,* un individu originaire de Terre-Neuve, acquis par échange en 1828. J'avais moi-même déterminé cet individu comme femelle de l'espèce susdite; il concorde autant que possible avec la description de M. Lesson. La seule différence consiste en ceci: que la tête est noire et non pas brune, en arrière de sa portion picotée de rouge. On se rendra facilement compte de cette inexactitude de l'auteur en songeant que sa caractéristique a été faite à une certaine distance de l'oiseau. Quant à nous, nous sommes intimement persuadés que le *résultat signalé par M. Malherbe* est l'expression de la vérité. C'est avec son autorisation que nous le publions présentement, et nous ne regrettons qu'une chose, c'est d'avoir si longtemps différé de le signaler à l'attention des zoologistes. »

au delà du milieu de l'occiput. Toutefois, selon Wilson, les deux branches ou les attaches de la langue remontent dans une rainure derrière le crâne, et se terminent près du côté droit de la base supérieure du bec, et ce ne serait que chez les sujets de la première et de la seconde année seulement, qu'elles ne dépasseraient pas le milieu ou le sommet de l'occiput. L'oiseau emplumé pèse environ 43 grammes.

Coloration. *Le Mâle âgé de plus de deux ans révolus;* a le bec d'un brun foncé; l'iris d'un gris clair, selon M. Baird, et couleur noisette, selon Wagler; il se peut que ce soit cette dernière nuance qu'Audubon a voulu reproduire en indiquant l'iris comme brun; plumes recouvrant les narines d'un blanc sale; tout le front jusqu'aux yeux, le vertex et une petite partie de l'occiput, ainsi que le menton et la gorge d'un rouge sang, qui s'étend un peu sur les côtés du cou; les plumes de la tête ont leur base noire, tandis que celles du menton et de la gorge l'ont blanche; une large bande d'un noir verdâtre couvre l'occiput à partir du dessus des yeux de chaque côté; une bande noire part des côtés de la mandibule inférieure, et vient se fondre dans un large plastron ou hausse-col, d'un noir glacé de verdâtre, qui couvre toute la poitrine; elle est surmontée par une bande d'un blanc jaunâtre qui commence à la commissure du bec et descend sur les côtés du cou et de la poitrine; après l'œil descend une bande noire qui se perd vers les épaules, et entre celle-ci et l'occiput règne une autre bande d'un blanc jaunâtre qui s'étend vers le bas du cou. Le derrière du cou et le milieu du dos sont variés de blanc jaunâtre sale et de noir; scapulaires d'un noir glacé de verdâtre; la première rangée de petites tectrices est blanche, excepté à la base; les tectrices secondaires sont blanches sur leurs barbes externes, le reste des tectrices alaires étant noir. Les rémiges primaires sont noires avec des taches blanches sur la barbe externe et de larges bandes blanches ovoïdes sur le bord de la barbe interne; les rémiges secondaires ont bien moins de taches blanches sur leur barbe externe et des taches ovoïdes de même couleur sur le bord de la barbe interne; l'extrémité de toutes les rémiges est bordée de blanc; croupion blanc au milieu et bordé de noir; les deux rectrices de chaque côté de la queue sont d'un brun noir, bordées de blanc sale et ayant le plus souvent une petite tache de cette couleur vers l'extrémité; les pennes suivantes sont noires, l'extrémité étant d'un gris jaunâtre, et la quatrième rectrice ayant à sa base sa barbe interne frangée de blanc; les deux rectrices intermédiaires ont leur barbe externe noire, leur barbe interne blanche avec trois ou quatre taches ou raies noires; le ventre est d'un jaune uniforme; les flancs, les cuisses, d'un jaune brunâtre avec des stries noires; tectrices inférieures des ailes d'un blanc jaunâtre avec des stries noires transversales; tectrices inférieures de la queue, quelques plumes ayant une strie brune longitudinale au milieu; pieds d'un brun verdâtre.

*Le mâle âgé de plus d'un an* n'a pas encore le beau plastron d'un noir verdâtre sur la poitrine, mais cette partie est d'un gris sale rayé de noir; toutes les couleurs du dessus et du dessous du corps sont plus pâles. Je n'ai jamais vu de sujet ayant la livrée du mâle figuré dans la planche 118 des *Oiseaux de l'Amérique septentrionale,* et Wagler n'hésite pas à déclarer que cette planche est inexacte. L'oiseau représenté et décrit par Vieillot comme le mâle adulte, a le menton avec la gorge blancs et le devant du cou rouge, sans plastron noir sur la poitrine. Aucun des nombreux auteurs qui ont écrit au sujet du Sphyrapic varié, n'a observé le plumage mixte qui décore l'oiseau de la planche 118, et j'ai cru devoir seulement signaler cet état anormal.

On voit des mâles en mue ayant le menton et la gorge rouges, mais la tête étant d'un cendré roussâtre, avec du rouge seulement sur le front et au-dessus des yeux, la poitrine variée de brun roux et de jaune.

*La Femelle adulte* ressemble au mâle, mais elle a le menton et la gorge blancs, quelquefois d'un blanc jaunâtre; le jaune des parties inférieures un peu moins pur ou blanchâtre selon l'âge. M. Reichenbach a trouvé une différence très-sensible de coloration entre la queue du vieux mâle et celle des femelles et des jeunes, il critique à cette occasion Wagler et Audubon; mais je dois déclarer, après un nouvel examen, que cette différence n'est pas constante.

Plusieurs auteurs, notamment Pennant et Latham, annoncent que la femelle adulte n'a point de rouge sur la tête, contrairement à l'opinion de Linnée confirmée par de nombreuses et récentes observations. Ces auteurs avaient probablement vu une jeune femelle. Ainsi, M. Gundlach *(Beitræge zur ornithologie Cubas)* a tué, en février, une femelle qui avait la partie supérieure d'un noir brillant et deux plumes rouges seulement sur le front, ce qui lui a donné l'opinion que la tête de la jeune femelle était d'abord d'un gris varié de brun noir, puis noire, enfin rouge.

Le même auteur a recueilli une variété de la femelle ne *portant aucune trace de rouge,* et ayant tout le dessus de la tête d'un noir brillant.

*Les Jeunes des deux sexes* ont déjà, dans le courant de la première année, le dessus de la tête varié de rouge vif et de noir; la gorge et toute la poitrine d'un blanc mêlé de gris jaunâtre, chaque plume étant bordée de brun noirâtre. On voit plus tard chez les jeunes mâles quelques taches rouges sur la gorge. J'ai vu un jeune, tué à Terre-Neuve, ayant le dessus de la tête d'un noir verdâtre avec quelques mouchetures rouges et blanches; la gorge d'un blanc pur, encadré par le large plastron d'un noir verdâtre.

Un autre sujet avait le dessus de la tête d'un brun foncé, avec de petites mèches rouges et de couleur cendrée; la gorge blanche; la poitrine d'un brun cendré avec des taches lancéolées d'un brun foncé sur chaque plume.

*Les Jeunes au sortir du nid* ont la tête d'un brun jaunâtre bordé de gris foncé, sans taches rouges et aucune trace du plastron noir sur la poitrine. Ils ont 25 centimètres de moins en longueur que les adultes.

M. le prince Bonaparte cite un sujet que la dissection a démontré être un mâle, et qui avait la plaque noire de la poitrine entièrement visible, quoiqu'il n'existât encore que deux ou trois taches rouges sur le front. C'est probablement un oiseau dont la mue a été partiellement retardée par quelque cause accidentelle.

Il existe, selon M. Baird, une curieuse variété de cette espèce qui n'a encore été observée que parmi des sujets tués dans le nouveau Mexique et chez lesquels la bande d'un brun blanchâtre, qui est formée à l'occiput par la réunion des deux bandes venant après l'œil, est rouge comme le sommet de la tête, et en est séparée par une bande noire occipitale. Le jaune bordant la plaque noire de la poitrine est aussi teint de rouge. Cette variété diffère parfois par les taches de la queue, notamment sur les barbes internes.

C'est cette variété du nouveau Mexique à laquelle M. Baird a donné le nom de *Nuchalis,* nom qu'il ne faut pas confondre avec celui donné par Wagler *(Syst. av.,* n° 94) au *Bengalensis.*

Enfin, j'ai vu au Muséum de Leyde, un pic étiqueté *Picus galbula,* qui n'est autre, évidemment, qu'un jeune Sphyrapic varié dont le bec a pris un développement anormal. Ce bec a quatre centimètres de long, il est excessivement grêle et aigu vers l'extrémité; la mandibule inférieure entre en partie dans la mandibule supérieure et les deux mandibules n'adhèrent pas exactement vers le milieu. J'ai observé la même monstruosité chez un serin des Canaries, élevé en domesticité.

Habite l'Amérique septentrionale, l'île de Cuba, le Mexique, Terre-Neuve.

DIMENSIONS.

| | |
|---|---|
| Longueur totale | 220 millimètres. |
| — du bec, de la commissure | 25 à 28 mill. |
| — — du bec, des narines | 22 à 25 — |
| — de l'aile pliée | 130 millimètres. |
| — de la queue | 80 à 83 mill. |
| — du tarse | 20 millimètres. |
| — du doigt postérieur externe (sans l'ongle) | 11 à 12 mill. |
| — de l'ongle (mesuré le long de la courbure) | 10 à 12 — |
| — du doigt antérieur externe | 13 ½ millim. |
| — de l'ongle | 12 — |
| — du doigt antérieur interne | 10 — |
| — de l'ongle | 10 — |
| — du doigt postérieur interne | 5 — |
| — de l'ongle | 5 — |

Se trouve dans presque toutes les collections, notamment dans celles de Paris, de Londres, de Leyde, de Vienne, de Berlin, Muséum de Chatham, Société zoologique d'Anvers, Muséum de Mayence, de Stockholm, de Francfort-sur-Mein, de Stuttgard, de Heidelberg, de l'État de New-Yorck, etc., dans ma collection.

Le mâle très-vieux est plus rare dans les collections.

## SPHYRAPICUS *(Baird)* THYROIDEUS *(Cassin)*.

PICUS THYROIDEUS; Cassin, *Proc. acad. nat. sc. Philadelph.*, 1851, p. 489, nº 5. — Heermann, *J. A. nat. sc. Philad.*, 2ᵉ série, II, p. 270, 1853.
PICUS NATALIA; Malh., *Journ. für ornith.*, 1854, p. 171.
MELANERPES THYROIDEUS; Cassin, *Illustr.*, I, p. 201, pl. xxxii, 1854.
PILUMNUS THYROIDEUS; *Pr.* Bp., *Consp. volucr. zygod.*, 1854, p. 8, nº 26.
CENTURUS NATALIÆ; Reich., *Hand. spec. orn.*, p. 411, nº 968.
COLAPTES THYREOIDEUS; Reich., *Hand. spec. orn.*, p. 416, nº 978.

Fœmina. Rostro fuscescente-corneo; fronte, vertice, occipite, gulâ totâ, genisque ex rufescente-cinereis, occipite non nullis striis nigris variegato, vitta strictâ ab oculorum cantho supremo ad occipitis latera, vittaque altera a naribus versus genus rufescente-albis; vitta mystacali utrinque nigra, albo variolosâ; collo antico et inferius in forma maculæ largæ cingente subchalybeo-nigerrimis; dorso, tergo, scapularibus, alarum tectricibus, nigris albo transversim fasciatis; uropygio albo; remigibus nigris intùs et extùs albo maculatis; caudâ nigrâ, rectricibus extimis extùs albo maculatis intermediis intùs et extùs albo fasciatis; pectore ad latera, hypochondriis alarumque tectricibus inferioribus albo-nigro fasciatis; crisso albo, nigro striato; epigastrio, ventreque in medio sulphureis.

## LE SPHYRAPIC NATALIE *(Malh.)*.

**PLANCHE XXXVII**, Fig. 1, Femelle.

C'est à M. le professeur Kaup, que je dois la connaissance de cette jolie espèce qui fait partie de la collection du Muséum de Darmstadt, et, j'avais été heureux de la dédier à Mademoiselle Natalie Kaup, tout en regrettant que ce pic ne fut pas l'un des oiseaux les plus beaux et les plus gracieux pour être digne du nom qui devait le décorer. Ce n'est que quelques mois après, que j'appris que la même espèce avait été publiée par M. Cassin, à Philadelphie, sous le nom de *Thyroideus;* je lui restitue donc le nom latin qui a droit à la priorité, tout en demandant la permission de sacrifier aux Grâces dans la dénomination française.

Cet oiseau que M. Kaup a reçu du Mexique, a été découvert en Californie, sur des pins, par M. G. Bell, de New-Yorck, il offre un bizarre assemblage des caractères de coloration de deux espèces appartenant à deux genres divers; ainsi, il se rapproche tellement du *Sphyrapicus varius* par le bec et la coloration des parties inférieures, que j'ai d'abord cru que c'était une variété inconnue des livrées que je connaissais; puis la coloration des parties supérieures le rapproche tellement de mon genre *Zebrapicus,* qu'on n'hésiterait pas à l'y classer, si l'on n'examinait les autres caractères qui le rangent comme espèce distincte du *Melampicus varius;* M. Reichenbach, dans l'ouvrage duquel cette espèce figure parmi les genres *Centurus* et *colaptes,* gourmande sévèrement M. Cassin, pour n'avoir pas reconnu un *Colaptes* (Sw.) dans son *Picus thyroïdeus.*

Il faut avouer néanmoins, ainsi que le fait observer M. Baird, que le bec de ce dernier manque complétement des caractères et de l'aspect de celui d'un *Colaptes,* sous le rapport de la coloration, ce grimpeur ressemble davantage à un *Centurus* (Sw.) ou *Zebrapicus* (Malh.). Le lecteur jugera si le genre *Geopicus* ou *Colaptes* pouvait convenir; ainsi, les genres *Zebrapicus* et *Geopicus* (*Colaptes,* Swains.), ont l'arête latérale au-dessus des narines, très-rapprochée du sommet du bec, tandis que chez le *Thyroïdeus,* cette arête est plus rapprochée des bords que du sommet du bec; dans le genre *Geopicus,* toutes les espèces ont les tiges ou côtes des rémiges toujours jaunes, ou d'un orange rougeâtre en dessous; cette coloration n'a jamais lieu chez le *Thyroïdeus,* sans compter les autres dissemblances dans la queue, etc.

Je n'ai encore vu que la femelle seule; mais, je présumais que le mâle se distinguait, avant d'avoir lu M. Baird, par du rouge sur le dessus de la tête.

Caractères. Taille et formes du *Sphyrapicus varius;* bec effilé, aigu et comprimé sur les côtés.

L'arête latérale au-dessus des narines, assez saillante, peu prolongée et plus rapprochée des bords que du sommet de la mandibule supérieure; narines basales, cachées par de petites plumes, courtes, désignées en avant; ailes longues et aiguës; la troisième et la quatrième rémige sont les plus longues, et diffèrent peu de la cinquième, qui a 15 millimètres de plus que la sixième, et 20 de plus que la troisième rémige; queue longue, les deux rectrices intermédiaires effilées vers leur extrémité et excédant les autres de 12 à 15 millimètres; tarses et doigts moyens; le doigt antérieur externe, à peine plus long que le doigt postérieur externe.

Coloration. *La Femelle* a le bec d'un brun de corne; tout le dessus et les côtés de la tête, le menton et le haut de la gorge d'un cendré roux, quelque peu strié de noir sur l'occiput; une bande étroite d'un blanc roussâtre part au-dessus de l'œil et descend le long de l'occiput; une autre bande de même couleur descend du front sur les joues; une moustache noire grivelée de mèches blanches orne les côtés de la gorge, et se dirige vers la nuque; une large plaque ovale d'un noir bleuâtre, couvre le devant et les côtés du cou, ainsi que le haut de la poitrine; tout le dos, les tectrices alaires et les dernières rémiges secondaires sont noires, avec de nombreuses bandes blanches transversales; croupion blanc, rémiges noires, tachetées de blanc sur les deux pages; queue noire, les deux rectrices intermédiaires rayées transversalement de blanc sur les deux pages, et les deux rectrices latérales de chaque côté, y compris la sixième et très-petite paire portant des taches blanches sur leur barbe externe; côtés de la poitrine et de l'abdomen rayés transversalement de bandes noires et blanches à égale distance; milieu de l'épigastre et du ventre d'un jaune soufre; tectrices caudales inférieures blanches avec une strie oblongue, noire en forme de V sur chaque plume au milieu de laquelle existe une strie droite de même couleur; tectrices caudales inférieures blanches, rayées transversalement de noir; pieds d'un brun foncé.

*Le Mâle,* selon M. Baird, a seulement les couleurs plus claires.

Habite la Californie, l'Orégon et le Mexique.

DIMENSIONS.

| | | |
|---|---|---|
| Longueur totale | 215 | millimètres. |
| — du bec, de la commissure à l'extrémité | 22 | — |
| — — du front à l'extrémité | 20 | — |
| — — des narines à l'extrémité | 16 | — |
| — de l'aile pliée | 138 | — |
| — de la queue | 82 | — |
| — du tarse | 18 | — |
| — du doigt postérieur externe (sans l'ongle) | 12 | — |
| — de son ongle (en suivant la courbure) | 10 | — |
| — du doigt antérieur externe | 14 | — |
| — de son ongle | 10 | — |
| — du doigt antérieur interne | 11 | — |
| — de son ongle | 9 | — |
| — du doigt postérieur interne | 5 | — |
| — de son ongle | 5 | — |

Se trouve dans les collections du Muséum de Darmstadt, de Bruxelles et de l'Académie des Sciences naturelles de Philadelphie.

Le type du *Thyroïdeus* est à Philadelphie; celui du *Natalia* est à Darmstadt.

## SPHYRAPICUS *(Baird)* WILLIAMSONI *(Newberry)*.

PICUS WILLIAMSONII; Newberry, *Zool. Calif. and Oregon route,* p. 89; *P. R. R. Reports,* VI, 1857; pl. xxxiv; fig. 1, la femelle.

MELANERPES RUBRIGULARIS; Sclat., *Annals and mag. N. H.,* 3e série, I, févr. 1858, p. 127; — *Proceed zool. soc. London,* janv. 1858, p. 1, pl. cxxxi, le mâle.

SPHYRAPICUS WILLIAMSONII; Baird, *Reports of explor.,* etc., IX; *Zool.,* part. ii, p. 105, 1858.

Mas Adult. Supra nitenti-niger: linea circumnuchali ab oculis incipiente, altera utrinque suboculari a rictu latiore, tectricibus alarum superioribus, dorso postico et caudæ tectricibus superioribus, nec non maculis secundariarum trium extimarum apicalibus et in pagonio externo primariarum tertiæ, quartæ et quintæ albis: subtùs nitenti-niger, *gulâ mediâ ruberrimâ,* abdomine medio flavicante, lateribus et crisso albo nigroque variegatis; tectricibus alarum inferioribus et remigum pogonio interiore cinerascenti-nigris, maculis quadratis numerosis albis; caudæ rectricibus *omnino nigris*: rostro et pedibus nigris.

Fœmina ad. Differt *gulâ albâ.*

## LE SPHYRAPIC WILLIAMSON. — WILLIAMSON'S WOODPECKER *(Newberry)*.

**PLANCHE XXXVI**, Fig. 4, le Mâle, aux deux tiers.

Cette belle espèce de Sphyrapic que nous n'avons pas encore vue, a été obtenue pour la première fois par M. le docteur Newberry, le 23 août 1855, sur les bords du lac Klamath dans l'Orégon *méridional.* Le sujet tué, qui était une femelle, fut gravement abîmé et placé dans l'alcool, où la couleur jaune du milieu du ventre se changea en un blanc sale. C'est dans cet état que M. le docteur Newberry le figura et le publia en 1857, dans le rapport fait par M. le lieutenant Abbot. Heureusement, un mâle en bon état de plumage fut tué peu après par M. le docteur Hayden, sur le sommet du mont Maramie.

M. Thomas Bridges, plus récemment, en a obtenu un autre mâle dans le *nord* de la Californie et l'a envoyé à Londres où il a été décrit et publié en février 1858, sous le nom de *Rubrigularis,* par M. Sclater, qui ignorait la publication faite en 1857, en Amérique. M. Bridges annonce que ce Pic est excessivement rare; peut-être a-t-il seulement échappé jusqu'ici aux recherches des naturalistes américains, ce qui fait qu'on n'a aucun document sur les mœurs de l'espèce dont on n'indique même pas la couleur des yeux.

C'est dans la vallée de la Trinité qu'a été tué le mâle envoyé à M. Sclater, et si, comme le suppose ce dernier, l'espèce est assez commune, on la trouvera facilement dans l'Orégon et dans diverses parties de la Californie.

Caractères. M. Baird a fait figurer cet oiseau parmi ceux de son genre *Sphyrapicus*, annonçant que le bec est *semblable à celui du Varius*, et que le doigt *antérieur* externe paraît *plus long* que le doigt postérieur externe. Il avoue, il est vrai, que cet oiseau est très-abîmé.

M. Sclater place ce grimpeur dans le genre *Melanerpes* (Swainson), ce qui confirme l'opinion de M. Baird. Aussi, quoique je n'aie pas vu cet oiseau, les caractères indiqués suffisent pour me déterminer à le classer dans le genre *Sphyrapicus* de M. Baird, que j'adopte tout en en modifiant quelque peu les caractères.

Coloration. *Le Mâle adulte* a les parties supérieures d'un noir brillant; une bande blanche part des yeux de chaque côté et fait le tour de la nuque; une autre plus large et de même couleur s'étend au-dessous des yeux en venant de la commissure du bec; les tectrices supérieures des ailes, le dos inférieur, les tectrices supérieures de la queue et quelques taches à l'extrémité des trois dernières rémiges secondaires sont blanches, ainsi que les taches sur la barbe externe de la troisième, de la quatrième et de la cinquième rémige primaire; les parties inférieures sont d'un noir à reflets, le milieu de la gorge est d'*un rouge éclatant*, le milieu de l'abdomen jaunâtre, les côtés et le croupion variés de noir et de blanc; les couvertures inférieures des ailes et les barbes intérieures des rémiges d'un noir cendré, tacheté de nombreuses marques blanches de forme carrée; les rectrices caudales sont entièrement noires; le bec et les pieds noirs.

*La Femelle* diffère par l'absence de rouge à la gorge qui est blanche.

Habite l'Orégon, la Californie.

| DIMENSIONS. | EXEMPLAIRE DE M. BAIRD. | EXEMPLAIRE DE M. SCLATER. |
|---|---|---|
| Longueur totale . . . . . (mesures anglaises). | 9 pouces. | 8 po. 5 |
| Envergure des ailes . . . . . | 15 po. 25 | » — » |
| Longueur de l'aile. . . . . | 5 pouces. | 5 — 4 |
| — du bec, du front à l'extrémité. . . . . | » — | 1 — » |
| — du tarse . . . . . | » — | » — 8 |
| — de la queue. . . . . | » — | 3 — 5 |

Un exemplaire mâle existe en Europe, dans le Muséum britannique à Londres.

Nous donnerons une figure de la femelle, lorsqu'elle se trouvera dans les Musées de l'Europe, si elle nous parvient toutefois avant la fin de notre publication.

# ADDENDA.

## MEGAPICUS SCLATERI *(Malh.)*.

(Page 22 ci-avant.)

Malh., *Monogr. Picid.*, p. 22, pl. viii, fig. 1, femelle; pl. xxxv, fig. 8, p. 156, un mâle, 1860.

DRYOCOPUS (Boie) ALBIROSTRIS (Sclat.), *Proceed. zool. soc. London,* 1859, p. 146.
DRYOCOPUS (Boie) SCLATERI (Sclat. ex Malh.), *Proceed. zool. soc. Lond.,* 1860, p. 9.

Mas. ad. Rostro et unguibus fuscis; *fronte,* capite cristato, malis nariumque, plumulis coccineis; aurium maculâ suprâ nigrâ, albâ, infra; collo antico, mentoque nigerrimis; vittâ utrinque ad colli latera et ad dorsum medium cingente niveâ; epigastrio, abdomineque rufi-albescentibus nigro fasciatis; uropygio griseo, nigroque transversim fasciato; caudâ nigrâ, remigibus nigris, intùs omnibus ad basim et primariis ad apicem albido-flavidis, extùs nigris pedibus griseis.
Fœmina differt malis albis, abdomine pallidiore.

## LE MÉGAPIC DE SCLATER *(Malh.)*.

***Le Mâle adulte*** a le bec d'un noir bleuâtre, le cou d'un noir profond au-devant, le dessus de la tête et la huppe de l'occiput d'un rouge vif, ainsi que les joues et côtés de la tête, à l'exception, sur la région auriculaire, d'une tache assez courte, ***triangulaire,*** de deux couleurs, l'une brune au-dessus et l'autre blanche au-dessous; les ailes, le dos et la queue sont noirs; les rémiges primaires ont leur extrémité terminée de gris roussâtre; toutes les rémiges ont plus de moitié de leur barbe interne d'un blanc jaunâtre et les parties inférieures sont d'un blanc roussâtre avec des bandes tranversales d'un noir roussâtre, pieds et ongles d'un gris bleuâtre.

Le croupion est noir, mélangé de bandes transversales étroites rousses; une bande blanche s'étend sur chaque épaule et ces bandes se réunissent au milieu du dos.

Ce Mégapic ressemble quelque peu au ***Megapicus malherbii*** mâle, figuré dans le *Genera of birds* de M. G.-R. Gray, et dont le mâle est reproduit sur la planche xxxv, fig. 8, de mes planches; il ressemble aussi quelque peu au *mâle* de l'***Albirostris,*** mais il est facile de l'en distinguer, car le *Sclateri* a le front entièrement rouge, tandis que l'***Albirostris*** l'a blanc.

***La Femelle adulte*** ne diffère du mâle ci-dessus, comme le montre la figure 1, de ma planche viii, qu'en ce que la joue est blanche depuis la région auriculaire jusqu'à la mandibule inférieure, le surplus du dessus de la tête et de la nuque étant recouverts par une huppe assez abondante et tout le devant du cou étant d'un noir profond.

Voyez, au surplus, la description donnée pages 22 et 23, avec les dimensions, et ajoutez que cette espèce vit ordinairement par paire.

## DRYOPICUS *(Malh.)* FUSCIPENNIS *(Sclat.)*.

DRYOCOPUS (Boie) FUSCIPENNIS (Sclat., *Proceed. zoolog. soc. Lond.*, 1860, p. 16, nº 95).

(Page 42, après le *Lineatus).*

Mas. ad. Niger: lineâ capitis colliquc laterali, scapularibus dorso proximis et tectricibus subalaribus flavido-albidis; remigibus rectricibusque præcipue in marginibus externis fuscescentibus; abdomine cinerascenti-fusco, nigro maculato; rostro et pedibus nigris; plagâ malari et capite toto cristato coccineis.
Fœmina simillima nisi vittâ malari coccineâ; fronte nigrâ.

## LE DRYOPIC AUX PENNES BRUNES.

Je reçois à l'instant de l'obligeance de M. Sclater, secrétaire de la Société zoologique de Londres, avec des exemplaires du ***Megapicus sclateri*** et de quelques autres Picidés de l'Amérique septentrionale, les grimpeurs qu'il a nommés ***Fuscipennis*** et dont j'avais vu, je crois, un sujet dans ma collection, sans attacher une importance suffisante à la couleur très-pâle des rémiges tandis que les tectrices supérieures des ailes sont d'un noir brillant.

Ce caractère se reproduisant souvent sous le même aspect, acquiert assez d'importance pour constituer une espèce que je dois signaler, décrire et figurer, ainsi d'ailleurs que je l'ai promis à mes lecteurs. Ces Dryopics qui ont été recueillis à Babahoyo (Amérique septentrionale), et envoyés des Etats-Unis à M. Sclater, par M. Fraser, ressemblent beaucoup au ***Dryopicus lineatus*** (Linn.).

*Le Mâle.* Le bec et les pieds sont d'un brun noirâtre; le menton est d'un gris sale, moucheté de brun noir; le cou et le haut de la poitrine sont d'un brun noir, et l'abdomen inégalement rayé ou moucheté de noir sur un fond d'un brun jaunâtre. Le dessous de la queue est glacé de brun jaunâtre clair; les tectrices inférieures sont d'un jaune soufre, ainsi que le rebord de l'épaule; le dessous des rémiges et les côtes des pennes glacés de jaunâtre; les côtés de la tête portent une étroite bande d'un blanc jaunâtre qui va en s'élargissant depuis la commissure du bec, et depuis cette bande jusqu'au rouge de la tête, les côtés sont d'un brun grisâtre.

Cette même bande s'élargit à la hauteur de l'épaule et se change en une bande d'un beau blanc qui se rapproche de chaque côté, sans se joindre complétement; tandis que les tectrices primaires des ailes sont au-dessus d'un noir brillant, les rémiges primaires et les rémiges secondaires sont *d'un brun pâle;* tout le dessus de la tête et une courte huppe occipitale sont d'un beau rouge foncé. Les mâles ont, à partir de la mandibule inférieure, une moustache d'un beau rouge d'environ 25 millimètres de long.

*La Femelle* ne diffère du mâle que par l'absence de moustache rouge, à partir de la mandibule inférieure.

HABITE Babahoyo, chaîne d'Ecuador; la République de l'Équateur.

DIMENSIONS.

| | | |
|---|---|---|
| Longueur totale | 340 | millimètres. |
| — du bec, de la commissure à l'extrémité | 41 | — |
| — — des narines à l'extrémité | 38 | — |
| — de l'aile pliée | 130 | — |
| — de la queue | 120 | — |
| — du tarse | 25 | — |
| — du doigt postérieur externe (sans l'ongle) | 22 | — |
| — de son ongle (en suivant la courbure) | 18 | — |
| — du doigt antérieur externe | 25 | — |
| — de son ongle | 21 | — |
| — du doigt antérieur interne | 17 | — |
| — de son ongle | 19 | — |
| — du doigt postérieur interne | 10 | — |
| — de son ongle | 10 | — |

A Londres, dans la collection ornithologique de M. Ph.-L. Sclater; à Metz, dans la collection de M. Alfred Malherbe.

## PICUS LUCASANUS *(Xantus).*

XANTUS, *Proceed. of the academy of natural sciences of Philadelphia*, 1859, p. 302.

## PIC DE SAINT-LUCAS *(Malh.).*

(Page 101, ci-avant, après le *P. Nuttalli*).

Nous ne connaissons cette espèce américaine que parce qu'en dit M. Baird dans sa notice, au sujet d'une collection ornithologique recueillie en 1859, par M. John Xantus, au cap Saint-Lucas (Basse-Californie), et déposée actuellement dans le Muséum d'histoire naturelle de la Société Smithsonienne; voici ce qu'annonce ce naturaliste:

« Cette espèce est intermédiaire par ses caractères entre le *picus scalaris* et le *picus nuttalli*, étant très-voisine de ces deux espèces et appartenant à la même division et au même genre *. Elle a les plumes des narines brunes, tout le sommet de la tête tacheté de rouge, et avec la prédominence du blanc sur les joues; comme le premier, elle éprouve l'absence de bandes noires sur le blanc des plumes caudales, ainsi que cela a lieu chez le dernier pic. Les bandes noires, excepté à l'extrémité, ne traversent pas la barbe externe, et la barbe externe de la troisième rémige étant entièrement blanche d'un bout à l'autre. Le bec et les pieds, ces derniers surtout, sont très-forts et très-grands, et beaucoup plus que chez le *picus nuttalli* notamment. La taille de ce grimpeur est intermédiaire environ à celle des deux espèces précitées. »

Je ferai des démarches pour me procurer au moins un dessin colorié de ce pic et si elles sont couronnées de succès, mes lecteurs peuvent être assurés que je leur reproduirai une planche peinte du *picus lucasanus*, et même, si je le puis, une description plus complète.

HABITE la Basse-Californie. Collection de la Société Smithsonienne à Washington.

* Ici, j'éprouve l'embarras de savoir s'il s'agit du *picus scalaris* de Wagler ou bien de l'oiseau que M. Gambel, dans le *Journal de l'Académie des Sciences naturelles de Philadelphie*, 2e série, I, 1847, part. 1, p. 55, pl. IX, fig. 1 et 2, avait dénommé *picus scalaris* et qui était mon *picus wilsonii* ou le *picus nuttallii* de M. Gambel. Je dois supposer néanmoins qu'il est bien question du *scalaris* de Wagler.

## Genus V. — PICOÏDES*

*(Lacépède, Valenc., Lesson, Latreille, G. Cuv., G.-R. Gray, Blyth, Malh., C.-L. Brehm, Reich.).*

## Genre V. — LES PICOÏDES.

La plus grande confusion a régné dans les écrits des auteurs qui ont traité des Picoïdes, et cette confusion provient de ce qu'ils n'avaient pas vu les grimpeurs qu'ils ont décrits ou bien de ce qu'ils n'en ont pas connu le lieu d'origine. Ainsi Buffon, qui habitait près de la Suisse, n'est informé de l'existence du *pic à trois doigts* dans ce pays voisin, que par une lettre que M. Lottinger lui écrit de Strasbourg le 22 septembre 1774. Le Picoïde européen ou Tridactyle, est assez répandu vers les montagnes suisses; néanmoins, notre grand naturaliste n'en a jamais vu un seul exemplaire, et il n'en donne même aucune description. Il s'écrie en parlant de son Pic varié ondé, indiqué à tort, dit-il, sous le nom de Pic tacheté (pl. enl., 553): « La figure de ce Pic convient parfaitement avec la description du Pic varié de Cayenne, de M. Brisson, *excepté* que le premier a *quatre* doigts comme tous les Pics, et que celui de M. Brisson n'en a que *trois. Il existe donc réellement un Pic à trois doigts;* c'est de quoi, malgré le peu de rapport analogique, on ne peut guère douter. »

Quant à l'*épeiche* ou *pic varié ondé* ou *pic tacheté* de Buffon (vol. VII, p. 78 et planche enluminée, 553), qui a quatre doigts et le sommet de la tête rouge, cet auteur le distingue du *pic varié de Cayenne,* que décrit Brisson *(Ornith.,* vol. VI, p. 54), et qui n'a que trois doigts, avec le sommet de la tête *rouge* chez le mâle. Buffon pense que cette dernière espèce est la même que celle décrite par Edwards *(Hist. of birds,* vol. III, pl. 114) et qui habite, dit-il, la Baie d'Hudson, la Norwège, la Sibérie et la *Suisse.* Voilà donc déjà plusieurs espèces, dont deux ont le sommet de la tête rouge, l'une à quatre doigts, qui certes, est bien différente, l'autre à trois doigts et de Cayenne.

Ce n'est pas tout. En 1807, Vieillot *(Oiseaux de l'Amérique septentrionale,* vol. II, p. 68), vient augmenter la confusion en décrivant et en représentant dans sa planche 124, sous le nom de *pic à pieds vêtus, picus hirsutus,* un vieux mâle du *picoïdes europæus* (Less.), ou *tridactylus* de Linnée, qu'il décrit comme ayant le dessus de la tête d'un beau jaune doré, quoique sur la planche, la tête soit d'un jaune *rougeâtre.* Vieillot indique cette espèce à trois doigts, comme se trouvant en Suisse, en Suède, en Sibérie et ne pénétrant pas au delà de la baie d'Hudson, dans l'Amérique septentrionale; mais néanmoins, comme très-différente du *picus tridactylus* de Linnée. A la page 69, ce même auteur décrit sous le nom de Pic ondé, *picus undulatus,* une autre espèce indiquée comme l'Epeiche ou Pic varié ondé de Buffon, et le *picus tridactylus* de Linnée et de Gmelin. Le mâle a le sommet de la tête *rouge,* avec le dos noir rayé transversalement de blanc, tandis que la femelle n'a pas de rouge sur la tête et de blanc sur le dos: « Ce Pic, dit Vieillot, qu'on trouve à la Guyane, pénètre très-rarement dans les parties sud de l'Amérique septentrionale; selon Bancroff *(Guian.,* p. 164), le mâle a le bas-ventre rouge et seulement trois doigts disposés comme chez l'*Hirsutus;* ce caractère est aussi indiqué par Brisson; mais le Pic de Buffon, cité dans la synonymie et rapporté par cet auteur à celui de Brisson, en a quatre. » C'est cette espèce que M. Temminck *(Tableau méthodique,* p. 63), nomme *picus undatus,* Wilson et S. A. le prince Charles Bonaparte *(American. ornith., Wils. Bonap.,* vol. III, p. 425), parlent aussi du *picus undulatus* de Vieillot, qu'ils disent propre à la Guyane, et ils prétendent que c'est du *picus tridactylus,* de l'Amérique septentrionale, que Linnée s'est occupé. Il est toutefois probable, ajoute Wilson, que Linnée avait la première espèce en vue, lorsqu'il fait observer que chez les sujets d'Europe le dessus de la tête est jaune, tandis qu'il est rouge chez les sujets américains, même provenant de la baie d'Hudson. Il est remarquable que ces auteurs ont confondu plusieurs espèces, savoir: celle d'Europe et les trois picoïdes de l'Amérique septentrionale, sans compter le *picoïdes dorsalis* (Baird), dont les mâles ont le sommet de la tête jaune.

En 1827, Wagler *(Systema avium,* n° 101), après M. Temminck, sépare le Picoïde

* De *PICUS* (nom d'homme).

d'Europe *(picus europæus* ou *tridactylus)*, du Picoïde de l'Amérique *(picus americanus* ou *hirsutus; Syst. av.*, nº 102); mais il réunit sous cette dernière dénomination le *picus varius cayanensis* de Brisson, à trois doigts et à tête rouge, le Pic tacheté de Cayenne, à tête rouge et à quatre doigts (Buffon, pl. enl. 553), auquel il pense, on ne sait pourquoi, qu'on a substitué par artifice, *des pattes d'une autre espèce;* enfin le *picus undulatus* de Vieillot.

Audubon lui-même n'a pas su distinguer quatre espèces de Picoïdes, dont les mâles ont le sommet de la tête jaune; ainsi, il décrit le *picoïdes arcticus* sous le nom de *picus tridactylus* (Linn., *Orn. biogr.*, vol. II, p. 197), et l'on ne reconnaît cette première espèce que parce que le savant ornithologiste annonce que « la couleur de toutes les parties supérieures est d'un noir profond, lustré, le dos avec des reflets verdâtres, » puis, par la description qu'il donne de la queue.

Ce n'est que postérieurement qu'il décrit la seconde espèce américaine, l'*americanus*, sous le nom de *hirsutus*, et il ne la connaît, dit-il, que parce qu'elle lui a été envoyée par la Société zoologique de Londres.

Les autres auteurs américains ne paraissent pas avoir été à même de comparer l'*arcticus* et l'*americanus*, car l'auteur de la zoologie du Massachusett n'indique que le *picus tridactylus*, sans que l'on puisse affirmer de laquelle des deux autres espèces il entend parler.

M. de Kay, dans la Zoologie de l'Etat de New-Yorck, fait bien un article séparé de l'*arcticus* et de l'*hirsutus*, mais il omet, dans la description qu'il donne de l'*arcticus*, les caractères réels qui différencient cette espèce, tels que la coloration d'un noir uniforme du dos, sa taille supérieure, etc. La figure qu'il donne de l'*arcticus* représente le *picoïdes americanus;* il déclare d'ailleurs qu'il pense que l'*hirsutus* est le *jeune* de l'*arcticus*.

En voilà, certes, assez pour démontrer quelle confusion a régné entre ces diverses espèces. Il est temps de faire connaître ce que l'observation de beaucoup de sujets nous a appris.

Nous ne connaissons bien en ce moment, c'est-à-dire avant la publication de l'ouvrage de M. Baird, que trois espèces de Picoïdes, outre le *picoïdes dorsalis*, savoir :

1º L'espèce européenne et asiatique anciennement connue, le *picus europæus* ou *tridactylus* de Linnée, qui est le *picus hirsutus* de Vieillot, et dont le picoïde du Kamtschatka, des monts Ourals et du pays des Baschkirs, le *picoïdes crissoleucus*, n'est à proprement parler, qu'une race locale ayant plus de blanc;

2º Le *picoïdes arcticus* à dos noir, représenté par Swainson et Richardson *(Faun. bor. amer.*, pl. 57), espèce des Montagnes-Rocheuses et du lac Supérieur, un peu plus grande que le *tridactylus* d'Europe;

3º *Picus (apternus) americanus*. Ce Picoïde, moins grand que l'*arcticus* (Sw.) et que le *tridactylus* (Linn.), est ainsi dénommé par Swainson *(Classif. of birds*, vol. II, p. 306), qui l'appelle *tridactylus (Fauna bor. americ.*, vol. II, p. 311, pl. 56). Edwards, Vieillot et d'autres auteurs, auraient différencié de prime abord les Picoïdes qui habitent le centre et le nord de l'Europe ainsi que certaines parties de l'Asie, d'avec les deux espèces qui se trouvent dans l'Amérique septentrionale et dont les mâles ont aussi le dessus de la tête *jaune*, s'ils avaient pu remarquer que les espèces américaines ont les quatre rectrices intermédiaires seules entièrement noires, tandis que cette couleur couvre les six rectrices intermédiaires chez les Picoïdes de l'Europe et de l'Asie;

4º Enfin une petite espèce américaine nouvellement découverte en Géorgie, le *picus lecontei*, dont le mâle a l'occiput rouge et ressemble au *picus pubescens*.

Découvrira-t-on un jour à la Guiane, le *picoïdes undulatus*, dont le mâle, selon Brisson et Vieillot, a tout le dessus de la tête rouge, et selon Bancroff, le bas-ventre de cette même couleur? C'est ce que l'avenir se chargera de nous apprendre. Jusqu'ici cette espèce n'a été observée dans aucune collection, pas plus que celle qui est représentée dans la planche enluminée 535 de Buffon, et qui a quatre doigts.

Nous devons faire observer que la planche 114 de l'*Histoire naturelle des oiseaux* de Georges Edwards, représente, comme l'a très-bien fait observer M. Temminck, le mâle du *picoïdes europæus* ou *tridactylus*, et que le dessus de la *tête* est *d'un jaune d'or* et nullement rouge, tandis que Brisson (*Orn.*, IV, p. 55), cite l'oiseau figuré sur cette même planche comme synonyme de son *picus varius cayanensis* qui, dit-il, a le *sommet de la tête rouge*.

On comprend d'ailleurs, qu'il est bien difficile de décider si, comme le pense Wagler, l'oiseau figuré sur la planche enluminée 553 de Buffon, est un oiseau factice, auquel on a substitué des pattes d'une autre espèce à quatre doigts, ou bien si ce n'est pas plutôt à l'oiseau décrit par Brisson et Vieillot, qu'on aurait substitué des pattes d'un picoïde à trois doigts.

Je crois devoir néanmoins offrir une notice spéciale sur chacune des espèces dont parlent les auteurs précités, pour faciliter les recherches ultérieures des naturalistes.

Cette notice sur les Picoïdes était rédigée depuis longtemps, lorsque en 1859, j'ai pu avoir communication du seul exemplaire que je connaissais en France, de l'intéressant ouvrage publié, l'an dernier, à Washington, sous le titre de: *Reports of explorations and Surveys to ascertain the most praticable and economical route for a railroad from the Mississipi river to the Pacific ocean,* » et dont la zoologie est rédigée par M. Spencer Baird, avec la coopération de MM. John Cassin et Georges Lawrence. En me reportant au genre Picoïdes (page 97 à la page 101), je vis que les auteurs américains précités distinguaient quatre espèces de Picoïdes, en y comprenant l'espèce européenne que l'on trouve en Suisse et en Suède, mais sans compter dans ce nombre l'espèce du Kamtschatka ou *Crissoleucos* de M. Brandt, et le *Picoïdes lecontei* à occiput rouge, de la Géorgie.

Voici les caractères qu'ils assignent à ces quatre espèces:

A. Milieu du dos d'un noir uniforme, nullement varié de blanc . . . . le *p. arcticus.*

B. Le milieu du dos varié de blanc:

1° Le dos avec des bandes blanches transversales; de très-étroites bandes blanches sur les côtés de la tête; tectrices caudales inférieures très-légèrement rayées de noir; les deux paires de rectrices intermédiaires noires. . . . . . . . le *p. hirsutus;*

2° Le dos rayé longitudinalement de blanc; les côtés du corps rayés transversalement de noir; les tectrices caudales inférieures d'un blanc pur; les deux paires de rectrices intermédiaires noires. . . . . . . . *p. dorsalis;*

3° Le dos rayé longitudinalement de blanc, les côtés avec des raies noires. Les bandes blanches sur le côté de la tête très-apparentes. Les trois paires de rectrices intermédiaires noires, tectrices caudales inférieures très-variées de noir. . . . . . . . *p. tridactylus.*

Les auteurs américains déclarent qu'ils n'ont eu qu'un exemplaire de l'espèce qu'ils nomment *Picoïdes dorsalis* et que cet exemplaire très-mutilé était en fort mauvais état, ayant été tué en mue; cependant ils n'ont pas hésité à constituer une espèce distincte avec ce seul sujet, ont-ils eu raison? c'est ce que l'avenir nous apprendra.

Je ne me permettrai qu'une observation sur cette espèce que je n'ai pas vue et qui ne diffère réellement de l'*hirsutus* ou *americanus* qu'en ayant le milieu du dos rayé *longitudinalement* de blanc, tandis que les bandes blanches sont transversales chez l'*americanus.* Car, relativement à la couleur d'un blanc pur des tectrices caudales inférieures chez le *dorsalis,* tandis que ces mêmes parties sont très-légèrement rayées de noir chez l'*hirsutus* ou *americanus,* je dois dire qu'on ne peut établir aucune base sur cette coloration. Ainsi, j'ai vu des sujets de cette dernière espèce ayant sur les parties inférieures beaucoup plus de blanc les uns que les autres, soit sur les parties inférieures, soit sur le dos. Dans l'espèce ordinaire d'Europe, les vieux sujets ont les parties inférieures d'un blanc pur avec deux ou trois stries noires longitudinales, sur les flancs, ainsi que sur le dos, tandis que d'autres sujets plus jeunes ont l'abdomen entièrement bariolé de noir avec quelques taches blanches, et le jeune, sortant du nid, est d'un noirâtre sale sans aucune tache blanche, si ce n'est sur la gorge et le milieu de l'abdomen. Ainsi, je possède des sujets ayant les tectrices inférieures de la queue blanches, et d'autres ayant ces parties presque entièrement noires. D'où je conclus que ce caractère qui varie nécessairement aussi chez les Picoïdes de l'Amérique, ne saurait servir de base à une classification ou même à une distinction des espèces.

## PREMIÈRE SECTION.

### PICOÏDES *(Lacép.)* EUROPÆUS *(Lesson)*.

PICUS TRIDACTYLUS; Linn., *Faun. suec.*, p. 103. — *Id.*, *Acta Stockh.*, 1740, p. 222. — *Id.*, *Syst. nat.*, 13e édit., 1767, I, p. 177, nº 21, sans la variété B. — Scop., *Ann.*, I, *Hist. nat. descr. av.*, p. 49, nº 56, 1769. — Gmel., 1788, I, p. 439, nº 21. — Lath., *Ind.*, 1790, I, p. 243. — Mey. et Wolf, *Tasch. der Deuts*, 1810, I, p. 125. — Naum., *Vog. nachl.*, pl. 41, f. 81. — *Neue Ausg.*, pl. 137, mâle et femelle. — Nilson, *Skandin. faun*, pl. 53, le mâle. — C.-L. Brehm, *Vog. Deuts*, p. 194. — Mull., *Zool. Dan.*, pl. 121. — Risso, *Hist. nat. Eur. mérid.*, III, p. 61. — Temm., *Man.*, 1820, I, p. 401; et Werner, *Atlas*, fig. le mâle. — Wagl., *Syst. av.*, nº 101, 1827. — Keys. et Blas, *Die Wirbelt*, 1840, p. 35. — Schinz, *Eur. faun.*, 1840, I, p. 263. — Schleg., *Ois. d'Eur.*, 1844, p. 50. — Degl., *Orn. Eur.*, 1849, I, p. 161.

DENDROCOPOS TRIDACTYLUS; Koch, *Baier. zool.*, p. 74.

TRIDACTYLIA HIRSUTA; Shaw., *Gen. zool.*, IX, p. 219.

PICOIDES TRIDACTYLUS; Lacép., *Mém. de l'Instit.*, 1799. — Latreille, *Fam. nat. règ. an.*, 1825. — G. Cuv., *Règne an.*, I, p. 451. — G.-R. Gray, *Gen.* — *Id.*, *Cat. gen. brit. mus.*, p. 92, 1855. — Blyth, *Cat. mus. Calcut. asiat. soc. Beng.*, XVIII, 1849.

PICUS HIRSUTUS; Vieill., *Ois. Amér. sept.*, II, p. 68, pl. 124, le vieux mâle de l'*Europæus*, 1807. — *Id.*, *Encycl.*, p. 1324.

PICOIDES VARIEGATUS; Valenc., *Dict. sc. natur.*, XL, p. 191, 1826.

PICOIDES EUROPÆUS; Less., *Ornith.*, 1831, p. 217. — Malh., *Nouv. class. mém. acad.*, *Metz*, 1848-1849, p. 329.

APTERNUS TRIDACTYLUS; Swains., *Classif.*, 1837, II, p. 306, note. — Gould, *Birds of Eur.*, pl. 232. — C. Bonap., *Consp.*, p. 139. — *Id.*, *Consp. vol. zyg.*, 1854.

PICOIDES LONGIROSTRIS; C.-L. Brehm, *Der vollstand. vogelf.*, p. 71, 1855.

PICOIDES SEPTENTRIONALIS; C.-L. Brehm, *Der vollst. vogelf.*, p. 71. — Reich., *Syn.*, p. 362; pl. dcxxxi, fig. 4195 et 4196, mâle et femelle.

PICOIDES MONTANUS; C.-L. Brehm, *Der vollst. vogelf.*, p. 71. — Reich., *Syn.*, p. 362; pl. dcxxxi, fig. 4201, 4202, mâle et femelle.

PICOIDES ALPINUS; C.-L. Brehm, *Der vollst. vogelf.*, p. 71. — Reich., *Syn.*, p. 362, pl. dcxxxi, fig. 4199, 4200, mâle et femelle.

Mas senil. Rostro plumbeo-nigricante, subtùs dilutiore; iride cœruleâ; plumis narium nigris et albis; fronte nigrâ albo variolosâ; vertice flavo-aurantio; occipite capiteque ad latera subchalybeo-nigro, vitta stricta ab oculorum cantho postico supremo ad occipitis latera, et indè arcuate et dilatate ad nucham ducta ac vitta altera utrinque a naribus versus genas et parum ultra eas deorsum ducta-albis; vitta malari nigra, antice albo-undulata; cervice, mento, toto collo antico, pectore ac ventre pure albis; humeris, pectore, ventreque ad latera, abdomine, crisso alarumque tectricibus inferioribus albis, fasciolis nigris variis; dorso supremo ac tergo albis; alarum tectricibus omnibus, scapularibus, remigibus dorso proximis extùs, uropygio caudæque tectricibus superioribus totis fuliginoso-nigris; remigibus ejusdem coloris, extùs a basi ad apicem maculis parvis quadratis, intùs majoribus, ovatis, a basi ad medium, in remigibus dorso proximis latere interno tantùm positis, candidis; rectricibus duodecim quarum *sextuor intermediis* totis nigris; cœteris basi nigris latere interno a medio, externo altiùs usque ad apicem albis aut albo-rufescentibus, nigro transversim fascialis. Pedibus plumbeo-olivaceis.

Mas adult. Vertice virescenti-aurescente nigro marginato; dorso supremo tergoque albis nigro variis; gulâ, collo antico pectore ventreque in medio albis; pectore ventre ad latera, abdomine toto, crissoque albis, fasciolis numerosis nigris variis.

Juv. viril. Vertice virescenti-aurescente aut nigro flavo striato; fronte nigrâ albo punctulatâ; mento, gulâ collo antico, pectore medio albis non-numquam nigro maculatis; pectore ad latera, ventro abdomineque toto nigris albo variis; dorso supremo tergoque albis nigro variis, aut nigris albo variegatis.

Mas pullus. Fronte fuliginosâ; vertice fuliginoso flavo parvulum striato; occipite capite ad latera vittâque malari fuliginosis; vitta strictâ post oculos ac vittâ altera a naribus versus genas, mento, gulâ, collo antico pectoreque medio albo-rufescentibus; pectore ad latera, ventre abdomineque fuliginosis albo-rufescente variegatis; dorso supremo tergoque fuliginosis, albo longitudinaliter striolatis; rostro breviore, ad apicem paululùm curvato.

Fœmina adult. Mari similis, capite supra nigro plus minusve albo-argenteo striato.

### LE PICOÏDE EUROPÉEN.

LE PIC TRIDACTYLE ou PICOIDE; Temm., *Man. d'orn.*, vol. I, p. 401.

PIC A PIEDS VÊTUS; Vieill., *Ois. de l'Amér. sept.*, II, p. 68, pl. 124.

PICOIDE TRIDACTYLE; Lacép., Less., *Orn.*, p. 217.

PICOIDE VARIÉ; Valenc., *Dict. sc. natur.*, XL, p. 191, 1826.

LE PIC TRIDACTYLE; Degland, *Orn. Eur.*, I, p. 161.

THREE-TOED WOODPECKER; Lath., *Syn.*, II, p. 600, *Sp.*, 51. — *Id.*, *Suppl.*, p. 112.

BERG UND ALPEN DREIZCHIGER SPECHT; Brehm, *Vog. deut.*, p. 194.

TRETAIG HACKSPETTE; Nilson, *Skandinav. Faun.*, pl. 53, le mâle.

DER DREIZEHIGE SPECHT; C.-L. Brehm, *Lehrb. naturg. europ. Vogel*, p. 142, 1823.

DER DREIZEHIGE ALPENSPECHT ET DER NORDISCHE BREIZEHIGE SPECHT; C.-L. Brehm; *Vollstand. Vogelf.*, p. 71, 1855.

NORTHER THREE-TOAD WOODPECKER; Edw., *Nat. hist. of birds*, p. 114, pl. 114, le mâle.

Après ce que j'ai dit au sujet des Picoïdes, il me reste peu d'observations à faire relativement au Picoïde tridactyle. M. Temminck a fait observer avec raison que la planche 124 des *Oiseaux de l'Amérique septentrionale*, représente un très-vieux mâle de l'espèce d'Europe et il est facile de s'en convaincre en comparant les dimensions et la coloration du sujet représenté par Vieillot. Wagler et d'autres auteurs estimables, notamment M. Reichenbach, dans l'important ouvrage qu'il a publié récemment, ont persisté à penser que c'était l'espèce d'Amérique que Vieillot avait représentée et décrite. Parmi toutes les raisons que je puis produire pour démontrer que c'est bien l'espèce d'Europe, je citerai le passage dans lequel Vieillot, décrivant la queue de ce Picoïde, annonce que les *six rectrices intermédiaires sont noires dans leur totalité*, ce qui cesserait d'être exact s'il avait décrit un Picoïde provenant de l'Amérique septentrionale, puisque les espèces de cette localité n'ont que les *quatre rectrices intermédiaires* entièrement noires. Je dois au reste ajouter que Vieillot indique son exemplaire comme se trouvant dans la collection du Muséum de Paris, et j'ai pu constater que ce bel établissement scientifique ne possédait à cette époque que le Picoïde d'Europe. J'ai formé dans ma collection privée une série de sujets mâles et femelles, depuis le jeune jusqu'au très-vieux mâle, et ces exemplaires que j'ai recueillis principalement en Suisse, joints à des sujets tués en Norwège, en Sibérie et au Kamtschatka, avec ceux de l'Amérique septentrionale, m'ont permis d'établir les descriptions ci-après et de comparer le *picoïdes europæus* avec le *picoïdes americanus* (Sw.) qui lui ressemble assez pour occasionner de fréquentes erreurs.

Le Picoïde européen qu'on ne voit jamais en Hollande, ni en Angleterre, est assez rare en Allemagne et en France et ne se trouve point encore dans l'Amérique septentrionale, contrairement à l'assertion de plusieurs auteurs, notamment de M. Valenciennes *(Dict. des sc. nat.,* p. 191). Il habite exclusivement les forêts et les vallées au pied des Alpes suisses, notamment dans le canton de Berne, où il est commun. On ne le trouve que très-rarement sur les sommités des Alpes, et selon Temminck, il ne dépasse pas la région à l'élévation de 4000 pieds au-dessus du niveau de la mer. Ce Picoïde est aussi très-abondant dans diverses parties de la Norwège, de la Suède, en Finlande et dans plusieurs autres contrées du nord de l'Europe.

Il descend dans les forêts de la Moravie, de la Bohême, de la Silésie, de la Carinthie, de la Lusace, d'Anhalt, et M. Althammer m'écrit du Tyrol que l'espèce y niche dans les parties les plus élevées et les plus froides ; qu'elle ne fait qu'une ponte de quatre ou cinq et même de six à sept œufs que la femelle dépose dans le tronc de quelque pin, sapin ou mélèze, ce grimpeur habitant toujours les forêts de conifères où il niche pendant la seconde quinzaine du mois d'avril, ou quelquefois, dès les premiers jours de mai seulement.

Pallas *(Zoogr. rosso. asiat.,* I, p. 415 — 68), signale la présence de ce Picoïde dans les forêts de trembles, non loin de Moscou, et surtout près du Volga, de l'Oural et en Sibérie; mais il paraît certain que l'espèce ou la race de l'Oural et de la Sibérie est le *crissoleucus* de M. Brandt, qui se reconnaît facilement par sa coloration.

M. Temminck annonce que les exemplaires provenant de l'Amérique septentrionale sont un peu plus forts de taille que ceux d'Europe. Cette observation ne serait exacte qu'autant qu'elle s'appliquerait au *Picoïdes arcticus,* l'*americanus* provenant du Canada et des Etats-Unis, étant d'une taille inférieure au *Picoïdes europæus* de la Suisse et de la Norwège.

On trouve ce grimpeur à l'entrée des forêts des Alpes et il aime à se placer sur les bouleaux et les peupliers ainsi que sur certaines essences parmi les conifères, notamment sur le pin cembro *(Pinus cembra,* Linn). Il n'est point timide et son cri ressemble beaucoup à celui du *picus medius.* La femelle perfore les sapins, les pins ou d'autres espèces, et pond dans le trou qu'elle a pratiqué, quatre ou cinq œufs d'un blanc lustré; quelquefois elle se contente des trous qu'elle découvre soit dans le tronc, soit dans les branches de quelque arbre. Les deux sexes prennent soin des petits jusqu'à ce que ceux-ci puissent pourvoir eux-mêmes à leurs besoins. Leur nourriture consiste ordinairement en larves de diverses espèces de charançons, et en insectes; il se nourrit aussi de fruits, de semences et de baies sauvages, notamment de celles de l'aubépine.

M. Brehm a distingué trois races dont il a cru devoir faire autant d'espèces sous les noms de *septentrionalis, montanus* et *alpinus.* M. Reichenbach, qui a examiné et décrit les exemplaires que lui a confiés M. Brehm, pense comme moi, que ce ne sont que des races et non des espèces. J'ajoute qu'en comparant un grand nombre de Picoïdes du même pays on trouve, entre eux, des différences sensibles qui ne proviennent néanmoins que de l'âge, du sexe, de la nourriture et du climat. D'après M. Reichenbach et M. Brehm, le picoïde *septentrionalis,* qui habite la Norwège, est la plus petite en longueur totale des trois races, et le *montanus,* la plus grande. Le bec du *montanus* est un peu plus court que ceux du *septentrionalis* et de l'*alpinus,* lesquels sont égaux en longueur; le bec est plus haut à sa base chez l'*alpinus* que chez le *septentrionalis.* Le bec du *septentrionalis* est blanc, tandis que celui de l'*alpinus* et du *montanus* est d'un gris cendré. Le *montanus* est originaire de la Carinthie; l'*alpinus,* qui se trouve aussi en Allemagne et en Suisse, habite le nord de l'Europe et de l'Asie. Le sommet de la tête du mâle de l'*alpinus* est d'un jaune pâle de soufre, tandis que chez les deux autres races ci-dessus il est d'un jaune vif et brillant. Le *septentrionalis* a toutes les parties inférieures blanches, les côtés de l'abdomen portant un petit nombre de bandes noires prononcées, et les côtés de la poitrine de mèches longitudinales de même couleur, de forme triangulaire, tandis que le milieu des plumes du croupion offre d'étroites taches noires lancéolées.

Chez le *montanus*, les taches noires des parties inférieures sont plus nombreuses, plus grandes, plus larges; la gorge, le cou et la poitrine sont parsemés de mèches brunes. L'*alpinus* a la gorge et le cou blancs; le milieu seul de la poitrine conserve cette couleur, tandis que tout le reste est couvert de taches et de larges bandes noires; les plumes du croupion sont aussi couvertes de taches noires très-larges et cordiformes. Quoiqu'il en soit, parmi les exemplaires que j'ai obtenus de l'Oberland (Suisse), je possède des sujets adultes semblables au *septentrionalis* figuré par M. Reichenbach, et d'autres que je crois des jeunes, qui sont semblables au *montanus*.

Caractères. Bec droit, fort, anguleux, déprimé à la base, comprimé vers l'extrémité qui est légèrement tronquée et cunéiforme; arête de la mandibule supérieure droite, côtés inclinés et polis; sillons latéraux au-dessus des narines, très-rapprochés des bords de la mandibule qui sont acérés, droits et surplombant la mandibule inférieure. Celle-ci avec l'arête inférieure droite, les côtés convexes, les bords infléchis, l'extrémité aiguë. Narines oblongues, basales, placées près du bord de la mandibule supérieure et entièrement cachées par une large touffe de plumes piliformes dirigées en avant de chaque côté; tête large, ovale; cou plutôt court; pieds très-courts; tarses courts, comprimés, emplumés au-devant sur près du tiers de leur étendue, scutellés dans le reste, aussi bien que derrière, sur le côté interne; trois doitgs; le premier doigt ou le doigt postérieur interne manquant, le quatrième doigt ou doigt postérieur externe beaucoup plus long que le troisième doigt ou doigt antérieur externe qui est soudé au doigt interne à la base; tous scutellés au-dessus. Ongles longs, très-courbes, comprimés, évidés sur les côtés et très-aigus. Plumage très-doux et lustré; les plumes à la base de la mandibule inférieure sont aussi piliformes et dirigées en avant; ailes plutôt longues et pointues; la quatrième rémige, la plus longue et dépassant d'environ un millimètre la troisième et la cinquième rémige, qui sont presque égales; celles-ci dépassent de deux millimètres la sixième rémige, qui excède la deuxième rémige d'environ cinq millimètres. La première rémige n'a que deux centimètres de longueur totale. Je dois faire observer toutefois que chez un mâle semi-adulte et chez un mâle sortant du nid, la troisième rémige était la plus longue et excédait d'environ un millimètre la quatrième et la cinquième, qui se trouvaient presque égales. Rémiges secondaires larges et arrondies; queue plutôt longue, cunéiforme, composée de douze rectrices, dont les latérales, qui sont arrondies et non usées, ont seulement trois centimètres de long; la seconde penne de chaque côté, n'a pas, non plus, son extrémité usée et elle est de trente-cinq centimètres environ plus courte que les pennes intermédiaires.

Coloration. *Le vieux Mâle;* mandibule supérieure d'un gris bleu foncé vers l'extrémité; mandibule inférieure d'un gris plombé noirâtre à l'extrémité; iris bleu ; touffes de plumes piliformes couvrant les narines composées de plumes grises et de plumes noirâtres; front rayé alternativement de bandes noires et de bandes blanches, les plumes ayant leur extrémité seule de cette dernière couleur, et leur base d'un noir profond; tout le vertex d'un beau jaune orangé très-brillant avec quelques reflets orangés; quelques petites mèches blanches encadrent ce jaune; toutes les plumes jaunes ont leur base noire et une tache blanche non apparente sur le vertex sépare le noir du jaune d'or. Côtés de la tête et occiput d'un noir à reflets bleuâtres; un trait blanc très-étroit commence un peu au-dessus de l'œil, s'étend de chaque côté de l'occiput et de la nuque et va se fondre dans le demi-collier blanc qui ceint le bas de la nuque; une bande assez étroite, d'abord d'un blanc roussâtre puis d'un blanc pur, prend naissance de chaque côté du front, passe au-dessous de l'œil et descend en s'élargissant un peu, sur le côté du cou, d'où elle va rejoindre le côté de la poitrine en se contournant; une autre bande ou moustache noire s'étend depuis la commissure du bec jusque près de l'épaule; les plumes piliformes rebroussées qui couvrent la moitié de la mandibule inférieure, le menton, la gorge, le devant du cou, la poitrine et l'abdomen sont d'un blanc pur; les côtés de la poitrine et les flancs, offrent quelques mèches longitudinales noires sur un fond blanc; ces mèches sont transversales sur les cuisses et sur les couvertures inférieures des ailes qui sont également blanches; les tectrices inférieures de la queue sont noires avec toute leur extrémité largement bordée de blanc, ce qui en rend l'aspect général de couleur blanche, les plumes étant superposées et étagées. Tout le milieu du dos depuis la nuque jusqu'au croupion exclusivement est d'un beau blanc très-étendu; le croupion et les tectrices caudales supérieures sont noirs; les tectrices supérieures des ailes et les scapulaires sont d'un noir fuligineux; les rémiges primaires sont d'un noir fuligineux avec des taches en forme de parallélogramme sur les barbes externes et de grandes taches ovoïdes sur les barbes internes à partir de leur base jusque vers la moitié de leur longueur totale; l'extrémité de presque toutes les rémiges est terminée de blanc. Les *six rectrices intermédiaires sont entièrement noires;* la rectrice suivante, de chaque côté, est noire dans les trois quarts de sa longueur, avec deux taches d'un blanc roussâtre sur la barbe externe et une tache de même couleur sur la barbe interne; puis, le surplus de la penne est du même blanc roussâtre avec une très-petite tache noire sur chaque barbe. La seconde rectrice est également noire vers la base, puis elle devient d'un blanc roussâtre à 18 millimètres environ de son extrémité sur la barbe interne avec une bande et une petite tache noires, tandis que sur la barbe externe elle devient d'un blanc roussâtre à plus de 3 centimètres de son extrémité avec trois bandes et une petite tache noires; la petite rectrice de chaque côté de la queue est noire avec une petite tache d'un blanc sale vers l'extrémité et près du rachis, tandis que la barbe externe a son extrémité du même blanc sur une longueur d'environ 12 millimètres avec une bande noire. Tarses et doigts d'un gris olivâtre; ongles d'un gris plus clair et d'un brun bleuâtre vers l'extrémité, et sur l'arête supérieure.

*Le Mâle adulte* a le vertex d'un jaune citron avec de nombreuses mèches blanches longitudinales sur les côtés et le milieu de l'occiput. Les côtés de la poitrine, du ventre et de l'abdomen, ainsi que les tectrices caudales inférieures, sont d'un blanc pur tapiré de nombreuses mèches et bandes noires, en sorte que l'espace sans taches au milieu de l'abdomen n'a pas plus d'un centimètre de large, tandis qu'il est de près de 4 centimètres chez les très-vieux sujets. Le blanc qui couvre le dos est tapiré de noir; quelques sujets n'ont que les quatre rectrices intermédiaires entièrement noires; la rectrice suivante de chaque côté ayant quelquefois deux petites taches d'un blanc roussâtre à l'extrémité de la barbe externe; la seconde rectrice externe de chaque côté a ordinairement trois ou quatre bandes blanches vers son extrémité blanchâtre de la page interne, et deux bandes blanches sur la page externe, tandis que la dernière grande rectrice a trois bandes blanches sur sa page interne et cinq bandes de cette couleur sur sa page externe.

*Le Mâle de l'année* a le vertex d'un jaune citron plus ou moins pâle, plus ou moins étendu et quelquefois moucheté de noir et de blanc; le menton, la gorge, le devant du cou et un espace étroit au milieu de la poitrine d'un blanc pur; cette dernière partie offre quelquefois des taches noires; les côtés de la poitrine et tout le reste des parties inférieures rayés transversalement de taches lancéolées noires sur un fond d'un blanc plus ou moins pur; quelquefois le noir prédomine. Le blanc qui couvre le dos jusqu'au croupion offre des taches et des demi-bandes noires.

*Le jeune Mâle au sortir du nid*, au lieu de noir sur les parties supérieures, présente une couleur d'un brun couleur de suie; le vertex porte, même chez le mâle encore au nid, des mouchetures jaunes et seulement quelques mouchetures très-fines d'un gris sale sur le front; les bandes blanches qui existent chez l'adulte après l'œil et sur les côtés de la tête, la gorge, le devant du cou, le milieu de la poitrine, sont d'un blanc roussâtre, le reste des parties inférieures étant d'un noir enfumé varié de gris roussâtre; le dos et la nuque portent de nombreuses mèches d'un blanc plus ou moins pur, les taches blanches qui existent sur les rémiges sont d'un blanc pur. Les six rectrices intermédiaires sont d'un brun noirâtre; les autres d'un brun moins foncé avec des bandes blanches disposées comme chez l'adulte. Le bec est bien plus court que chez ce dernier, il est un peu bombé et recourbé vers l'extrémité.

*La Femelle* diffère du mâle par l'absence de tache jaune sur le vertex; tout le dessus de la tête est plus ou moins moucheté et finement rayé de blanc lustré et argentin sur un fond d'un noir bleuâtre.

Habite notamment la Suisse et le nord de l'Europe.

**LE PICOÏDE EUROPÉEN** (Voyez page 170). **PLANCHE XXXVIII,** Fig. 1, le mâle adulte; Fig. 2, le jeune mâle de l'année; Fig. 3, jeune mâle au sortir du nid; Fig. 4 et 5, la queue; Fig. 6, la femelle.

| DIMENSIONS. | L'ADULTE. | UN JEUNE AU SORTIR DU NID. |
|---|---|---|
| Longueur totale | 240 à 250 mill. | 190 millimètres. |
| — du bec, de la commissure à l'extrémité | 35 millimètres. | 22 — |
| — — des narines à l'extrémité | 25 — | 15 — |
| — de l'aile pliée | 130 — | 100 — |
| — de la queue | 82 — | 56 — |
| — du tarse | 21 — | 21 — |
| — du doigt postérieur externe (sans l'ongle) | 12 à 14 mill. | 12 — |
| — de l'ongle (mesuré en suivant la courbure) | 14 millimètres. | 11 — |
| — du doigt antérieur externe | 11 — | 10 — |
| — de son ongle | 14 — | 11 — |
| — du doigt antérieur interne | 10 — | 9 — |
| — de son ongle | 11 — | 10 — |

Se trouve dans la plupart des collections d'Europe. Une série comprenant les âges divers existe dans ma collection. M. Brehm possède une série des races qu'il a distinguées comme espèces.

Collections de Berne, de Stockholm, de Upsal, de Vienne, de Stuttgard, de Paris, de Berlin, de Wiesbaden, de Carlsruhe, de Londres, de Mayence, de Metz, de Heidelberg, de Darmstadt, de Liége.

## PICOÏDES ARCTICUS.

PICUS TRIDACTYLUS; Wils. et Bonap., *Amer. orn.*, III, p. 243, pl. 14, f. 2, le mâle. — Audub., *Orn. biogr.*, II, p. 197. — *Id.*, V, p. 538, *Appendix.* — *Id.*, *Birds Amer.*, atlas f°; pl. 132, f. 1, 1, mâles; f. 2, la femelle. — Nutt., *Man.*, I, p. 578. — Peabody, *Nat. hist. Massach.*, p. 338?

PICUS (APTERNUS) ARCTICUS; Swains. et Rich., *Faun. bor. Am.*, II, p. 313, 1831. — Sw., *Class. birds.*, II, p. 306. — Aud., *Birds Amer.*, IV, p. 266, pl. 268.

PICUS ARCTICUS; Sw. et Richards., *Faun. bor. Amer.*, II, pl. 57, un mâle.

PICOIDES ARCTICUS; G.-R. Gray, *The genera*, part. xvii.

APTERNUS ARCTICUS; Bonap., *Consp. gen. av.* — *Id.*, *Geogr. and comp. list*, p. 39. — *Id.*, *Consp. vol. zyg.*, 1854. — Reich., *Syn.*, p. 361, n° 833; pl. dcxxx, fig. 4189, 4190, 4191, mâles et la femelle.

PICUS KOCHII; Naum., *In mus. Berolin.*

Mas adult. Rostro corneo; iride fusco-cæruleâ; plumis narium nigris; fronte, capite ad latera, occipite, nuchâ, dorso toto, alarumque tectricibus superioribus, nigerrimis nitore chalybeo; vertice flavo-aurantio; vittâ utrinque ab oris rictu, ad latera colli ductâ albâ, alterâ strictâ nigerrimâ infrà; uropygio nigerrimo, non nunquàm albo raro punctulato; caudæ tectricibus superioribus, nigerrimis; nitore chalybeo; remigibus primariis fusco-nigris extùs et intùs albo maculatis; secundariis nigris, intus albo maculatis; caudæ *rectricibus quatuor intermediis* totis nigris; sequente nigrâ, versùs apicem albo-rufescente, nigro terminatâ; cœteris, albo-rufescentibus basi nigris, mento, jugulo, collo antico, pectore, abdomine medio, crissoque albis; lateribus corporis inferioris, femoribus, alarumque tectricibus nigro alboque fasciatis; pedibus fusco-griseis.

Fœmina. Capite toto suprà nigerrimo, nitore chalybeo.

## LE PICOÏDE ARCTIQUE.

**PLANCHE XXXIX**, Fig. 5, le mâle adulte; Fig. 6, la femelle; Fig. 7, la queue; Fig. 8, rémige quatrième.

On ne confondra jamais cette espèce avec le *picoïdes americanus;* d'abord, parce que celui-ci est moins grand et a le dos rayé transversalement de plus ou moins de blanc, tandis que l'*arcticus* ne présente sur les parties supérieures qu'une teinte uniforme d'un noir profond glacé d'un beau bleu. Cette dernière espèce a aussi le bec proportionnellement beaucoup plus long, et à la fois moins déprimé; les ailes plus aiguës.

Ce Picoïde a été observé sur le versant oriental des Montagnes-Rocheuses où l'on trouve également l'*americanus.* On ignore encore s'il est répandu dans toutes les parties du nord de l'Amérique septentrionale qu'habite cette seconde espèce de Picoïde.

M. Peabody, dans son *Histoire naturelle du Massachusetts,* annonce, d'après Audubon, qu'un Picoïde qu'il nomme *tridactylus,* se trouve dans l'état de Massachusetts et qu'il est beaucoup plus commun dans l'état du Maine, et dans les régions plus septentrionales; que ce picoïde se rencontre même jusqu'au New-Hampshire, mais il est permis de se demander si l'auteur a eu en vue le *p. americanus* ou le *p. arcticus* sous cette dénomination erronée de *tridactylus.* Le même doute existe, à plus forte raison, relativement à l'œuf « presque sphérique, ayant sur un fond blanc de jolies taches d'un rouge brun, disposées régulièrement, » dont parle Audubon *(Ornith. biogr.,* V, p. 538, *appendix),* d'après ce que lui annonce le docteur Brewer, qui avait trouvé cet œuf dans l'état du Vermont.

C'est ce *picoïdes* qu'a décrit M. Audubon (II, p. 197) sous le nom de *tridactylus* (Linn.), et voici ce que nous apprend cet habile et infatigable observateur:

« Cet oiseau se trouve (comme je l'ai déjà dit plus haut), dans les parties septentrionales du Massachusetts et dans toutes les parties de l'état du Maine qui sont couvertes par des forêts de haute futaie, dans lesquelles il habite constamment. J'en ai vu un petit nombre dans les grandes forêts de pins de la Pensylvanie, et M. Bachmann qui en a observé plusieurs près de la chute du Niagara, pense que quelques couples nichent dans les parties septentrionales de l'état de New-York.

» C'est un oiseau infatigable et très-actif qui se tient ordinairement sur le sommet des branches les plus élevées, sans cependant se borner aux pins, quoiqu'il ne soit pas très-sauvage, son agitation incessante permet très-difficilement de l'approcher. Ses mouvements ressemblent à ceux du *melampicus erythrocephalus,* mais il est encore plus pétulant et plus vif que ce dernier oiseau. Comme lui, on le voit descendre, puis remonter le long des branches, à la recherche des insectes, et parcourir ainsi en peu d'instants toutes les parties du même arbre, ou bien il s'élance sur un autre arbre plus ou moins éloigné, parcourant successivement de la sorte une grande étendue de forêt. Son cri ressemble un peu à celui de l'*erythrocephalus*, mais il est plus bruyant et plus aigu, on dirait même le cri de quelque petit mammifère exprimant une douleur très-vive. Pendant le jour, ce Picoïde reste silencieux et, souvent, se retire dans quelque lieu sombre. En été, dans l'après-midi, il sort fréquemment de sa retraite pour donner la chasse aux insectes. Il se nourrit aussi de baies sauvages et d'autres petits fruits. Son vol est rapide, doux et très-ondulé; on le voit, parfois, s'enfuir à une très-grande distance et il fait entendre un cri bruyant à chaque courbe qu'il décrit. Je l'ai souvent observé, cherchant sa nourriture sur quelque tronc mort renversé sur le sol, mais je ne l'ai vu se poser à terre.

» Ce Picoïde perfore ordinairement son nid dans le tronc d'un arbre sain, et près des grosses branches; il ne tient pas à une essence plutôt qu'à une autre et on trouve son nid dans les chênes, aussi bien que dans les pins et d'autres arbres. Ce nid, comme celui des autres espèces, est perforé par les deux sexes qui y travaillent toute une semaine avant de le terminer. Sa profondeur ordinaire est de 50 à 59 centimètres, et il est poli et large au fond, quoique l'entrée en soit si étroite, qu'elle semble à peine suffisante pour donner accès à l'oiseau. La ponte, qui n'a lieu qu'une fois par an, est de quatre à six œufs d'un blanc pur et de forme plutôt arrondie. Les jeunes accompagnent leurs parents jusqu'à l'automne et alors ils les quittent pour chercher seuls à pourvoir à tous leurs besoins; ils ne revêtent leur livrée complète qu'à la seconde année.

» Ces Picoïdes sont bien plus nombreux en hiver dans l'état du Maine où ils arrivent de la Nouvelle-Écosse, de Terre-Neuve, du Labrador et de toutes les contrées dans lesquelles l'espèce s'observe pendant l'été et en petit nombre seulement durant l'hiver. »

Caractères. Bec assez long et beaucoup plus long que celui du Picoïde américain, étroit, fort, anguleux, comprimé vers l'extrémité qui est légèrement tronquée et cunéiforme. Arête supérieure de la mandibule supérieure droite, les côtés inclinés et polis, sillons très-près des bords de cette mandibule avec arête très-saillante; les bords de la mandibule aigus et excédant la mandibule inférieure; narines basales, elliptiques, recouvertes de plumes piliformes et rapprochées des bords de la mandibule supérieure; mandibule inférieure à bords tranchants, avec les côtés convexes et l'arête saillante. Langue proportionnellement plus courte que celle du *picus villosus*, mais de la même forme, la partie extensible étant vermiforme, l'extrémité aplatie au-dessus, convexe au-dessous et garnie de dents de scie dirigées en arrière avec les bords amincis; tête plutôt grande; cou court; corps robuste; pieds très-courts; tarses scutellés au-devant et en arrière; deux doigts devant et un seulement derrière; ce dernier le plus long; tous scutellés au-dessus; ongles forts, extrêmement comprimés, très-aigus et évidés.

Plumage lustré et assez compacte sur le dos et les ailes; base du bec couverte de plumes piliformes dirigées en avant; plumes du devant et du sommet de la tête assez raides; ailes assez longues; selon Audubon, la troisième et la quatrième rémige seraient égales et les plus longues de toutes, mais les sujets que j'ai examinés dans quelques Musées, comme celui que je possède dans ma collection, ont la quatrième et la cinquième rémige égales et les plus longues, puis vient la troisième rémige qui diffère très-peu de la sixième; la seconde rémige est d'un centimètre plus courte que la troisième; la première rémige enfin, qui est très-courte, n'a guère que 3 centimètres de long; queue étagée, composée de douze rectrices à tiges raides, usées à l'extrémité, à l'exception des latérales.

Coloration. *Le Mâle adulte* a le bec d'un noir bleuâtre au-dessus et d'un gris bleuâtre assez clair en dessous; cette dernière teinte est plus foncée vers l'extrémité de la mandibule; l'iris est d'un noir bleuâtre suivant Audubon. La couleur générale du plumage des parties supérieures est un noir profond lustré; la tête avec des reflets bleus; le dos avec des reflets verdâtres. Les plumes piliformes qui couvrent les narines et une partie de la mandibule supérieure sont d'un noir profond. Le sommet de la tête est d'un beau jaune orangé; les côtés de la tête, jusqu'au-dessous des yeux, sont d'un beau noir bleuâtre comme l'occiput et la nuque. Les rémiges sont d'un brun noirâtre avec des taches blanches sur les deux barbes. Ces taches sont beaucoup plus grandes sur les barbes internes et n'existent plus vers l'extrémité des rémiges. Les quatre ou cinq dernières rémiges secondaires n'ont de taches blanches que sur leur barbe interne. Les quatre rectrices intermédiaires* sont noires; la suivante, de chaque côté, est de même couleur à l'extrémité et à

* Je dois faire observer que M. Audubon, en décrivant cette même espèce sous le nom de *picus tridactylus*, dit: « Les *deux* rectrices intermédiaires sont noires, les deux suivantes de la même couleur avec trois taches d'un blanc roussâtre sur le bord de la barbe externe vers son extrémité. » Cet état de l'oiseau doit être assez rare, car les exemplaires que j'ai observés m'ont offert constamment les quatre rectrices intermédiaires noires.

la base, mais elle est d'un blanc roussâtre vers l'extrémité sur une longueur de près de 24 millimètres sur la barbe externe, et de 12 à 15 millimètres sur la barbe interne, la tige restant noire au-dessus. Les deux autres rectrices suivantes de chaque côté sont noires à la base et d'un blanc roussâtre dans tout le reste; la première rectrice de chaque côté, qui est très-courte, arrondie et ordinairement cachée, est blanche avec des bandes noires plus nombreuses sur la barbe interne.

Une bande blanche partant de la base de la mandibule supérieure et passant au-dessous de l'œil, s'étend jusqu'à l'aile; elle est encadrée au-dessous par une autre bande noire étroite partant de la commissure du bec et longeant la première. Les plumes piliformes rebroussées recouvrant une partie de la mandibule inférieure, le menton, la gorge, le devant du cou, le milieu de la poitrine et les tectrices inférieures de la queue sont blancs; le reste des parties inférieures est rayé transversalement de noir et de blanc; néanmoins, les vieux ont le milieu de l'abdomen d'un blanc sans taches, au moins dans la partie supérieure. Les tectrices inférieures des ailes sont d'un brun noir avec des raies et des taches blanches. Les pieds sont d'un bleu gris; les scutelles et les ongles d'un brun noir.

*La Femelle* a tout le dessus de la tête d'un noir bleuâtre sans aucune trace du beau jaune qui distingue le mâle. La bande blanche qui passe au-dessous de l'œil est plus apparente.

HABITE l'Amérique septentrionale.

DIMENSIONS.

| | |
|---|---|
| Longueur totale | 250 millimètres. |
| — du bec, de la commissure | 35 — |
| — — du bec, des narines | 27 — |
| — de l'aile pliée | 130 — |
| — de la queue | 84 — |
| — du tarse | 23 — |
| — du doigt postérieur externe (sans l'ongle) | 14 — |
| — de l'ongle (mesuré le long de la courbure) | 14 — |
| — du doigt antérieur externe | 12 — |
| — de l'ongle | 14 — |
| — du doigt antérieur interne | 11 — |
| — de l'ongle | 13 — |

Se trouve dans la collection du Muséum de Berlin, de Francfort-sur-Mein, de la Société zoologique de Londres, de Mayence, de Stuttgard, de l'état de New-York, un sujet innomé au Muséum de Lyon; dans ma collection.

## PICOÏDES AMERICANUS.

PICUS (APTERNUS) AMERICANUS, SWAINS., *Classif. of birds*, II, p. 306, 1837.
PICUS (APTERNUS) TRIDACTYLUS; SW. et RICHARD., *Faun. bor. Amer.*, II, p. 311, 1831.
PICUS TRIDACTYLUS; BONAP., *Syn. birds unit. st.*, p. 46. — NUTT., *Man.*, part. I, p. 578. — EDW., *Nat. hist.*, III, p. 114, le mâle. — SWAINS. et RICH., *Faun. bor. Amer.*, II, pl. 56, un mâle.
PICUS HIRSUTUS; BONAP., d'après VIEILLOT., *Consp. gen. av.*, p. 139. — AUDUB., *Orn. biogr.*, V, p. 184. — *Id.*, *The birds of Amer.*, atl. fol., pl. 417, f. 3, le mâle; f. 4, la femelle.
PICOIDES HIRSUTUS; G.-R. GRAY, *The genera of birds*.
PICUS ARCTICUS; DE KAY, *Nat. hist. New-York*, p. 190, pl. 17, fig. 36, un mâle.
APTERNUS HIRSUTUS; *Pr. Br.*, *Consp. vol. zyg.*, 1854. — REICH., *Syn.*, p. 361, nº 834; pl. DCXXX, fig. 4192, 4193, 4194, mâles et une femelle.

MAS ADULT. Plumis narium nigris; fronte nigrâ albo variolosâ; vertice flavo-aurantio; occipite capite ad latera nuchâque chalybeo-nigris, illâ albo punctulatâ; vitta strictissimâ ab oculorum cantho postico supremo ad occipitis latera, et vitta utrinque ab oris rictu versus genas et parum ultra eas deorsum ducta albis; iridibus cœruleis; dorso uropygioque transversim albo maculatis; alarum caudæque tectricibus superioribus, scapularibus et *rectricibus quatuor intermediis* totis nigris; sequente basi nigrâ, et ad apicem albo-rufescente, non numquam nigro transversim maculatâ; rectricibus cœteris basi nigris, a medio usque ad apicem albis aut albo-rufescentibus, maculis binis nigris maculatis; remigibus primariis nigris, extùs et ad apicem, intùs nisi versus apicem albo punctatis; secundariis nigris intùs et extùs ad marginem albo punctatis; mento, gulâ, collo antico, pectore, abdomine medio crissoque albis; lateribus corporis inferioris, femoribus alarumque tectricibus inferioribus albis, nigro-fasciatis; rostro supra fusco-plumbeo, infrâ plumbeo, ad apicem nigricante, pedibus fusco-griseis.

FŒMINA AD. Capite supra chalybeo-nigro, argentato varioloso.

## LE PICOÏDE AMÉRICAIN.

**PLANCHE XXXIX**, Fig. 1, mâle; Fig. 2, femelle; Fig. 3, la queue; Fig. 4, rémige quatrième.

Quoique je ne me sois pas dissimulé que ce nom pouvait être incorrect puisque nous connaissons déjà trois espèces de Picoïdes de l'Amérique, je me suis décidé, néanmoins, à ne pas changer le nom que Swainson a adopté à cette espèce en 1837, dans sa classification des oiseaux. Je n'avais, au reste, qu'à opter entre les noms de *picoïdes tridactylus* que divers auteurs lui ont donné par erreur, et celui de *hirsutus* créé par Vieillot; le premier de ces deux noms ne pouvait évidemment convenir, ayant servi surtout à désigner l'espèce du centre et du nord de l'Europe; quant au second, je me serais empressé de l'adopter si je n'avais déjà démontré jusqu'à l'évidence (articles *picoïdes* et *picoïdes europæus)* que Vieillot a décrit et figuré sous la dénomination de *picus hirsutus*, le vieux mâle de notre *picoïdes europæus*, ayant les six rectrices intermédiaires entièrement noires, tandis que les espèces américaines n'ont que les *quatre* rectrices intermédiaires de cette couleur. Très-récemment encore, M. Reichenbach reproduit l'erreur de Vieillot, confond en une seule et même espèce l'*hirsutus* distingué par Vieillot, le premier, dit-il, avec le *tridactylus* de Richardson et Swainson, du Labrador. M. Schlegel *(Revue crit. des ois. d'Europe*, p. L) indique également à tort l'*apternus tridactylus* de Swainson, dans la *Faune boréale américaine* de Richardson, comme synonyme du *tridactylus* d'Europe. C'eût été, selon moi, continuer à propager cette erreur de Vieillot, que de conserver le nom nouveau qu'il a attribué au *picoïdes europæus*, parmi ses *Oiseaux de l'Amérique septentrionale*.

La planche 56 de la *Faune de l'Amérique boréale*, dans laquelle MM. Swainson et Richardson représentent cette espèce sous le nom de *tridactylus*, est assez exacte, si ce n'est qu'il y a peut-être trop de blanc sur le dos et le croupion, et que le jaune s'étend trop vers l'occiput. Quant à la planche 17 de la *Zoologie de l'État de New-York*, elle représente assez fidèlement le mâle de l'*americanus*, mais sous le nom erroné de *arcticus*

La confusion qui a régné dans l'esprit des auteurs ne permet guère de fournir des renseignements précis sur l'habitat et sur les mœurs de cette espèce, que M. de Kay, dans sa *Zoologie de l'État de New-York*, déclare n'avoir jamais pu observer dans cette partie des États-Unis; je me bornerai à répéter les indications que nous trouvons dans le voyage de Richardson (p. 311). « Cet oiseau, dit cet auteur, se trouve dans toutes les forêts de sapins situées entre le lac Supérieur et la Mer Arctique, et il est le plus commun des Picidés au nord du grand lac de l'Esclave; ses mœurs ressemblent beaucoup à celles du *picus villosus* (ou plutôt du *p. canadensis*, d'après Audubon), si ce n'est qu'il cherche sa nourriture principalement sur les pins dépérissant, dans lesquels il fait souvent des trous assez grands pour se cacher; il n'émigre point. »

Je ne reviendrai pas sur tout ce que j'ai déjà dit à l'article *picoïdes*, relativement aux caractères qui distinguent le *p. americanus (hirsutus*, Vieill.) du *p. arcticus* et du *p. europæus* (Less.) ou *tridactylus* (Linn.). Je rappellerai, toutefois, que l'*americanus* et le *crissoleucus*, qui sont à peu près de la même taille, sont les plus petites des quatre espèces; que l'*americanus* qui se reconnaît aussitôt du *crissoleucus* par l'ampleur du blanc pur, sans taches, qui couvre toutes les parties supérieures de ce dernier, se distingue de l'*arcticus* par des raies transversales blanches et étroites sur le dos, tandis que l'*arcticus* a le dos uniformément d'un noir bleuâtre, et que le blanc est bien autrement étendu sur les parties supérieures de l'*europæus*, dont beaucoup de sujets n'ont même pas de raies noires transversales; qu'enfin, on reconnaît de suite les deux espèces américaines, parce que chez elles les quatre rectrices intermédiaires sont seules entièrement noires, tandis que ce noir couvre les six rectrices intermédiaires chez l'*europæus* et le *crissoleucus*.

Caractères. Bec environ de la longueur de la tête, droit, fort, anguleux, déprimé à la base, comprimé vers l'extrémité qui est légèrement tronquée et cunéiforme; mandibule supérieure avec l'arête dorsale droite et saillante; les côtés inclinés et unis; arête au-dessus des narines saillante et beaucoup plus rapprochée des bords qui sont acérés, droits et dépassent la mandibule inférieure; arête sous cette dernière mandibule droite, assez saillante avec un sillon de chaque côté vers l'extrémité; les côtés convexes, l'extrémité du bec aiguë; narines oblongues, basales, situées près du bord du bec et cachées par une large touffe de plumes piliformes rebroussées, qui couvre la base de la mandibule inférieure de chaque côté; cou plutôt court; tête large; pieds très-courts; tarses courts, comprimés, emplumés au-devant de plus d'un tiers, scutellés sur le reste de leur étendue, ainsi que derrière et sur le côté interne; trois doigts; le doigt postérieur à peine plus long que le doigt antérieur externe, qui est bien plus long que le doigt antérieur interne auquel il est soudé à sa base; tous ces doigts scutellés au-dessus; ongles longs, très-courbes, comprimés, évidés sur les côtés et très-aigus.

Plumage très-doux et lustré; la mandibule inférieure est également couverte en partie par une large touffe de plumes piliformes rebroussées; ailes plutôt longues; la première rémige est très-courte; les rémiges les plus longues sont la quatrième, la cinquième, la troisième, puis la sixième et la deuxième. Chez un exemplaire de ma collection, dans l'aile droite, la troisième rémige, la plus longue de toutes, n'excède que d'un millimètre la quatrième rémige qui est elle-même de 4 millimètres plus longue que la cinquième; la sixième rémige et la deuxième sont égales, tandis que dans l'aile gauche, la quatrième rémige, la plus longue de toutes, excède de 3 millimètres la troisième et la cinquième qui sont égales entre elles, et excèdent la sixième de 4 millimètres; la deuxième rémige a 12 millimètres de moins que la sixième; queue de moyenne longueur, cunéiforme, composée de douze rectrices, dont les latérales sont arrondies et non usées; la seconde rectrice de chaque côté est d'environ 3 centimètres plus courte que les rectrices intermédiaires.

Coloration. *Le Mâle adulte;* bec d'un gris bleu au-dessus et d'un gris blanchâtre au-dessous, avec l'extrémité plus foncée; plumes recouvrant les narines d'un brun foncé; tout le vertex d'un jaune safran avec quelques petites taches blanches vers l'occiput et sur le pourtour du jaune; front noir avec de nombreuses taches blanches; occiput et côté du cou d'un noir verdâtre et bleuâtre à reflets; une ligne blanche très-étroite partant au-dessus des yeux descend de chaque côté de la nuque, dont le bas est parsemé de petites mouchetures blanches; de l'angle du front part une étroite bande blanche qui s'élargit en descendant de chaque côté du cou; l'espace compris entre cette bande et le devant du cou est d'un noir très-finement rayé de blanchâtre; dos d'un brun noir avec des bandes blanches étroites transversales; croupion et tectrices alaires supérieures d'un brun noir sans taches; rémiges primaires d'un brun noir avec des taches blanches sur la barbe externe et à l'extrémité, et de grandes taches oblongues disposées transversalement sur les deux tiers de la longueur de la barbe interne à partir de la base; rémiges secondaires du même brun noir avec de petites taches blanches sur la barbe externe, à l'exception des trois ou quatre rémiges les plus rapprochées du corps; les barbes internes portent sur leur rebord des bandes blanches transversales. Les *quatre rectrices intermédiaires* sont d'un noir brunâtre avec parfois une ou deux taches d'un roussâtre clair sur l'une des pennes externes; la rectrice voisine de chaque côté est noire à sa base et ce noir se prolonge plus loin sur la barbe interne; le reste des deux barbes est d'un blanc roussâtre tantôt avec une ou deux petites taches noires, tantôt avec des bandes noires transversales; les autres rectrices sont noires à la base, puis offrent une ou deux bandes ou taches noires, tout le surplus de la penne étant d'un blanc plus ou moins roussâtre; plumes rebroussées à la base de la mandibule inférieure; menton, gorge, devant du cou, milieu de la poitrine et de l'abdomen, ainsi que les tectrices caudales inférieures, d'un blanc sans taches; côtés de la poitrine, flancs, cuisses, tectrices inférieures des ailes avec des bandes alternatives blanches et noires; iris bleu; pieds d'un gris bleuâtre; ongles d'un brun plus foncé vers l'extrémité.

*La Femelle* a tout le vertex noir tacheté de blanc, elle est un peu plus petite que le mâle, selon Swainson, mais je n'ai pas été à même de faire cette observation, n'ayant vu qu'une femelle qui ne m'a pas paru offrir de différence pour la taille.

Habite l'Amérique septentrionale depuis le lac Supérieur jusque vers la Mer Arctique.

DIMENSIONS.

| | | |
|---|---|---|
| Longueur totale | 236 | millimètres. |
| — du bec, de la commissure à l'extrémité | 30 | — |
| — — des narines à l'extrémité | 23 | — |
| — de l'aile pliée | 121 | — |
| — de la queue | 76 | — |
| — du tarse | 20 | — |
| — du doigt postérieur externe (sans l'ongle) | 12 | — |
| — de son ongle (en suivant la courbure) | 12 | — |
| — du doigt antérieur externe | 10 | — |
| — de son ongle | 12 | — |
| — du doigt antérieur interne | 9 | — |
| — de son ongle | 10 | — |

Se trouve dans la collection de la Société zoologique de Londres, au Muséum impérial de Vienne et dans ma collection.

## PICOÏDES DORSALIS *(Baird)*.

PICOIDES DORSALIS; BAIRD, *Report of Explor. and Surv.*, IX, part. 2, p. 100, 1858.

MAS. Nigro supra, albo infrà; vertice flavo; iridibus albo-cinereis; dorso longitudinaliter albo fasciato; crisso candido; caudæ tectricibus superioribus albo punctulatis, rectricibus duabus intermediis totis nigris; proximâ utrinque nigrâ sed maculâ alba punctatâ; sequente maculis albis; remigibus albo maculatis; caudæ tectricibus inferioribus puré albis; corpore infrà albo, ad latera nigro striato.

FŒMINA, incognita, sed absque vertice flavâ.

## LE PICOÏDES LONGITUDINAL *(Malh.)*.

STRIPED THREE-TOED WOODPECKER; BAIRD.

Ce Picoïde, originaire du pic Laramie, au 42e degré de latitude, constitue-t-il vraiment une espèce nouvelle comme l'a pensé M. Baird qui, seul, en a parlé jusqu'ici, ou bien n'est-il, comme se le demande le même auteur, qu'un sujet appartenant à la race que M. Brandt a nommée *Crissoleucos*, et le prince Charles Bonaparte *Kamtschatkensis*? Il est facile de répondre à cette question, quoique l'exemplaire unique du *Picoïdes dorsalis*, tué dans les Montagnes-Rocheuses, ait été mutilé, réduit à un fort mauvais état et en pleine mue. En effet, le *Crissoleucos* a, comme les Picoïdes d'Europe, les six rectrices intermédiaires noires, caractère qui ne convient pas aux Picoïdes d'Amérique; il faut donc décider que le *dorsalis* n'a point d'analogie avec nos Picoïdes d'Europe.

Nous ne connaissons rien de ce grimpeur que ce qu'en dit M. Baird dans la partie ornithologique de l'intéressant ouvrage publié en 1858 à Washington, sous le titre de *Reports of explorations and Surveys to ascertain the most praticable and economical route for a railroad from the Mississipi river to the Pacific Ocean.* Nous ne pouvons donc mieux faire que de nous rendre l'interprète de l'auteur américain, afin que nos lecteurs puissent eux-mêmes juger et comparer les espèces d'après les descriptions, à défaut des exemplaires qui ont servi à les établir.

D'abord, quoique l'auteur n'indique pas le sexe de l'oiseau type, il est certain que c'est un mâle d'après la plaque du jaune qui couvre le sommet de la tête, dont le surplus est noir avec une étroite bande blanche au-dessous des yeux jusqu'à la commissure du bec, bande qui s'étend jusque dans la touffe de petites plumes raides et rebroussées qui couvrent les narines; ces plumes raides sont noires, quelque peu rayées de blanc et ne recouvrent pas le sommet du bec vers son milieu. On ne peut distinguer si c'est la même bande ou une nouvelle qui se continue derrière les yeux. Quoique l'auteur n'ait pas connu la femelle, il est probable qu'elle ne doit différer du mâle que par l'absence de la plaque jaune et que le sommet de la tête doit être noir plus ou moins taché de blanc.

« Les parties supérieures sont généralement noires, dit M. Baird, mais il existe sur le milieu du dos une bande blanche, ainsi que cela a lieu chez le *picus villosus* et chez le *pubescens*. Le blanc dans les plumes du milieu couvre toute la plume au delà de la base duveteuse; sur quelques plumes voisines, néanmoins, cette couleur a la forme d'une tache oblongue qui s'étend jusqu'à l'extrémité de la barbe interne, le surplus étant noir. L'état de l'oiseau ne permet pas de dire jusqu'où le blanc s'étend en avant, mais il y a lieu de penser que c'est jusqu'à la nuque. Les couvertures supérieures de la queue ont chacune une tache blanche à leur extrémité. Les ailes sont noires; les rémiges portent une série de petites taches blanches semi-arrondies sur les bords des barbes externes, à leur extrémité; ces taches sont au nombre de six ou sept sur les rémiges primaires. Les barbes internes ont sur leur rebord de larges bandes blanches plus transversales, commençant à la base de la plume, mais cessant avant son extrémité. Sur les rémiges les plus rapprochées du corps, ces bandes sont très-étendues, et sur quelques rémiges, elles atteignent presque le bord externe des plumes.

» Les parties inférieures sont blanches; les flancs et les couvertures inférieures des ailes sont rayés de bandes noires transversales. Les tectrices caudales inférieures sont blanches sans aucune bande noire. Les deux premières rectrices externes sont blanches avec leur base noire. Il existe une tache noire au milieu du blanc de la première penne et une tache blanche sur le noir de la seconde rectrice. La rectrice suivante est noire, tachée à son extrémité de blanc sur les bords; la penne suivante est noire également avec une seule tache blanche à son extrémité. Les rémiges intermédiaires sont entièrement noires.

» Cette espèce ne peut nullement se comparer avec le *picoïdes arcticus* qui a le dos entièrement noir.

» Elle diffère du *picoïdes hirsutus* (Vieillot) ou *americanus* (Swains.): 1° parce qu'elle a le milieu du dos rayé *longitudinalement* de blanc, tandis que ces raies sont transversales chez l'*hirsutus;* 2° les bandes blanches sur le bord interne des rémiges secondaires sont plus grandes chez le *dorsalis* et atteignent la barbe externe, au lieu d'être restreintes à la barbe interne; 3° les tectrices caudales inférieures sont d'un blanc pur chez le *dorsalis,* au lieu d'être rayées de noir, et les taches de la queue sont aussi quelque peu différentes; 4° enfin, la taille du *dorsalis* est plutôt plus grande, le bec plus long et plus étroit.

» Cette espèce diffère du *picoïdes tridactylus* d'Europe, par le blanc pur de ses tectrices caudales inférieures et par la plaque dorsale de blanc d'une forme plus longitudinale chez le *dorsalis.* Les *deux rectrices intermédiaires étant seules de chaque côté d'un noir profond* (et, en fait, la deuxième rectrice a une petite tache blanche), tandis que les autres rectrices sont plus tachées de blanc. Les parties en évidence des rectrices externes sont entièrement blanches au lieu d'être largement rayées de noir. Les côtés portent des bandes et non des stries noires. L'iris est d'un gris clair. »

Les mesures comparatives anglaises en pouces et lignes, d'après M. Baird, sont ainsi qu'il suit:

| | LONGUEUR TOTALE. | AILE. | QUEUE | TARSE. | DOIGT DU MILIEU. | SON ONGLE SEUL. | BEC AU-DESSUS. | EXEMPLAIRE |
|---|---|---|---|---|---|---|---|---|
| *PICOIDES ARCTICUS* (du Canada). . . . | 9 po. 50 | 5 po. 06 | 3 po. 78 | 0 po. 96 | 0 po. 84 | 0 po. 40 | 1 po. 34 | En peau. |
| — — (de la Rivière-Rouge). | 9 — 20 | 4 — 84 | 3 — 70 | 0 — 90 | 0 — 92 | 0 — 40 | 1 — 34 | — |
| *P. HIRSUTUS* (de la baie d'Hudson). . . | 7 — 58 | 4 — 20 | 3 — 50 | 0 — 80 | 0 — 74 | 0 — 40 | 1 — 10 | — |
| *P. DORSALIS* (du pic Laramie; Montagnes-Rocheuses) . . . . . . . . . . . . . . . . . | 9 — » | 5 — » | 3 — 50 | 0 — 80 | 0 — 72 | 0 — 42 | 1 — 20 | Récemment tué. |

L'envergure des ailes du *Picoïdes dorsalis* est de 15 pouces 75 lignes.

Je dois ajouter qu'après avoir comparé la description ci-dessus que donne M. Baird de son *picoïdes dorsalis* avec le *picoïdes* du Kamtschatka [*crissoleucos* (Brandt) ou *kamtschatkensis* (Bonap.)] que je possède dans ma collection, je ne crois point qu'il soit possible que le *dorsalis* soit, comme en doute M. Baird, un sujet encore jeune de la race du *crissoleucus,* quoique cette dernière espèce n'ait pas été signalée dans l'Amérique, parce que le *dorsalis* n'a point, comme les Picoïdes européens et américains, les six rectrices intermédiaires d'un noir uniforme.

## PICOÏDES CRISSOLEUCUS.

PICUS CRISSOLEUCOS; Brandt, *Mus. Petrop.*
APTERNUS KAMTSCHATKENSIS; *Pr.* Bonap., *In litteris.*
PICUS TRIDACTYLUS; *Mus. de Mayence.* — Pallas, *Zoogr. rosso-asiat.,* 1, p. 445, n° 68, édit. 1831?
APTERNUS CRISSOLEUCOS; *Pr. Br., Consp. vol. zyg.,* 1854.
APTERNUS CRISSOLEUCUS; Reich., *Syn.,* p. 362, n° 836; pl. dcxxxi, fig. 4197, 4198.

Mas. adult. P. præcedenti similis, sed minor; capite supra albo-argenteo, vertice flavo-aurato; toto occipite capite que ad latera subchalybeo-nigris; dorso tergoque largè candidis; uropygio, caudæque tectricibus nigris; rectricibus duodecim quarùm sextuor intermediis totis nigris; cæteris a basi nigris, apice albis, albo intùs et extùs transversim fasciatis; mento, toto collo antico, pectore, ventre crissoque pure albis; humeris, pectore, abdomineque ad latera, alarumque tectricibus inferioribus albis, fasciolis non nullis nigris variis. Vitta stricta supra oculos ad nucham ducta, vittaque altera utrinque a naribus versus genas et parum ultra eas deorsum ducta albis; vitta malari nigra.

Fœmina. Mari-similis; toto capite suprà albo-argenteo, vix nigro striato.

Varietas. Crisso alarumque tectricibus inferioribus albis, fasciolis non nullis nigris variegatis.

## LE PICOÏDE KAMTSCHATKADAL.

**PLANCHE XL**, Fig. 1, mâle; Fig. 2, femelle; Fig. 3, la queue; Fig. 4, rémige quatrième; Fig. 5, jeune mâle; Fig. 6, la queue.

J'ai vu depuis plusieurs années cette espèce ou plutôt cette race dans la collection du Muséum de Mayence, et je ne l'avais jamais considérée que comme une variété dont les différences de coloration proviennent des circonstances climatériques des contrées qu'elle habite; elle diffère du *picoïdes tridactylus* du centre de l'Europe en ce qu'elle a tout le dessus de la tête d'un blanc argenté, recouvert de jaune sur le vertex, dans le mâle, et avec de fines stries noires chez la femelle, les plumes étant noires vers leur base; la nuque est d'un noir bleu sans taches; le dos, dans toute son étendue, a beaucoup plus de blanc que dans le *tridactylus;* les taches blanches qui existent sur la page interne des rémiges secondaires sont un peu plus étendues; chez quelques sujets très-vieux, probablement, les tectrices inférieures de la queue et des ailes, ainsi que la région anale, sont d'un blanc sans taches comme le milieu de l'abdomen, tandis que chez d'autres sujets plus jeunes, les tectrices inférieures portent quelques taches noires. Enfin, les dimensions du *crissoleucus* sont généralement un peu plus petites que celles du *tridactylus.*

Cette espèce, qu'on peut ne considérer que comme une race, se trouve dans la Sibérie, le Kamtschatka et tout le long des Monts-Ourals; j'en ai obtenu des exemplaires des deux sexes du pays des Baschkirs. Je dois faire observer qu'il paraît exister dans ces mêmes localités un grand nombre d'espèces qui ne diffèrent de celles déjà connues dans certaines parties de l'Europe que par des différences semblables. Ainsi, j'ai reçu des exemplaires du *picus leuconotus,* provenant du pays des Baschkirs, et cette race diffère beaucoup plus du Pic leuconote de l'Allemagne et de la Norwège, notamment par les dimensions du bec et par la coloration blanche des parties supérieures. Aussi, ai-je cru devoir distinguer cette race sous le nom de *Uralensis.*

Le *picoïdes crissoleucus* est de la même taille que l'*americanus,* mais il est facile de distinguer cette dernière espèce parce qu'elle a sur le dos beaucoup moins de blanc avec des raies noires, et quelle n'a, comme l'*arcticus,* que les quatre rectrices intermédiaires noires, tandis que le *crissoleucus* en a six de cette couleur.

Le mâle représenté par M. Reichenbach a tout le dos couvert de larges mèches noires, tandis que les sujets que j'ai vus ont tous le milieu du dos d'un blanc pur.

DIMENSIONS.

| | | |
|---|---|---|
| Longueur totale | 230 | millimètres. |
| — du bec, du front à l'extrémité | 26 | — |
| — — de la commissure | 30 | — |
| — — du bec, des narines | 24 | — |
| — de l'aile pliée | 125 | — |
| — de la queue | 77 | — |
| — du tarse | 19 | — |
| — du doigt postérieur externe (sans l'ongle) | 11 | — |
| — de l'ongle (mesuré le long de la courbure) | 14 | — |
| — du doigt antérieur externe | 9 | — |
| — de l'ongle | 13 | — |
| — du doigt antérieur interne | 7 | — |
| — de l'ongle | 12 | — |

Se trouve dans les collections du Muséum de Pétersbourg, de Mayence, de Dresde; dans ma collection.

Un sujet, sans indication d'origine, qui fait partie du cabinet de M. Hardy, de Dieppe, et que M. Verreaux a eu l'obligeance de me soumettre récemment pour le figurer planche XL, figures 5 et 6, m'a paru: 1° être certainement un mâle de l'année; 2° ne pas pouvoir appartenir aux espèces connues de l'Amérique, à raison de ses six rectrices caudales intermédiaires, mais très-probablement au *crissoleucus,* sans pouvoir nullement l'affirmer.

Je décris et je figure ce jeune Picoïde fort intéressant:

PICOIDES, MAS JUVENIS. Rostro brevi, nigro, in medio subtùs flavido; vittà malari nigrà utrinque mandibulæ a basi usque ad colli latera, altero albà suprà â fronte; strictà vittà alea, interruptà, ab oculis ad nuchæ latera; dorso toto medio, tergoque albis, remigibus secundariis intùs, primariis intùs, extùs et ad apicem albis; uropygio, rectricibus sextuor intermediis nigris; rectricibus ultimis nigris, albo utrinque maculatis; corpore infrà albo, ventre medio nigricanti; gulà pectoreque albis, alarum tectricibus inferioribus niveis pedibus griseis.

Ce jeune mâle a le bec court, renflé vers la moitié de son extrémité antérieure, et la base large et aplatie.

La tête noire en dessus offre: 1° le milieu du vertex d'un beau jaune d'or; 2° le pourtour de cette plaque jaune et le front piquetés de blanc pur; 3° après l'œil, un sourcil blanc qui paraît comme interrompu pendant 3 millimètres et descend en s'arrondissant de chaque côté de la nuque; 4° à partir de l'angle du front, une bande blanche plus large que le sourcil s'étend le long du cou, dont elle est séparée par une bande noire parallèle; le menton, la gorge, la poitrine et le milieu de l'abdomen sont blancs; les flancs, les tectrices caudales inférieures sont d'un gris noirâtre tachés de blanc.

Le milieu du dos jusqu'au croupion est largement et longitudinalement rayé ou teint de blanc pur; le croupion et les six rectrices intermédiaires sont noires; les deux rectrices latérales de chaque côté sont d'un noir brun rayé transversalement de blanc pur; la douzième ou très-courte rectrice de chaque côté est noire avec son extrémité et son bord externe d'un blanc pur. Les rémiges secondaires ont d'abord des taches blanches sur le bord interne, puis ces taches se montrent moins larges sur les deux barbes et couvrent aussi les rémiges primaires. Elles existent très-larges à l'extrémité des rémiges secondaires rapprochées du corps, cessent sur les rémiges suivantes et reparaissent à l'extrémité des rémiges primaires. Les couvertures inférieures des ailes sont d'un blanc de neige. Les pieds d'un gris bleuâtre. Trois doigts.

**DIMENSIONS.**

| | |
|---|---|
| Longueur totale | 170 millimètres. |
| — du bec, de la commissure à l'extrémité | 20 — |
| — — des narines à l'extrémité | 15 — |
| — de l'aile pliée | 95 — |
| — de la queue | 50 — |
| — du tarse | 20 — |
| — du doigt postérieur externe (sans l'ongle) | 11 — |
| — de son ongle (en suivant la courbure) | 12 — |
| — du doigt antérieur externe | 10 — |
| — de son ongle | 19 — |
| — du doigt antérieur interne | 9 — |
| — de son ongle | 10 — |

Le type du jeune mâle se trouve dans la collection de M. Hardy.

---

## DEUXIÈME SECTION.

## PICOÏDES LECONTEI.

PICUS LECONTEI; W.-L. JONES, 1847; *Ann. Dyc., New-York*, IV, p. 489, pl. 17, le mâle, 1848.
TRIDACTYLIA LECONTEI; C. BP. (ex STEPHEN), *Consp. vol. zyg.*, 1854.

MAS ADULT. Capite supra nigro; plumis narium sordide albis; fasciâ lata occipitis coccineâ; capite ad latera tœniaque dorsi intermedii è plumis subvillosis composita, albis; vitta pone ab oculis ad nocham ducta lata, nigra; vitta malari sensim saturatiore, alarum tectricibus minoribus, scapularibus, tectricibus caudæ superioribus nigris; mento, gulâ, pectore abdomine alarumque tectricibus inferioribus subalbis; caudæ tectricibus inferioribus albis nigro maculatis; alarum tectricibus majoribus nigris, larginscule albo-terminatis; remigibus nigris, omnibus albo maculato-fasciatis; rectricibus duabus intermediis nigris; duabus utrinque sequentibus nigris, extùs ad apicem albo maculatis; cœteris sordide albis, nigro transversim fasciatis.

FOEMINA. Mari similis, nisi fascia occipitali alba?

## LE PICOÏDE DE LECONTE *(Malh.)*.

THREE TOAD VARIETY; BAIRD, *Reports of Explor.*, IX, part. II, p. 89, 1858.

Ce Picoïde, que je ne connais que par une planche coloriée, par la description qu'en a publiée M. Jones, et par quelques renseignements que je dois à l'obligeance de M. Wilson, de Philadelphie, ressemble beaucoup au *picus pubescens* et n'en diffère que parce qu'il n'a que trois doigts, et qu'on ne voit même pas de rudiment du premier doigt ou doigt postérieur interne. M. Jones se demande si ce n'est pas seulement un arrêt du développement normal, et si c'est bien une espèce. M. Baird *(Reports of Explorations and Surveys from the Missisipi river to the pacific Ocean; zoologie*, vol. IX, part. II, p. 89; 1858, Washington) ne cite le *p. lecontei* que comme synonyme du *picus pubescens* et comme une variété accidentelle de cette espèce. Aussi, le même auteur ajoute-t-il (p. 90): « il est *très-probable* que si le *picus lecontei* n'a que trois doigts, c'est purement un accident arrivé à un exemplaire du *pubescens*, le doigt postérieur le plus court à chaque pied n'ayant pas été bien développé. » Remarquons qu'il n'existe point même à l'état rudimentaire. Pour moi, quelque étonnement que m'ait causé la découverte de cette espèce si différente des autres Picoïdes connus, j'ai cru qu'on ne pouvait se refuser à l'admettre jusqu'à ce que le temps ait démontré que l'absence du quatrième doigt n'est chez le sujet type, qu'une exception anormale produite par quelque maladie ou par un accident quelconque, et j'en ai fait la seconde section du genre Picoïde.

Le seul exemplaire connu de cette espèce est un mâle qui a été tué en Géorgie (Amérique septentrionale), et l'auteur l'a dédié au docteur J. Leconte, ornithologiste distingué qui habite la Géorgie. Les mœurs de ce grimpeur paraissent semblables à celles du *pubescens* dont il ne diffère, suivant M. Jones, que par la coloration des parties inférieures, par une taille un peu moindre, par le nombre de doigts et par son bec de forme moins conique; quant à la coloration des parties inférieures, je dois faire observer que j'ai vu plus d'un *pubescens* ayant le dessous du corps d'un gris brun sale, ainsi que le *lecontei*. Ce dernier oiseau ressemble aussi beaucoup au *picus meridionalis* de Swainson, et n'en diffère principalement que par le nombre des doigts et la longueur relative des rémiges.

Caractères. Bec à la base aussi haut que large, droit, comprimé, légèrement tronqué et cunéiforme vers l'extrémité; arête au sommet de la mandibule supérieure et celle très-courte au-dessus des narines saillantes; narines basales, recouvertes de plumes piliformes dirigées en avant et rapprochées des bords du bec; menton garni de plumes piliformes s'avançant sous la mandibule; plumage doux et composé de plumes souples et effilées sur le dos; ailes plutôt longues; la quatrième rémige est la plus longue de toutes; la troisième est plus courte que la cinquième et excède la sixième; la deuxième rémige est plus courte que la huitième et plus longue que la neuvième; queue cunéiforme. Selon M. Jones, cette espèce n'aurait que dix pennes à la queue, mais je suis convaincu que l'auteur n'a pas cru devoir compter au nombre des rectrices la très-petite penne latérale qui est cachée de chaque côté, ainsi que cela a lieu chez le *picus pubescens*. Pieds courts et forts; tarses scutellés devant; trois doigts, le doigt postérieur le plus long; ongles forts, courbes, aigus et évidés sur les côtés.

Coloration. *Le Mâle adulte;* bec brun de corne; les plumes piliformes recouvrant les narines d'un blanc sale; front et vertex d'un noir profond; une large bande blanche, d'abord étroite, commence à la base de la mandibule supérieure, passe au-dessus de l'œil et se termine en une large bande rouge à l'occiput; au-dessous de cette bande, il en existe une autre très-large d'un noir profond qui se fond de chaque côté sur la nuque; une bande étroite de même couleur part de la commissure du bec et s'étend sur le côté du cou; le menton, la gorge et le ventre sont d'un blanc sale; le devant du cou, la poitrine, les flancs et les tectrices inférieures des ailes sont d'un cendré brun pâle; tectrices caudales inférieures blanches avec quelques raies noires longitudinales; nuque, scapulaires et tectrices supérieures de la queue d'un noir profond; tectrices alaires noires avec des taches blanches à l'extrémité; rémiges d'un brun noirâtre avec des taches blanches sur les deux barbes; les deux rectrices intermédiaires noires; la rectrice suivante de chaque côté noire, avec un liseré blanc sur la barbe externe vers l'extrémité; les autres rectrices sont d'un blanc sale avec des bandes noires transversales.

*La Femelle adulte;* quoique l'auteur américain ne décrive que le mâle, il n'est pas douteux que la femelle se distingue par l'absence de la bande rouge à l'occiput, ainsi que cela a lieu chez le *pubescens* et chez d'autres espèces.

Habite la Géorgie et peut-être d'autres parties des États-Unis.

DIMENSIONS.

| | | |
|---|---|---|
| Longueur totale | 148 | millimètres. |
| — du bec, de la commissure à l'extrémité | 19 | — |
| — — des narines | 14 | — |
| — de l'aile pliée | 90 | — |
| — de la queue | 55 | — |
| — du tarse | 16 | — |
| — du doigt postérieur externe (sans l'ongle) | 12 | — |
| — de l'ongle (mesuré le long de la courbure) | 11 | — |
| — du doigt antérieur externe | 10 | — |
| — de l'ongle | 10 | — |
| — du doigt antérieur interne | 9 | — |
| — de l'ongle | 8 | — |
| Envergure | 280 | — |

Le sujet unique, connu jusqu'ici, se trouve dans la collection de New-York (États-Unis).

## DES DIVERS PICOÏDES

INDIQUÉS PAR LES AUTEURS ANCIENS ET INCONNUS JUSQU'A CE MOMENT.

### 1° PICUS VARIUS CAYANENSIS (Briss., *Ornith.*, IV, p. 54).
### LE PIC VARIÉ DE CAYENNE (Briss.).

APTERNUS CAYANENSIS; Reich., *Handb. orn.*, p. 363, n° 837.

Brisson rapporte l'oiseau qu'il décrit au *Three toed woodpecker*, figuré par Edwards, dans la planche 114 de son histoire naturelle de divers oiseaux peu connus *(Natural history of birds)*, et il ajoute que cette planche est une *figure exacte du mâle;* mais, néanmoins, l'oiseau décrit par Brisson a le sommet de la tête *rouge*, tandis que la planche 114 d'Edwards représente, ainsi que je m'en suis assuré, un Picoïde ayant le sommet de la tête *d'un jaune d'or* et qui, selon M. Temminck *(Manuel d'ornithologie*, I, p. 402) et moi, est le mâle du *picoïdes europæus* ou *tridactylus* de Linnée, comme le démontrent les six rectrices intermédiaires qui sont noires sur la planche 114. Ce caractère et le blanc qui couvre une partie du dos de cet oiseau, suffisent pour prouver que c'est à tort que M. G.-R. Gray *(The gen. of birds; gen. and. names referred to the fig. of Edwards nat. hist.)* cite la planche 114 d'Edwards comme le *picoïdes arcticus.*

Edwards confirme la coloration à tête jaune de sa planche 114 en disant (III, p. 114): « J'avais cru que cet oiseau, dont j'ai vu des exemplaires rapportés de la baie d'Hudson, n'avait jamais été décrit; mais ce qui me fait penser que je puis bien m'être trompé, c'est qu'en examinant l'*Histoire naturelle des animaux de Suède*, par M. Linnæus, publiée à Leyde en 1746, je trouve une description de pic (p. 30) qui ressemble fort à la mienne. Voici le nom et la patrie que lui donne ce savant: *Picus pedibus tridactylis, habitat in Alpibus Dalecarlicis.* Ceci est tiré des actes de l'Académie de Stockholm, 1740, p. 222. Cet oiseau est donc également originaire des parties septentrionales de l'Europe et de l'Amérique. Comme Linnæus n'a pas donné de figure de cet oiseau, celle-ci (la pl. 114) sera la première qui ait été publiée. »

Voilà qui prouve bien que l'oiseau d'Edwards était semblable au *picoïdes europæus* ou *tridactylus*, décrit par Linnée, et qu'Edwards croyait être la même espèce que celle qui habitait le Canada.

La description de Brisson, dont l'oiseau a trois doigts, les *quatre rectrices intermédiaires noires*, le dos quelque peu rayé transversalement de blanc, ressemble entièrement à celle du *picoïdes americanus*, et je suis assez porté à penser que c'est à cette espèce qu'elle doit se rapporter. Je soupçonne qu'il y a erreur de la part de Brisson dans l'indication de la coloration *rouge* du dessus de la tête, quoique cet auteur dise avoir vu *un seul* individu de cette *espèce* sans en indiquer le sexe. Il est possible que Brisson n'ait vu que la *femelle* qui diffère, dit-il, du mâle, *en ce qu'elle n'a point de rouge sur la tête*, ni de raies transversales blanches sur le dos qui est noir comme le croupion. Or, cette femelle serait précisément, selon moi, la femelle du *picoïdes arcticus.*

Quant à l'indication du rouge sur le sommet de la tête, elle provient probablement d'un renseignement fourni par quelque voyageur qui a confondu deux espèces différentes, l'une à quatre doigts et à tête rouge, de Cayenne, peut-être; l'autre à trois doigts, de l'Amérique septentrionale, comme Brisson a confondu lui-même en une seule deux espèces de Picoïdes.

Il est presque inutile d'ajouter que c'est encore par suite de cette double confusion, que Brisson indique que son Pic varié de Cayenne ou Pic ondé de Vieillot, « se trouve dans la partie septentrionale de l'Amérique et peut-être de l'Europe, ainsi qu'à Cayenne. » Je suis donc de l'opinion de Buffon, lorsqu'il dit à ce sujet: « Ce que l'on doit nier, c'est que le Pic à trois doigts, qui habite le nord des deux continents, se trouve sous l'équateur à Cayenne, quoique, d'après M. Brisson, on l'ait nommé Pic tacheté de Cayenne. »

### 2° DU PICOÏDE DE BANCROFF.

Relativement à l'espèce de Picoïde dont parle Bancroff *(Natural history of Guiana*, p. 164), et qui a le bas-ventre et la tête rouges, il me serait bien difficile, on le conçoit, d'émettre une opinion sur une espèce qui n'a existé dans aucune collection, dont nous ne possédons aucune figure et pas même une description détaillée. Ce grimpeur aurait quelque analogie avec le *picoïdes lecontei*, dont le mâle a aussi le dessus de la tête rouge.

### 3° PICUS UNDULATUS (VIEILL., *Ois. de l'Amér. sept.*, II, p. 69).
### LE PIC ONDÉ (VIEILL.).

Vieillot *(Ois. de l'Amér. sept.*, II, p. 69) a fait un véritable salmis de toutes les espèces qu'il ne connaissait point et les a réunies sous la dénomination de *picus undulatus*. Ainsi, il confond comme une seule et même espèce le mâle et la femelle du *picus varius cayanensis* de Brisson, l'espèce de Brancroff, le *picus europæus* ou *tridactylus* de Linnée, et l'Épeiche ou Pic varié ondé de Buffon, représentés dans la planche enluminée 553, sous le nom de Pic tacheté de Cayenne, quoique cet oiseau ait quatre doigts. Il se borne seulement à faire observer que s'il est *certain* que cette dernière espèce ait *quatre doigts*, elle doit constituer une espèce distincte de celle à *trois doigts*. C'est une vérité que tout le monde peut aussi affirmer sans se compromettre beaucoup!!

Au reste, Vieillot admet que son Pic ondé, de la Guiane, se trouve aussi dans l'Amérique septentrionale, et il le décrit d'après Brisson, c'est-à-dire avec le dessus de la *tête rouge*, quoiqu'il le regarde comme synonyme de l'*europæus* ou *tridactylus* de Linnée, qui a cependant le dessus de la tête *jaune d'or*. Quant à moi, je ne me charge pas d'expliquer de semblables contradictions.

### 4° PICUS UNDOSUS (G. CUV., *Règ. anim.*, 1829, p. 451).

PIC TACHETÉ DE CAYENNE; BUFF., *Pl. enl.*, 553, un mâle.
L'ÉPEICHE OU PIC VARIÉ ONDÉ; BUFF., *Ois.*, VII, p. 78.
PICUS UNDATUS; TEMM., *Tabl. méthod.*, p. 63; *nec Latham, nec Gmelin.*
PICUS UNDULATUS, PIC VARIÉ ONDÉ; VIEILL., *Encycl.*, p. 1319, 1823.
PICUS UNDOSUS; G. CUV., *Règ. anim.*, 1829, p. 451.
PICUS CAYANENSIS; REICH., *Hand. orn.*, p. 363, n° 837.

Vieillot, comme je l'ai dit, pensait d'abord que cette espèce était le même Picoïde que celui décrit par Brisson, sous le nom de Pic varié de Cayenne. Il y a toutefois cette différence remarquable du nombre des doigts qui sont au nombre de quatre sur la planche enluminée 553, tandis que l'espèce de Brisson n'en a que trois. Mais, revenant sur cette opinion en 1823, il ne nomme plus *picus undulatus* que le Pic varié ondé à quatre doigts, figuré sur la planche enluminée 553, et qu'il regarde comme une espèce distincte du Pic varié de Cayenne. Buffon prétend que, sauf cette différence, les deux espèces sont semblables; mais il ne dit point s'il a vu l'une et l'autre. Quant à Wagler *(Syst. av.*, n° 101), il est d'avis que le sujet figuré par Buffon est le Picoïde de Brisson, auquel on a, par artifice, substitué les pattes d'une autre espèce. On conçoit tout ce qu'une telle supposition laisse d'incertitude. D'ailleurs, eût-on changé les pattes de l'oiseau, le dessus de la tête de l'*hirsutus* mâle de Vieillot ou *americanus*, doit être *jaune* et non *rouge*, quoique Wagler dise *aurantio-rubro*, trompé qu'il est, sans doute, par la coloration défectueuse de la planche 124 des *Oiseaux de l'Amérique septentrionale* de Vieillot. Il convient de faire observer que le Pic tacheté de Cayenne, de la planche 553, ressemble à mon *picus wilsoni*, dont il diffère en ce que ce dernier n'a que l'occiput rouge, tandis que l'espèce de Buffon a tout le dessus de la tête de cette couleur, ce qui paraît anormal.

M. G.-R. Gray *(Gen. of birds)*, dans sa synonymie des planches enluminées, partage l'opinion de Wagler et cite la planche 553 de Buffon comme le *picoïdes hirsutus* de Vieillot et de Wagler, ou *p. americanus*. M. Reichenbach ne fait qu'une seule espèce à trois doigts du *picus varius cayanensis* de Brisson, de l'Épeiche ou Pic varié ondé de Buffon et du Pic tacheté de Cayenne, à quatre doigts, de la planche enluminée 553. Quant à moi, je suis de l'avis de Kuhl, qui dit, en parlant de la planche 553: *species incognita est.*

Toutefois, je dois ajouter que cette planche me paraît au moins fort inexacte. En effet, si la patte, représentée avec quatre doigts, appartenait à l'oiseau, le doigt postérieur externe devrait être beaucoup plus long que le doigt antérieur externe, tandis que c'est l'inverse chez le Pic tacheté de Buffon. En outre, la queue de ce dernier Pic offre, sur la planche 553, quatre rectrices intermédiaires entièrement noires; puis, du côté droit que l'on voit en entier, une cinquième rectrice qui devient la troisième à partir du centre de la queue, et qui est aussi noire avec le bord externe rayé de blanc, excepté vers l'extrémité. Enfin, suivent trois autres rectrices blanches rayées de noir avec leur extrémité rousse. Or, toutes ces rectrices sont étagées et décroissent également en longueur. Cela fait donc six rectrices apparentes au moins du côté droit, y compris l'une des rectrices intermédiaires. Mais si l'on ajoute de chaque côté la très-petite rectrice qui n'a au plus que le tiers de la longueur totale de la queue, et que l'on ne saurait apercevoir sur le dessin, on voit que le nombre total des rectrices s'élèverait à quatorze au lieu de douze, ce qui n'existe certainement point.

En tout cas, si cette espèce venait à se retrouver, on ne pourrait lui donner le nom d'*undulatus* qui a désigné une espèce à trois doigts, ni le nom d'*undatus* qui a servi précédemment à Latham, à Gmélin et à Swainson pour désigner une espèce toute différente décrite par Edwards. C'est pour ce motif que j'adopterais la dénomination de *picus undosus*, proposée par G. Cuvier, qui classe ce grimpeur parmi les vrais Picinés à quatre doigts.

## DRYOPICUS *(Malh.)* FUSCIPENNIS *(Sclat.)*, voyez déjà p. 165.

## DRYOPIC AUX PENNES BRUNES *(Malh.)*, ajoutez:

**PLANCHE LXI**, Fig. 8, le mâle adulte; Fig. 9, la rémige quatrième.

M. Sclater me confirme que la femelle, que je n'ai jamais vue, a le front et les moustaches noires, comme cela arrive chez le *dr. lineatus*, et que le noir du front est beaucoup plus étendu.

# Genus VI. — MICROPICUS (Malh., *Classif.*, 1849).

## Genre VI. — MICROPIC

(Malh., *Mém. de l'Acad. impér. de Metz*, 1849, p. 330).

Bec droit au-dessus, moyen, très-comprimé sur les côtés, surtout vers l'extrémité; arête latérale au-dessus des narines peu saillante et *plus rapprochée des bords* que du sommet de la mandibule supérieure; narines basales, latérales, cachées par une petite touffe de plumes effilées; menton non entièrement garni de plumes et s'avançant sous la mandibule inférieure du tiers au quart de la longueur totale du bec depuis la commissure; ailes longues, *atteignant à l'extrémité de la queue;* les rémiges les plus longues sont la quatrième, la cinquième et la troisième; queue très-courte, large, égale; l'extrémité de chaque plume étant arrondie; quatre doigts longs et inégaux; le doigt postérieur externe toujours plus long que le doigt antérieur externe; huppe plus ou moins longue. Les mâles ne portent pas de bande rouge sur le côté de la mandibule inférieure. Ce genre, peu nombreux, se compose d'espèces asiatiques de très-petite taille (du sud de l'Inde et des îles de la Sonde.

Je répète l'observation que j'ai produite en 1849, en disant que si M. G.-R. Gray indiquait, dans son magnifique ouvrage *The genera of birds,* le genre *hemicercus* de Swainson comme étant commun à l'Afrique, c'est que ce savant partageait l'erreur de Swainson et de M. Blyth *(Catal. mus. Calcutta, j. asiat. soc.,* XVIII, 1849), qui donnent au *C. rubiginosus (Birds of Western Africa,* II, p. 150) ou *porphyromelas* de Boie, l'Afrique occidentale pour lieu d'*habitat,* tandis que cette espèce provient du détroit de Malacca, ainsi que l'a constaté le directeur du Muséum de Brême, M. le docteur Hartlaub *(Revue zoolog. del. soc. Cuvier,* 1844, p. 402).

Ce *rubiginosus,* décrit par Swainson parmi ses oiseaux d'*Afrique,* et qu'il ne faut pas confondre avec le *rubiginosus* de l'Amérique, publié par le même auteur, dans ses *Zoologital illustrations,* planche 14, ne m'a point paru comme je le disais, pouvoir être classé dans mon genre Micropic.

### MICROPICUS CONCRETUS *(Reinw.)*.

PICUS CONCRETUS; Reinw., Temm., 15e livr., pl. col, 90; f. 1, le mâle; f. 2, la femelle. — Wagl., *Syst. av.*, nº 70, et *Additam.* nº 4. — G. Cuv., *Règn. an.*, 1829, p. 450. — Lesson, *Comp. Buffon,* IX, p. 311. — Drap., *Dict. class.*, XIII, p. 506.
HEMICIRCUS CONCRETUS; Sw., *Class. of birds*, II, p. 306, 1837. — G.-R. Gray, *Cat. gen. brit. mus.*, p. 92, 1855.
HEMICERCUS CONCRETUS; G.-R. Gray, *List of gen.*, 1841. — Blyth., *J. asiat. soc. Beng.*, 1845, p. 195. — *Pr. Bp., Consp. vol. zyg.*, 1854. — Reich., *Handb. spec. orn.*, p. 401, nº 933; pl. dclvi, fig. 4361, 4362, 4363, mâle adulte au bas et jeunes mâles au haut; 4365, la femelle au bas de l'arbre. — Horsf. et Moore, *Catal. birds mus. cast. Ind. comp.*, II, p, 650, nº 942.
MICROPICUS CONCRETUS; Malh., *N. class., Mém. acad. Metz*, 1848-1849, p. 331.

Mas adult. Fronte et nuchâ sordide flavicantibus; cristâ verticis et occipitis plicatili maximâ, rubro-aurantiâ; genis et toto corpore subtus subardeciasis, subtiliter isabellino et fusco lavatis, abdomine fasciolis non nullis conspicuis; plumis dorsi, scapularibus, alarum tectricibus remigibusque lateralibus internis superioribus isabellinis, maculis magnis nigris cordi-formibus in medio variegatis; remigibus omnibus fuscis, isabellino intùs marginatis, secundariis extùs isabellino maculatis; alarum tectricibus inferioribus isabellinis; caudâ tota brevissimâ et rotundata nigrâ, ejus tectricibus superioribus nigris margine apicali isabellinâ, uropygio toto isabellino, rostro fusco, pedibus griseo-fuscescentibus.

Mas juv. 1º Cristâ plumis intermixtis aurantio-rubris et ardesiacis; 2º Frontis cristæque plumis ad apicem ardesiaco punctulatis; corpore subtùs isabellino punctulato.

Fœmina. Mare parum minor, cristâ et capite toto ardesiacis.

### LE MICROPIC TRAPU.

**Planche XLI**, Fig. 1, le mâle adulte, Fig. 2, le jeune mâle; Fig. 3, la femelle; Fig. 4, la rémige quatrième.

LE PIC TRAPU; Temm., *Pl. col.*, 90. — Lesson, *Compl. Buff.*, IX, p. 311. — *Dict. class.*, XIII, p. 506.

Cette jolie petite espèce, originaire de Java et de Bornéo, habite probablement quelques autres parties des Moluques, et il est très-regrettable que beaucoup de marchands d'objets d'histoire naturelle ne s'attachent pas à indiquer de suite sur une étiquette le lieu réel d'origine de chaque oiseau, car on éviterait ainsi la confusion et on faciliterait singulièrement les observations des naturalistes. Parmi les Picidés que l'on trouve dans les diverses collections étiquetées du nom de *picus concretus,* l'on a confondu jusqu'ici deux espèces distinctes, savoir: 1° le *concretus* de Java, de Banda et de Bornéo; 2° la seconde espèce que M. Temminck a indiquée comme une variété originaire de Sumatra, dont j'ai nommé le mâle *micropicus hartlaubii,* qui vit aussi à Singapore. Quant au *picus sordidus* de M. Eyton, c'est une espèce mixte appartenant aux deux précédentes. Ainsi, le sujet décrit pour le mâle par M. Eyton, est réellement la femelle du *sordidus* ou mon *hartlaubii,* tandis que l'oiseau indiqué pour la femelle à tête et huppe entièrement cendrées, est la femelle du *concretus,* d'où il résulte que M. Eyton n'a ni connu, ni décrit le mâle adulte ayant le front et le dessus de la tête d'un rouge sang, ce qui le distingue de suite du mâle du *concretus.* Les planches coloriées que je joins à l'appui de mes descriptions rendront à l'avenir toute confusion impossible.

Cette erreur de M. Eyton en a nécessairement occasionné d'autres; ainsi, l'auteur du *Conspectus generum avium* (p. 129, 1850) cite, avec quelque doute, il est vrai, le *sordidus* comme synonyme de *hemicercus concretus,* et M. G.-R. Gray ne fait pas figurer cette espèce parmi le très-petit nombre de celles qui composent ce groupe.

M. Reichenbach a, selon moi, figuré la femelle du *concretus* sous le nom de *coccometopus,* et le mâle de cette dernière espèce est le mâle du *sordidus,* dont la femelle n'est point représentée sur la planche DCLVI. Néanmoins, je dois avouer que j'ai eu fort longtemps du doute sur le point de savoir si la femelle, dont la tête entièrement d'un brun ardoisé n'offre aucune trace de rouge ou de roux, était la femelle du *concretus,* plutôt que du *sordidus.* J'ai fini par me ranger à l'opinion de M. Hartlaub.

CARACTÈRES. Bec long et fort; huppe longue et soyeuse; ailes longues; queue très-courte; doigts forts et longs; la quatrième et la cinquième rémige presque égales, puis la troisième et la sixième qui n'ont guère que 2 millimètres de moins que les précédentes; corps trapu et fort.

COLORATION. *Le Mâle adulte;* bec d'un brun noir; on ne connaît pas la couleur de l'iris des yeux que la planche de M. Temminck représente jaune et rouge; front et vertex d'un brun fauve clair; longue huppe commençant au vertex et s'étendant à la nuque d'un rouge orangé; joues, gorge et cou d'un brun ardoisé, quelque peu lavé d'isabelle sur les côtés du cou, où l'on remarque, le plus souvent, une légère bande isabelle commençant près de la commissure du bec et descendant sur le côté du cou; dos, tectrices supérieures des ailes et les rémiges secondaires rapprochées du dos, d'un blanc isabelle, chaque plume portant au milieu et suivant son plus ou moins de longueur une ou plusieurs taches noires cordiformes; les rémiges sont toutes d'un brun noirâtre et bordées intérieurement de blanc isabelle; les rémiges secondaires portent sur la page externe des taches de même couleur et quelques rémiges primaires ont un léger liseré de même couleur sur le bord de la page externe; le croupion est d'un blanc isabelle; les tectrices supérieures de la queue sont noires avec leur extrémité finement tachées d'isabelle; rectrices noires; poitrine et abdomen d'un brun lavé de bleu gris ardoisé et de roussâtre, avec quelques plumes légèrement bordées ou tachetées d'isabelle; les tectrices inférieures de la queue sont noires et bordées de blanc isabelle; les tectrices inférieures des ailes sont isabelles; pieds et ongles d'un gris brun.

*Le jeune Mâle* a les plumes du front et de la huppe terminées de brun ardoisé; le front d'un brun jaunâtre plus foncé et une partie des plumes de la huppe occipitale, qui est moins fournie, d'un brun ardoisé; la poitrine, les flancs et l'abdomen sont pointillés de jaune isabelle pâle; les parties supérieures offrent moins de blanc isabelle et présentent des bandes alternatives isabelles d'un brun noirâtre; le croupion est d'une teinte plus foncée.

*La Femelle adulte* a toute la tête et la huppe d'un brun lavé de gris ardoisé; les parties supérieures ressemblent à celles du jeune mâle avec des taches noires plus grandes; la poitrine et l'abdomen sont d'un brun foncé lavé de roux marron sans taches isabelles, si ce n'est aux cuisses et sur les tectrices caudales inférieures; les tectrices alaires inférieures sont d'un isabelle roussâtre.

HABITE Java et Bornéo.

DIMENSIONS.

| | |
|---|---|
| Longueur totale | 140 à 145 mill. |
| — du bec, de la commissure à l'extrémité | 21 millimètres |
| — — des narines à l'extrémité | 16 à 18 mill. |
| — de l'aile pliée | 88 à 90 — |
| — de la queue | 30 millimètres. |
| — du tarse | 14 — |
| — du doigt postérieur externe (sans l'ongle) | 17 — |
| — de son ongle (en suivant la courbure) | 10 — |
| — du doigt antérieur externe | 15 — |
| — de son ongle | 11 — |
| — du doigt antérieur interne | 9 — |
| — de son ongle | 9 — |
| — du doigt postérieur interne | 6 — |
| — de l'ongle | 6 — |

Notamment, au Muséum de Leyde, de Paris, de Londres, de Bruxelles, de Vienne, de Berlin, de Mayence, de Francfort-sur-Mein, de Heidelberg; ma collection.

Le type de M. Temminck est au Muséum de Leyde.

## MICROPICUS HARTLAUBII *(Malh.)*.

DENDROCOPUS SORDIDUS; Eyton, *Annals and mag. nat. hist.*, XVI, p. 229, 1845; une femelle.
MICROPICUS HARTLAUBII; Malh., 1845, *In mus. Brêm. Londin, East-India Comp., Catal.*, II, p. 650, et *Mclens.*
HEMICERCUS COCCOMETOPUS; Reich., *Handb. spec. orn.*, p. 401, n° 934; pl. DCLVI, fig. 4364, mâle au haut de l'arbre.

Mas adult. Fronte, vertice, cristâque superiori coccineis, cristâ inferiori, nuchâ, capite ad latera, collo, gulâque fusco-ardesiacis; pectore abdomineque fusco-ardesiacis, brunneo lavatis; fœmoribus, caudæ tectricibus inferioribus isabellinis, plumis in medio nigro maculatis; dorso, tergo, alarum tectricibus, remigibusque secundariis internis, isabellinis, maculis magnis nigris in medio variegatis; uropygio isabellino; alarum tectricibus inferioribus isabellinis; remigibus primariis nigricantibus intùs isabellino marginatis; secundariis nigricantibus, isabellino, plus minusve extùs maculatis, omnibus intùs marginatis; caudâ nigra, ejus tectricibus superioribus nigris margine apicali isabellinâ, rostro fusco, pedibus griseo-fuscescentibus.

Fœmina. Differt fronte, vertice cristâque superiori castaneis.

## LE MICROPIC DE HARTLAUB.

**PLANCHE XLI**, Fig. 5, le mâle adulte; Fig. 6, la femelle; Fig. 7, rémige quatrième.

J'ai voulu d'abord conserver à cette espèce le nom de *sordidus* avant de connaître les types du *sordidus* de M. Eyton, mais j'ai dû changer d'avis: 1° parce que le mâle que j'ai décrit n'a point été connu de cet auteur qui a publié la description de la femelle pour celle du mâle, et qui a pris ensuite la femelle du *concretus* pour femelle du *sordidus;* 2° parce qu'enfin, le nom de Sordide ne convient pas au mâle à tête rouge. Quoiqu'il en soit, j'ai donc préféré ma dénomination dédiée à l'honorable directeur du Muséum de Brême pour distinguer une espèce qui ne me paraît pas avoir été bien connue des auteurs. M. Temminck, le premier, l'indique comme une variété du *concretus* de Sumatra; M. Blyth, comme une variété de Malacca; l'auteur du *Conspectus generum avium* semble, avec doute, la regarder comme synonyme du *concretus*, puis, dans son *Conspectus volucrum zygodactylorum*, publié en 1854, l'omet entièrement, ainsi que l'avait fait M. G.-R. Gray dans son *Genera of birds.* Le mâle de cette espèce a le dessus de la tête si différent du *concretus*, qu'il est facile de le reconnaître aussitôt; j'ai éprouvé plus d'incertitude, quant à la femelle, et je m'étais d'abord demandé si ce n'était pas un jeune mâle. Toutefois, M. le docteur Hartlaub partage l'opinion que c'est bien la femelle adulte que j'ai décrite ci-dessus et figurée, et l'avis de ce savant observateur a dissipé mes doutes.

Caractères. Les mêmes que ceux du *M. concretus.*

Coloration. *Le Mâle adulte;* bec d'un brun de corne; front, vertex et huppe supérieure d'un beau rouge sang; chez un très-vieux mâle, reçu de Java par MM. Verreaux, cette huppe avait 50 millimètres de longueur; huppe occipitale inférieure dépassant ordinairement la première; côtés de la tête, nuque, cou, poitrine et abdomen, d'un brun ardoisé plus clair sur la gorge et plus lavé de brun foncé sur la poitrine et l'abdomen; on aperçoit sur les joues et sur les côtés du cou, ainsi que sur la nuque, quelques petites plumes fauves qui forment, d'une part, une ligne étroite plus ou moins interrompue, très-peu apparente, s'étendant sur le côté du cou, et, d'autre part, une ligne semblable descendant de la nuque jusqu'au dos; quelques plumes des flancs et de l'abdomen sont bordées de couleur isabelle; les plumes des cuisses et des tectrices inférieures de la queue portent de grandes taches noires bordées aussi d'isabelle; les tectrices inférieures des ailes et le croupion sont de couleur isabelle; le dos, les tectrices supérieures des ailes et les rémiges secondaires voisines du dos, sont noires avec deux ou trois étroites bandes transversales isabelles, et elles sont bordées de même couleur. Les rémiges primaires sont d'un brun noirâtre avec leur page interne bordée d'isabelle vers la base; les rémiges secondaires du même brun noir portent, pour la plupart, quelques taches isabelles sur la page externe et toutes ont leur page interne bordée de cette dernière couleur; les tectrices supérieures de la queue noires et bordées d'isabelle à leur extrémité; les rectrices sont noires; les pieds d'un gris brun.

*La Femelle* a le front, le vertex et la huppe supérieure d'un roux marron.

Habite Sumatra, Singapore, Malacca et Java.

DIMENSIONS.

| | |
|---|---|
| Longueur totale | 140 millimètres. |
| — du bec, de la commissure à l'extrémité | 23 — |
| — — des narines | 19 — |
| — de l'aile pliée | 81 à 85 mill. |
| — de la queue | 30 à 31 — |
| — du tarse | 14 millimètres. |
| — du doigt postérieur externe (sans l'ongle) | 16 — |
| — de l'ongle (mesuré le long de la courbure) | 10 — |
| — du doigt antérieur externe | 15 — |
| — de l'ongle | 11 — |
| — du doigt antérieur interne | 9 — |
| — de l'ongle | 9 — |
| — du doigt postérieur interne | 5 — |
| — de l'ongle | 5 — |

Muséum de Leyde, de Brême, de Londres, de Paris, de Munich, de Calcutta, de Gand, de Bruxelles, de Stockholm, de Francfort-sur-Mein, de Stuttgard; le mâle, à Florence, sous le nom de *concretus;* dans ma collection.

On en voit dans plusieurs collections des sujets des deux sexes étiquetés tantôt *hartlaubii,* tantôt *concretus,* tantôt enfin, *sordidus.*

## MICROPICUS *(Malh.)* CANENTE *(Lesson).*

PICUS CANENTE; Lesson, *Voy. Bélanger, zool.*, III, p. 240, le mâle. — *Cent. zool.*, pl. 73, p. 215, le mâle. — *Compl. Buff.*, IX, p. 304. — Blyth, *Journ. A. soc. Beng.*, p. 282 et XVIII, *Cat. mus. Calcut.*, n° 241.
HEMICERCUS CANENTE; G.-R. Gray, *Gen. of birds*, II, p. 437. — Horsf. et Moore, *Cat. birds mus. East Ind. comp.*, II, p. 650.
HEMICERCUS CANENS; *Pr.* Bonap., *Consp. gen. av.*, 1850, p. 129, le mâle. — *Id.*, *Consp. vol. zyg.*, 1854. — Reich., *Handb. spec. orn.*, p. 401, n° 935, pl. DCLVI, fig. inexactes, 4366 à 4369.
PICUS CORDATUS; Jerd., *Madras J.*, 1840, XI, p. 211. — *Illustr. ind. orn.*, pl. 40, mâle et femelle. — *Catal.*, n° 206.
HEMICERCUS CORDATUS; G.-R. Gray, *Gen.* — *Pr.* Bonap., *Consp.*, p. 129, 1850. — Reich., *Handb. spec. orn.*, p. 401, n° 936.
MICROPICUS CANENTE; Malh., *N. class.*, *Mém. acad. Metz*, 1848-1849, p. 331.

Mas. Rostro fusco; iridibus brunneo-rubris; fronte verticeque coracino-nigris, punctis minutissimis, creberrimis, albis, conspersis; occipite, cristâ, collo postico, dorso, tergo, capite ad latera unicoloribus coracino-nigris; gulâ, totâ, collo ad latera, vitta latâ humerali, alarum tectricibus inferioribus, uropygio, humero ad marginem, isabellinis; alarum caudæque tectricibus superioribus, caudæ tectricibus inferioribus scapularibusque nigris, isabellino plus minusve marginatis; jugulo, pectoreque brunneo-cinereis, epigastrio ventreque brunneo-fuscis; pedibus griseis.

Fœmina Differt staturâ minore, fronte verticeque isabellinis.

## LE MICROPIC CANENTE *(Lesson).*

**PLANCHE XLII**, Fig. 1, le mâle; Fig, 2, la femelle; Fig. 3, une rémige quatrième.

LE PIC CANENTE; Lesson, *Voy. Bélang. Ind. orient., zool.*, III, p. 240. — *Cent. zool.*, p. 215, pl. 73, le mâle.
HEART-SPOTTED WOODPECKER; Jerdon, Horsf. et Moore, *Cat. birds mus. East Ind. comp.*, II, p. 650.

Ovide *(Métam., 14)* nous apprend que Canente, fille de Janus et de Vénilie, ainsi nommée de la beauté de sa voix, épousa *Picus,* fils de Saturne et roi d'Italie; que Circé ayant changé son mari en Picvert, elle en conçut une douleur qui la consuma, de sorte que son corps s'évapora dans les airs. C'est le nom de cette reine que M. Lesson a donné à cette espèce de Micropic. Au Pégou, où M. Bélangé s'est procuré cet oiseau, on le nomme Témagaoumé, nom infiniment moins poétique. M. Lesson en a décrit le mâle, mais sans en indiquer le sexe. C'est cette même espèce dont M. Jerdon, de Madras, a fait son *H. cordatus,* rapporté des forêts élevées du Malabar, de Travancore et de Canara, où il est rare; mais, dans sa description (*Madras journ.*, 1840), cet auteur ne parlant point du *canente* de Lesson, il est probable qu'il ne connaissait pas alors cette dernière espèce. Ce n'est que dans ses *Illustrations de l'ornithologie indienne* (1846) qu'il cite, avec doute, le *cordatus* comme pouvant être synonyme du *canente*, et il considère ce dernier, en attendant une comparaison avec les individus du Pégou, comme une espèce propre à l'Inde. Ce Micropic habite toutes les forêts de l'Inde occidentale, fréquentant les plus grands arbres où il se tient ordinairement par paire et quelquefois seul. Comme tous les oiseaux de sa famille, ce grimpeur est défiant, continuellement en mouvement, évitant facilement les recherches des chasseurs; aussi, quoiqu'il soit généralement répandu dans les forêts de l'Inde occidentale, est-il difficile de l'atteindre. On le trouve aussi sur les côtes orientales, dans l'Arrakan, le Tenasserim et au Pégou. Les sujets qui ont servi de type à M. Jerdon ne diffèrent du Canente de Lesson que parce qu'ils ont une taille moindre. A cet égard, je dois dire que depuis plusieurs années, j'ai observé que *tous les exemplaires à front et tête noirs* sont d'une taille plus forte que ceux ayant le front et le vertex de couleur isabelle ou d'un blanc fauve, ainsi que l'indique le tableau qui termine ma description. Sont-ce deux espèces? mais, alors, comment distinguer les mâles des femelles; et, si ce sont les deux sexes d'une même espèce, lequel est le mâle? M. Jerdon pense que les sujets qui ont tout le devant de la tête isabelle sont les mâles; quant à moi, je pense le contraire et je me fonde: 1° sur la coloration plus vive des sujets à tête noire; 2° sur leurs proportions toujours supérieures à celles des sujets à front isabelle. Toutefois, je me hâte d'ajouter que j'éprouve encore du doute sur ces questions qui ne pourront être résolues que par des observations faites dans l'Inde avec soin. Il y a peu d'années, M. Bartlett, naturaliste à Londres, m'ayant envoyé plusieurs Micropics des deux sexes étiquetés *cordatus*, et qu'il avait récemment reçus de M. Jerdon, j'ai observé entre les deux sexes la différence de proportions que j'indique et je les ai trouvés, du reste, semblables au Micropic Canente de Lesson.

Caractères. Bec droit, long, fort et aigu; cou long; corps trapu; ailes longues et presque aussi longues que la queue; celle-ci est courte, conique, a toutes ses rectrices arrondies, à l'exception des quatre intermédiaires, qui, seules, sont terminées par deux petites pointes mucronées, formées aux dépens des barbes qui dépassent à peine le rachis. Les tiges de ces quatre rectrices sont très-raides, lustrées et très-larges; ailes concaves; la première rémige a 35 millimètres de long et elle a 25 à 30 millimètres de moins que la deuxième; la quatrième, la cinquième, la troisième et la sixième rémige sont les plus longues et diffèrent peu entre elles; tarses courts; doigts longs et forts

Coloration. *Le Mâle* a le bec brun et d'une nuance plus claire à la base de la mandibule inférieure; iris d'un rouge brun; front et vertex d'un noir foncé à reflets bleuâtres, avec l'extrémité de chaque plume très-finement piquetée de blanchâtre; l'occiput, une huppe moyenne, les côtés de la tête, le derrière du cou et le dos d'un noir foncé à reflets bleuâtres; tectrices supérieures des ailes du même noir et bordées finement de blanc isabelle qui donne aux taches noires un aspect cordiforme; le menton, toute la gorge, ainsi que les côtés du cou, le rebord du haut et les tectrices inférieures des ailes sont isabelles; une large bande de même couleur contourne l'épaule, s'étend en écharpe sur la base des rémiges et vient de chaque côté se réunir sur le croupion qu'elle couvre; les rémiges sont d'un brun fuligineux ayant leur page interne bordée d'isabelle clair vers la base; les dernières rémiges secondaires près le dos sont isabelles et portent des taches noires cordiformes; les tectrices supérieures de la queue sont noires avec leur extrémité d'un blanc isabelle; toutes les rectrices noires; le devant du cou et la poitrine sont d'un brun cendré un peu lavé de roussâtre; cette couleur devient plus foncée sur l'abdomen qui est d'un brun fuligineux plus ou moins roussâtre; les tectrices inférieures de la queue sont d'un noir fuligineux avec l'extrémité de la plupart des plumes d'un blanc sale; pieds d'un gris brun.

Chez quelques exemplaires, l'abdomen a une teinte d'un roux olivâtre plus ou moins vif, et j'ai trouvé plus fréquemment cette nuance chez les femelles.

*La Femelle* ou plutôt les sujets que je soupçonne tels, diffèrent: 1° par leur taille inférieure; 2° par leur front et leur vertex tantôt isabelles, tantôt d'un blanc isabelle.

Habite le Pégou, l'Arrakan, le Tenasserim, les parties méridionales de l'Inde.

| DIMENSIONS. | MALES À TÊTE NOIRE. | FEMELLES À TÊTE FAUVE. |
|---|---|---|
| Longueur totale | 170 à 177 mill. | 140 à 150 mill. |
| — du bec, de la commissure à l'extrémité | 23 et 24 — | 20 à 22 — |
| — — des narines à l'extrémité | 18 et 19 — | 16 à 18 — |
| — de l'aile pliée | 97 et 98 — | 90 et 91 — |
| — de la queue | 35 à 37 — | 33 à 37 — |
| — du tarse | 17 millimètres. | 17 millimètres. |
| — du doigt postérieur externe (sans l'ongle) | 17 — | 17 — |
| — de l'ongle (mesuré en suivant la courbure) | 12 — | 11 — |
| — du doigt antérieur externe | 15 — | 15 — |
| — de son ongle | 11 — | 11 — |
| — du doigt antérieur interne | 10 — | 10 — |
| — de son ongle | 8 — | 8 — |
| — du doigt postérieur interne | 6 — | 6 — |
| — de l'ongle | 8 — | 8 — |

Muséum de Londres, de Leyde, de Vienne, de Calcutta.

Des sujets sous les noms de *canente* et de *cordatus* existent au Muséum de Paris; ma collection.

## Genus VI. — DENDROPICUS *(Malh.)*.

## Genre VI. — DENDROPIC.

Bec droit et assez fort, côtés très-comprimés; la base large; arête latérale au-dessus des narines beaucoup plus rapprochée des bords que du sommet de la mandibule supérieure. Narines basales, latérales, cachées par une petite touffe de plumes déliées et rebroussées; menton garni de plumes serrées et de plumes saillantes rebroussées, s'avançant sous la mandibule inférieure du tiers environ de la longueur totale du bec depuis la commissure. Les rémiges les plus longues sont la troisième, la quatrième et la cinquième, rangées quelquefois dans cet ordre, mais, le plus souvent, dans l'ordre quatre, trois et cinq; quatre doigts; le doigt postérieur externe ordinairement plus long que l'antérieur externe; plumage entièrement rayé ou tacheté; huppe très-courte ou nulle; tiges des pennes caudales d'un jaune plus ou moins vif; cette coloration jaune ne se montre quelquefois qu'en dessous des rémiges et quelquefois des rectrices. Celles des pennes alaires sont aussi de la même couleur dans presque toutes les espèces.

Toutes les espèces sont de l'Afrique seulement.

Correspond au genre *Dendrobates* (Swains.).

### DENDROPICUS BIARMICUS.

PICUS BIARMICUS; G. Cuv., *In. Mus. Paris.* — Temm., *Catal. systém.*, p. 213. — Valenc., *Dict. sc. nat.*, XL, p. 176. — Less., *Trait. orn.*, p. 220, — *Id.*, *Compl. Buff.*, IX, p. 304. — Wagl., *Syst. av.*, nº 44. — *Id.*, *Isis*, 1829, p. 513.
PICUS NAMAQUUS; Licht., *Cat. Hamb.*, p. 17, nºs 179, 180. — *Cat. Berol. mus.*, p. 17. — Meyer, *Zool. ann.*, 1, p. 145.
PICUS PUNCTATUS; Vieill., *nec* Cuv., Valenc., *nec* Lesson; *N. dict.*, XXVI, p. 90, et *Encycl.*, p. 1316; une femelle.
PICUS MYSTACEUS; Vieill., *Nouv. dict.*, 2e édit., XXVI, p. 73. — *Id.*, *Encycl.*, p. 1307. — Drapiez, *Dict. class.*, XIII, p. 498.
PICUS DIOPHRYS; Stephen's, *Gen. zool.*, XIV, part, 1, p. 161, 1826.
DENDROBATES NAMAQUUS; G.-R. Gray, *Gen. of birds*, 1845. — Bonap., *Consp. gen. av.*, p. 124. — Lich., *Nomencl.*, p. 76, 1854. — Strickl. et Sclat., *Contrib. ornith.*, 1852, p. 155.
DENDROPICUS MYSTACEUS; Malh., *N. class.*, *Mém. acad. Metz*, 1848-1849, p. 339.
DENDROPICUS NAMAQUUS; *Pr.* Br., *Consp. volucr. zygod.*, 1854.
CAMPETHERA NAMAQUA; Reich., *Handb. spec. orn.*, p. 422, nº 991; pl. DCLXXII; fig. inex., 4451, 4452, mâle et femelle.
CAMPETHERA PUNCTATA; Reich. ex Vieill., *Hand. spec. orn.*, p. 425, nº 999.

Mas. adult. Rostro nigro; capite colloque ad latera nec non gulâ totis purè albis, exceptis vittâ utrinque pone oculos, et altera pone mandibulæ basin orta, versus colli latera ducta ac sensim latiore nigerrimis, absque nitore, iridibus obscuro rubris; fronte ac sincipite aterrimis, albo-punctulatis; occipite toto coccineo, postice maculâ largâ, nigrâ terminato; collo supra, dorso, scapularibus, uropygio, alarum tectricibus, remigibus ultimis et corpore subtùs inferius a pectore usque ad crissum cinerascenti-olivaceis, transversim albo-undulatis; remigum primarium nec non rectricum scapis aureo-flavis, vexillis fusco-olivaceis, flavido maculatis, pedibus fuscis.

Fœm. adult. Mari simillimâ, parum minori; pileo et occipite nigris.

Mas juv. vidil. 1º Occipitis macula intermedia parva coccineâ, ptilosi cœtera fominæ; 2º occipite nigro obsolete coccineo striato.

### LE DENDROPIC A DOUBLE MOUSTACHE.

**PLANCHE XLII**, Fig. 4, mâle adulte; Fig, 5, jeune mâle; Fig. 6, femelle; Fig. 7, rémige quatrième.

LE PIC A DOUBLE MOUSTACHE; Levaill., *Ois. d'Afr.*, VI, p. 16; pl. 251, le mâle; pl. 252, la femelle. — Valenc., *Dict. sc. nat.*, XL, p. 176. — Vieill., *N. dict*, XXVI, p. 73. — *Id.*, *Encycl.*, p. 1307. — Drap., *Dict. class.*, XIII, p. 498. — Less., *Compl. Buff.*, IX, p. 304. — *Id.*, *Trait. orn.*, p. 220.
PIC A MOUSTACHES NOIRES; Temm., *Catal. systém.*, p. 213.

Cette espèce que nous recevons en grand nombre du cap de Bonne-Espérance, et qui se trouve très-abondante dans tout le pays des Caffres, paraît avoir les mêmes habitudes que la plupart de ses congénères. Ainsi, Levaillant qui a eu souvent occasion de l'observer, annonce: « qu'il la voyait à chaque instant grimpant sur le tronc des mimoses, frappant le tronc de ces arbres avec une telle force, que lorsqu'il entendit ces oiseaux pour la première fois, il crut que ce bruit ne pouvait provenir que d'un grimpeur égal, au moins pour la taille, aux plus grands Pics d'Amérique. » Suivant le même naturaliste, la ponte de ce Dendropic est de quatre œufs d'un blanc mat, et le mâle couve aussi bien que la femelle.

M. Anderson a recueilli aussi cette espèce dans le pays de Damara, situé entre le sud et l'ouest de l'Afrique et voisin de la terre de Namaqua, où Levaillant et Lichtenstein avaient obtenu déjà ce Dendropic *(Contrib. ornith.,* 1852, p. 155).

Si j'ai conservé à cette espèce la dénomination latine de *biarmicus*, sous laquelle elle est généralement connue, je dois me hâter d'ajouter que le nom de *namaquus* lui avait été donné antérieurement par le savant directeur du Muséum de Berlin, M. Lichtenstein. Malheureusement, le catalogue dans lequel se trouvait cette dernière dénomination, étant peu répandu, n'a pas acquis une publicité suffisante; aussi, Wagler lui-même n'a-t-il pas hésité à adopter le nom de *biarmicus* que l'on retrouve dans presque toutes les collections.

C'est à mon savant collègue et ami le docteur Pucheran que je dois d'avoir pu connaître le type que Vieillot a nommé *picus punctatus*, et qui n'est autre qu'une femelle du *biarmicus*, provenant du cabinet de Levaillant (*Rev. et mag. de zool.*, 1852, p. 563).

Caractères. Bec droit, fort, long, à côtés très-comprimés; arête au sommet du bec très-saillante; arête au-dessus des narines, très-saillante et plus rapprochée des bords que du sommet de la mandibule; narines cachées par une petite touffe de plumes piliformes rebroussées; tête assez forte, sans huppe; ailes moyennes; les rémiges les plus longues sont la troisième qui diffère peu de la quatrième, et la cinquième qui excède de fort peu la seconde. La première rémige n'a que 35 millimètres de long; queue de moyenne longueur, à tiges échancrées à l'extrémité; tarses et doigts scutellés au-devant; quatre doigts; le doigt postérieur externe aussi long que le doigt antérieur externe, ongles compris.

Coloration. *Le Mâle adulte;* bec d'un brun noirâtre, la mandibule inférieure étant d'une nuance beaucoup plus claire en dessous vers la base; iris d'un rouge foncé; front et sinciput noirs, piquetés de blanc roussâtre; occiput d'un rouge vermillon auquel succède une large tache noire; deux larges moustaches noires descendent, l'une de l'angle des mandibules sur les côtés du cou; l'autre après l'œil. Ces moustaches font d'autant plus d'effet qu'elles tranchent nettement sur le fond qui les environne, les joues et la gorge étant d'un blanc pur; ce caractère se retrouve non-seulement dans les deux sexes, mais chez les jeunes lorsqu'ils revêtent leurs premières plumes avant de quitter le nid. Le bas du cou, le dos, le manteau, les scapulaires, le croupion, les couvertures du dessus des ailes et toutes les dernières pennes mêmes de celles-ci, sont d'un vert d'olive pachetée, tirant, suivant les reflets de la lumière, plus ou moins au brun ou au jaune, et même au gris, notamment vers le cou et sur le croupion, où cette dernière couleur semble dominer le plus; mais toutes ces mêmes parties sont de plus tachetées et comme vermiculées de jaunâtre ou de blanc jaunâtre. Les rémiges primaires sont d'un brun olivacé, plus jaunâtre à l'extérieur qu'intérieurement, et elles portent sur leur rebord interne de larges taches blanches ou d'un blanc jaunâtre. Les tiges des rémiges sont d'un jaune d'or plus pur et plus vif en dessous. Les tectrices supérieures de la queue et la queue en dessus, ont plus de jaune olivâtre; l'extrémité des rectrices est terminée de jaune rougeâtre pur; la queue en dessous est uniformément glacée d'un jaune olivâtre et d'un jaune rougeâtre vers l'extrémité; les tiges des rectrices sont d'un beau jaune d'or en dessus et d'un jaune plus clair en dessous. Le milieu de la gorge est blanc et ce blanc continue jusqu'au bas du cou, mais il est légèrement haché de gris olivâtre, qui, à mesure qu'il descend sur la poitrine, se prononce plus largement; tout le reste des parties inférieures est sur un fond brun olivâtre rayé en hachures de blanc sale, jaunissant un peu sous la queue; les tectrices inférieures des ailes sont d'un blanc jaunâtre finement rayé de brun olivâtre; les ongles et les pieds sont bruns.

*La Femelle adulte* se distingue du mâle, en ce qu'au lieu de la calotte rouge de celui-ci, elle en a une noire, et, qu'en général, ses hachures sont moins nettes et ses couleurs plus brunâtres que celles du mâle. Levaillant annonce qu'elle est aussi plus petite, mais j'avoue que cette différence ne m'a pas paru sensible. Selon le même naturaliste voyageur, les *très-vieilles femelles* prennent aussi un peu de rouge comme les jeunes mâles.

*Un jeune Mâle* que l'on peut considérer comme une *variété*, a le front noir, pointillé de blanc roussâtre; le vertex et la majeure partie de l'occiput d'un rose pâle. C'est un jeune dont le rouge plus étendu n'a pas encore acquis sa coloration normale par une cause accidentelle.

Ordinairement, le jeune mâle n'a qu'une petite plaque rouge sur le milieu de l'occiput et ses couleurs ont la teinte de celles de la femelle adulte. Les tiges des rémiges sont d'un blanc jaunâtre très-pâle; l'extrémité des rectrices et leurs tiges, sont d'un jaune pâle en dessus.

Habite tout le pays des Caffres où il est très-abondant.

DIMENSIONS.

| | |
|---|---|
| Longueur totale | 240 millimètres. |
| — du bec, de la commissure à l'extrémité | 36 — |
| — — des narines à l'extrémité | 30 — |
| — de l'aile pliée | 130 — |
| — de la queue | 70 — |
| — du tarse | 21 — |
| — du doigt postérieur externe (sans l'ongle) | 16 — |
| — de son ongle (en suivant la courbure) | 13 — |
| — du doigt antérieur externe | 15 — |
| — de son ongle | 14 — |
| — du doigt antérieur interne | 12 — |
| — de son ongle | 11 — |
| — du doigt postérieur interne | 7 — |
| — de l'ongle | 7 — |

Se trouve dans presque toutes les collections, notamment dans celles de Francfort-sur-Mein, de Paris, de Berlin, de Vienne, de Londres, de Leyde, de Stockholm, de Stuttgard, de Darmstadt, Muséum de Chatham. Il existe un mâle au Muséum de Genève, sous le nom de *picus aurantius!*

Le jeune mâle existe au Muséum de Leyde et dans ma collection.

## DENDROPICUS SCHOENSIS.

PICUS DENDROBATES? SCHOENSIS; RUPP., *Beschr. abyss. vog., mus. Senckenb.*, III, p. 120, 1842.
DENDROBATES SCHOENSIS; RUPP., *Syst. ueb. vog. N. O. Afr.*, 1845, p. 84, pl. 33, le mâle. — *Pr.* BP., *Consp.*, 1850, p. 124; *Sp.*, 11.
DENDROPICUS SCHOENSIS; MALH., *Nouv. class. pic.*, 1850, p. 27. — *Mém. acad. Metz*, 1848-1849, p. 339. — *Pr.* BP., *Consp. voluc. zygod.*, 1854.
CAMPETHERA SCHOENSIS; REICH., *Hand. spec. orn.*, p. 422, nº 989; pl. DCLXXII, fig. 4447, 4448, mâles.

MAS ADULT. Simillimis prœcedenti; capite et collo nigris, fronte et vertice albo-punctulatis, sincipite coccineo, lateribus colli vittis duabus albis, prima a margine orbitali superiori, nucham versus, ubi deflexa, altera a basi rostri arcuata sub regionem paroticam decurrente, *et nigro circummarginata;* medio gulæ stria verticali punctulis albis, *pectore nigro fumigato*, pennarum apice partim sordide cinerascente; dorso, scapulis, alarum tectricibus, remigibus rectricibusque fusco-umbrinis, transverse albido-isabelline undulatis; rachibus remigum et rectricum, harumque apicibus viride-flavis; corpore subtus a pectore ad crissum umbrino-cinerascente, lineis canescentibus variegato, rostro et pedibus fuscis; iridibus coccineis.

## LE DENDROPIC DE SCHOA.

**PLANCHE XLII**, Fig. 8, le mâle.

En examinant au Muséum de Francfort-sur-Mein les deux exemplaires mâles de cette espèce rapportée en 1841 de l'Abyssinie, je me suis demandé si elle différait par des caractères bien constants du *dendropicus biarmicus* (Cuv.) qui habite beaucoup plus au sud de l'Afrique; je pense que le premier de ces grimpeurs doit former au moins, quant à présent, une race propre à l'Abyssinie et qui se distingue assez pour qu'on puisse reconnaître avec quelque attention les différences qui le séparent du *dendropicus biarmicus.* J'indiquerai donc, d'abord dans ma description, les caractères qui permettront de ne pas confondre les deux espèces.

M. Rüppell et, après lui, le prince Bonaparte, ont annoncé que l'espèce de la province de Schoa était d'une taille plus grande et avait le bec plus grand que l'espèce de la Cafrerie; cette assertion est exacte, relativement à l'exemplaire femelle du *biarmicus* qui existe au Muséum de Francfort; mais elle cesse de l'être d'une manière absolue, si l'on examine, ainsi que je l'ai fait, beaucoup de sujets du *biarmicus,* car j'ai trouvé des mâles adultes ayant le bec et le corps exactement de la même taille que le Dendropic de Schoa.

DIFFÉRENCES. *Mâle adulte;* chez les deux sujets du Muséum de Francfort, le blanc est plus étendu sur les parties supérieures que chez le *biarmicus;* la poitrine et le côté du cou sont d'un brun noir plus foncé et plus étendu; la bande noire, après l'œil (et c'est là le caractère le plus distinctif), contourne la bande blanche qui part de la mandibule inférieure, et va se fondre avec la moustache noire qui descend de chaque côté de la gorge en s'étendant sur le côté et le devant de la poitrine, tandis que chez le *biarmicus,* la bande noire après l'œil est entourée par les deux bandes blanches qui sont au-dessus et au-dessous; toutefois, chez l'un des mâles *schoensis,* la bande noire après l'œil est grivelée de blanc au point de jonction avec la moustache noire; le rouge est moins étendu vers l'occiput.

Description. Le bec et les pieds sont d'un gris bleu foncé; l'iris rouge; le front, jusqu'au milieu du vertex, est noir et pointillé de blanc; le reste du vertex, jusqu'à l'occiput, d'un rouge vif; occiput et nuque noirs; les côtés de la tête, du cou et le devant du cou noirs, divisés longitudinalement par cinq bandes blanches, l'une partant du menton et descendant en s'élargissant un peu au bas du cou, où elle est grivelée de brun; chez l'un des exemplaires de Francfort, cette bande blanche est très-étroite, tandis que chez le second, cette bande est aussi large que chez le *biarmicus*. La seconde bande de chaque côté part de la mandibule inférieure et s'arrête vers le milieu du cou où elle est encadrée de noir de tous côtés; la dernière bande de chaque côté commence un peu au-dessus de l'œil et descend sur les côtés de la nuque où elle devient rayée de brun noirâtre. La nuque est noire; tout le dos, les tectrices supérieures des ailes, les scapulaires sont d'un brun foncé, chaque plume portant environ trois bandes étroites blanches, et étant liserée de blanc à son extrémité; croupion d'un brun lavé de vert olivâtre et même de jaune orangé vers l'extrémité des pennes, avec de légères bandes blanchâtres; queue brune, rayée transversalement de blanc jaunâtre, et terminée de jaune orangé sale; tiges des rectrices d'un jaune vif en dessus et en dessous; rémiges primaires brunes avec de petites taches blanches sur la page externe et de larges taches de même couleur sur le bord de la page interne, excepté vers l'extrémité des pennes qui est sans taches; rémiges secondaires d'un brun foncé avec des bandes blanches transversales sur les deux pages; tiges des rémiges d'un brun jaunâtre en dessus et d'un jaune blanchâtre en dessous; poitrine d'un brun noirâtre avec quelques taches blanches; tout l'abdomen d'un brun enfumé avec de nombreuses petites taches: les unes blanches, les autres d'un gris clair; tectrices inférieures de la queue et flancs d'un brun grisâtre avec des bandes transversales blanchâtres; tectrices inférieures des ailes blanches et vermiculées de brun noirâtre; pieds d'un brun foncé.

*La Femelle* n'est pas connue, mais il est plus que probable qu'elle ne diffère du mâle que par l'absence de rouge sur la tête, le vertex et l'occiput étant d'un noir uniforme.

Habite l'Abyssinie.

DIMENSIONS.

| | |
|---|---|
| Longueur totale | 245 et 240 mil. |
| — du bec, de la commissure à l'extrémité | 38 et 36 — |
| — — des narines | 30 et 28 — |
| — — du front à l'extrémité du bec | 34 et 33 — |
| — de l'aile pliée | 135 et 130 — |
| — de la queue | 70 millimètres. |
| — du tarse | 21 — |
| — du doigt postérieur externe (sans l'ongle) | 18 — |
| — de l'ongle (mesuré le long de la courbure) | 14 — |
| — du doigt antérieur externe | 15 — |
| — de l'ongle | 15 — |
| — du doigt antérieur interne | 12 — |
| — de l'ongle | 11 — |
| — du doigt postérieur interne | 7 — |
| — de l'ongle | 7 — |

Collection du Muséum de Francfort-sur-Mein.

## DENDROPICUS FULVISCAPUS *(Illig.)*.

PICUS GUINEENSIS; Scop., *Délec. flor. et faun. insubr. pars*, II, p. 89, nº 49, 1786.

PICUS CARDINALIS; Gmel., *Syst. nat.*, I, p. 438, nº 51. — Lath., *Ind. orn.*, I, p. 233, p. 23. — Licht., *Forst. descr. anim.*, p. 43, 1844.

PICUS FULVISCAPUS; Illig., *Mus. Berlin.* — Wagl., *Syst. av.*, nº 45. — *Id.*, *Isis*, 1829, p. 513. — Temm., *Catal. systém.*, p. 212, 1807.

PICUS FUSCESCENS; Vieill., *Nouv. dict. d'hist. nat.*, XXVI, p. 86. — *Id.*, *Encycl.*, p. 1314.

PICUS CHRYSOPTERUS; G. Cuv., *Mus. Paris.* — Less., *Compl. Buff.*, IX, p. 303.

PICUS CAPENSIS; Forst., 1772; *Descr. anim.*, nº 47.

COLAPTES CAPENSIS; Smith, Steph., *G. zool.*, XIV, p. 171.

DENDROBATES FUSCESCENS; Strick. et Sclat., *Contrib. ornith.*, 1852, p. 155.

DENDROBATES FULVISCAPUS; Sw., *Class.*, II, p. 306. — G.-R. Gray, *List. of gen.*, 1841. — *Pr.* Bp., *Consp. gen. av.*, p. 121, *Sp.* 12.

CHYSOCOLAPTES CARDINALIS; *Pr.* Bp., *Consp. gen. av.*, 1850, p. 122. — Reich., *Handb. spec. orn.*, p. 330, nº 928.

DENDROPICUS FUSCESCENS; *Pr.* Bp., *Consp. volucr. zygod.*, 1854.

DENDROPICUS CARDINALIS; *Pr.* Bp., *Consp. vol. zyg.*, 1854.

CAMPETHERA FULVISCAPA; Reich., *Handb. spec. orn.*, p. 424, nº 995 *b*, pl. dclxxiv, fig. 4459, 4460.

Mas adult. Rostro pedibusque fuscis; iridibus flavidis; fronte-rufescenti fuscescente, occipite suberistato coccineo; collo postico, dorso, alarum tectricibus et uropygio plus minusve fuscescenti-olivaceis, transversim albo-flavido undulato-fasciatis; regione ophthalmica gulaque albis; vitta longitudinali malari ad pectoris latera ducta fuliginoso-nigrà; collo infimo, pectore et cœteris portibus inferioribus albido-griseo, striolis non nullis in plumarum medio nigricantibus; abdomine, albido-griseo plus minusve flavicante, crisse, alarumque tectricibus inferioribus albido, griseis, omnibus fasciis transversis fuscis variegatis; remigum, rectricumque scapis nitide flavo-aureis, omnibus extùs flavido, intùs albo maculatis; rostro pedibusque fuscis, irides flavidæ.

Fœmina adult. Ptilosi minus nitida, mari simillima nisi vertice et occipite fusco-nigris.

Mas juv. Ptilosi fœminæ adultæ, vertice nigro, coccineo variegato.

## LE DENDROPIC *(Malh.)* AUX BAGUETTES D'OR *(Levaill.)*.

**PLANCHES XLIII & XLIII** bis *, Fig. 1, le mâle adulte; Fig. 2, femelle; Fig. 3, le jeune mâle; Fig. 4, la rémige quatriéme.

LE PETIT PIC AUX BAGUETTES D'OR; Levaill., *Ois. d'Afr.*, VI, p. 18, pl. 253. — Temm., *Cat. syst.*, p. 212.
LE PIC AUX BAGUETTES D'OR; Less., *Compl. Buff.*, IX, p. 303. — *Trait. d'orn.*, p. 220.
PETIT PIC A BAGUETTES DORÉES; Vieill., *N. dict.*, XXVI, p. 86. — *Id.*, *Encycl.*, p. 1314.
LE PIC SURNOMMÉ LE CARDINAL DE L'ILE DE LUÇON; Sonner., *Voy. à la Nouv.-Guinée*, pl. 35. — *Encycl. méth.*, pl. 212, fig. 2.

Levaillant, le seul auteur qui nous fournisse quelques renseignements sur les Picidés de l'Afrique méridionale, annonce que cette espèce est la plus commune à quelque distance du cap de Bonne-Espérance, car on ne la trouve pas dans les environs de la ville du Cap, qui sont dépourvus de grands bois; ce Dendropic se rencontre du côté de la pointe du sud et sur la côte est de l'Afrique où se trouvent des forêts; dans celles qui revêtent les montagnes des 24 rivières, dans l'intérieur, et enfin, dans les lisières de mimosas et d'ébéniers qui bordent les deux rives de l'Éléphant, sur la côte ouest; passé ces limites, on ne voit plus, en s'avançant vers le cap de Bonne-Espérance, que le *geopicus arator*.

La ponte de cette espèce qui niche dans un trou qu'elle perfore dans un arbre, est de cinq, six et même de sept œufs d'un blanc pur. Les mâles couvent aussi bien que les femelles.

J'ai indiqué le *fulviscapus* comme pouvant bien être la même espèce que le *pic surnommé le cardinal de l'isle de Luçon*, décrit et figuré par Sonnerat, puis nommé *guineensis* par Scopoli, et *cardinalis* par Gmelin. Je m'attends bien à l'étonnement de la plupart des ornithologistes qui se demanderont comment une espèce de l'île de Luçon, classée par plusieurs auteurs dans le genre *chrysocolaptes* de M. Blyth, c'est-à-dire dans mon genre *indopicus*, peut être la même qu'une espèce exclusivement propre à l'Afrique. D'abord, qui donc connaît le Pic cardinal autrement que par la description de Sonnerat? je répondrai qu'aucun naturaliste n'a connu cette espèce, au moins parmi ceux qui la citent dans leurs ouvrages. C'est pour ce motif que le prince Ch. Bonaparte *(Consp. gen. av.*, p. 122) la place parmi son genre *chrysocolaptes*, M. G.-R. Gray la fait figurer parmi les espèces du genre *picus* sans prendre garde que celles-ci n'ont jamais le *tuyau* des rectrices et des rémiges jaune.

Puis, la description de Sonnerat démontre, à n'en pas douter, qu'il ne s'agit point d'une espèce à plumage varié de vert et de jaune, ou à plumage rouge comme chez les espèces du genre *indopicus*, mais bien d'une espèce à plumage *noir en dessus* et *tacheté de blanc*, à plumage *blanc en dessous*, *rayé longitudinalement de noir* avec le *vertex et l'occiput rouges*, et le *tuyau* (ou la côte) *des grandes plumes des ailes et de la queue jaune*, comme le dit formellement Sonnerat. Or, ce plumage ne convient qu'à mon genre *dendropicus*. Aucune des espèces de Picidés de l'Asie n'a la côte des rémiges et des rectrices jaune; car, ce caractère remarquable n'appartient qu'à un certain nombre d'espèces de l'Afrique et de l'Amérique. Ces premières réflexions m'avaient déjà convaincu que l'espèce décrite par Sonnerat appartenait, dis-je, à mon genre *dendropicus*, lorsque j'appris que les dessins originaux des oiseaux publiés par Sonnerat se trouvaient dans la bibliothèque du Muséum d'histoire naturelle de Paris. Ces planches sont d'autant plus précieuses qu'elles sont peintes avec assez de soin, qu'elles ont été exécutées sous les yeux de Sonnerat et que les Picidés y sont figurés de grandeur naturelle, ce qui n'a pas toujours lieu dans l'ouvrage publié par Sonnerat. Ma première opinion fut bientôt confirmée par l'examen de la planche 35, représentant le Pic cardinal de l'île de Luçon, et je reconnus immédiatement le mâle du *dendropicus fulviscapus* d'Illiger, comme M. Reichenbach en serait demeuré convaincu s'il eut reproduit ce dessin au lieu de la

* La PLANCHE XLIII n'ayant pas été exécutée avec toute l'exactitude que je tiendrai toujours à trouver dans mes planches, j'ai fait représenter les sujets des *DENDROPICS A BAGUETTES D'OR* dans une nouvelle planche qui porte le numéro **XLIII bis**.

figure un peu fantastique (pl. DCLIV, fig. 4355) qu'il a donnée du *cardinalis*. Je dois répondre, néanmoins, à deux objections: 1° Sonnerat dit, il est vrai, dans sa description « taille du Pic vert, » ce qui diffère beaucoup de celle du *fulviscapus;* mais, la planche originale représentant l'oiseau *de grandeur naturelle,* donne un démenti formel à cette indication du texte; 2° Sonnerat a nommé ce grimpeur *Cardinal de l'île de Luçon,* comment donc serait-il de l'Afrique? Je demanderai à mon tour comment il est arrivé mille fois, et les exemples abondent à ce sujet, que des espèces données à des voyageurs ont été indiquées par ceux-ci comme originaires du pays dans lequel ils les recevaient, tandis que l'espèce provenait d'une contrée très-éloignée. Pour ne pas sortir des Picidés, je citerai le *picus cafer* ou *Lathami,* que l'on croyait de la *Caffrerie,* et qui n'est autre que le *geopicus mexicanus du Mexique;* le *rubiginosus* que Swainson pensait avoir obtenu de l'Afrique occidentale, et qui est de la presqu'île de Malacca; le *senegalensis* des auteurs, qui est de la Guiane; j'ajouterai que, récemment, on avait donné à M. Blyth le *geopicus rivolii,* espèce américaine, comme une espèce nouvelle asiatique; que j'ai vu au Muséum de Paris, la femelle du *picus jardinii,* de l'Amérique, indiquée comme ayant été rapportée de l'Algérie par un officier de la marine impériale. Or, cet officier avait relaché à Alger où il avait obtenu divers oiseaux qu'il avait mélangés avec ceux recueillis précédemment en Amérique, etc.; je n'en finirais pas si je voulais énumérer toutes les erreurs de ce genre.

CARACTÈRES. Ailes longues; la quatrième rémige excède à peine la troisième qui a 9 millimètres de plus que la deuxième, et la cinquième qui n'a que 2 millimètres de plus que la sixième; la première rémige a 25 millimètres; le doigt postérieur externe un peu plus long que le doigt antérieur externe; huppe courte; tiges des rémiges et des rectrices d'un jaune safran très-vif en dessus et en dessous.

COLORATION. *Le Mâle adulte;* bec d'un brun foncé et d'un brun clair à la base de la mandibule inférieure; plumes rebroussées recouvrant les narines, front et partie du vertex d'un brun roussâtre; le surplus du vertex et l'occiput d'un rouge vif forment une touffe de plumes déliées et peu longues de la même couleur. Levaillant parle d'une belle touffe de plumes effilées que cet oiseau redresse souvent en forme de huppe hérissée; mais je n'ai jamais vu, en grand nombre, que des sujets à huppe assez courte. Les côtés de la tête et la gorge sont d'un blanc cendré; l'iris des yeux est jaunâtre; la nuque, le dos, les tectrices supérieures des ailes, sont sur un fond brun olivacé, coupés de festons d'un blanc jaunâtre; le croupion est d'un jaune olive avec des raies brunes transversales et les tectrices supérieures de la queue sont à leur extrémité d'un rouge orangé; les rémiges sont d'un brun foncé olivacé avec de petites taches d'un blanc jaunâtre sur leur page externe, et de larges taches blanches sur le bord de leur page interne; les rectrices sont du même brun foncé avec des bandes transversales d'un blanc roussâtre sur les deux pages; les tiges des rémiges et des rectrices sont d'un beau jaune safran en dessus et en dessous; la queue est glacée de jaune en dessous.

De chaque côté de la mandibule inférieure part une large bande d'un brun roussâtre foncé qui descend de chaque côté de la poitrine; toute cette dernière partie est grivelée de noirâtre sur un fond blanc gris jaunissant, qui est la couleur du reste du dessous du corps, sauf quelques petits traits d'un brun noirâtre qu'on voit sur le milieu de chaque plume. Le milieu de l'abdomen offre une nuance jaunâtre plus prononcée. Les plumes des cuisses et de la région anale offrent chacune plusieurs bandes transversales d'un brun foncé. Les tectrices inférieures des ailes sont d'un blanc jaunâtre avec quelques stries noirâtres; pieds et ongles bruns.

*La Femelle adulte* est ordinairement un peu plus petite suivant Levaillant. Nous devons, néanmoins, faire observer que nous possédons une femelle plus grande que les divers mâles que nous avons examinés. Elle a les couleurs moins brillantes et sa calotte est noir brun au lieu d'être rouge.

*Les Jeunes;* Levaillant nous apprend que « le jeune mâle ressemble à la femelle et porte déjà, au sortir du nid, du rouge derrière la tête, et qu'à un certain âge, on voit des femelles ayant une petite plaque rouge sur le milieu de l'occiput. » Malgré cette autorité, je dois dire que je possède une série de jeunes dans diverses livrées et que je suis convaincu que tous les sujets qui ont du rouge sont des mâles: 1° un jeune mâle a le vertex et le haut de l'occiput d'un rouge plus pâle; le reste de l'occiput et la nuque d'un brun noirâtre; les parties supérieures rayées transversalement de blanc grisâtre et de brun pâle; toutes les parties inférieures d'un blanc sale avec quelques mèches d'un brun pâle; 2° un autre sujet plus jeune que je crois aussi être un mâle, a les parties inférieures avec des taches et des mèches noirâtres plus irrégulièrement disposées que chez l'adulte; le front est d'un brun roussâtre foncé; le vertex et l'occiput sont noirs, mais le vertex est couvert de petites plumes d'un rouge assez vif.

Habite le sud de l'Afrique.

DIMENSIONS.

| | |
|---|---|
| Longueur totale | 160 et 175 mil. |
| — du bec, de la commissure à l'extrémité | 22 millimètres. |
| — — des narines à l'extrémité | 16 — |
| — de l'aile pliée | 95 — |
| — de la queue | 50 — |
| — du tarse | 16 — |
| — du doigt postérieur externe (sans l'ongle) | 14 — |
| — de son ongle (en suivant la courbure) | 10 — |
| — du doigt antérieur externe | 11 — |
| — de son ongle | 11 — |
| — du doigt antérieur interne | 8 — |
| — de son ongle | 10 — |
| — du doigt postérieur interne | 5 — |
| — de l'ongle | 5 — |

Dans presque toutes les collections, notamment dans celles de Paris, de Francfort-sur-Mein, de Berlin, de Vienne, de Londres, de Stockholm, de Metz, de Stuttgard, de Darmstadt.

Au Muséum de Chatam, sous le nom erroné de *flaviscapulus* (Illig.); ma collection.

## DENDROPICUS HEMPRICHII *(Ehrenb.)*.

PICUS HEMPRICHII; Ehrenb., *Symb. phis.*, note 2, 1828, la femelle. — Rupp., *Neue Wirb. faun. Abyss.*, p. 62, 1835. — Lefebvre, *Voy. Abyss.*, VI, p. 135.
DENDROBATES HEMPRICHII; Rupp., *Systém. uebers. Vog. N. O. Afr.*, p. 88, pl. 35, le mâle, 1845.
PICUS ABESSINICUS; Hempr., *In. mus. Berol.*
PICUS FUSCESCENS; Rupp., *In. mus. Paris; Nec* Vieill.
PICUS ARKIKANUS; Hempr., Ehr., *In. aliquot museis.*
DENDROBATES ABYSSINICUS; *Pr.* Bonap. ex Hempr., *Consp. gen. av.*, 1850, p. 124; *Nec Stanley.*
DENDROPICUS ABYSSINICUS; *Pr.* Bonap. ex Hempr., *Consp. vol. zygod.*, 1854, nº 110; *Nec Stanley.*
DENDROPICUS HEMPRICHII; *Pr.* Br., *Consp. vol. zygod.*, nº 115, 1854.
CAMPETHERA HEMPRICHII; Reich., *Handb. spec. orn.*, p. 424, nº 996; pl. dclxxiv, fig. inex. 4461, 4462.
CAMPETHERA ABYSSINICA; Reich., *Handb. spec. orn.*, p. 426, nº 1001.

Mas adult. Rostro fusco-corneo, mandibulâ in medio flavidâ; narium plumis rufescentibus, frontis plumis isabellinis, albido terminatis; pileo et occipitis cristâ parvâ coccineis; regione paroticâ fuscâ, pennarum margine albido; gula striâque supra et infraorbitali albidis, fusco paululùm punctulatis; vittâ strictâ à mandibulâ ad colli latera extendente fuliginosâ; cervice, dorso, scapularibus, alarumque tectricibus umbro-fuscis, lineis transversis albis variegatis; remigibus umbro-fuscis, albo extùs et intùs ad marginem punctulatis; caudæ tectricibus superioribus rufescentibus ad apicem rubris; rectricibus umbrinè et isabellinè fasciatis; rachibus remigum et rectricum læte flavis; gastreo cinerascente, pectore striis longitudinalibus, abdomine crisso, alarumque tectricibus inferioribus fasciis transversis umbrinis variegatis; pedibus cinerei-fuscis.

Fœmina. A mari differt: fronte umbrino-fusciore, pileo et nuchâ nigricantibus.

### LE DENDROPIC DE HEMPRICH.

**PLANCHE XLIII**, Fig. 5, le mâle; Fig. 6, la femelle.

LE PIC BRUNATRE; *Au mus. de Paris.*
LE PIC DE HEMPRICH; Lefebvre, *Voy. Abyss.*, VI, p. 135.

Cette espèce abyssinienne a été par les uns confondue avec le *dendropicus fulviscapus* d'Illiger, auquel elle ressemble considérablement, et, par les autres, avec le *dendropicus hartlaubii*, dont il est très-facile de la distinguer, sa coloration étant différente. En parlant de l'*hartlaubii*, j'ai dit que la coloration jaune et verte mêlée au brun et au blanc de ses parties supérieures et inférieures, devait, de prime abord, le faire reconnaître. Mais on ne distinguera facilement l'*hemprichii* du *fulviscapus* qu'en faisant attention à la taille qui est bien plus grande chez le dernier de ces Dendropics. Ainsi, l'*hemprichii* est d'environ 20 millimètres moins long, ses ailes ont 15 millimètres et sa queue environ 10 millimètres de moins. Les stries noires qui couvrent les parties inférieures chez les deux espèces sont bien plus larges et bien plus foncées chez le *fulviscapus*.

Le Dendropic d'Hemprich habite par couple dans les vallons boisés de l'Abyssinie, où il grimpe sur les arbres à la manière de ses congénères. M. le docteur Alfred-Edm. Brehm, dans sa notice sur les localités du Nord-Est de l'Afrique, renfermant des oiseaux *(Die fundorte des ornithologen in Nord-Ost-Africa; Journ. für ornith.*, 1855,

p. 481), annonce que le Dendropic d'Hemprich est rare, tandis que M. le docteur Rüppell l'a trouvé fréquemment dans le Kordofan; M. Lefebvre, sur le plateau du Chiré, à Abarsemmaka et à Maiehorazio, sur les Colquals, où cette espèce vivait par paire dans des buissons, et il est probable qu'elle habite aussi dans le Sennaar. Le premier de ces naturalistes, dans son ouvrage sur les oiseaux du Nord-Est de l'Afrique *(System. uebers, der Vogel N.-O. Afr.,* p. 88), après avoir décrit le mâle et la femelle adultes, donne une description du jeune Dendropic d'Hemprich; mais je me suis assuré, par l'examen que j'ai été à même de faire de cet oiseau, que c'était la femelle du *dendropicus obsoletus,* dont Wagler a décrit le mâle dans l'Isis (1829, p. 510).

Caractères. Bec long, droit et fort; ailes longues; queue plutôt longue; les rémiges les plus longues sont la quatrième, la troisième, la cinquième et la sixième, qui diffèrent peu entre elles; huppe occipitale très-courte.

Coloration. *Le Mâle adulte;* bec d'un brun de corne; la mandibule inférieure d'un brun jaunâtre au milieu; iris rouge carmin; front d'un roux isabelle clair, chaque plume étant à son extrémité et sur la tige d'une nuance beaucoup plus claire; vertex, occiput et une très-courte huppe d'un rouge moins intense que chez le Dendropic de Hartlaub; côtés de la tête et gorge d'un blanc plus ou moins pur striolé de brun foncé; les plumes de la région parotidée d'un cendré brun et terminées de blanchâtre; une étroite bande d'un brun fuligineux part de chaque côté de la mandibule inférieure et descend sur les côtés du cou; la nuque, le dos, les scapulaires et les tectrices supérieures des ailes d'un brun terne avec de nombreuses bandes transversales d'un blanc plus ou moins pur; les rémiges sont brunes avec de petites taches blanches sur toute la page externe et des taches blanches arrondies sur le bord de la page interne; le croupion est d'un roux jaunâtre, les tectrices supérieures de la queue étant rouges vers leur extrémité; rectrices brunes rayées transversalement sur les deux pages de roux jaunâtre clair; les tiges des rémiges et des rectrices sont d'un jaune citron moins vif que chez le *D. hartlaubi.* Toutes les parties inférieures sont d'un cendré blanchâtre avec des stries longitudinales d'un brun foncé sur le cou et la poitrine, et des bandes transversales brunes sur l'abdomen, et les couvertures inférieures de la queue et des ailes; pieds d'un cendré brun.

*La Femelle* diffère du mâle en ce qu'elle a le front d'un brun roussâtre et tout le dessus de la tête, ainsi que la petite huppe occipitale d'un brun fuligineux foncé, sans aucune trace du rouge qui distingue le mâle.

*Le Jeune,* que nous ne connaissons pas, doit, comme chez le *fulviscapus,* différer par des teintes plus pâles, et le jeune mâle, en outre, par l'absence de rouge à l'occiput.

Habite l'Abyssinie, le Kordofan, le Sennaar.

DIMENSIONS.

| | |
|---|---|
| Longueur totale | 145 à 150 mil. |
| — du bec, de la commissure à l'extrémité | 19 millimètres. |
| — — des narines | 15 — |
| — de l'aile pliée | 80 — |
| — de la queue | 41 et 43 mil. |
| — du tarse | 14 millimètres. |
| — du doigt postérieur externe (sans l'ongle) | 12 — |
| — de l'ongle (mesuré le long de la courbure) | 8 — |
| — du doigt antérieur externe | 11 — |
| — de l'ongle | 8 — |
| — du doigt antérieur interne | 7 — |
| — de l'ongle | 7 — |
| — du doigt postérieur interne | 4 — |
| — de l'ongle | 4 — |

Se trouve au Muséum de Francfort-sur-Mein, de Paris et de Berlin; au Muséum de Leyde, sous le nom de *flaviscapus (du voy. de Rüpp.).*

## DENDROPICUS HARTLAUBI *(Malh.)*.

DENDROPICUS HARTLAUBII; MALH., *Rev. zool.*, 1849, p. 532; *Spec.*, 5, le mâle. — *Et nouv. class. Pic.*, 1850, p. 27; *Mém. acad. Metz*, 1849, p. 339.
DENDROBATES HARTLAUBI; *Pr.* BR., *Consp.*, 1850, p. 124; *Sp.*, 14.
DENDROBATES HEMPRICHII; *Pr.* BR., *Consp. gen. av.*, 1850, p. 124; *Sp.*, 13?
DENDROPICUS HARTLAUBI; *Pr.* BR, *Consp. vol. zygod.*, 1854.
CAMPETHERA HARTLAUBII; REICH., *Handb. spec. orn.*, p. 426, nº 1003.

MAS ADULT. Rostro pedibusque fuscis; fronte et vertice rufo-cinereis, occipite nuchâque subcristatis, coccineis; dorso albido-olivaceo, nigroque fasciato; uropygio flavo-olivaceo, fusco-olivaceo fasciato; caudæ tectricibus superioribus aurantius, apice rubris; alarum tectricibus nigricantibus, albo maculatis; remigibus primariis nigricantibus albido-flavo extùs, albo intùs maculatis; secundariis extùs fusco-olivascentibus, albido-flavo, intùs albo ad marginem maculatis; rectricibus nigris fulvo utrinque fasciatis; remigum rectricumque scapis suprà et infrà aureo-flavis; caudâ subtùs fuscâ, flavido fasciatâ; gulâ capiteque ad latera albis; vitta malari utrinque nigro-fuscâ ad colli latera ducta; jugulo pectore abdomineque albido-olivaceis, striolis nigricantibus.
FŒMINA differt vertice et occipite nigro-olivaceo-fuscis.

## LE DENDROPIC DE HARTLAUB.

**PLANCHE XLIV**, Fig. 1, le mâle; Fig. 2, la femelle; Fig. 3, la rémige quatrième.

Cette espèce a quelque rapport avec le *dendropicus hemprichii (Ehrenberg, symb. phys.)*; toutefois, on ne saurait les confondre. Ainsi, le Dendropic de Hartlaub est d'une taille plus forte, il a le dos et les ailes teints de vert olive, et les parties inférieures lavées de jaune olive, tandis que le Dendropic de Hemprich n'a pas cette coloration remplacée chez lui par un mélange de blanc et de brun noirâtre.

Cette espèce se trouvait innomée dans la collection de M. le prince d'Essling, à Paris, et une note indiquait seulement qu'elle avait été rapportée de Zanzibar; aussi, l'avais-je nommée *dendropicus zanzibari*, tandis que j'ai publié, sous le nom de *dendropicus hartlaubi*, une espèce que j'avais reçue de Port-Natal et qui est répandue dans la Caffrerie. M. Thomas Wilson, de Philadelphie, possesseur de la collection d'Essling qu'il a considérablement enrichie, ayant eu l'extrême l'obligeance de m'adresser en communication les exemplaires du *zanzibari*, j'ai pu les comparer au *picus hartlaubi* et voici les seules différences que j'ai observées : le menton et la gorge du *zanzibari* sont d'un blanc plus pur, avec seulement de très-fines stries brunes; les parties inférieures sont aussi plus blanches; les moustaches sont beaucoup plus étroites; les stries qui couvrent la poitrine sont moins larges et le jaune qui teint les parties inférieures un peu plus vif. J'ai reçu récemment de la Caffrerie un exemplaire portant une livrée mixte, ce qui a achevé de me convaincre que le *zanzibari* et le *hartlaubi* étaient une seule et même espèce répandue ainsi sur la côte orientale d'Afrique, au-dessous de l'Équateur. Je saisis cette occasion pour renouveler à M. T. Wilson toute ma gratitude pour les services qu'il m'a rendus et pour ceux qu'il rend chaque jour à la science.

En déterminant les Picidés du Muséum de la ville de Boulogne-sur-Mer, j'ai retrouvé un exemplaire de mon *hartlaubi* et j'ai l'opinion que les jeunes mâles diffèrent des adultes en ce qu'ils ont la gorge d'un gris sale et tacheté de brun, tandis que les adultes l'ont d'un blanc pur; que ces derniers ont, en outre, moins de noir sur les parties inférieures et le fond du plumage d'une nuance plus claire et plus uniforme.

On ne saurait confondre cette espèce avec le *dendropicus hemprichii* qui est une espèce très-voisine, en faisant attention: 1º que l'*hemprichii* n'a pas de teinte jaune et verte sur les parties supérieures; 2º que les parties inférieures sont blanches et brunes chez l'*hemprichii*, tandis qu'elles sont lavées de jaune et de verdâtre chez le *hartlaubi*; 3º enfin que les proportions de cette dernière espèce sont un peu plus fortes. Néanmoins, je me suis demandé si la description inexacte donnée du *picus hemprichii* dans le *Conspectus generum avium* (p. 124, nº 13) n'a pas été faite d'après mon *picus hartlaubi*. En effet, l'auteur dit: « *Fusco-olivaceus flavido-variegatus;* » tandis que M. Ehrenberg et M. Rüppell, dans la description qu'ils ont donnée de l'*hemprichii*, ne parlent ni de la couleur olive, ni du jaunâtre; mais seulement de brun foncé et de blanc, comme l'indique très-bien le savant auteur du *Conspectus* à son article de l'*abyssinicus* (p. 124, nº 8).

Je prie le savant directeur du Muséum de Brême d'agréer l'hommage que je lui fais de cette espèce nouvelle.

CARACTÈRES. Bec assez long et fort; huppe occipitale peu fournie, retombant sur la nuque; ailes longues; la quatrième rémige, qui est la plus longue, excède de peu la troisième et la cinquième qui sont presque égales; puis, vient la sixième; la deuxième rémige a un centimètre de moins que la troisième; la première est très-courte et n'a que 2 centimètres de longueur totale; queue moyenne; tiges des rémiges et des rectrices d'un beau jaune en dessus et en dessous. Le doigt postérieur externe plus long que le doigt antérieur externe.

Coloration. *Le Mâle adulte;* bec d'un bleu noirâtre de corne; plumes recouvrant les narines; front et partie antérieure du vertex d'un brun roux moucheté de cendré roussâtre; reste du vertex, courte huppe occipitale recouvrant la nuque, d'un rouge vif; côtés de la tête et gorge d'un blanc plus ou moins sale; méat auditif après l'œil, tacheté de brun; une étroite moustache d'un brun noirâtre part de la mandibule inférieure et descend de chaque côté de la gorge; dos rayé transversalement de bandes d'un brun olivâtre très-foncé et de bandes d'un blanc olivâtre; croupion d'un jaune olive rayé transversalement de bandes blanches et de bandes d'un brun olive foncé; les tectrices supérieures de la queue d'un jaune orangé et bordées de rouge vers leur extrémité; tectrices supérieures des ailes d'un brun noirâtre avec de nombreuses taches d'un blanc roussâtre; rémiges primaires d'un brun foncé lavé d'olivâtre sur la partie externe, avec de petites taches d'un jaune blanchâtre et de grandes taches blanches sur le bord de la page interne, ces différentes taches cessant vers l'extrémité des pennes; les rémiges secondaires qui sont de la même couleur ont les mêmes taches qui affectent la forme de bandes transversales jusqu'à l'extrémité des pennes; poitrine et abdomen d'un blanc olivâtre avec des stries longitudinales d'un brun foncé qui deviennent moins nombreuses et plus claires sur le bas de l'abdomen ; la queue est rayée en dessus de noir et de roux fauve, et glacée de jaune en dessous; les tiges des rémiges et des rectrices sont d'un jaune safran en dessus et en dessous; les tectrices inférieures des ailes sont d'un blanc jaunâtre avec quelques taches d'un brun noirâtre; pieds d'un brun foncé olivâtre.

*La Femelle* diffère du mâle en ce qu'elle n'a point de rouge à la tête; l'occiput est d'un brun olivâtre foncé.

*Le jeune Mâle* a la gorge maculée de brun, et plus de noir sur les parties inférieures qui sont d'une teinte salie.

Habite la côte orientale d'Afrique au-dessous de l'équateur.

**DIMENSIONS.**

| | |
|---|---|
| Longueur totale | 150 et 152 mil. |
| — du bec, de la commissure à l'extrémité | 21 et 22 — |
| — — des narines à l'extrémité | 16 millimètres. |
| — de l'aile pliée | 87 et 91 mil. |
| — de la queue | 52 et 53 — |
| — du tarse | 14 et 15 — |
| — du doigt postérieur externe (sans l'ongle) | 13 et 16 — |
| — de son ongle (en suivant la courbure) | 7 et 6 — |
| — du doigt antérieur externe | 12 et 11 — |
| — de son ongle | 7 et 6 — |
| — du doigt antérieur interne | 8 millimètres. |
| — de son ongle | 6 — |
| — du doigt postérieur interne | 5 — |
| — de l'ongle | 5 — |

Collections de M. Thomas Wilson à Philadelphie, de la ville de Boulogne-sur-Mer; ma collection.

## DENDROPICUS DESMURSI *(Malh.)*.

MESOPICUS DESMURSI; Malh., *Rev. et mag. de zool.*, 1849, p. 537; *Sp.*, 10, le mâle.
CHLORONERPES DESMURSI; *Pr.* Bp, *Consp. gen. av.*, 1850, p. 118, nº 18.
CAPNOPICUS MURSII; *Pr.* Bp., *Consp. voluc. zygod.*, p. 10, 1854.
PICUS ABYSSINICUS; Stanley, Salt's, *Journ.*, II, nº 12, un mâle; *nec* Hemprich.
CHLORONERPES (ERYTHRONERPES; Rch.) DESMURSII; Reich., *Syn.*, p. 356, nº 820.

Mas adult. Fronte pallidè fuscescente; vertice ex parte, occipite, subcristato, uropygio, caudæque tectricibus coccineis; dorso olivaceo aureo; remigibus rectricibusque fuscis, extùs et intùs sordidè albo maculatis; alarum tectricibus inferioribus albis, nigro variegatis; genis, gulâ, capiteque ad latera albis; vitta utrinque pone oculos et altera pone mandibulæ basin orta, versus colli latera ducta ac sensim latiore fuscis; collo, pectore, abdomineque toto albido-griseo flavicantibus, striolis non nullis in plumarum medio nigricantibus; remigum rectricumque scapis supra brunnescentibus, subtùs pallide flavis; rostro pedibusque fuscis.

Mas junior. Capite supra pallidè fuscescente, occipitis non nullis plumulis, uropygio caudæque tectricibus superioribus plus minusve coccineis.

Fœmina. Mari simillima; fronte pallidè fuscescente, vertice ex-parte, occipiteque obscurè fuliginosis; dorso olivaceo pallidiore; uropygio, caudæque tectricibus coccineis.

## DENDROPIC DESMURS *(Malh.)*.

**PLANCHE XLII**, Fig. 5, le mâle; Fig. 6, la femelle; Fig. 7, la rémige quatrième.

Lorsque, en 1849, j'ai découvert chez un marchand naturaliste le mâle de cette espèce, on m'avait affirmé qu'elle provenait de l'Amérique méridionale; toutefois, l'examen que j'ai pu en faire ultérieurement en la comparant aux différentes espèces de mon genre *dendropicus*, m'a fait penser qu'il y avait erreur, quant à l'origine indiquée, et que l'oiseau devait être africain. C'est en 1854 seulement que j'ai vu au Muséum de Paris un second mâle que M. Schimper avait reçu de l'Abyssinie, et, au Muséum de Carlsruhe, la femelle innomée et provenant de la même partie de l'Afrique. La patrie de cet oiseau dont j'ai, depuis, obtenu les deux sexes, est donc certaine aujourd'hui. Néanmoins, en lisant la description du *picus africanus*, publiée par M. J.-E. Gray, je m'étais demandé si cet oiseau, qui n'existe pas dans les collections de Londres et dont la coloration est la même que celle du *mursii*, ne serait pas cette dernière espèce. J'ai dû m'arrêter à une opinion contraire, l'espèce de Sierra Leone étant beaucoup plus grande que la mienne.

En revanche, je suis très-porté à croire que le grimpeur que je décris est le même oiseau que le *picus abyssinicus* décrit par lord Stanley dans le *Voyage de Henry Salt en Abyssinie (Traduct. de Henry*, II, 1816; *appendice*, p. 361, nº 12), et bien différent du *picus (dendropicus) abyssinicus* de Hemprich, qui est aussi le *picus (dendropicus) hemprichii* de MM. Ehrenberg et Rüppell. Quant à l'espèce recueillie en 1810 par Salt, M. Rüppell *(Neue Wilbelthiere zu der Fauna von Abyssinien gehörig, aves*, p. 59) déclare ne l'avoir jamais observée dans aucune province d'Abyssinie où elle paraît rare. En présence de deux espèces appartenant au même genre et toutes deux indiquées sous la même dénomination spécifique, j'ai craint de conserver quelque confusion en adoptant le nom d'*abyssinicus*, d'autant plus que je n'ai jamais vu l'oiseau qui porte ce nom dans le *Voyage de Salt*. J'ai dédié ce Dendropic à M. O. des Murs, savant collaborateur du *Voyage de la Vénus*, qui a bien mérité de la science en publiant son *Iconographie ornithologique*, cette brillante continuation des planches enluminées de Buffon-Daubenton et des planches coloriées de M. Temminck.

Caractères. Bec presque droit, assez fort et long; l'arête latérale au-dessus des narines saillante et apparente jusqu'à l'extrémité du bec; les plumes de l'occiput un peu allongées forment une demi-huppe; ailes longues; la quatrième, la cinquième et la troisième rémige sont les plus longues et presque égales; la sixième rémige n'a que 2 à 3 millimètres de moins que la cinquième et 6 millimètres de plus que la seconde rémige; la première rémige n'a que 25 millimètres de longueur totale; queue de moyenne longueur; doigts assez faibles; doigt postérieur externe un peu plus long que le doigt antérieur externe; ongles courts.

Coloration. *Le Mâle;* bec brun; front et moitié du vertex d'un brun fauve clair; le surplus du vertex, l'occiput dont les plumes sont un peu allongées, le croupion et les tectrices supérieures qui recouvrent les deux tiers de la queue, sont d'un rouge vermillon; une bande blanche descend des narines au-dessus des yeux et s'étend sur les côtés de la nuque, tandis qu'une autre bande moins longue et de même couleur descend de la commissure du bec jusque sur les côtés du cou; cette dernière bande est placée au-dessous d'une large bande d'un brun enfumé qui part après les yeux et au-dessus d'une bande plus étroite qui s'étend comme la précédente jusqu'aux ailes; dos et scapulaires d'un olive doré; tectrices supérieures des ailes d'un brun noir avec de nombreuses taches d'un blanc roussâtre, notamment à l'extrémité des plumes; rémiges d'un brun noirâtre avec des taches d'un blanc roussâtre sur la page externe, et des taches blanches plus grandes sur le bord de la page interne, ces dernières taches n'existant plus vers l'extrémité des rémiges; rectrices d'un brun noir sur les deux pages; des bandes d'un blanc roussâtre pâle en dessus et d'un blanc jaunâtre en dessous; tiges des rémiges et des rectrices d'un brun roux brillant en dessus et d'un jaune pâle en dessous; gorge blanche avec quelques points d'un brun foncé; cou, poitrine et abdomen d'un blanc sale olivâtre avec de nombreuses mèches noires longitudinales qui sont très-larges sur la poitrine et le haut de l'abdomen; tectrices inférieures des ailes d'un blanc jaunâtre avec quelques taches noires irrégulières.

*La Femelle* a le front d'un brun cendré; le vertex et l'occiput d'un brun fuligineux foncé; le dos d'un vert olive plus pâle; elle ressemble au mâle pour le surplus.

*Le jeune Mâle* que je possède dans ma collection avec l'adulte, ressemble à la femelle dont il se distingue par quelques petites plumes rouges sur l'occiput et par du rouge moins étendu sur le croupion et sur les tectrices caudales supérieures.

Habite l'Abyssinie et une partie de l'Afrique orientale.

**DIMENSIONS.**

| | |
|---|---|
| Longueur totale | 140 millimètres. |
| — du bec, de la commissure à l'extrémité | 20 à 22 mil. |
| — — des narines | 16 millimètres. |
| — de l'aile pliée | 95 à 100 mil. |
| — de la queue | 47 à 50 — |
| — du tarse | 15 millimètres. |
| — du doigt postérieur externe (sans l'ongle) | 12 — |
| — de l'ongle (mesuré le long de la courbure) | 8 — |
| — du doigt antérieur externe | 11 — |
| — de l'ongle | 8 — |
| — du doigt antérieur interne | 9 — |
| — de l'ongle | 6 — |
| — du doigt postérieur interne | 3 — |
| — de l'ongle | 3 — |

Muséum de Paris et de Carlsruhe; ma collection à Metz.

## DENDROPICUS LAFRESNAYI *(Malh.)*.

DENDROPICUS LAFRESNAYI; Malh., *Rev. zool.*, 1849, p. 533; *Spec.*, 6, le mâle. — *Id.*, *Nouv. class. Pic.*, *Mém. acad. Metz*, 1849, p. 339. — *Pr.* Bp., *Consp. volucr. zygod.*, 1854. — Hartl., *Syst. ornith. westafr.*, p. 177, 1857.
DENDROBATES LAFRESNAYI; *Pr.* Bp., *Consp.*, 1850, p. 125; *Sp.*, 15. — J. et Ed. Verr, *Rev. et mag. zool.*, 1855, p. 272.
CAMPETHERA LAFRESNAYI; Reich., *Handb. spec. orn.*, p. 426, n° 1002.

Mas adult. Rostro cœruleo corneo; pileo rufescenti-fuscescente; occipite nuchâque subcristatis, coccineis; dorso fuscescenti-olivaceo; uropygio flavo-olivascente, caudæ tectricibus apice rubris aut aurantiis; alarum tectricibus, remigibus que extùs fuscescenti-olivaceis transversim flavido maculatis; remigibus intùs fuscis albo ad marginem fasciatis; alarum caudæque scapis infrà et supra flavo aureis; caudæ rectricibus olivascenti-nigris, flavido utrinque obscurè maculatis; capite ad latera superciliis gulâque albidis; vitta malari stricta utrinque cinereo-fuscâ; jugulo, pectoreque albo-flavidis, striolis strictis in plumarum medio nigricantibus; abdomine flavido-albo, striolis non nullis; pedibus olivascenti-nigris.

## LE DENDROPIC DE LAFRESNAYE.

**PLANCHE XLIV**, Fig. 4, le mâle adulte; Fig. 5, la rémige quatrième.

Lorsque j'ai découvert cette petite espèce, dont j'ai vu deux mâles, je ne savais rien, relativement à ses mœurs, et l'on m'avait assuré seulement, avec raison, qu'elle provenait de l'Afrique occidentale. MM. Verreaux ont, depuis, confirmé cette origine et fait connaître les renseignements ci-après: (*Revue zool.*, 1855, p. 272) « Comme le *fulviscapus* de l'Afrique méridionale, disent-ils, cette petite espèce ne se trouve que dans les grands bois où elle recherche les larves et les petits insectes qui servent à sa nourriture; elle aime, de préférence, les fourmis qui se tiennent sur les écorces rugueuses et dans les parties où le suc des plantes forme de ces excroissances qui atteignent parfois des proportions monstrueuses. On ne voit cette espèce que par paires, se suivant de près, et, bien que sédentaire au Gabon, elle habite également toute la côte jusqu'au Sénégal.

» C'est dans une cavité d'arbre que la femelle se retire pour déposer ses œufs qui sont au nombre de trois à quatre, d'un blanc pur, d'une forme très-ronde, ressemblant à une bille de marbre. Cette ponte a lieu en octobre et dans les premiers jours de novembre. La femelle couve seule, et, lorsque les petits sont assez forts, le mâle, aussi bien que la femelle, se charge de pourvoir à leur nourriture. »

M. le docteur Hartlaub confirme ces renseignements relatifs à la nidification de ce grimpeur dans son dernier ouvrage sur les *Oiseaux de l'Afrique occidentale (System. der ornithologie westafrica's*, 1857, p. xxxi....).

On distinguera facilement ce petit grimpeur du *dendropicus hartlaubi*, avec lequel il a quelque rapport de coloration. En effet, le *D. lafresnayi* est plus petit et il n'a pas, comme le Dendropic de Hartlaub, toutes les parties supérieures rayées transversalement de brun.

Cet oiseau est encore rare en Europe, car je ne l'ai vu dans aucune collection, et je ne connais que les deux mâles que je possède et qui ont servi à ma description.

J'ai dédié cette espèce africaine à M. le baron de Lafresnaye, dont les travaux consciencieux et si connus, enrichissent chaque jour l'ornithologie de découvertes et d'appréciations nouvelles.

Caractères. Huppe moyenne et peu épaisse; ailes plutôt longues; la troisième, la quatrième et la cinquième rémige diffèrent peu entre elles; cette dernière n'excède la sixième rémige que de 2 millimètres, tandis que la troisième rémige a 9 millimètres de plus que la deuxième; la première rémige n'a que 2 centimètres de long, plumage soyeux et non rayé sur le dos; tiges des rémiges et des rectrices d'un jaune vif en dessus et en dessous; doigts forts; le doigt postérieur externe bien plus long que l'antérieur externe.

Coloration. *Le Mâle adulte* a le bec d'un bleu noirâtre de corne; le dessous de la mandibule inférieure étant au milieu d'une nuance blanchâtre; front et vertex d'un brun clair lavé de roussâtre; occiput et nuque couverts par une huppe de moyenne longueur d'un beau rouge et composée de plumes détachées et dirigées en arrière en ligne droite; côté de la tête, sourcils et menton d'un blanc sale; dos d'un olive brunâtre, croupion d'une même nuance, plus lavée de jaune et les tectrices caudales étant terminées par du rouge orangé; tectrices supérieures des ailes d'un brun olivâtre, chaque plume portant au milieu sur sa page externe une bande d'un blanc jaunâtre et étant frangée à son extrémité de la même couleur; rémiges primaires d'un brun foncé avec de petites taches jaunes sur la page externe qui est plus ou moins lavée d'olivâtre, et des bandes blanches sur le bord de la page interne, excepté vers l'extrémité; rémiges secondaires d'un brun olivâtre sur la page externe avec une petite tache blanchâtre vers l'extrémité et d'un brun foncé sur la page interne avec des bandes blanches; rectrices d'un brun noirâtre, lavé d'olivâtre, avec des taches jaunes sur le bord des deux pages; les tiges des rémiges et des rectrices sont d'un beau jaune d'or au-dessus et au-dessous; devant du cou, poitrine et abdomen d'un jaune blanchâtre avec de longues mèches d'un brun foncé qui deviennent plus rares et beaucoup plus pâles sur l'abdomen; tectrices inférieures des ailes d'un blanc jaunâtre tacheté de brun; pieds d'un brun olivâtre.

*La Femelle;* quoique je n'aie jamais vu la femelle de cette espèce, dont MM. Verreaux n'ont pas donné la description, je suis certain qu'elle ne diffère du mâle que par l'absence de rouge à l'occiput et à la nuque.

Habite le Gabon jusqu'au Sénégal. Le missionnaire P. Riis, qui habite le pays d'Aguapim (Afrique occidentale), en a envoyé un exemplaire au Muséum de Bâle (Suisse).

| DIMENSIONS. | | |
|---|---|---|
| Longueur totale | 120 à 100 | mil. |
| — du bec, de la commissure à l'extrémité | 18 | millimètres. |
| — — des narines | 12 | — |
| — de l'aile pliée | 85 | — |
| — de la queue | 47 | — |
| — du tarse | 12 | — |
| — du doigt postérieur externe (sans l'ongle) | 14 | — |
| — de l'ongle (mesuré le long de la courbure) | 9 | — |
| — du doigt antérieur externe | 10 | — |
| — de l'ongle | 9 | — |
| — du doigt antérieur interne | 7 | — |
| — de l'ongle | 7 | — |
| — du doigt postérieur interne | 6 | — |
| — de l'ongle | 6 | — |

Ma collection, à Metz.

## DENDROPICUS AFRICANUS *(J.-E. Gray)*.

PICUS AFRICANUS; J.-Edw. Gray, *Zool. miscell.*, 1831, p. 18.
DENDROBATES AFRICANUS, Hartl., *Orn. westafr.; journ. für ornith.*, 1854, p. 100, n° 426.
MESOPICUS AFRICANUS; Hartl.; *Syst. orn. westafr.*, p. 180, p. 534, 1857.

Mas. Olivaceus, nitore aureo-brunnescente, pileo, fasciaque mystacali nigris; crista occipitali et uropygio coccineis; mento, gulâ, capitis et colli lateribus albis; pectore et abdomine nigricante-olivaceis, albo-maculatis; remigibus caudâque fuscis, illis intùs minimis, extùs magis maculis albis variegatis; subalaribus albis.

## LE DENDROPIC AFRICAIN.

Cette espèce a les plus grands rapports de coloration avec le *dendr. desmursi* et elle n'en diffère que par sa plus grande taille et parce que la queue, chez le *desmursi*, est également tachée de blanc roussâtre sur les deux pages ainsi que les ailes.

Quoique mes recherches au Muséum britannique fussent secondées par le zèle obligeant de MM. Gray frères, il ne m'a pas été possible de retrouver le type qui a servi à la description de M. J.-E. Gray. M. le docteur Hartlaub annonce également qu'il n'a pu obtenir aucun renseignement sur cette espèce.

C'est de Sierra-Leone (Guinée septentrionale), que le capitaine Sabine a rapporté cette espèce qui paraît rare sur cette côte africaine. Il est vivement à regretter que toute espèce nouvelle ne soit pas aussitôt figurée et que les types ne soient pas conservés soigneusement.

M. J.-E. Gray n'indique pas le sexe du sujet qu'il a décrit, mais il me paraît certain que c'est un mâle et que la femelle n'a point de rouge à la tête.

COLORATION. Je dois me borner à traduire littéralement la description de M. Gray, puisque l'oiseau type ne peut être retrouvé.

*Le Mâle;* d'un brun olive doré; le dessus de la tête est noir; une bande de même couleur descend de la commissure du bec et de l'extrémité inférieure de la mandibule inférieure jusqu'au bas des côtés du cou; le menton, la gorge, les côtés de la tête et du cou sont blancs; la huppe et le croupion sont cramoisis; la poitrine et les parties inférieures du corps sont d'un brun olive tacheté de blanc; les ailes et la queue sont d'un brun noir, mais de petits points blancs existent sur la page externe et des taches de même couleur sur la page interne des rémiges; les tectrices inférieures des ailes sont blanches; bec cestriforme avec trois arêtes (le sommet du bec et l'arête parallèles de chaque côté).

*La Femelle,* selon moi, doit différer de l'oiseau décrit ci-dessus et que je regarde comme le mâle, en ayant tout le dessus de la tête d'un brun sans rouge à l'occiput.

HABITE Sierra-Leone (Guinée septentrionale).

| DIMENSIONS. | MESURES ANGLAISES. | MESURES FRANÇAISES |
|---|---|---|
| Longueur totale | 8 po. et demi. | 215 millimètres. |
| — du bec, de la commissure à l'extrémité | » — 15 lignes. | 32 — |
| — — du front à l'extrémité | » — 13 — | 27 — |
| — de l'aile pliée | 4 — et demi. | 113 — |
| — du tarse | » — 7 ½ lig. | 16 — |

Les autres mesures ne sont pas indiquées par M. Gray.

Je n'ai pu découvrir cette espèce dans aucune des nombreuses collections que j'ai examinées, pas même au Muséum britannique dont j'ai examiné les Picidés à diverses époques.

## DENDROPICUS OBSOLETUS *(Wagler)*.

PICUS OBSOLETUS; WAGL., *Isis*, 1829, p. 510, le mâle. — REICH., *Handb. spec. orn*, p. 378, nº 873; pl. 4271, 4272, mâles.
PICUS MURINUS; SUND., *Vet. acad. Stockh.*, 1850, p. 131.
PICUS HEDENBORGII; SUND., *In litteris*.
DENDROBATES HEMPRICHII; *Avis juvenis*. — RUPP., *Syst. uebers. vog. N. O. Afr.*, p. 88.
DENDROMUS OBSOLETUS; *Pr. Bp.*, *Consp. vol. zygod.*, nº 127, 1854.

MAS ADULT. Rostro plumbeo-nigricante; capite supra, occipitis fasciâ latiusculâ coccineâ exceptâ, collo postico, dorso que supremo pallidè fuliginosis, unicoloribus; uropygio, pallidè fuliginoso albo variegato; capite ad latera albo, striis duabus pallide fuliginosis, quorum superiore ex oculorum cantho postico retrorsum, infero ex oris angulo deorsum ducta; mento, collo, reliquisque corporis partibus inferioribus, crisso incluso, sericeo-albidis, immaculatis; rectricibus omnibus alternatim albo et fuliginoso-fasciatis; rectricum scapis flavis; tectricibus alarum superioribus fuliginosis albo-guttatis; remigibus fuliginosis, ultimis albo-fasciatis, primariis extùs et intùs albo-maculatis; tectricibus alarum inferioribus albis; immaculatis; pedibus plumbeis.

FŒMINA ADULT. Mari simillima absque coccineâ occipitis fasciâ.

JUVENIS. Corpore supra pallidiorè fuliginoso; pectore, abdomine que toto plus minusve fusco striatis.

## LE DENDROPIC BLAFARD *(Malh.)*.

**PLANCHE XLV**, Fig. 1, le mâle; Fig. 2, la femelle; Fig. 3, la rémige quatrième.

Le mâle de cette espèce, qui ne figure point dans le *Conspectus generum avium* de S. A. le prince Bonaparte, a été décrit par Wagler d'après un sujet qui se trouve dans la collection de Berlin et qui provient de la Sénégambie. Elle paraît habiter également les parties orientales et occidentales de l'Afrique, car M. Hedenborg a recueilli dans le Sennaar, et apporté au Muséum royal de Stockholm plusieurs sujets des deux sexes de la même espèce, tandis que le Muséum de Paris en a reçu des rives du Nil-Blanc.

L'exemplaire de la collection de Berlin et ceux que j'ai vus au Muséum de Vienne différaient notablement de ceux de Stockholm dont j'ai obtenu la communication, grâce à l'extrême obligeance du savant directeur du Muséum, M. Carl Sundevall, auquel je suis heureux de pouvoir offrir ici un faible témoignage de ma profonde gratitude. Ainsi les premiers avaient les parties inférieures d'un blanc plus ou moins sale, sous les stries longitudinales qui couvraient la poitrine et tout l'abdomen des secondes; mais cette différence provient uniquement de l'âge, ainsi que j'ai pu m'en assurer depuis cette époque, par la comparaison de plusieurs sujets des deux sexes. C'est une femelle de cette espèce provenant du Kordofan que M. Rüppell a décrite pour le jeune de son *picus hemprichii;* ainsi que j'ai pu m'en convaincre en examinant le type de la collection de Francfort-sur-Mein.

On ne connaît rien des mœurs et de la nidification de ce grimpeur; il est toutefois probable qu'elles se rapprochent beaucoup de celles des autres espèces, ses congénères, qui habitent plus au sud de l'Afrique et que Levaillant nous a décrites.

Caractères. Plumage doux et soyeux; bec long et fort; doigts médiocres; ailes longues; la quatrième rémige, qui est la plus longue, excède d'environ 3 millimètres la troisième et de 4 millimètres la cinquième.

Coloration. *Le vieux Mâle* a le bec d'un brun plombé de corne; front, vertex, dos, une large bande après l'œil sur le côté de la tête et une autre bande ou moustache partant des côtés de la mandibule inférieure et descendant sur les côtés de la poitrine, d'un brun fuligineux; toute la nuque est couverte d'une large bande rouge; le reste des côtés de la tête, la gorge, le devant du cou, la poitrine et les tectrices inférieures des ailes d'un blanc pur; l'abdomen d'un blanc plus ou moins sale; petites tectrices alaires d'un brun fuligineux quelquefois sans aucune tache blanche, quelquefois avec plusieurs taches blanches arrondies; rémiges d'un brun fuligineux avec de nombreuses taches blanches arrondies sur les deux pages, à l'exception de l'extrémité des rémiges primaires qui est d'un brun uniforme; croupion d'un brun fuligineux clair, plus ou moins varié de petites taches blanches; rectrices brunes au-dessus avec des taches ou bandes blanches sur le bord de chaque page; les baguettes des rectrices sont ordinairement jaunes, excepté vers l'extrémité, et la queue est glacée de jaune en dessous; j'ai même vu des exemplaires dont l'extrémité des rectrices était jaune; néanmoins, chez un sujet adulte, les tiges étaient à la base d'un blanc jaunâtre et brunes dans le reste; les taches blanches des rectrices étaient, en dessous, d'un blanc très-légèrement jaunâtre.

*La Femelle* diffère du mâle en ce qu'elle a toute la tête d'un brun fuligineux et pas de trace de rouge à l'occiput.

*Les Jeunes* ont la teinte brune plus claire sur toutes les parties supérieures; cette teinte est ordinairement d'un gris brun; la poitrine et tout l'abdomen sont couverts de fines mèches d'un brun clair; le croupion est rayé transversalement de blanc sale et de gris brun. Le jeune mâle a, en outre, la bande occipitale d'un rouge très-pâle, et quelquefois l'occiput parsemé seulement de petites plumes de cette couleur.

Habite la Sénégambie, les rives du Nil-Blanc, la Nubie Égyptienne, le Kordofan, le Sennaar et probablement une grande partie du centre de l'Afrique.

| DIMENSIONS. | ADULTES. | JEUNES. |
|---|---|---|
| Longueur totale | 180 à 140 mill. | 120 à 130 mill. |
| — du bec, de la commissure à l'extrémité | 18 à 20 — | » millimètre. |
| — — des narines à l'extrémité | 15 millimètres. | 13 — |
| — de l'aile pliée | 79 — | 70 — |
| — de la queue | 40 — | » — |
| — du tarse | 17 — | » — |
| — du doigt postérieur externe (sans l'ongle) | 11 — | » — |
| — de l'ongle (mesuré en suivant la courbure) | 8 — | » — |
| — du doigt antérieur externe | 10 — | » — |
| — de son ongle | 7 — | » — |
| — du doigt antérieur interne | 8 — | » — |
| — de son ongle | 8 — | » |
| — du doigt postérieur interne | 4 — | » — |
| — de l'ongle | 4 — | » — |

Musées de Paris, de Berlin, de Vienne, de Londres, de Turin, de Stockholm, de Francfort-sur-Mein, de Leyde, etc.; ma collection. La femelle existe à la Sapienza, à Rome, sous le nom de *pubescens* (Gm.).

## DENDROPICUS MINUTUS *(Temm.)*.

PICUS MINUTUS; Temm., 33e livr., pl. col. 197, f. 2, le mâle, *nec* Latham, *Ind.* 1, p. 243, no 55. — Wagl., *Syst. av.*, no 28. — Less., *Traité d'orn.*, p. 220, no 14. — Drap., *Dict. class.*, XIII, p. 502.
ASTHENURUS MINUTUS; Less., *Compl. Buff.*, IX, p. 302, 1837; *nec* Swainson.
DENDROPICUS MINUTUS; Malh., *Nouv. class.*, *Mém. acad. Metz*, 1848-1849, p. 339. — Pr. Bp., *Consp. volucr. zygod.*, 1854. — Hartl., *Syst. der ornith. westafr.*, p. 177; 1857.
DENDROBATES MINUTUS; Bp., *Consp.*, p. 125, 1850.
CAMPETHERA MINUTA; Reich., *Handb. spec. orn.*, p. 425, no 997; pl. dclxxiv, fig. 4463.

Mas adult. Rostro fusco; fronte, vertice, capite ad latera dorsoque sub isabellinis fusco alboque variegatis; occipite et dorso infimo cinnabarinis; remigum, rectricumque scapis aureo-flavis; alis fuscis, utrinque albo maculatis; stria malari subdistincta, fusca; cauda fuscâ; utrinque albido maculatâ; collo antico et toto corpore subtùs impure albidis, maculis parvis, nigricantibus, plus minusve rotundatis.

Fœmina adult. Pilosi maris, occipite haud rubro.

## LE DENDROPIC MINUTULE.

**PLANCHE XLV**, Fig. 4, mâle; Fig. 5, la femelle; Fig. 6, la rémige quatrième.

LE PIC MINULE; Temm., *Pl. col.*, 197; f. 2, le mâle.
PIC A CROUPION ROUGE; Less., *Traité d'orn.*, p. 220.
PIC MINUTULE; Drap., *Dict. class.*, XIII, p. 502.
ASTHENURE MINULE OU PIC A CROUPION ROUGE; Less., *Compl. Buff.*, IX, p. 302.

M. Lesson, en classant cette espèce dans le genre *asthenurus*, publié par M. Swainson *(Zool. journ.*, III, p. 353, 1827-28) dans sa notice intitulée : « *De quelques nouveaux groupes en ornithologie*, » a pris le *picus minutus* de Latham, que Swainson cite comme type de son nouveau genre, pour le *picus minutus* de M. Temminck.

M. Lesson n'a pas fait attention que le *picus minutus* de Latham ou le *pipra minuta* de Linnée, n'est autre que le *picumnus cirratus* de M. Temminck ou *picus minutissimus* de Pallas. Toutefois la description de M. Lesson se rapporte parfaitement à l'espèce figurée par M. Temminck dans sa planche 197, fig. 2.

Cette espèce, l'une des plus petites du genre linnéen *picus*, aujourd'hui subdivisé en un grand nombre de genres, habite les bois des côtes occidentales de l'Afrique et notamment au Sénégal et à la côte de Guinée où elle paraît peu commune. Le *picus pubescens* portant depuis longtemps le nom français de *minule*, j'ai cru devoir, pour éviter la confusion, adopter celui de *minutule* qui a été donné au *dendropicus minutus* dans le *Dictionnaire classique d'histoire naturelle*.

Caractères. Plumage soyeux, tantôt rayé transversalement, tantôt tacheté sur les parties inférieures; ailes longues; la troisième rémige, la plus longue de toutes, excède de 1 millimètre la quatrième, qui dépasse elle-même la cinquième d'autant. La deuxième rémige a 1 centimètre de moins que la troisième et excède la première de 33 millimètres; queue presque arrondie, les quatre rectrices intermédiaires différant peu en longueur.

Coloration. *Le Mâle adulte* a le bec d'un brun clair; le front et le vertex d'un gris roussâtre isabelle; tout l'occiput, le croupion et les couvertures supérieures de la queue sont rouge vermillon; tout le dos et les couvertures des ailes sont d'une teinte brune isabelle avec des bandes régulières et transversales, alternativement brunes et de couleur isabelle; les rémiges et les rectrices ont leurs baguettes d'un jaune d'or; leurs barbes sont brunes et variées de chaque côté de taches blanches ou isabelles qui forment des bandes interrompues; la région parotidée et une étroite moustache sont d'un brun isabelle; la gorge est d'un gris blanchâtre; la poitrine et tout l'abdomen sont d'une teinte blanche salie, chaque plume portant avant son extrémité une tache d'un brun foncé, presque arrondie sur la poitrine, chez quelques sujets, et formant une bande irrégulière chez d'autres exemplaires; les tectrices inférieures des ailes sont d'un blanc isabelle tacheté de brun; les pieds sont d'un gris brun. On ne connaît pas encore la couleur de l'iris de l'œil, qui est rouge et jaune pâle sur la planche de M. Temminck.

*La Femelle* diffère du mâle, en ce qu'elle n'a point de plumes rouges à l'occiput, qui est de la même couleur que le vertex.

Habite le Sénégal, la Sénégambie, la Guinée.

DIMENSIONS.

| | |
|---|---|
| Longueur totale | 120 millimètres. |
| — du bec, de la commissure à l'extrémité | 16 — |
| — — des narines à l'extrémité | 11 — |
| — de l'aile pliée | 80 — |
| — de la queue | 41 — |
| — du tarse | 11 — |
| — du doigt postérieur externe (sans l'ongle) | 12 — |
| — de son ongle (en suivant la courbure) | 7 — |
| — du doigt antérieur externe | 10 — |
| — de son ongle | 7 — |
| — du doigt antérieur interne | 6 — |
| — de son ongle | 6 — |
| — du doigt postérieur interne | 5 — |
| — de l'ongle | 4 — |

Se trouve dans les Musées de Leyde, de Francfort-sur-Mein, de Paris, de Londres, de M. Wilson à Philadelphie, dans ma collection.

# TABLES DU PREMIER VOLUME.

## Ire PARTIE. — LISTE DES PLANCHES NOIRES ET DES CHAPITRES.

## 2me PARTIE. — LISTE DES ESPÈCES.

## GENRE III. — LES PICS.

### Première Section.



### Deuxième Section.



### Troisième Section.

FIN DU PREMIER VOLUME.

Ailes longues, aiguës; la quatrième et la cinquième rémige étant les plus longues. Queue longue, étagée, composée de douze pennes raides et dont les quatre intermédiaires sont concaves en dessous et en forme de cheneau. Tarses forts et scutellés. Quatre doigts inégaux; le doigt postérieur externe, le plus long de tous, est beaucoup plus long que le doigt antérieur externe. Ongles forts, aigus, très-recourbés, comprimés et évidés sur les côtés.

Coloration. *Le Mâle adulte;* bec d'un blanc de corne, et dans quelques sujets d'un blanc jaunâtre sale, la base de la mandibule inférieure étant d'un bleuâtre pâle; plumes recouvrant les narines, front, tout le dessus et les côtés de la tête, occiput, large huppe occipitale, menton, joues, gorge, d'un beau rouge écarlate. Chez les sujets moins avancés en âge, le rouge, ou partie du rouge de la tête, notamment sur les joues, est d'une nuance plus claire, quelque peu orangée. De chaque côté du cou descend une étroite bande blanche, et ces bandes vont se réunir sur le milieu du dos; tout le reste des parties supérieures, les tectrices supérieures des ailes, le devant du cou et la poitrine sont noirs. Les parties inférieures, à partir de la poitrine, sont d'un blanc roussâtre, ou d'un blanc jaunâtre, avec de nombreuses bandes transversales noires ou d'un brun noirâtre.

Rémiges noires, ayant leur page interne d'un jaune nankin, à partir de la base jusqu'à moitié environ de la longueur totale de la penne, ce jaune finissant par une bande oblique. Les rémiges primaires ont leur extrémité terminée de roussâtre clair, et leur page externe frangée de même couleur; leur page externe est, en outre, blanche sur un très-court espace à partir de la base; les rémiges secondaires ont leur page externe d'un jaune chamois pâle sur un espace plus long, à partir également de la base. Toutes les couvertures inférieures de l'aile sont d'un jaune nankin qui s'aperçoit sur une partie du rebord de l'aile pliée. Les tiges des rémiges sont noires en dessus et d'un blanc jaunâtre en dessous.

La queue est noire en dessus, terminée de brun roussâtre; en dessous, elle est d'un noir brun, les plumes externes étant glacées de brun roux clair, et les tiges des rectrices étant d'un roux brun. Tarses et doigts d'un gris bleuâtre.

*La Femelle adulte* diffère du mâle : 1° en ce que, chez elle, le front et huppe frontale effilée, qui recouvre en partie la huppe rouge de l'occiput, sont d'un noir profond; 2° par sa gorge, qui est aussi d'un noir profond.

Les plumes recouvrant les narines, le menton et les joues, ainsi que l'occiput et les côtés de la tête, sont d'un rouge écarlate, comme chez le mâle.

*Les jeunes* varient beaucoup suivant l'âge. Un jeune mâle de ma collection, ayant la taille des adultes, diffère de ceux-ci, en ce que l'on remarque quelques petites plumes noires parmi le rouge de la gorge, et que le front porte encore une bande noire tendant à s'effacer au milieu. Un autre exemplaire, que m'a communiqué M. Sclater, avait le front, la gorge et la huppe supérieure noirs, l'occiput et la huppe inférieure rouges; le pourtour des yeux et les joues noirs, et parsemés de petites plumes d'un rouge brun; le bec, d'un brun clair au-dessus et à l'extrémité, est d'un jaunâtre sale dans le reste.

Le sujet mâle qui a été nommé *Guayaquilensis* par Lesson, est beaucoup *plus jeune*. Il a la gorge noire, traversée par une cravate rouge irrégulière d'environ 6 millimètres de largeur, quelques petites plumes rouges éparses sur le menton et sur la gorge attestent que ces parties deviendront entièrement rouges, comme le sont déjà tout le dessus et les côtés de la tête, ainsi que la huppe occipitale assez courte. La région parotidée se distingue par les plumes noires et blanches qui la recouvrent. Le noir de la poitrine descend moins bas que chez l'adulte; toutes les parties inférieures portent des bandes transversales plus espacées entre elles et d'un brun plus clair. Les bandes blanches, que l'on observe de chaque côté du cou, sont plus larges, irrégulières et composées de plumes d'un blanc roussâtre et d'un brun noir. Les ailes sont d'un brun clair et d'un brun noirâtre; les rémiges secondaires ont plus de blanc jaunâtre sur leur page interne; les couvertures inférieures de l'aile sont d'un blanc jaunâtre plus clair. Le croupion et une partie du dos sont d'un brun noir, rayé transversalement de roux jaunâtre. La queue est d'un brun roux clair et quelques rectrices sont déjà noires.

Habite Guatemala, Papantla, le Mexique, Guayaquil, Realejo, et San-Carlos dans la république du Centre-Amérique; une partie de la Californie.

| DIMENSIONS. | ADULTES. | JEUNES. |
|---|---|---|
| Longueur totale | 345 millimètres. | » millimètres. |
| — du bec, de la commissure à l'extrémité | 55 — | 50 — |
| — — des narines à l'extrémité | 44 — | 39 — |
| — de l'aile pliée | 200 — | 187 — |
| — de la queue | 120 — | 120 — |
| — du tarse | 30 — | » — |
| — du doigt postérieur externe (sans l'ongle) | 32 — | » — |
| — de l'ongle (en suivant la courbure) | 28 — | » — |
| — du doigt antérieur externe | 23 — | » — |
| — de l'ongle | 23 — | » — |
| — du doigt antérieur interne | 15 — | » — |
| — de l'ongle | 21 — | » — |
| — du doigt postérieur interne | 11 — | » — |
| — de l'ongle | 15 — | » — |

Musées de Paris, de Vienne, ancienne collection Abeillé à Bordeaux; ma collection.

Le type du *regius* (Licht.) existe au Muséum de Berlin, et celui du *Guatemalensis* (Hartl.), au Muséum de Brême.

## MEGAPICUS SCLATERI (*Malh.*, 1859).

Mas. adult. Rostro plumbeo-corneo; narium plumulis fuscescenti-albidis; capite suprà et ad latera, cristâ parvâ, regione ophthalmicâ, et nuchâ, unicoloribus coccineis; maculâ regionis paroticæ nigrâ, inferiùs albo limbatâ; tæniâ largâ albâ, à mandibulâ versus colli postici latera utrinque ducta; interscapulio albo, flavido paululùm sparso. Gulâ, collo, auchenio, alarum tectricibus superioribus, nigerrimis; pectore nigro, paululùm albo-rufescenti fasciato; abdomine toto, et uropygio albo-rufescenti nigroque fasciatis; caudæ tectricibus superioribus, rectricibus, remigibusque fuscescenti-nigris; remigibus intùs obliquè, a basi ad ultra medium, alarumque tectricibus inferioribus albo-flavidis, alarum et rectricum scapis infrà albis, suprà fuscescenti nigris; pedibus plumbeis.

## LE MÉGAPIC DE SCLATER (*Malh.*, 1859).

**PLANCHE VIII**; Fig. 1, le mâle; Fig. 8, la quatrième rémige primaire.

Le *megapicus Sclateri*, mâle, diffère du *megap. albirostris:* 1° parce que le premier a le bec d'une nuance plus foncée; 2° parce que la bande blanche, qui longe les côtés du cou, s'étend jusque sur les côtés de la mandibule, et touche en passant la tache noire qui existe sur la région parotidée, tandis que chez l'*albirostris* mâle, les plumes des angles de la mandibule supérieure et de la mandibule inférieure sont d'un blanc sale, la bande blanche qui remonte sur les côtés du cou s'arrête à hauteur de la nuque, les joues sont rouges comme le dessus de la tête, et la double tache noire et blanche des oreilles est encadrée de rouge de tous côtés.

Le *Sclateri*, mâle, ainsi que le mâle de l'*albirostris*, se distinguent de suite du *Guatemalensis*, mâle, en ce que ce dernier a le menton et la gorge rouges, tandis que les deux premières espèces ont ces mêmes parties d'un noir profond.

Ces différences m'ont semblé utiles à établir pour éviter toute confusion entre l'espèce nouvelle que je décris et celles qui lui ressemblent beaucoup par la coloration générale des parties supérieures et inférieures.

C'est à une obligeante communication de M. Sclater que je dois la découverte du mâle de l'espèce américaine à laquelle j'ai donné le nom de ce savant ornithologiste comme un faible témoignage de ma vive gratitude, ainsi que de ma haute estime pour son caractère et ses profondes connaissances. Le *Sclateri*, mâle, que je décris, a été reçu récemment de Pallatanga, dans les Andes d'Écuador, sur le versant des Cordillières qui regarde la mer Pacifique.

Caractères. Ceux du *megapicus albirostris.*

Coloration. *Le Mâle adulte;* bec robuste, d'un bleuâtre de corne; tout le dessus de la tête, avec la région oculaire, d'un rouge vif qui entoure une plaque noire recouvrant les oreilles. Les plumes un peu allongées et touffues de l'occiput et les côtés de la nuque sont du même rouge brillant. Les plumes recouvrant les narines et les côtés de la base de la mandibule inférieure sont d'un blanc roussâtre; une large bande blanche commence de chaque côté à la mandibule inférieure, et ces deux bandes, descendant de chaque côté du cou et des épaules, viennent se réunir sur le milieu du dos, où elles forment un assez large espace d'un blanc quelquefois lavé de jaunâtre. Le devant du menton et de la gorge, tout le cou, le haut du dos, les tectrices supérieures des ailes sont d'un noir profond; la poitrine est d'un noir quelque peu rayé transversalement de blanc roussâtre; l'abdomen est rayé de noir et de blanc roussâtre, ainsi que le croupion après l'espace blanc du dos; les tectrices supérieures caudales, la queue et les ailes sont d'un brun noirâtre; mais toutes les rémiges ont leurs barbes internes obliquement teintes d'un blanc jaunâtre, à partir de la base jusqu'aux deux tiers environ de leur longueur; les tectrices inférieures des ailes sont d'un blanc jaunâtre plus clair. Les tiges des rémiges et celles des rectrices en dessous, sont du même blanc, tandis qu'elles sont d'un brun foncé en dessus.

*La Femelle* n'est pas encore connue.

Habite les Andes d'Ecuador; Pallatanga, sur le versant des Cordillières qui regarde la mer Pacifique.

DIMENSIONS.

| | | |
|---|---|---|
| Longueur totale | 330 | millimètres. |
| — du bec, depuis la commissure jusqu'à l'extrémité | 50 | — |
| — — depuis les narines jusqu'à l'extrémité | 36 | — |
| — de l'aile pliée | 180 | — |
| — de la queue | 110 | — |
| — du tarse | 33 | — |
| — du doigt postérieur externe (sans l'ongle) | 28 | — |
| — de l'ongle mesuré en suivant la courbure | 19 | — |
| — du doigt antérieur externe | 20 | — |
| — de l'ongle | 20 | — |
| — du doigt antérieur interne | 14 | — |
| — de l'ongle | 18 | — |
| — du doigt postérieur interne | 11 | — |
| — de l'ongle | 12 | — |

Collection de M. Ph.-L. Sclater, à Londres.

## MEGAPICUS ROBUSTUS.

PICUS ROBUSTUS; Illig. — Licht., *Cat. Berol.*, p. 10, nos 56 et 57. — Spix, *Av. Bras.*, vol. I, p. 56; pl. 44, le mâle. — Val., *Dict. sc. nat.*, 1826, vol. XL, p. 179. — *Dict. class. d'h. nat.*, vol. XIII, p. 503. — Lesson, *Traité d'orn.*, p. 225, nº 43. — *Compl. Buff.*, vol. IX, p. 322. — Wagl., *Syst. av.*, nº 11. — Cuv., *Règne an.*, 1829, vol. I, p. 450. — *Pr.* Maxim., *Reise nach. Bras.*, I, p. 72, 178. — *Beitr. zur Naturg. von Bras.*, vol. IV, p. 385. — Swains., *Class. of birds*, vol. II, p. 306.
CAMPEPHILUS ROBUSTUS; G.-R. Gray, *Gen. of birds.* — *Pr.* Br., *Consp. vol. zyg.*, 1854. — Reich., *Hand. spec. orn.*, p. 395, nº 914; pl. dcxlix, fig. 4333, 4334, mâles; pl. dcli, fig. 4339, 4340, femelles.
DRYOCOPUS ROBUSTUS; *Pr.* Bonap., *Consp. gen. av.*, p. 133; une femelle.

Mas. adult. Rostro pallide corneo, subtùs, medio et versùs apicem albido; verticis et occipitis cristâ, capite ac collo totis saturate unicoloribus coccineis; maculâ regionis paroticæ nigrâ, inferiùs albo-limbatâ; corpore subtùs inferiùs a collo usque ad crissi finem pallide rufescenti-albido, lineis numerosissimis, transversis, nigris; alis cum scapularibus, caudâque totis nigris; remigibus intùs a basi isabellinis, lineis transversis largissimè distantibus, nigris signatis; dorso supremo, infimo, uropygio, alarum tectricibus inferioribus caudæque superioribus ochraceis; pedibus plumbeis.

Fœm. adult. Mari similis nisi vittâ malari plumisque narium albis, suprâ et subtùs nigro-limbatâ ac frontis fasciâ angustâ, nigrâ.

## LE MÉGAPIC ROBUSTE.

**PLANCHE III,** Fig. 5, le mâle; Fig. 6, la femelle; Fig. 7, la quatrième rémige primaire (au tiers environ de la grandeur naturelle.)

LE PIC A OREILLES BICOLORES; *Dict. des sc. nat.*, 1826, vol. XL, p. 179. — *Dict. class.*, vol. XIII, p. 503. — Lesson, *Traité d'orn.*, p. 225, et *Compl. à Buff.*, vol. IX, p. 322.
CHARPENTIER A COU ROUGE; Spix, *Av. Bras.*, vol. I, p. 56.
CARPINTERO GORRO Y CUELLO ROXOS; Azara, *Apunt.*, vol. I, p. 301.
CHARPENTIER A HUPPE ET COU ROUGES; *Pr.* Maxim., *Beitr. Naturg. Bras.*, vol. IV, p. 385.
PIC ROBUSTE; Gerbe, *Dict. univ. d'h. nat.*, 1848, vol. X, p. 142.

Cette espèce, qui ressemble par la coloration de la tête et du cou au *meg. rubricollis*, habite les parties boisées du Brésil et du Paraguay, où il est toutefois moins commun que le *dryop. lineatus*. J'ai cru devoir adopter le nom français qui a le grand avantage de rappeler la dénomination latine, de préférence à des qualifications qui lui sont communes avec un grand nombre d'espèces, non-seulement de la même famille, mais du même genre.

Le prince Maximilien, de Neuwied, nous apprend que les habitudes de ce grimpeur sont les mêmes que celles de ses autres congénères. Ainsi, on le voit s'attaquer avec acharnement aux vieux arbres dont il soulève l'écorce pour chercher les insectes et leurs larves. Sa voix, néanmoins, n'est pas aussi forte que celle de plusieurs autres espèces, mais on entend de fort loin les coups de bec qu'il porte aux arbres. Il niche dans un trou qu'il pratique dans quelque vieux tronc et y dépose ses œufs qui sont d'un blanc sans tache. L'auteur ajoute que ce mégapic vit ordinairement par couple et qu'il paraît peu répandu dans le nord du Brésil.

Quant à la couleur de l'iris, Spix dit qu'elle est d'un jaune soufre, tandis que M. le prince de Neuwied l'indique comme étant d'un jaune blanchâtre chez les adultes, et d'une nuance plus pâle chez les jeunes.

M. Reichenbach distingue à tort les mâles par le dos et le croupion blancs, tandis que ces mêmes parties seraient fauves chez les femelles. Les deux sexes ont les parties supérieures de la même couleur qui est généralement d'un blanc plus ou moins jaunâtre ou d'un jaune nankin.

Caractères. Bec long, fort, droit, large à la base, comprimé à l'extrémité qui se termine en forme de coin; arête de la mandibule supérieure saillante; celle au-dessous de la mandibule inférieure, assez saillante; narines recouvertes par une touffe de plumes piliformes dirigées en avant, et surmontées d'une arête saillante qui s'étend sur les deux tiers de la longueur du bec. Menton recouvert de plumes piliformes s'avançant sous la mandibule aux deux cinquièmes de la longueur totale du bec, mesuré de la commissure. Plumes du front et du vertex, longues; ces dernières formant une huppe moyenne avec celle de l'occiput. Ailes longues et aiguës; la quatrième, la cinquième et la sixième rémige étant les plus longues. Queue longue, étagée, composée de douze pennes raides et à tiges très-fortes. Les quatre rectrices intermédiaires sont concaves en dessous et ont la forme de cheneaux. Les huit pennes intermédiaires sont ordinairement usées et échancrées à l'extrémité. Tarses et doigts forts, longs et scutellés au-dessus. Quatre doigts inégaux; le doigt postérieur externe, le plus long de tous, est beaucoup plus long que le doigt antérieur externe; ongles longs, forts, recourbés, aigus, comprimés et évidés sur les côtés.

Coloration. *Le Mâle adulte;* mandibule inférieure d'un blanc sale de corne dans les trois quarts de sa longueur, la base étant d'un bleu noirâtre; mandibule supérieure d'un blanc sale de corne vers l'extrémité, et d'une nuance plus foncée, souvent lavée de bleuâtre de corne jusqu'à la base; iris d'un jaune blanchâtre selon le prince de Neuwied, d'un jaune soufre selon Spix, et d'un jaune citron selon M. Natterer; plumes recouvrant les narines, front, vertex, occiput, tous les côtés de la tête, menton, gorge et tout le cou d'un rouge écarlate brillant; région parotidée noire au-dessus, blanche au-dessous; toutes les parties inférieures régulièrement rayées de très-nombreuses bandes transversales, les unes d'un blanc roussâtre et les autres noires; tout le dos et le croupion sont d'un blanc jaunâtre, et quelquefois d'un jaune nankin varié de noir entre les épaules, suivant l'âge; quelques-unes des plumes latérales du dos et du croupion sont parfois rayées transversalement de bandes noires; queue noire. Les rémiges ont leur page externe, vers la base, d'un roux fauve qui n'est visible qu'en dépouillant l'aile, et leur page interne d'un beau roux jaunâtre avec quelques bandes noires transversales; ces rémiges, vers leur extrémité, sont noires, et l'aile, étant pliée, paraît aussi entièrement noire, à l'exception de la pointe des pennes qui est ordinairement légèrement frangée de blanc roussâtre; les rémiges secondaires, et, par suite, les tiges de ces rémiges sont alternativement d'un roux jaunâtre et noires. Les couvertures inférieures alaires sont d'un roux jaunâtre plus clair, sans taches; tarses et pieds d'un gris bleu; ongles d'un brun de corne et d'un brun jaunâtre en dessous.

*La Femelle adulte* diffère du mâle en ce que la touffe de plumes, qui recouvre les narines et les côtés de la mandibule inférieure à sa base, est blanche, ainsi qu'une bande qui se termine en pointe à la région parotidée, où elle est surmontée d'une tache noire; tout ce blanc est bordé en dessus et en dessous par une bande noire qui passe sur le front et le menton, les plumes piliformes qui couvrent cette dernière partie étant noires.

*Les Jeunes;* le prince de Neuwied annonce que les jeunes ont les couleurs plus salies, le dos plus jaune et tacheté de noir; le bec blanc sale en dessous et d'un brun noir en dessus, les pattes d'un gris foncé, et l'iris d'une nuance plus pâle que chez les adultes.

Une très-jeune femelle, que j'ai examinée au Muséum de Paris, avait toute la tête et le cou couverts d'un duvet d'un brun noirâtre, l'extrémité seulement de chaque plume étant déjà rouge. La bande blanche partant de la commissure du bec permettait de reconnaître facilement le sexe de cet oiseau. C'est probablement la vue d'un sujet en cette livrée qui a fait dire à M. Lesson (*Compl. de Buff.*, vol. IX, p. 322), que le cou du *meg. robustus* était rouge, mais parfois noir.

Habite le Brésil et le Paraguay où il est commun.

www.ingramcontent.com/pod-product-compliance
Ingram Content Group UK Ltd.
Pitfield, Milton Keynes, MK11 3LW, UK
UKHW020203250726
13967UKWH00003B/1228

9 782011 917102